LEÇONS
DE
PHYSIQUE
(COMPLÉMENTS)

A L'USAGE

DES ÉLÈVES DE PREMIÈRE-SCIENCES

des Aspirants aux Baccalauréats d'ordre scientifique

et des Candidats aux Écoles du Gouvernement

PAR

J. BASIN

PROFESSEUR AGRÉGÉ AU LYCÉE DE LILLE

PARIS

LIBRAIRIE NONY & Cie

63, BOULEVARD SAINT-GERMAIN, 63

1902

LEÇONS DE PHYSIQUE

(COMPLÉMENTS)

Les **LEÇONS DE PHYSIQUE** de M. Basin forment 3 volumes renfermant plus de 1500 pages et 1055 gravures et se vendent. . 10 fr. »

On vend séparément :

Tome I : **Pesanteur, Hydrostatique, Chaleur**, à l'usage des élèves de *Troisième moderne*; avec des compléments en petits caractères intéressant les élèves de Mathématiques élémentaires, 4e édition. — Br., 2 fr. 50 ; relié toile, 3 fr. »

Tome II : **Acoustique, Optique, Électricité et Magnétisme**, à l'usage des élèves de *Seconde moderne*, avec des compléments intéressant les élèves de Mathématiques élémentaires, 4e édition. — Broché, 3 fr. ; relié toile. . . . . 3 fr. 50

Tome III : **Compléments**, à l'usage des élèves de *Première-Sciences*, des aspirants aux Baccalauréats scientifiques, des candidats aux Ecoles et des élèves des écoles industrielles. Broché, 5 fr. ; relié toile . . . . 5 fr. 50

DU MÊME AUTEUR

(A LA MÊME LIBRAIRIE)

LEÇONS DE CHIMIE à l'usage des élèves de l'enseignement moderne, des aspirants aux Baccalauréats et des candidats aux Ecoles. — Un fort vol. gr. in-12, broché, 8 fr., relié toile . . . . 8 fr. 50

On vend séparément :

Tome I : **Métalloïdes**, 6e édition. — Br., 2 fr. 50 ; rel. toile. 3 fr. »

Tome II : **Métaux**, 6e édition. — Broché, 2 fr. ; relié toile. 2 fr. 50

Tome III : **Chimie générale, Chimie organique, Analyse chimique**, 4e édition. — Br., 3 fr. 50 ; rel. toile. 4 fr. »

Tomes I et II réunis en un volume. — Broché, 4 fr. 50 ; relié toile. 5 fr. »

LEÇONS

DE

PHYSIQUE

(COMPLÉMENTS)

A L'USAGE

DES ÉLÈVES DE PREMIÈRE-SCIENCES

des Aspirants aux Baccalauréats d'ordre scientifique
et des Candidats aux Écoles du Gouvernement

PAR

J. BASIN

PROFESSEUR AGRÉGÉ AU LYCÉE DE LILLE

PARIS
LIBRAIRIE NONY & Cie
63, BOULEVARD SAINT-GERMAIN, 63

1902

LEÇONS DE PHYSIQUE

(COMPLÉMENTS)

CHAPITRE I

COMPLÉMENTS DE MÉCANIQUE PHYSIQUE

1. Considérations générales. — Le mouvement d'un mobile est déterminé quand on connaît la nature de sa trajectoire et la position qu'il y occupe à chaque instant.

Soient AB la trajectoire d'un mobile animé d'un mouvement rectiligne (*fig.* 1) ; O la position initiale, qui est l'origine des espaces parcourus sur la trajectoire par le mobile. Appelons *e* le chemin variable parcouru par le mobile à partir du point O, et convenons de considérer ce chemin comme positif de gauche à droite, comme négatif de droite à gauche. Si l'on connaît la relation algébrique qui existe entre *e* et le temps *t*, on connaîtra à chaque instant la position du mobile sur sa trajectoire. Cette relation entre l'espace et le temps s'appelle l'*équation du mouvement* ou la *formule des espaces*.

A ←— O —→ B

Espaces négatifs *Origine* *Espaces positifs*

Fig. 1. — Sens des espaces parcourus par un mobile sur sa trajectoire.

Suivant le système d'unités adopté en Physique, nous évaluerons les espaces en centimètres, les temps en secondes.

2. Mouvement uniforme. — Ce mouvement, le plus simple qu'on puisse imaginer, est assez fréquent dans la nature (propagation de la lumière, du son, etc.), mais il est le plus difficile à réaliser dans la pratique.

Mouvement rectiligne. — **Un mouvement rectiligne est uniforme quand le mobile parcourt des espaces égaux en des temps égaux, quelque petits que soient ces temps.**

L'espace parcouru en une seconde se nomme la *vitesse* du mobile.

En supposant que le mobile se déplace sur sa trajectoire dans le sens adopté comme sens positif, on aura, v désignant la vitesse,

$$e = vt,$$

c'est-à-dire que *l'espace parcouru est proportionnel au temps.*

Si, à l'origine du temps, le mobile a déjà parcouru un espace e_0 dans le sens du mouvement, l'espace parcouru au bout de t secondes sera donné par la relation

$$e = e_0 + vt.$$

Les deux relations précédentes sont les *équations des espaces*. On tire de la première $v = \frac{e}{t}$, et de la seconde $v = \frac{e - e_0}{t}$. On peut donc dire que, dans un mouvement uniforme, ***la vitesse est le rapport de l'accroissement de l'espace au temps employé à le parcourir.***

Mouvement circulaire. — Lorsque la trajectoire d'un mobile est une circonférence, le mouvement est uniforme si le mobile parcourt des arcs égaux pendant des temps égaux, quelque petits que soient ces temps. On dit alors que le mobile est animé d'un *mouvement de rotation uniforme* autour d'un axe fixe, qui est la perpendiculaire au plan du cercle menée par son centre.

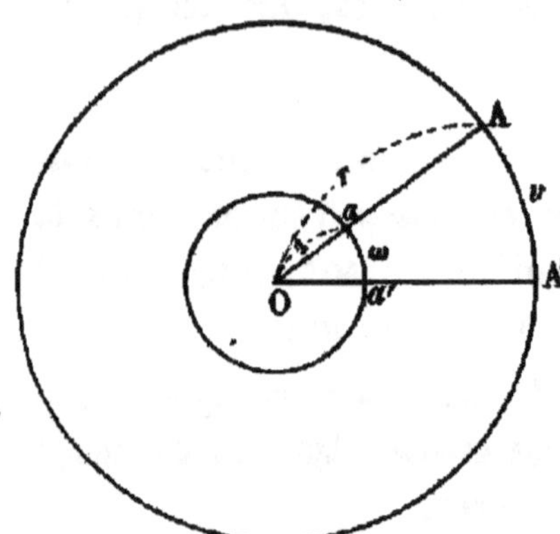

Fig. 2. — Évaluation de la vitesse angulaire dans un mouvement circulaire uniforme.

La vitesse v étant l'arc parcouru en une seconde, l'équation des espaces est encore $e = e_0 + vt$, ou, simplement, $e = vt$ si le mobile part du repos. *Les arcs parcourus sont donc proportionnels aux temps employés à les parcourir.*

Soient $AA' = v$ l'arc parcouru en une seconde (*fig.* 2), r le rayon de la trajectoire. Du point O comme centre, décrivons une circonférence de rayon égal à l'unité, et menons les rayons OA et OA' ; ils interceptent sur cette circonférence un arc $aa' = \omega$ qui représente la vitesse d'un point situé à l'unité de distance de l'axe. On a évidemment

$$\frac{v}{\omega} = \frac{r}{1},$$

d'où

$$v = r\omega.$$

Le facteur ω s'appelle la *vitesse angulaire de rotation* ; il est constant lorsque le mouvement de rotation est uniforme et il caractérise ce mouvement. En effet, dans un mouvement de rotation d'un corps solide, tous les points du corps décrivent des circonférences dont les plans sont perpendiculaires à l'axe de rotation ; si le mouvement est uniforme, la vitesse de rotation d'un point situé à une distance r de l'axe est le produit de cette distance r par la vitesse angulaire.

L'unité de vitesse angulaire est le *radian par seconde*, le radian étant la valeur de l'angle dont l'arc est égal au rayon. Un radian vaut $\frac{360^\circ}{2\pi}$. Si n est le nombre de tours effectués en une seconde par un mobile, et ω sa vitesse angulaire évaluée en radians par seconde, on a

$$n = \frac{\omega}{2\pi},$$

d'où

$$\omega = 2\pi n.$$

Diagramme d'un mouvement uniforme. — Pour représenter graphiquement la loi du mouvement uniforme, on porte sur un axe horizontal (axe des temps), à partir d'une origine fixe O, des longueurs égales OA, AB, BC, ... (*fig.* 3) représentant les secondes successives pendant lesquelles le mobile aura été en mouvement. Aux points A, B, C, ... on élève des perpendiculaires AA', BB', CC', ... de longueurs proportionnelles aux espaces parcourus depuis l'origine des temps jusqu'aux époques 1", 2", 3", ...

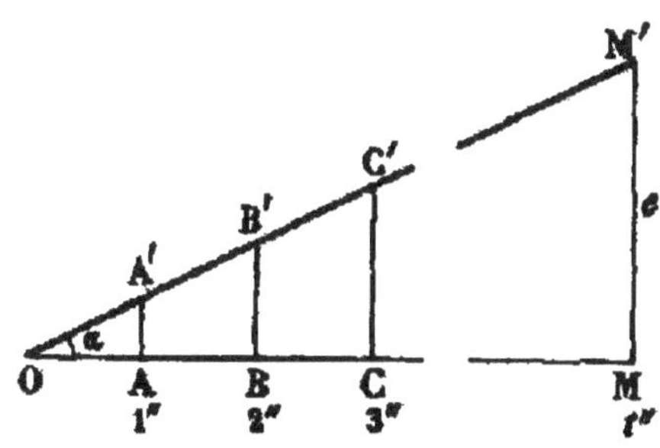

Fig. 3. — Diagramme d'un mouvement uniforme.

On démontrerait aisément que les points A', B', C', ... ainsi obtenus sont sur une même ligne droite passant par le point O si, à l'origine du temps, le mobile était au point origine des espaces. Cette droite est le *diagramme* du mouvement uniforme ; elle représente la loi de ce mouvement, que la trajectoire soit rectiligne ou curviligne.

Quand le diagramme d'un mouvement uniforme est tracé, il est facile d'avoir la vitesse à un instant quelconque t. Si l'espace e parcouru au bout du temps t est représenté par la longueur M'M, par exemple, on aura

$$v = \frac{e}{t} = \frac{\text{M'M}}{\text{OM}} = \operatorname{tg} \alpha.$$

3. Mouvement varié. — Le mouvement varié est celui dans lequel le mobile parcourt des espaces inégaux en des temps égaux.

Nous n'étudierons que le mouvement rectiligne varié.

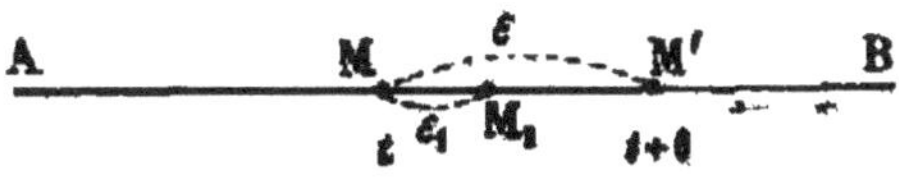

Fig. 4. — Évaluation de la vitesse moyenne dans un mouvement varié.

Vitesse moyenne. — Soient AB la trajectoire du mobile (*fig.* 4), M sa position au temps t, M′ sa position au temps $t + \theta$. Le mobile a parcouru l'espace $MM' = \varepsilon$ d'un mouvement varié pendant le temps θ; mais on conçoit qu'on puisse amener ce mobile de M en M′ dans le même temps θ, en lui imprimant un mouvement uniforme. La vitesse constante de ce mouvement uniforme serait

$$v_m = \frac{MM'}{\theta} = \frac{\varepsilon}{\theta}.$$

Ce rapport v_m se nomme la *vitesse moyenne* du mobile pendant l'intervalle de temps θ. Ainsi, *on appelle vitesse moyenne d'un mobile animé d'un mouvement rectiligne varié pendant un intervalle de temps* θ, *le quotient de l'espace parcouru pendant cet intervalle par le temps employé à le parcourir.*

Vitesse à un instant donné. — Considérons à l'instant t un intervalle de temps θ_1 inférieur à θ; l'espace parcouru $MM_1 = \varepsilon_1$ sera inférieur à ε, et le quotient $\frac{\varepsilon_1}{\theta_1}$ représentera la vitesse moyenne pendant le temps θ_1. Lorsque les intervalles θ, θ_1, . . ., considérés à partir de l'instant t, vont en diminuant, il en est de même des espaces ε, ε_1, . . ., et les quotients $\frac{\varepsilon}{\theta}$, $\frac{\varepsilon_1}{\theta_1}$, . . . diffèrent de moins en moins à mesure que θ et ε diminuent. Si l'on suppose que l'accroissement de temps θ diminue indéfiniment et tende vers zéro, l'accroissement d'espace ε tend simultanément vers zéro; mais le rapport des deux accroissements tend vers une limite déterminée; c'est cette limite que l'on appelle la *vitesse du mobile à l'instant* t. On a donc

$$v = \lim. \frac{\varepsilon}{\theta}.$$

En résumé, *on appelle vitesse à l'instant t, dans un mouvement rectiligne varié, la limite de la vitesse moyenne* $\frac{\varepsilon}{\theta}$ *à partir de cet instant lorsque* θ *tend vers zéro*. Cette vitesse ne représente pas l'espace parcouru réellement par le mobile en une seconde, mais celui qu'il parcourrait s'il continuait à se mouvoir, à partir de l'instant t, avec une vitesse demeurant constante et égale à v.

Applications. — Supposons que, dans un mouvement rectiligne varié, la relation qui existe entre l'espace parcouru et le temps soit la suivante :

$$e = at^2, \qquad (1)$$

a étant une constante.

Au bout du temps $t + \theta$, le mobile aura parcouru un espace $e + \varepsilon$ donné par la relation

$$e + \varepsilon = a(t + \theta)^2. \qquad (2)$$

Retranchons la relation (1) de la relation (2) ; il vient

$$\varepsilon = a\theta^2 + 2at\theta,$$

d'où

$$\frac{\varepsilon}{\theta} = a\theta + 2at.$$

Le quotient $\frac{\varepsilon}{\theta}$ représente la *vitesse moyenne* pendant le temps θ. Si nous faisons tendre θ vers zéro, le produit $a\theta$ devient de plus en plus petit, et l'on a finalement

$$\lim. \frac{\varepsilon}{\theta} = 2at.$$

Telle est la *vitesse du mobile à l'instant t*. Elle est égale, comme on le voit, à la *dérivée* de l'espace par rapport au temps.

Soit encore un mouvement défini par la relation $e = at + bt^2$; la vitesse à l'instant t s'obtiendra en prenant la dérivée de e par rapport à t ; donc

$$v = a + 2bt.$$

Réciproquement, quand on connait l'expression de la vitesse, on peut en déduire l'équation du mouvement. On fait alors une opération appelée *intégration*, qui consiste à remonter de la vitesse, fonction dérivée, à la fonction primitive d'où elle dérive. Supposons que des vitesses à l'instant t aient pour expression $v = 2at$ et $v = a + 2bt$; on obtient pour équations des mouvements correspondants

$$e = at^2 \qquad \text{et} \qquad e = at + bt^2.$$

4. Mouvement rectiligne uniformément varié. — **On dit qu'un mouvement est uniformément varié quand la vitesse du mobile varie de quantités égales en des temps égaux.**

La quantité constante dont la vitesse varie par seconde s'appelle l'*accélération*. Suivant que l'accélération est positive ou négative, le mouvement est uniformément *accéléré* ou uniformément *retardé*.

Mouvement uniformément accéléré — Les corps qui tombent dans le vide nous offrent un exemple remarquable de ce mouvement.

ÉQUATION DES VITESSES. — La vitesse v à l'instant t se définit de la même manière que dans un mouvement varié quelconque, mais on peut la déduire de la définition même du mouvement. En effet, si l'on suppose le mobile partant du repos, sa vitesse au bout d'une seconde est γ par définition, γ représentant l'accélération ; au bout de deux secondes, elle est $\gamma \times 2$, ..., et, au bout de t secondes, $\gamma \times t$. On a donc

$$v = \gamma t.$$

Cette relation est l'*équation des vitesses* ; elle exprime que *les vitesses sont proportionnelles aux temps employés à les obtenir*.

Dans le cas où le mobile possède à l'origine du temps une vitesse initiale v_0, l'équation des vitesses est

$$v = v_0 + \gamma t ;$$

on en tire

$$\gamma = \frac{v - v_0}{t},$$

ce qui montre que l'accélération dans un mouvement uniformément accéléré s'obtient en divisant la variation de la vitesse par le temps.

Équation des espaces. — Nous avons vu que si l'espace parcouru dans un mouvement varié est donné par la formule $e = at^2$, la vitesse au bout du temps t a pour valeur $v = 2at$. Ce mouvement est donc un mouvement uniformément varié dans lequel l'accélération est égale à $2a$.

Faisons $2a = \gamma$ dans la formule $e = at^2$; il vient

$$e = \frac{1}{2}\gamma t^2.$$

Telle est la formule correspondant à $v = 2at = \gamma t$. Elle exprime que, *dans le mouvement uniformément accéléré, les espaces parcourus par un mobile partant du repos sont proportionnels aux carrés des temps employés à les parcourir.*

Faisons de même $2b = \gamma$ dans la formule

$$e = at + bt^2, \qquad (3)$$

et remplaçons a par v_0; il vient

$$e = v_0 t + \frac{1}{2}\gamma t^2,$$

formule correspondant à $v = a + 2bt = v_0 + \gamma t$.

Conséquences. — 1° Si le mobile part du repos, l'accélération est double de l'espace parcouru dans la première seconde. En effet, si l'on fait $t = 1$ dans la formule $e = \frac{1}{2}\gamma t^2$, on a $e = \frac{1}{2}\gamma$, d'où $\gamma = 2e$.

2° La vitesse acquise par un mobile qui a parcouru un certain espace d'un mouvement uniformément accéléré est égale à la racine carrée du produit de cet espace par le double de l'accélération. En éliminant le temps entre les équations $e = \frac{1}{2}\gamma t^2$ et $v = \gamma t$, il vient en effet

$$v = \sqrt{2\gamma e}.$$

Diagramme. — Un mouvement uniformément accéléré peut être représenté graphiquement, de même qu'un mouvement quelconque, par un diagramme dont les coordonnées sont les temps et les espaces. En prenant des abscisses représentant les temps et élevant des ordonnées proportionnelles aux espaces correspondants, on obtient une série de points qui ne sont plus en ligne droite ; ils sont reliés par une ligne brisée qui deviendra une véritable courbe si les ordonnées correspondent à des intervalles de temps très petits.

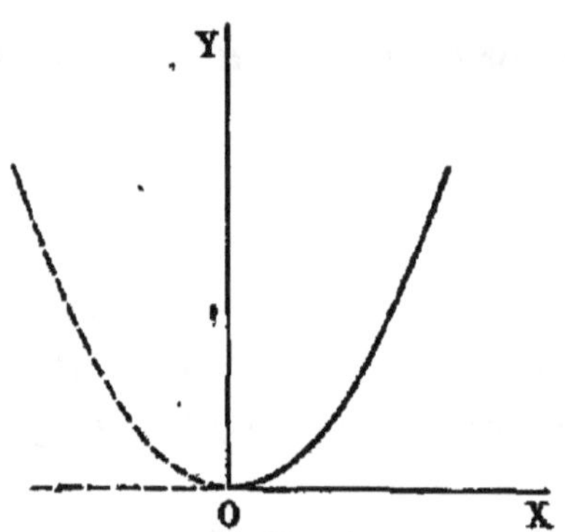

Fig. 5. — Diagramme d'un mouvement uniformément accéléré.

La loi des espaces est exprimée dans le mouvement uniformément accéléré par une relation du second degré en t ; la variation d'une relation de ce genre est représentée, comme on le sait, par une parabole. Si le mobile part du repos, la parabole est tangente à l'axe horizontal ; de plus, le point de contact se trouve à l'origine O si l'origine des temps coïncide avec l'origine des espaces (*fig.* 5).

Mouvement uniformément retardé. — Les équations des vitesses et des espaces sont les mêmes que pour le mouvement accéléré, sauf le signe de l'accélération. On a

$$v = v_0 - \gamma t,$$

$$e = v_0 t - \frac{1}{2}\gamma t^2.$$

5. Mouvement périodique. — On appelle mouvement périodique un mouvement varié dans lequel la vitesse reprend la même valeur après un même intervalle de temps appelé *période*. Le mouvement du piston dans le cylindre d'une machine à vapeur, le mouvement d'un pendule, sont des mouvements périodiques. Dans ces exemples, la vitesse est nulle au commencement et à la fin de chaque période ; elle est maxima vers le milieu de la course.

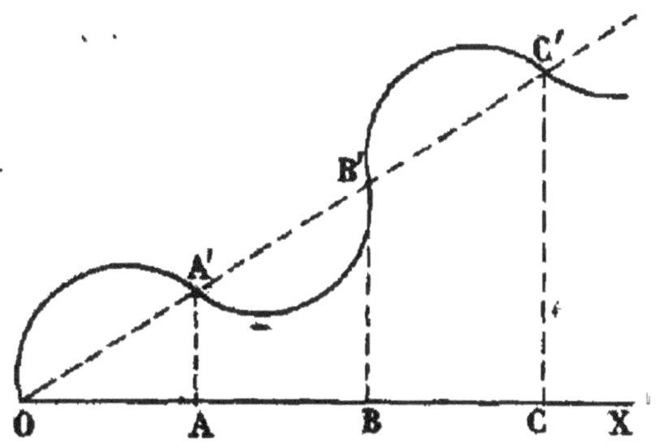

Fig. 6. — Diagramme d'un mouvement périodique.

Dans les raisonnements et dans les calculs, on substitue ordinairement à un mouvement périodique un mouvement uniforme de même durée, appelé *mouvement moyen*, et dont la vitesse est le quotient de l'espace parcouru dans une période entière par le temps correspondant.

Le diagramme d'un mouvement périodique est une courbe formant des ondulations régulières autour d'une droite OC′, qui représente le mouvement moyen uniforme correspondant au mouvement périodique (*fig.* 6).

6. Composition des mouvements. — Supposons qu'un mobile se déplace par rapport à un point fixe qui est l'origine des espaces, sur une trajectoire dont tous les points sont également fixes. Un tel mouvement s'appelle un mouvement *absolu*. Nous en concevons l'existence, mais nous n'en avons pas d'exemples dans la nature, puisque la Terre est elle-même en mouvement dans l'espace. Dans la plupart des mouvements que nous observons, l'origine des espaces, ainsi que tous les points de la trajectoire du mobile, sont entraînés eux-mêmes d'un mouvement quelconque, qu'on appelle *mouvement d'entraînement*. Le mouvement dont le mobile est alors animé dans son propre système est un *mouvement relatif*.

Soit une bille en mouvement sur le pont d'un bateau en marche. Le mouvement de la bille par rapport à un point fixe sur le bateau est un mouvement *relatif*. Le mouvement du bateau est un mouvement d'*entraînement*. Enfin, si l'on ne considère que la suite des positions qu'occupe la bille dans l'espace, le mouvement de la bille est un mouvement *absolu*. Or la nature et la position de la trajectoire que la bille décrit dans l'espace, de même que son mouvement sur cette trajectoire, dépendent à la fois du mouvement relatif et du mouvement d'entraînement; c'est pourquoi on regarde le mouvement de la bille comme *résultant* de ces deux mouvements qui se seraient *composés* en un seul.

Les règles à appliquer dans la composition des divers mouvements sont exposées dans tous les traités de Mécanique; nous étudierons simplement, comme ayant des applications en Physique, la *composition d'un mouvement rectiligne uniformément accéléré avec un mouvement rectiligne uniforme perpendiculaire au premier.*

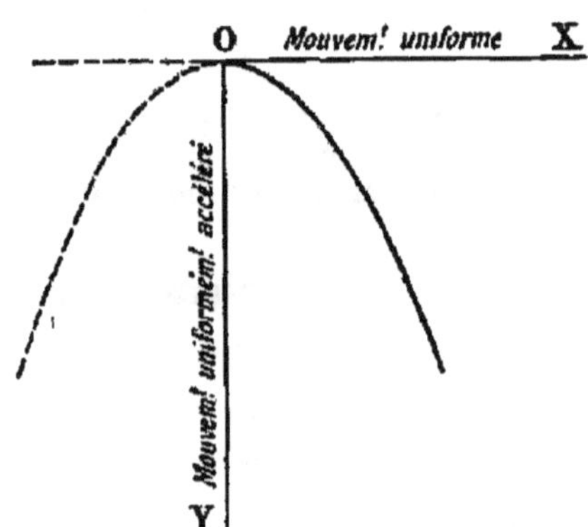

Fig. 7. — Composition d'un mouvement uniforme et d'un mouvement uniformément accéléré.

Soient $e = \frac{1}{2}\gamma t^2$ le mouvement uniformément accéléré que nous supposerons dirigé suivant la verticale OY (*fig.* 7), $e' = vt$ le mouvement uniforme que nous supposerons dirigé suivant l'horizontale OX. En éliminant le temps entre ces deux équations, il vient

$$e'^2 = \frac{2v^2}{\gamma} \times e.$$

Posons $\frac{v^2}{\gamma} = p$; on a

$$e'^2 = 2pe.$$

Telle est l'équation de la trajectoire décrite par le mobile : c'est l'équation d'une *parabole* tangente à OX à l'origine, et ayant pour axe de symétrie OY.

FORCES

7. Proportionnalité des forces aux accélérations. — **Lorsque deux ou plusieurs forces constantes en grandeur et en direction agissent successivement sur un même point matériel partant du repos ou animé d'une vitesse initiale de même direction que ces forces, elles lui impriment des mouvements rectilignes uniformément accélérés dont les accélérations respectives sont proportionnelles aux intensités des forces correspondantes.**

Soient en effet F et F' deux forces constantes qui impriment à un même point matériel des accélérations γ, γ', et contiennent : la première, n fois l'unité de force f ; la seconde, n' fois cette unité. On a

$$F = nf \qquad \text{et} \qquad F' = n'f. \tag{1}$$

Appelons α l'accélération qu'imprimerait au point matériel la force f. D'après le principe de Galilée, lorsque plusieurs forces agissent simultanément sur un même point matériel, chacune d'elles produit le même effet que si elle agissait seule. On aura donc, toutes les forces f agissant dans une même direction,

$$\gamma = n\alpha, \qquad \gamma' = n'\alpha. \tag{2}$$

Des relations (1), on tire

$$\frac{F}{F'} = \frac{n}{n'},$$

et des relations (2), $$\frac{\gamma}{\gamma'} = \frac{n}{n'};$$

par suite, $$\frac{F}{F'} = \frac{\gamma}{\gamma'}. \tag{3}$$

Comme cette démonstration subsiste, quelque petite que soit la commune mesure adoptée, on en conclut que le résultat est encore vrai quand les deux forces F et F′ sont incommensurables.

La relation (3) peut être mise sous la forme

$$\frac{F}{\gamma} = \frac{F'}{\gamma'}.$$

Elle s'applique à un nombre quelconque de forces constantes agissant successivement sur le même point matériel; on a donc, en général,

$$\frac{F}{\gamma} = \frac{F'}{\gamma'} = \frac{F''}{\gamma''} = \ldots = \text{constante}.$$

8. **Masse.** — **On appelle masse d'un point matériel le rapport constant qui existe entre l'intensité d'une force constante et l'accélération qu'elle imprime à ce point.**

Cette définition est encore applicable dans le cas d'un corps de dimensions quelconques, pourvu que les accélérations de ses divers points soient toujours les mêmes au même instant. D'après cela, la masse d'un corps est une quantité absolument invariable, quelles que soient les circonstances dans lesquelles il se trouve placé; elle peut donc être considérée comme une *caractéristique mécanique*, mesurant pour chaque corps sa résistance au mouvement.

Relation entre le poids d'un corps et sa masse. — Désignons par F l'intensité d'une force constante quelconque agissant sur un corps, par γ la mesure de l'accélération correspondante. On a, en appelant M la masse du corps,

$$\frac{F}{\gamma} = M.$$

Parmi les forces constantes qui peuvent agir sur un corps, considérons la *pesanteur*, qui sollicite tous les corps à tomber vers le sol d'un mouvement rectiligne et uniformément accéléré. Appelons g l'accélération de ce mouvement (accélération qui est la même pour tous les corps dans un même lieu), P le poids du corps considéré, c'est-à-dire l'intensité de la résultante de toutes les actions exercées par la pesanteur sur ce corps. On a évidemment

$$\frac{F}{\gamma} = \frac{P}{g} = M.$$

On peut donc prendre pour valeur de la masse d'un corps *le rapport de son poids à l'accélération que lui imprime ce poids*.

De la relation précédente, on tire

$$P = Mg,$$

c'est-à-dire que *le poids d'un corps est proportionnel à sa masse*. P et g varient tous deux quand on passe d'un lieu à un autre, mais leur rapport restant constant, la masse d'un corps est une quantité *constante* en tous les points du globe.

Applications. — 1° *Lorsqu'une même force* F *agit successivement sur deux masses différentes* M *et* M', *elle leur imprime des accélérations qui sont en raison inverse des masses.*

On a, en effet,

$$\frac{F}{\gamma} = M, \qquad \frac{F}{\gamma'} = M',$$

d'où

$$F = M\gamma = M'\gamma',$$

et, par suite,

$$\frac{M}{M'} = \frac{\gamma'}{\gamma}.$$

2° *Deux forces constantes* F *et* F' *qui agissent sur deux corps de masses différentes* M *et* M' *sont entre elles comme les produits de ces masses par les accélérations correspondantes.*

On a, en effet,

$$F = M\gamma, \qquad F' = M'\gamma',$$

d'où

$$\frac{F}{F'} = \frac{M\gamma}{M'\gamma'}.$$

Si $\gamma = \gamma'$, les forces F et F' sont proportionnelles aux masses M et M'.

Si enfin les deux corps n'avaient pas de vitesse initiale, on peut écrire, en appelant v et v' les vitesses de ces corps à l'instant t,

$$\frac{F}{F'} = \frac{M\gamma t}{M'\gamma' t} = \frac{Mv}{M'v'}.$$

Comme on appelle *quantité de mouvement* d'un corps à un instant donné, le produit Mv de la masse du corps par sa vitesse à cet instant, on peut dire que *si deux corps partent simultanément du repos sous l'action de deux forces constantes, leurs quantités de mouvement au même instant sont proportionnelles aux forces.*

9. Travail des forces. — On dit qu'une force travaille toutes les fois que son point d'application se déplace, en même temps qu'elle surmonte une résistance qui se renouvelle à chaque instant. Nous n'étudierons que le travail d'une force *constante* en grandeur et en direction.

1er Cas. — LE DÉPLACEMENT DU POINT D'APPLICATION EST DANS LA DIRECTION DE LA FORCE. — Soit une force constante d'intensité F qui, appliquée primitivement au point O (*fig.* 8), a imprimé à ce point un déplacement

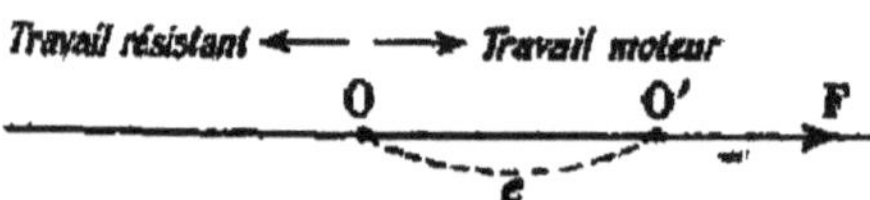

Fig. 8. — Évaluation du travail d'une force constante.

$OO' = e$ dans sa propre direction ; le travail qu'elle a accompli est, par définition, *le produit de l'intensité de la force par le chemin parcouru*. On a donc, en désignant par W le travail accompli,

$$W = Fe.$$

Si, dans cette formule, F est évalué en dynes et e en centimètres, W sera exprimé en *ergs*. De plus, on dit que le travail est *moteur* ou positif, *résistant* ou négatif, suivant que la force agit dans le sens même du déplacement OO′ ou en sens contraire.

2° Cas. — Le déplacement du point d'application n'est pas dans la direction de la force. — Le travail se définit alors *le produit de la force par la projection du déplacement sur la direction de la force.*

Soient $OO' = e$ (*fig.* 9) l'espace rectiligne parcouru par le point d'application, et α l'angle de la direction de la force et de la direction du déplacement. Décomposons la force F en deux composantes: OX dans la direction du déplacement, OY dans une direction perpendiculaire. La composante OY ne déplace pas le point d'application et n'accomplit aucun travail. La composante OX est donc seule efficace ; elle est égale à $F \cos \alpha$. Par suite, le travail effectué par la force F a pour valeur

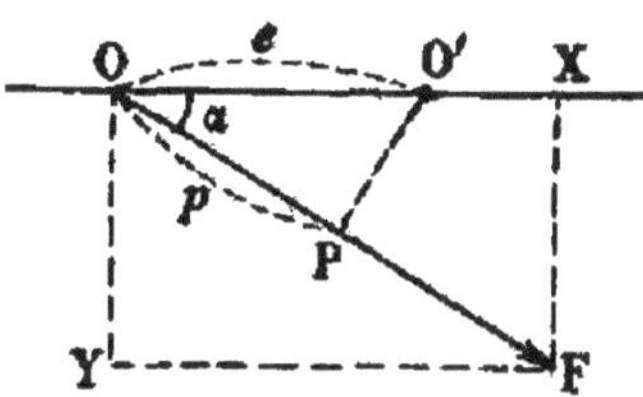

Fig. 9. — Évaluation du travail quand le déplacement n'est pas dans la direction de la force.

$$W = Fe \cos \alpha.$$

Le produit $e \cos \alpha$ peut être considéré comme la projection $OP = p$ du déplacement e sur la direction de la force. On a donc finalement

$$W = Fp.$$

Dans le cas où α est aigu, $\cos \alpha$ est positif, et la projection $OX = F \cos \alpha$ de la force sur la direction du déplacement est dirigée dans le même sens que celui-ci : le travail est *moteur* ou positif. Dans le cas où α est obtus, $\cos \alpha$ est négatif, et la projection de la force est résistante : le travail est *résistant* ou négatif. Enfin si $\alpha = 90°$, le travail de la force est *nul*, puisque $\cos \alpha = 0$.

3e Cas. — Le déplacement du point d'application est curviligne. — Dans ce cas, *le travail est le produit de la force par la projection de la trajectoire sur la direction de la force.*

Soient AB la direction constante de la force, MM' la trajectoire de son point d'application (*fig.* 10). Décomposons MM' en arcs élémentaires assez petits pour que chacun d'eux puisse être confondu avec sa corde et considéré, par suite, comme rectiligne. Le travail de la force le long d'un arc élémentaire MM_1 est égal au produit de la force F par la projection de cet arc sur la direction de la force. Le travail total est la limite atteinte par la somme de ces travaux élémentaires lorsque le nombre des arcs élémentaires tend vers l'infini. On a donc

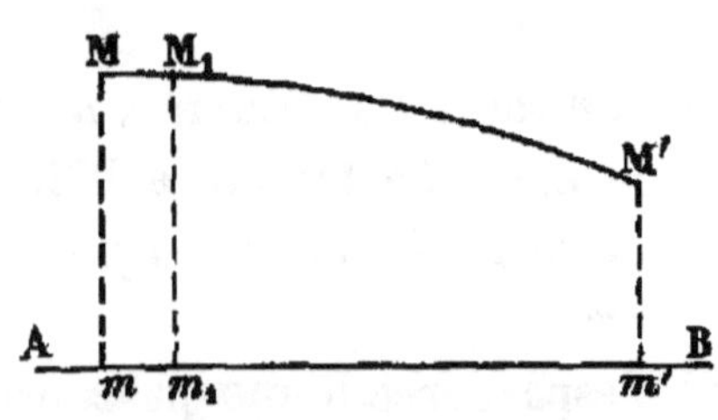

Fig. 10. — Évaluation du travail quand la trajectoire du point d'application est curviligne.

$$W = F \times mm'.$$

Il résulte de ce théorème que le travail d'une force constante ne dépend que des positions extrêmes du point d'application sur sa trajectoire et nullement du chemin qu'il a parcouru réellement. Ainsi le travail accompli par un corps qui descend sans frottement le long d'un plan incliné est le même au bas de sa course que si le corps était tombé verticalement de la hauteur du plan.

10. Force vive. — **On appelle force vive d'un mobile, à un instant donné, la moitié du produit de sa masse par le carré de la vitesse qu'il a acquise à cet instant.**

Si M est la masse du corps et v sa vitesse à l'instant considéré, la force vive a pour expression $\frac{1}{2}Mv^2$.

Il existe une relation remarquable entre la force vive ainsi définie et le produit qui représente le travail effectué dans le même temps par la force agissant sur le mobile.

Théorème des forces vives. — *La variation de la force vive d'un point matériel, pendant un temps quelconque, est égale au travail effectué pendant le même temps par la force qui agit sur le point.*

Considérons le cas d'une force constante F agissant dans la direction et dans le sens du déplacement : le point matériel est alors animé d'un mouvement rectiligne et uniformément accéléré. Si l'on appelle respectivement e, v_0 et γ l'espace parcouru pendant le temps t, la vitesse initiale et l'accélération, on a

$$e = v_0 t + \frac{1}{2}\gamma t^2.$$

D'un autre côté, si M représente la masse du point matériel, F la force constante qui agit sur ce point, et v la vitesse à l'instant t, on a

$$F = M\gamma$$

et

$$v = v_0 + \gamma t.$$

Élevons cette dernière équation au carré

$$v^2 = v_0^2 + \gamma^2 t^2 + 2v_0\gamma t,$$

d'où

$$v^2 - v_0^2 = \gamma^2 t^2 + 2v_0\gamma t = 2\gamma\left(\frac{\gamma t^2}{2} + v_0 t\right) = 2\gamma e.$$

Multiplions enfin les deux membres par M et divisons-les par 2

$$\frac{1}{2}M(v^2 - v_0^2) = M\gamma e = Fe = W.$$

Le théorème que nous venons de démontrer pour une force constante est vrai également pour une force quelconque appliquée à un point matériel. Il n'est d'ailleurs qu'un cas particulier d'un théorème plus général que l'on énonce de la manière suivante :

Lorsque des forces en nombre quelconque agissent sur un système de points matériels, la variation de la somme des forces vives de tous les points du système, pendant un intervalle de temps déterminé, est égale à la somme des travaux de toutes les forces qui agissent sur les différents points du système pendant le même temps.

Applications. — 1° Supposons qu'un corps pesant de masse M soit lancé verticalement de bas en haut avec une vitesse initiale v_0. Cherchons la vitesse v du mobile quand il revient au point de départ.

Le travail effectué dans le déplacement total du mobile est nul, puisque le point de départ et le point d'arrivée sont confondus. On a donc, d'après le théorème des forces vives,

$$\frac{1}{2} M(v^2 - v_0^2) = 0,$$

d'où

$$v^2 = v_0^2,$$

et

$$v = \pm v_0.$$

Le signe — convient seul ici; on a donc $v = -v_0$; c'est-à-dire que la vitesse du mobile au point d'arrivée a la même valeur que celle qui lui a été communiquée au départ.

2° Considérons un projectile de poids P, sortant d'une arme à feu de longueur l avec une vitesse v. Le travail accompli par la force F de la poudre (en admettant qu'elle agisse d'une manière constante pendant que le projectile reste dans l'arme), est égal à Fl. D'un autre côté, la vitesse initiale étant nulle, ce travail est égal à la force vive au sortir de l'arme. On a donc, d'après le théorème des forces vives,

$$Fl = \frac{1}{2} Mv^2 = \frac{Pv^2}{2g}.$$

Si le projectile pénètre ensuite dans un corps résistant, comme une maçonnerie, cette force vive $\frac{Pv^2}{2g}$ se transforme en travail et, si l'on désigne par r la résistance moyenne, par h la profondeur à laquelle pénètre le projectile, on aura

$$\frac{Pv^2}{2g} = rh,$$

en négligeant toute autre transformation que celle de la force vive en travail de pénétration.

Cet exemple montre qu'il n'y a pas seulement égalité numérique entre la force vive et le travail; il peut y avoir transformation équivalente du travail en force vive, et réciproquement.

UNITÉS MÉCANIQUES

11. Unités fondamentales. — Les unités mécaniques dont on fait usage dans les sciences physiques dérivent des trois unités *fondamentales* qui forment la base du système établi par l'Association Britannique et adopté définitivement par les Congrès internationaux des Électriciens de 1881 et

1893. Ces unités fondamentales sont : une unité de longueur, une unité de masse, une unité de temps.

L'unité de longueur est le *centimètre*. C'est la centième partie de la longueur à 0° du mètre-étalon en platine iridié déposé au Bureau international des Poids et Mesures.

L'unité de masse est le *gramme-masse*, que l'on définit théoriquement la masse d'un centimètre cube d'eau distillée à 4° centigrades, et pratiquement la masse de la millième partie du kilogramme-étalon en platine iridié déposé au Bureau international.

L'unité de temps est la *seconde*, définie comme étant la $\frac{1}{86400}$ partie du jour solaire moyen.

Le système d'unités basé sur ces trois unités fondamentales s'appelle le *système centimètre-gramme-seconde* ; par abréviation, on le désigne ordinairement sous le nom de *système* C. G. S.

12. Unité de vitesse. — L'unité C. G. S. de vitesse est la vitesse d'un mobile qui parcourt 1^{cm} par seconde d'un mouvement uniforme.

Ainsi, la lumière parcourant d'un mouvement uniforme $300\,000^{km}$ par seconde, sa vitesse de propagation en unités C. G. S. est 3×10^{10}.

13. Unité d'accélération. — L'unité C. G. S. d'accélération est l'accélération d'un mobile animé d'un mouvement uniformément accéléré dans lequel la vitesse augmente de 1^{cm} par seconde.

L'accélération g d'un corps tombant librement dans le vide sous l'action de la pesanteur a pour valeur, à Paris, 981 unités C. G. S d'accélération.

14. Unité de force. — L'unité C. G. S. de force a reçu le nom de *dyne*. **C'est la force qui, agissant sur la masse de 1gr, lui imprime l'unité C. G. S. d'accélération.**

Soit M la masse d'un mobile, exprimée en grammes. Si une force F communique à ce mobile une accélération γ exprimée en unités C. G. S. d'accélération, cette force vaut un nombre de dynes donné par la formule

$$F = M\gamma.$$

Cherchons, par exemple, le *poids* du gramme à Paris, c'est-à-dire la force qui le fait tomber. En faisant $M = 1$, $\gamma = 981$ dans la formule précédente, il vient

$$F = 981 \text{ dynes}.$$

On voit que la dyne est une force assez petite, puisqu'elle équivaut à peu près au poids d'un milligramme. Le kilogramme, unité de force souvent employée en Mécanique, vaut 981000 dynes ou 0,981 mégadyne.

15. Unité de travail. — L'unité C. G. S. de travail ou d'énergie a reçu le nom d'*erg*. **C'est le travail effectué par une dyne qui déplace son point d'application de 1cm dans sa propre direction.** Comme cette unité est très petite, on a adopté en Électricité le *joule*, qui vaut 10^7 ergs ou 10 mégergs.

Dans la pratique, on fait souvent usage du kilogrammètre. Le kilogrammètre est le travail produit par un poids de 1kg tombant de 1m de hauteur; il vaut 98100000 ergs ou 98,1 mégergs.

16. Unité de puissance. — **L'unité C. G. S. de puissance est la puissance d'un moteur qui effectue 1 erg de travail par seconde;** aussi appelle-t-on quelquefois cette unité *erg-seconde*. En Électricité, on emploie une unité secondaire, le *watt* ou joule-seconde (travail de 10^7 ergs par seconde).

Les principales unités industrielles de puissance sont le *kilogrammètre par seconde*, le *cheval-vapeur* et le *poncelet*. Le cheval-vapeur vaut 75kgm par seconde. Le poncelet est l'unité industrielle de puissance adoptée par le Congrès international de mécanique de 1889; il vaut 100kgm par seconde et a sensiblement la même valeur qu'un *kilowatt* (un poncelet = 0,981 kilowatt).

RÉSUMÉ DU CHAPITRE I

Le mouvement d'un mobile est déterminé par la nature de sa trajectoire et par la position qu'il y occupe à chaque instant.

Un mouvement est *uniforme* quand le mobile parcourt des espaces égaux en des temps égaux. Les équations des espaces sont $e = vt$ (mobile partant du repos) et $e = e_0 + vt$ (mobile ayant déjà parcouru e_0 dans le sens du mouvement). Le diagramme d'un mouvement uniforme est une ligne droite.

Un mouvement est *varié* quand le mobile parcourt des espaces inégaux en des temps égaux. La vitesse moyenne pendant un intervalle de temps θ est le quotient e de l'espace ε parcouru pendant cet intervalle, par θ. La vitesse à l'instant t est la limite de la vitesse moyenne $\frac{\varepsilon}{\theta}$ à partir de cet instant lorsque θ tend vers zéro.

Un mouvement est *uniformément varié* quand la vitesse croît ou décroît de quantités égales en des temps égaux. Dans le premier cas, le mouvement est uniformément accéléré; les équations des vitesses sont $v = \gamma t$ (mobile partant du repos), $v = v_0 + \gamma t$; les équations des espaces sont $e = \frac{1}{2}\gamma t^2$ (mobile partant du repos), $e = v_0 t + \frac{1}{2}\gamma t^2$. Dans le second cas, le mouvement est uniformément retardé; on a $v = v_0 - \gamma t$, $e = v_0 t - \frac{1}{2}\gamma t^2$.

Un mouvement varié est *périodique* lorsque la vitesse reprend la même valeur après un même intervalle de temps appelé période.

Deux ou plusieurs forces constantes sont proportionnelles aux accélérations qu'elles communiquent successivement à un même point matériel. La relation $\frac{F}{F'} = \frac{\gamma}{\gamma'}$ peut être mise sous la forme $\frac{F}{\gamma} = \frac{F'}{\gamma'} =$ constante. Ce rapport constant a reçu le nom de *masse*. On prend généralement pour valeur de la masse d'un corps le rapport $\frac{P}{g}$ de son poids à l'accélération que lui imprime ce poids.

Une force travaille quand elle déplace son point d'application. Si le déplacement est dans la direction de la force, on a $W = Fe$; s'il n'est pas dans cette direction, $W = Fe \cos \alpha = Fp$, p étant la projection du déplacement e sur la direction de la force.

La *force vive* d'un mobile à un moment donné est la moitié du produit de sa masse par le carré de sa vitesse à ce moment. La variation de force vive pendant un instant quelconque est égale au travail effectué pendant le même temps par la force qui agit sur le mobile : $W = \frac{1}{2} M(v^2 - v_0^2)$.

Les unités mécaniques adoptées en Physique dérivent des unités fondamentales : centimètre, gramme-masse, seconde (système C. G. S.). Les plus importantes sont l'unité de force ou *dyne*, qui imprime au gramme-masse une augmentation de vitesse de 1^{cm} par seconde, et l'unité de travail ou *erg*, travail effectué par une dyne qui déplace son point d'application de 1^{cm} dans sa propre direction.

EXERCICES SUR LE CHAPITRE I

1. La relation qui existe dans un mouvement rectiligne entre l'espace parcouru et le temps est $e = a + bt + ct^2$. On demande : 1° la vitesse moyenne du mobile pendant un temps θ après le temps t; 2° la vitesse du mobile à l'instant t.

Réponses : 1° $v_m = b + 2ct + c\theta$; 2° $v = b + 2ct$.

2. Une masse donnée d'un certain gaz est prise à une température donnée. Le système d'unités adopté étant le système C. G. S., cette masse de gaz occupe l'unité de volume sous l'unité de pression. On suppose que l'on remplace le système précédent d'unités par le système : mètre, gramme-force, seconde (système métrique de la Convention) et l'on demande le nombre qui exprime le volume occupé à la même température par la même masse de gaz, sous une pression égale à la nouvelle unité de pression.

Réponse : $\frac{100}{9,8}$ cent. cubes.

3. La masse d'un corps est représentée par le nombre 1 dans le système : mètre, gramme-force, seconde (système métrique de la Convention); on le place en un lieu où l'intensité de la pesanteur est exprimée, au moyen du même système, par le nombre 9,8. On demande d'exprimer en dynes le poids de ce corps.

Réponse : $9,8 \times 980$.

PESANTEUR

(COMPLÉMENTS)

CHAPITRE II

ÉTUDE DE LA CHUTE DES CORPS

17. Considérations générales. — Lorsqu'un corps est porté à une certaine hauteur puis abandonné à lui-même, il tombe suivant la verticale du lieu. Deux forces agissent sur le corps pendant la chute : 1° son *poids*, qui peut être considéré comme une force constante pendant toute la durée de la chute, si la hauteur de la chute n'est pas trop considérable ; 2° la *résistance de l'air*, qui agit en sens contraire et tend à s'opposer au mouvement. Cette dernière force a une intensité très variable suivant la masse du corps, sa surface, sa vitesse ; par suite, si l'on veut étudier l'effet produit sur le corps par son poids seul, il faut éliminer la résistance de l'air en se plaçant dans des conditions telles que cette résistance soit nulle ou négligeable.

Les *lois* dites *de la chute des corps* sont applicables aux corps qui tombent librement dans un espace privé d'air, c'est-à-dire dans le *vide*.

18. Lois de la chute des corps dans le vide. — Ces lois sont au nombre de deux :

1re Loi : Tous les corps tombent également vite. On le démontre, pour les solides, avec le tube de Newton, et pour les liquides, avec le marteau d'eau (V. Tome I).

2e Loi : Le mouvement est uniformément accéléré.

Cette loi entraîne les deux conséquences suivantes :

1° *Les espaces parcourus sont proportionnels aux carrés des temps employés à les parcourir* ;

2° *Les vitesses acquises croissent proportionnellement aux temps employés à les obtenir.*

Les deux principaux appareils qui permettent de vérifier la deuxième loi de la chute des corps sont la machine d'Atwood et l'appareil de Morin.

19. Machine d'Atwood. — La machine d'Atwood donne le moyen de ralentir la chute des corps *sans changer la nature du mouvement* ; l'influence de l'air est ainsi rendue sensiblement négligeable en même temps que les espaces parcourus peuvent être facilement mesurés.

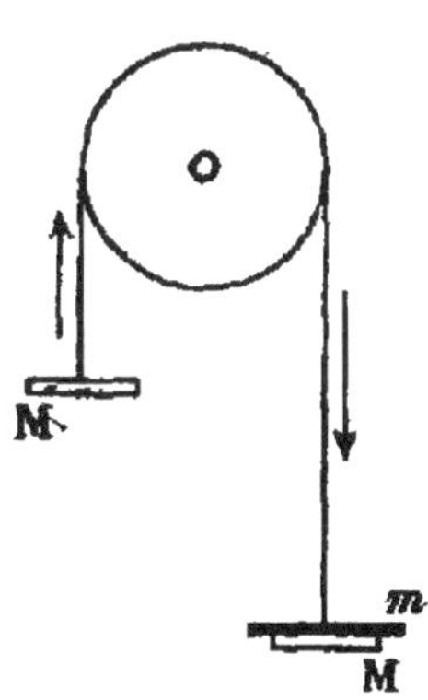

Fig. 11. — Principe de la machine d'Atwood.

Principe. — Soit une poulie très légère et très mobile, sur la gorge de laquelle passe un fil flexible et inextensible, supportant à ses deux extrémités deux masses égales M (*fig.* 11). Ces masses se font équilibre dans toutes les positions du fil, le poids du fil pouvant être considéré comme négligeable vis-à-vis du poids des deux masses. Mais si l'on place sur l'une des deux masses une masse additionnelle m, l'équilibre sera rompu et le système se mettra en mouvement sous l'action du poids de la surcharge.

Si la masse m tombait librement dans le vide, son poids p lui communiquerait un mouvement uniformément accéléré, et l'on aurait

$$p = mg.$$

En agissant sur la masse m augmentée des deux masses M, la même force constante p communique au système total un mouvement qui est encore uniformément accéléré, mais dont l'accélération γ est plus petite que g. On a alors

$$p = (2M + m)\gamma.$$

Égalons les deux valeurs de p ; il vient

$$mg = (2M + m)\gamma,$$

d'où

$$\gamma = g\,\frac{m}{2M + m}.$$

Cette formule montre qu'en choisissant convenablement le rapport $\frac{m}{M}$, l'accélération γ sera aussi petite qu'on le voudra et que le mouvement, tout en s'effectuant suivant les mêmes lois qu'en chute libre, sera ralenti dans un rapport connu.

Description. — La figure 12 représente un modèle de machine d'Atwood simplifié par M. Mascart et très répandu dans l'Enseignement.

La poulie est en aluminium ; elle est protégée par une cage de verre qui repose sur un support à vis calantes fixé contre un mur. Une longue règle en bois, avec divisions en parties d'égale longueur, sert à mesurer les espaces parcourus par la masse $M + m$. Sur cette règle deux *curseurs* peuvent se fixer à telle hauteur qu'on veut à l'aide de vis de pression. L'un d'eux, appelé *curseur plein*, porte une plaque horizontale qui sert à arrêter la masse $M + m$ à un instant quelconque de sa chute ; l'autre porte un anneau qui se laisse traverser par la masse M, mais arrête au passage la masse additionnelle *m*, dont la forme est allongée : c'est le *curseur annulaire*.

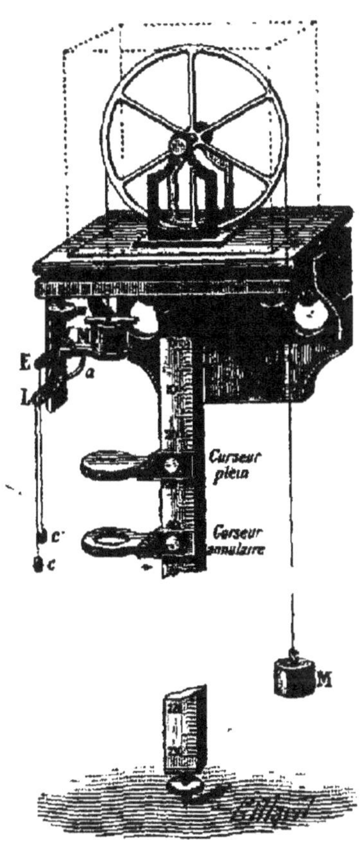

Fig. 12. — Machine d'Atwood (simplifiée par M. Mascart).

La masse M + *m* est soutenue, vis-à-vis du zéro de la règle graduée, par une plate-forme horizontale. En temps ordinaire, cette plate-forme est immobilisée par une sorte d'arc de cercle *a* qui vient buter contre l'extrémité d'un levier L. Quand on veut abandonner à elle-même la masse M + *m*, on agit sur le levier L à l'aide du cordon *c* ; le butoir est dégagé, et la plate-forme, qui en est solidaire, bascule. Si l'on veut recommencer une expérience, on ramène la masse M + *m* au-dessus du zéro de la règle et on tire sur le cordon *c'* : la plate-forme se relève dans la position horizontale en même temps qu'un ressort à boudin *r* ramène le levier L dans sa position primitive.

A cette machine est adjoint un métronome à battements très sonores, indiquant les secondes.

Dans des modèles plus complets de la machine d'Atwood, l'axe de la poulie, au lieu de reposer sur deux coussinets fixes, s'appuie sur les jantes croisées de quatre roues mobiles également en aluminium (*fig.* 13). Cet axe, par son mouvement, fait tourner les quatre roues, et on a ainsi, au lieu d'un frottement de glissement, un frottement de roulement qui est beaucoup plus faible. La mesure du temps se fait avec un pendule compte-secondes, disposé avec un commutateur électrique pour agir automatiquement sur la plate-forme qui soutient la masse $M + m$.

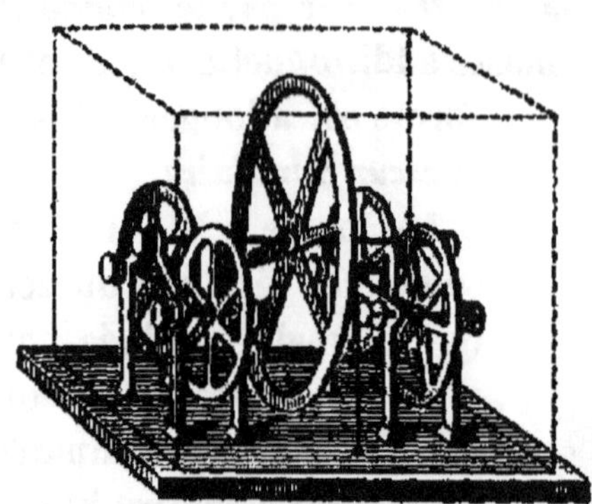

Fig. 13. — Poulie d'une machine d'Atwood à frottement de roulement.

Vérification de la loi des espaces. — On abandonne la masse $M + m$ à elle-même au commencement d'une seconde déterminée, indiquée par le battement du métronome; puis on déplace le curseur plein le long de la règle jusqu'à ce que l'on entende simultanément le battement du métronome indiquant la fin de la seconde et le choc de la masse M sur le curseur plein. On n'arrive à ce résultat qu'après une série de tâtonnements. Supposons que l'espace parcouru pendant la première seconde de chute soit de 10^{cm} (*fig.* 14).

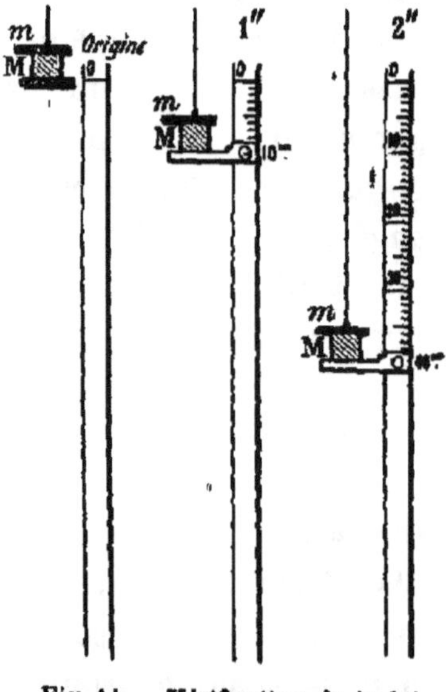

Fig. 14. — Vérification de la loi des espaces.

On recommence l'expérience de la même manière, mais en n'arrêtant la masse $M+m$ qu'au bout de la deuxième seconde ; on trouve alors que le curseur plein doit être placé à la division $10 \times 2^2 = 40$. On trouverait de même que l'espace parcouru au bout de 3 secondes est de $10 \times 3^2 = 90^{cm}$, et ainsi de suite, ce qui vérifie la loi des espaces.

Il faut remarquer que cette vérification ne peut être qu'approximative. En effet, la résistance de l'air, qui était négligeable pour les faibles vitesses acquises pendant les deux premières secondes de chute, augmente rapidement avec la vitesse et devient sensible à partir de la troisième seconde. Il faut donc, quand on cherche l'espace parcouru au bout de 3 secondes, par exemple, placer le curseur plein à une division un peu inférieure à la division 90. La règle graduée n'est d'ailleurs généralement pas assez longue pour qu'on puisse pousser l'expérience au-delà de quatre secondes de chute.

Vérification de la loi des vitesses. — La loi des espaces étant vérifiée, il est inutile de vérifier la loi des vitesses, puisque chacune des deux lois est une conséquence de l'autre. On peut cependant établir directement la loi des vitesses avec la machine d'Atwood.

Supposons que l'on enlève la masse m après 1 seconde de chute. Conformément au principe de l'inertie, le système restant $2M$ continuera à se mouvoir, mais son mouvement deviendra uniforme, et la vitesse de ce mouvement sera celle que possédait le système tout entier $2M+m$ après une seconde de chute. Si l'on enlève m après 2 secondes de chute, la vitesse du mouvement uniforme que prendra le système $2M$ sera celle que possédait le système $2M+m$ après 2 secondes de chute, et ainsi de suite. Par conséquent, pour vérifier la loi, il suffit de mesurer chaque fois les espaces parcourus par le système

2M pendant la seconde qui suit la suppression de la masse m.

Le curseur annulaire étant fixé sur la règle à la division 10, on laisse tomber la masse $M + m$; la masse m est arrêtée après une seconde de chute, la masse M continue à descendre (*fig.* 15). On cherche par tâtonnement à l'arrêter avec le curseur plein juste une seconde après l'arrêt de la masse m. La distance des deux curseurs représente la vitesse acquise

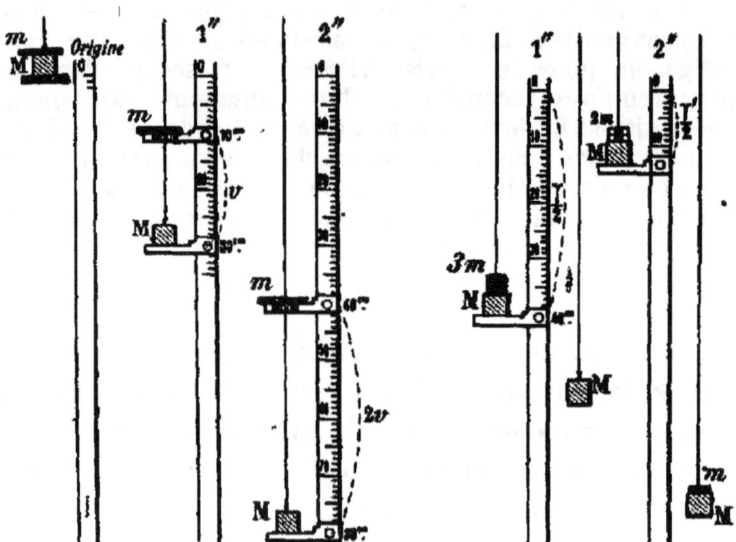

Fig. 15. — Vérification de la loi des vitesses.

Fig. 16. — Vérification de la proportionnalité des forces aux accélérations.

par le système $2M + m$ après une seconde de chute ; elle est égale, dans les conditions de l'expérience, à 20^{cm}. — Dans une deuxième expérience, on place le curseur annulaire à la division 40, afin que la masse m ne soit enlevée qu'après 2 secondes de chute. On arrête la masse M au bout de la troisième seconde : la distance entre les deux curseurs est $40^{cm} = 20 \times 2$; donc la vitesse acquise par le système $2M + m$ après 2 secondes de chute est double de celle qui était acquise après 1 seconde, et ainsi de suite.

Proportionnalité des forces aux accélérations. — Ce principe peut être vérifié avec la machine d'Atwood.

Plaçons sur l'une des deux masses M, trois petites masses additionnelles en forme de disques, ayant chacune un même poids que nous appellerons p (*fig.* 16). Les masses suspendues aux extrémités du fil seront M et $M + 3m$; la force agissante sera $3p$, et l'accélération γ du mouvement se mesurera en prenant le double de l'espace parcouru par le système au bout de la première seconde (4). Changeons de côté l'une des masses additionnelles ; la masse totale à mettre en mouvement sera encore la même, savoir $M + m$ à une extrémité du fil, $M + 2m$ à l'autre extrémité ; mais la force agissante ne sera plus que p. Déterminons encore par l'expérience la nouvelle accélération γ'. Nous constaterons que $\gamma = 3\gamma'$, c'est-à-dire que la force $3p$ a imprimé une accélération trois fois plus grande que la force p agissant sur le même système.

20. Appareil de Morin. — L'appareil de Morin permet d'étudier géométriquement la deuxième loi de la chute des corps sans ralentir le mouvement ; le corps qui tombe trace lui-même le graphique de son mouvement. Comme la durée de la chute est très courte (une fraction de seconde), la vitesse du mobile ne peut devenir assez grande pour que la résistance de l'air exerce une action perturbatrice sensible.

Principe. — Considérons un cylindre vertical mobile autour de son axe. Plaçons devant ce cylindre un corps pesant, muni d'un crayon qui s'appuie sur la surface du cylindre. Si le corps tombe librement, le cylindre étant immobile, le crayon tracera sur le cylindre une verticale ; si le corps est maintenu immobile, le cylindre tournant d'un mouvement uniforme, le crayon tracera une circonférence ; si enfin les mouvements du corps et du cylindre se produisent simultanément, on obtiendra une certaine courbe, dont la forme permettra d'étudier toutes les particularités de la chute du corps.

Description. — L'appareil de Morin se compose d'un cylindre de bois, de 2^m environ de hauteur, mobile sur deux pivots et maintenu verticalement par un bâti en bois (*fig.* 17). Le corps dont on doit étudier le mouvement est une masse de fonte, de forme cylindro-conique. Cette masse porte un crayon horizontal qui est pressé contre le cylindre par un petit ressort; elle est guidée dans sa chute par deux fils métalliques bien tendus qui passent dans des oreilles disposées sur les deux côtés. En tirant sur un cordon *c* fixé à l'extrémité d'un levier coudé *l*, on dégage un mentonnet porté par la masse, et celle-ci commence aussitôt son mouvement.

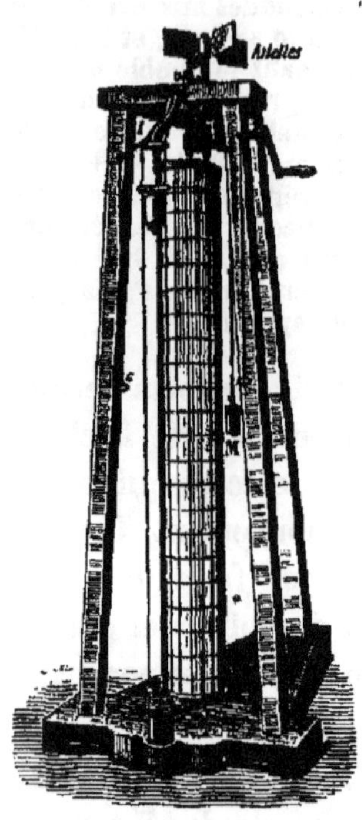

Fig. 17. — Appareil de Morin.

Le cylindre est recouvert d'une feuille de papier quadrillé. Son mouvement de rotation s'obtient par la chute d'une masse M suspendue à une corde qui s'enroule autour d'un tambour T. En se déroulant, cette corde fait tourner une roue dentée *r* qui engrène à la fois par deux vis sans fin avec l'axe du cylindre et avec un autre axe muni de quatre ailettes. Le mouvement du cylindre est d'abord accéléré, puisqu'il est produit par la chute d'un corps pesant, mais les ailettes entraînées frappent l'air avec une vitesse croissante et éprouvent une résistance de plus en plus grande, de sorte qu'il arrive un moment où la vitesse de rotation du cylindre devient sensiblement constante : il en est ainsi ordinairement lorsque le poids moteur a parcouru environ les

$\frac{2}{3}$ de sa course. C'est alors seulement qu'on laisse tomber la masse cylindro-conique.

Vérification de la loi des espaces. — L'expérience étant faite, on fend la feuille de papier suivant la génératrice qui passe par le point de départ du crayon ; on l'enlève de dessus le cylindre et on la développe sur un plan. Les longueurs égales OA, AA′, A′A″, ... (*fig.* 18) prises sur le cercle de départ CC′ représentent des arcs égaux décrits dans des temps égaux entre eux pendant le mouvement uniforme du cylindre. Le point O étant le point de départ, la pointe du crayon rencontre la droite AB après un temps que nous représenterons par 1, et la distance MA de la trace M que fait le crayon sur cette droite à la ligne CC′ représente la hauteur de chute au bout du temps 1. De même, après le temps 2, le crayon rencontre la droite verticale A′B′, et la distance M′A′ donne la hauteur de chute au bout du temps 2, et ainsi de suite. Or, si l'on mesure ces distances MA, M′A′, M″A″, ..., on constate que

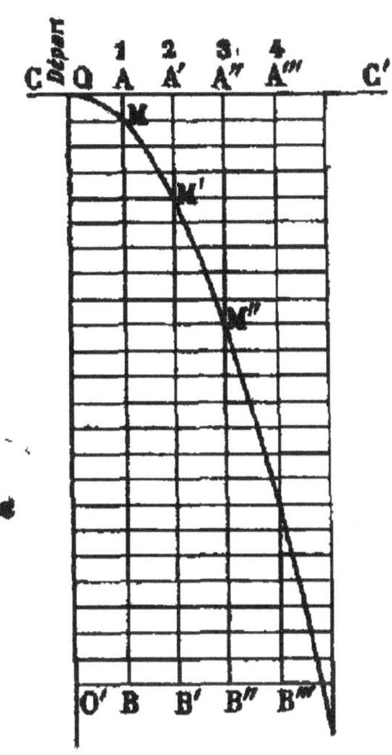

Fig. 18. — Diagramme tracé par le crayon de la masse cylindro-conique.

$$M'A' = 4MA, \qquad M''A'' = 9MA, \qquad \text{etc.} \ldots,$$

ce qui prouve que les espaces parcourus en chute libre croissent comme les carrés des temps correspondants.

Cette loi suffit, comme nous l'avons vu, pour caractériser un mouvement uniformément accéléré.

On peut remarquer que la courbe tracée par le crayon de la masse cylindro-conique est une branche de *parabole*, dont le sommet est le point origine O ; l'axe, la direction OO' du mouvement uniformément accéléré ; et la tangente au sommet, la direction OC' du mouvement uniforme (6).

21. Formules relatives à la chute des corps. — Il résulte des vérifications précédentes que les équations du mouvement rectiligne et uniformément accéléré sont applicables à la chute des corps dans le vide.

Si le corps tombe *librement*, les formules du mouvement seront

$$v = gt, \qquad e = \frac{1}{2}gt^2, \qquad v = \sqrt{2ge},$$

e désignant la hauteur de chute, v la vitesse, g l'accélération due à la pesanteur, accélération qui est la même pour tous les corps dans un même lieu.

Si le corps est lancé verticalement de *haut en bas* avec une vitesse v_0, les formules deviendront

$$v = v_0 + gt; \qquad e = v_0 t + \frac{1}{2}gt^2.$$

Conséquences. — 1° L'accélération due à la pesanteur a pour valeur le double de l'espace parcouru pendant la première seconde de chute par un corps tombant librement.

En effet, si dans l'équation $e = \frac{1}{2}gt^2$ on fait $t = 1$, il vient $g = 2e$.

2° Les espaces parcourus successivement pendant la 1re, la 2e, ... seconde de chute par un corps tombant librement sont entre eux comme la suite des nombres impairs 1, 3, 5, ... Cette conséquence se déduit aisément de l'équation $e = \frac{1}{2}gt^2$.

Application. — Soit un corps lancé verticalement de bas en haut avec une vitesse initiale v_0. Son mouvement est uniformément retardé.

La hauteur du mobile à un instant t est donnée par la formule

$$e = v_0t - \frac{1}{2}gt^2,$$

et sa vitesse a pour valeur

$$v = v_0 - gt.$$

Le corps s'arrête quand sa vitesse est devenue nulle, c'est-à-dire quand $v_0 - gt = 0$, d'où $t = \frac{v_0}{g}$. Il tombe ensuite librement d'un mouvement uniformément accéléré, et la vitesse qu'il a acquise lorsqu'il revient au point de départ est égale à v_0 (10). La durée de la descente est égale à la durée de la montée.

22. Origine de la pesanteur. — La pesanteur est un cas particulier de l'*attraction universelle* : un corps tombe donc par suite de l'attraction qu'exerce sur lui la sphère terrestre.

Newton a démontré qu'entre deux corps quelconques s'exerce une attraction proportionnelle au produit de leurs masses et inversement proportionnelle au carré de leur distance. Soient deux points matériels de masses m et m', distants de d; l'action de m sur m' et l'action de m' sur m sont deux actions égales et contraires ayant pour expression

$$F = f\frac{mm'}{d^2},$$

f représentant l'action qu'exercent l'une sur l'autre deux masses égales à l'unité et distantes de 1^cm^.

Or, on démontre que la Terre agit sur tous les corps extérieurs à peu près comme si toute sa masse était concentrée en son centre. D'après cela, si l'on désigne par M la masse de la Terre, par R son rayon, par m une masse extérieure située à une altitude h, l'attraction exercée par la Terre sur cette masse ou, autrement dit, le poids p de la masse m aura pour expression

$$p = f\frac{\mathrm{M}m}{(\mathrm{R}+h)^2}.$$

Si h est très petit par rapport à R, on peut écrire

$$p = f\frac{\mathrm{M}m}{\mathrm{R}^2},$$

c'est-à-dire que *pour des chutes de petite hauteur, le poids d'un corps agit comme une force constante pendant toute la durée de la chute.* De plus, l'accélération $\frac{p}{m} = \frac{f\mathrm{M}}{\mathrm{R}^2}$ ne dépend pas de la masse; elle est donc la même pour tous les corps, dans le vide et en un même lieu.

REMARQUE. — On donne le nom de *champ de la pesanteur* à toute l'étendue de l'espace dans lequel se fait sentir l'attraction exercée par la Terre. La trajectoire que décrit dans l'espace un corps pesant quelconque, placé en un point du champ et abandonné à lui-même, s'appelle une *ligne de force*. Si on considère le champ dans son ensemble, les lignes de force sont des prolongements de rayons terrestres. Si on ne considère qu'une très petite région du champ, les lignes de force pourront y être considérées comme sensiblement parallèles et on dira que le champ de la pesanteur est *uniforme* dans cette région.

Une *surface de niveau* est une surface sur laquelle l'attraction terrestre a partout la même valeur. On peut concevoir autour de la Terre une infinité de surfaces de niveau, ayant la forme de sphères concentriques à la surface terrestre et toutes perpendiculaires aux lignes de force qu'elles rencontrent. Dans une très petite région du champ, les surfaces de niveau sont assimilables à des plans horizontaux, perpendiculaires aux lignes de force verticales du champ uniforme de cette région. Lorsqu'un corps tombe, le travail accompli par la pesanteur est moteur ou positif; il est indépendant de la trajectoire parcourue par le mobile et ne dépend que de la distance verticale entre la surface de niveau de départ et la surface de niveau d'arrivée.

RÉSUMÉ DU CHAPITRE II

Tout corps qui tombe librement est soumis à deux forces de sens contraires : son poids et la résistance de l'air. L'effet produit par le poids seul (chute dans le vide) est donné par deux lois : *tous les corps tombent également vite* ; *le mouvement est uniformément accéléré.*

La *machine d'Atwood* permet de ralentir la chute des corps sans changer la nature du mouvement. Deux masses égales M qui se font d'abord équilibre sont mises en mouvement par une masse additionnelle m, qui imprime au système une accélération γ donnée par la formule $\gamma = g \dfrac{m}{2M + m}$.

Pour vérifier la loi des espaces, on laisse tomber la masse $M + m$ devant une règle graduée et, à l'aide d'un curseur plein, on arrête cette masse après une seconde de chute. On recommence l'expérience en arrêtant $M + m$ après 2 secondes de chute. On trouve que les espaces parcourus sont proportionnels aux carrés des temps.

Les vitesses sont proportionnelles aux temps. Pour le vérifier, on arrête successivement la masse m au bout de 1, 2, ... secondes de chute ; le système restant, 2M, prend chaque fois un mouvement uniforme dont la vitesse est celle que possédait le système $2M + m$ après 1, 2, ... secondes de chute. Il suffit de mesurer dans chaque expérience la distance entre le curseur annulaire et le curseur plein.

Dans l'*appareil de Morin*, la chute n'est pas ralentie ; le corps qui tombe trace le diagramme de son mouvement sur un cylindre vertical recouvert d'une feuille de papier. La production simultanée du mouvement uniformément accéléré du corps et du mouvement uniforme que l'on communique au cylindre donne une parabole, dont les distances à la circonférence de départ, prises après 1, 2, 3, ... unités de temps, sont entre elles comme 1, 4, 9, ..., ce qui vérifie la loi des espaces.

Les formules applicables à un corps qui tombe librement dans le vide sont $v = gt$ et $e = \frac{1}{2} gt^2$; si l'on donne au corps une vitesse initiale, on a $v = v_0 + gt$ et $e = v_0 t + \frac{1}{2} gt^2$; si enfin le corps est lancé de bas en haut, $v = v_0 - gt$ et $e = v_0 t - \frac{1}{2} gt^2$.

La pesanteur est un cas particulier de l'attraction universelle. Le poids p d'un corps de masse m situé à une altitude h a pour

valeur $f\frac{Mm}{(R+h)^2}$; si h est peu considérable, $p = f\frac{Mm}{R^2}$ et il agit comme une force constante pendant toute la durée de la chute.

EXERCICES SUR LE CHAPITRE II

4. D'un point M on laisse tomber un corps pesant suivant la verticale MN. Quand il a parcouru un espace $MN = l$, on laisse tomber du point M un deuxième corps pesant. Au bout de combien de temps les deux mobiles se trouveront-ils l'un de l'autre à une distance donnée a ?

Application : $l = 100^{cm}$, $a = 1\,000^{cm}$, accélération de la pesanteur $g = 981^{cm}$.

Réponse : $$\frac{a+l}{\sqrt{2gl}} = 2^{sec},48.$$

5. Deux mobiles sont successivement lancés de bas en haut, du même point, suivant la même verticale, avec une même vitesse initiale de 100^{m} par seconde. Quel est l'intervalle de temps qui doit séparer les époques de leurs départs pour que le second se meuve pendant $8^{sec},7$ avant de rencontrer le premier ?

Accélération de la pesanteur, $g = 981^{cm}$.

Réponse : $2^{sec},98$.

6. Un fil qui s'enroule sur une poulie très mobile porte à chacune de ses extrémités A, B, une masse de 200^{gr}. A la masse suspendue en A, on ajoute une masse additionnelle de 5^{gr} et on abandonne le système à l'action de la pesanteur. Calculer le chemin parcouru par le point A au bout de 3^{sec}; calculer, à cet instant, la force vive du système.

Réponses : 1° $54^{cm},5$; 2° 267 272,95.

7. Aux deux extrémités du cordon qui s'enroule sur la poulie de la machine d'Atwood sont suspendues deux masses A et B égales à 50^{gr}.

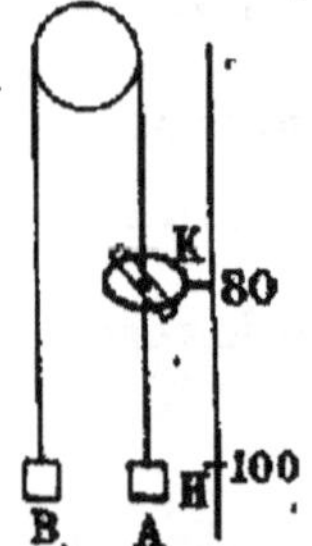

Au début, la masse A est au repos en un point H, en face de la division 100. Le curseur annulaire est placé en K, à la division 80, de telle sorte que si la masse B descend et que A monte le long de la règle, A traversera le curseur annulaire et se surchargera d'une masse additionnelle m de 2^{gr} déposée sur ce curseur. On donne, à la main, une impulsion à la masse B, qu'on abandonne aussitôt qu'on l'a lancée, de manière à la faire descendre et à faire monter A. Le mouvement de A est uniforme entre H et K. Que devient-il ensuite ?

La vitesse du mouvement uniforme entre H et K étant de 3cm par seconde, on demande : 1° jusqu'à quelle division de la règle s'élèvera la masse A une fois surchargée de m ; 2° quelle vitesse il faudrait imprimer à la masse A supposée au repos en H pour qu'elle monte à la division 60.

On suppose $g = 981$ unités C. G. S.

Réponses : 1° uniformément retardé ; 2° 79,766 ; 3° 27cm,7.

CHAPITRE III

PENDULE

---

23. Définitions. — *On donne le nom de pendule à tout corps pesant mobile autour d'un axe fixe horizontal qui ne passe pas par son centre de gravité.* Le fléau d'une balance est un pendule ; il en est de même d'un corps pesant soutenu par un fil flexible fixé à son extrémité supérieure.

Lorsque le centre de gravité d'un pendule est au-dessous de l'axe fixe, dans le plan vertical passant par cet axe, le pendule occupe une position d'équilibre stable, c'est-à-dire telle que si on l'écarte de cette position et qu'on l'abandonne à lui-même, il y revient, mais en accomplissant une série de mouvements de va-et-vient appelés oscillations. La vitesse du pendule, en effectuant ces oscillations, est de plus en plus faible, par suite de la résistance de l'air et des frottements dus à l'axe de rotation.

On peut étudier deux sortes de pendules : le pendule simple et le pendule composé.

Le *pendule simple* est un pendule idéal, qui consisterait en un point matériel pesant, soutenu par un fil inextensible et sans poids et pouvant osciller dans le vide sans qu'il y ait de frottement au point de suspension du fil. Tout pendule qui ne répond pas à cette définition est un *pendule composé.*

Les pendules composés sont seuls réalisables dans la pratique. Leur mouvement se rapproche plus ou moins de celui du pendule simple ; aussi les lois que l'on déduit de l'étude du mouvement pendulaire simple s'appliquent-elles dans une certaine limite aux pendules composés.

PENDULE SIMPLE

24. Mouvement pendulaire. — Soit S le point de suspension d'un pendule simple (*fig.* 19).

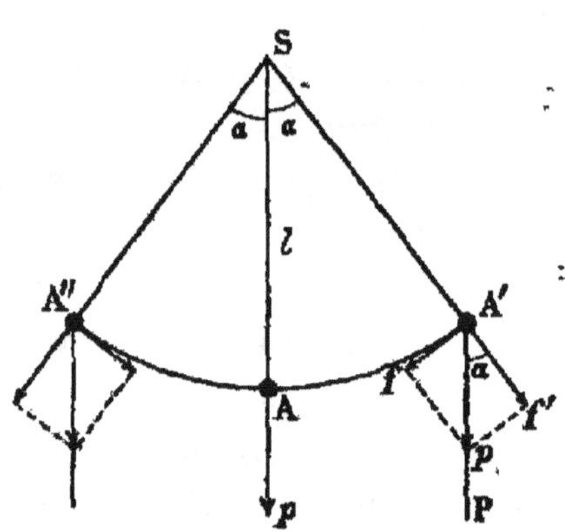

Fig. 19. — Mouvement pendulaire simple.

Lorsque le fil est vertical, il y a équilibre, car le poids p du point matériel A agissant suivant la direction même du fil est détruit par la résistance du point de suspension. Écartons le pendule d'un angle α et abandonnons-le à lui-même ; l'équilibre n'est pas possible, car la direction de la force verticale p ne passe plus par S. Décomposons cette force p, suivant la règle du parallélogramme, en deux composantes f et f' dans le plan vertical SA'P. La force f', située dans le prolongement du fil, n'a d'autre effet que de tendre le fil. La force f, perpendiculaire à la précédente, produit le mouvement du point matériel ; elle a pour valeur $f = p \sin \alpha = mg \sin \alpha$. Comme la composante f se trouve toujours dans le plan vertical SA'P, le point matériel reste dans ce plan et y décrit un arc de cercle de centre S.

La force f diminue avec l'angle α ; mais comme elle agit toujours dans le sens du mouvement, tant que le pendule n'a pas atteint sa position d'équilibre SA, la vitesse va en augmentant jusqu'en A. Quand le point matériel est arrivé en A, la force f est devenue nulle, mais le pendule ne s'arrête pas, à cause de la vitesse acquise. Dès qu'il a dépassé la position d'équilibre, la composante tangentielle f agit en sens contraire du mouvement, et sa valeur va en croissant à mesure que le pendule s'élève ; la vitesse diminue de plus en plus et devient nulle quand le pendule fait de l'autre côté de la verticale un angle A″SA égal à α.

De A″ le point matériel redescend jusqu'en A, dépasse de nouveau sa position d'équilibre en vertu de la vitesse acquise, revient à son point de départ, pour recommencer à descendre, et ainsi de suite indéfiniment.

Le passage du pendule d'une position extrême à l'autre position extrême se nomme une *oscillation simple.* Une *oscillation complète* comprend deux oscillations simples de sens contraires, de A′ en A″ avec retour de A″ en A′. La *durée* d'oscillation est le temps nécessaire pour accomplir une oscillation simple. L'angle d'écart maximum A′SA″ $= 2\alpha$ s'appelle l'*amplitude.*

25. Durée de l'oscillation simple. — L'étude mathématique du mouvement pendulaire simple conduit à la formule suivante, donnant la durée t d'oscillation en secondes, dans le cas des oscillations d'amplitude très petite :

$$t = \pi\sqrt{\frac{l}{g}}.$$

Dans cette formule, l est la longueur SA du pendule, g l'accélération que prendrait le point matériel pesant du pendule s'il tombait librement dans le vide à l'endroit où il oscille ; l et g sont exprimés avec la même unité de longueur, le centimètre dans le système C. G. S., le mètre dans le système adopté en Mécanique.

La formule $t = \pi\sqrt{\frac{l}{g}}$ est suffisamment exacte lorsque l'amplitude est inférieure à 2° ; elle montre que la durée d'oscillation est indépendante de l'amplitude et de la substance dont est formé le point matériel. Si l'amplitude a une valeur quelconque α supérieure à quelques degrés, le calcul montre que la durée d'oscillation est donnée par la formule

$$T = \pi\sqrt{\frac{l}{g}}\left[1 + \left(\frac{1}{2}\right)^2 \sin^2\frac{\alpha}{2} + \left(\frac{1.3}{2.4}\right)^2 \sin^4\frac{\alpha}{2} + \left(\frac{1.3.5}{2.4.6}\right)^2 \sin^6\frac{\alpha}{2} + \ldots\right],$$

dont on saisit facilement la loi de formation.

Enfin, lorsque l'amplitude ne dépasse pas 5 à 6°, on peut négliger toutes les puissances du sinus supérieures à la deuxième et remplacer le sinus par l'arc lui-même. On a alors la formule

$$T = \pi\sqrt{\frac{l}{g}}\left(1 + \frac{\alpha^2}{16}\right).$$

26. Lois du pendule simple. — Elles se déduisent de l'expression de la durée d'oscillation.

I. Loi de l'isochronisme des petites oscillations : **Les petites oscillations d'un pendule simple sont isochrones, quelle qu'en soit l'amplitude.**

II. Loi des substances : **La durée d'oscillation en un même lieu est indépendante de la substance dont est fait le point matériel pesant,**

On sait, en effet, que l'accélération g a la même valeur, en un même lieu, pour tous les corps.

III. Loi des longueurs : **En un même lieu, les durées des petites oscillations de pendules de longueurs différentes sont proportionnelles aux racines carrées des longueurs de ces pendules.**

Étant donnés deux pendules de longueurs l et l', on a, puisque g est constant dans un même lieu,

$$t = \pi\sqrt{\frac{l}{g}}, \qquad t' = \pi\sqrt{\frac{l'}{g}},$$

d'où

$$\frac{t}{t'} = \frac{\sqrt{l}}{\sqrt{l'}}.$$

IV. Loi de l'intensité de la pesanteur : **Pour un même pendule oscillant dans des localités différentes, la durée des petites oscillations est inversement proportionnelle à la racine carrée de l'accélération de la pesanteur.**

En effet, soient g et g' les accélérations de la pesanteur dans deux localités différentes où l'on fait osciller successivement le même pendule; on a, pour les durées d'oscillation t et t',

$$t = \pi\sqrt{\frac{l}{g}}, \qquad t' = \pi\sqrt{\frac{l}{g'}},$$

d'où

$$\frac{t}{t'} = \frac{\sqrt{g'}}{\sqrt{g}}.$$

On peut écrire aussi $t\sqrt{g} = t'\sqrt{g'} = \text{const.}$, c'est-à-dire que, pour un pendule de longueur donnée, le produit de la durée d'oscillation par l'accélération de la pesanteur est un nombre constant.

PENDULE COMPOSÉ

27. Principales formes de pendules composés. — Les pendules composés qui se rapprochent le plus du pendule simple sont constitués par une lourde sphère en platine soutenue par un fil métallique très fin; le point d'attache de l'extrémité supérieure du fil est le centre de suspension. Les pendules ordinaires ont une forme lenticulaire et sont soutenus par une tige rigide. L'axe de suspension est l'arête vive, ou *couteau*, d'un prisme triangulaire en acier qui est encastré dans la tige; le couteau repose sur un plan d'acier ou mieux d'agate.

28. Mouvement oscillatoire. — Coupons un pendule composé par un plan vertical passant par son centre de gravité G et perpendiculaire à son axe de suspension. Prenons cette section pour plan de la figure 20 : l'axe de suspension, qui coupe le plan au point S, est représenté par ce point.

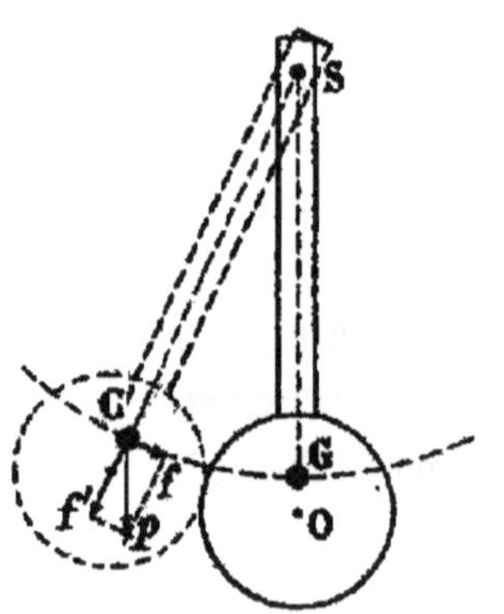

Fig. 20. — Mouvement oscillatoire d'un pendule composé.

Quand la verticale menée par le centre de gravité rencontre l'axe de suspension, le pendule est en équilibre stable, car le poids du pendule peut être supposé appliqué en G et ce poids est détruit par la résistance de l'axe. Écartons le pendule de sa position d'équilibre de manière à amener son centre de gravité en G' et abandonnons-le à lui-même; il accomplit autour de sa position d'équilibre SG un mouvement oscillatoire analogue à celui d'un pendule simple. Seulement, à cause des frottements et de la résistance de l'air, la vitesse du pendule diminue de plus en plus et il finit par devenir immobile au bout d'un temps plus ou moins long.

29. Longueur d'un pendule composé. — Supposons que les divers points matériels qui constituent un pendule composé soient momentanément isolés, de manière à former séparément autant de pendules simples reliés à l'axe de suspension. D'après la loi des longueurs, tous ces points oscilleront d'autant plus vite qu'ils sont plus rapprochés de l'axe. Comme, en réalité, ils sont invariablement liés entre eux, la durée commune d'oscillation de leur ensemble sera une durée intermédiaire entre la plus longue et la plus courte. Par suite, entre les points éloignés de l'axe de suspension dont le mouvement se trouve ainsi accéléré et les points rapprochés dont le mouvement se trouve retardé, il y a des points dont la durée d'oscillation n'est ni diminuée, ni augmentée, et qui oscillent comme s'ils étaient isolés. L'ensemble de ces points forme une droite parallèle à l'axe de suspension et appelée *axe d'oscillation*.

Soit O le point où l'axe d'oscillation perce le plan de la figure 20. La longueur SO représente la distance entre l'axe de suspension et l'axe d'oscillation : on l'appelle la *longueur du pendule composé*. On voit que cette longueur représente celle d'un pendule simple qui aurait la même durée d'oscillation que le pendule composé ou, autrement dit, qui serait *synchrone* de celui-ci. Les durées d'oscillation d'un pendule composé quelconque sont donc représentées par les mêmes expressions que les durées d'oscillation du pendule simple ; mais il faut entendre par longueur du pendule composé la longueur du pendule simple synchrone.

Remarque. — L'axe de suspension et l'axe d'oscillation d'un pendule composé jouissent d'une propriété importante découverte par Huyghens ; ils sont *réciproques*, c'est-à-dire que si l'on suspend le pendule par l'axe d'oscillation, l'axe de suspension primitif deviendra l'axe d'oscillation nouveau et la durée de l'oscillation du pendule composé ne changera pas.

Cette propriété permet de déterminer approximativement la position de l'axe d'oscillation d'un pendule composé ; on l'a utilisée pour construire des pendules *réversibles*, c'est-à-dire des pendules à deux couteaux pouvant servir tour à tour d'axe de suspension.

30. Vérification des lois du pendule simple. — Pour vérifier les lois du pendule simple à l'aide du pendule composé, on emploie des sphères de substance très dense, comme le plomb ou le platine, soutenues par des fils très fins et très flexibles. La longueur des pendules ainsi constitués est très sensiblement représentée par la distance du point de suspension au centre de la sphère.

Loi de l'isochronisme des petites oscillations. — On écarte très légèrement le pendule de sa position d'équilibre et on l'abandonne à lui-même, puis, à l'aide d'un chronomètre à pointage, on compte la durée de 100 oscillations. On attend que l'amplitude soit réduite à la moitié environ par suite des frottements et de la résistance de l'air, et l'on compte de nouveau la durée de 100 oscillations : on trouve que cette durée est la même que celle des 100 oscillations précédentes, et on peut faire autant d'autres vérifications analogues que l'on veut, jusqu'à ce que le mouvement oscillatoire ait cessé.

Loi des substances. — Pour vérifier cette loi, on prend des fils de même longueur soutenant de petites sphères de même rayon et de substances diverses : platine, plomb, ivoire, etc. Ces sphères doivent peser beaucoup plus que les fils pour que l'effet de la résistance de l'air sur leur mouvement soit négligeable.

Si, après avoir écarté ces pendules d'un même angle on

les abandonne au même instant, on constate que la durée des oscillations est sensiblement la même pour tous les pendules.

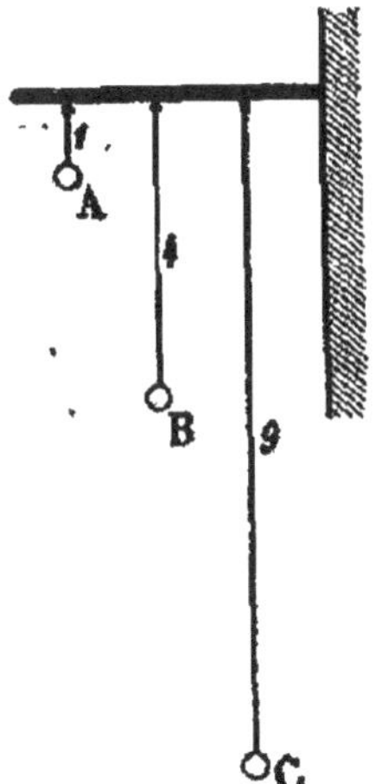

Fig. 21. — Vérification de la loi des longueurs.

Loi des longueurs. — On vérifie habituellement cette loi en faisant osciller simultanément trois pendules A, B, C dont les longueurs sont entre elles comme les nombres 1, 4 et 9 (*fig.* 21). On constate que les durées d'oscillation croissent comme les nombres 1, 2 et 3, c'est-à-dire que le pendule A fait 3 oscillations et le pendule B 2 oscillations pendant que le pendule C en fait une.

Loi de l'intensité de la pesanteur. — En faisant osciller un même pendule dans des localités différentes, on constaterait que la durée d'oscillation est d'autant plus grande que le pendule oscille plus près de l'équateur. Cette durée augmente aussi avec l'altitude.

31. Applications. — Le pendule composé a servi à mesurer l'accélération de la pesanteur, et il est couramment utilisé pour le réglage des horloges.

Mesure de g. — Les principales expériences relatives à la détermination de g en différents points du globe ont été faites par Borda, Kater et le commandant Defforges.

La méthode consiste en principe à faire osciller très faiblement un pendule composé en un lieu donné et à déterminer très exactement la longueur l du pendule simple synchrone du pendule composé au même lieu. On mesure avec soin la durée d'une oscillation simple et l'on applique la formule-limite

$$t = \pi\sqrt{\frac{l}{g}},$$

d'où l'on tire
$$g = \frac{\pi^2 l}{t^2}.$$

Les expériences les plus récentes ont donné pour la valeur de g à Paris (altitude 70^m^,4) $g = 980{,}991$ unités C. G. S. Dans la pratique, on prend $g = 981$ à Paris.

Variations de g avec la latitude et l'altitude. — La valeur de g est une fonction de deux variables : la latitude et l'altitude.

1° En opérant à des latitudes différentes, on a trouvé pour valeurs de g réduites au niveau de la mer :

A l'équateur, latitude 0°	978,10.
A la latitude 45°	980,63.
id. 80°	983.

Les variations de g avec la latitude sont dues à deux causes : l'aplatissement de la Terre aux pôles et sa rotation autour de son axe.

Alors même que la Terre serait immobile, la pesanteur irait en augmentant de l'équateur aux pôles, croissant à mesure qu'on se rapproche du centre de la Terre ; mais notre planète n'est pas immobile, et sa rotation donne naissance à une force centrifuge qui est directement opposée à l'attraction terrestre et est maxima à l'équateur ; la valeur de cette force diminue de plus en plus à mesure qu'on se rapproche des pôles, où elle est nulle.

2° La valeur de g diminue quand l'altitude augmente. En effet, nous avons vu que l'attraction exercée par la Terre sur une masse extérieure m située à une altitude h a pour expression

$$p = f\frac{Mm}{(R+h)^2}.$$

On en tire
$$\frac{p}{m} = \frac{fM}{(R+h)^2} = g, \qquad (1)$$

en appelant g la valeur de l'accélération à l'altitude h.

En supposant la même masse m placée au niveau de la mer, on aurait

$$g_0 = \frac{fM}{R^2}, \qquad (2)$$

g_0 désignant la valeur de l'accélération à ce niveau.

En divisant l'une par l'autre les équations (1) et (2), il vient

$$g = g_0\frac{R^2}{(R+h)^2},$$

ou, approximativement,

$$g = g_0\left(1 - \frac{2h}{R}\right) = g_0(1 - 0{,}000\,000\,196\,h).$$

Le calcul donne une formule générale pour l'accélération de la pesanteur dans un lieu dont on connaît l'altitude h en mètres et la latitude λ ; nous nous contentons de l'indiquer :

$$g = 980{,}63(1 - 0{,}00255 \cos 2\lambda)(1 - 0{,}000\,000\,196\,h).$$

Réglage des horloges. — L'isochronisme des petites oscillations du pendule est utilisé pour régulariser la marche des horloges. Cette application a été indiquée par Huyghens en 1657.

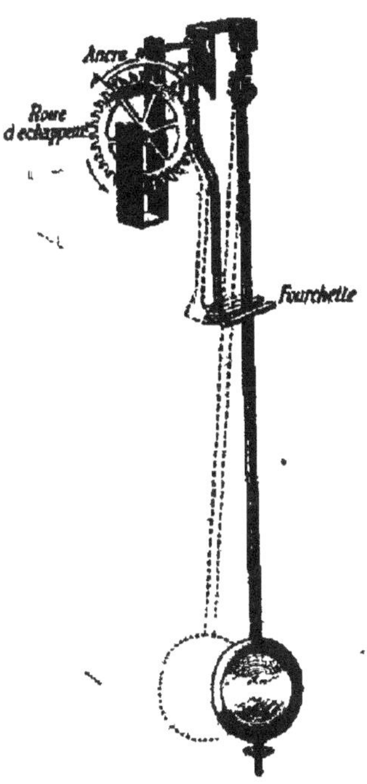

Fig. 22. — Régulateur d'Huyghens (échappement à ancre).

Le pendule régulateur, appelé *balancier*, est constitué par une masse pesante de forme lenticulaire, supportée par une tige qui est fixée à sa partie supérieure par une lame flexible (*fig.* 22). Une pièce en forme d'*ancre* oscille en même temps que le pendule, dont elle reçoit le mouvement par l'intermédiaire d'une fourchette et d'un axe horizontal. Cette pièce porte à ses extrémités deux palettes p et p', alternativement en prise avec les dents d'une roue à rochet, dite *roue d'échappement*, laquelle est sollicitée à tourner dans le sens de la flèche, grâce au moteur (poids ou ressort) qui fait marcher l'horloge.

Considérons le balancier à une extrémité de sa course, la palette p étant en prise avec la dent d, par exemple. Pendant que le balancier descend, la dent d se trouve dégagée, et la roue tourne, mais d'une demi-dent seulement, car dès que le balancier remonte, la palette p' s'avance et vient buter contre la dent d', ce qui arrête le mouvement de la roue. A l'oscillation suivante, la dent d' échappe à son tour, la roue tourne encore d'une demi-dent et la palette p arrête alors la dent qui vient après la dent d, et ainsi de suite. Le mouvement de la roue d'échappement est communiqué aux aiguilles par une série d'engrenages. Comme les oscillations du balancier sont isochrones, le mouvement des aiguilles est *régulièrement* discontinu et elles parcourent la même partie du cadran à chaque oscillation du balancier.

Bien que les frottements soient très faibles, ils finiraient par amener à la longue l'immobilité du balancier. Pour remédier à cet inconvénient, les dents doivent glisser à la sortie sur des plans inclinés en sens contraires avant d'échapper : la pression qui en résulte, transmise au balancier, entretient son mouvement.

La roue d'échappement porte 30 dents et fait par suite un tour pour 60 oscillations simples. Le balancier est réglé de manière à battre la seconde. S'il est trop long, l'horloge retarde ; s'il est trop court, elle avance ; aussi, au moyen d'une vis, peut-on généralement soulever ou abaisser la lentille, de façon à faire battre au pendule exactement la seconde. Mais une fois réglé à une température, ce pendule ne le sera plus pour une autre, puisqu'il n'aura plus la même longueur : l'horloge retardera en été, avancera en hiver. On a combattu cet inconvénient en modifiant la forme et le système de suspension de la lentille et on a établi des pendules *compensateurs* (V. Tome I).

Applications diverses. — Nous ne ferons que mentionner les autres applications du pendule. Il a été utilisé par Foucault pour montrer d'une façon en quelque sorte tangible le mouvement diurne de la Terre ; par Airy pour déterminer indirectement la densité moyenne de la Terre. Le pendule permet aussi de mesurer l'intensité des forces constantes.

32. Longueur du pendule battant la seconde. — En un lieu où l'accélération est g, et pour des oscillations de faible amplitude, la longueur du pendule dont la durée d'oscillation est une seconde est donnée par la formule

$$1 = \pi\sqrt{\frac{l}{g}}.$$

On en tire $$l = \frac{g}{\pi^2}.$$

Cette longueur varie donc proportionnellement à g. Pour Paris, on a $l = 99^{cm},39$.

RÉSUMÉ DU CHAPITRE III

On appelle *pendule* tout corps pesant mobile autour d'un axe ne passant pas par son centre de gravité. Pour étudier le mouvement pendulaire, on considère un pendule idéal (*pendule simple*), constitué par un point matériel pesant, pouvant osciller dans le vide sans qu'il y ait de frottement au point de suspension. Écarté de sa position d'équilibre, le pendule simple exécute une série indéfinie d'oscillations symétriques, sous l'influence de la composante $f = p \sin\alpha = mg \sin\alpha$. La durée d'une oscillation de faible amplitude est donnée par la formule $t = \pi\sqrt{\frac{l}{g}}$, d'où découlent les lois suivantes: *Les petites oscillations sont isochrones. La durée d'oscillation ne dépend pas de la substance du pendule ; elle est proportionnelle à la racine carrée de la longueur du pendule et inversement proportionnelle à la racine carrée de l'accélération de la pesanteur.*

On ne peut construire que des *pendules composés.* Ils oscillent encore sous l'influence de la composante tangentielle f, mais l'amplitude de leurs oscillations va en décroissant par suite des frottements et de la résistance de l'air. La longueur d'un pendule composé est la distance entre les deux axes réversibles, axe de suspension et axe d'oscillation. Pour vérifier les lois du pendule simple, on emploie des sphères lourdes (Pt, Pb), soutenues par des fils très fins.

Les principales applications du pendule composé sont la mesure de g et le réglage des horloges. La mesure de g se fait en appliquant la formule-limite $t = \pi\sqrt{\frac{l}{g}}$, d'où l'on tire $g = \frac{\pi^2 l}{t^2}$. En opérant à des latitudes et à des hauteurs différentes, on a trouvé que g augmente légèrement de l'équateur aux pôles, et qu'il diminue à mesure que l'altitude augmente. A Paris, $g = 981$ unités C. G. S. (altitude 70^m). Le réglage des horloges se fait en utilisant l'isochronisme des petites oscillations.

La longueur du pendule qui bat la seconde s'obtient en appliquant la formule $l = \frac{g}{\pi^2}$.

EXERCICES SUR LE CHAPITRE III

8. Un pendule qui bat la seconde a une longueur de 99^{cm},39. On demande la longueur du pendule qui, au même lieu, fait 30 oscillations simples par minute. Quel espace parcourt pendant la première seconde de chute un corps pesant au même lieu ?

Réponses : 1° 3^m,96 ; 2° 4^m,383.

9. Un pendule de 1^m de longueur fait par heure 3596 oscillations simples en un certain lieu. Quelle est la force vive acquise par le gramme-masse quand il est tombé pendant 3 secondes en ce lieu ?

Réponse : 4 364 151.

10. Un pendule constitué par une sphère pesante suspendue par un fil métallique très fin fait 6000 oscillations pendant un temps t à 0° ; à 30° il n'en fait plus que 5999 pendant le même temps. On demande le coefficient de dilatation linéaire du métal qui forme le fil.

Réponse : 0,000 011 1.

CHAPITRE IV

DENSITÉS DES SOLIDES ET DES LIQUIDES

33. Définitions relatives aux densités. — On appelle densité ou masse spécifique d'un corps homogène, solide ou liquide, la masse d'un centimètre cube de ce corps. La densité s'évalue donc en grammes-masse par centimètre cube.

Représentons par d la densité d'un corps dont le volume est V^{cc} ; la masse M de ce corps sera

$$M = Vd \text{ grammes.}$$

On tire de là
$$d = \frac{M}{V}, \qquad (1)$$

c'est-à-dire que *la densité d'un corps est le quotient de sa masse par son volume.* Pour l'eau, en particulier, d étant par définition égal à 1^{gr} (à la température de 4°, choisie parce que c'est celle où l'eau est le plus dense), la masse et le volume sont exprimés par le même nombre.

La masse étant constante, en tous lieux, pour un même volume d'un même corps, on voit que la densité d'un corps est la même en tous les points du globe.

Principe de la détermination des densités. — Il résulte de la relation (1) que si le corps a une forme qui permet de calculer son volume par la géométrie, on obtiendra sa densité en divisant sa masse par son volume évalué en centimètres cubes.

Si le corps a une forme quelconque, il suffit de remarquer que son volume peut être remplacé par la masse d'un égal volume d'eau. On aura donc la densité en divisant la masse M du corps par la masse M' d'un égal volume d'eau à 4°.

Comme le volume d'un solide ou d'un liquide varie avec la température, il en est de même de la densité. Dans les tables de densités, celles-ci sont évaluées en *grammes-masse par centimètre cube à* 0°. En divisant la densité d'un corps à 0° par le binome de dilatation correspondant à ce corps, on obtiendra la densité à une température quelconque.

34. Définitions relatives aux poids spécifiques. — On appelle poids spécifique d'un corps homogène le poids d'un centimètre cube de ce corps.

Entre le poids spécifique et la densité d'un même corps, définis comme nous venons de le faire, il existe une relation très simple. Rappelons-nous (8) que

$$P = Mg,$$

P étant le poids et M la masse du corps. Si P est le poids d'un centimètre cube, il devient le poids spécifique : nous l'appellerons p; et alors M devient la masse d'un centimètre cube, c'est-à-dire la densité, d. La formule devient

$$p = dg, \qquad \text{d'où} \qquad d = \frac{p}{g}.$$

Cette formule montre que :

1° la densité et le poids spécifique sont deux coefficients bien distincts l'un de l'autre ;

2° le poids spécifique d'un corps varie proportionnellement à g, puisque la densité a une valeur invariable ;

3° en un même lieu, les poids spécifiques des différents corps sont proportionnels à leurs densités.

DENSITÉS DES SOLIDES

35. Les principales méthodes qui permettent de déterminer les densités des solides sont la méthode du flacon, la méthode de la balance hydrostatique et la méthode des aréomètres à volume constant. La méthode de la balance hydrostatique a été décrite dans le tome I.

36. Méthode du flacon. — Cette méthode est la plus précise de toutes parce que, d'une part, les pesées peuvent être effectuées avec une très grande justesse et que, d'autre part, la méthode se prête facilement à toutes les corrections.

Description du flacon. — Le flacon à densité (*fig.* 23) est en verre mince et a une capacité qui varie entre 50 et 100cc ; il est fermé par un bouchon de verre creux, soigneusement rodé à l'émeri. Ce bouchon est continué par un tube étroit, surmonté lui-même d'un petit entonnoir ;

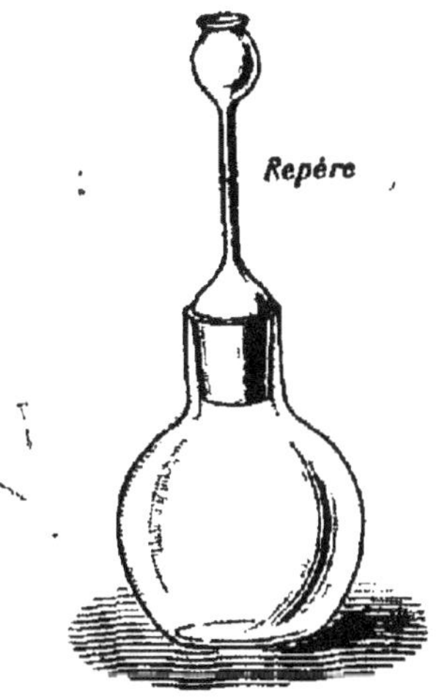

Fig. 23. — Flacon à densité de Regnault.

Fig. 24. — Flacon à densité de Boudréaux.

un trait de repère a été tracé au diamant au milieu du tube.

Le flacon que nous venons de décrire est celui de Regnault. On emploie aussi le flacon de Boudréaux (*fig.* 24). C'est un vase de verre conique à tubulure latérale de déversement, qui permet d'opérer sur de plus gros fragments du solide à essayer.

Manière d'opérer. — 1° On remplit le flacon d'eau distillée jusqu'à ce qu'il déborde, puis on enfonce vivement le bouchon : l'eau déplacée par le bouchon s'élève jusque dans l'entonnoir. On entoure alors le flacon de glace finement concassée et arrosée d'eau distillée; le niveau de l'eau s'abaisse d'abord et descend dans le tube; puis il remonte légèrement, parce que la température est devenue inférieure à 4°. Lorsque le niveau est parfaitement fixe, l'appareil est à 0°. On enlève, à l'aide d'un petit rouleau de papier buvard, le petit excès d'eau qui dépasse le trait de repère, puis on retire le flacon de la glace, on l'essuie soigneusement et on lui laisse reprendre la température extérieure.

2° Le flacon ainsi rempli est porté sur le plateau d'une bonne balance en même temps que le corps, qu'on a réduit en fragments plus petits que le goulot (*fig.* 25). On

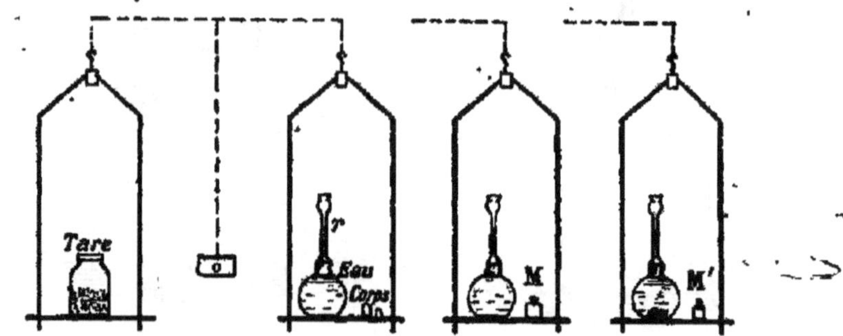

Fig. 25. — Manière d'opérer dans la méthode du flacon.

fait la tare dans l'autre plateau, puis on enlève le corps et on le remplace par des masses marquées M de manière à rétablir l'équilibre. Ces masses représentent la masse du corps, obtenue par double pesée.

3° On retire le flacon du plateau et on y introduit le corps. Pour être certain qu'aucune bulle d'air ne restera adhérente à la surface du corps, on le mouille d'abord à part à l'aide d'un pinceau, puis on introduit les fragments un à un, et enfin on fait le vide sur le flacon non bouché en le portant sous le récipient d'une machine pneumatique. Cela fait, on achève de remplir le flacon, on le bouche, on l'entoure de glace comme précédemment et quand le niveau de l'eau est devenu bien fixe, on enlève ce qui dépasse le repère et on reporte le flacon sur le plateau de la balance. Pour rétablir l'équilibre, il faut ajouter du côté du flacon des masses marquées M' qui représentent la masse de l'eau expulsée par le corps.

La densité du corps est égale à $\frac{M}{M'}$, et la méthode est si précise qu'elle donne des résultats exacts à $\frac{1}{5000}$ près environ.

Corrections. — Si l'on veut obtenir une densité avec une précision plus grande encore, on fait subir plusieurs corrections au résultat $\frac{M}{M'}$. Ces corrections sont relatives à la température du corps et à la poussée exercée par l'air ambiant sur le corps et sur les masses marquées. Il faut en outre tenir compte de ce que l'eau a été prise à 0° et non à 4°.

Appelons V_0 le volume du solide à 0°, t la température à laquelle il a été pesé, k son coefficient de dilatation cubique, D_0 sa densité à 0°, a la masse de l'unité de volume de l'air au moment de l'expérience. Évaluons les poids en dynes.

Quand le flacon et le corps sont placés l'un à côté de l'autre sur le plateau de la balance, la tare fait équilibre au poids apparent F du flacon rempli d'eau et au poids réel V_0D_0g du corps, diminué du poids $V_0(1+kt)ag$ de l'air déplacé. On a donc

$$\text{Tare} = F + V_0D_0g - V_0(1+kt)ag. \qquad (1)$$

En remplaçant le corps par des masses marquées M dont le poids apparent est $Mg\left(1-\frac{a}{d}\right)$, d désignant la densité de la matière qui forme ces masses, on a

$$\text{Tare} = F + Mg\left(1-\frac{a}{d}\right). \qquad (2)$$

Enfin, quand le corps est introduit dans le flacon, la même tare fait équilibre au poids réel V_0D_0g du corps, au poids apparent $M'g\left(1-\frac{a}{d}\right)$ de la masse M' ajoutée pour rétablir l'équilibre, et au poids apparent F diminué du poids $V_0 d_0 g$ de l'eau sortie du flacon :

$$\text{Tare} = F - V_0 d_0 g + V_0 D_0 g + M' g\left(1 - \frac{a}{d}\right). \quad (3)$$

Les équations (1) et (2) donnent

$$V_0 D_0 - V_0(1 + kt)a = M\left(1 - \frac{a}{d}\right),$$

et les équations (1) et (3),

$$V_0 d_0 - V_0(1 + kt)a = M'\left(1 - \frac{a}{d}\right).$$

Divisons l'une par l'autre ces deux dernières équations; il vient

$$\frac{D_0 - a(1 + kt)}{d_0 - a(1 + kt)} = \frac{M}{M'},$$

d'où l'on tire

$$D_0 = \frac{M}{M'} d_0 - \left(\frac{M}{M'} - 1\right)(1 + kt)a.$$

Dans cette formule, on a

$$a = 0{,}001293 \times \frac{H - \frac{3}{8} f}{76} \times \frac{1}{1 + \alpha t}.$$

Remarques. — 1° Lorsque le corps solide est *soluble dans l'eau*, le remplissage du flacon se fait avec un liquide dans lequel le corps est insoluble : on emploie le plus souvent de l'essence de térébenthine ou une huile bien raffinée.

Soient M la masse du solide, M″ la masse d'un égal volume du liquide, δ la densité du liquide. D'après la définition de la densité, la masse M″ occupe un volume $\frac{M''}{\delta}$, qui n'est autre que celui du solide immergé. La densité du solide est donc

$$D = \frac{M}{V} = \frac{M}{\frac{M''}{\delta}} = \frac{M}{M''}\,\delta.$$

La méthode du flacon fournit le rapport $\frac{M}{M''}$; il suffit de multiplier ce rapport par la densité du liquide employé pour avoir la densité du solide.

2° Pour certaines substances qui absorbent l'eau dans leurs pores, comme la craie, les bois, etc., on considère deux densités : la densité *apparente* et la densité *absolue*. La première se détermine en recouvrant le corps d'un vernis imperméable pour éviter l'absorption de l'eau. Pour la seconde, on détermine la masse du corps, d'abord sec, puis imbibé d'eau complètement : la différence des masses exprime la masse de l'eau qui remplit les pores, et par suite le volume de ces pores. Le volume réel du corps s'obtient dès lors par soustraction.

37. Méthode des aréomètres à volume constant. — Cette méthode, employée surtout par les minéralogistes, permet de déterminer approximativement les densités sans avoir recours à la balance. Le type des aréomètres qu'on emploie à cet effet est l'*aréomètre de Nicholson*.

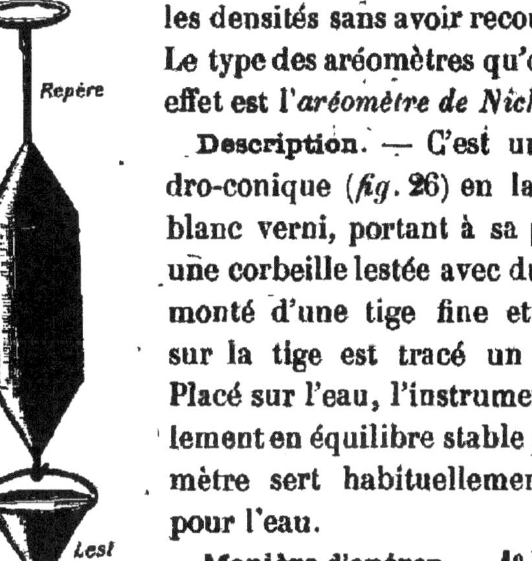

Fig. 26. — Aréomètre de Nicholson.

Description. — C'est un flotteur cylindro-conique (*fig.* 26) en laiton ou en fer-blanc verni, portant à sa partie inférieure une corbeille lestée avec du plomb, et surmonté d'une tige fine et d'un plateau ; sur la tige est tracé un trait de repère. Placé sur l'eau, l'instrument flotte verticalement en équilibre stable ; l'étui de l'aréomètre sert habituellement de récipient pour l'eau.

Manière d'opérer. — 1° Le minéral étant placé sur le plateau, on y ajoute de la grenaille de plomb en quantité suffisante pour produire l'affleurement de l'eau au trait de repère (*fig.* 27).

2° Le corps est remplacé par des masses marquées de manière à rétablir l'affleurement : on a ainsi la masse M du corps par un procédé analogue à celui de la double pesée.

3° Le corps est transporté dans la corbeille. Pour rétablir

l'équilibre, il faut placer sur le plateau des masses M' qui représentent la masse d'un volume d'eau égal à celui du minéral.

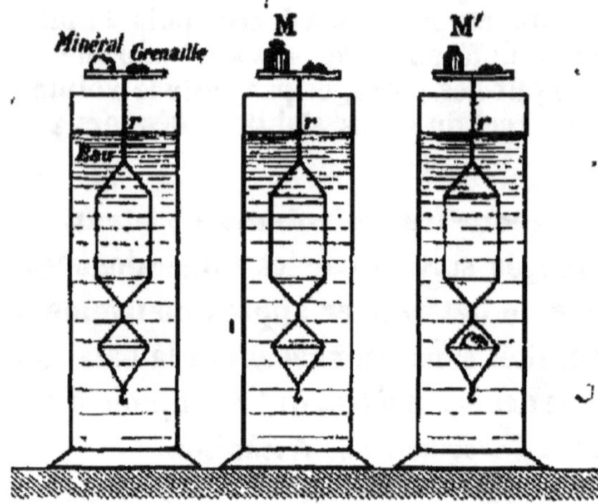

Fig. 27 — Emploi de l'aréomètre de Nicholson.

On a donc

$$D = \frac{M}{M'}.$$

Cette méthode n'est pas susceptible d'une grande rigueur à cause des actions capillaires qui s'exercent entre l'eau et la tige de l'aréomètre ; on néglige donc les corrections de température et l'on se contente de calculer le chiffre des dixièmes.

38. Résultats. — Le tableau suivant donne les densités des principaux corps solides exprimées en *grammes-masse par centimètre cube à 0° centigrade :*

	Densités.		Densités.
Acajou	0,56 à 0,85	Ebonite	1,15
Acier trempé	7,816	Etain fondu	7,285
Ambre	1,08	Fer forgé	7,79
Aluminium laminé	2,67	Fonte de fer	7,20
Argent fondu	10,51	Galène	7,26 à 7,60
Ardoise	2,8	Glace	0,92
Bismuth fondu	9,82	Gutta-percha	0,97 à 0,98
Blende	4,09	Iridium	22,38
Caoutchouc	0,93	Ivoire	1,8
Charbon de cornues	1,91	Laiton en fils	8,54
Chêne	0,61 à 1,17	Liège (écorce)	0,24
Cire	0,96	Lithium	0,59
Craie { densité apparente	1,6	Maillechort	8,615
Craie { densité réelle	2,551	Marbre	2,80
Crown	2,447	Neige non tassée	0,10
Cuivre martelé	8,95	Nickel fondu	8,57
id. fondu	8,65	Or fondu	19,26
Diamant	3,52	Paraffine	0,87

	Densités.		Densités.
Peuplier	0,39 à 0,51	Sodium	0,97
Platine martelé	21,7	Soufre octaédrique. . .	2,07
Plomb.	11,4	id. prismatique . .	1,975
Porcelaine. . . .	2,15 à 3	Spath d'Islande	2,72
Pyrite de fer	5,02	id. fluor	3,19
Quartz	2,65	Verre (crown-glass) . .	2,53
Sapin.	0,49 à 0,66	Zinc fondu	6,862

DENSITÉS DES LIQUIDES

39. — Un grand nombre de méthodes peuvent être employées pour déterminer les densités des liquides. Celle de la balance hydrostatique a été exposée dans le tome I. Nous décrirons la méthode du flacon, la méthode de Mohr et la méthode des aréomètres.

40. Méthode du flacon. — Le flacon avec lequel on détermine la densité des solides peut encore servir pour les liquides, mais on emploie de préférence un modèle recommandé par Regnault.

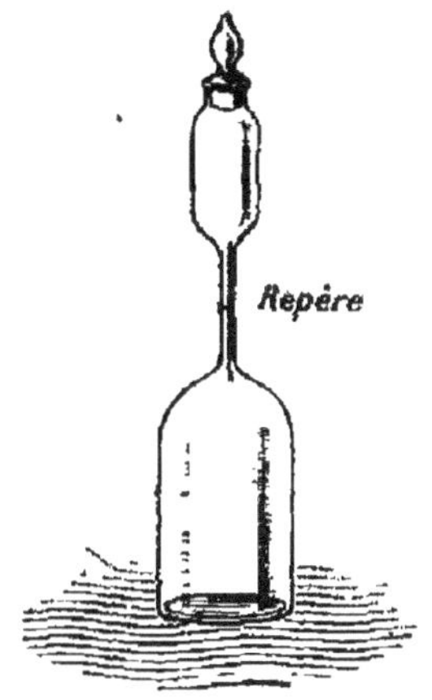

Fig. 28. — Flacon à densité pour les liquides.

Description. — Il se compose d'un réservoir cylindrique surmonté d'un tube étroit au milieu duquel est tracé le repère (*fig.* 28) ; le tube se termine par un entonnoir pouvant se fermer à l'aide d'un bouchon plein.

Manière d'opérer. — Soit à déterminer la densité de l'alcool.

1° Le flacon vide et sec est placé dans un des plateaux d'une bonne balance avec un nombre de grammes (100^{gr} par exemple) supérieur à la masse du liquide le plus lourd devant remplir le flacon (l'eau dans le cas présent); on fait la tare dans l'autre plateau (*fig.* 29).

2° Le flacon ayant été rempli d'alcool à 0° jusqu'au trait de repère, on le replace sur la balance en observant les mêmes précautions que pour les solides. Pour rétablir

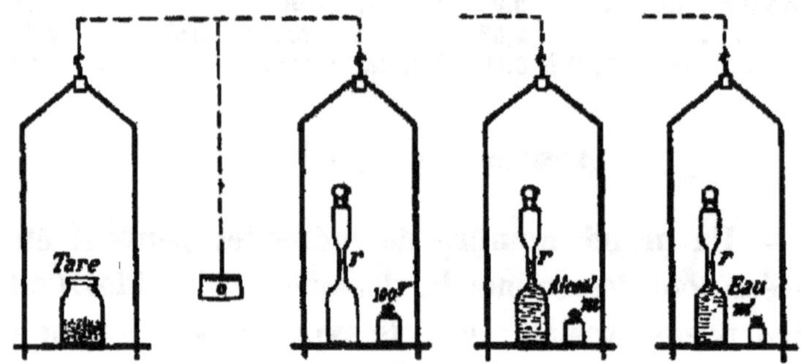

Fig. 29. — Manière d'opérer dans la méthode du flacon.

l'équilibre, il faut mettre une certaine masse m à la place des 100gr. La masse M du liquide est égale à $100 - m$.

3° On vide le flacon, on le lave plusieurs fois à l'eau distillée, puis on le remplit d'eau distillée à 0°. Soit m' la masse qui rétablit l'équilibre ; la masse M' de l'eau est exprimée par $100 - m'$.

Par suite, la densité D du liquide a pour valeur

$$D = \frac{M}{M'} = \frac{100 - m}{100 - m'}.$$

Corrections. — Il y a lieu de faire les mêmes corrections que dans la méthode du flacon pour les solides. En faisant un raisonnement analogue, on aurait pour formule exacte de la densité corrigée

$$D = \frac{M}{M'} d_0 - \left(\frac{M}{M'} - 1\right) a.$$

Remarque. — Le remplissage du flacon est assez difficile à cause du faible diamètre du tube. On chauffe d'abord le réservoir sur une flamme et on remplit l'entonnoir de liquide ; par refroidissement, le liquide descend dans le réservoir. On achève l'opération en chauffant jusqu'à l'ébullition comme pour le remplissage d'un tube thermométrique.

Quand le liquide ne peut être porté à l'ébullition, on introduit jusque dans le réservoir l'extrémité très effilée d'un tube de verre recourbé (*fig.* 30), puis on verse le liquide dans l'entonnoir et on exerce une aspiration par le tube à l'aide d'une poire en caoutchouc. La pression sur la poire fait rentrer dans le flacon de l'air qui ressort en traversant le liquide de l'entonnoir ; l'aspiration appelle dans le flacon le liquide de l'entonnoir. Le même tube permet de vider très rapidement le flacon en y insufflant de l'air.

Fig. 30. — Remplissage du flacon.

41. Méthode de Mohr. — La méthode de Mohr s'applique avec des balances spéciales dites *balances aréothermiques*.

Description. — L'appareil complet se compose d'un support à colonne creuse (*fig.* 31), d'un fléau, d'un plongeur cylindrique en verre contenant un thermomètre pour lest, d'une éprouvette à pied destinée à recevoir le liquide soumis à l'expérience, et enfin de masses ou *cavaliers* en forme de fer à cheval. L'un des bras du fléau porte à son extrémité un contre-poids cylindrique dans le centre duquel se trouve une pointe indicatrice. L'autre bras est divisé en 10 parties égales par des crans numérotés destinés à recevoir les cavaliers.

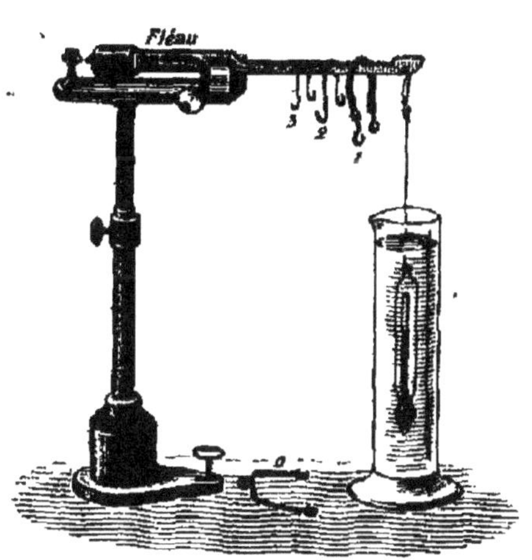

Fig. 31. — Balance aréothermique.

Théorie. — Dans l'air, le contre-poids du fléau fait équilibre au plongeur, et la pointe indicatrice se trouve exactement en regard d'une autre pointe fixée au support. Vient-on à immerger le plongeur dans de l'eau distillée à 15°, le fléau s'incline du côté des pointes et il faut, pour rétablir l'équilibre, accrocher le cavalier n° 1 à l'extrémité opposée aux pointes. Or, si le plongeur était immergé dans un liquide de densité 0,5 par exemple, il faudrait un poids deux fois moindre pour rétablir l'équilibre ou, ce qui revient au même, le même cavalier devrait être placé au milieu du bras du fléau, au cran 5. Il n'y a donc qu'à chercher dans quel cran il faut placer le cavalier n° 1 pour connaître la densité du liquide à $\frac{1}{10}$ près. Si l'on se sert en outre de la même manière des cavaliers n°s 2 et 3, dont les poids sont égaux au $\frac{1}{10}$ et au $\frac{1}{100}$ de celui qui équilibre la poussée subie par le flotteur dans l'eau, on aura évidemment la densité du liquide au millième près.

Liquides plus légers que l'eau. — La balance étant vérifiée, on met dans l'éprouvette le liquide sur lequel on veut opérer, puis, pour obtenir l'équilibre, on se sert des cavaliers 1, 2 et 3 qu'on place dans les crans ou qu'on suspend les uns aux autres s'ils doivent occuper le même cran.

On prend pour chiffre des dixièmes, des centièmes, des millièmes, les numéros des crans qui correspondent aux cavaliers 1, 2 et 3.

Liquides plus lourds que l'eau. — Il faut d'abord suspendre à l'extrémité du fléau le cavalier n° 0, identique comme poids au cavalier n° 1 ; l'équilibre est ensuite cherché en employant les cavaliers 1, 2 et 3.

Remarque. — Les balances aréothermiques permettent de déterminer une densité en quelques minutes avec une précision remarquable. Comme ce n'est qu'à 15° que le poids du cavalier n° 1 est égal à la poussée de l'eau sur le flotteur, l'opération doit être nécessairement faite à cette température. Le plus grand inconvénient de ces ingénieuses balances est que si le plongeur en verre vient à être brisé, il n'est pas perdu seul : cavaliers et contre-poids sont aussi à mettre au rebut, puisqu'ils ne sont réglés que pour un plongeur bien déterminé.

42. Aréomètres. — L'emploi de tous les aréomètres, qu'ils soient à poids variable ou à poids constant, est fondé sur ce principe : *un corps flottant à la surface d'un liquide s'y enfonce d'une quantité telle que son poids soit égal au poids du liquide déplacé.*

Aréomètre de Fahrenheit. — C'est un aréomètre à poids variable. Il se compose d'un flotteur en verre terminé à la partie inférieure par une boule lestée avec du mercure (*fig.* 32), et à la partie supérieure par une tige effilée portant un petit plateau ; un trait de repère est marqué sur la tige. La masse de l'appareil est gravée sur le verre ; nous la désignerons par M.

L'aréomètre, soigneusement lavé, est plongé dans le

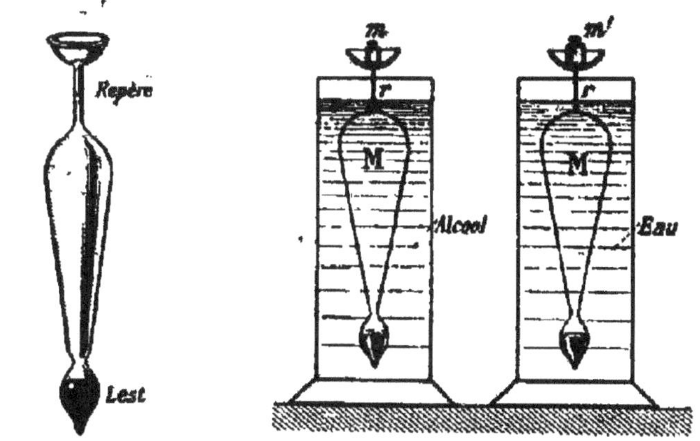

Fig. 32. — Aréomètre de Fahrenheit.

Fig. 33. — Emploi de l'aréomètre de Fahrenheit.

liquide à étudier (*fig.* 33) ; il faut ajouter sur le plateau m^{gr} pour déterminer l'affleurement : $M + m$ représente la masse totale du corps flottant ou la masse du liquide déplacé. L'instrument ayant été de nouveau lavé et essuyé est porté dans de l'eau distillée à la même température que le liquide. L'affleurement est produit par une charge m'^{gr} : $M + m'$ est la masse de l'eau déplacée, ou d'un volume d'eau égal au volume du liquide. On a donc

$$d = \frac{M + m}{M + m'}.$$

A cause de l'action de capillarité qui a pour résultat de faire plonger le flotteur plus que ne l'indique le principe d'Archimède, le chiffre des dixièmes peut seul être considéré comme exact ; il n'y a donc pas lieu d'effectuer de correction relative à la température de l'eau.

Aréomètres de Baumé. — Les aréomètres de Baumé ont été décrits dans le tome I ; ils peuvent servir à déterminer indirectement les densités des liquides, mais ils conduisent à une approximation moindre que l'aréomètre de Fahrenheit.

1° Pèse-acides. — L'eau salée qui sert à obtenir le degré 15 a une densité égale à 1,116. Appelons N le nombre des divisions qui seraient comprises entre le zéro (eau pure) et l'extrémité opposée de l'instrument, v le volume d'une division, x la densité d'un liquide dans lequel l'aréomètre affleure à la division n.

Les masses d'eau pure, d'eau salée et de liquide de densité x sont respectivement égales à la masse de l'aréomètre et sont, par suite, égales entre elles. On a donc

$$Nv = (N - 15)v \times 1{,}116 = (N - n)vx.$$

On tire de ces égalités

$$N = \frac{15 \times 1{,}116}{1{,}116 - 1} = 144{,}3$$

et
$$x = \frac{N}{N - n} = \frac{144{,}3}{144{,}3 - n}.$$

2° Pèse-liqueurs. — La densité de l'eau salée qui donne le zéro de la graduation est égale à 1,0847. Les masses d'eau salée, d'eau pure et de liquide de densité x déplacées sont $Nv \times 1{,}0847$, $(N + 10)v$, $(N + n)vx$. Les équations sont donc

$$Nv \times 1{,}0847 = (N + 10)v = (N + n)vx,$$

d'où
$$N = \frac{10}{1{,}0847 - 1} = 118{,}2$$

et
$$x = \frac{N + 10}{N + n} = \frac{128{,}2}{118{,}2 + n}.$$

Volumètres et densimètres. — On appelle ainsi des aréomètres à poids constant, gradués de telle façon qu'une simple lecture donne soit les *volumes spécifiques* des liquides dans lesquels ils sont immergés, c'est-à-dire les volumes à 0° de l'unité de masse de ces liquides, soit leurs *densités*.

PRINCIPE. — Soit un tube cylindrique divisé en 100 parties d'égale capacité, et lesté de manière à s'enfoncer dans l'eau pure jusqu'à la division 100 marquée en haut de la tige; on aura évidemment, u désignant le volume d'une division et M la masse de l'instrument, $M = 100u$. Si ce tube s'enfonce jusqu'à la division 75, par exemple, dans un liquide de densité $d > 1$, on aura $M = 75ud$. Le volume occupé par une masse M de liquide sera donc $75u$, et le volume spécifique v du liquide sera donné par la relation

$$v = \frac{75u}{M} = \frac{75u}{100u} = \frac{75}{100}.$$

L'appareil ainsi gradué fait donc connaître directement le volume occupé par l'unité de masse d'un liquide; c'est un *volumètre*.

Quant à la densité du liquide dans lequel l'instrument s'enfonce jusqu'à la division 75, elle est donnée par l'équation

$$100u = 75ud,$$

d'où

$$d = \frac{100}{75}.$$

Supposons que l'on effectue d'avance ce quotient pour toutes les divisions de l'échelle volumétrique, et que l'on inscrive la densité correspondante en face de chaque division; l'appareil constitue alors un *densimètre*.

DESCRIPTION DES DENSIMÈTRES. — Les densimètres du commerce ont la même forme que les aréomètres de

Baumé (*fig.* 34) ; les densités y sont marquées en face des points d'affleurement des différents liquides. Dans les densimètres pour liquides plus lourds que l'eau, le point d'affleurement dans l'eau pure est au haut de la tige ; c'est l'inverse dans les densimètres pour liquides plus légers que l'eau. Enfin on construit des densimètres *universels* munis d'un deuxième lest mobile et pouvant être utilisés à la fois pour les liquides plus lourds et plus légers que l'eau.

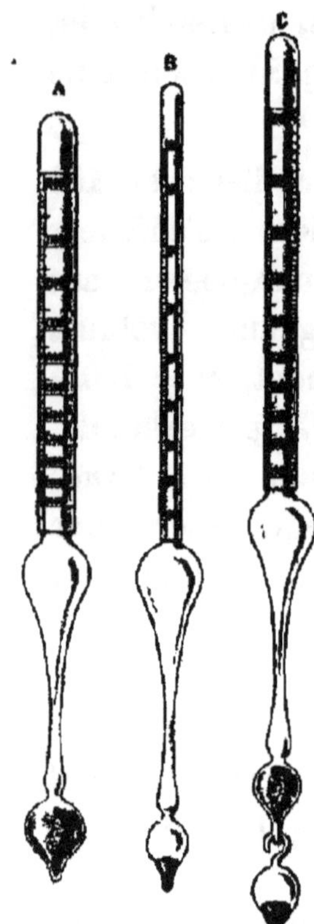

Fig. 34. — Densimètres de Gay-Lussac :
A, pour liquides plus lourds que l'eau ;
B, pour liquides plus légers que l'eau.
C, densimètre universel.

L'échelle des densimètres est limitée selon l'usage auquel on les destine et la sensibilité qu'on veut leur donner. Les densimètres normaux de précision ont une échelle peu étendue et donnent généralement le millième ; un liquide dans lequel un de ces densimètres s'enfonce jusqu'au point d'affleurement marqué 1255 a pour densité 1,255.

Il faut remarquer que les traits de division des échelles densimétriques ne sont pas à égale distance les uns des autres. En effet, n étant la division volumétrique correspondant à une densité donnée d, n' la division correspondant à une densité plus grande que d d'un dixième, par exemple, on a évidemment

$$nvd = n'v(d + 0{,}1),$$

d'où

$$n' = \frac{nd}{+ d0{,}1} .$$

Mais n étant égal à $\frac{100}{d}$, on a

$$n - n' = \frac{10}{d(d+0,1)},$$

d'où l'on voit que, plus la densité est grande, plus les traits de division sont rapprochés. Pour les liquides plus légers que l'eau, on aurait

$$n' - n = \frac{10}{d(d-0,1)};$$

donc les degrés sont d'autant moins rapprochés que la densité est plus faible.

43. Résultats. — Le tableau suivant donne les densités de quelques liquides usuels, exprimées en *grammes-masse par centimètre cube à 0° centigrade :*

	Densités.		Densités.
Acide azotique fumant .	1,52	Ether ordinaire	0,716
id. ordinaire.	1,42	Eau de mer	1,026
Acide sulfurique normal.	1,84	Huile d'olives.	0,915
Alcool pur	0,791	Lait	1,03
Benzine	0,89	Mercure	13,596
Brome (à 15°).	2,99	Sulfure de carbone . .	1,263
Chloroforme	1,48	Vin.	0,995
Essence de térébenthine.	0,86	Vinaigre.	1,01

RÉSUMÉ DU CHAPITRE IV

La *densité* ou masse spécifique d'un corps est la masse d'un cent. cube de ce corps. D'après cela, on obtient la densité d'un corps en divisant sa masse par son volume. Si le volume ne peut être calculé par la géométrie, on lui substitue la masse d'un égal volume d'eau.

Le *poids spécifique* d'un corps est le poids d'un cent. cube de ce corps ; il est lié à la densité par la relation $p = dg$.

La méthode la plus précise pour déterminer les densités des solides est la *méthode du flacon*. Elle comprend les opérations suivantes : remplissage du flacon d'eau distillée à 0°, tare du flacon et du corps placé sur le même plateau de la balance, détermination de la masse M du corps par double pesée, introduction du corps dans le flacon, détermination de la masse M' de l'eau expulsée; $d = \frac{M}{M'}$. Il y a lieu de faire les corrections relatives à la différence de densité de l'eau à 0° et à 4° et à la poussée exercée par l'air sur le corps et les masses marquées.

L'*aréomètre de Nicholson* est un flotteur cylindro-conique à volume constant servant à déterminer la densité des minéraux.

La détermination de la densité des liquides par la *méthode du flacon* comprend les opérations suivantes : tare du flacon vide et d'un nombre de grammes N supérieur à la masse du liquide le plus lourd, remplacement de N par une masse m lorsque le flacon a été rempli du liquide à étudier, remplacement de N par une masse m' lorsque le flacon a été rempli d'eau distillée. La densité du liquide est $\frac{N-m}{N-m'}$. On fait les mêmes corrections que pour les solides.

Les aréomètres servant à déterminer les densités des liquides sont à poids variable ou à poids constant. Le type des premiers est l'*aréomètre de Fahrenheit*. M étant la masse de l'instrument, m et m' les masses qui déterminent respectivement l'affleurement dans le liquide à étudier et dans l'eau distillée, on a $d=\frac{M+m}{M+m'}$.

Les *aréomètres de Baumé* sont à poids constant ; ils ne peuvent servir qu'indirectement à déterminer les densités des liquides. Avec les pèse-sels, on a $d=\frac{N}{N-n}$ et avec les pèse-liqueurs $d=\frac{N+10}{N+n}$, N nombre total de divisions, n division à laquelle affleure l'instrument dans le liquide à étudier.

Les *densimètres* sont aussi à poids constant ; ils indiquent les densités par une simple lecture.

EXERCICES SUR LE CHAPITRE IV

11. On suspend au-dessous du plateau d'une balance un poids cylindrique en métal de poids P ; l'équilibre étant établi, on immerge le poids complètement dans un liquide de densité D, son poids diminue et devient égal à p ; on immerge ensuite la même masse métallique dans un autre liquide, son poids devient alors égal à p' ; on demande :

1° la densité du second liquide ;

2° la densité du poids cylindrique.

Application : $P=1^{kg},452$, $p=1^{kg},382$, $p'=1^{kg},397$, $D=1,113$.

Réponses : 1° 0,874 ; 2° 23,086.

12. On suspend au-dessous des plateaux d'une balance hydrostatique, d'un côté un corps, de l'autre des masses marquées, mais en immergeant le corps et les masses marquées dans un même liquide.

Dans une première expérience, ce liquide est de l'eau. Les masses qui produisent l'équilibre ont pour valeur $11^{gr},43$.

Dans une seconde expérience, le liquide a pour densité 0,8. Les masses qui établissent l'équilibre ont pour valeur $13^{gr},33$.

Sachant que la substance qui constitue les masses marquées a pour densité 8, on demande : 1° la densité du corps ; 2° sa masse.

Réponses : 1° 2 ; 2° 20.

13. Un vase contient du mercure et, au-dessus, de l'eau. Un cylindre de fer de 100mm de long plonge en partie dans le mercure et en partie dans l'eau, qui s'élève d'ailleurs au-dessus de lui. Le tout étant à 0°, on demande le rapport du volume du cylindre immergé dans l'eau à celui qui est immergé dans le mercure. On chauffe ensuite le tout à 100° ; on demande de déterminer la nouvelle valeur du même rapport. Densité de l'eau à 0° = 1 ; densité du fer à 0° = 7,8 ; densité du mercure à 0° = 13,6 ; densité de l'eau à 100° = 0,96 ; coefficient de dilatation linéaire du fer = 0,000012 ; coefficient de dilatation du mercure = 0,00018.

Réponses : 1° $\frac{85}{100}$; 2° $\frac{82}{100}$.

14. Une sphère creuse dont le diamètre est de 10cm pèse 500gr. On la suppose placée au fond de la mer, à une profondeur de 100m,10 et on l'abandonne à elle-même. La densité de l'eau de mer étant 1,026, on demande d'indiquer :

1° La nature du mouvement que la sphère prendra en s'élevant dans le liquide ;

2° Le temps qu'elle mettra pour venir affleurer à la surface et la vitesse qu'elle possédera à ce moment ;

3° Le rapport du volume immergé au volume total, quand elle flottera sur le liquide, en négligeant la poussée de l'air.

Réponses : 1° mouvement uniformément accéléré d'accélération 73cm ; 2° 16sec,5 et 1204cm,5 ; 3° 0,93.

15. Un cône droit en platine, de 10cm de génératrice, pesant 10kg, est suspendu par le sommet, au moyen d'un fil sans poids, au plateau d'une balance hydrostatique. Ce cône plonge partiellement dans du mercure. On demande : 1° quelle longueur de la génératrice émerge du mercure quand l'équilibre est atteint au moyen de 5kg placés dans l'autre plateau de la balance ; 2° quelle masse il faut mettre dans ce second plateau pour réaliser l'équilibre quand le cône plonge entièrement dans le mercure.

Densité du platine, 21,5 ; du mercure, 13,596.

Etablir la formule générale, en appelant x la longueur de la génératrice demandée, l la longueur totale, M la masse du cône, m la masse de 5kg qui établit l'équilibre dans le cas d'une immersion partielle.

Réponses : 1° 5cm,937 ; 2° 3676gr,27.

16. Un pèse-esprits de Baumé marque 10 dans l'eau. Il marque n dans un alcool de densité d. Quelle est la densité D d'un troisième liquide où l'aréomètre marque la division p ?

Application : $n = 20$, $d = 0,85$, $p = 35$.

Réponse : 0,693.

17. Étant donné un aréomètre de Baumé pour liquides plus denses que l'eau, on constate que si l'on vient à en diminuer le poids de 2gr en enlevant de la grenaille de plomb à son intérieur, il s'enfonce dans l'eau pure jusqu'à la division 15 de la tige.

Sachant qu'une dissolution de sel marin contenant 85 parties d'eau et 15 parties de sel a une densité de 1,114, on demande quels sont pour cet aréomètre : son volume jusqu'au zéro de la tige ; le volume d'une division ; son poids initial.

Réponses : 1° 19cc,53 ; 2° 0cc,133 ; 3° 19gr,51.

18. Un aréomètre de Baumé marque 5 degrés dans du lait pur, 2,2 degrés dans un mélange d'eau et de lait. Quelle est la proportion d'eau ajoutée au lait? La densité de la solution qui a servi à marquer le degré 15 est de 1,116.

Réponse : 58 °/₀.

CHAPITRE V

DENSITÉS DES GAZ ET DES VAPEURS

44. Définitions relatives aux gaz. — On appelle densité ou masse spécifique d'un gaz la masse d'un centimètre cube de ce gaz à 0° et sous la pression exercée par une colonne de mercure de 76cm de hauteur. Le *poids spécifique*, ou poids d'un centimètre cube dans les mêmes conditions de température et de pression, serait δg dynes, en représentant par δ la densité du gaz.

La pression exercée par une colonne de mercure de 76cm de hauteur à 0° a pour valeur $76 \times 13{,}596 \times g$ dynes ; elle varie donc légèrement d'un lieu du globe à un autre ; par suite, la masse spécifique d'un gaz n'est pas une quantité constante comme la masse spécifique d'un solide ou d'un liquide. Il n'en est pas de même de la *densité d'un gaz par rapport à l'air*, c'est-à-dire du rapport entre la masse d'un certain volume de ce gaz et la masse du même volume d'air, ces volumes étant considérés à la même température et sous la même pression : la densité ainsi définie est la même en tous les points du globe.

D'un autre côté, tous les gaz ne suivant pas les mêmes lois de compressibilité et de dilatation que l'air, la densité d'un gaz par rapport à l'air varie avec les conditions de température et de pression, surtout si le gaz est facilement liquéfiable ; c'est pour cette raison qu'on convient de déterminer les densités dans des conditions bien définies, à 0° et sous la pression de 76cm. Les densités ainsi obtenues ont reçu le nom de *densités normales*. **On appelle donc densité normale d'un gaz le rapport entre les masses de volumes égaux de ce gaz et d'air considérés à 0° et sous la pression de 76cm.**

REMARQUE. — Les masses spécifiques des gaz ne sont pas établies dans le système C.G.S., puisqu'elles se rapportent à la pression empirique de 76cm de mercure, alors que, dans le système C. G. S., l'unité de pression est la pression d'une dyne par centimètre carré. On considère quelquefois les masses spécifiques des gaz sous une pression égale à l'unité pratique (une mégadyne par centimètre carré), qui correspond sensiblement à la pression exercée par une colonne de mercure de 75cm de hauteur à 0° centigrade.

DÉTERMINATION DES DENSITÉS NORMALES DES GAZ

45. Méthode de Regnault. — Les principales expériences relatives à la détermination des densités normales des gaz ont été faites par Regnault.

Principe. — La méthode adoptée par Regnault consiste essentiellement à effectuer les deux opérations suivantes :

1° Déterminer la masse du gaz à étudier qui remplit un grand ballon de verre à 0° et sous une pression connue ;

on en déduit, par le calcul, la masse du gaz qui remplirait le ballon à 0° et sous la pression de 76^{cm} ;

2° Déterminer la masse de l'air qui remplit le même ballon à 0° et sous une pression également connue ; on en déduit la masse de l'air qui le remplirait à 0° et 76^{cm}.

Description. — Le *ballon-laboratoire* qui doit renfermer les gaz a une capacité d'environ 10^{lit} ; il est muni d'une garniture à robinet qui permet, soit de le mettre en communication avec divers appareils, soit de l'accrocher sous le plateau d'une balance (*fig.* 35).

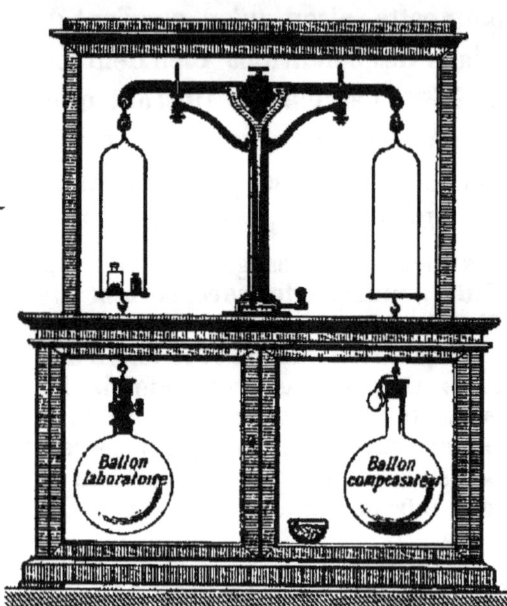

Fig. 35. — Disposition des deux ballons pendant les pesées.

Afin d'éviter toute évaluation de la poussée de l'air, ainsi que les incertitudes produites dans les pesées par les changements de température, d'état hygrométrique, survenus dans l'atmosphère pendant le cours de l'expérience, Regnault eut l'idée d'employer comme tare un *ballon-compensateur*, fabriqué avec le même verre que le ballon-laboratoire, et présentant exactement le même volume extérieur. Pour réaliser cette dernière condition, il faut procéder à un essai préalable. Les deux ballons étant lestés par du mercure, on détermine la poussée qu'ils éprouvent quand ils sont plongés dans l'eau. Généralement l'égalité n'est pas parfaite; le nombre de grammes *m* qu'il faut ajouter pour rétablir l'équilibre représente en centimètres cubes la différence de volume des deux ballons. On prépare alors une ampoule de verre fermée dont le volume extérieur soit de m^{cc} et on l'accroche au plus petit ballon.

Le ballon-compensateur porte une simple monture à crochet. Avant de le fermer complètement, on y introduit un peu de mercure, de manière que, lorsque les deux ballons pleins d'air sont accrochés sous les plateaux de la balance, il soit nécessaire d'ajouter une vingtaine de grammes du côté du ballon-laboratoire pour établir l'équilibre. Cet artifice permet d'opérer par double pesée, même avec les gaz les plus denses.

Enfin la *balance de précision* destinée à effectuer les pesées est placée au-dessus d'une armoire vitrée contenant de la chaux vive; on obtient ainsi une atmosphère sèche et dont la température est sensiblement uniforme.

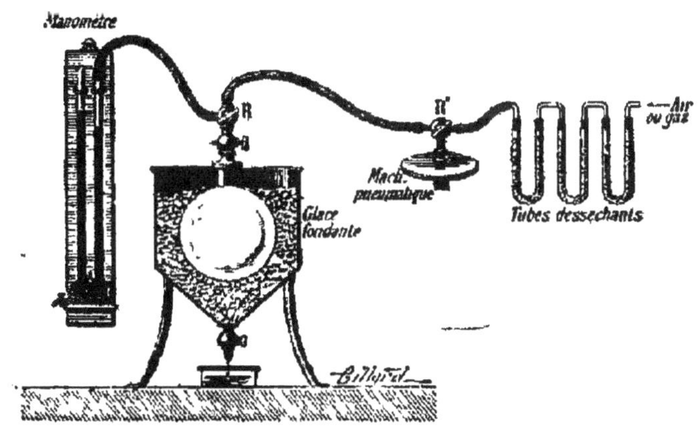

Fig. 36. — Remplissage du ballon-laboratoire.

Manière d'opérer. — 1° Le ballon-laboratoire étant entouré de glace fondante (*fig.* 36), on le relie par un robinet à trois voies R avec un manomètre barométrique de Regnault (56) et, par un second robinet à trois voies R′, d'une part avec une machine pneumatique, d'autre part avec le réservoir à gaz par l'intermédiaire de tubes desséchants. On fait le vide dans le ballon aussi complètement que possible, puis on y laisse rentrer le gaz sec sur lequel on opère. Après ce premier remplissage, le ballon est remis en communication avec la machine pneumatique; on y fait le vide, puis on le remplit de nouveau, et cela quatre ou cinq fois de suite, de manière à être assuré qu'il ne contient que du gaz parfaitement pur. Avant de fermer le ballon, on le met en communication immédiate avec l'atmosphère (le gaz venant du réservoir étant sous une pression un peu supérieure à la pression atmosphérique), et l'opérateur note la hauteur barométrique H.

2° Le ballon sorti de la glace est lavé, puis essuyé avec un linge légèrement humecté d'eau distillée. L'emploi d'un linge sec électriserait le verre et produirait une augmentation de poids assez sensible. Lorsque le ballon a pris la température de la salle, ce qui peut exiger deux heures, on le suspend au crochet libre de la balance. La tare est complétée par un certain nombre de masses marquées M, placées du côté du ballon-laboratoire.

3° On remet le ballon dans la glace et on y fait le vide à quelques millimètres près, puis on le reporte sous la balance après avoir lu sur le manomètre barométrique la force élastique h du gaz restant. Pour rétablir l'équilibre, il faut remplacer la masse M par une masse M′ plus grande. La différence $M' - M$, que nous appellerons m, représente la masse du gaz enlevée par la machine; d'après la loi du mélange des gaz, c'est la masse de gaz qui remplirait le ballon à 0° sous la pression $H - h$.

Pour trouver la masse x de gaz qui occuperait le volume du ballon, sous la pression de 76cm, il suffit d'appliquer la loi de Mariotte :

$$\frac{x}{m} = \frac{76}{H-h},$$

d'où
$$x = m\frac{76}{H-h}.$$

4° Les mêmes opérations sont répétées sur l'air, dans le même ballon. Soient m' la masse de l'air enlevé par la machine, x' la masse de l'air qui occuperait le volume du ballon sous la pression de 76cm, H' la hauteur barométrique avant la fermeture du ballon, h' la pression après qu'on y a fait le vide; on a

$$\frac{x'}{m'} = \frac{76}{H'-h'},$$

d'où
$$x' = m'\frac{76}{H'-h'}.$$

La densité normale du gaz sera donc

$$d = \frac{x}{x'} = \frac{m}{m'} \cdot \frac{H'-h'}{H-h}.$$

46. Détermination de la densité des gaz qui attaquent les garnitures métalliques. — Pour les gaz qui, comme les gaz acides, le chlore, attaquent à froid les garnitures métalliques, on remplace le ballon à garniture métallique par un ballon à robinet de verre. On peut aussi employer un flacon en verre mince, bouché à l'émeri, de 2lit de capacité environ. Voici comment on opère dans ce dernier cas.

Soit à déterminer la densité d du chlore. On jauge exactement le flacon à l'eau, ou mieux au mercure, afin de connaître sa capacité V, puis on le remplit de chlore pur et sec par déplacement d'air. Avant de fermer le flacon, on note la température t et la hauteur barométrique H. On le porte sur une balance et on fait la tare.

Le flacon est ensuite rempli d'air sec et reporté sur la balance. Pour rétablir l'équilibre, il faut ajouter du côté du flacon des masses marquées m qui représentent la quantité dont la masse M du chlore surpasse la masse M' de l'air sec. On a donc

$$M - M' = m.$$

Or, les masses M et M' sont connues par les formules

$$M = \frac{V}{1+\alpha t} \times 0{,}001\,293 \times d \times \frac{H}{76},$$

$$M' = \frac{V}{1+\alpha t} \times 0{,}001\,293 \times \frac{H}{76}.$$

Par suite, on a l'équation

$$m = \frac{V}{1+\alpha t} \times 0{,}001\,293 \times \frac{H}{76}(d-1),$$

d'où l'on tire la valeur de d.

Il est clair que cette méthode est loin de présenter la même précision que celle de Regnault.

47. Expériences de M. Leduc. — La méthode de Regnault a été récemment simplifiée et en même temps perfectionnée par M. Leduc.

Le ballon à gaz ne porte pas de garniture métallique; il est muni d'un robinet de verre, ce qui permet de déterminer la densité des gaz attaquant les métaux aussi bien que celle des gaz ordinaires. Les pesées se font avec une balance qui apprécie le $\frac{1}{10}$ de milligramme (au lieu du milligramme); on peut ainsi réduire de 10[lit] à 2[lit] le volume du ballon à gaz. De plus, il est alors possible d'y faire le vide avec une machine pneumatique à mercure (65), de sorte que les pressions finales h

et h' sont extrêmement faibles (environ $\frac{1}{10}$ de millimètre de mercure). On tient compte de la diminution de poussée atmosphérique due à la légère contraction que subit le ballon quand on y fait le vide. Enfin les pressions se mesurent avec le manomètre barométrique perfectionné.

En reprenant par cette méthode les mesures de Regnault relatives aux densités normales des gaz, M. Leduc a trouvé des nombres sensiblement différents de ceux admis depuis Regnault.

48. Résultats. — Le tableau suivant donne les *densités normales* des principaux gaz; la plupart de ces nombres sont les résultats de déterminations récentes :

	Densités		Densités
Acétylène	0,920	Chlore	2,470
Acide bromhydrique . .	2,740	Cyanogène	1,806
id. chlorhydrique . .	1,247	Ethylène	0,978
id. iodhydrique . . .	4,443	Formène	0,558
id. sulfhydrique . . .	1,191	Hydrogène	0,06947
Ammoniac (gaz)	0,597	Oxyde azoteux	1,0387
Anhydride carbonique .	1,529	id. azotique	1,039
id. sulfureux . .	2,234	Oxyde de carbone . .	0,957
Azote	0,972	Oxygène	1,105

49. Détermination de la masse spécifique de l'air. — Les densités des gaz étant déterminées par rapport à l'air, il est nécessaire, pour pouvoir calculer la masse d'un gaz de volume, pression et température donnés, de connaître la masse a du centimètre cube d'air à 0° et sous la pression de 76^{cm} de mercure. La détermination de cette masse se fait avec le ballon-laboratoire de Regnault (45).

La masse x' de l'air qui remplirait le ballon à 0° et sous la pression de 76^{cm} est donnée, comme nous l'avons vu, par la relation

$$x' = m' \frac{76}{H' - h'}.$$

Il n'y a donc qu'à mesurer le volume intérieur du ballon à 0°, la masse spécifique de l'air ayant pour valeur

$$a = \frac{x'}{V_0}.$$

Ce jaugeage se fait à l'eau distillée privée d'air et avec une balance disposée pour peser 10kg au demi-centigramme près.

On introduit une petite quantité d'eau distillée dans le ballon-laboratoire, et l'on y fait le vide avec une machine pneumatique, en activant l'évaporation par l'action d'une douce chaleur. Lorsque l'air est complètement chassé, on ferme le robinet et l'on fixe au-dessus, par l'intermédiaire d'un tube de caoutchouc épais, un siphon de verre deux fois recourbé, dont l'extrémité libre plonge au fond d'une petite chaudière contenant de l'eau distillée bouillante. Le siphon ayant été rempli d'eau chaude, on ouvre le robinet; l'eau passe du fond de la chaudière dans le ballon et le remplit sans subir le contact de l'air. Le siphon est alors remplacé par un ajutage à boule dans lequel on verse de l'eau bouillie, puis on laisse revenir le ballon à la température ordinaire et on l'immerge finalement dans de la glace fondante pendant une dizaine d'heures.

Le ballon fermé et bien essuyé est accroché sous un des plateaux de la balance; on établit l'équilibre avec une tare. Cette opération doit se faire dans une salle dont la température ne dépasse pas 8° pour éviter la rupture du ballon; l'eau, se contractant de 0° à 4°, reprend en effet un peu au delà de 8° le volume qu'elle possédait à 0°. On vide le ballon et on le sèche intérieurement, puis on l'accroche de nouveau, son robinet ouvert, sous le même plateau et on rétablit l'équilibre à l'aide de masses marquées m placées à côté du ballon. Ces masses m représentent évidemment la différence entre la masse M de l'eau que contenait le ballon et la masse M' de l'air ambiant qu'il renferme dans la deuxième pesée. On a donc

$$M = M' + m.$$

Or, la masse M' est donnée par la formule générale

$$M' = V_0(1 + kt)a \times \frac{H - \frac{3}{8}f}{76^{cm}} \times \frac{1}{1 + \alpha t},$$

k étant le coefficient de dilatation cubique du verre, f la force élastique de la vapeur d'eau contenue dans l'air au moment de la deuxième pesée.

En remarquant que $a = \frac{x'}{V_0}$, il vient

$$M = m + \frac{x'(1 + kt)}{1 + \alpha t} \cdot \frac{H - \frac{3}{8}f}{76}.$$

Cette formule permet de calculer la masse M d'eau qui remplit le ballon à 0°. Dès lors le volume V_0 du ballon à 0° a pour expression, e_0 désignant la densité de l'eau à 0°,

$$V_0 = \frac{M}{e_0} = \frac{M}{0,999878},$$

et la masse spécifique de l'air est

$$a = \frac{x'}{V_0}.$$

Regnault a trouvé par cette méthode que la masse spécifique de l'air à Paris est de 0,001 293 *gramme-masse*.

Remarques. — 1° Il n'y a pas lieu de tenir compte de la variation de la poussée de l'air sur le verre du ballon entre les deux pesées, car cette différence ne dépasse jamais un milligramme, quantité absolument insignifiante vis-à-vis de la masse de plus de 10^{kg} que l'on veut déterminer.

2° La valeur de a varie avec le lieu d'observation. Soit a' la masse spécifique de l'air en un lieu où l'accélération de la pesanteur est g' ; on a évidemment

$$\frac{a'}{0,001\,293} = \frac{76 \times 13,596 \times g'}{76 \times 13,596 \times 981},$$

d'où

$$a' = \frac{0,001\,293 \times g'}{981}.$$

On peut donc trouver la masse spécifique de l'air en un lieu quelconque du globe, en se servant des formules relatives à la variation de g (31).

DENSITÉS DES VAPEURS

50. Définition. — La densité d'une vapeur non saturante se définit le rapport entre les masses de volumes égaux de vapeur et

d'air dans les mêmes conditions de température et de pression.

D'après cela, la masse M d'un volume V de vapeur dont la densité est d, la température t et la force élastique f, sera donnée par la formule

$$M = V \times 0{,}001\,293 \times d \times \frac{f}{76} \times \frac{1}{1+\alpha t}. \qquad (1)$$

51. Détermination de la densité des vapeurs non saturantes. — La méthode la plus simple et en même temps la plus employée dans les laboratoires est celle indiquée par Dumas en 1826.

Principe. — La méthode de Dumas consiste essentiellement à remplir un ballon de volume connu de la vapeur à étudier, sous la pression atmosphérique et à une température supérieure au point d'ébullition du liquide qui fournit la vapeur. En déterminant par l'expérience la masse de la vapeur renfermée dans le ballon, on a, en se servant de la formule (1), toutes les données nécessaires au calcul de la densité.

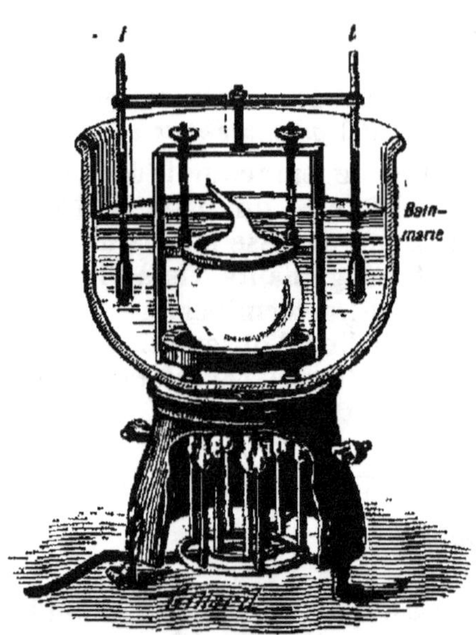

Fig. 37. — Appareil de Dumas pour la détermination des densités de vapeur.

Description de l'appareil employé. — L'usage de cette méthode comporte un ballon spécial en verre mince à pointe effilée (*fig.* 37), un bain-marie et un support annulaire destiné à maintenir le ballon ; le support porte deux douilles pour recevoir des thermomètres qui serviront d'agitateurs au cours de l'expérience.

Manière d'opérer. — Soit à déterminer la densité de la vapeur du chloroforme.

1° On brise la pointe du ballon, on le porte sur une balance ; on ajoute à côté de lui une masse de 5gr et on fait la tare. L'air contenu dans le ballon étant identique à l'air extérieur, la tare fait équilibre aux 5gr plus le poids apparent B du verre du ballon plongé dans l'air. On a donc

$$\text{Tare} = 5 + B. \qquad (1)$$

2° On chauffe légèrement la partie du ballon opposée à la partie effilée, puis on renverse la pointe dans un verre à pied contenant du chloroforme. Dès que le ballon renferme environ 10^{cc} de liquide, on le retourne vivement.

3° Le ballon est placé dans un bain d'eau que l'on chauffe; la vapeur de chloroforme produit un jet parfaitement visible au sortir de la pointe. On élève progressivement la température du bain jusqu'à 20° environ au-dessus du point d'ébullition du chloroforme (60°,8). Dès que le jet devient invisible, on note la température T du bain, ainsi que la hauteur barométrique H et on ferme la pointe au chalumeau.

4° Lorsque le ballon est refroidi complètement, on l'essuie et on le reporte sur la balance; pour rétablir l'équilibre, il faut remplacer les 5^{gr} par une masse moindre m. On note en même temps la température ambiante t et la hauteur barométrique H'.

Dans cette pesée, la poussée atmosphérique s'exerce sur le volume extérieur du ballon qui est fermé et non plus simplement sur le verre comme dans la première opération. En désignant par M la masse de vapeur que l'on a enfermée dans le ballon à T° et sous la pression H, par π la poussée exercée au moment de cette pesée sur le volume extérieur du ballon à $t°$ et sous la pression H', on a

$$\text{Tare} = m + B + M - \pi. \qquad (2)$$

5° La pointe est brisée dans de l'eau privée d'air; le liquide remplit rapidement le ballon et, si l'opération a été bien conduite, il ne reste à la partie supérieure qu'une très petite quantité d'air (1 ou 2^{cc}) dont on peut ne pas tenir compte. On brise alors le tube à son point de jonction avec le ballon et on verse l'eau dans une éprouvette graduée, sans négliger la capacité du tube qui a été détaché. On obtient ainsi le volume V_θ du ballon à la température θ de l'eau.

Calcul. — Des équations (1) et (2) on tire

$$5 + B = m + B + M - \pi,$$

d'où

$$5 - m = M - \pi.$$

Remplaçant M et π par leurs valeurs, il vient

$$5 - m = V_\theta[1 + k(T - \theta)]0,001\,293 \times x \times \frac{H}{76} \times \frac{1}{1 + \alpha T}$$

$$- V_\theta \times 0,001\,293 \times \frac{H'}{76} \times \frac{1}{1 + \alpha t},$$

d'où l'on tire la densité x cherchée.

Remarque. — La méthode de Dumas permet d'opérer à des températures qui peuvent aller jusqu'à 360° environ (point d'ébullition du mercure). Le liquide employé comme bain doit être choisi de manière à permettre de dépasser de 20° environ le point d'ébullition du liquide à étudier (eau pour l'éther, le chloroforme; solution de chlorure de calcium pour l'alcool; acide sulfurique concentré pour l'iode, etc.).

52. Résultats — Voici les densités de quelques vapeurs non saturantes, dans les conditions où elles se comportent comme les gaz :

	Densités		Densités
Acide acétique	2,08	Essence de térébenthine	4,763
Alcool absolu.	1.613	Éther ordinaire.	2,586
Id. méthylique . . .	1,120	Iode.	8,72
Aldéhyde ordinaire. . .	1,532	Mercure	6,98
Arsenic	10,600	Phosphore	4,35
Benzine	2,770	Soufre.	2,21
Chloroforme	4,200	Sulfure de carbone. . .	2,644
Eau . 0,622 ou sensiblement	$\frac{5}{8}$		

Remarque. — La densité d'une vapeur varie généralement beaucoup plus que celle d'un gaz avec les conditions de température. Si l'on prend une vapeur un peu au delà de son point de saturation et si l'on détermine sa densité à des températures de plus en plus élevées, les conditions de pression restant les mêmes, on constate que cette densité décroît progressivement jusqu'à une certaine température au-dessus de laquelle elle devient sensiblement constante. Ainsi la densité de la vapeur de soufre, par exemple, a pour valeur 6,6 un peu au delà de 450° sous la pression de 76^{cm}, tandis qu'à partir de 860°, sous la même pression, elle est sensiblement constante et égale à 2,21. Cette valeur *limite* vers laquelle tend la densité d'une vapeur à mesure qu'elle s'éloigne de son point de saturation, est presque identique à la densité *théorique* que l'on calcule en se basant sur des considérations chimiques et qui est proportionnelle au poids moléculaire de la substance ; c'est celle que l'on inscrit dans les tables des densités de vapeur. — A partir de la température où la densité de la vapeur conserve la même valeur, la vapeur se comporte comme un gaz et suit les lois de Mariotte et de Gay-Lussac.

RÉSUMÉ DU CHAPITRE V

La *densité* ou *masse spécifique* d'un gaz est la masse d'un cent. cube de ce gaz à 0° et 76^{cm} ; elle varie avec g. La densité *normale* est le rapport entre les masses de volumes égaux de gaz et d'air, à 0° et 76^{cm}.

On obtient les densités normales des gaz en appliquant la méthode de Regnault. On détermine successivement, par des différences de pesées ; 1° la masse m de gaz qui, à 0°, remplirait un grand ballon de verre sous une pression $H-h$; 2° la masse m' d'air qui, à 0°, remplirait le même ballon sous une pression $H'-h'$. On en déduit par le calcul les masses x et x' de gaz et d'air qui occuperaient le ballon sous la pression 76^{cm}. La densité est le rapport

$\frac{x}{x'}$, qui a pour valeur $\frac{m}{m'} \cdot \frac{H' - h'}{H - h}$. On évite l'évaluation de la poussée de l'air par l'emploi d'un ballon-compensateur ayant le même volume que le ballon-laboratoire. Les pesées se font dans une cage dont l'air est desséché.

Pour les gaz qui attaquent les garnitures métalliques, on emploie un ballon à robinet de verre ou, à défaut, un flacon bouché à l'émeri que l'on jauge, puis que l'on pèse successivement plein du gaz et plein d'air sec.

La masse spécifique de l'air à Paris est de $0^{gr},001\,293$. On l'obtient en divisant la masse de l'air qui remplirait le ballon-laboratoire de Regnault à 0° et 76^{cm} par le volume intérieur du ballon à 0°. Ce volume se détermine par un jaugeage à l'eau distillée privée d'air.

La *densité d'une vapeur* non saturante est le rapport entre les masses de volumes égaux de vapeur et d'air dans les mêmes conditions de température et de pression. La méthode de Dumas, appliquée ordinairement pour déterminer les densités des vapeurs, consiste à remplir un ballon à pointe effilée de la vapeur à étudier à une température supérieure au point d'ébullition du liquide qui fournit la vapeur. On détermine par l'expérience la masse de la vapeur renfermée dans le ballon, et on applique la formule

$$M = V \times 0,001\,293 \times d \times \frac{f}{76} \times \frac{1}{1 + \alpha t},$$

d'où l'on tire d.

EXERCICES SUR LE CHAPITRE V

19. Étudier les variations de la densité d'un gaz par rapport à l'air avec la température et la pression.

20. Un ballon vide pèse $150^{gr},475$; plein d'air, il pèse $160^{gr},158$; plein d'un autre gaz, $162^{gr},235$. On demande :

1° La densité du second gaz par rapport à l'air, la pression étant invariable;

2° La densité du second gaz par rapport à l'air, en admettant que la pression est de 75^{cm} pendant la pesée de l'air et de 77^{cm} pendant la pesée du gaz.

Réponses : 1° 1,214 ; 2° 1,182.

21. Deux ballons dont les capacités sont $A = 1^{lit}$ et $B = 2^{lit}$ sont pleins d'air sec à 0° et 76^{cm}. On les met en communication par un tube étroit, de volume négligeable, et l'on porte le ballon A à 150°, le ballon B à 80°. On demande :

1° La pression finale dans l'appareil ;

2° Le rapport des densités α et β par rapport à l'eau de chacun des gaz renfermés dans les deux ballons.

On ne tiendra pas compte de la dilatation du verre.

Réponses : 1° 104^{cm} ; 2° 0,834.

22. Une balance porte à une extrémité du fléau un ballon de verre fermé dont le volume extérieur est 1500^{cc}, équilibré à l'autre extrémité par une masse en laiton qui, dans le vide, pèse 122^{gr}. Calculer la force qui fera pencher la balance lorsqu'on porte le tout dans une atmosphère composée à volumes égaux d'air et de gaz d'éclairage. Densité du laiton, 8,5; densité du gaz d'éclairage par rapport à l'air, 0,6; poids d'un centimètre cube d'air, 1^{milligr},3. On admettra que l'air et le mélange gazeux sont à 0° et 760^{mm}.

Réponse : 385^{milligr},93 = 378^{dynes},59.

CHAPITRE VI

MANOMÈTRES

53. Définitions. — Les manomètres sont des instruments qui servent à mesurer la force élastique des gaz et des vapeurs.

Suivant le mode employé pour équilibrer la force élastique à mesurer, on distingue trois sortes de manomètres. Dans les *manomètres à air libre*, on fait équilibre à cette force élastique par le poids d'une colonne liquide (ordinairement du mercure), qui s'élève dans un tube ouvert. Dans les *manomètres à air comprimé*, la force élastique à mesurer est équilibrée par celle d'une masse d'air comprimée en vase clos. Enfin dans les *manomètres métalliques*, on utilise la déformation d'un système métallique à parois minces et flexibles.

Nous étudierons successivement les *manomètres de précision* et les *manomètres industriels*.

MANOMÈTRES DE PRÉCISION

54. Considérations générales. — Les manomètres de précision ne sont utilisés que pour les travaux de laboratoire. Ce sont des manomètres *à air libre*, indiquant très exactement la hauteur de la colonne mercurielle dont le poids fait équilibre à la force élastique à mesurer.

L'unité de force élastique adoptée en Physique est égale à 1^{dyne} s'exerçant sur un centimètre carré; comme elle a une valeur très petite, on adopte dans les calculs une unité un million de fois plus grande, c'est-à-dire une *mégadyne* par centimètre carré. Cette unité secondaire est souvent appelée *barie*.

Les principaux manomètres de précision sont le manomètre à air libre de Regnault et le manomètre normal barométrique.

55. Manomètre à air libre de Regnault. — Il se compose de deux tubes de verre parallèles, de même diamètre mais d'inégale longueur (*fig.* 38), mastiqués dans les branches d'une garniture de fonte deux fois recourbée. Le tube le plus long s'ouvre librement dans l'atmosphère; le tube le plus court peut être mis en communication avec le récipient contenant le gaz ou la vapeur. L'ensemble forme un système de vases communicants contenant du mercure pur et sec; un robinet à trois voies R permet d'établir la communication des tubes entre eux ou avec l'extérieur. Enfin tout l'appareil est fixé sur une planchette verticale reposant sur un pied à trois vis calantes.

Supposons que l'on fasse arriver dans le manomètre un gaz dont la force élastique F soit supérieure à la pression atmosphérique au moment de l'expérience; le niveau du mercure baisse dans le petit tube, tandis qu'il monte dans le grand tube. On mesure au cathétomètre la différence de niveau h du mercure dans les deux tubes et on observe en même temps la température ambiante t et la pression atmosphérique H.

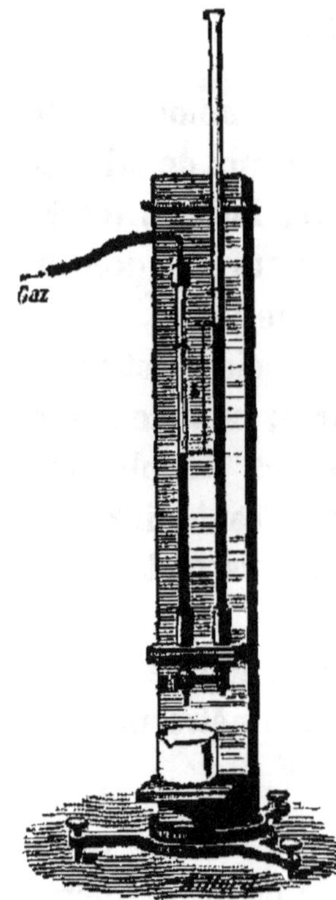

Fig. 38. — Manomètre à air libre de Regnault.

La force élastique du gaz est équilibrée par le poids d'une colonne de mercure ayant pour hauteur

$$\frac{(H + h)(1 + \lambda t)}{1 + \Delta t} \text{ centimètres,}$$

Δ étant le coefficient de dilatation absolue du mercure, λ le coefficient de dilatation linéaire de la règle du cathétomètre; par suite, cette force élastique a pour expression

$$F = (H + h)[1 + t(\lambda - \Delta)]13{,}596 \times 981 \text{ dynes.}$$

Remarque. — Le manomètre à air libre de Regnault ne peut servir que pour des forces élastiques comprises entre la pression atmosphérique et le double de cette même pression. Lorsqu'on a à mesurer des pressions plus fortes, on forme le grand tube de plusieurs tubes superposés, ou bien on substitue au verre un tube d'acier que l'on peut dérouler plus ou moins suivant la grandeur de la force élastique à mesurer (V. Tome I : vérification de la loi de Mariotte; expériences de Regnault et de Cailletet).

56. Manomètre normal barométrique. — Ce manomètre, imaginé également par Regnault, sert pour mesurer les forces élastiques inférieures à la pression atmosphérique.

Une cuvette en fonte à parois de glace (*fig.* 39), pleine de mercure, reçoit à la fois un tube barométrique de 22 à 25mm de diamètre (baromètre normal) et un second tube communiquant par sa partie supérieure avec l'enceinte qui contient le gaz ou la vapeur. Une vis verticale, terminée en pointe à chacune de ses extrémités, est portée par une équerre en fer solidement fixée aux parois de la cuvette; elle permet de mesurer au cathétomètre la hauteur du mercure dans chaque tube. L'appareil est muni en outre d'une règle en cuivre divisée pour la lecture directe. Cette règle est terminée par une pointe d'affleurement; elle porte un vernier donnant le $\frac{1}{10}$ de millimètre. Un bloc en fonte à mouvement lent est destiné à amener le niveau du mercure au contact de la pointe d'affleurement.

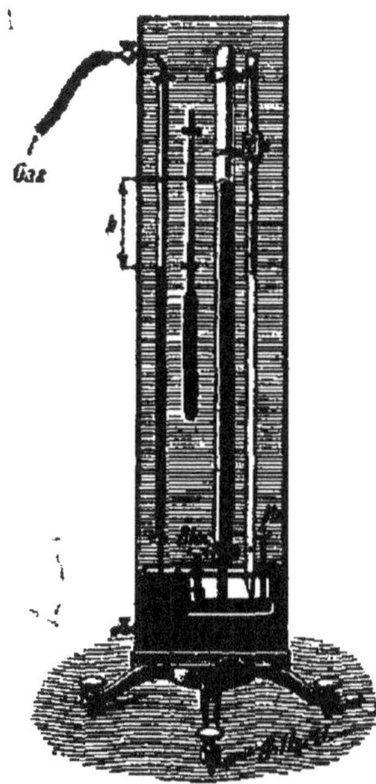

Fig. 39. — Manomètre normal barométrique.

Lorsque le tube manométrique reçoit un gaz dont la force élastique est inférieure à la pression atmosphérique, le mercure monte dans ce tube et la force élastique du gaz est représentée par la différence verticale h^{cm} des niveaux du mercure dans les deux tubes. En réduisant cette différence h à 0° comme dans le cas du manomètre à air libre et en la multipliant par $13{,}596 \times 981$, on aura la force élastique exprimée en dynes.

Le baromètre normal de Regnault a été perfectionné par

M. Leduc. Le tube barométrique et le tube manométrique sont faits de même verre et ont le même diamètre (*fig.* 40). Un tube siphon, dont la partie large a exactement le même diamètre que les tubes, est placé à cheval sur le bord de la cuvette et constitue avec cette dernière un système de vases communicants, remplis du même liquide. La lecture au cathétomètre est facilitée par de petits écrans mobiles à crémaillère, placés derrière les tubes et portant un viseur spécial (bande noire entre deux bandes blanches) éclairé par une petite lampe électrique. Le tube manométrique est muni d'un robinet *r* qui permet de maintenir le mercure dans ce tube, sauf pendant les mesures. La température est donnée par un thermomètre au $\frac{1}{10}$ plongeant dans un tube contenant du mercure. Enfin un système d'écrans latéraux a pour but de soustraire le manomètre aux courants d'air et au rayonnement des corps voisins.

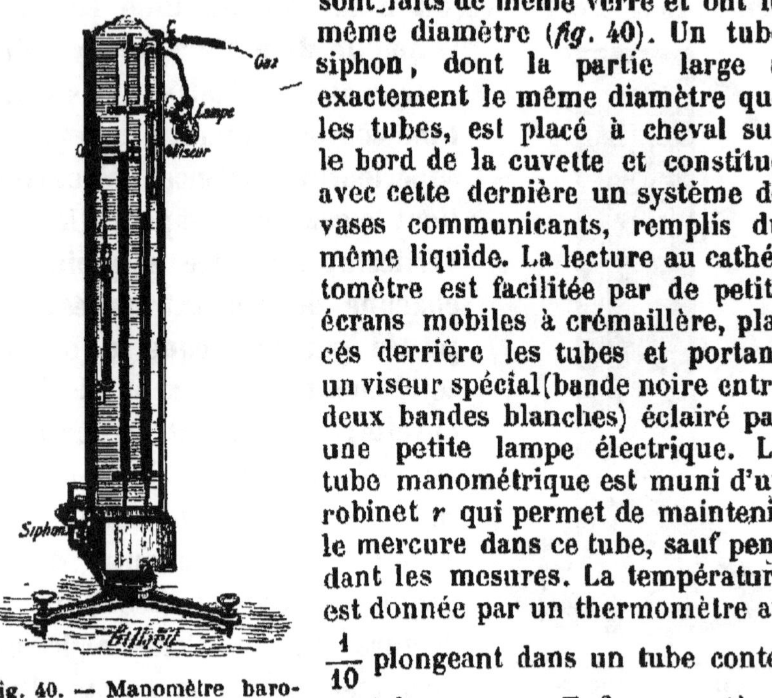

Fig. 40. — Manomètre barométrique modifié par M. Leduc.

MANOMÈTRES INDUSTRIELS

57. Considérations générales. — Les manomètres industriels par excellence sont les manomètres *métalliques*, qui présentent sur les autres manomètres les avantages de ne pas exiger de mercure, d'être portatifs, d'un prix relativement peu élevé et de donner des indications rapides; on emploie encore, mais rarement, des manomètres à air libre et des manomètres à air comprimé. Les forces élastiques sont généralement indiquées en kilogrammes par centimètre carré : le kilogramme correspond à une hauteur d'environ $73^{cm},5$ de mercure.

58. Manomètres métalliques. — Nous décrirons le manomètre de Bourdon, le manomètre de Ducomet et les manomètres enregistreurs.

Manomètre de Bourdon. — C'est le manomètre industriel le meilleur et le plus employé. Il se compose essentiellement d'un tube en laiton mince, à section elliptique. Ce tube est enroulé en spirale, comme le montre la figure 41 ; son extrémité supérieure, libre et fermée, porte une aiguille indicatrice ; l'extrémité inférieure, ouverte, est fixée à une tubulure à robinet R qu'on relie à la chaudière par un tube à siphon afin de laisser près du robinet une certaine quantité de liquide provenant de la vapeur condensée, ce qui empêche le tube qui porte le mouvement

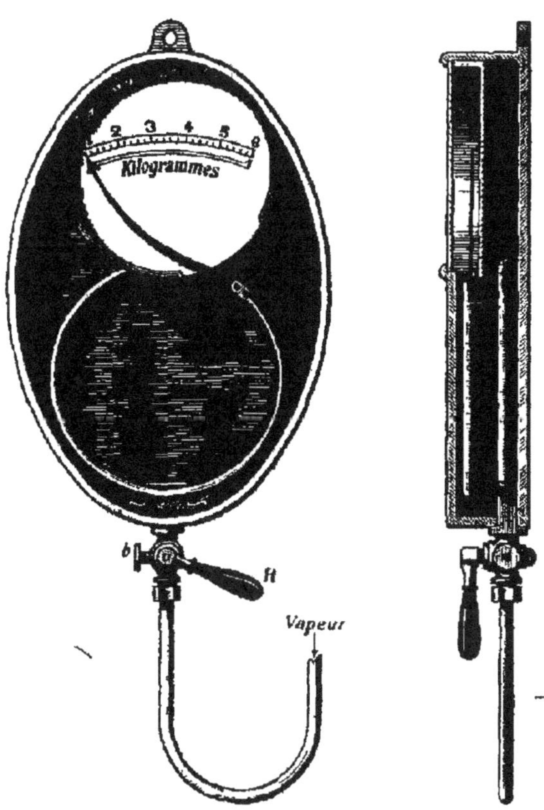

Fig. 41. — Manomètre de Bourdon.

indicateur d'être en contact direct avec la vapeur. Quand la pression intérieure augmente, la spirale tend à se dérouler, ce qui fait avancer l'aiguille sur le cadran; le contraire se produit quand la pression intérieure diminue. Le robinet R est à trois voies; il porte une bride *b* permettant d'y fixer un manomètre-étalon pour vérifier l'exactitude des indications du manomètre en service.

Manomètre de Ducomet. — La vapeur arrive par le tuyau T (*fig.* 42) et remplit une capsule C formée d'une feuille mince métallique. Sur cette capsule repose un bouton B, fixé à un ressort

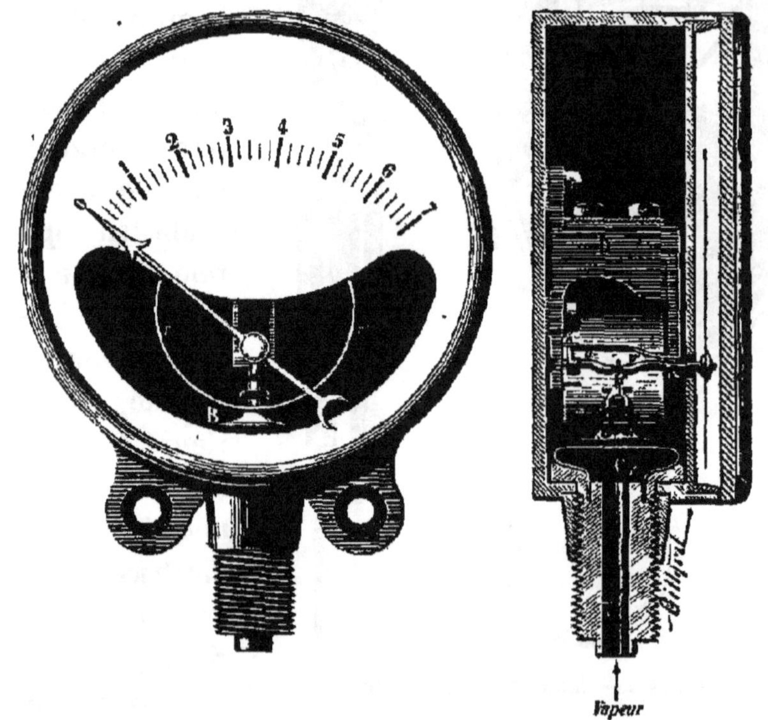

Fig. 42. — Manomètre métallique système Ducomet.

en acier *rr'* lequel a son point d'attache en D et se meut par suite sans aucun frottement. Le bouton B porte une boule à laquelle vient s'articuler une bielle à fourche *f* qui s'engage dans la gorge du vilebrequin *vv'* portant l'aiguille indicatrice.

Lorsque la capsule C reçoit une pression dans son intérieur, elle augmente de volume, refoule le bouton B qui s'appuie sur elle, et, le ressort rr' s'infléchissant sous cette pression, la bielle f actionne le vilebrequin, de sorte que l'aiguille se déplace plus ou moins suivant l'intensité de la pression. Lorsque la pression cesse, le ressort se détend, la capsule est refoulée et l'aiguille obéissant à cette variation, subit un déplacement inverse du précédent.

Manomètres enregistreurs. — Le système d'enregistreur de Richard (V. Baromètres enregistreurs, tome I), s'applique aux manomètres métalliques. La figure 43 représente les deux modèles les plus employés. Le tuyau de vapeur s'adapte directement sur les con-

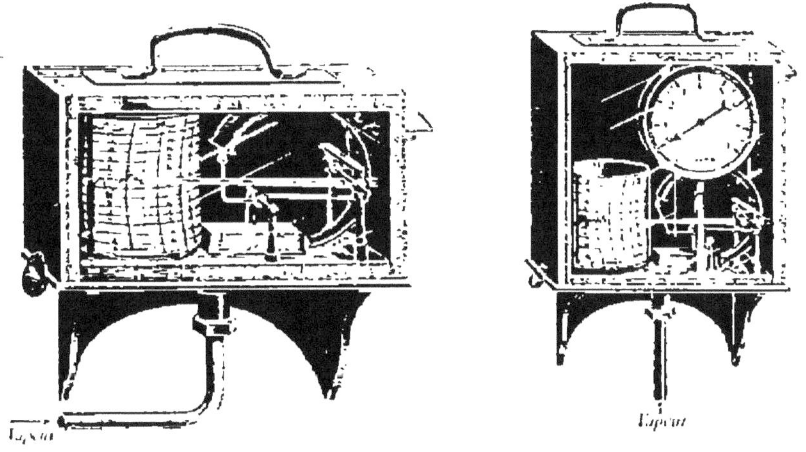

A B

Fig. 43. — Manomètres enregistreurs.
A. Manomètre simple. — B. Manomètre avec cadran.

duites existantes et peut atteindre une longueur de 50m à partir de la chaudière. Dans les manomètres ordinaires, les papiers enroulés sur les cylindres sont établis pour 4 à 16kg ; dans les manomètres destinés aux presses hydrauliques, les papiers sont établis pour 400 atmosphères et les tubes manométriques sont en acier ou en bronze phosphoreux.

Les manomètres enregistreurs sont très utiles pour l'industrie ; leur emploi permet de contrôler facilement la marche des foyers, tant au point de vue de la dépense de combustible qu'à celui de la sécurité.

Graduation des manomètres métalliques. — Les manomètres sont gradués en kilogrammes par centimètre carré. La graduation commence quelquefois par 1, le plus souvent par 0. Dans le premier cas, le manomètre indique la pression *absolue*, c'est-à-dire la pression réelle qui s'exerce sur les parois intérieures de la chaudière; dans le second, il indique la pression *effective*, c'est-à-dire la pression absolue diminuée de la pression atmosphérique.

Pour graduer les manomètres métalliques, on se sert d'un manomètre à mercure à air libre, dit *manomètre-étalon*. Ce manomètre est placé sur le tuyau de refoulement d'une pompe d'injection qui envoie de l'eau dans l'intérieur du tube du manomètre à graduer.

Si l'on détermine sur le manomètre métallique, par comparaison avec le manomètre à mercure, deux divisions extrêmes, par exemple 0^{kg} et 8^{kg}, il ne faudrait pas croire qu'en divisant l'intervalle en huit parties égales on aura les points de division intermédiaires à marquer 1^{kg}, 2^{kg},... : le tube ne s'enroule pas et ne se déroule pas de quantités proportionnelles aux variations de pression ; aussi doit-on faire la graduation par comparaison.

Pour les fortes pressions, on construit actuellement des manomètres de Bourdon de grandes dimensions qui servent d'étalons.

59. **Manomètres à air libre.** — Les manomètres à air libre correspondent à la grande branche du tube de Mariotte. Les principaux types sont le manomètre à cuvette et le manomètre des usines à gaz.

Manomètre à cuvette. — Il se compose d'une large cuvette en fonte de fer (*fig.* 44), de 22^{cm} de diamètre intérieur, munie d'un trou de vidange avec vis de fermeture et d'un ajutage latéral à robinet pour amener la vapeur au-dessus du mercure. Cette cuvette est fermée à sa partie supérieure par un bouchon à vis dans lequel est mastiqué un tube de cristal de 4^{m} de hauteur. Le tube est ouvert à ses deux extrémités: son extrémité inférieure plonge dans le mercure de la cuvette; son extrémité supérieure se termine par un raccord prêt à recevoir des tubes additionnels. Une planchette peinte, divisée en demi-centimètres, est creusée d'une cavité demi-cylindrique recevant le tube de cristal.

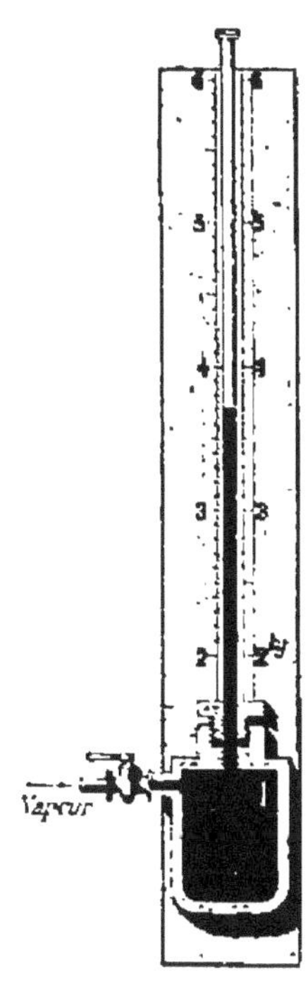

Fig. 44. — Manomètre à cuvette à air libre.

Les manomètres à cuvette étaient gradués autrefois en *atmosphères*, la pression d'une atmosphère étant celle qui correspond à une hauteur de mercure de 76^{cm}. On les gradue actuellement de façon à indiquer les pressions en kilogrammes par centimètre carré. Une pression d'une atmosphère est d'ailleurs presque égale à une pression de 1 kilogramme par centimètre carré. En effet, 76 centimètres cubes de mercure pèsent $76 \times 13{,}596$ grammes $= 1^{kg},033$.

Lorsque les niveaux du mercure dans le tube et dans la cuvette sont sur le même plan horizontal, la force élastique dans la cuvette est égale à la pression atmosphérique, ou sensiblement 1^{kg} par centimètre carré. Les points où il faut marquer les pressions successives en kilogr. sont faciles à déterminer. En effet, à 1^{kg} ou 1000^{gr} de pression correspond une hauteur de mercure en centimètres de $\frac{1\,000}{13{,}596} = 73{,}5$ environ. C'est donc à des distances du niveau du mercure dans la cuvette successivement égales à $73{,}5$, $73{,}5 \times 2$, $73{,}5 \times 3$, $73{,}5 \times 4$, ... qu'on marquera les pressions de 2, 3, 4, 5, ... kilogr. En subdivisant ensuite chacun de ces intervalles en 10 parties égales, on évaluera les dixièmes de kilogramme. Dans ce manomètre on néglige complètement, comme on le voit, les variations de niveau du mercure dans la cuvette.

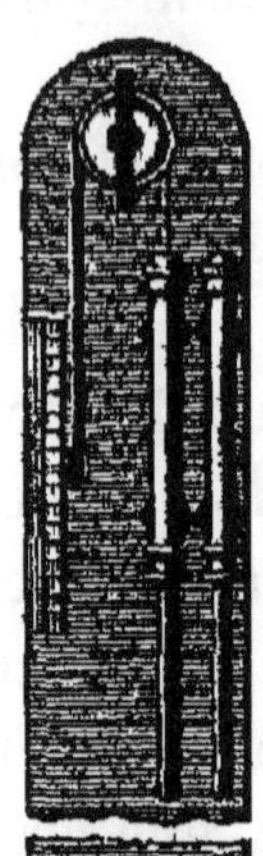

Fig. 45. — Manomètre à air libre à flotteur.

Afin de rendre plus commode la lecture des fortes pressions, on établit quelquefois sur le niveau du mercure dans le tube un flotteur qui en suit tous les mouvements et les transmet, par l'intermédiaire d'un cordon et d'une poulie, à un petit contrepoids (*fig.* 45); ce contrepoids se déplace de haut en bas et reporte les indications à une hauteur d'autant plus convenable que les forces élastiques sont plus considérables.

Les manomètres à cuvette sont presque abandonnés ; ils finissent le plus souvent par donner des indications fausses, soit à cause de l'oxydation du mercure, soit parce que l'eau provenant de la vapeur condensée se loge sur la colonne mercurielle. D'ailleurs l'élévation successive de la force élastique de la vapeur dans les chaudières ne permet plus guère leur emploi.

Manomètre des usines à gaz. — Ce manomètre comprend un simple tube coudé à branches de 15^{cm} de hauteur, fixé sur une planchette divisée. Il fonctionne ordinairement avec de l'eau. La différence des niveaux de l'eau, réduite en centimètres de mercure, indique de combien la force élastique du gaz d'éclairage dépasse la pression atmosphérique.

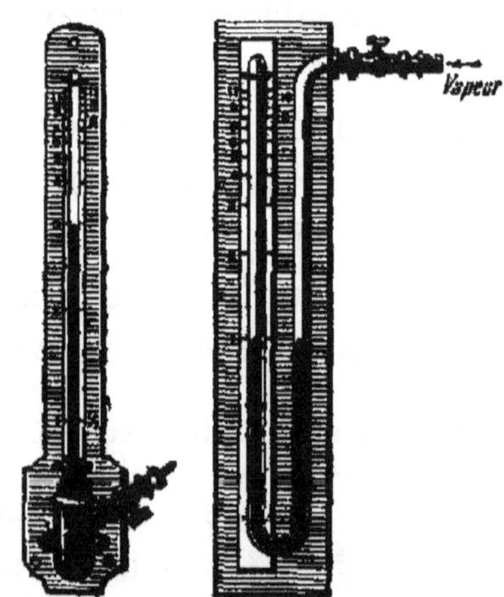

Fig. 46. — Manomètres à air comprimé.

60. Manomètres à air comprimé. — Les manomètres à air comprimé correspondent à la petite branche du tube de Mariotte.

La figure 46 représente les deux formes que l'on donne habituellement aux manomètres à air comprimé. Le tube manométrique n'a

que 60 à 80^{cm} de hauteur; sa partie supérieure est fermée; sa partie inférieure est montée sur une cuvette en fonte comme dans le manomètre à air libre, ou bien elle est complètement recourbée en forme de siphon. La quantité d'air enfermée dans le tube manométrique est telle que, sous la pression atmosphérique, le mercure soit au même niveau dans le tube et dans la cuvette, ou dans les deux branches du siphon. Si une pression plus forte s'exerce dans l'appareil, le mercure monte dans le tube en comprimant l'air et, quand l'équilibre est atteint, cette pression a pour valeur la force élastique de l'air comprimé, augmentée de la pression due à la colonne de mercure comprise entre les deux niveaux du mercure.

Les points de division d'un manomètre à air comprimé peuvent être déterminés par le calcul en s'appuyant sur la loi de Mariotte. Il faut pour cela que le tube manométrique soit bien cylindrique, de manière qu'on puisse représenter les volumes de l'air par les longueurs qu'il occupe. Dans la pratique, on préfère graduer empiriquement les manomètres à air comprimé en comparant leur marche à celle d'un manomètre à air libre dont le tube a une hauteur suffisante.

Les manomètres à air comprimé ne sont plus guère employés à cause des nombreux inconvénients qu'ils présentent: le mercure s'oxyde au contact de l'air comprimé, ce qui a pour effets de réduire le volume de l'air, de salir le tube et de rendre les lectures difficiles. La sensibilité de ces instruments va en décroissant à mesure que la pression augmente: les chiffres qui marquent les pressions un peu fortes sont très voisins les uns des autres, de sorte qu'une légère erreur dans la lecture peut correspondre à une erreur considérable dans l'évaluation de la force élastique. Enfin ce sont des instruments très fragiles.

RESUMÉ DU CHAPITRE VI

Les manomètres servent à mesurer la force élastique des gaz et des vapeurs. Suivant le mode employé pour équilibrer cette force élastique, on les distingue en manomètres à *air libre*, manomètres à *air comprimé* et manomètres *métalliques*.

Les manomètres *de précision* sont des manomètres à air libre. Le manomètre de Regnault se compose de deux tubes parallèles communicants, contenant du mercure ; la force élastique à mesurer s'obtient en ajoutant à la pression atmosphérique la différence des niveaux du mercure ramenée à 0°. Le baromètre normal manométrique mesure les forces élastiques inférieures à la pression atmosphérique ; il comprend un baromètre normal et un tube manométrique recevant le gaz ou la vapeur ; la force élastique est la différence des niveaux ramenée à 0°.

Comme manomètres *industriels*, on emploie surtout des manomètres métalliques, dont le plus usité est celui de Bourdon. Il se compose d'un tube en spirale dont une extrémité porte une aiguille indicatrice et dont l'autre est fixée à une tubulure qu'on relie à la chaudière par un tube à siphon. La spirale se déroule ou s'enroule davantage suivant que la pression intérieure augmente ou diminue. Les manomètres métalliques indiquent ordinairement les forces élastiques en kilogr. par cent. carré ; on les gradue par comparaison avec un manomètre-étalon à mercure à air libre. Les manomètres à air libre ordinaires comprennent une cuvette en fonte dans laquelle est mastiqué un long tube de verre, ouvert à ses deux extrémités ; chaque colonne de mercure de $73^{cm},5$ représente 1^{kg} de pression en plus de la pression atmosphérique. Dans les manomètres à air comprimé, le tube manométrique est très court et sa partie supérieure est fermée ; la force élastique à mesurer est équilibrée par la force élastique de l'air comprimé, augmentée de la colonne mercurielle refoulée dans le tube. On les gradue par comparaison avec un manomètre à air libre.

EXERCICES SUR LE CHAPITRE VI

23. Etablir par le calcul la graduation d'un manomètre à air comprimé dans les cas suivants :

1° Le manomètre consiste en un simple tube recourbé en siphon ;

2° Le manomètre est à cuvette, mais le diamètre de la cuvette est assez grand pour que la dépression du mercure puisse être négligée.

24. Un manomètre à air comprimé est formé de deux branches cylindriques de même diamètre ; le mercure est de niveau dans les deux branches quand la branche ouverte reçoit une pression de 76^{cm} ; la hauteur du tube occupée à ce moment par l'air est de 40^{cm}.

A quelle distance d du sommet se trouvera le mercure pour une pression de 3 atmosphères ?

Réponse : $16^{cm},74$.

25. Dans un réservoir à gaz de grandes dimensions (et où, par conséquent, on ne peut pas considérer les pressions aux différentes hauteurs comme égales), on mesure la pression en deux points situés à une distance verticale H ; au point le plus bas le manomètre à air libre (contenant de l'eau) indique une dénivellation a.

Quelle sera la dénivellation au point le plus élevé ? Sera-t-elle plus grande ou plus petite que la première ?

On envisagera deux cas, suivant que le gaz, de densité d, est plus léger ou plus lourd que l'air.

Réponse : Si le gaz est plus léger que l'air, la dénivellation est plus grande au point le plus élevé ; si le gaz est plus lourd, la plus forte dénivellation est en bas.

CHAPITRE VII

MACHINES PNEUMATIQUES

---

61. Définition. — On donne le nom de machines pneumatiques aux machines destinées soit à raréfier, soit à comprimer l'air ou tout autre gaz dans un récipient clos. Les machines pneumatiques actuelles sont généralement disposées de manière à servir en même temps de machine de *raréfaction* et de machine de *compression*.

Les principaux types de machines pneumatiques sont la machine pneumatique ordinaire, la machine de Deleuil, la pompe de Carré, la machine à mercure, la pompe de compression, la trompe à eau et la trompe à mercure.

62. Machine pneumatique ordinaire. — La machine pneumatique ordinaire a été décrite dans le tome I ; nous nous contenterons de donner, à titre de complément, le *calcul de la force élastique dans le récipient après n coups de piston, en tenant compte de l'espace nuisible.*

Appelons V la capacité du récipient, v la capacité du corps de pompe, abstraction faite du volume du piston, e celle de l'espace nuisible qui existe sous le piston, H_0 la force élastique de l'air dans le récipient à l'origine. Au début, lorsque le piston est au bas de sa course, la force élastique de l'air qui occupe l'espace nuisible est égale à la pression atmosphérique extérieure H. Si on soulève le piston, l'air de l'espace nuisible et l'air du récipient se mélangent dans le volume total $V + v$ et ils prennent une force élastique commune H_1, donnée par la loi du mélange des gaz :

$$VH_0 + eH = (V + v)H_1,$$

d'où

$$H_1 = H_0 \frac{V}{V + v} + H \frac{e}{V + v}. \qquad (1)$$

Telle est la force élastique de l'air qui reste dans le récipient après un coup de piston.

De même, la force élastique H_2 après deux coups de piston est donnée par l'équation

$$VH_1 + eH = (V + v)H_2,$$

d'où

$$H_2 = H_1 \frac{V}{V + v} + H \frac{e}{V + v}. \qquad (2)$$

Après $n - 1$ coups de piston, on aurait

$$H_{n-1} = H_{n-2} \frac{V}{V + v} + H \frac{e}{V + v}, \qquad (n - 1)$$

et après n coups de piston,

$$H_n = H_{n-1} \frac{V}{V + v} + H \frac{e}{V + v}. \qquad (n)$$

Pour obtenir la valeur de H_n en fonction de H_0, il faut, dans cette série d'équations, éliminer toutes les pressions intermédiaires H_1, H_2, ..., H_{n-1} : on multiplie les deux membres de l'égalité $(n-1)$ par $\frac{V}{V+v}$, les deux membres de l'égalité $(n-2)$ par $\left(\frac{V}{V+v}\right)^2$, et ainsi de suite jusqu'à l'égalité (1), que l'on multiplie par $\left(\frac{V}{V+v}\right)^{n-1}$. En ajoutant les égalités ainsi multipliées, il vient

$$H_n = H_0\left(\frac{V}{V+v}\right)^n$$

$$+ H\frac{e}{V+v}\left[\left(\frac{V}{V+v}\right)^{n-1} + \ldots\ldots + \frac{V}{V+v} + 1\right],$$

ou
$$H_n = H_0\left(\frac{V}{V+v}\right)^n + H\frac{e}{v}\left[1 - \left(\frac{V}{V+v}\right)^n\right].$$

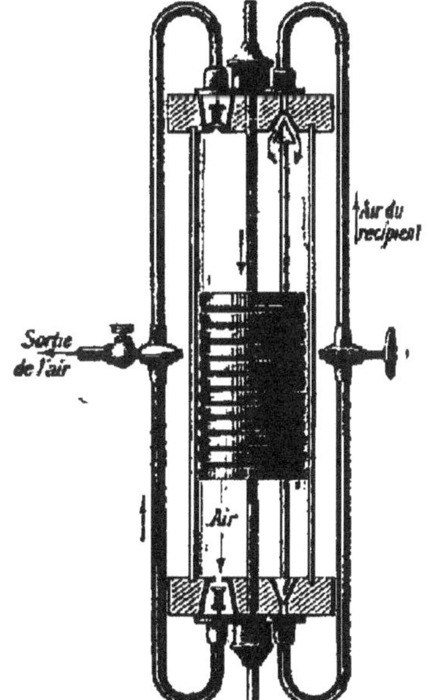

Fig. 47. — Corps de pompe de la machine de Deleuil.

Si l'on fait $n = \infty$ dans cette formule, on a

$$H_n = H\frac{e}{v}.$$

Dans ce cas la force élastique H_n représente la *limite* du degré de raréfaction que l'on peut atteindre dans le récipient.

63. Machine de Deleuil. — C'est une machine à un seul corps de pompe et à double effet, qui permet de faire assez rapidement un vide de quelques millimètres dans de grands récipients.

Le piston est un long cylindre métallique cannelé latéralement (*fig.* 47); sa section est très légèrement inférieure à celle du corps de pompe, de sorte qu'il se meut sans frottement. La mince couche d'air comprise entre le piston et les parois du corps de pompe forme une sorte de bourrelet très compressible, suffisant pour empêcher le passage de l'air d'un compartiment à l'autre du corps de pompe. Les soupapes

Fig. 48 — Vue d'ensemble de la machine de Deleuil

d'expulsion sont des soupapes à ressort; les soupapes d'aspiration sont des bouchons coniques fixés aux extrémités d'une tige qui traverse à frottement le piston et est entraînée dans son mouvement. Enfin la machine est mise en mouvement par un volant (*fig.* 48); ce mouvement rotatif est transformé en un mouvement rectiligne alternatif par l'intermédiaire d'un engrenage de La Hire.

64. Pompe de Carré. — La pompe de Carré est une machine pneumatique à un seul corps de pompe et à simple effet, qui est dépourvue d'espace nuisible et fait le vide à moins d'un demi-millimètre de mercure.

Description. — Le corps de pompe est un cylindre en cuivre surmonté d'un couvercle qui porte une soupape *s* faisant saillie de quelques millimètres à l'intérieur (*fig.* 49); sur ce couvercle est vissé un tube contenant de l'huile d'olive. Le piston est muni d'une soupape *s'* faisant également saillie à sa partie inférieure; il est supporté par une tige creuse T qui en renferme elle-même une autre T' fendue, formant ressort à sa partie supérieure. Cette disposition assure automatiquement la manœuvre d'une soupape *s''* que porte en son centre une pièce P placée au bas du corps de pompe.

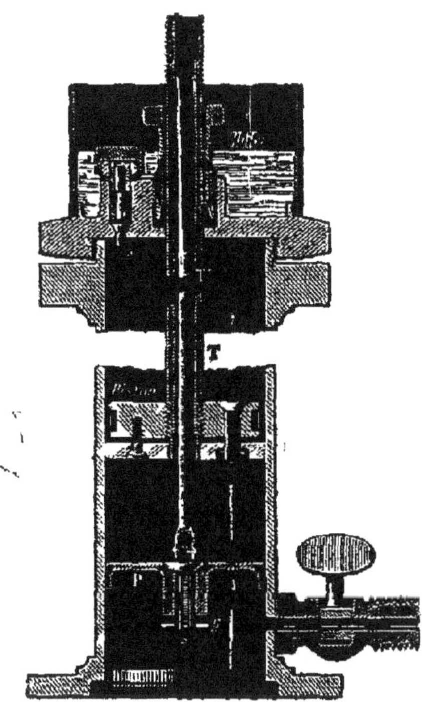

Fig. 49. — Corps de pompe de la pompe de Carré.

Fonctionnement. — Lorsqu'on soulève le piston, l'air situé au-dessus de lui s'échappe au dehors en soulevant la soupape *s* et en traversant le bain d'huile. La tige T' portant la soupape *s''* est entraînée; cette soupape se soulève et laisse arriver l'air du récipient, mais elle est bientôt arrêtée dans sa montée par une goupille *g*, de sorte que le piston continue seul alors sa course. Quand le piston descend, la soupape *s''*, repoussée par sa tige, se ferme; l'air se comprime, soulève la soupape *s'* et passe au-dessus du piston.

Supposons maintenant que, la pompe ayant fonctionné un certain temps, le gaz contenu dans le récipient n'ait plus qu'une force élastique très faible. Quand le piston est appliqué contre le couvercle du corps de pompe, la soupape *s* est soulevée. Lors de la descente du piston, dans les trois premiers millimètres de course, la soupape *s* reste ouverte par suite de sa disposition; la pression atmosphérique agit alors sur l'huile et en fait pénétrer une petite quantité sur le piston. Celui-ci continuant à descendre, forme au-dessus de lui une véritable chambre barométrique, tandis qu'au dessous l'air se trouve comprimé. La force élastique de cet air étant supposée très faible, il se pourrait que même comprimé il n'eût pas la force suffisante pour soulever la soupape *s'*; mais celle-ci débordant le bas du piston s'ouvre d'elle-même lorsque le piston vient buter contre la pièce P.

L'air à force élastique très faible se trouvant dès lors en communication avec une chambre barométrique tendra à passer au-dessus du piston. Enfin lorsque le piston, après avoir remonté, se trouvera en haut de sa course, il comprimera l'air et l'huile contre le couvercle et les fera passer par l'ouverture de la soupape *s*. La descente se fera avec une nouvelle couche d'huile, et ainsi de suite. On comprend ainsi que ces dispositifs, spéciaux à la pompe de Carré, doivent amener un vide presque parfait, et c'est ce que l'expérience vérifie.

Usages. — La raréfaction de l'air dans des récipients par les pompes pneumatiques de Carré n'est qu'une application accessoire

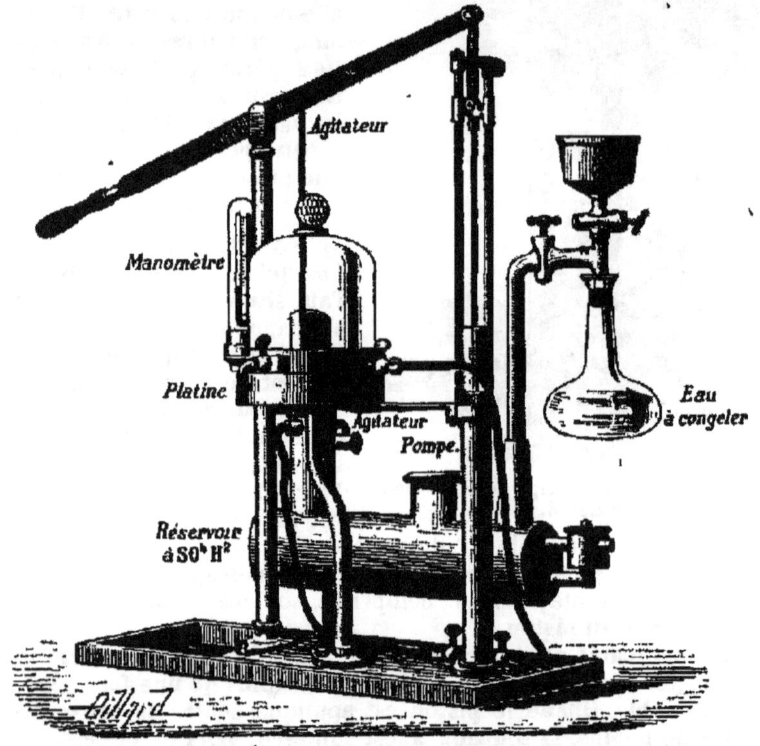

Fig. 50. — Congélateur de E. Carré.

de ces pompes; elles servent surtout à fabriquer de la glace (*fig.* 50) en utilisant le froid produit par l'évaporation de l'eau (V. congélateur Carré, tome I).

65. Machine pneumatique à mercure. — Les machines à mercure sont destinées à effectuer dans des récipients de faible capacité une raréfaction beaucoup plus parfaite que celle que l'on obtient avec les machines pneumatiques à piston. Leur fonctionnement consiste en principe à répéter un certain nombre de fois l'expérience de Torricelli et à créer ainsi une série de chambres barométriques que l'on met chaque fois en communication avec le récipient contenant le gaz à raréfier.

Description. — La figure 51 représente la machine à mercure nouveau modèle construite par la maison Alvergniat. Elle se compose essentiellement d'un réservoir et d'une ampoule, tous deux en verre, reliés par un tube de verre T de 1m environ et par un tube de caoutchouc. Le réservoir, libre et ouvert, peut s'élever ou s'abaisser alternativement à l'aide d'une manivelle et d'une chaîne de Galle qui s'attache d'une part au réservoir, et d'autre part s'enroule sur une petite roue dentée qui est le dernier terme d'une série d'engrenages. L'ampoule est fixée à une planchette verticale; sa partie inférieure communique avec le réservoir à gaz par un tube recourbé T' portant sur son trajet une soupape de verre.

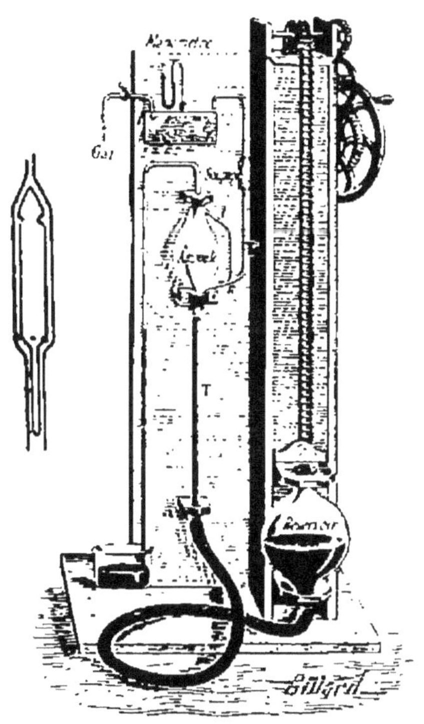

Fig. 51. — Machine pneumatique à mercure.

qui permet au gaz de passer dans l'ampoule, mais empêche le mercure de suivre une marche inverse. Un petit tube latéral *t* raccorde la base du tube précédent à la partie supérieure de l'ampoule. Enfin celle-ci se prolonge par un tube à dégagement qui plonge dans un vase contenant du mercure et donne issue au gaz provenant du récipient.

Fonctionnement. — Supposons le réservoir au haut de sa course ; l'ampoule et son tube à dégagement sont pleins de mercure. Si l'on abaisse le réservoir, le mercure, pressé par le gaz du récipient, descend dans le tube T'; dès que ce liquide a dépassé le niveau *n*, le gaz passe par le tube *t* et gagne la partie supérieure de l'ampoule. Le mercure descend dans cette ampoule et dans le tube à dégagement ; lorsque le réservoir est au bas de sa course, les hauteurs du mercure dans le tube T au-dessus du réservoir et dans le tube à dégagement au-dessus du niveau du mercure dans le vase sont égales à la différence entre la hauteur barométrique du moment et la hauteur du mercure qui ferait équilibre à la force élastique du gaz contenu dans l'ampoule. Élevons maintenant le réservoir : le mercure monte dans l'ampoule et dans le tube T'. Dès que le mercure a dépassé le niveau *n*, la communication entre le gaz enfermé dans l'ampoule et le récipient se trouve interrompue ; à partir de ce moment le gaz est refoulé peu à peu et s'échappe par le tube à dégagement. Quand l'ampoule et le tube à dégagement sont pleins de mercure, on cesse d'élever le réservoir. En résumé, à chaque descente du réservoir, une nouvelle quantité de gaz est extraite du récipient; à chaque montée du même réservoir, ce gaz est refoulé dans l'ampoule et s'échappe par le tube à dégagement. Comme il n'y a pas d'espace nuisible, on peut arriver à rendre la différence des niveaux du mercure dans le manomètre inférieure à $\frac{1}{10}$ de millimètre.

Usages. — La machine à mercure, à cause de la lenteur de son action, n'est employée directement que pour faire le vide dans des récipients de faible capacité, comme les tubes de Geissler. Quand il s'agit de grands récipients, on raréfie le gaz le plus possible avec une machine ordinaire, puis on achève avec la machine à mercure.

66. Pompe de compression. — Les pompes dites *de compression* sont des pompes aspirantes et foulantes de construction plus simple que la machine pneumatique ordinaire.

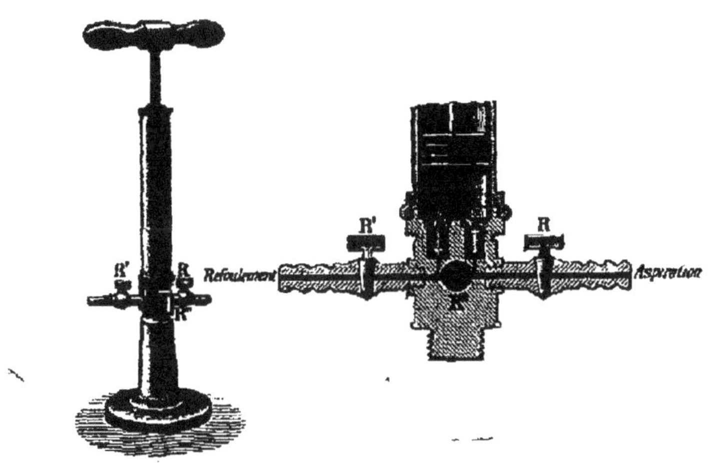

Fig. 52. — Pompe de compression.

Description. — La figure 52 représente la pompe de compression que l'on rencontre le plus ordinairement dans les laboratoires. Le piston est plein ; il est mû à la main à l'aide d'une manette. Le corps de pompe présente à sa base deux soupapes coniques; l'une, *s*, sert pour l'aspiration et s'ouvre de bas en haut ; l'autre, s', sert pour la compression et s'ouvre de haut en bas. Deux robinets R et R′ permettent d'interrompre la communication des récipients avec le corps de pompe. Un troisième robinet R″ permet d'établir une communication directe entre les deux récipients ; il est fermé quand la pompe fonctionne.

Calcul de la force élastique de l'air comprimé. — Considérons d'abord le cas où l'on ne tient pas compte de l'espace nuisible. Appelons v le volume du corps de pompe, V le volume du récipient dans lequel on comprime, H_0 la force élastique initiale du gaz dans ce récipient, H la force élastique, *supposée constante*, dans le récipient où l'on aspire. Au début, lorsqu'on soulève le piston, la soupape s se soulève et le corps de pompe se remplit de gaz sous la pression H. Lorsqu'on abaisse le piston, la soupape s' s'abaisse également et la masse gazeuse contenue dans le corps de pompe est refoulée dans le récipient de compression, où la force élastique du mélange gazeux devient $H_1 > H_0$. En appliquant la loi du mélange des gaz, on a

$$VH_0 + vH = VH_1,$$

d'où

$$H_1 = H_0 + H\frac{v}{V}.$$

On trouverait de même, après deux coups de piston,

$$H_2 = H_1 + H\frac{v}{V} = H_0 + 2H\frac{v}{V},$$

et après n coups de piston,

$$H_n = H_0 + nH\frac{v}{V}.$$

En tenant compte du volume e de l'espace nuisible et en suivant une marche analogue à celle du calcul de la raréfaction (62), on arrive à la formule

$$H_n = H_0\left(\frac{V}{V+e}\right)^n + H\frac{v}{e}\left[1-\left(\frac{V}{V+e}\right)^n\right].$$

Si l'on y fait $n=\infty$, on a

$$H_n = H\frac{v}{e},$$

limite théorique, toujours supérieure à la limite pratique, à cause des imperfections de la pompe.

67. Trompes. — Les trompes sont des machines aspirantes et soufflantes dans lesquelles la circulation des gaz est produite par l'intermédiaire d'un courant d'eau ou de mercure. Nous décrirons la trompe à eau et la pompe-trompe à mercure à six chutes d'Alvergniat.

Trompe à eau. — Elle se compose essentiellement d'un double cône de verre dont les orifices sont placés en regard à une très faible distance (*fig.* 53). Un courant d'eau arrive sous une pression suffisante par le cône supérieur. L'air qui est dans le voisinage du petit intervalle séparant les deux cônes est aspiré et entraîné par le jet d'eau ; il se raréfie donc dans la cavité qui entoure cet intervalle et, par conséquent, dans le récipient avec lequel elle est mise en communication. Si le courant d'eau se rend dans un récipient fermé, l'air se dégagera de l'eau qui l'entraîne et se comprimera lui-même au-dessus de la surface libre du liquide.

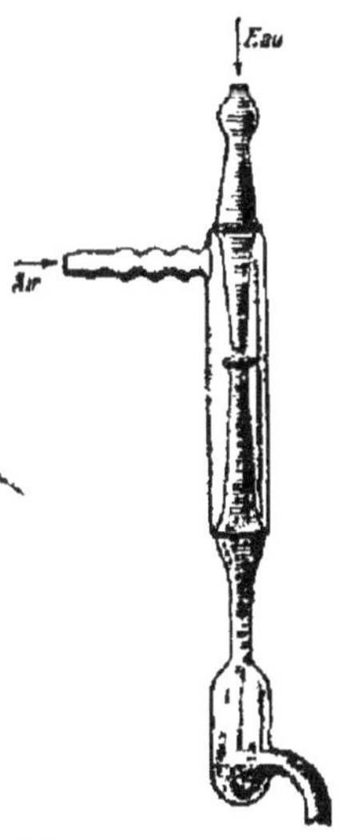

Fig. 53. — Trompe à eau.

La trompe à eau permet d'obtenir très rapidement un vide correspondant à la force élastique maxima de la vapeur d'eau à la température de l'expérience.

Habituellement, on accouple les trompes par deux et on les entoure d'une monture en fonte (*fig.* 54). Ces appareils constituent de puissantes machines pneumatiques. Si l'on dispose d'une pression d'eau convenable (4 à 5m d'eau), on peut vider des récipients de 10 à 15lit en quelques minutes.

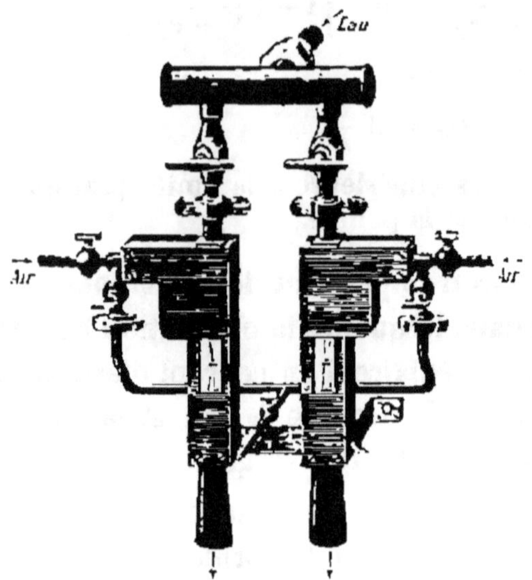

Fig. 54. — Trompe double avec monture en fonte.

Pompe - trompe à mercure. — La figure 55 représente la pompe-trompe à mercure à six chutes d'Alvergniat. C'est une combinaison d'une machine à mercure et d'un aspirateur.

La machine à mercure, représentée sur la droite de la figure principale, n'est autre que celle que nous avons décrite (65) ; l'aspirateur, représenté à gauche, comprend une ampoule A′ munie de robinets *r*′ et *r*″, deux trompes T et T′ à triple chute venant aboutir à la cuvette à mercure, et une série de tubes ascendants ou descendants destinés à assurer les communications entre les diverses parties de l'aspirateur. Un robinet *r* permet d'interrompre la communication entre le réservoir de la machine à mercure et l'ampoule A.

Pour faire le vide dans un récipient, on commence la raréfaction avec la machine à mercure ; on l'achève ensuite avec l'aspirateur.

Le robinet à trois voies *r*′ étant tourné de façon à isoler l'ampoule A′, et le robinet *r* étant ouvert, on fait fonctionner la machine jusqu'à ce que le gaz soit suffisamment raréfié dans le récipient. On ferme alors le robinet *r* de manière à isoler l'ampoule A et on tourne le robinet *r*′ afin d'isoler la cuve : l'ampoule A′ communique alors avec le réservoir R.

On soulève ce réservoir de manière à amorcer l'aspirateur ; le mercure monte lentement, en suivant la route *mnop*, jusqu'au sommet des trompes, en T et T′ ; de là il tombe goutte à goutte par les six branches descendantes en entraînant des bulles de gaz venant du récipient par les tubes *t* et *t*′. Ces bulles forment avec les gouttes de mercure des chapelets qui se dirigent vers la cuve à mercure. Tant que le réservoir fournit du mercure, les trompes fonctionnent régulièrement. Au bout d'un certain temps, il est nécessaire de faire passer dans le réservoir le mercure tombé dans la cuvette. On tourne le robinet r' de manière à isoler l'ampoule A' et à faire communiquer la cuvette et le réservoir R ; il suffit alors d'abaisser celui-ci pour le remplir de mercure.

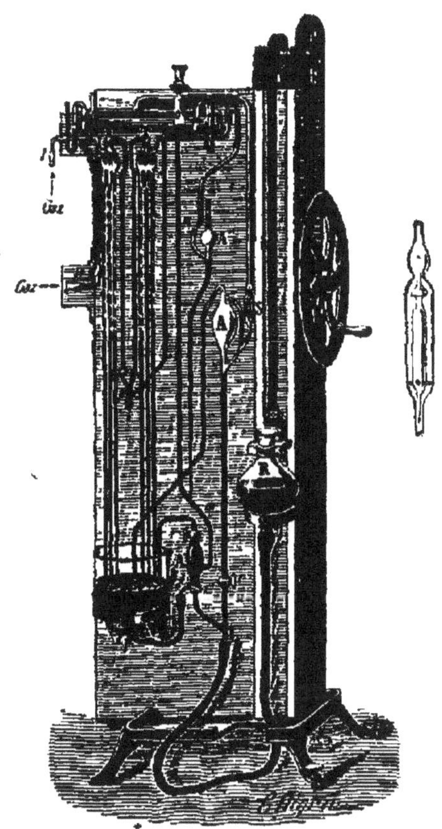

Fig. 55. — Pompe-trompe à mercure à six chutes d'Alvergniat.

L'ampoule A' sert à recueillir au passage les bulles d'air entraînées par le mercure venant du réservoir ; en ouvrant le robinet r'', on chasse cet air par un tube qui débouche dans la cuvette à mercure. Enfin l'ampoule A'' est une jauge spéciale, dite *jauge de Mac-Leod*, qui permet de mesurer à un instant quelconque la force élastique du résidu gazeux.

La pompe-trompe à mercure est le plus parfait des appareils pneumatiques. La limite de raréfaction du gaz est la force élastique de la vapeur de mercure à la température ordinaire ; dans la pratique, on arrive facilement à faire le vide à $\frac{1}{1000}$ de millimètre de mercure. C'est avec une pompe-trompe que l'on raréfie l'air dans les tubes de Crookes et dans les radiomètres.

68. Pompes pneumatiques industrielles. — Les pompes pneumatiques industrielles forment deux groupes bien tranchés, les *pompes à air* ou pompes à vide, et les *compresseurs d'air*. Ces deux groupes se divisent eux-mêmes en plusieurs classes se différenciant par leur mode de construction et le but que l'on veut atteindre.

Les pompes à air ou pompes à vide comprennent les pompes à tiroirs (système Burckhardt et Weiss), les pompes à clapets (pompes humides), les pompes à jet ou éjecteurs, les pompes à action continue ou ventilateurs aspirants, et enfin divers appareils comme les trompes.

On range dans les compresseurs d'air les machines soufflantes pour hauts fourneaux et insufflation, les compresseurs avec ou sans injection d'eau pulvérisée, les pompes à air à action directe (pompes Westinghouse) et les ventilateurs refoulants. Les soufflets d'appartement ou de forge sont des machines à comprimer l'air, les trompes catalanes également.

Les pompes humides, les éjecteurs et les ventilateurs seront étudiés avec leurs applications spéciales.

Pompes à air à tiroirs (système Burckhardt et Weiss). — L'aspiration et la compression de l'air s'obtiennent par le jeu simultané d'un piston et d'un tiroir rappelant les organes similaires de la machine à vapeur. Le piston glisse dans un cylindre dans la paroi

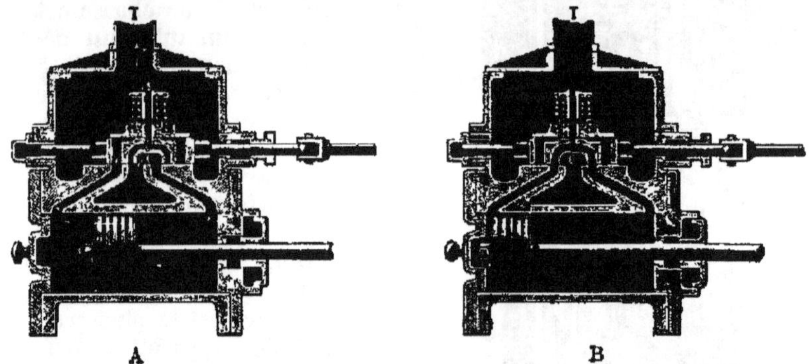

Fig. 56. — Section longitudinale de la pompe à tiroirs dans deux positions différentes du piston.

duquel on a ménagé deux conduites (*fig.* 56), entre lesquelles se trouve un canal C servant à l'aspiration de l'air. L'air s'échappe par une tubulure T placée sur la boîte du tiroir. Le tiroir est manœuvré par un excentrique calé avec un retard de 90° sur l'arbre moteur ; il est creusé d'un canal *c* destiné à réduire l'influence des espaces nuisibles.

Lorsque le piston avance de droite à gauche (A), l'orifice du tiroir découvre la lumière gauche du cylindre, et le canal d'aspiration communique avec la partie droite du cylindre ; c'est l'inverse lorsque le piston avance de gauche à droite. Dans les deux cas, l'air est expulsé dans le sens du mouvement du piston. Supposons maintenant le piston arrivé à fond de course, à gauche par exemple (B) ; il laisse entre lui et le fond du corps de pompe un peu d'air comprimé qui, dans les pompes ordinaires, y resterait accumulé et formerait matelas. Mais, grâce au canal *c*, cet air communique par les deux conduites avec la partie droite du cylindre et sa tension diminue par suite de l'augmentation de volume qui en résulte. L'influence de l'espace nuisible sera d'autant mieux annulée que l'espace offert à la détente de l'air comprimé à fin de course, sera plus grand. La valeur

Fig. 57. — Vue d'ensemble de la pompe système Burckhardt et Weiss.

du vide dépendra donc du rapport des volumes de l'espace nuisible et du corps de pompe. Quand le piston arrive à fond de course à droite, l'espace nuisible de droite communique avec la partie gauche du cylindre, et le même phénomène se reproduit.

La figure 57 représente la pompe Burckhardt et Weiss dans son ensemble. Cette pompe est mise en mouvement par une machine à vapeur dont la tige prolongée du piston actionne le cylindre à air.

On construit également des pompes à air à tiroirs *ordinaires*, c'est-à-dire sans que ces organes soient munis du canal de communication *c* ; elles sont plus simples, mais l'influence des espaces nuisibles se fait sentir davantage.

Enfin, en calant l'excentrique de commande du tiroir avec une avance de 90°, la pompe se transforme en compresseur d'air. Le rôle des orifices est alors interchangé, c'est-à-dire que l'air atmosphérique est aspiré par la tubulure T et l'air comprimé refoulé par C.

Les pompes à air et les compresseurs Burckhardt et Weiss sont appliqués pour la poste pneumatique, pour l'évaporation dans le vide, pour l'insufflation des gaz dans les liquides, pour donner du vent aux hauts fourneaux de petites dimensions, etc.

Machines soufflantes de hauts fourneaux. — La figure 58 représente un type très répandu de soufflerie verticale à double effet pour hauts fourneaux.

Le clapet inférieur d'aspiration *c* est équilibré par une petite masse, de sorte qu'il s'ouvre sous la plus légère dépression : le clapet inférieur de refoulement *h* est placé sur la conduite de vent. Enfin le clapet supérieur d'aspiration *c'* est composé d'un cuir tronc-conique posé sur une chapelle percée de petites lumières rectangulaires.

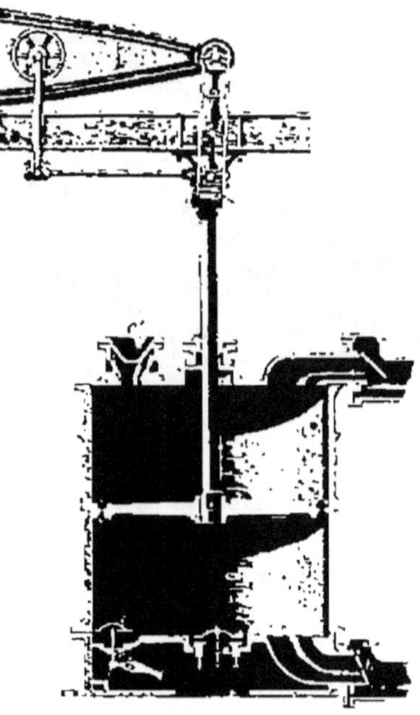

Fig. 58. — Machine soufflante de haut fourneau.

Ces machines sont à marche lente, à cause de leurs grandes dimensions et des faibles pressions qu'elles donnent. Elles sont actionnées par un cylindre à vapeur agissant sur l'extrémité opposée du balancier.

Compresseurs avec ou sans injection d'eau pulvérisée. — Lorsqu'on veut exercer de fortes pressions, il faut tenir compte de l'échauffement de l'air par le fait même de sa compression. Si cet air reste un certain temps dans le réservoir ou dans les conduites avant son emploi, il se refroidit et sa force élastique diminue d'une quantité correspondante, d'où perte de rendement. Pour éviter cet inconvénient, on a été conduit à refroidir l'air au moment de sa compression.

La figure 59 représente un compresseur Dubois-François à double effet pour vitesse moyenne. L'aspiration se fait par clapet battant à ouverture progressive, et le refoulement s'opère par soupape à ouverture brusque. Le refroidissement s'obtient à l'aide d'une pulvérisation d'eau qui entre dans le corps de pompe pendant la période de l'aspiration. Le mélange d'air et d'eau est refoulé par une conduite commune. La séparation ultérieure de l'eau a lieu dans les réservoirs d'air comprimé, par un robinet à flotteur.

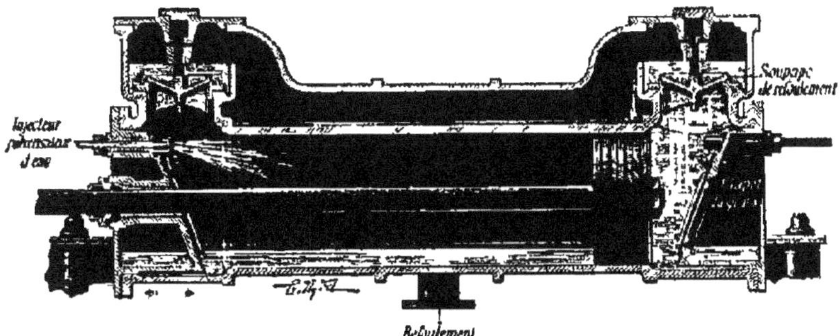

Fig. 59. — Compresseur Dubois-François pour vitesse moyenne.

Dans les petits compresseurs, on refroidit l'air, non plus par *mélange*, mais par *surface*, en faisant circuler de l'eau froide dans une enveloppe formée par les parois creuses du corps de pompe.

Pour obtenir de grandes vitesses, les clapets battants de l'aspiration sont remplacés par des soupapes à grande section dont le mouvement est rendu étroitement solidaire par une tige commune fermant l'une et ouvrant l'autre au moment précis.

On se sert des compresseurs que nous venons d'étudier pour les convertisseurs Bessemer, les moteurs à air comprimé, les travaux publics, les mines, les tramways; pour le transport et la distribution de la force motrice.

Pompes à air à action directe Westinghouse. — Ce type a été étudié spécialement pour actionner les freins à air comprimé du même ingénieur. C'est une pompe à double effet, actionnée directement par un piston-vapeur dont la tige prolongée, sans mécanisme intermédiaire, agit sur le piston-soufflant.

Le cylindre à air est muni de deux soupapes d'aspiration et de deux soupapes identiques de refoulement (*fig.* 60). Chaque course ascendante du piston détermine un appel d'air au-dessous de cet organe et une expulsion de fluide comprimé au dessus; chaque course descendante produit des effets inverses.

Le cylindre à vapeur reçoit la vapeur du générateur par l'intermédiaire d'une chambre C munie d'une valve supérieure *v* et d'une valve inférieure *v'*. Dans la position représentée par la figure, une partie de la vapeur pénètre dans une chambre supérieure *d* par un conduit *f*; l'autre partie arrive sous le piston P du cylindre à vapeur et le fait monter. Lorsque le piston P termine sa course ascensionnelle, la plaque p soulève la tige t se mouvant dans la tige creuse du piston : le tiroir m ferme alors la communication a entre la chambre d et un cylindre latéral C' dans

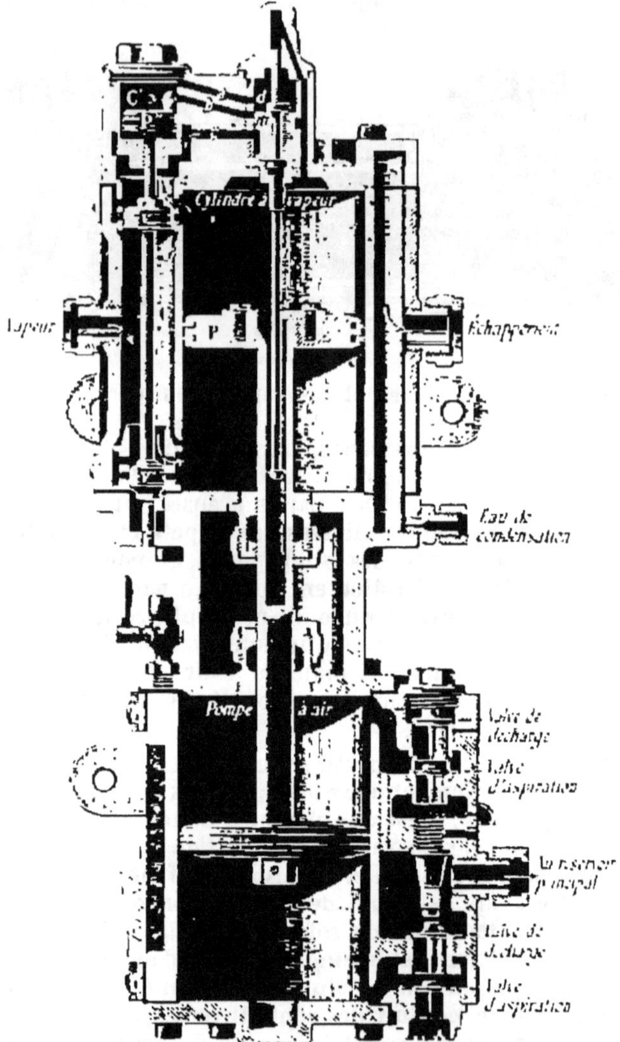

Fig. 60. — Pompe à air Westinghouse (type normal).

lequel se trouve un piston P'' de changement de marche. En même temps l'orifice du conduit b se trouve débouché et la vapeur que contenait le cylindre C' s'échappe dans l'atmosphère par le conduit c.

Par suite de cette chute de pression sur le piston P″, la vapeur contenue dans la chambre C soulève la valve *v* et vient agir sur la face supérieure du piston P, en même temps qu'elle ouvre l'échappement sous ce piston. En arrivant au bas de sa course, le piston P fait prendre de nouveau à la tige *t* et au tiroir *m* la position figurée, ce qui ramène la vapeur au-dessus du piston P″ et fait descendre les valves *v* et *v*′.

Les pompes de l'ingénieur américain Westinghouse sont des merveilles d'ingéniosité, et, malgré l'extrême complexité de leurs tout petits organes, elles sont d'une grande robustesse. Ce sont elles qu'on voit presque partout à l'avant ou sur le côté des locomotives des trains de voyageurs pourvus du frein Westinghouse. Mais elles ne sont pas recherchées que pour le service des chemins de fer : leurs petites dimensions, les allures variées qu'elles peuvent prendre, la facilité de leur installation, les ont fait appliquer à une foule d'autres usages : nettoyage des tubes de chaudière, mouvement de liquides, travaux publics, etc.

Les pompes Westinghouse se transforment facilement en pompes à vide, en inversant le sens du mouvement des soupapes.

APPLICATIONS

69. Applications de l'air raréfié. — L'air raréfié a de nombreuses applications. Les plus importantes sont l'évaporation et la concentration dans le vide, la filtration rapide, les freins à vide, le moulage des pièces céramiques et la ventilation par aspiration. C'est la raréfaction de l'air qui détermine l'ascension des liquides dans les pompes aspirantes (V. Tome I). On a utilisé l'air raréfié comme moyen de traction (chemin de fer dit *chemin atmosphérique*) ; ce système a fonctionné pendant quelques années sur la ligne du Pecq à Saint-Germain, pour faire gravir une forte rampe. Il faut noter enfin la distribution de force motrice à domicile.

Évaporation dans le vide. — On sait qu'à l'air libre, sous la pression atmosphérique, une solution bout à une température déterminée qui dépend à la fois de la nature du dissolvant et de la quantité de la substance ou des substances en dissolution. Au fur et à mesure que la concentration avance, la température augmente et elle peut atteindre une valeur telle que, dans les conditions de l'expérience, il se produise une grave altération des produits concentrés. Au contraire, en évaporant sous pression réduite et en maintenant cette pression malgré la production incessante de nouvelles vapeurs, on abaissera le point d'ébullition de la solution, et la cause d'altération que nous venons de citer aura disparu. Dans ces conditions, il ne peut y avoir économie de combustible ; cette économie ne devient importante que dans les appareils à effets multiples, comme les appareils à triple effet. (V. Chimie.)

La figure 61 représente un modèle de chaudière à évaporer ou à concentrer dans le vide ou plutôt sous pression réduite.

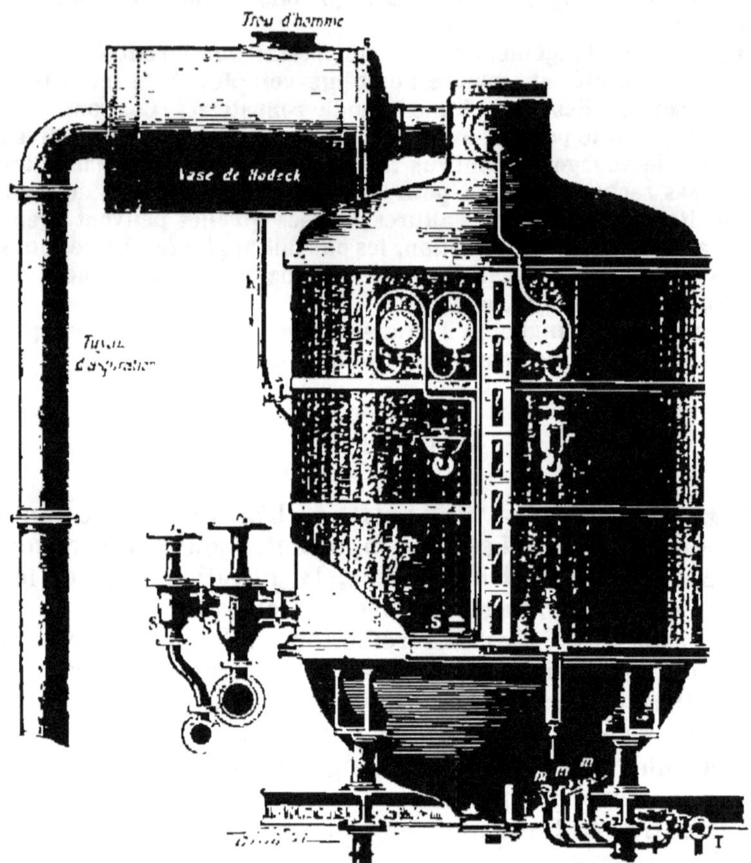

Fig. 61. — Chaudière à évaporer dans le vide.

L'appareil se compose d'une calandre recouverte d'une enveloppe isolante pour éviter le refroidissement, munie de glaces en verre permettant de surveiller l'opération. Le fond, de forme ovoïde, porte une trappe à clapet pour l'extraction du produit concentré. Le chauffage a lieu par des serpentins intérieurs dans lesquels on admet la vapeur par les soupapes S et S' ; l'eau condensée dans ces serpentins est évacuée par les retours *m*, *m*, ... qui se réunissent en un tuyau commun d'évacuation T précédé de clapets de retenue (*fig*. 62) afin d'éviter la rétrogradation de l'eau expulsée. La chaudière est munie, en outre, d'un robinet de charge R pour l'introduction par aspiration des liquides à concentrer, d'une sonde s, d'un robinet de rentrée d'air *r* pour *casser* le vide, de manomètres M pour indiquer la pression de la vapeur dans les conduites, d'un indicateur du vide I et enfin d'un robinet à graisse *r'* (pour abattre les mousses).

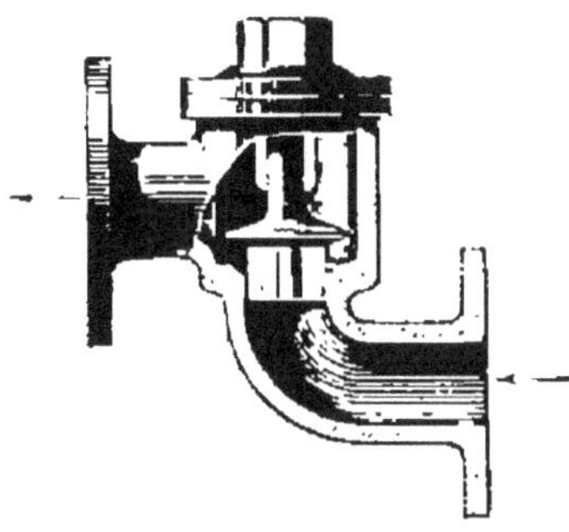

Fig. 62. — Clapet de retenue.

Les vapeurs, avant de gagner le tuyau d'aspiration des vapeurs, traversent un vase horizontal dit *ralentisseur de Hodeck*, présentant une section beaucoup plus grande que celle de cette conduite. Deux disques perforés, l'un à l'entrée, l'autre à la sortie, facilitent le dépôt du liquide entraîné par le frottement qu'ils produisent. Le liquide ainsi séparé retourne dans la chaudière par le tuyau K.

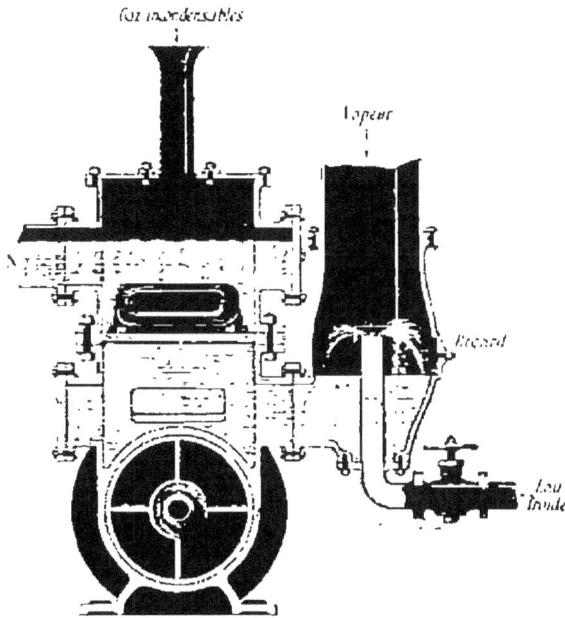

Fig. 63. — Condenseur à injection ordinaire avec la pompe pneumatique correspondante.

Condenseur à injection. — On n'entretient pas directement le vide dans la chaudière, car il faudrait alors donner à la pompe pneumatique des dimensions énormes, les vapeurs émises occupant un très grand volume sous la pression réduite considérée. Le vide étant fait au début de l'opération, les vapeurs sont simplement condensées par leur mélange intime avec de l'eau froide, de sorte que la pompe n'a plus qu'à éliminer cette eau et les gaz incondensables. Cette condensation des vapeurs a lieu dans un satellite appelé *condenseur à injection* (*fig*. 63 et 64).

Il se compose d'une enveloppe ovoïde en fonte munie d'un regard de nettoyage (*fig*. 63), et d'un tuyau perforé d'arrivée d'eau froide ou d'un champignon renversé étalant la gerbe. La vapeur aspirée arrive dans le globe : le mélange d'eau froide et de vapeur s'y condense, et le liquide total qui en résulte va à la pompe avec les gaz inertes (air en dissolution ou autres gaz). Le mélange débouche du condenseur dans la bâche A de la pompe (*fig*. 64). Lorsque le piston

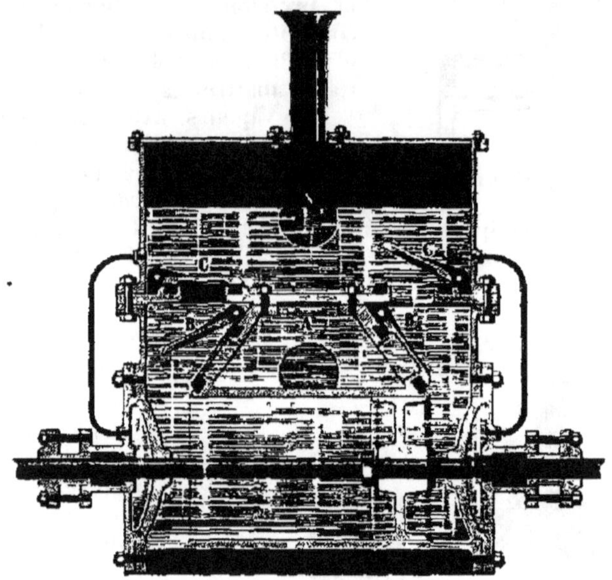

Fig. 64. — Coupe perpendiculaire au plan de la figure précédente, suivant l'axe central.

arrive à fond de course à droite, il laisse le vide derrière lui ; le clapet B s'ouvre et le cylindre s'emplit; quand il revient à gauche, le clapet B se ferme, tandis que le clapet de refoulement C s'ouvre pour livrer passage au fluide. Comme les mêmes phases ont lieu pour les clapets B' et C', il en résulte, pour une allée et une venue du piston, deux temps d'aspiration et deux temps de refoulement; donc la pompe fonctionne à double effet. Les rentrées d'air par les presse-étoupes sont empêchées par une circulation d'eau dans les fonds creux du corps de pompe. L'eau condensée s'écoule vers 40° par la tubulure N. Pratiquement, pour condenser par mélange 1^{kg} de vapeur, il faut 25 à 28^{lit} d'eau à 15°.

Les pompes que nous venons de décrire ont l'inconvénient, par leur mode de fonctionnement même, de marcher à faible vitesse et d'exiger des clapets à large section; de là des fermetures douteuses qui tendent à réduire le rendement ; enfin elles sont encombrantes, lourdes et coûteuses. On a cherché à remplacer ces pompes dites *humides* par des pompes à distribution par tiroir à allure rapide et à rendement plus élevé. Cette substitution n'était possible, en ce qui concerne l'évaporation dans le vide, que lorsqu'on aurait trouvé le moyen d'évacuer l'eau de condensation autrement que par la pompe elle-même. Ce progrès a été réalisé par l'introduction dans l'industrie du condenseur barométrique.

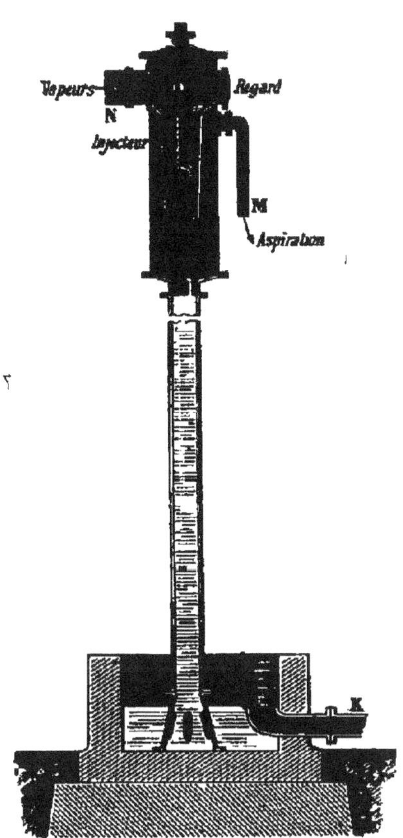

Fig. 65. — Condenseur barométrique.

Condenseur barométrique. — Le condenseur barométrique comprend un large tuyau vertical d'environ 10m,33 de hauteur (*fig.* 65) surmonté d'un cylindre dans lequel on fait le vide en M au moyen d'une pompe sèche. Les vapeurs y sont condensées avec un injecteur à eau froide fonctionnant comme le précédent. L'extrémité inférieure du tuyau plonge dans une citerne jouant le rôle de la cuvette d'un baromètre; l'eau s'élève dans le tuyau à une hauteur dépendant de la valeur du vide et de la pression atmosphérique, mais toujours inférieure à la hauteur des tubulures M et N. Les eaux condensées s'écoulent dans la citerne, puis sont évacuées par le trop-plein K.

Condenseur a surface. — Lorsqu'on veut recueillir le liquide vaporisé dans le vide, on ne peut plus condenser les vapeurs par leur mélange avec de l'eau froide. On a alors recours à la paroi refroidie d'un condenseur dit *à surface* (*fig.* 66). Ce genre de condenseur comprend souvent un serpentin et un récipient clos F, plongés dans une bâche refroidie par un courant d'eau. On fait le vide dans la chaudière, le serpentin et le récipient, par une pompe sèche branchée sur le robinet *g*. Cet appareil est fréquemment employé pour récupérer les dissolvants d'un prix relativement élevé, comme l'alcool, l'éther, l'acétone, la benzine.

Ces différents modes de condensation des vapeurs par pompes et condenseurs jouent un rôle important dans le fonctionnement des machines à vapeur.

Applications. — L'évaporation dans le vide est appliquée aux jus sucrés de betterave et de canne, au glucose, au maltose, aux solutions

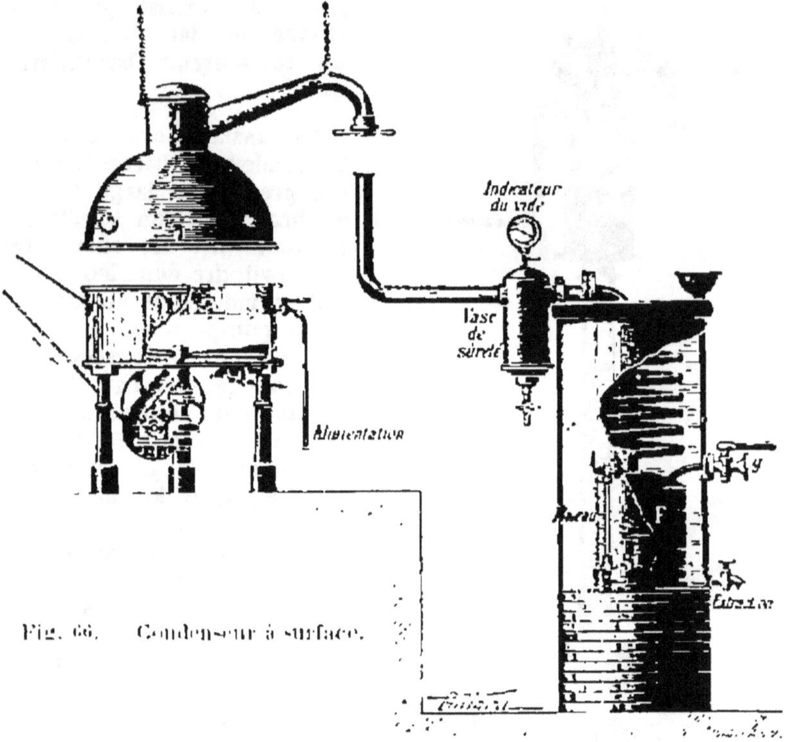

Fig. 66. — Condenseur à surface.

tanniques, aux eaux glycérineuses, aux bouillons de colle et de gélatine, aux extraits pharmaceutiques, aux peptones, aux jus de viande pour conserves alimentaires, aux sirops pour la confiserie. On concentre ainsi la soude caustique, les vinasses de distillerie, de mélasses, les eaux d'osmose et d'exosmose, etc.

Filtration rapide par le vide. — Cette filtration se fait avec des appareils coniques analogues à ceux qu'on emploie en raffinerie pour le clairçage des pains de sucre (sucettes). Les filtres sont en tôle ; ils communiquent par leurs pointes avec une conduite de vide (*fig.* 67). Sur leur partie supérieure est posé le tissu filtrant maintenu par un couvercle à étrier et vis centrale de pression percé d'un trou à air. Les liquides extraits se rendent dans un réservoir interposé entre la conduite de vide et la pompe pneumatique.

Ces filtres sont employés dans une foule de circonstances, par exemple pour recueillir les sucrates insolubles de calcium, de baryum et de strontium ; le phosphate de calcium précipité, la silice gélatineuse, les laques, les couleurs.

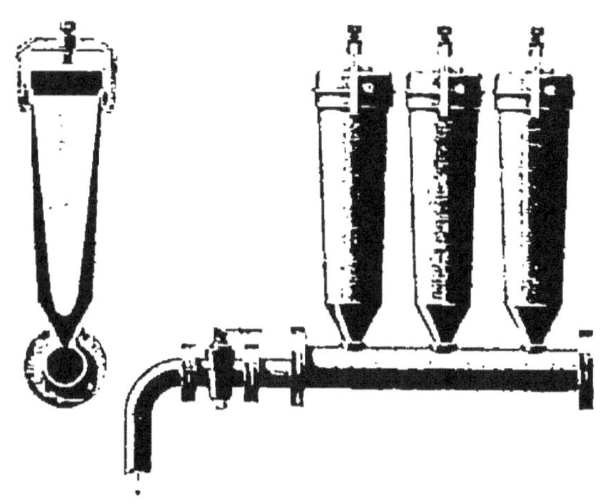

Fig. 67. — Appareil à vide pour filtration rapide.

Freins à vide. — Les freins à vide comme à air comprimé agissent simultanément sur toutes les roues d'un convoi de chemin de fer en vue d'obtenir son arrêt rapide. Ces freins puissants et à action multiple remplacent presque complètement, au moins pour les trains de voyageurs, les anciens appareils mus à la main, dont la machine et quelques wagons seuls étaient pourvus.

Le frein à vide système Smith consiste en principe en deux cloches en fonte A et B (*fig.* 68) réunies par leurs brides, et dans lesquelles on pince, par son pourtour, un sac en cuir dit *sac de Hardy*. Le fond du sac porte deux disques métalliques reliés à une tige M, qui actionne les sabots frottants par l'intermédiaire de leviers dont la disposition dépend du véhicule (voir la position des sabots sur la figure du frein Westinghouse, p. 136; les sabots y figurent dans la position du serrage). Chaque wagon d'un convoi porte sous son

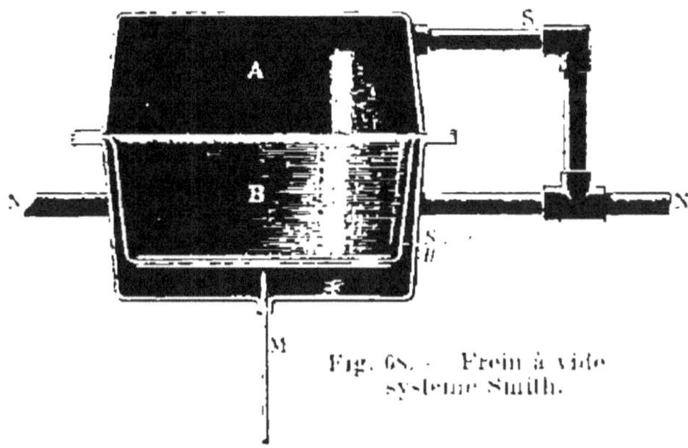

Fig. 68. — Frein à vide système Smith.

châssis un dispositif semblable. Sous le train court une conduite NN communiquant par un tuyau S avec l'espace compris entre la cloche supérieure et le sac. Si l'on vient à faire le vide dans la conduite principale, l'air va se raréfier également dans cet espace, et, la pression atmosphérique poussant sur les disques de bas en haut, le sac remontera en entraînant avec lui la tige M qui serrera les sabots de friction d'autant plus énergiquement que le vide sera plus parfait. Si l'on fait rentrer l'air peu à peu dans la conduite principale, le desserrage se produira progressivement par suite de l'abaissement de la tige M.

Éjecteurs. — On fait le vide dans la conduite générale à l'aide

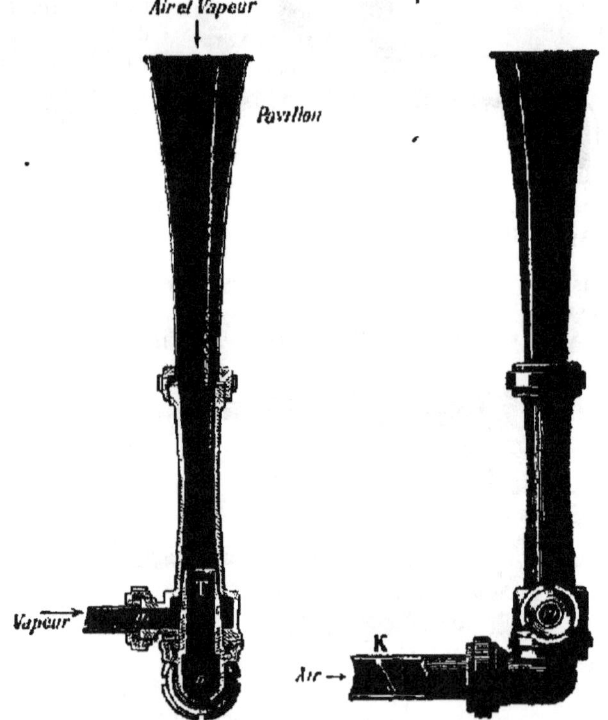

Fig. 69. — Éjecteur de vapeur à vide.

d'un petit appareil très simple appelé *éjecteur de vapeur*, monté sur la chaudière de la locomotive. Il se compose d'une tuyère T (*fig.* 69), communiquant avec une conduite *n* qui débouche dans un tube de même conicité s'épanouissant en pavillon. La base de la tuyère est montée dans une boite à vapeur alimentée par le tuyau *m*, lequel est muni d'un robinet manœuvré par le mécanicien. La vapeur pénètre dans le pavillon en passant tout autour de la tuyère par une lumière circulaire continue très étroite; elle acquiert ainsi une grande vitesse et chasse devant elle l'air contenu dans le pavillon.

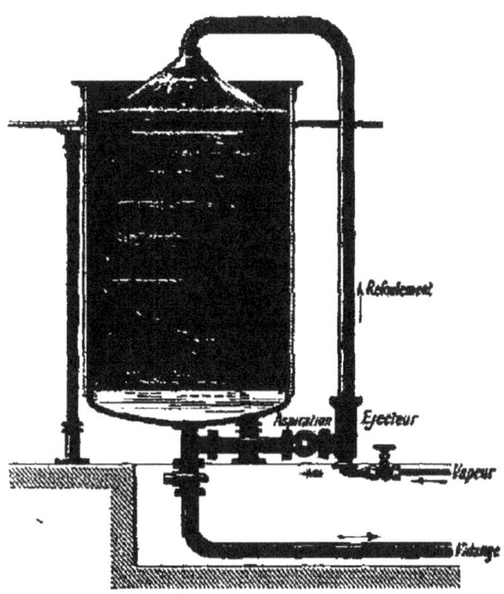

Fig. 70. — Emploi d'un éjecteur pour alimenter un appareil de lixiviation.

Cette dépression subite se transmet très rapidement dans la conduite *n* et un vide profond s'y produit et s'y maintient, même quand la vapeur ne souffle plus, grâce à un clapet de retenue K posé sur la conduite et empêchant les rentrées d'air. On *casse* le vide en faisant rentrer l'air par un robinet branché sur cette conduite.

Les freins à vide sont très simples, mais leur puissance est assez limitée : elle l'est d'abord par le volume des cloches, qu'on ne saurait trop augmenter, faute de place ; ensuite et surtout par la source d'énergie, qui n'est jamais que la différence entre la pression atmosphérique et celle qui existe dans les cloches, — une atmosphère au plus, en supposant le vide parfait. Aussi préfère-t-on aux freins à vide les freins à air comprimé, beaucoup plus puissants, en raison de ce que la force qui les actionne est la différence entre la pression de l'air comprimé à 4 atmosphères environ et la pression atmosphérique. Ils ont, de plus, le grand avantage d'agir automatiquement sur les sabots en cas de rupture des conduites.

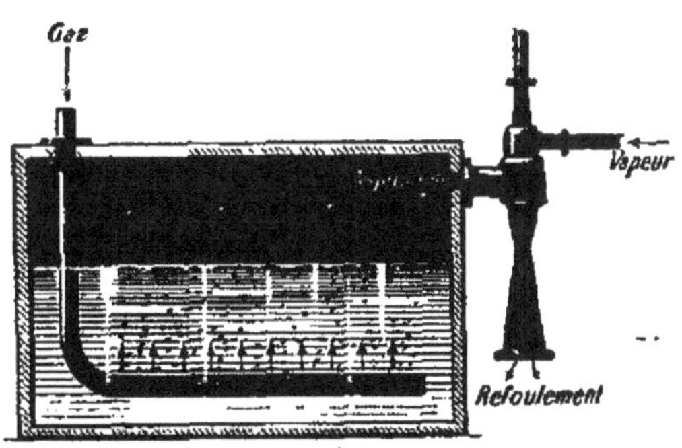

Fig. 71. — Lavage d'un gaz par aspiration.

Les conduites courant sous le train sont articulées à genouillères entre deux voitures consécutives (V. *fig*. 80).

Autres applications des éjecteurs. — Les éjecteurs à vide ont aujourd'hui une foule d'applications. Nous citerons particulièrement l'emploi de ces appareils pour élever de l'eau et d'autres liquides dans des réservoirs, pour donner le mouvement aux liquides des appareils de lixiviation (*fig.* 70), pour laver un gaz par aspiration (*fig.* 71), pour faire barboter des gaz dans un liquide, pour évaporer et filtrer par le vide. Pour toutes ces applications, on donne souvent aux éjecteurs la disposition indiquée par la figure 72. La vapeur arrive par une série de cônes débouchant les uns dans les autres et d'une section de plus en plus grande. Le but de cette disposition est de limiter convenablement l'épanouissement de la veine et par suite d'empêcher la décroissance trop rapide de la puissance vive. De plus, la base de chaque cône devient une région d'aspiration ; la puissance de l'appareil est donc augmentée et, au lieu d'aspirer un gaz par la tubulure A, on peut aspirer et refouler un liquide froid qui s'échauffera par le fait de la condensation de la vapeur. On règle l'écoulement des cônes suivant les conditions de l'aspiration par une vis V dont l'écrou se meut contre une règle divisée. La prise de vapeur se fait par une aiguille à volant M obturant plus ou moins sa section.

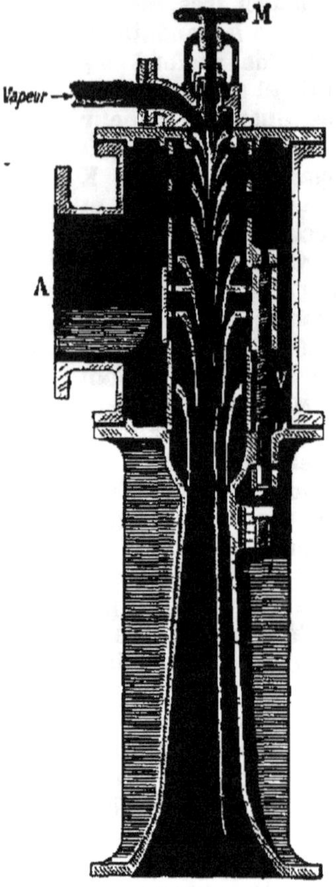

Fig. 72. — Disposition habituelle des éjecteurs à vide.

Il faut remarquer que les éjecteurs font le vide d'une façon continue, tandis que les pompes à piston agissent par cylindrées distinctes et bien discontinues.

Moulage de pièces céramiques par le vide. — On sait que les formes en plâtre portent en creux les parties qui seront en relief sur la pièce achevée, et réciproquement. S'il s'agit d'un vase, par exemple, on tassera fortement à l'intérieur du moule une doublure de pâte plastique bien homogène et d'épaisseur régulière, puis on fera le vide sous la couche céramique. La pression atmosphérique fera suivre à cette couche toutes les sinuosités du moule, et cela d'autant mieux qu'il restera moins d'air emprisonné. Le moulage par le vide est employé à la Manufacture de Sèvres pour les grosses pièces à moulures délicates.

Ventilation par aspiration. — Quand on n'a à produire que de légères dépressions, variant entre 3 et 8^{cm} d'eau, on emploie des *ventilateurs aspirants* (*fig.* 73) dont l'axe fait de 500 à 700 tours par minute. Ces dépressions produisent un appel d'air suffisant pour les étuves, les appareils à humidifier, pour le nettoyage pneumatique des grains, la ventilation des ateliers, des théâtres, des puits de mine, des galeries souterraines, le vannage des graines, l'extraction de poussières, etc.

Fig. 73. — Ventilateur à hélice (déplaceur d'air).

Quand il s'agit d'une étuve, par exemple, le ventilateur est placé à la partie supérieure. L'air, appelé en vertu de la dépression qui règne dans le milieu ambiant, entre à la partie inférieure, s'échauffe sur le calorifère et monte graduellement en parcourant méthodiquement les étagères sur lesquelles les produits à sécher sont étalés.

On construit également des *ventilateurs refoulants*, c'est-à-dire comprimant l'air sous quelques centimètres d'eau. Ils ont les mêmes applications que les précédents.

Distribution de la force motrice à domicile par l'air raréfié. — Depuis 1885, on distribue à Paris l'air raréfié à domicile pour actionner principalement l'outillage de la petite industrie parisienne qui s'exerce « en chambre ».

Voici comment procède la *Société de l'air raréfié*. Des moteurs à vapeur donnent le mouvement à des pompes à tiroir qui font le vide dans de grands réservoirs en tôle. Ces réservoirs, par leur volume, empêchent les trop grandes variations de dépression : ils jouent le rôle de volants et, plus le volume de la canalisation est grand, plus le volant est lui-même puissant, car son volume s'ajoute à celui des conduites. Une canalisation en tuyaux de fonte de 250^{mm} de diamètre pour les conduites maîtresses, de 100^{mm} pour les conduites dérivées, distribue l'air raréfié, qui arrive finalement aux ateliers par une colonne montante en plomb se branchant sur le moteur à air raréfié.

Ces moteurs à air raréfié ont beaucoup d'analogie avec les machines à vapeur, dont ils dérivent. Disons que la pression atmosphérique est la force motrice réelle, qu'elle agit dans la boîte à tiroir et, par suite, alternativement sur les deux faces du piston, et que l'échappement communique avec la conduite de vide.

Cette force motrice se paie à raison de 0fr,03 le kilogrammètre-heure ; elle est indiquée par un enregistreur-totalisateur du nombre de tours du moteur, lequel nombre est sensiblement proportionnel au travail produit.

70. Applications de l'air comprimé. — Les applications de l'air comprimé sont très nombreuses. Parmi les plus intéressantes, relevons les suivantes : tubes pneumatiques pour vélocipèdes et autres véhicules, horloges pneumatiques, scaphandres, appareils pour établir les fondations dans les terrains aquifères, perforatrices pour mines et tunnels, moulage des pièces céramiques et soufflage du verre par l'air comprimé, extraction des eaux des puits forés par les pulsateurs à air comprimé (système Durosoy), ventilation des mines, transport et distribution de force motrice, maltage pneumatique des grains, anciens fusils à vent, production de froid par détente de l'air comprimé.

On peut aussi remarquer que l'action balistique des explosifs sur les projectiles, les roches, etc., ainsi que la liquéfaction des gaz et des vapeurs par compression, puis leur brusque volatilisation pour la production du froid, sont aussi des applications directes de l'élasticité des fluides.

Tubes pneumatiques. — Les tubes pneumatiques, appelés vulgairement des *pneus*, sont des tubes en caoutchouc creux contenant de l'air comprimé, que l'on fixe aux roues des bicyclettes, des voitures, etc., afin de supprimer, en mettant à profit leur compressibilité, le bruit du roulement et les chocs sur le sol plus ou moins raboteux. Le pneumatique « boit » l'obstacle, ce qui est une façon de le supprimer ; il en résulte une grande économie de force motrice par diminution des résistances passives. Ainsi, en représentant par 100 l'effort nécessaire pour traîner un break à pneus sur un bon pavé sec, on trouve pour le même break à roues ferrées, 123, et à caoutchoucs pleins, 127. Sur un mauvais pavé sec, les efforts correspondant aux trois dispositions précédentes sont entre eux comme 100, 150 et 143.

L'âme du pneu est un tube de caoutchouc pur et sans toile, car la fibre textile est perméable à l'air sous pression. Ce tube est logé dans une enveloppe de toile (*fig.* 74), rendue imputrescible par le caoutchoutage et, en outre, protégée contre le frottement de la route par une couche de caoutchouc assez épaisse. Pour réunir l'enveloppe à la jante, on termine ordinairement l'enveloppe à ses deux bords par deux bourrelets en forme de crochets qui viennent s'engager dans les crochets correspondants de la jante. En outre, ces bourrelets sont maintenus en place et serrés par des boulons disposés de distance en distance. Un tube fixé au pneu et dirigé vers le centre de la roue porte une valve (*fig.* 75) qui permet d'introduire de l'air comprimé dans l'âme du pneu avec une pompe à main.

Fig. 74. — Montage d'un pneu à doubles Michelin.

Il existe un grand nombre de systèmes de pneus ; les plus connus sont les Michelin et les Dunlop.

Horloges pneumatiques. — Le système de distribution de l'heure par l'air comprimé a été inauguré à Paris en 1880.

Une horloge ordinaire, dite horloge *centrale*, porte un excentrique qui, au moment où la grande aiguille marque une minute, met en jeu un déclanchement. Ce déclanchement agit sur une sorte de boîte à tiroir qui établit momentanément la communication entre la canalisation et de grands réservoirs contenant de l'air comprimé. La pression de l'air qui est ainsi lancé à chaque minute dans la canalisation, surpasse la pression atmosphérique d'environ $\frac{7}{10}$ de kilogramme.

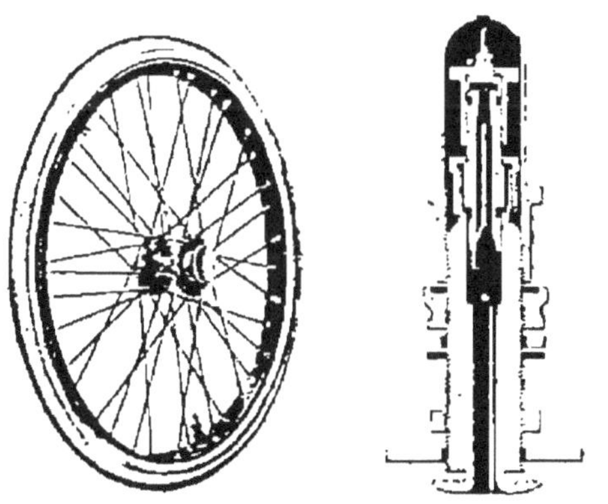

Fig. 75. — Valve de refoulement pour voitures.

Les horloges *pneumatiques* proprement dites sont de simples cadrans munis de deux aiguilles (*fig.* 76) et reliés à la canalisation par l'intermédiaire d'un soufflet protégé par un cylindre métallique.

A chaque arrivée d'air comprimé, le soufflet se gonfle et pousse une tige *t*, qui soulève à son tour un levier *l*. Un petit taquet fixé à ce levier, fait avancer d'une dent une roue dentée dont l'axe porte la

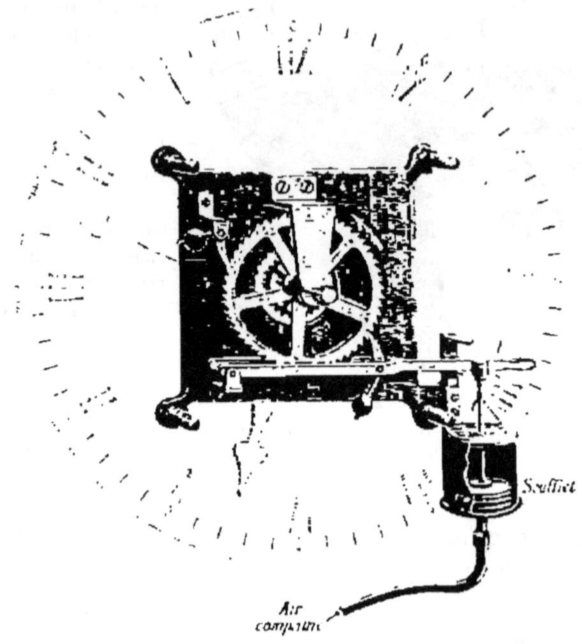

Fig. 76. — Horloge pneumatique.

grande aiguille. La roue ayant 60 dents, chaque tour correspond à une heure, ce qui provoque un déplacement correspondant de la petite aiguille.

Scaphandres. — Le scaphandre est une sorte de vêtement imperméable permettant aux plongeurs d'exécuter des travaux sous l'eau à des profondeurs variables.

La partie essentielle du scaphandre est une sorte de casque en cuivre (*fig.* 77) évasé à la partie inférieure de manière à s'appuyer sur les épaules et la partie supérieure du tronc. Ce casque est muni de quatre ouvertures fermées par des glaces grillées, permettant au plongeur de se conduire ; de son sommet part un tube acoustique pour l'échange de communications verbales entre le plongeur et le chef de chantier. L'air comprimé arrive d'abord dans une boîte cylindrique jouant le rôle de *réservoir-régulateur* ; il est ensuite déversé dans le casque par trois orifices plats, de manière à venir lécher toutes les glaces, ce qui a l'avantage d'entraîner les vapeurs de la respiration et d'empêcher les glaces de se ternir. L'air respiré et l'air fourni en excès par la pompe pneumatique s'échappent du casque par une soupape très sensible qui s'appuie sur un ressort à boudin et s'ouvre de dedans en dehors. Malgré le poids de l'appareil, le plongeur subit à une certaine profondeur une poussée telle qu'il lui serait difficile de se maintenir au fond; on équilibre cette poussée à l'aide de lest constitué par des masses en plomb suspendues aux parties du casque reposant sur les épaules, le dos et la poitrine du scaphandrier.

Fig. 77. — Scaphandre.

La pompe pneumatique est disposée de telle sorte que le refoulement soit toujours régulier. L'air comprimé est refroidi par de l'eau circulant autour des corps de pompe, et sa pression est réglée en tenant compte de la profondeur à laquelle doit travailler le plongeur.

Fondations par l'air comprimé. — On construit les fondations à l'aide de l'air comprimé quand il s'agit de terrains aquifères.

La figure 78 représente l'appareil de Triger. Il comprend essentiellement un tube en fonte qu'on enfonce peu à peu dans le sol et qui porte à sa partie supérieure une cloche appelée *sas*, pouvant être isolée du puits par un tampon B. On lance dans le puits de l'air comprimé; l'eau est chassée par le plongeur D et le sol est ainsi maintenu à peu près à sec. Le tampon B étant fermé, on ouvre le trou d'homme C par lequel les ouvriers entrent dans le sas et y introduisent les matériaux; on referme ce tampon et on ouvre B : l'équilibre de pression s'établit entre le puits et le sas. On descend alors les hommes et les matériaux; les déblais sont amoncelés sur le plancher supérieur.

Pour sortir ou remonter dans le sas, on ferme B pour isoler le puits où la pression se maintient, on fait échapper l'air comprimé du sas, et l'on ouvre C.

Le tube K sert à prolonger la fondation quand cela est utile; le tout est ensuite rempli de maçonnerie ordinairement en béton ou en ciment.

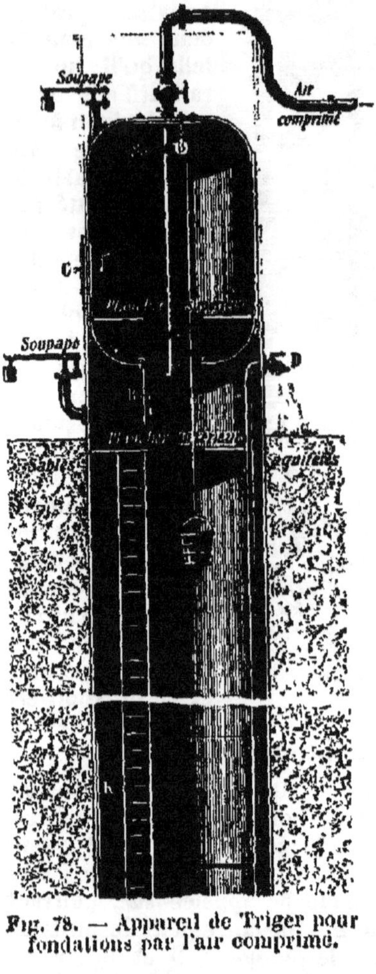

Fig. 78. — Appareil de Triger pour fondations par l'air comprimé.

Quand on a à creuser des tunnels dans des terrains aquifères, on emploie des appareils analogues, mais horizontaux (système Berlier).

Perforatrices. — Les perforatrices sont des appareils, mus généralement par l'air comprimé, destinés à percer des trous dans les rochers afin de les faire éclater ensuite sous l'action d'explosifs appropriés. On les emploie surtout pour les travaux de mines proprement dits et pour le percement des tunnels. Il en existe un grand nombre de types (Dubois-François, Waringthon, Burton, etc.). Nous décrirons l'ensemble d'une perforatrice de Burton avec ses accessoires, en laissant de côté le mécanisme qui fait mouvoir le fleuret perforateur.

Cette perforatrice, comme tous les appareils de ce genre, comprend un robuste affût porteur en fer à I monté sur quatre roues (*fig.* 79). L'affût porte, outre un ou plusieurs cylindres à fleurets, un réservoir résistant à air comprimé relié à une conduite d'air par un tuyau de caoutchouc à spires d'acier (pour éviter son éclatement). Ce réservoir est muni de divers accessoires : robinets d'épreuve, d'échappement d'air, de purge d'eau; soupape de sûreté; robinets de distribution d'air comprimé aux cylindres moteurs. Cette distribution se fait par des tuyaux en caoutchouc à spires d'acier.

La perforatrice peut prendre sur son affût telle inclinaison exigée par le travail, et plusieurs fleurets peuvent fonctionner en même temps. On amène l'affût en face du front de taille au moyen d'une voie établie à cet effet, on cale l'affût solidement sur des vis, puis on met les pistons à air en mouvement.

Le mécanisme moteur comprend un cylindre dans lequel un piston se meut avec une grande rapidité : la distribution de l'air

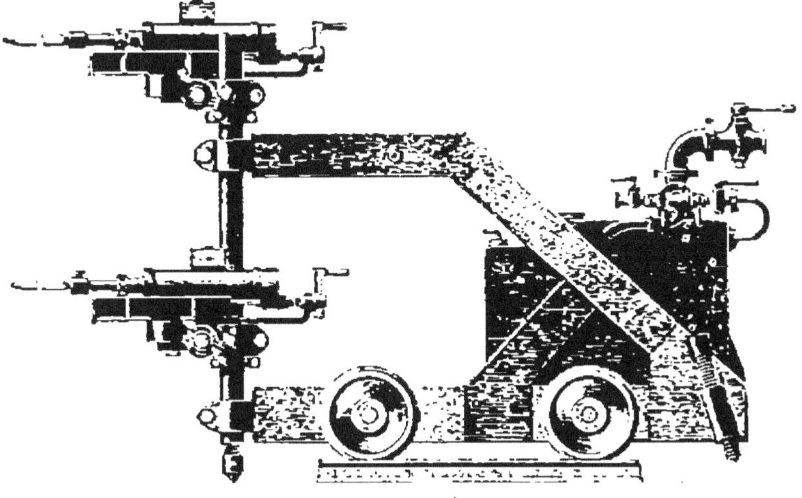

Fig. 79. — Perforatrice système Burton.

sur les deux faces du piston et son échappement se font par un tiroir analogue à celui des machines à vapeur. La tige du piston prolongée porte le fleuret, qui est animé, en plus de son mouvement rectiligne alternatif, d'un mouvement lent circulaire continu autour de son axe longitudinal, dans le but de faire engendrer un cercle à la tête du fleuret et de creuser un cylindre. L'air d'échappement sert à ventiler la galerie de mine ou de tunnel.

C'est à l'aide de perforatrices de ce genre qu'ont été creusés les tunnels du Mont-Cenis (12km), du Saint-Gothard (15km) et de l'Arlberg (10km).

Moulage de pièces céramiques. — On peut mouler par l'air comprimé certaines grosses pièces céramiques : on opère d'une façon inverse de celle que nous avons décrite pour l'air raréfié. On étale la pâte à l'intérieur du moule, on bouche l'ouverture supérieure solidement et on introduit, par une tubulure réservée sur le couvercle, de l'air comprimé qui applique fortement la pâte sur le moule.

Ces deux procédés de moulage par l'air comprimé et par l'air raréfié sont dus à Regnault ; on les emploie à la Manufacture de Sèvres.

Soufflage du verre. — MM. Appert frères, maîtres-verriers aux environs de Paris, appliquent l'air comprimé au soufflage mécanique du verre ; ils obtiennent une grande régularité de production et un excellent travail.

Frein Westinghouse. — Le frein automatique Westinghouse, destiné à produire l'arrêt rapide des trains, est actionné par l'air comprimé.

L'air, refoulé par une pompe à air Westinghouse (déjà décrite, 68) dans un réservoir principal porté par la locomotive, est emmagasiné dans une série de petits réservoirs auxiliaires, dont un est installé sous la locomotive, un sous le tender et un sous chacune des voitures. Tous ces réservoirs communiquent par un tuyau appelé *conduite générale*, courant sur toute la longueur du train. Enfin chaque véhicule porte aussi un organe de distribution appelé *triple valve*, et un *cylindre à freins* dont les pistons sont reliés aux leviers des sabots.

Tant que la pression est maintenue dans la conduite générale, les freins sont desserrés, mais si on laisse échapper l'air de cette conduite, la diminution de pression qui en résulte fait aussitôt fonctionner les triples valves, et une partie de l'air contenu dans les réservoirs auxiliaires passe dans les cylindres à freins. Par suite, les pistons sont repoussés et les sabots sont instantanément appliqués contre les roues des véhicules. Pour desserrer les sabots, on rétablit de nouveau, par le jeu d'un robinet à soupape, la communication entre le réservoir principal et la conduite générale, ce qui recharge les réservoirs auxiliaires ; en même temps, l'air s'échappe des cylindres à freins et les sabots sont écartés des roues.

La pression de l'air dans la conduite est ordinairement de 3^{kg} 1/2 à 4^{kg} pour tous les trains, rapides ou omnibus.

La figure 80 représente l'application du frein Westinghouse à un fourgon et au wagon qui le suit. On voit en C la conduite générale, en F les triples valves, en G les réservoirs auxiliaires, en H les cylindres à freins. Dans le fourgon, se trouve, à la disposition du chef de train ou d'un conducteur, la soupape S, au moyen de laquelle on peut appliquer les freins ; à côté est le manomètre M indiquant la pression dans la conduite générale. Quand l'air du réservoir principal est admis dans la conduite générale, il pénètre à travers les triples valves et remplit les réservoirs auxiliaires. Tant que la pression est la même dans ces réservoirs et dans la conduite générale, les ouvertures qui font communiquer les triples valves avec les cylindres à freins restent obturées, et les cylindres communiquent avec l'atmosphère ; les sabots sont alors desserrés. Si la pression dans la conduite générale est amenée brusquement à être inférieure à la pression dans les réservoirs auxiliaires, les triples valves changent de position et établissent la communication entre ces réservoirs et les cylindres à freins ; les sabots se trouvent serrés aussitôt.

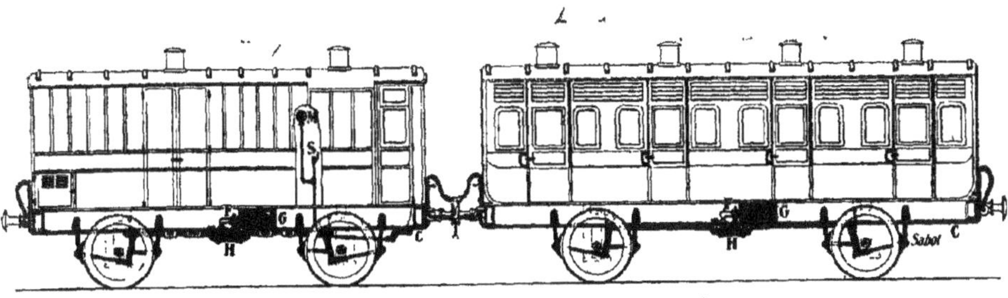

Fig. 89. — Application du frein Westinghouse à un wagon et à un fourgon.

L'apparition des freins continus, permettant à un mécanicien d'enrayer presque instantanément toutes les roues d'un long convoi, a été une révolution dans l'industrie des chemins de fer et a épargné bien des vies humaines. Alors que le problème était posé d'une façon pressante par l'opinion, les gouvernements, les Compagnies de chemins de fer, les ingénieurs se sont mis à l'étude, et bien des systèmes ont éclos dans l'espace de peu d'années. Le Westinghouse a été mis en service en Amérique en 1873 ; la France a été ébranlée lentement, mais à partir de 1880, sur les injonctions du gouvernement, toutes les grandes Compagnies françaises ont essayé différents systèmes, pour se rallier bien vite au Westinghouse, qui est apparu tout de suite avec un grand degré de perfection. Seule, la Compagnie du Nord a adopté le frein Smith, mais elle vient d'y renoncer pour prendre le Westinghouse.

Celui-ci a le précieux avantage d'être automatique, c'est-à-dire qu'il n'obéit pas qu'à la volonté du mécanicien : il agit de lui-même en cas de danger. Qu'un convoi vienne à être disjoint par suite de rupture d'attelage : la conduite générale étant rompue, l'air s'échappe, et les deux tronçons du train s'arrêtent immédiatement. Le frein obéit aussi bien à un agent quelconque du train qu'au mécanicien. Qu'une vigie aperçoive un danger ayant échappé au mécanicien ; vite, elle ouvre son robinet d'échappement d'air, et le train s'arrête. Les voyageurs eux-mêmes ont ce pouvoir, « en cas de danger absolu » : ils n'ont qu'un anneau à tirer.

Distribution de force motrice par l'air comprimé. — La Compagnie parisienne de l'air comprimé, fondée par M. Popp, dispose actuellement de 18 000 chevaux de force. Elle assure trois services : 1° le jour, de 8h du matin à 6h du soir, distribution de force motrice à domicile pour actionner des moteurs dont nous parlerons après les machines à vapeur (l'échappement sert à ventiler) ; 2° la nuit, production d'électricité par les moteurs à air comprimé ; 3° le jour et la nuit, horloges pneumatiques.

L'air est comprimé par des compresseurs Dubois-François et distribué à 6kg par des conduites en fonte placées dans les égouts. Il est émis à 40° et arrive aux moteurs à 15°. Le prix de vente est de 0fr,015 le mètre cube d'air réduit à la pression atmosphérique.

Dans les moteurs, l'air, par le fait de la détente, se refroidit énergiquement, ce qui congèle les huiles dans les cylindres et y produit de la glace. Pour remédier à cet inconvénient, on est obligé de chauffer l'air avec un calorifère à coke ; cette surchauffe élève la pression de l'air ; elle coûte 0fr,01 le mètre cube.

71. **Poste pneumatique.** — La poste pneumatique, appelée quelquefois improprement *télégraphie pneumatique*, fut créée en 1868 pour servir d'auxiliaire à la télégraphie électrique ; depuis 1880, elle sert accessoirement pour acheminer les correspondances plus rapidement que par la poste. Le principe de la poste pneumatique consiste à faire glisser des boîtes contenant les paquets de télégrammes dans des tuyaux cylindriques parfaitement calibrés reliant les bureaux entre eux ; le glissement des boîtes est obtenu en exerçant dans les tuyaux une compression à la station de départ et une aspiration ou un vide à la station d'arrivée.

Les lignes pneumatiques à Paris sont généralement établies dans les égouts. Les tuyaux qui les constituent ont une longueur de 5m et un diamètre de 65 à 80mm ; ils sont réunis à leurs extrémités par deux brides avec joints en caoutchouc. Les boîtes contenant les télégrammes sont en tôle et insérées dans des étuis en cuir ; elles ont un diamètre inférieur à celui des tuyaux et une longueur de 140mm afin de pouvoir facilement s'inscrire dans les courbes ayant un rayon minimum d'un mètre. Ces boîtes sont de deux sortes : les unes sont des boîtes ordinaires ; les autres, appelées *boîtes-pistons* parce qu'elles servent à la propulsion, sont munies d'une collerette en cuir embouti afin de faire exactement joint avec la surface intérieure des tuyaux et d'empêcher les fuites.

Installation des bureaux. — Dans les bureaux dits *centres de force* ou *têtes de lignes*, se trouvent deux appareils jumeaux, l'un pour l'arrivée, l'autre pour le départ. La ligne aboutit verticalement à une chambre C ou *sas* (*fig.* 81), dans laquelle deux tubes horizontaux appelés *collecteurs* amènent à volonté, l'un de l'air raréfié, l'autre de l'air comprimé. Deux robinets R et R' permettent d'établir ou d'interrompre la communication de la chambre avec les collecteurs. Au-dessus de la chambre est une partie rectangulaire destinée à recevoir les trains, composés ordinairement de deux boîtes. Cette partie est elle-même surmontée d'une sonnerie à voyant pour annoncer le départ du train ou son arrivée au poste correspondant. Les deux chambres C et C' sont réunies en arrière par un tube T, afin de pouvoir relier deux sections de ligne en permettant à l'air de traverser le bureau ; sur ce tube est fixé un autre tuyau *t* muni d'un robinet qui permet l'échappement à l'air libre. Enfin on peut

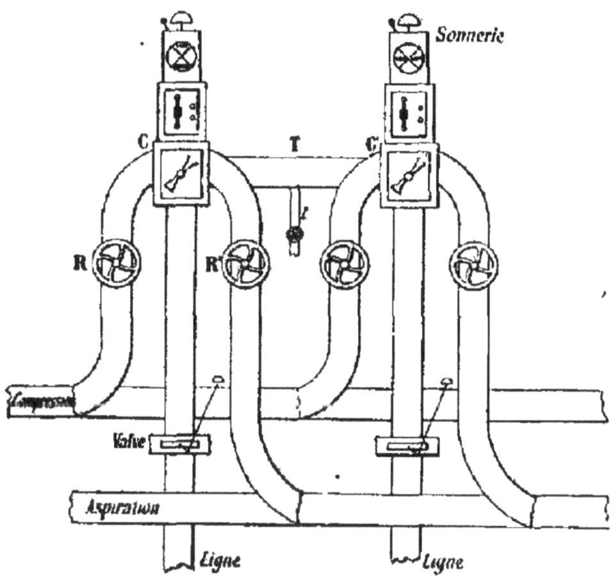

Fig. 81. — Disposition schématique des bureaux têtes de lignes.

se trouver dans l'obligation d'interrompre la communication de l'appareil avec la ligne, sans toutefois laisser perdre l'air raréfié ou comprimé. On se sert pour cela d'une valve qui glisse horizontalement dans une boîte et est maintenue constamment par deux ressorts sur l'orifice de la ligne ; il suffit de pousser la valve pour obturer la ligne.

Dans un bureau tête de ligne, les départs se font toujours par compression. Le *tubiste* compose un train, l'introduit dans la chambre de départ, tourne le robinet de pression et donne le signal prévenant que le train est engagé. Un voyant indique pendant la marche, dans les deux bureaux correspondants, que la ligne est occupée. Dans l'appareil d'arrivée, le vide est aussi en permanence. Lors de l'arrivée d'un train, le tubiste prévient le poste correspondant en faisant disparaître le voyant qui indiquait la ligne occupée ; il ferme le robinet du vide, pousse la valve et prend les correspondances avec le train, puis il rétablit aussitôt le vide.

Les bureaux *terminus* ont une installation plus simple ; un seul appareil suffit et la circulation se fait alternativement par la pression et par le vide.

RÉSUMÉ DU CHAPITRE VII

Les machines pneumatiques actuelles servent à la fois de machines de raréfaction et de machines de compression.

Dans la *machine pneumatique ordinaire*, la limite du degré de raréfaction que l'on peut atteindre dans le récipient en tenant compte de l'espace nuisible a pour valeur $H_n = H \frac{e}{v}$.

La *machine de Deleuil* est à double effet. Le piston est un cylindre cannelé se mouvant sans frottement dans le corps de pompe; il en est séparé par une mince couche d'air formant un bourrelet qui empêche le passage de l'air d'un compartiment à l'autre du corps de pompe.

La *pompe de Carré* est à simple effet; elle est dépourvue d'espace nuisible et sert surtout à la fabrication de la glace.

Les machines pneumatiques *à mercure* répètent en principe un certain nombre de fois l'expérience de Torricelli et créent ainsi une série de chambres barométriques qui sont mises chaque fois automatiquement en communication avec le récipient contenant le gaz à raréfier. Elles donnent une raréfaction plus parfaite que les machines pneumatiques ordinaires.

Les *pompes de compression* sont des pompes aspirantes et foulantes à piston plein et soupapes coniques placées à la base du corps de pompe. La force élastique de l'air comprimé après n coups de piston est $H_n = H_0 + nH \frac{v}{V}$, sans tenir compte de l'espace nuisible.

Les *trompes* aspirent et refoulent l'air par l'intermédiaire d'un courant d'eau ou de mercure. L'aspiration est produite par un double cône dont les orifices sont placés en regard à une petite distance. La trompe à eau fait un vide correspondant à la force élastique maxima de la vapeur d'eau à la température de l'expérience. La pompe-trompe à mercure à six chutes est la plus parfaite des machines pneumatiques.

L'air comprimé et l'air raréfié ont de nombreuses applications : poste pneumatique, horloges pneumatiques, freins continus des chemins de fer, machines perforatrices, scaphandres, évaporation par le vide, etc.

EXERCICES SUR LE CHAPITRE VII

26. On manœuvre le piston d'une machine pneumatique. Le récipient est rempli d'air à 0° et sous la pression de 76^{cm} de mercure. Le volume de ce récipient est de 7530^{cc}. On demande : 1° la masse de l'air extrait quand la pression est réduite à 84^{mm} ; 2° la masse de l'air contenu dans le récipient sous la même pression.

Réponses : 1° $8^{gr},66$; 2° $1^{gr},076$.

27. Sous la cloche d'une machine pneumatique on place une assiette pleine d'eau. Quand l'air est saturé, on donne successivement deux coups de piston, assez lentement pour que le volume offert à la vapeur d'eau soit constamment saturé. On demande de calculer la pression finale.

Volume du corps de pompe, $v = 2^{lit}$; volume de la cloche, $V = 10^{lit}$; force élastique maxima de la vapeur d'eau, $F = 25^{mm}$; pression initiale, $H = 76^{cm}$.

Réponse : $552^{mm},77$.

28. Un ballon d'un litre plein d'air à 0° et 76^{cm} est mis en communication avec une machine pneumatique dont le corps de pompe a également une capacité d'un litre. On demande quelle est la quantité d'air extraite du ballon à la première, à la deuxième, à la troisième manœuvre de la pompe.

Réponses : 1° $0^{gr},6465$; 2° $0^{gr},3232$; 3° $0^{gr},1616$.

29. On a deux ballons, le premier de 10^{lit}, le second de 15^{lit}, remplis d'air sous la pression atmosphérique normale. Ils communiquent entre eux par un tube de volume négligeable, sur le trajet duquel se trouve une pompe aspirante et foulante disposée de telle sorte qu'elle aspire l'air du premier ballon et le refoule dans le second. Le piston étant d'abord au bas de sa course, on donne deux coups de piston. On demande :

1° Quelle sera la pression dans chacun des récipients ;

2° Quelle sera la variation de masse de chacun d'eux entre le commencement et la fin de cette opération.

Le volume du corps de pompe est de 1/4 de litre.

Réponses : 1° $723^{mm},375$ et $784^{mm},414$; 2° $0^{gr},623$.

30. Une cloche à plongeur, cylindrique, ayant une hauteur de 3^{m} et une section de 6^{mq}, est descendue dans l'eau jusqu'à ce que son sommet se trouve à $10^{m},6$ au-dessous de la surface. Quel volume V d'air faudra-t-il introduire sous la pression extérieure, qui est de 76^{cm}, pour empêcher l'eau de s'élever dans la cloche ?

Réponse : $23^{mc},684$.

CHAPITRE VIII

COMPLÉMENTS D'HYDRODYNAMIQUE

72. Principe de Torricelli. — Considérons un liquide pesant en équilibre dans un vase ouvert à parois minces. Si l'on pratique un orifice en un point O d'une paroi (*fig.* 82), l'équilibre des pressions latérales est rompu et le liquide jaillit normalement à la paroi. La vitesse d'écoulement du liquide est déterminée par le principe suivant, énoncé par Torricelli : *La vitesse du liquide à sa sortie est égale à celle qu'acquerrait un corps tombant sans vitesse initiale depuis la surface libre jusqu'à l'orifice.*

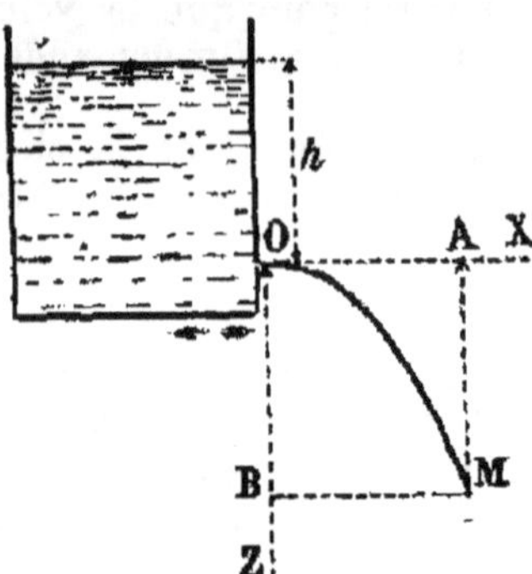

Fig. 82. — Principe de Torricelli.

Soient v cette vitesse, h la distance verticale de l'orifice à la surface libre du liquide dans le vase ; on aura, d'après la deuxième loi de la chute des corps,

$$v = \sqrt{2gh}.$$

On peut vérifier par l'expérience le principe de Torricelli au moyen d'un vase percé, à différentes hauteurs, d'ouvertures qu'on peut déboucher successivement. Le vase lui-même peut s'élever ou s'abaisser, de sorte qu'on peut mesurer l'abscisse BM du jet pour telle hauteur OB que l'on veut, ainsi que pour différentes hauteurs de liquide au-dessus de l'orifice. Si cette abscisse est celle que donne le calcul que nous allons faire en prenant pour v la valeur indiquée plus haut, c'est une confirmation de la loi. Or, c'est ce que l'expérience vérifie.

Calcul. — Chaque molécule liquide, aussitôt sortie, est sollicitée par deux forces : l'une, qui tendrait à lui faire prendre un mouvement uniforme de vitesse v suivant OX ; et la pesanteur, qui tendrait à lui faire prendre un mouvement uniformément accéléré suivant OZ. Le mouvement réel est la combinaison de ces deux mouvements. Soit M la position d'une molécule liquide au bout du temps t. On a, pour l'abscisse OA du point M, $OA = vt$, et pour l'ordonnée OB, $OB = \frac{1}{2}gt^2$. En éliminant t entre ces deux équations, il vient

$$\overline{OA}^2 = \frac{2v^2 \times OB}{g},$$

et comme $v^2 = 2gh$,

$$\overline{OA}^2 = 4h \times OB.$$

La courbe décrite par la molécule liquide est donc telle que les carrés des cordes perpendiculaires à OZ sont proportionnels à leurs distances à l'orifice ; par suite, cette courbe est une *parabole* ayant O pour sommet et la droite OZ pour axe.

73. Écoulement d'un liquide en contact avec une masse gazeuse limitée. — Dans le cas où la surface libre d'un liquide, au lieu d'être en contact avec l'atmosphère, se trouve surmontée d'une masse gazeuse limitée dont la force élastique est supérieure ou inférieure à la pression extérieure, la formule de Torricelli se modifie.

Appelons p la pression (exprimée en dynes par centimètre carré) qui s'exerce sur la surface libre du liquide, p' la pression à l'orifice, d la densité du liquide. Si l'on évalue les pressions p et p' en colonnes du liquide qui s'écoule, la différence $p-p'$ équivaut au poids d'une colonne liquide de hauteur x telle que l'on ait

$$p - p' = xdg,$$

d'où

$$x = \frac{p - p'}{dg}.$$

La formule de Torricelli devient alors

$$v = \sqrt{2g(h+x)} = \sqrt{2g\left(h + \frac{p-p'}{dg}\right)}.$$

Telle est la valeur de la vitesse avec laquelle commence l'écoulement. Cette vitesse diminue à mesure que le liquide s'écoule. En effet, d'une part, la hauteur h décroît continuellement ; d'autre part, p diminuant par suite de l'augmentation de volume du gaz confiné, la différence $p - p'$ diminue aussi, puis s'annule et finit par devenir négative. A un moment donné, la vitesse est nulle et l'écoulement s'arrête.

Le cas de l'écoulement d'un liquide en contact avec une masse gazeuse limitée se rencontre dans une foule de petits appareils tels que la fontaine intermittente, la pipette, l'entonnoir magique, etc.

Il est facile de calculer la hauteur h' de liquide restant dans le vase lorsque l'écoulement s'arrête. Appelons L la hauteur du vase (*fig.* 83), s sa section, H la pression extérieure évaluée en colonne du liquide, pression que nous supposerons égale à la force élastique initiale du gaz confiné. En appliquant la loi de Mariotte aux deux volumes occupés successivement par la même masse gazeuse, on a

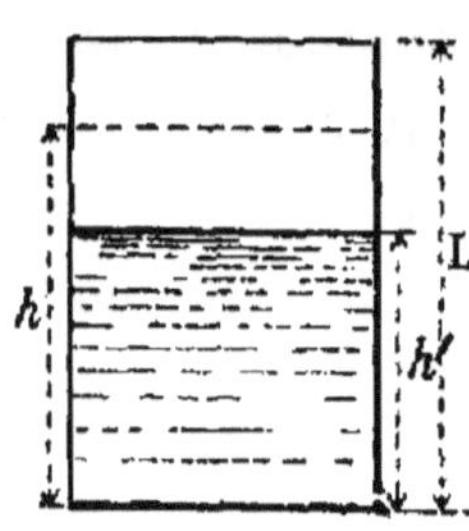

Fig. 83. — Écoulement d'un liquide en vase clos.

$$(L - h)sH = (L - h')s(H - h'),$$

d'où

$$h'^2 - (H + L)h' + Hh = 0,$$

$$h = \frac{H + L \pm \sqrt{(H+L)^2 - 4Hh}}{2}.$$

La plus petite valeur de h seule convient, l'autre étant supérieure à L.

74. Vase de Mariotte. — Le vase de Mariotte permet

d'obtenir l'écoulement régulier d'un liquide. Il se compose d'un flacon en verre dont le bouchon est traversé par un tube de verre (*fig.* 84). Sur la paroi est pratiqué un orifice étroit o fermé par un petit tampon de bois.

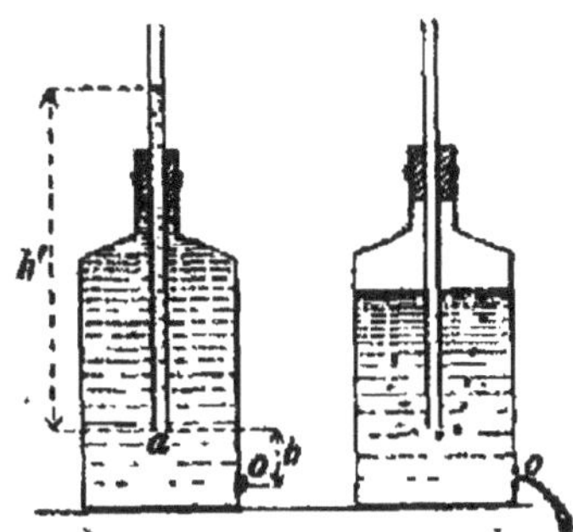

Fig. 84. — Flacon de Mariotte.

Supposons le flacon complètement rempli d'eau, et soient h' la hauteur du liquide dans le tube au-dessus de son extrémité inférieure a, h la distance verticale de cette extrémité au plan horizontal passant par l'orifice. Si l'on débouche l'orifice, un jet liquide s'échappe du flacon avec une vitesse $v = \sqrt{2g(h + h')}$; mais, par suite de l'écoulement, le tube se vide, et quand il est complètement vide, la pression sur le plan horizontal mené par a est égale à la pression atmosphérique. Dans la formule précédente il faut alors faire $h' = 0$, et la vitesse d'écoulement devient $v = \sqrt{2gh}$. A partir de ce moment, elle est constante. En effet, le flacon se vide à son tour, car de l'air entre par a et va se loger en haut du vase ; mais la pression en o ne change pas : elle reste toujours égale à la pression en a (pression atmosphérique) augmentée de la pression de la colonne d'eau h ; et cela jusqu'à ce que le niveau de l'eau du flacon se soit abaissé jusqu'en a. A partir de ce moment, la vitesse d'écoulement diminue, puisque h diminue.

Le vase de Mariotte peut servir à produire l'écoulement constant d'un gaz. On chasse alors le gaz du réservoir qui le contient en y faisant arriver l'eau qui s'écoule du vase de Mariotte.

COMPLÉMENTS SUR LE SIPHON

75. Théorie du siphon fonctionnant dans un milieu quelconque. — Considérons un siphon amorcé (*fig.* 85), et supposons-le fermé au sommet par une petite cloison solide C empêchant l'écoulement, mais pouvant transmettre les pressions. Admettons que ce siphon, au lieu de fonctionner dans l'air, fonctionne dans un milieu dont la densité d soit assez grande pour que l'on ne puisse pas négliger la variation de sa pression d'une extrémité à l'autre du siphon.

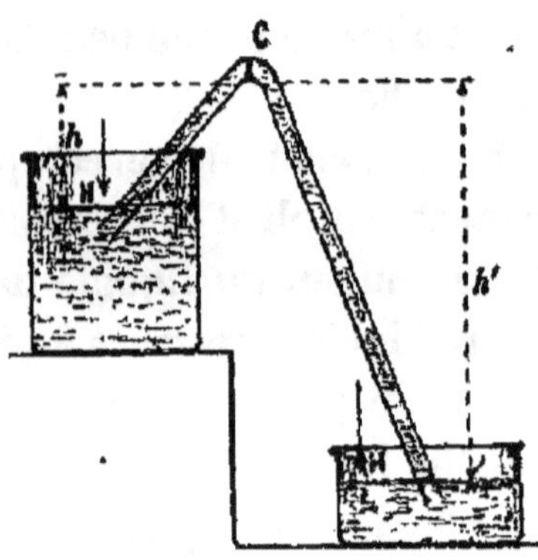

Fig. 85. — Siphon ordinaire.

Appelons D la densité du liquide à transvaser, p la pression par unité de surface que le milieu ambiant exerce au niveau de la surface libre dans le vase supérieur, et s la section du siphon.

La pression supportée par la cloison C de gauche à droite a pour valeur

$$ps - shDg,$$

et de droite à gauche,

$$ps + s(h' - h)dg - sh'Dg.$$

La résultante R de ces deux pressions est

$$\begin{aligned} R &= sh'Dg - sh'dg + shdg - shDg \\ &= s(h' - h)(D - d)g. \end{aligned}$$

Quant à la vitesse d'écoulement, elle est donnée par la relation

$$v = \sqrt{2g(h' - h)\left(1 - \frac{d}{D}\right)}.$$

Cela posé, trois cas peuvent se présenter :

1° *d est inférieur à* D. — Le liquide du siphon s'écoule du vase supérieur vers le vase inférieur. Si, comme cela a lieu d'ordinaire, le siphon fonctionne dans l'air, d est négligeable vis-à-vis de D, la résultante a pour valeur $s(h - h')Dg$, et la vitesse d'écoulement est $v = \sqrt{2g(h' - h)}$, c'est-à-dire qu'elle est proportionnelle à la racine carrée de la distance verticale des niveaux.

2° *d est égal à* D. — Il n'y a pas d'écoulement et le siphon reste amorcé.

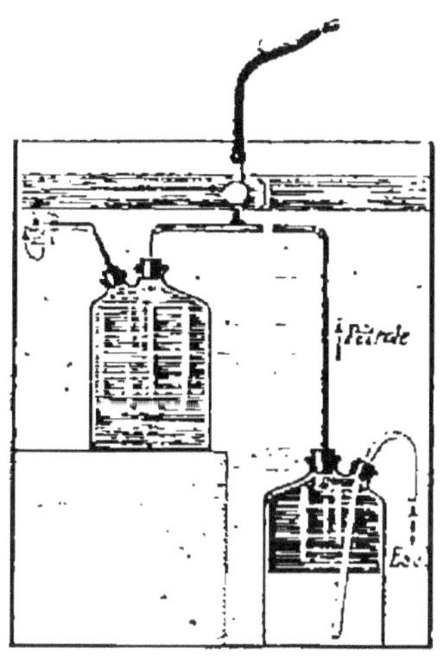

Fig. 86. — Siphon transvasant du pétrole dans l'eau.

3° *d est supérieur à* D. — Le terme $(D - d)$ et, par suite, la résultante R, sont négatifs ; l'écoulement a lieu du vase inférieur au vase supérieur.

On peut montrer par une expérience comment ce dernier cas est réalisable. On dispose dans une cuve à eau deux flacons réunis par un siphon et à l'intérieur desquels la pression est transmise par deux tubes recourbés (*fig.* 86). Les deux flacons ayant été préalablement remplis de pétrole, on amorce le siphon en aspirant par le tube t, muni d'un robinet que l'on ferme ensuite. On voit alors le flacon inférieur se remplir d'eau, tandis que le pétrole en excès dans le flacon supérieur s'écoule par le tube recourbé correspondant et vient flotter à la surface de la cuve.

76. Usages du siphon. — Nous avons vu dans le tome I les différentes formes que l'on donne aux siphons suivant la nature des liquides qu'ils doivent transvaser.

En hydraulique, les siphons sont usités pour détourner les rivières, pour maintenir constant le niveau des biefs alimentant les canaux, pour nettoyer les égouts (siphons de chasse), pour élever l'eau, etc.

Siphons de chasse. — La figure 87 représente l'installation d'un siphon de chasse dans un égout.

Lorsque le niveau de l'eau dans la cloche atteint le plan LM, le déversement par le tuyau en fonte commence à se produire sous forme d'une mince couronne d'eau, dont les filets prennent la di-

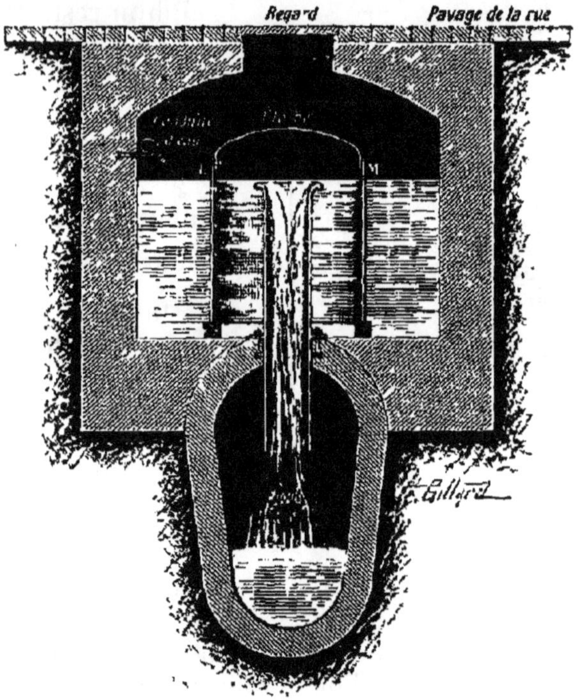

Fig. 87. — Installation d'un siphon de chasse dans un égout.

rection parabolique indiquée sur la figure. Le diaphragme liquide ainsi formé interrompt la communication d'air entre l'égout et la partie supérieure de la cloche ; l'eau entraîne une partie de l'air de la cloche et produit au-dessus d'elle un vide partiel. L'eau contenue dans la chambre maçonnée afflue alors de plus en plus sous la cloche (*fig.* 87 *bis*) en vertu de la différence des pressions intérieure et extérieure, et l'écoulement à flots ou *de chasse* ne s'arrête que lorsque le niveau de l'eau dans la chambre est arrivé à hauteur du bord inférieur de la cloche. A ce moment, il y a rentrée d'air et le siphon se désamorce, pour se réamorcer de nouveau lorsque la chambre maçonnée se sera remplie à son tour. Ces phénomènes se reproduiront à intervalles sensiblement réguliers tant qu'on fournira de l'eau par la prise disposée à cet effet.

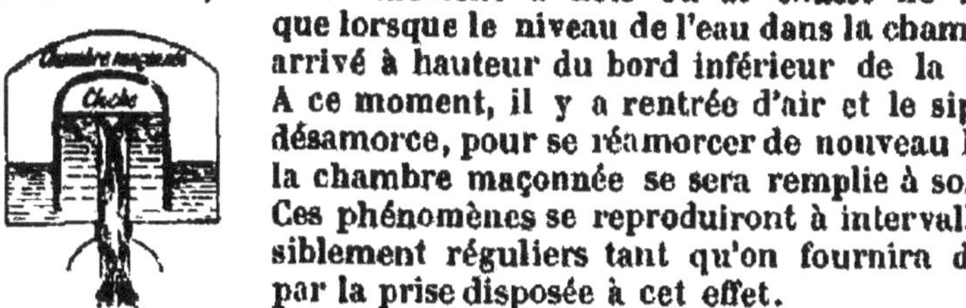

Fig. 87 bis.

Un siphon ainsi installé permet de chasser des égouts les matières qui s'y accumulent, avec une très faible dépense d'eau. Il va sans dire qu'on prévoit le volume de l'eau qui doit s'écouler et que la conduite doit fournir, en tenant compte de la section, de la pente et de la longueur de la ligne desservie, ainsi que de l'état de la salubrité, de l'encombrement plus ou moins grand, etc.

Siphon élévateur. — Les siphons peuvent constituer des élévateurs d'eau automatiques d'une grande puissance. Par une disposition spéciale, l'eau en mouvement dans le siphon est captée en partie au sommet, au lieu de s'écouler par la grande branche, et ce résultat n'entraîne pas le désamorçage.

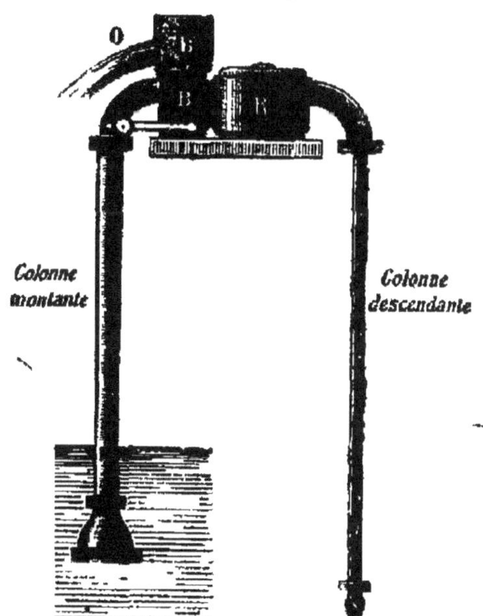

Fig. 88. — Siphon élévateur Lemichel.

Le *siphon élévateur Lemichel* comprend : deux colonnes appelées colonne montante et colonne descendante (*fig.* 88) ; une boîte de distribution B munie à son intérieur d'un clapet et à sa partie supérieure d'une soupape ; un régulateur R ; une boîte de réception B' destinée à recueillir l'eau élevée. A l'extrémité de la colonne montante se trouve une valve automatique qui permet de remplir d'eau l'appareil au moment de l'amorçage et le maintient amorcé lorsqu'il ne fonctionne plus.

Enfin la colonne descendante est munie d'un robinet qui remplit le même but et sert aussi à régler le débit du siphon élévateur.

Le robinet de la colonne descendante étant fermé, on remplit d'eau les deux colonnes de l'appareil pour amorcer le siphon, puis on ouvre le robinet. L'eau monte dans la colonne ascendante et pénètre dans la boîte B où elle rencontre le clapet intérieur, qu'elle appuie sur son siège. Dès lors, l'eau, privée d'issue, soulève la soupape placée à la partie supérieure de la boîte et sort par l'orifice O. Pendant ce temps, la colonne descendante s'est vidée partiellement en occasionnant une diminution de pression dans le régulateur ; la pression sur le clapet a diminué, de sorte qu'il a repris, en vertu de son poids, sa position première, et la soupape se referme à son tour rétablissant le siphon tel qu'un siphon ordinaire. Comme la même série de phénomènes se reproduit très régulièrement et très rapidement, il en résulte un jet sensiblement continu qui produit à la partie supérieure un écoulement non interrompu.

L'eau ainsi élevée peut être utilisée, soit qu'on la canalise, soit qu'on la conserve dans un réservoir.

RÉSUMÉ DU CHAPITRE VIII

Quand un liquide jaillit d'un vase ouvert par un orifice percé en mince paroi, la vitesse du liquide à sa sortie est celle qu'acquerrait un corps tombant sans vitesse initiale depuis la surface libre jusqu'à l'orifice (*principe de Torricelli*); elle a pour valeur $v = \sqrt{2gh}$. Le jet liquide prend la forme d'une parabole. Si le liquide est surmonté d'une masse gazeuse limitée, la formule de Torricelli devient $v = \sqrt{2g\left(h + \frac{p - p'}{dg}\right)}$; p et p', pressions sur la surface libre du liquide et à l'orifice, d densité du liquide ; à un moment donné, la vitesse d'écoulement devient nulle et l'écoulement s'arrête.

Le *vase de Mariotte* sert à obtenir l'écoulement régulier soit d'un liquide dont on le remplit, soit d'un gaz en faisant arriver le liquide dans le réservoir qui contient le gaz.

Lorsqu'un siphon fonctionne dans un milieu quelconque de densité d non négligeable, la différence des pressions qui s'exerceraient sur une petite cloison solide supposée placée au sommet du siphon amorcé a pour valeur $s(h' - h)(D - d)g$, D étant la densité du liquide renfermé dans le siphon. Si $d < D$, le liquide s'écoule du vase supérieur vers le vase inférieur ; si $d = D$, il n'y a pas d'écoulement ; si enfin $d > D$, l'écoulement a lieu du vase inférieur vers le vase supérieur.

Les siphons servent à transvaser les liquides, nettoyer les égouts, élever l'eau, etc.

EXERCICES SUR LE CHAPITRE VIII

31. Dans une cuve renfermant un liquide de densité 1,5 on enfonce de 80^{cm} un tube de longueur totale 1^{m}, effilé à son extrémité inférieure. On ferme alors hermétiquement l'extrémité supérieure du tube et on le retire. La pression atmosphérique est 75^{cm}, la température 20°. On demande à quelle hauteur le liquide se maintiendra dans le tube, en supposant le liquide sans tension de vapeur appréciable à la température de l'expérience. Mise en équation du même problème en supposant qu'à 20° la vapeur du liquide a une force élastique maxima de 3^{cm}.

Réponses : 1° $77^{cm},5$; 2° $h'^2 + 590,4\, h' - 1600 = 0$.

32. Un siphon est employé à transvaser du mercure d'un vase A dans un vase B. Le siphon est amorcé et ses deux extrémités plongent dans le mercure ; il est placé sous la cloche d'une machine pneumatique sous laquelle on diminue progressivement la pression. On demande quelle sera la pression exprimée en hauteur de mercure :

1° Quand la colonne mercurielle se rompra au sommet du siphon ;

2° Quand le mercure cessera de s'écouler d'un vase dans l'autre.

On donne :

La distance verticale du sommet du siphon au niveau, 25^{cm} ;

La distance des niveaux A et B, 30^{cm}.

Réponses : 1° 55^{cm} ; 2° 25^{cm}.

33. Un siphon est formé d'un tube vertical AB et d'un tube AC, long de 2^{m} et faisant avec AB un angle de 60° ; les deux tubes ont même diamètre intérieur. Le tube AC, d'abord fermé par un robinet à sa partie inférieure C, est plein d'acide sulfurique ; sa partie supérieure, ainsi que le tube AB, est mise en communication avec l'atmosphère à l'aide d'un robinet ouvert au-dessus du coude A; AB plonge dans un vase plein d'acide sulfurique dont le niveau est MM'. Calculer la limite que ne doit pas atteindre la hauteur du point A au-dessus du plan MM' pour que, si l'on ferme le robinet A et si on laisse couler le liquide de AC par le robinet C, le siphon puisse être amorcé. On suppose la pression atmosphérique égale à 75^{cm} de mercure ; la densité du mercure à 13,6 ; celle de l'acide à 1,7.

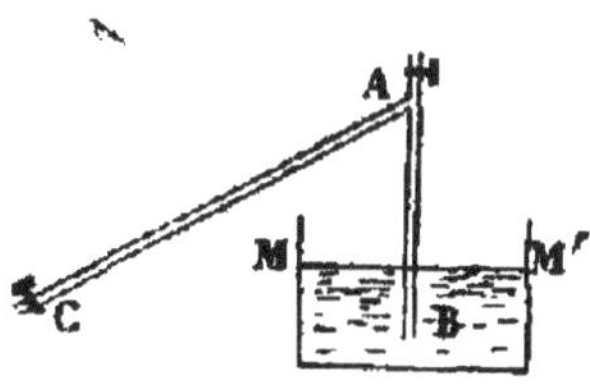

Réponse : $0^{m},65$.

CHALEUR

(COMPLÉMENTS)

CHAPITRE IX

NOTIONS ÉLÉMENTAIRES DE THERMODYNAMIQUE

77. **De l'énergie en général** (*). — En Physique et en Mécanique, le mot *énergie* a la même signification générale que dans le langage courant, où il évoque l'idée de force, de puissance, celle-ci pouvant se manifester d'une façon active ou bien être tenue en réserve. Ainsi, un cours d'eau est une source d'énergie : on peut l'employer à faire tourner une roue à aubes ou une turbine qui mettra en mouvement les machines de toute une usine ; — le vent est de l'énergie ; — la chaleur est de l'énergie : on peut l'utiliser de mille manières, et notamment pour vaporiser de l'eau qui, par sa force d'expansion, actionnera des moteurs ; — un poids qui tombe produit de l'énergie : dans sa descente, il peut mettre tout un mécanisme en mouvement ou exercer toute autre action qu'on voudra. L'énergie est quelquefois moins apparente sans pour cela

(*) Les notions qui suivent vont nous être nécessaires pour aborder l'étude des compléments relatifs à la chaleur inscrits au programme ; mais, bien qu'elles soient placées ici, elles constituent un petit chapitre de Physique générale s'appliquant aussi bien à la pesanteur, à l'électricité, ... qu'à la chaleur.

que ses manifestations soient moins puissantes : l'énergie électrique, par exemple, qui se transmet, invisible et silencieuse, à travers des fils métalliques, a une puissance formidable dont on tire parti souvent à de grandes distances : elle a le pouvoir de fournir de la lumière, de la chaleur, du mouvement, de faire des opérations chimiques, etc. La lumière aussi est de l'énergie ; son action se manifeste sous les formes les plus diverses; nous ne citerons que celle qui est utilisée en photographie. Le son même est de l'énergie ; il a le pouvoir d'ébranler les corps, et si l'électricité, servante docile, est là pour recueillir les vibrations, le son, la parole se trouvent transmis à de grandes distances.

Nous ne pouvons énumérer toutes les formes de l'énergie ; elles sont infinies, et il suffit d'avoir un de ses sens en éveil pour en recueillir des manifestations. D'une façon générale, **on donne le nom d'énergie à tout pouvoir de travail résidant dans un corps et susceptible de donner lieu à une manifestation extérieure.** L'énergie est la cause de tous les phénomènes qui se produisent dans la nature ; elle se manifeste à nous sous autant de formes qu'il y a de manières par lesquelles la matière peut impressionner nos sens.

Énergie cinétique. — Lorsque l'énergie contenue dans un corps est mise en œuvre, elle produit un certain effet ou travail : on l'appelle alors énergie *cinétique* ou énergie de mouvement. Considérons, par exemple, un corps de poids P et de masse m qui tombe librement d'une hauteur h ; d'après le théorème des forces vives, le travail mgh que le corps aura fourni en arrivant au sol est égal à la force vive $\frac{1}{2}mv^2$ acquise au même instant.

L'énergie cinétique du corps, pour la hauteur h de chute, est donc représentée, soit par l'accroissement de force vive, soit par le travail qu'il a fallu dépenser pour faire monter le corps à cette hauteur h ; ce travail est emmagasiné pendant l'élévation et restitué pendant la chute.

Énergie potentielle. — On appelle énergie *potentielle* de l'énergie qui est pour ainsi dire mise en réserve dans un corps et qui peut se transformer en énergie cinétique à un moment donné. Un corps suspendu au-dessus du sol n'est pas assimilable, au point de vue de l'énergie, au même corps reposant directement sur le sol ; car si l'on vient à supprimer l'obstacle qui s'oppose à la chute, le corps se met en mouvement et acquiert une énergie cinétique croissante. On exprime ce fait en disant que le corps suspendu possède de l'énergie potentielle ; cette énergie est égale au travail dépensé pour élever le corps à la hauteur à laquelle on l'a porté. De même, si l'on dépense un certain travail W pour tendre un ressort, le ressort tendu possède de l'énergie potentielle égale à W, car en se détendant, il produira un travail égal au travail dépensé pour le tendre.

Conservation de l'énergie. — Lorsqu'un corps de poids P situé à une hauteur h au-dessus du sol, est abandonné à lui-même et tombe, son énergie cinétique, nulle au départ, augmente peu à peu, tandis que son énergie potentielle diminue. Quand le corps est tombé de h', son énergie cinétique est mgh', son énergie potentielle n'est plus que $mg(h - h')$; mais la somme $mgh' + mg(h - h')$ ou mgh reste constante. Il en est ainsi pendant toute la durée du mouvement, de sorte qu'il n'y a pas de perte d'énergie, mais simplement transformation de l'énergie potentielle en énergie cinétique. La somme de ces deux énergies s'appelle l'*énergie totale* du corps.

D'une manière générale, **étant donné un travail sous une forme quelconque, s'il vient à se subdiviser en un certain nombre de travaux de forme également quelconque, la somme de ces derniers travaux, considérée à un moment quelconque, est égale au travail primitif.** Ce principe, connu sous le nom de *principe de la conservation de l'énergie*, s'applique à toutes les formes de l'énergie. Mais il faut bien s'entendre, et quand nous disons que la somme de tous les travaux est égale au travail primitif, il s'agit non seulement du travail utile, mais aussi de celui qui est dépensé en pure perte.

Prenons un exemple : un courant électrique AB (*fig.* 89) est employé en B à un usage quelconque : il y sera transformé, par exemple, en énergie mécanique.

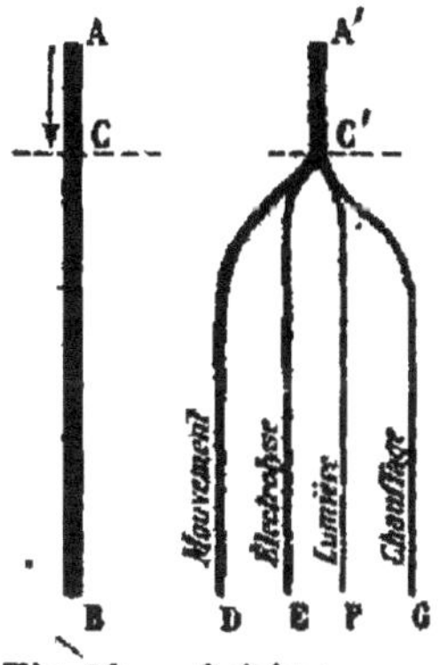

Fig. 89. — Schéma se rapportant à un exemple d'équivalence du travail.

Supposons au contraire ce courant divisé, en C, en quatre parties : l'une destinée à produire une action mécanique ; la seconde, de l'électrolyse ; la troisième, de la lumière ; la quatrième, du chauffage. Eh bien, la somme des travaux utiles si divers effectués en D, E, F, G, augmentée des travaux effectués en pure perte (frottements, échauffement des conducteurs, etc.), est égale à ce qu'aurait été le travail utile effectué en B, augmenté aussi du travail parasite.

Nous venons de voir un exemple de transformation d'énergie. Il n'y a jamais ni création ni destruction : l'énergie qui disparaît sous une forme reparaît sous une autre équivalente. Ce grand principe de la conservation de l'énergie est d'une importance capitale.

Différentes formes d'énergie. — On admet généralement aujourd'hui que les molécules qui constituent les corps ne sont pas à l'état de repos ; qu'elles sont au contraire dans un état perpétuel d'agitation, qu'elles tourbillonnent avec une vitesse souvent considérable, mais dans un espace extrêmement limité, infinitésimal, et que ce sont ces mouvements, ces vibrations qui sont la cause unique des phénomènes qui impressionnent nos sens de façons très différentes et auxquels nous donnons, pour ne citer que les principaux, les noms de mouvement, son, électricité, chaleur, lumière (nous les présentons ainsi dans l'ordre croissant du nombre des vibrations).

Si une cause unique domine toutes les manifestations de l'énergie, qui ne diffèrent que par des degrés, on conçoit que sous diverses influences l'énergie qui est mise en œuvre puisse facilement passer d'une forme à une autre, et c'est ce que nous constatons à chaque instant. Prenons un exemple. Un obus est lancé contre le blindage d'un navire ; il ne le traverse pas, il y reste incrusté. Qu'est devenue l'énergie cinétique de l'obus ? Elle s'est transformée. Au moment du choc, on a entendu un grand bruit, et une partie de l'énergie a été dépensée en vibrations sonores ; une autre, à déchirer le flanc du navire et à l'ébranler ; enfin, la plus grande partie s'est transformée en chaleur : la température de l'obus s'est élevée d'au moins 400°, si bien que la charge de poudre qu'il renfermait s'est enflammée spontanément. L'obus traverse-t-il au contraire la plaque de blindage sans y éclater ? Alors le plus souvent il enflammera la muraille de bois qui se trouve derrière. Toujours l'énergie se retrouve, sous une forme ou sous une autre. Pour l'obus, est-elle la

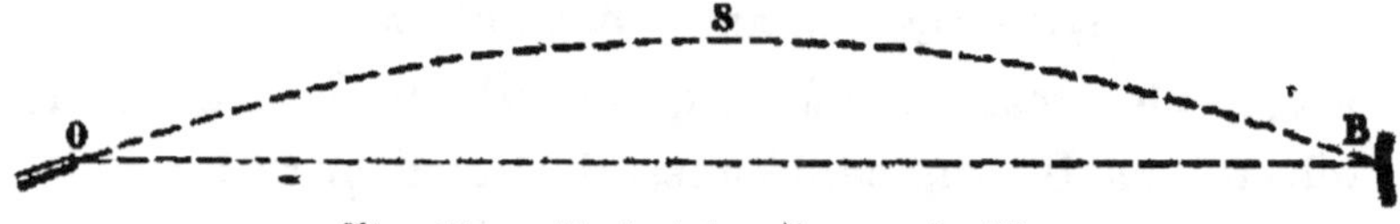

Fig. 90. — Trajectoire d'un projectile.

même à l'arrivée contre la plaque de blindage qu'au sortir de la bouche à feu ? Non, pas tout à fait. A l'orifice O du canon (*fig.* 90) le projectile emporte une énergie cinétique qui diminue à mesure qu'il s'élève, mais qui est compensée par l'augmentation de l'énergie potentielle qu'il acquiert en s'élevant jusqu'en S. La somme des deux énergies serait à tout instant la même qu'en O s'il n'y avait pas le frottement de l'air ; et dans le trajet de S en B (B supposé au niveau de O), l'énergie cinétique augmentant au contraire à mesure que l'énergie potentielle diminue, le projectile arriverait en B avec la même énergie qu'au départ. Mais dans son trajet aérien, l'obus communique du mouvement aux molécules d'air qui se trouvent sur son passage et chacune de ces molécules a emporté une certaine partie de son énergie qui, sans s'anéantir, s'est diffusée dans l'atmosphère. C'est en tenant compte de cette portion d'énergie dispersée que nous retrouverons finalement toute l'énergie initiale.

78. Transformations de l'énergie. — L'étude de l'énergie et de ses transformations a une importance telle, qu'on pourrait presque dire qu'elle est l'essence même de la Physique moderne. Nous nous maintiendrons cependant dans un domaine très circonscrit, celui des faits où la vérification est pour ainsi dire tangible.

De tout temps, quand on a vu une chute d'eau, d'intuition on a senti qu'il y avait là un mouvement qui pouvait se transformer en un autre mouvement. Mais la conception n'allait pas plus loin, du moins dans la pratique industrielle. Il a fallu les immenses progrès, récents, de la science électrique pour qu'on y vît aussi bien une source de chaleur, de lumière, etc. ; pour qu'on pensât que cette force mécanique, qu'on savait si bien utiliser sur place, pouvait être aussi utilisée à distance, sous une forme ou sous une autre. Aujourd'hui le mot énergie, qui est né avec l'idée générale qu'il résume, a porté la lumière dans tous les esprits, et les ingénieurs savent que quand ils tiennent une forme de l'énergie, ils tiennent toutes les autres. En dehors de l'utilisation directe des forces mécaniques, c'est l'électricité qui est dans l'industrie le véhicule nouveau de l'énergie ; c'est elle qui sert le plus souvent d'intermédiaire pour permettre de passer d'une forme de l'énergie à une autre, ou simplement pour permettre de capter de l'énergie et de l'utiliser sous la même forme à distance. L'électricité joue là un rôle véritablement magique ; elle est en train de transformer sur bien des points l'industrie et elle ne tardera pas à exercer aussi une petite révolution dans nos habitudes domestiques.

Les exemples de transformation d'énergie où l'électricité intervient seront mieux compris dans les chapitres suivants, au cours de l'étude de l'électricité ; nous les réserverons donc. Nous donnerons plutôt ici quelques exemples de transformation d'énergie mécanique en énergie calorifique et, inversement, de chaleur en mouvement.

Transformation d'énergie mécanique en énergie calorifique. — Les exemples les plus intéressants et les plus fréquents de la transformation de l'énergie mécanique en énergie calorifique sont donnés par le choc, le frottement et la compression.

Choc. — Lorsqu'un corps animé d'une certaine vitesse rencontre un obstacle rigide, une partie de l'énergie mécanique disparaît et est transformée en énergie calorifique. Cette production de chaleur est un phénomène facile à constater avec les corps non élastiques. Nous avons cité l'exemple d'un obus. Un autre à peu près analogue est celui d'une balle de plomb lancée par une arme à feu contre une cible résistante : la balle s'échauffe jusqu'à fondre partiellement. Enfin, dernier exemple, la pièce de monnaie, après avoir été frappée par le balancier, est brûlante.

Frottement. — Les corps s'échauffent par le frottement comme par le choc. Les sauvages se procurent du feu en frottant vivement deux morceaux de bois l'un contre l'autre. Le frottement du phosphore d'une allumette élève sa température au point de l'enflammer. L'écolier mauvais plaisant brûle la main de son camarade avec un bouton qu'il a frotté au préalable. Deux morceaux de glace frottés l'un contre l'autre entrent en fusion même dans une atmosphère dont la température est inférieure à 0° (expérience de Davy).

Citons encore une expérience due à Tyndall. Un tube de laiton contenant de l'éther et fermé par un bouchon est animé d'un mouvement de rotation rapide (*fig.* 91). En serrant le tube pendant sa rotation entre deux plaques de bois réunies par une charnière, on exerce à sa surface un frottement énergique ; au bout de peu de temps, le liquide est porté à l'ébullition et ses vapeurs comprimées projettent vivement le bouchon.

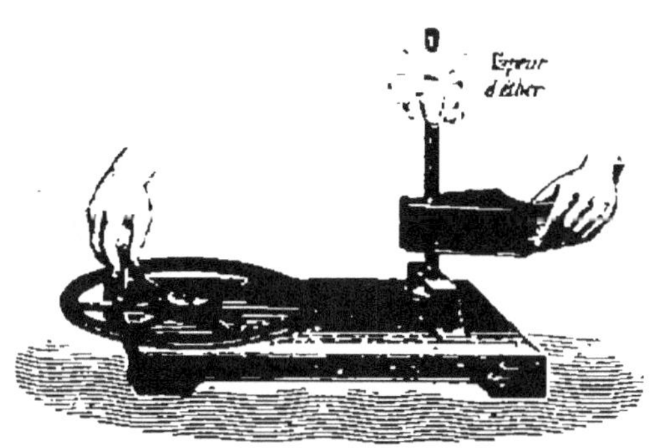

Fig. 91. — Expérience de Tyndall.

Dans la pratique, l'énergie mécanique ainsi transformée en chaleur par le frottement est une perte qui diminue la puissance des machines ; aussi doit-on chercher à réduire cette perte le plus possible en graissant, par exemple, les surfaces en contact lorsqu'il s'agit de corps solides.

Compression. — Si, dans un briquet à air (*fig.* 92), on place un morceau d'amadou à la partie inférieure du piston et qu'on enfonce vivement le piston, l'amadou s'enflamme par suite de la chaleur que dégage la compression de l'air.

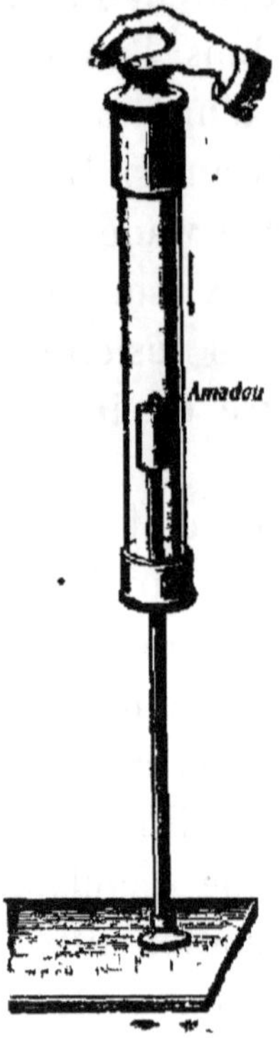

Amadou

Fig. 92. — Briquet à air.

Transformation d'énergie calorifique en énergie mécanique. — La plus importante de ces transformations au point de vue pratique se produit dans les machines à vapeur. En poussant le piston, la vapeur se refroidit ; le travail accompli est le résultat de cette dépense de chaleur.

De même, lorsqu'un gaz comprimé s'échappe du vase qui le renferme, l'air extérieur est refoulé ; ce travail s'effectue aux dépens de la chaleur que possède le gaz, et celui-ci subit un refroidissement très marqué.

Transformations de l'énergie solaire. — Le soleil est la source première de toute l'énergie qui se manifeste sur la terre, à une petite exception près : la lune aussi exerce une certaine action, puisqu'elle est la cause des marées (nous passons sous silence l'action que pourraient exercer d'autres astres éloignés ou momentanément rapprochés — relativement — de nous).

C'est la chaleur solaire qui vaporise l'eau, forme les nuages, fait naître la pluie, la neige, la glace, les cours d'eau et entretient par conséquent la plus puissante des forces mécaniques. C'est elle qui, par l'échauffement inégal de l'air en différents points, donne naissance aux vents qui enflent les voiles des navires, font tourner des moulins, etc. C'est elle aussi qui fait pousser les plantes et entretient, par conséquent, la vie de l'homme comme celle de tous les animaux. Il est bien évident, en effet, que si nous ne nous nourrissons pas que de végétaux, si même nous consommons des animaux carnivores, ceux-ci tirent en résumé leur subsistance des plantes, car de carnivore en carnivore, on finit toujours par tomber à l'origine sur un herbivore. Cette énergie tirée du soleil que nous fournissent les aliments, notre corps la transforme, par une opération chimique, par une combustion, en chaleur et en mouvement, et je puis dire que le mouvement de ma plume, comme tous les mouvements qui se produisent sur la terre, provient, par une série de transformations, de la chaleur solaire.

C'est grâce à la chaleur et à la lumière solaires que les parties vertes des plantes peuvent décomposer le gaz carbonique de l'air et accumuler le carbone dans les tissus végétaux. Ce carbone, en se combinant ensuite avec les éléments de l'eau, forme des composés tels que le glucose, l'amidon, qui interviennent comme combustibles dans l'alimentation et la respiration des animaux et leur fournissent l'énergie nécessaire à leurs mouvements. Un homme, un animal, qui effectue un mouvement quelconque, produit du travail, et par suite dépense de l'énergie. Or la quantité de travail produite serait très limitée si l'énergie dépensée n'était pas récupérée. La combustion des tissus ou des aliments met de l'énergie en liberté et devient ainsi la cause des mouvements de l'homme et des animaux. Les phénomènes chimiques dont leur corps est le siège jouent un rôle analogue à celui d'un combustible dans une machine thermique, et la volonté n'intervient que pour distribuer d'une manière intelligente l'énergie récupérée.

79. Sources immédiates d'énergie. — C'est par un effort de notre esprit que nous nous rendons compte que toute énergie vient du soleil ; mais le praticien qui a besoin d'une source d'énergie porte rarement ses regards si haut. Les seules sources immédiates qui lui apparaissent sont les combustibles et celles qui dérivent de la pesanteur (air, eau, solides). Nous ne reparlerons pas des corps solides au point de vue de leur pesanteur, ni des vents, mais nous nous étendrons un peu sur l'eau et les combustibles.

Les rayons solaires fournissent, comme nous l'avons dit, l'énergie nécessaire à la transformation en vapeur de l'eau des mers, des lacs, etc. et par conséquent à la formation des nuages. L'énergie accumulée dans les nuages reparaît à l'état d'énergie de mouvement lors de leur chute sous forme de pluie ou de neige (*). Les fleuves, les eaux courantes qui descendent vers la mer deviennent ainsi des réservoirs d'énergie. Une faible partie de cette énergie est utilisée par l'homme pour mettre en mouvement des moteurs hydrauliques, des générateurs d'électricité ; une autre partie est dépensée par la masse d'eau à user le lit et les rives, à transporter des sables, etc. ; le reste enfin se transforme en énergie calorifique.

Passons maintenant aux combustibles ; mais avant, faisons bien remarquer la différence qui existe entre eux et l'eau au point de vue de l'énergie : un combustible a une énergie propre : un autre solide ne pourrait lui être utilement substitué ; au contraire, l'eau n'a qu'une énergie de circonstance, qu'elle perd quand elle ne peut plus couler.

Nous avons vu comment les combustibles végétaux

(*) Le phénomène est un peu complexe : l'eau de la mer est transformée en vapeur par l'action de la chaleur; cette vapeur s'élève sous l'influence de la pesanteur (principe d'Archimède) ; quand la vapeur repasse ensuite à l'état liquide, elle restitue sa chaleur latente de vaporisation ; et quand ce liquide retombe sur la terre, il restitue l'énergie potentielle, due à la pesanteur, qu'il avait acquise (à l'état de vapeur) en s'élevant.

tiraient leur énergie du soleil. La houille est le principal d'entre eux ; c'est une réserve d'énergie potentielle qui est restée enfouie pendant des millions d'années dans les entrailles de la terre et qui s'est formée à une époque où, la planète ayant une température plus élevée qu'aujourd'hui et une atmosphère plus chargée de gaz carbonique, la vie végétale était beaucoup plus exubérante.

Ce trésor qui, avec l'eau, constitue la principale source immédiate d'énergie, est évalué à quatre ou cinq milliards de tonnes. On s'est inquiété beaucoup de ce que deviendrait l'industrie quand il sera épuisé. Il serait puéril de chercher à donner une réponse précise à cette question, car la science marche à pas de géant, et dans quelques centaines d'années, elle aura fait des conquêtes dont on ne peut se faire actuellement aucune idée. Mais c'est précisément ce qui nous rassure.

Déjà nous voyons dans beaucoup de régions (le Dauphiné par exemple) l'eau se substituer de plus en plus à la houille : on tire parti des cours d'eau, des chutes, des poches d'eau pour actionner des générateurs d'électricité, lesquels rendent l'énergie sous toutes les formes désirables. Une extension considérable semble promise à cette nouvelle pratique industrielle ; aussi l'enseignement de l'électricité s'organise-t-il partout en France. Mais l'eau est plus capricieuse que la houille ; son excès d'abondance peut nuire, sa congélation aussi ; les accumulateurs, qui emmagasinent l'électricité, peuvent bien parer à un arrêt momentané dans la production du courant électrique, mais non à un arrêt de longue durée. La houille n'est donc pas détrônée ; elle fraternise dans les usines avec l'électricité ; elle est la réserve des mauvais jours.

La science n'attendra pas qu'elle soit épuisée pour lui

trouver une rivale. Déjà nous avons dans l'air liquide une source d'énergie formidable, qu'on arrivera sans doute à assouplir aux besoins industriels. Un litre d'air liquide, en retournant à l'état gazeux, fournit un travail de 8000 kilogrammètres. On pourrait, avec un moteur approprié, employer cette force à la propulsion d'un bateau, parce que l'eau fournirait la chaleur dont l'air liquide (qui est à — 200°) aurait besoin pour retourner à la température ordinaire.

Bien entendu, comme toujours, l'air liquide n'est pas une source première d'énergie ; il ne rendra jamais que l'énergie qu'on aura dépensée pour l'amener à cet état ; mais ici encore l'eau, cette force naturelle, peut intervenir et nous fournir les pressions colossales dont on a besoin pour liquéfier l'air.

Il y a d'autres forces naturelles extrêmement puissantes dont on n'a pour ainsi dire pas encore tiré parti industriellement et qui sont peut-être la réserve de demain ; nous voulons parler de la chaleur solaire et de la force des marées.

80. Équivalence de la chaleur et du travail. — L'expérience montre que, dans toutes les opérations où du travail disparaît avec dégagement de chaleur, et dans celles où de la chaleur est dépensée pour produire du travail, *un même travail correspond toujours à une même quantité de chaleur*. Cette proportionnalité entre le travail disparu et la chaleur dégagée ou entre la chaleur dépensée et le travail produit, conduit à énoncer le principe général suivant, appelé *principe de l'équivalence de la chaleur et du travail*:

Dans toute transformation d'énergie mécanique en énergie calo-

rifique, il y a un rapport constant entre la quantité de travail et la quantité de chaleur qui interviennent, pourvu que l'état final du système soit identique à l'état initial. Ce rapport est indépendant de la nature des corps et du mécanisme qui réalise la transformation.

81. Équivalent mécanique de la chaleur. — On appelle équivalent mécanique de la chaleur, ou mieux, équivalent mécanique de la calorie, le travail, évalué en ergs, qui correspond à la dépense d'une calorie. Cet équivalent a pour valeur 417×10^5 ergs, ou $4^{\text{joules}},17$, puisque le joule vaut 10^7 ergs.

Avec les anciennes unités (grande calorie pour unité de chaleur et kilogrammètre pour unité de travail), l'équivalent mécanique est égal à

$$\frac{417 \times 10^5 \times 1000}{98\,100\,000} = 425 \text{ kilogrammètres.}$$

Réciproquement, *l'équivalent calorifique du travail* ou équivalent calorifique de l'erg, est la quantité de chaleur, évaluée en calories, qui correspond à la disparition d'un erg de travail. Cet équivalent est évidemment l'inverse de l'équivalent mécanique de la chaleur.

82. Détermination de l'équivalent mécanique de la chaleur. — L'équivalent mécanique de la chaleur peut être déterminé, soit directement par l'expérience, soit indirectement par le calcul.

Pour la détermination directe, deux méthodes peuvent être employées : 1° évaluer la quantité de chaleur que l'on produit avec un travail connu ; 2° évaluer le travail que l'on retire d'une quantité de chaleur donnée. Nous citerons comme application de la première méthode les expériences de Joule, et comme application de la seconde les expériences de Hirn sur la machine à vapeur.

Expériences de Joule. — Elles consistent en principe à transformer en chaleur, par voie de frottement, le travail produit par la chute d'un poids.

Description de l'appareil. — Dans un calorimètre en laiton rempli d'eau tourne un axe vertical portant deux moulinets formés chacun de huit palettes en laiton (*fig.* 93). Quatre cloisons longitudinales, percées d'échancrures livrant passage aux palettes et disposées à 90° l'une de l'autre, s'opposent à la rotation d'ensemble de l'eau. L'axe de rotation se continue par un cylindre de buis sur le prolongement duquel est fixé un treuil par l'intermédiaire d'une goupille g. Sur le treuil s'enroulent en sens inverse deux cordes dont les extrémités sont assujetties sur les gorges de deux poulies. Deux disques de plomb de même poids, suspendus chacun par deux fils enroulés dans le même sens sur l'axe de la poulie qu'ils commandent, déterminent par leur chute la rotation des poulies et, en même temps, du treuil et de l'axe à palettes. Enfin un thermomètre très sensible plongé dans le calorimètre fait connaître la température de l'eau.

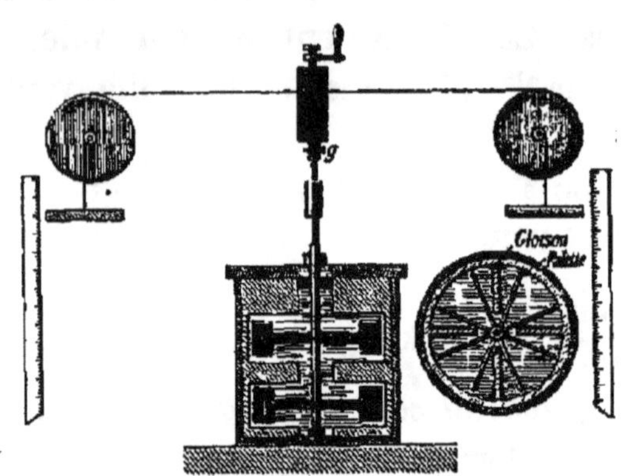

Fig. 93. — Appareil de Joule pour la détermination de l'équivalent mécanique.

Fonctionnement. — Pendant la chute des disques, les palettes frottent contre l'eau et en élèvent la température.

Quand les disques ont atteint le sol, on interrompt pour un instant, en enlevant la goupille g, la liaison de l'axe de rotation et du treuil, et à l'aide de la manivelle on remonte les disques sans mettre les palettes en mouvement. Il faut produire une vingtaine de fois la chute des disques si l'on veut que la chaleur absorbée par l'eau du calorimètre soit suffisante pour pouvoir être mesurée avec précision.

On peut remarquer que, dans chaque chute, le mouvement des disques tend d'abord à s'accélérer; mais la résistance opposée par le frottement croissant avec la vitesse de rotation des palettes, la vitesse de chute finit par devenir constante. A partir de ce moment, la force vive du système entraîné reste invariable jusqu'au contact des poids avec le sol.

Calcul de l'équivalent mécanique. — Appelons h la hauteur de chute en centimètres, hauteur mesurée par des règles divisées, M la masse de chaque disque évaluée en grammes, M' la masse de l'eau contenue dans le calorimètre, t sa température initiale, θ sa température finale, v la vitesse que possèdent les disques lorsqu'ils arrivent au sol, E l'équivalent mécanique de la calorie.

Le travail total fourni par les disques pour n chutes est égal à $2Mghn$ ergs. Ce travail représente :

1° Le travail détruit par la résistance de l'eau du calorimètre, travail équivalent à $M'(\theta - t)$ calories, et valant par conséquent $M'(\theta - t)E$ ergs ;

2° Le travail perdu par le choc des disques contre le sol, qui vaut $\frac{1}{2} 2Mv^2n = Mv^2n$;

3° L'effet ε des frottements extérieurs au calorimètre.

On a donc

$$2Mghn = M'(\theta - t)E + Mv^2n + \varepsilon,$$

équation d'où l'on tire E.

Pour évaluer ε, on enlève la goupille *g*, et l'on relie les deux disques par un seul cordon de manière que l'un monte quand l'autre descend; les disques se font ainsi équilibre comme dans la machine d'Atwood. On cherche alors par tâtonnements quelle masse additionnelle *m* il faut ajouter à l'un des deux disques pour communiquer au système une vitesse sensiblement constante et égale à la vitesse moyenne *v* qu'il possédait au moment du choc contre le sol dans l'expérience précédente. Le travail *mgh* effectué par *m* représente approximativement l'effet ε des frottements extérieurs au calorimètre.

Dans les calculs qui précèdent, E s'obtient en ergs. Joule a trouvé comme résultats de ses expériences des nombres voisins de 425^{kgm} (système du kilogramme et de la grande calorie). Ces résultats ont d'ailleurs été confirmés par des expériences analogues, dans lesquelles Joule remplaçait l'eau du calorimètre par du mercure (le calorimètre et les palettes étaient alors en fer), ou bien effectuait la transformation du travail en chaleur par le frottement de pièces de fonte l'une contre l'autre.

Expériences de Hirn. — On sait que, dans une machine à vapeur fonctionnant normalement, une partie de la chaleur empruntée par la vapeur au foyer est transformée en travail qui détermine le mouvement du piston ; l'autre partie gagne avec la vapeur le condenseur ou l'atmosphère. Hirn a montré que le travail effectué est proportionnel à la quantité de chaleur disparue. Il déterminait : 1° le nombre de calories Q apportées par la vapeur dans les cylindres ; 2° le nombre de calories Q′ transportées dans le condenseur ; 3° le travail W effectué pendant le même intervalle de temps par la vapeur en déplaçant le piston. Le rapport $\frac{W}{Q - Q'}$ représente évidemment l'équivalent mécanique de la chaleur.

La moyenne des nombres trouvés par Hirn ne diffère que de $\frac{1}{17}$ de la moyenne, 425^{kgm}, des expériences de précision. Cet accord peut être considéré comme très suffisant, à cause de la difficulté que présente la réalisation d'expériences de ce genre.

83. Nature de la chaleur. — Dans la théorie moderne de la chaleur, on admet, comme nous l'avons dit, que les molécules des corps ne sont jamais en repos, mais sont animées de mouvements vibratoires très rapides dont l'amplitude croît pour chaque corps à mesure que sa température s'élève. Le mouvement périodique qui constitue ces vibrations *calorifiques* échappe à notre vue à cause de l'extrême petitesse des excursions, mais il se manifeste au toucher par la sensation spéciale de chaleur, et au thermomètre par une élévation de température.

D'après cette théorie, la transformation du travail en chaleur ne serait qu'une simple transformation de mouvement. Quand on chauffe un corps, la force vive de chacune de ses molécules devient plus grande et l'énergie cinétique de ce corps augmente; quand la température du corps s'abaisse, son énergie cinétique diminue. On voit que, s'il en est ainsi, le principe de l'équivalence de la chaleur et du travail n'est qu'un cas particulier du principe de la conservation de l'énergie.

EFFETS DE LA CHALEUR SUR LES CORPS

84. Effets de la chaleur sur les corps solides ou liquides. — Quand on fournit une certaine quantité de chaleur à un corps solide ou liquide, elle produit généralement trois effets différents :

1° Une partie de cette chaleur élève la température du corps et augmente, par suite, son énergie de mouvement ;

2° Une autre partie est employée à surmonter la pression atmosphérique qui s'exerce sur la surface du corps, et effectue ainsi un certain travail *extérieur*. Ce travail, conséquence de l'augmentation de volume du corps, est négligeable dans le cas des solides et des liquides, à cause de leur faible dilatation ;

3° La partie complémentaire est employée à accroître les intervalles qui séparent les molécules du corps, malgré les forces de cohésion : elle produit ainsi un travail *intérieur* correspondant à une augmentation d'énergie potentielle. Le travail intérieur a une valeur très grande ; on peut l'évaluer approximativement d'après la traction qu'il faudrait exercer sur le corps, maintenu à sa température primitive, pour obtenir un accroissement de volume égal à celui que produit la quantité de chaleur considérée. En étudiant les applications de la dilatation des solides et des liquides, nous avons vu de nombreux exemples montrant la grandeur des effets mécaniques que peuvent produire ces corps sous l'influence de variations de température, lorsque des obstacles résistants tendent à s'opposer à leur dilatation.

Quand un corps solide est porté à une température suffisamment élevée, il *fond*. Pendant la fusion, la température reste constante ; donc il n'y a pas d'accroissement de l'énergie de mouvement. Le travail extérieur est moteur ou résistant suivant que le volume augmente ou diminue au moment de la fusion ; dans les deux cas, il est négligeable à cause de la petitesse de cette variation de volume. La chaleur fournie au corps est ainsi employée presque tout entière à vaincre les forces de cohésion et à amener les molécules dans des positions relatives différentes de celles qu'elles occupaient dans le même corps solide à la même température. Cette chaleur absorbée, non sensible au thermomètre, est appelée comme nous l'avons vu *chaleur de fusion ;* elle est restituée au moment de la solidification, les molécules reprenant alors leur position d'équilibre pour l'état solide.

Enfin, quand un liquide se réduit en *vapeur*, son énergie de mouvement ne s'accroît pas, puisque la température reste constante pendant toute la durée de l'ébullition ; mais le travail extérieur correspond à une fraction relativement élevée de la chaleur absorbée par le liquide, car la vapeur acquiert un volume beaucoup plus grand que celui du liquide. Quant au travail intérieur, il correspond à l'autre partie de la chaleur de *vaporisation*; il a pour effet d'amener les molécules à des distances telles que les forces de cohésion deviennent négligeables.

85. Effets de la chaleur sur les gaz. — Ces effets varient suivant que les gaz sont chauffés à volume constant ou sous pression constante.

A *volume constant*, il n'y a ni travail extérieur ni travail intérieur ; la chaleur fournie au gaz est employée tout entière à accroître son énergie de mouvement. Cet accroissement d'énergie se manifeste par une élévation de température et par une augmentation de force élastique.

Sous *pression constante*, le gaz se dilate, et cet accroissement de volume produit un travail extérieur que l'on peut rendre manifeste en séparant le gaz de l'air extérieur par un index liquide (*fig.* 94); l'index se déplace d'une certaine quantité. Soient q la quantité de chaleur qui a produit ce travail extérieur et q' celle qui a élevé la température du gaz. L'expérience montre que la quantité de chaleur fournie au gaz est rigoureusement égale à la somme $q + q'$. On en conclut qu'il n'y a pas eu de travail intérieur et que, par suite, les molécules d'un gaz (supposé éloigné de son point de liquéfaction) n'exercent pas d'action sensible les unes sur les autres.

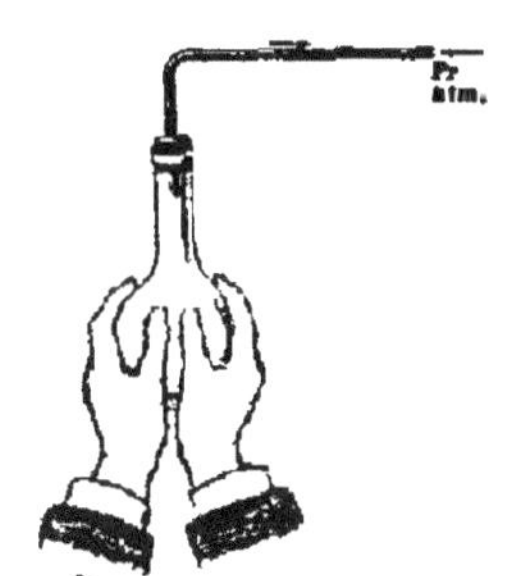

Fig. 94. — Dilatation des gaz sous pression constante.

Cette conséquence a été vérifiée directement par Joule de la manière suivante. Deux réservoirs R et R′ communiquant par un tube à robinet (*fig.* 95) sont placés dans un calorimètre, disposé de façon à ne contenir que très peu d'eau et à rendre ainsi sensibles de faibles variations de température. Le réservoir R est plein d'air comprimé d'avance à 22atm ; le réservoir R' est vide d'air. Quand on ouvre le robinet, l'air se répand brusquement dans le réservoir vide, mais sans réaliser aucun travail extérieur : on ne constate, dans ces conditions, aucune variation de la température de l'eau du calorimètre.

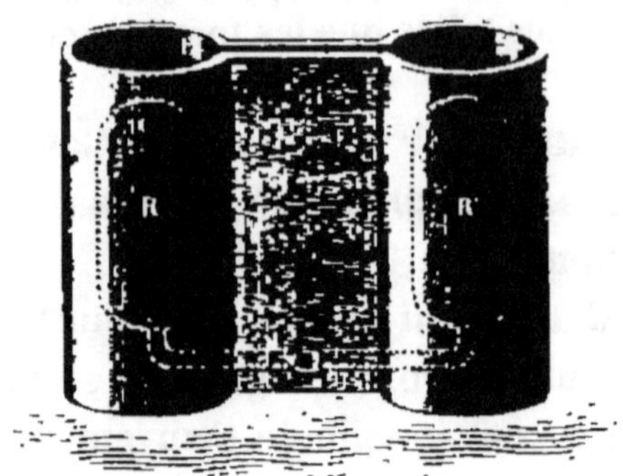

Fig. 95. — Expérience de Joule.

L'expérience précédente paraît en contradiction avec ce fait qu'un gaz qui se détend se refroidit : mais il faut remarquer que l'air s'arrête en rencontrant les parois du réservoir R', perd ainsi la force vive qu'il avait acquise et restitue la chaleur absorbée. Pour mettre cette restitution en évidence, on plonge chaque réservoir dans un calorimètre distinct (*fig.* 96). On observe alors un refroidissement du calorimètre contenant le réservoir R : la force vive acquise par le courant d'air provient de cette chaleur absorbée. Inversement, le calorimètre contenant le réservoir R' s'échauffe. On comprend d'après cela que si les deux réservoirs sont placés dans un même calorimètre, la somme des travaux effectués

Fig. 96. — Modification de l'expérience de Joule.

par l'air étant nulle, la somme des effets calorifiques inverses l'est aussi.

FORMULE DE LAPLACE. — Lorsqu'un gaz se détend sans emprunter de chaleur au milieu extérieur, le travail produit par l'expansion du gaz détermine un abaissement de température plus ou moins considérable. Laplace a démontré que si H et H' sont les forces élastiques successives du gaz, V et V' les volumes correspondants, on a toujours la relation

$$\frac{H}{H'} = \left(\frac{V'}{V}\right)^{\frac{C}{c}},$$

$\frac{C}{c}$ étant le rapport 1,41 des chaleurs spécifiques d'un gaz sous pression constante et à volume constant. En joignant à cette relation l'équation des gaz parfaits,

$$\frac{VH}{1+\alpha t} = \frac{V'H'}{1+\alpha t'},$$

on pourra calculer l'abaissement de température correspondant à une détente donnée quand on ne fournit pas de chaleur au gaz.

CONSTITUTION DES GAZ. — Pour expliquer ce fait que le travail intérieur est nul dans les gaz, on admet avec Bernoulli que les gaz sont constitués par des molécules très petites par rapport à la distance qui les sépare, et animées de mouvements rectilignes très rapides dans des directions quelconques. La vitesse avec laquelle s'effectuent ces mouvements dépend de la température elle-même. On admet de plus que les molécules gazeuses n'exercent d'action sensible les unes sur les autres que lorsqu'elles viennent en contact. La force élastique d'un gaz est précisément produite par la succession des chocs de ses molécules contre la paroi solide du vase qui le renferme ; ces chocs s'effectuent conformément au principe de la conservation de l'énergie, de manière que la somme des forces vives de toutes les molécules ne varie pas. D'après cela, lorsqu'on fournit de la chaleur à une masse gazeuse assujettie à conserver un volume constant, on augmente la vitesse des mouvements moléculaires, ce qui donne à la fois à ce gaz la propriété d'exercer une pression plus grande sur la paroi solide de l'enceinte, et la propriété d'accuser au thermomètre une température plus élevée.

RÉSUMÉ DU CHAPITRE IX

On donne le nom d'énergie à tout pouvoir de travail résidant dans un corps et susceptible de donner lieu à une manifestation extérieure. Ainsi un cours d'eau est une source d'énergie ; un poids qui tombe produit de l'énergie ; le vent, la chaleur, la lumière sont de l'énergie.

Lorsque l'énergie contenue dans un corps est mise en œuvre, elle est dite énergie *cinétique* ou de mouvement (corps qui tombe) ; lorsque l'énergie est emmagasinée et ne donne lieu à aucune manifestation extérieure, elle est dite *potentielle* (corps suspendu audessus du sol). Il n'y a pas de perte d'énergie : l'énergie potentielle peut se transformer en énergie cinétique, et réciproquement, mais la somme de ces deux énergies, ou l'énergie totale, reste constante pour un corps dans des conditions déterminées. D'une manière générale, si un travail vient à se subdiviser en un certain nombre de travaux de forme quelconque, la somme de ces derniers travaux, considérée à un moment quelconque, est égale au travail primitif (principe de la conservation de l'énergie). Ce principe s'applique à toutes les formes de l'énergie.

La chaleur est une énergie de mouvement appelée *énergie calorifique*. Le choc (balle de plomb lancée contre une cible), le frottement (expérience de Tyndall), la compression (briquet à air), donnent des exemples de transformation d'énergie mécanique en énergie calorifique. Inversement, dans la machine à vapeur, une partie de l'énergie calorifique possédée par la vapeur se transforme en énergie mécanique employée à pousser le piston.

Le soleil est la source première de presque toute l'énergie qui se manifeste sur la terre. C'est la chaleur solaire qui vaporise l'eau, donne naissance aux vents, fait croître les plantes et entretient par suite la vie de l'homme et des animaux. Les principales sources immédiates d'énergie sont les combustibles (houille, etc.) et celles qui dérivent de la pesanteur, principalement l'eau.

L'expérience montre que, dans toute transformation réciproque d'énergie mécanique en énergie calorifique, un même travail correspond toujours à une même quantité de chaleur (équivalence de la chaleur et du travail). L'équivalent mécanique de la calorie est le nombre d'ergs qui correspond à la dépense d'une calorie ; il vaut 417×10^5 ergs. Dans le système des anciennes unités, cet équivalent est égal à 425 kilogrammètres. L'équivalent calorifique de l'erg est l'inverse de l'équivalent mécanique de la calorie.

Parmi les expériences qui ont eu pour but de déterminer l'équivalent mécanique de la chaleur, on peut citer celles de Joule, qui consistaient à transformer en chaleur, par le frottement de palettes dans l'eau d'un calorimètre, le travail produit par la chute d'un poids.

Dans la théorie moderne de la chaleur, on admet que les molécules des corps sont animées de mouvements vibratoires très rapides dont l'amplitude croît pour chaque corps à mesure que sa température s'élève. Lorsqu'on chauffe un corps solide ou liquide, une partie de la chaleur fournie élève la température et augmente l'énergie de mouvement ; une autre partie effectue un travail extérieur ; le reste produit un travail intérieur ayant une valeur très grande. Dans les gaz chauffés à volume constant, il n'y a ni travail intérieur ni travail extérieur ; sous pression constante, la chaleur produit un travail extérieur, qui est très faible, mais il n'y a pas de travail intérieur, ce qui montre que les molécules d'un gaz n'exercent pas d'action sensible les unes sur les autres.

EXERCICES SUR LE CHAPITRE IX

34. Du mercure tombant d'une hauteur de $12^m,75$ s'échauffe d'un dixième de degré. On demande de déduire de cette expérience l'équivalent mécanique de la chaleur.

Quelle quantité de mercure faudrait-il laisser tomber dans ces conditions pour produire la chaleur nécessaire à la transformation d'un gramme d'eau à zéro en vapeur saturante à 100° ?

Chaleur spécifique du mercure. 0,03
Chaleur latente de vaporisation de l'eau. . . . . 537^{cal}

Réponses : 1° 41 692 500 ergs = 4 joules,17 ; 2° 212 371 grammes.

35. Une sphère de plomb, non élastique, dont la température initiale est 20°, tombe librement d'une hauteur de 100^m sur un plan parfaitement résistant. On suppose toute l'énergie perdue transformée en chaleur absorbée par la sphère, et on demande :

1° La température de la sphère aussitôt après ce choc ;

2° Quelle vitesse il faudrait lui imprimer au départ, de haut en bas, pour porter le métal à sa température de fusion.

Chaleur spécifique du plomb, $C = 0,0315$; température de fusion, $T = 335°$.

Réponses : 1° 27°,47 ; 2° $284^m,24$.

36. Une tige rectiligne indéfinie est fixée de manière à faire un angle de 45° avec la verticale. Un anneau pesant 20^{kg} peut glisser le long de cette tige ; on l'abandonne à lui-même et on lui laisse parcourir une longueur de tige de $27^m,75$. Quelle serait, à ce moment, sa vitesse si le frottement était nul ?

On constate que, à cause du frottement, cette vitesse n'est, en réalité, que de 2^m. On demande quelle est la quantité de chaleur qui a été produite par le frottement, sachant qu'une kilocalorie équivaut à 425^{kgm}.

On prendra $g = 9^m,81$.

Réponses : 1° $v \doteq 19^m,62$; 2° 913,5 petites calories.

CHAPITRE X

SOURCES DE CHALEUR

86. Considérations générales. — Tout corps dont la température est plus élevée que celle d'un milieu donné peut fournir de la chaleur à ce milieu et jouer ainsi le rôle de *source de chaleur*. Il en est de même des actions mécaniques (choc, frottement, compression), de la condensation d'une vapeur, de la solidification d'une substance fondue, des combustions, des réactions chimiques, d'un courant électrique.

Dans la pratique, on cherche à conserver aux sources de chaleur une température sensiblement *constante*, malgré les emprunts qu'on lui fait.

87. Chaleur solaire. — Le soleil est pour nous l'unique source de chaleur naturelle.

Mesure de la chaleur rayonnée. — L'appareil le plus précis pour déterminer la quantité de chaleur rayonnée par le soleil est l'*actinomètre* de M. Violle.

Il se compose d'un thermomètre très sensible placé au centre d'une enceinte formée par deux sphères métalliques concentriques (*fig.* 97). On assure à l'enceinte une température constante en la remplissant de glace ou en y faisant passer un courant continu d'eau. Les rayons solaires tombent sur le thermomètre par un tube muni d'une ouverture O ; une deuxième ouverture, O', placée sur le prolongement de ce tube, permet d'orienter, à l'aide d'un miroir, l'appareil sur l'anneau fixe qui le supporte, de manière que les rayons tombent bien sur la boule du thermomètre.

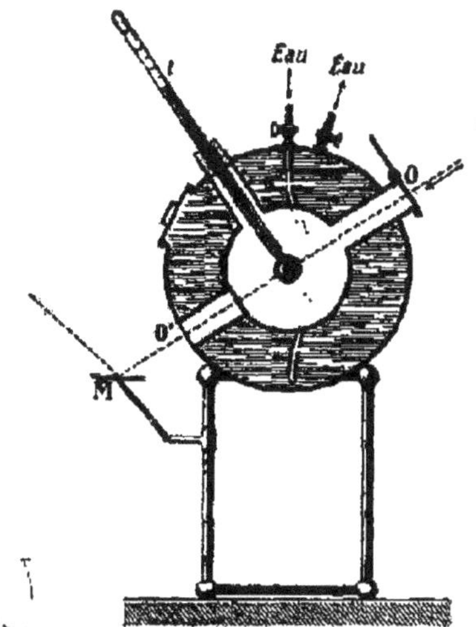

Fig. 97. — Actinomètre de M. Violle.

L'ouverture O étant fermée, le thermomètre indique une température constante, que l'on note. On débouche alors cette ouverture et on conserve à l'appareil une orientation convenable jusqu'à ce que le thermomètre ait atteint un maximum stationnaire. A ce moment, le gain de chaleur du thermomètre est égal à la perte qu'il éprouve dans le même temps. On ferme ensuite l'ouverture O, et on observe la marche du refroidissement pendant cinq minutes. Connaissant la section de la boule du thermomètre et le nombre de calories nécessaire pour l'échauffer d'un degré, on obtient facilement la quantité de chaleur reçue par chaque centimètre carré de surface exposé aux radiations solaires.

Résultats. — Diverses expériences faites par M. Violle avec son appareil à d'assez grandes hauteurs ont conduit à admettre $2^{cal},54$ comme représentant la quantité de chaleur qui tombe en une minute par centimètre carré situé aux limites de l'atmosphère terrestre. Au-dessous de ces limites, l'atmosphère exerce une absorption variable avec sa température, sa pression, la quantité de vapeur qu'elle renferme et sa pureté plus ou moins grande.

En partant du résultat que nous venons d'indiquer,

M. Violle a calculé la quantité de chaleur reçue en un an par chaque centimètre carré de la surface terrestre, aux limites de l'atmosphère. Il a trouvé que cette quantité de chaleur serait suffisante pour fondre une couche de glace qui envelopperait la terre et qui aurait environ 46m d'épaisseur. Quant à la quantité totale rayonnée par le soleil, on la calcule en multipliant la quantité reçue par un centimètre carré, par la surface de la sphère ayant pour centre le soleil et un rayon égal à celui de l'orbite terrestre ; le nombre obtenu, divisé par la surface solaire, indique que chaque centimètre carré de la surface solaire émet en un an assez de chaleur pour fondre une couche de glace de plus de 2000 lieues d'épaisseur.

Température du soleil. — La température du soleil peut être déterminée approximativement en se basant sur les résultats fournis par la méthode actinométrique et sur la loi du refroidissement; mais les chiffres donnés par les savants diffèrent beaucoup les uns des autres, la véritable loi du refroidissement correspondant à de hautes températures n'étant pas connue avec exactitude. Tandis que certains astronomes, comme le P. Secchi, assignent à la température du soleil une valeur de plusieurs millions de degrés, M. Violle, d'après des expériences qui paraissent mieux établies, pense que la température moyenne à la surface du soleil ne doit guère dépasser 2500°.

Un grand nombre d'hypothèses ont été faites pour expliquer comment le soleil rayonne une quantité de chaleur aussi grande avec une température aussi peu élevée et sans se refroidir d'une façon appréciable. L'hypothèse la plus probable, émise par Helmholtz, repose sur cette idée qu'à l'origine des temps le soleil a été formé, comme les autres corps célestes, par la condensation d'une matière cosmique et que la perte considérable de force vive qui est résultée de l'attraction de cette matière a accumulé dans le soleil, à l'état d'énergie potentielle, la quantité prodigieuse de chaleur qu'il possède. Le diamètre du soleil subirait un raccourcissement lent ayant pour effet de dégager de la chaleur par suite de la perte de force vive qu'éprouvent les molécules en se rapprochant du centre. Dans cette hypothèse, la production de la chaleur solaire ne serait plus qu'un effet de l'attraction universelle.

Toujours d'après Helmholtz, le système solaire ne posséderait plus actuellement que $\frac{1}{454}$ de l'énergie potentielle qu'il avait lorsqu'il était à l'état de nébuleuse, le reste ayant été transformé en chaleur; cette chaleur perdue par le soleil a été gagnée par d'autres astres. Le principe de la conservation de l'énergie conduit alors à considérer l'Univers tout entier comme un vaste système dont l'énergie totale, tout en subissant de continuelles transformations, reste constante comme la matière qu'il renferme.

CHAUFFAGE

88. Considérations générales. — Le chauffage a pour objet d'utiliser, dans l'économie domestique et dans l'industrie, la chaleur dégagée par les combustions vives. Les combustibles employés sont des charbons naturels (anthracite, houilles, lignite, tourbe), des charbons artificiels (coke, charbon de bois), des huiles de pétrole et de schiste, du gaz d'éclairage, etc.

Les appareils qui servent à la combustion peuvent être classés en trois groupes principaux : les *cheminées*, les *poêles* et les *calorifères*.

89. Cheminées. — Les cheminées d'appartements sont des foyers ouverts ou fermés, de formes très variables, adossés à un mur et surmontés d'un conduit ordinairement ménagé dans l'épaisseur de ce mur. Ce conduit est prolongé au-dessus du toit de l'édifice par un tuyau en briques ou en tôle.

Tirage. — On entend d'une façon générale par tirage d'une cheminée, l'appel d'air frais qui a lieu *au niveau de son foyer* et qui a pour effet d'entretenir la combustion et de rejeter ses produits dans l'atmosphère. Cet appel est déterminé par la légèreté de l'air chaud par rapport à l'air frais ambiant.

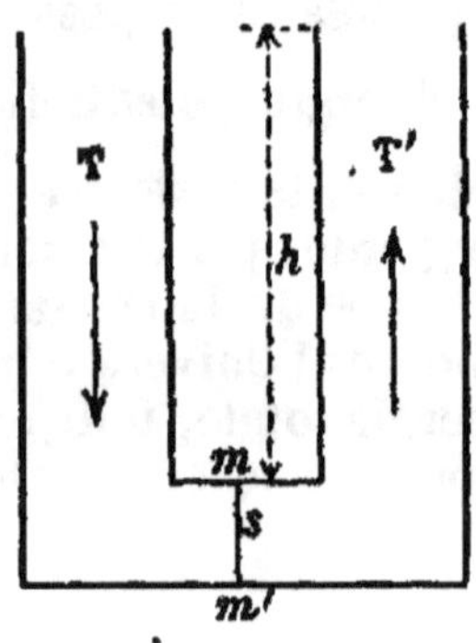

Fig. 98. — Principe du tirage des cheminées.

Nous allons chercher à nous rendre compte, par un calcul simple, des principaux facteurs qui agissent sur le tirage.

Considérons d'abord deux tuyaux verticaux T et T' contenant de l'air et communiquant à la partie inférieure (*fig.* 98); supposons que le tuyau T' soit à une température plus élevée que le tuyau T. Une tranche verticale *mm'*, de section *s*, commune aux deux tuyaux, supporte sur ses deux faces des pressions inégales, car l'air frais est plus dense que l'air chaud. La différence des pressions a donc pour valeur $shd - shd'$ ou $sh(d - d')$, *h* désignant la hauteur commune des tuyaux, *d* la densité de l'air frais, *d'* celle de l'air chaud. La pression étant plus forte de T vers T', il y aura production d'un courant descendant dans le tuyau T et d'un courant ascendant ou *appel* dans le tuyau T'. Dans le cas d'une *cheminée*, l'air extérieur s'échauffe en traversant un foyer placé à la partie inférieure du tuyau T'; de plus, le tuyau T est supprimé et remplacé par l'air ambiant, mais l'air ambiant et l'air du tuyau T' se comportent comme s'ils étaient contenus dans deux tuyaux en communication.

Si le courant ascendant qui se produit dans le tuyau T' est continu et rapide, on dit que la cheminée *tire* bien, que le tirage est bon.

D'après la formule établie plus haut, on voit que le tirage d'une cheminée sera d'autant plus énergique que sa hauteur sera plus grande, et que l'air contenu dans la cheminée sera plus chaud. Mais il ne faut pas oublier qu'en pratique on ne peut, sous prétexte d'avoir un bon tirage, laisser évacuer les produits de la combustion à trop haute température, car le calorique qu'ils emportent ainsi est une perte nette de combustible. D'un autre côté, la hauteur des cheminées de maisons d'habitation dépassant la toiture seulement de 1^m à $1^m,50$, cela suffit largement. Quant aux cheminées d'usines, leur hauteur varie de 18 à 50^m ; à partir de cette dernière cote, le tirage n'augmente plus efficacement beaucoup. On voit donc que tout l'art du fumiste consiste à concilier, dans le but d'économiser le combustible, la hauteur de la cheminée avec la température des gaz rejetés, et non d'appliquer brutalement une formule qui est loin de rendre compte de tous les phénomènes se passant dans une cheminée.

Un certain nombre de causes peuvent rendre le tirage insuffisant ; nous citerons notamment : 1° une trop grande section du tuyau, ce qui permet à des courants descendants d'air frais de s'établir en même temps que le courant ascendant d'air chaud ; on dit alors que la cheminée *fume* ; 2° la communication de deux tuyaux de cheminée n'ayant pas un tirage aussi actif l'un que l'autre, car il peut alors se produire des courants d'air descendants qui rabattent la fumée ; 3° une rentrée insuffisante de l'air extérieur, comme dans un appartement hermétiquement clos, ce qui produit une raréfaction de l'air dans l'appartement et ralentit la combustion ; 4° les remous de l'air extérieur autour de l'orifice de la cheminée. Cet air peut être refoulé dans la cheminée et supprimer tout tirage. Les remous se produisent lorsque la cheminée est dominée par un mur voisin ou par la crête d'un toit ; le vent se rabat le long du mur ou suivant l'inclinaison du toit et s'engouffre dans la cheminée. Le seul remède est de prolonger la cheminée et de la monter plus haut que le mur ou que le toit.

Construction des cheminées. — Les cheminées sont en briques ordinaires ou en poterie ; le foyer seul est en briques réfractaires. Le sommet est ordinairement terminé par un tuyau en tôle couronné par des mitres ou des champignons de forme variable, ayant pour but d'éviter la rentrée du vent et des eaux pluviales.

Dans les cheminées ordinaires, la pièce à chauffer ne reçoit guère que la chaleur fournie par le rayonnement direct, attendu que tous les gaz chauds sont expulsés au dehors. Pour mieux utiliser la chaleur, on place quelquefois dans le foyer des dispositifs assez variés permettant de chauffer l'air extérieur qui peut ensuite se répandre dans l'appartement par des bouches de chaleur à réglage. Dans la cheminée Cordier, par exemple, l'air frais s'échauffe autour de tubes en fonte. D'autres fois, on fait passer l'air venant du dehors dans l'arrière-foyer ; cet air est ensuite émis par deux bouches de chaleur pratiquées sur les côtés de la cheminée. Nous décrirons comme exemple la *cheminée Joly*.

Cheminée Joly. — L'âtre est formé par une plaque de fonte isolée A (*fig.* 99) qui reçoit les chenets ou la grille supportant le combus-

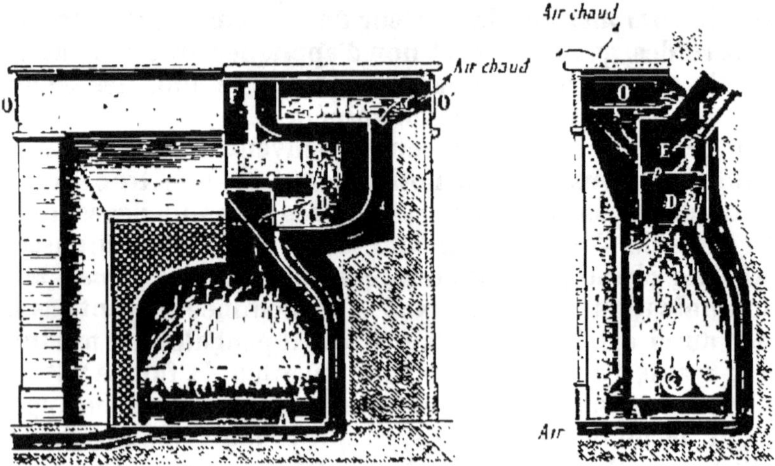

Fig. 99. — Cheminée Joly.

tible. Cette plaque est surmontée d'une coquille en fonte C qui est plane à l'intérieur, mais dont la partie extérieure est recouverte de nervures et d'ondulations nombreuses recourbées en forme de dôme, destinées à augmenter considérablement les surfaces de transmission. L'air venant du dehors vient déboucher en avant de la plaque de fonte, passe au-dessous de cette plaque et s'échauffe au contact de la coquille nervée et des conduits D, E, F par où sortent les gaz du foyer ; l'air chaud est déversé dans la salle par des bouches de chaleur O, O'. Une plaque horizontale *p* oblige les gaz du foyer à faire un plus long parcours et augmente ainsi la surface de chauffe.

Avantages et inconvénients. — Les cheminées constituent le mode de chauffage le plus sain par la ventilation continue que provoque leur tirage ; le plus agréable à cause de la vue du feu. En revanche, ces appareils sont peu économiques, car ils n'envoient dans l'appartement qu'une faible partie de la chaleur produite. L'effet utile ou *rendement* n'est en effet que de 10 à 15 °/₀ au plus; le reste de la chaleur produite est entraîné au dehors par le courant d'air que nécessite la combustion.

90. Poêles — **Les poêles sont des foyers fermés, amovibles, entourés complètement par la masse d'air que l'on veut chauffer.** Le foyer est surmonté d'une enveloppe ou cloche qui est portée à une température plus ou moins élevée par les gaz de la combustion, et d'un ou plusieurs tuyaux permettant l'évacuation des gaz. L'air nécessaire à la combustion arrive sous la grille, soit directement, soit après un chauffage préalable au contact d'une partie de surface chaude de la cloche.

Construction des poêles. — Les poêles se construisent en terre cuite ou en faïence avec surface émaillée, le plus souvent en tôle et fonte ou tout en fonte. On leur donne des formes très variées, parmi lesquelles nous citerons le *poêle à socle* (*fig.* 100), le *poêle à cloche*, le *poêle de cuisine* avec four. Quelquefois le poêle proprement dit est pourvu d'une enveloppe ajoutée à la partie supérieure et à la partie inférieure (*fig.* 101), ce qui garantit contre le rayonnement quelquefois excessif de la cloche du poêle et aussi contre l'émission de gaz dangereux, tout en permettant à l'air de circuler en s'échauffant autour de l'appareil.

Fig. 100. — Poêle à socle.

Enfin dans les poêles *économiques* ou poêles *mobiles* du genre Choubersky, le chauffage est rendu continu en disposant d'un seul coup dans l'appareil la quantité de combustible nécessaire pour la marche de toute une journée; la combustion est réglée à l'aide d'une clef, de manière à réduire l'appel d'air au minimum. De plus, l'appareil peut être transporté successivement dans les différentes pièces composant un appartement.

Poêle Besson. — C'est une modification heureuse du Choubersky, car il peut être, comme ce dernier, mobile sur roulettes. La cloche de combustion est excentrée par rapport à son axe général vertical (*fig.* 102), ce qui donne l'emplacement nécessaire pour loger des

Fig. 101. — Poele de la Compagnie Parisienne du gaz.

Fig. 102. — Poêle système Besson.

tubes verticaux chauffés extérieurement par les gaz ; ces gaz se rendent ensuite au tuyau M, qui est disposé à l'intérieur d'un autre tuyau de ventilation concentrique au premier. Les gaz viciés de l'appartement sont évacués par ce tuyau, dans lequel, par l'échauffement, on fait un fort appel d'air.

L'air frais arrive du dehors par un carneau ouvert dans le plancher ; il s'échauffe dans les tubes et autour de la cloche de combustion, puis se rend dans la pièce.

Le poêle Besson donne une grande surface de chauffe ; il ventile bien et économise le combustible.

Poêle Dehaître. — Ce poêle présente une grande surface de contact avec l'air (*fig.* 103) ; aussi donne-t-il un grand volume d'air chaud. La circulation est telle que les gaz de la combustion pénètrent dans la cheminée vers 40° ; le rendement est donc excellent.

On emploie surtout le poêle Dehaître pour les ateliers et les petites étuves.

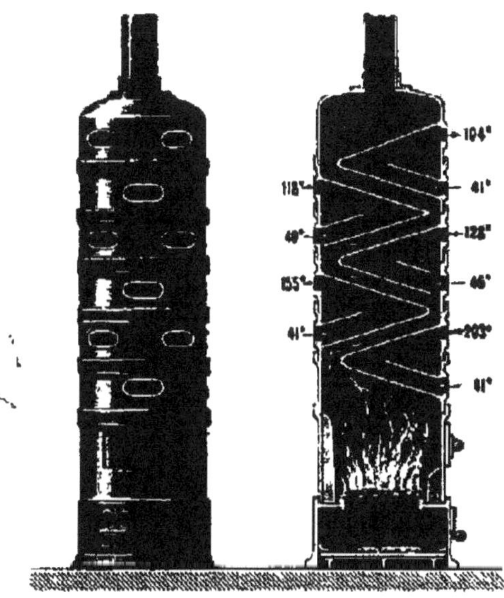

Fig. 103. — Poêle Dehaître.

Avantages et inconvénients. — Le chauffage par les poêles est *économique*, mais il est en général *peu hygiénique*. Le tirage, étant réduit au strict nécessaire, ne contribue guère à la ventilation. De plus, les poêles donnent des températures très différentes dans les divers points des locaux où ils sont placés. L'air ambiant, chauffé souvent beaucoup plus qu'il ne faudrait, devient trop sec et trouble la respiration. (Pour remédier en partie à cet inconvénient, on place sur le poêle un large vase contenant de l'eau qui, en s'évaporant, fournit à l'air de la vapeur d'eau.)

Les poêles en faïence fournissent une chaleur plus douce que les poêles en fonte ; par leur masse ils accumulent une grande quantité de chaleur qu'ils ne cèdent que peu à peu, longtemps même après leur extinction.

Les poêles en fonte s'échauffent plus rapidement, mais

se refroidissent plus vite. Il faut éviter avec soin que la paroi de ces poêles ne soit portée au rouge. On sait en effet que la fonte rougie est très perméable aux gaz et particulièrement à l'oxyde de carbone, gaz très toxique. De plus, les poussières organiques en suspension dans l'atmosphère sont grillées au contact de la paroi et répandent une odeur désagréable.

Enfin les poêles mobiles, fonctionnant avec excès de combustible et conséquemment avec insuffisance d'air, dégagent une très forte proportion d'oxyde de carbone, ce qui les rend particulièrement dangereux si la cheminée n'a pas un tirage excellent et si son ouverture dans la pièce n'est pas hermétiquement close. Le danger existe surtout lorsqu'on transporte un de ces poêles d'une salle dans une salle contiguë. La cheminée de la salle d'où provient le poêle est chaude et produit un tirage de bas en haut ; la cheminée dans laquelle on l'introduit est froide et est parcourue par un courant descendant ; le tirage ne peut donc s'établir et l'oxyde de carbone s'accumule dans la salle à chauffer. En résumé, on ne doit employer les poêles mobiles que dans des locaux un peu vastes, bien aérés, et si la cheminée est excellente ; il faut en outre apporter la plus minutieuse attention dans leur conduite lorsqu'on les déplace. Au point de vue de l'économie de combustible, les poêles mobiles présentent un avantage très réel sur tous les autres modes de chauffage.

Le rendement des poêles oscille entre 70 et 80 °/₀ ; ils sont donc très supérieurs aux cheminées au point de vue de la bonne utilisation des combustibles.

91. Calorifères. — Lorsqu'il s'agit de chauffer des maisons entières, des ateliers, des édifices publics, des amphithéâtres, etc., il est généralement plus économique d'établir un foyer unique disposé pour chauffer tout l'immeuble que de se servir de cheminées ou de poêles pour chaque pièce. Les appareils construits dans ce but se nomment des *calorifères*.

Les calorifères se divisent en trois classes, suivant l'agent intermédiaire qui sert à transmettre la chaleur : 1° calorifères à air chaud ; 2° calorifères à eau chaude ; 3° calorifères à vapeur.

Chauffage par l'air chaud. — Le chauffage par l'air chaud consiste en principe à faire passer l'air frais sur un calorifère où sa température s'élève progressivement au contact de surfaces métalliques ou autres chauffées directement par un combustible et portées à une température élevée ; cet air ainsi échauffé est ensuite amené par des gaines ou conduites dans les locaux à chauffer.

Les calorifères à air chaud sont très nombreux ; nous ne décrirons que les types les plus connus.

Calorifère Chaussenot. — Il se compose d'un foyer comprenant une cloche de combustion avec grille et cendrier (*fig.* 104), d'une chambre supérieure A et d'une chambre inférieure A' munies de regards de nettoyage, et enfin d'un faisceau de tubes verticaux qui, traversant ces chambres, les font communiquer entre elles.

Les gaz de la combustion passent de la cloche de combustion dans la chambre A, puis dans la chambre A' pour aller retrouver la cheminée par le carneau *c*. L'air venant du dehors arrive par D et circule à l'intérieur des tubes de bas en haut ; l'air chaud s'échappe en F, d'où il est distribué aux appartements comme nous le verrons plus tard.

On peut remarquer que, dans ce calorifère, la circulation des gaz est méthodique, car l'air frais venant du dehors passe d'abord dans les tubes les moins chauds relativement, pour achever son échauffement dans les tubes de la chambre supérieure A directement exposés au rayonnement du foyer.

Pour les installations de moindre importance, ce calorifère se simplifie facilement : on supprime les deux chambres et les tubes, pour ne conserver que la cloche de combustion, qu'on retrouve dans tous les types. Cette cloche peut d'ailleurs être à parois *unies* comme celle du calorifère Chaussenot, ou bien être pourvue de ner-

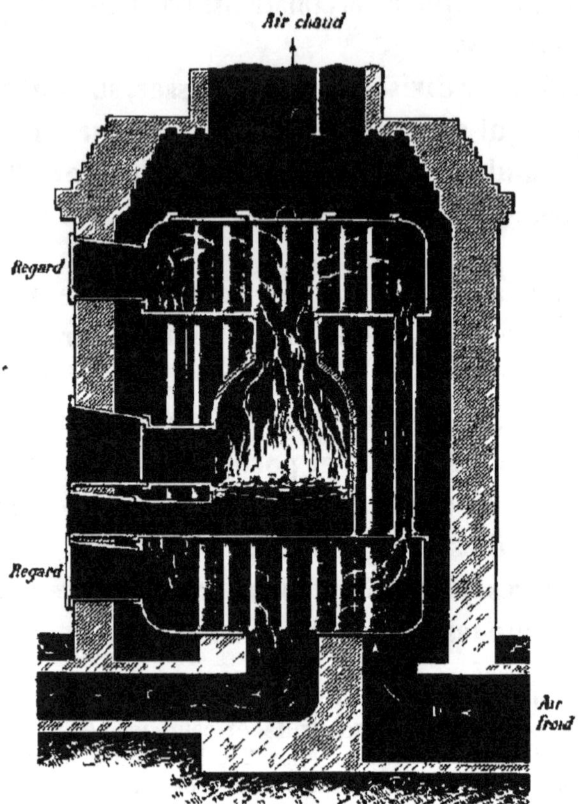

FIG. 104. — Calorifère Chaussenot.

vures lamées longitudinalement offrant à l'air une plus grande surface de rayonnement ou de chauffe. On construit enfin sur le type Chaussenot des calorifères à tubes horizontaux et inclinés ; les dispositions peuvent évidemment varier beaucoup : tous ces systèmes sont bons à la condition d'échauffer méthodiquement l'air et d'être bien étudiés.

On donne à ces appareils, pour 1 000^{mc} d'air à échauffer, 20^{mq} de surface de chauffe pour les calorifères à tubes horizontaux, 15^{mq} seulement pour ceux dont les tubes sont verticaux.

CALORIFÈRE MICHEL PERRET. — Ce calorifère est avantageux, car il permet de brûler méthodiquement des combustibles pauvres et très divisés comme les poussières de charbons maigres, de coke et de houilles pauvres, les boues de lavage des houilles, la tourbe menue, la sciure de bois, la tannée (débris de tan), le fraisil des forges (petit coke), les suies des locomotives, etc.

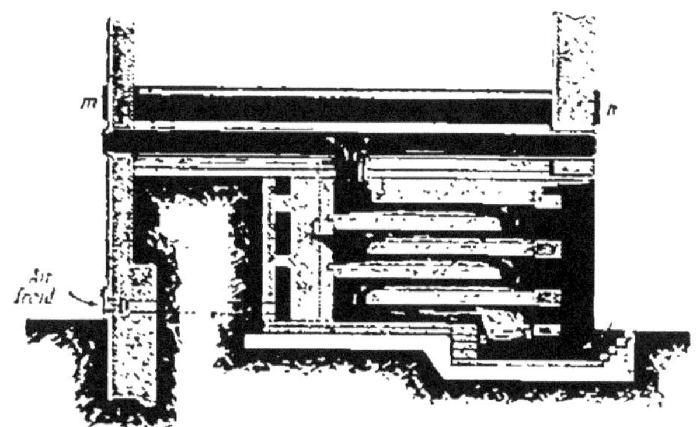

Fig. 105. — Calorifère Michel Perret (coupe).

Le combustible étant étalé sur une série d'étages superposés (*fig.* 105), on met en marche avec un feu allumé sur la grille, après quoi le calorifère s'entretient seul. De temps à autre, à l'aide de râcloirs introduits par les regards, on fait tomber dans le cendrier le combustible de l'étage inférieur, qu'on remplace par la charge de l'étage situé au-dessus, et ainsi de suite jusqu'à l'étage supérieur, sur lequel on étale une couche de combustible frais. Les gaz chauds suivent le chemin indiqué par les flèches et traversent ensuite l'intérieur d'un faisceau tubulaire qui achève d'échauffer l'air en contact avec les tubes. Cet air, entré froid en D, a subi un premier échauffement en traversant l'épaisseur du massif et en circulant entre les étages. Après son passage à travers le faisceau tubulaire, il est dirigé sur les points à échauffer. Des regards *m* et *n* permettent le nettoyage des tubes.

Remarquons que de ce calorifère *polyfoyers* dérivent les fours à combustion méthodique pour pyrites (V. *Chimie*). Dans le calorifère Michel Perret, il faut noter encore que l'échauffement des gaz de la combustion est loin d'être méthodique, car la combustion vive, qui est la plus active, se fait sur l'étage inférieur, tandis que le combustible de l'étage le plus élevé brûle très peu, l'activité de la combustion augmentant au fur et à mesure de la descente du combustible par étapes successives. Ce fait résulte évidemment de ce que l'air pur agit d'abord sur l'étage inférieur et qu'il ne contient presque plus d'oxygène à la partie supérieure. Donc les gaz montants sont à leur maximum de température à la partie basse du calorifère ; ils perdent quelques degrés à leur sortie par suite de l'échauffement du combustible d'étage en étage. Si, dans ce four, l'échauffement progressif des gaz n'a pas lieu, c'est que cet avantage est volontairement sacrifié à la combustion essentiellement méthodique des matières pauvres à brûler, et leur utilisation est le véritable but poursuivi et obtenu par l'inventeur.

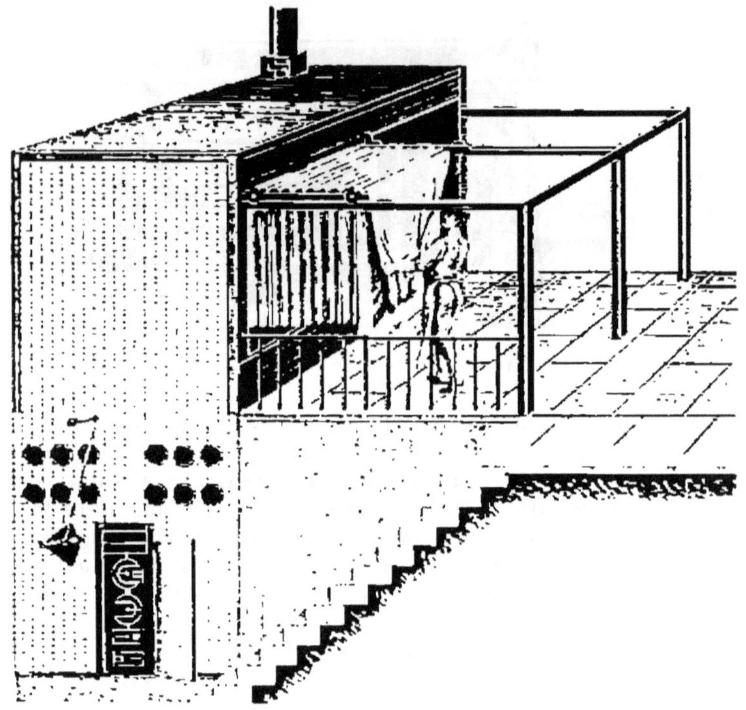

Fig. 106. — Calorifère Perret appliqué dans une buanderie.

La figure 106 représente dans son ensemble le calorifère Perret appliqué au chauffage d'une étuve de buanderie remarquable par sa simplicité. Le linge à sécher est étendu sur un gril roulant sur galets et rails aériens ; ce gril est introduit ensuite d'un seul coup dans l'étuve, puis retiré de même après séchage.

Ce type d'étuve est employé dans les buanderies, les teintureries, les ateliers de séchage, etc.

Appareil automatique a sécher (système Montupet). — On peut considérer cet appareil comme un calorifère spécial disposé pour sécher les matières solides, et le rapprocher de l'appareil Michel Perret, car son fonctionnement est analogue, à la fixité près de son unique foyer. En effet, la matière à sécher arrive à la partie supérieure de l'appareil et circule de haut en bas dans une série de compartiments cylindriques communiquant par des tubes latéraux (*fig.* 107). Dans chaque compartiment tourne lentement un agitateur à palettes qui divise la matière et la fait passer d'un compartiment à l'autre. L'appareil fonctionne donc automatiquement et

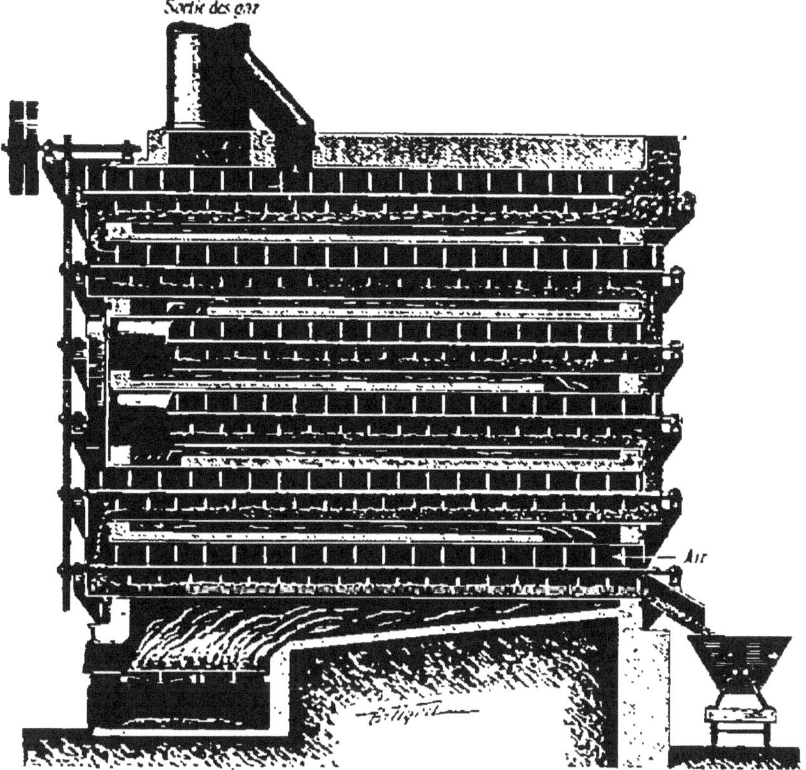

Fig. 107. — Appareil automatique pour séchage.

méthodiquement, car les gaz les plus chauds émanés directement du foyer agissent sur les matières déjà à peu près sèches et les gaz plus froids sur les matières plus humides.

Cet appareil s'emploie pour le séchage des viandes, du sang, des vidanges, boues et immondices, des drèches de brasseries et de distilleries, des grains et maïs, des pâtes à papier, des blancs minéraux, etc.

Inconvénients du chauffage par l'air chaud. — Les calorifères à air chaud présentent les mêmes inconvénients que les poêles : trop grande dessiccation de l'air, accidents par l'oxyde de carbone, etc. De plus, le chauffage par l'air chaud est difficile à régler ; les bouches de chaleur ne chauffent pas également : les unes chauffent trop, les autres pas assez, suivant leurs distances respectives au calorifère. Enfin on ne peut guère avec ces appareils transporter la chaleur à des distances supérieures à 15m (comptées horizontalement). En présence de ces inconvénients, d'autres procédés devaient nécessairement surgir.

Chauffage par l'eau chaude. — L'eau chaude est utilisée *sans pression* ou *avec pression*, et cet agent de transmission de la chaleur a pour avantage de moins surchauffer et dessécher l'air ambiant que le système par l'air chaud. Son installation est moins coûteuse et écarte à peu près tout danger d'incendie.

Calorifères a eau chaude sans pression. — Ces appareils consistent en principe en une chaudière placée sur un foyer et communiquant avec une tuyauterie d'*émission* qui s'élève dans les étages à chauffer et se prolonge par une canalisation de *retour* à la chaudière. La chaudière et les tuyauteries d'émission et de retour sont *complètement pleines d'eau*. L'eau la plus chaude monte en vertu de sa faible densité, se refroidit peu à peu par le fait de la chaleur qu'elle cède, puis retourne à la chaudière par son propre poids. Il s'établit ainsi un courant, une circulation de *bas en haut* pour l'eau chaude et de *haut en bas* pour l'eau froide.

Voici les principales conditions d'établissement. L'eau est chauffée à une température de 90 à 95° seulement. Les tuyaux sont en fer étiré sans soudure, d'un diamètre variant de 3 à 12cm ; leur assemblage se fait par des manchons taraudés intérieurement aux deux bouts, en sens inverse, et vissés entre les extrémités filetées de deux tuyaux consécutifs. Comme l'eau peut être plus ou moins chauffée et qu'elle peut, par suite, se dilater plus ou moins, il faut tenir compte de ces variations de volume pour éviter tout éclatement dans un appareil complètement clos. On emploie dans ce but un vase dit d'*expansion*, ouvert à l'air libre, permettant la dilatation ou la contraction de l'eau sans danger pour le système ; le volume de ce vase doit être théoriquement les 45/1000 du volume total ; mais dans la pratique on double cette capacité afin de parer à toute éventualité. Ajoutons enfin que la contenance de la chaudière est calculée à raison de 35[lit] d'eau par mètre superficiel offert par la tuyauterie et les poêles à eau placés sur son parcours.

La figure 108 représente une installation schématique de chauffage par l'eau chaude : *a*, colonne d'eau montante ; *b*, colonne de distribution aux divers étages avec robinets en *c*, *c'*, *c"* pour régler la température ; *m*, *m'*, *m"*, poêles à eau pour augmenter la surface

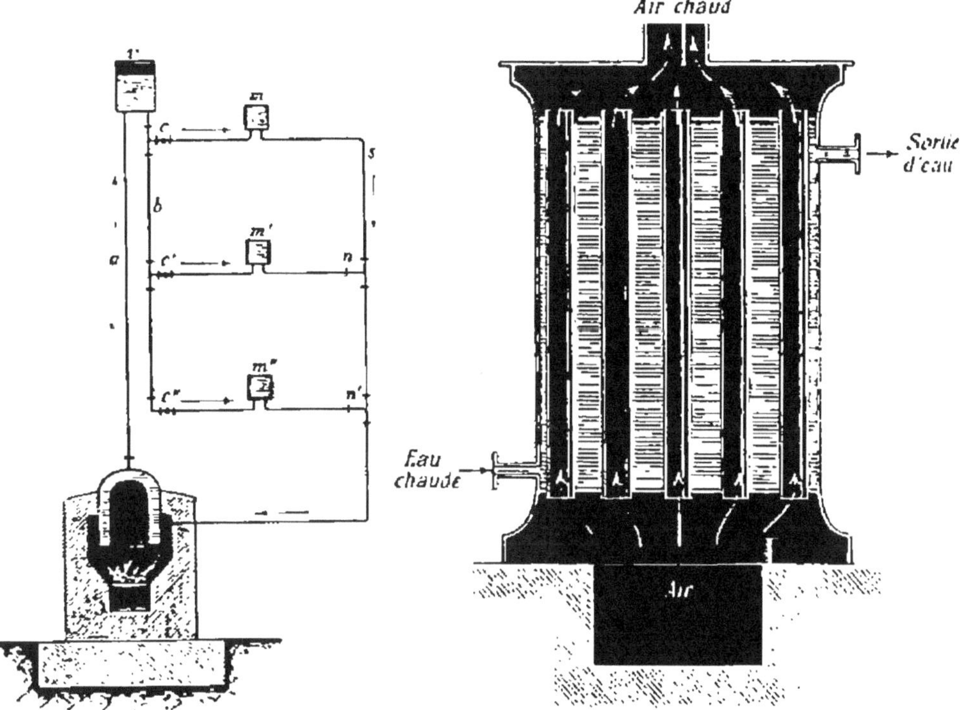

Fig. 108. — Schéma d'une installation de chauffage par l'eau chaude.

Fig. 109. — Disposition du poêle à eau chaude.

de chauffe ; *v*, vase d'expansion ; *s*, conduite de retour avec clapets de retenue en *n* et *n'* pour éviter le mélange des eaux de retour refroidies avec les eaux d'émission chaudes. Quant aux poêles à eau chaude (*fig.* 109), ils sont généralement tubulaires ; l'air à échauffer circule dans les tubes, et l'eau entre les tubes.

Calorifères à eau chaude avec pression. — Ce mode de chauffage exige la même installation que le précédent, avec cette différence cependant que les tuyaux sont de plus faible section, mais plus épais et plus résistants ; que la chaudière est réduite à un simple serpentin monté sur un foyer, et que le vase d'expansion est clos et résistant.

Les tuyaux sont en fer; leurs parois ont une épaisseur de 7mm. L'eau est chauffée vers 200°, les retours ont lieu vers 100°. On compte un développement de tuyauterie de 15 à 17mq pour un local de 1 000mc à chauffer.

Le chauffage par l'eau chaude avec pression est très pratique, peu coûteux à cause de la simplicité de l'installation, qui n'exige que des tuyaux de dimensions très petites. Ce mode de chauffage est très usité en Angleterre et en Belgique; il a été surtout étudié par l'ingénieur Perkins et par Gandillot en France.

Chauffage par la vapeur. — Le chauffage par la vapeur, comme le chauffage par l'eau chaude, peut se faire à haute ou à basse pression. L'un et l'autre système sont basés sur la grande mobilité de la vapeur et sa facilité à se transporter d'elle-même dans les conduits qui lui sont ouverts, quelles que soient les dimensions et les circonvolutions de ceux-ci. Dans son parcours, cette vapeur se condense en abandonnant sa chaleur de vaporisation, et l'eau de condensation est ramenée, à une température encore élevée, à la chaudière et s'y transforme de nouveau en vapeur.

Dans le chauffage à haute pression, les appareils employés : chaudières, conduites, etc., diffèrent peu de ceux usités par l'industrie ; ils sont soumis aux mêmes formalités d'autorisation et de contrôle et exigent une surveillance incessante. On ne peut donc économiquement faire usage de ce système que dans des usines ou établissements utilisant déjà la vapeur.

Le chauffage à vapeur qui convient dans les habitations particulières est le chauffage *à basse pression*, dans lequel la pression à la chaudière varie de $\frac{1}{10}$ à $\frac{3}{10}$ de kilogr. environ.

La vapeur est fournie parfois, notamment en Amérique, par de simples chaudières en fonte ; mais on préfère de beaucoup, surtout en France, les chaudières en tôle et fer forgé (107). La tuyauterie est en fer ou en cuivre ; l'assemblage de deux tuyaux se fait au moyen de brides boulonnées entre lesquelles on intercale une rondelle d'amiante ou de caoutchouc pour faire joint. Ces tuyaux de canalisation sont généralement de petit diamètre, et ils ne suffisent à chauffer par eux-mêmes que là où ils sont très ramifiés : ce sera le cas par exemple dans un sous-sol si l'on doit ensuite déboucher au rez-de-chaussée par un assez grand nombre de points. Mais en général cette simple tuyauterie n'offre pas à l'air environnant une surface de contact suf-

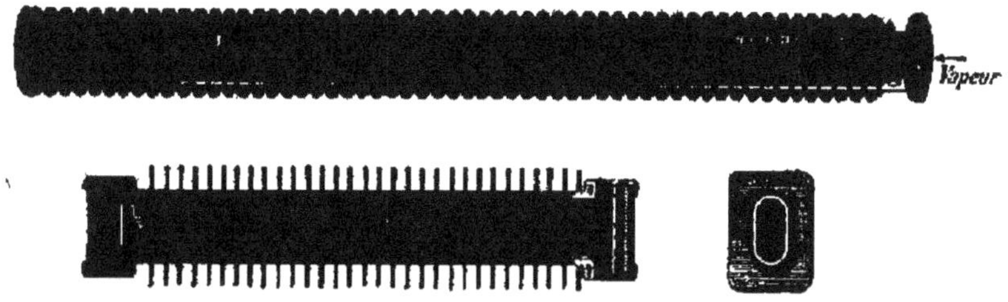

Fig. 110. — Tuyaux en fonte à ailettes.

fisante pour l'amener à la température voulue. On intercale donc de distance en distance, sur ces conduits, des *radiateurs* destinés à augmenter la surface de contact avec l'air. Ils sont de forme très

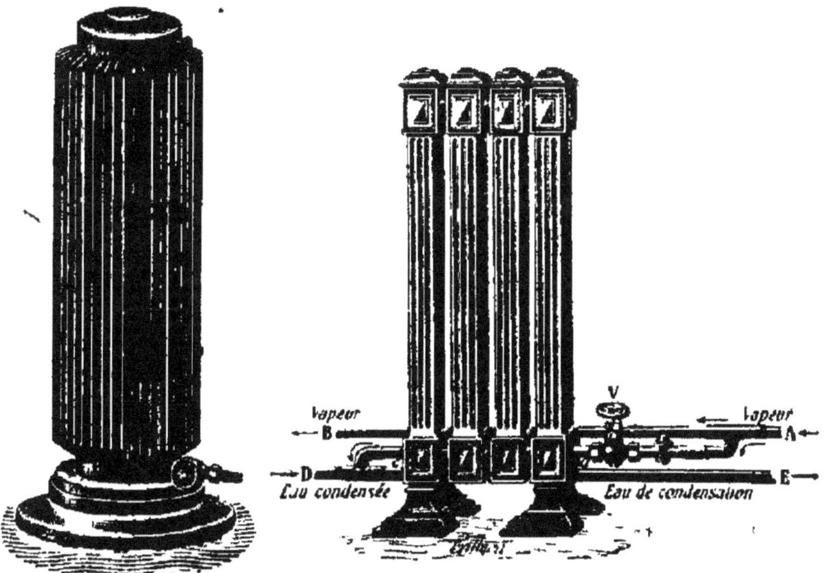

Fig. 111. — Poêle à vapeur. Fig. 112. — Radiateur à vapeur.

variée. La figure 110 représente des tuyaux à ailettes (circulaires ou rectangulaires) qu'on place horizontalement autour des pièces, de préférence aux parties les plus froides. L'air froid s'échauffe au contact de ces tuyaux et cède une partie de sa chaleur aux murs le long desquels il s'élève avant de se répandre dans la salle. Ces tuyaux conviennent dans des magasins, des ateliers, des salles de classe, des hôpitaux, etc. Quelquefois, on les dissimule sous des tôles ajourées et peintes. On se sert aussi de poêles verticaux (*fig.* 111). Lorsque la canalisation aboutit à des appartements, on distribue la chaleur au moyen de radiateurs plus élégants ; la figure 112 en donne un type. Pour ces derniers, le nombre des éléments de l'appareil, dans chaque pièce, est proportionné au volume de la pièce. La vapeur arrive par A, bifurque : une partie suit la conduite AB pour aller chauffer les pièces voisines ; l'autre partie pénètre en *a* dans le radiateur, s'y propage, puis s'y condense, sort en *c* et fait retour à la chaudière par le tube DE, qui a une légère inclinaison. Si l'on ne veut pas qu'une pièce soit chauffée, on ferme la vis V, et la vapeur ne pénètre pas dans le radiateur : elle va chauffer plus loin.

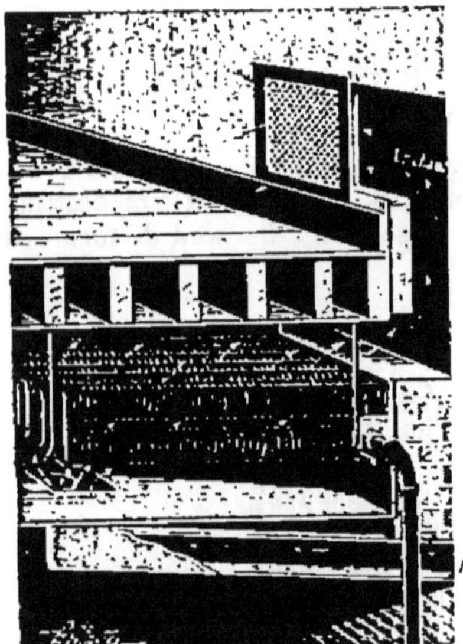

Fig. 113. — Montage d'un radiateur avec bouche en plinthe.

La figure 113 représente un groupement formé de radiateurs horizontaux. Les boîtes de communication sont fixées aux extrémités des tubes. L'air à échauffer arrive du dehors, passe sur les tubes et se répand dans l'appartement par la plinthe au moyen d'une prise à grillage ; l'air chaud sortant autour du faisceau tubulaire passe aux étages supérieurs par des conduits verticaux ménagés dans l'épaisseur des murs et se répand dans les pièces à chauffer par des prises sous plinthes.

Ces mêmes groupements de tubes peuvent être employés pour le chauffage par l'air chaud lorsqu'on ne veut pas répandre directement dans les pièces l'air chaud sortant du calorifère, mais le faire servir uniquement, comme dans le chauffage à vapeur, à échauffer par contact l'air des appartements.

Le chauffage par la vapeur est très hygiénique ; il ne surchauffe ni ne dessèche l'air ; il n'engendre ni poussières ni gaz toxiques ; il met à l'abri des dangers d'incendie ; il est économique. Ce mode de chauffage commence seulement à se propager en France, mais il y a trente ans qu'on l'utilise aux États-Unis, et c'est de là que nous sont venus les premiers types d'installations et d'appareils.

92. Barboteurs de vapeur.— L'eau peut être chauffée, à l'aide de *barboteurs de vapeur*, pour une multitude d'usages (bains de

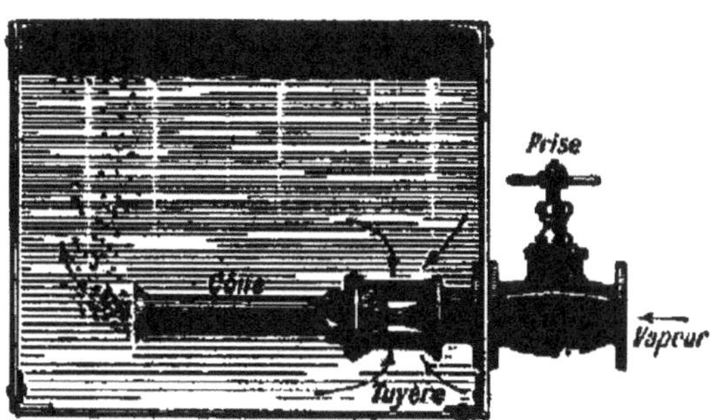

Fig. 114. — Barboteur de vapeur sans bruit.

teinture, dissolutions salines, lessivage, produits chimiques, stérilisation de certains liquides); ce mode est si courant dans l'industrie que nous allons dire quelques mots du barboteur le plus en usage.

Si le barbotage avait lieu par un simple tuyau, la vapeur, en arrivant brusquement au contact de l'eau froide, ferait entendre un bruit très pénétrant dû à sa condensation. On évite ce très grave inconvénient par l'emploi d'un éjecteur dit *barboteur sans bruit*, dont nous avons parlé à propos des applications de l'air comprimé : la vapeur injectée dans la tuyère aspire l'eau par les ouvertures latérales (*fig.* 114), et le mélange se fait dans des conditions telles que le bruit est très atténué et le mélange parfait.

VENTILATION

93. Nécessité de la ventilation. — Nous devons dire ici quelques mots de la ventilation, dont l'étude est étroitement liée à celle du chauffage.

On sait que l'air contient normalement de 4 à $\frac{6}{10000}$ de gaz carbonique, et qu'il devient insalubre quand cette teneur s'élève à $\frac{2}{1000}$. Or Banal a établi qu'un adulte rejette par heure 60^{gr} de vapeur d'eau et 30^{gr} de gaz carbonique ; l'expiration vicie donc rapidement l'air ambiant. L'air est également vicié par les appareils d'éclairage en activité. Pour entretenir convenablement les flammes désignées ci-dessous, il faut les volumes d'air suivants en mètres cubes par heure :

chandelle de suif, 1,7 ; bougie stéarique, 6 ; lampe à huile ou pétrole, 24 ; bec de gaz, 26.

D'un autre côté, la température de l'air tend à augmenter sensiblement par la respiration, l'éclairage et les combustions ; c'est ainsi qu'un adulte dégage par heure 80 kilocalories ; une bougie en dégage 100 pendant le même temps ; une lampe à huile brûlant de 30 à 40^{gr} à l'heure, 350 ; un bec de gaz consommant 50^{lit} à l'heure, 355.

Il résulte de ce qui précède que l'air ambiant se vicie constamment et que s'il n'était renouvelé il deviendrait bientôt irrespirable pour nous et pour les animaux. Il faut donc pour vivre dans des conditions hygiéniques suffisantes renouveler l'air de nos habitations, c'est-à-dire les *ventiler*.

Cette ventilation doit se faire évidemment en tenant compte des résultats d'expériences. D'après Morin, les quantités d'air à injecter par heure et par tête sont les suivantes en mètres cubes : chambre ordinaire, 15 à 20 ; écoles, 15 à 30 ; écoles d'adultes (le soir), 20 à 35 ; théâtres et salles de conférences, 50 ; usines, 60 ; écuries, 60 à 100 ; hôpitaux (maladies non épidémiques), 100 ; hôpitaux (maladies épidémiques), 150.

L'air pur doit arriver avec une vitesse de translation qui ne dépasse pas 1^{m} par seconde afin que le courant soit imperceptible. De plus, il faut s'étudier à maintenir la température dans le voisinage de 17°, la plus salubre pour notre climat.

94. Modes de ventilation. — On peut distinguer trois principaux modes de ventilation : la ventilation naturelle, la ventilation par appel et la ventilation mécanique.

Ventilation naturelle. — Cette ventilation se produit par les jointures des portes et des fenêtres, par la porosité très réelle des matériaux qui forment les murs de nos habitations, par les ouvertures des vasistas, par les bouches ou autres baies pratiquées dans les murs, les plafonds et les toits des maisons, par les conduits des cheminées non allumées pendant la belle saison. L'habitude qu'ont certaines personnes de calfeutrer plus que de raison leurs fenêtres et leurs portes est nuisible à leur santé.

Ventilation par appel. — Ce mode de ventilation se produit principalement par les cheminées et les poêles *en activité*. On met facilement en évidence, par l'expérience des deux bougies (*fig.* 115), l'existence des courants d'air dans une salle chauffée. On ouvre la porte de la salle, puis on tient vers le haut de la porte une bougie allumée : on voit alors la flamme s'incliner vers l'extérieur par suite du courant d'air chaud qui s'échappe par le haut de la porte.

Au contraire, la flamme d'une bougie posée sur le sol s'incline vers l'intérieur : cet effet est dû au courant d'air froid et plus dense qui vient remplacer l'air chaud.

La ventilation par appel peut être déterminée par un bec de gaz tenu allumé dans une cheminée communiquant avec l'extérieur par un registre dont on peut faire varier la section à volonté. Ce genre de ventilation se produit dans les théâtres par le lustre ; dans les cafés et salles de réunion, par les becs de gaz ou des lampes intensives.

Fig. 115. — Expérience des deux bougies.

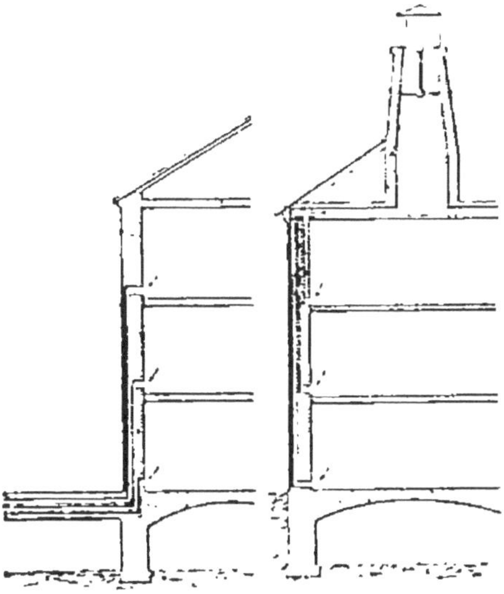

Fig. 116. — Ventilation par appel par cheminée et gaines.

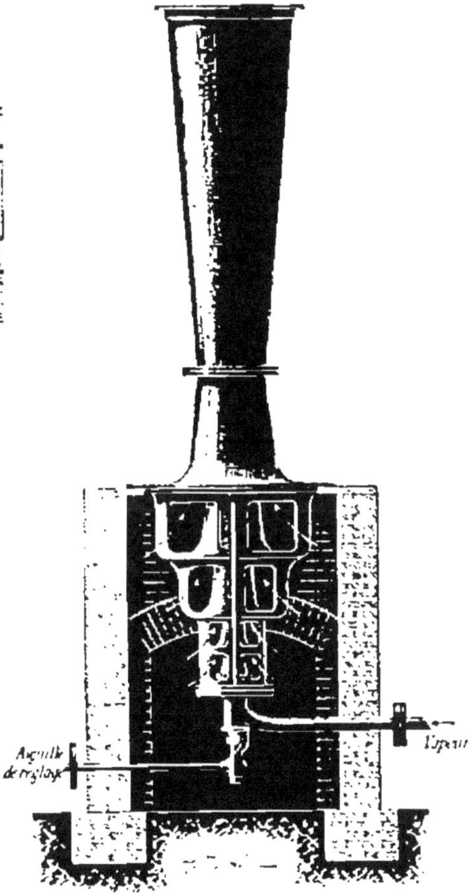

Fig. 117. — Ventilation mécanique par un éjecteur.

Enfin on détermine une bonne ventilation à l'aide d'une cheminée surmontant l'édifice et communiquant avec les pièces par des gaines noyées dans les murs (*fig.* 116). On dispose les ouvertures de ces gaines au ras des parquets pour éviter le départ anticipé de l'air chaud. Le tirage peut être activé énergiquement par l'installation à la base de la cheminée d'un foyer à gaz, d'un poêle à eau chaude ou à vapeur, ou d'un vase d'expansion.

Ventilation mécanique. — C'est de beaucoup la plus efficace et la plus active, car le déplacement mécanique des molécules d'air peut produire un appel énergique.

L'aération des mines et des étuves se fait généralement par les ventilateurs que nous avons étudiés dans les applications de l'air comprimé et de l'air raréfié. La ventilation des mines et des usines est quelquefois assurée par des éjecteurs du genre Kœrting (*fig.* 117) dont nous avons étudié le fonctionnement. On augmente ou diminue le volume d'air déplacé en injectant dans le *souffleur* plus ou moins de vapeur. Cet injecteur peut être également monté dans l'axe et à la base d'une cheminée existante pour augmenter son tirage défectueux ou devenu insuffisant par suite de l'installation d'un générateur supplémentaire.

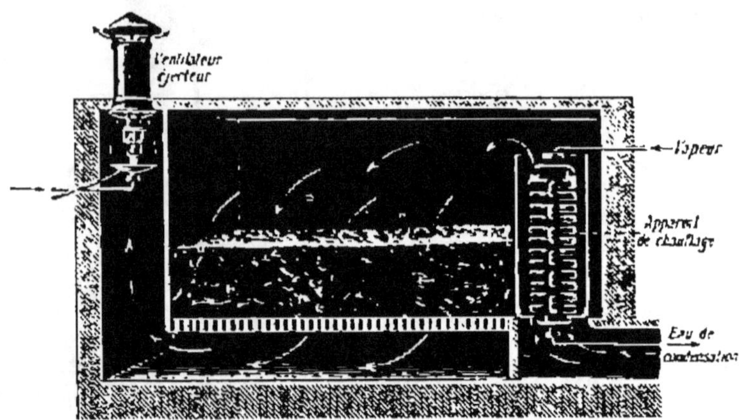

Fig. 118. — Ventilateur éjecteur appliqué à une étuve.

La figure 118 représente le même appareil appliqué à une étuve chauffée à la vapeur par un poêle à tuyaux circulaires superposés et à ailettes.

Ces deux derniers exemples sont des cas très intéressants et assez fréquents de ventilation.

Enfin, la figure 119 montre, en coupe longitudinale, une salle de spectacle dont l'air est renouvelé au moyen d'un ventilateur AB installé dans un lanterneau. Le ventilateur aspire l'air frais dans les caves de l'établissement et refoule l'air chaud et vicié à l'exté-

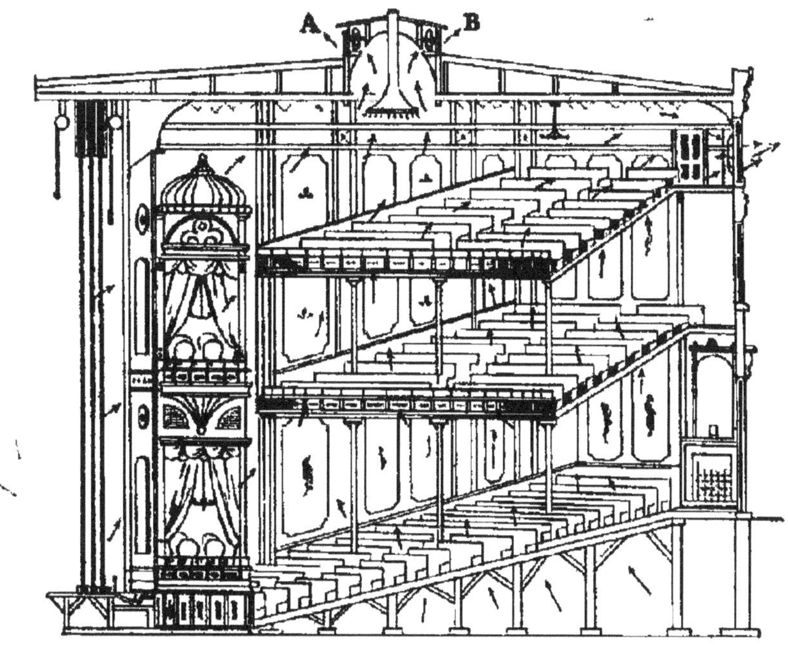

Fig. 119. — Ventilateur système Blackmann.

rieur. Le fonctionnement de ce ventilateur est tout à fait analogue à celui d'une pompe centrifuge.

RÉSUMÉ DU CHAPITRE X

Les principales sources de chaleur sont le soleil et les combustions vives.

La quantité de chaleur rayonnée par le soleil se détermine en recevant les rayons solaires sur un thermomètre placé au centre d'une enceinte formée de deux sphères concentriques (actinomètre de M. Violle).

Les appareils qui servent aux combustions vives sont les cheminées, les poêles et les calorifères.

Les *cheminées* sont des foyers adossés à un mur et surmontés d'un conduit débouchant à l'extérieur. Le tirage ou appel d'air frais au niveau du foyer est déterminé par la légèreté de l'air chaud par rapport à l'air frais ambiant ; toutes choses égales d'ailleurs, il est d'autant plus énergique que la hauteur de la cheminée est plus grande et que l'air y est plus chaud. Les cheminées constituent un mode de chauffage sain et agréable, mais elles n'ont qu'un faible rendement.

Les *poêles* sont des foyers fermés, entourés par la masse d'air à échauffer. Ils comprennent un foyer, une enveloppe et un ou plusieurs tuyaux pour l'évacuation des gaz. Les principaux types sont le poêle à socle et les poêles mobiles. Le chauffage par les poêles est économique mais peu hygiénique, surtout à cause de la dessiccation de l'air et du dégagement fréquent de l'oxyde de carbone.

Les *calorifères* sont disposés de manière à chauffer des immeubles entiers; ce chauffage se fait par l'air chaud, l'eau chaude avec ou sans pression, la vapeur avec ou sans pression. Dans le chauffage par l'air chaud, l'air frais s'échauffe au contact du calorifère et est amené ensuite par des conduites dans les locaux à chauffer; on a ainsi les mêmes inconvénients qu'avec les poêles. Le chauffage par l'eau chaude nécessite: une chaudière, une tuyauterie d'émission, un vase d'expansion et une tuyauterie de retour. Le chauffage par la vapeur est celui qui présente le plus d'avantages; la vapeur, émise à basse pression dans les installations domestiques, est conduite dans des radiateurs à grande surface où elle se condense en abandonnant sa chaleur latente.

La nécessité de la *ventilation* résulte de ce que l'air est vicié d'une façon continue par le gaz carbonique provenant de la respiration et des combustions. Les principaux modes sont la ventilation naturelle (par portes, fenêtres, etc), la ventilation par appel (par cheminées, poêles), la ventilation mécanique (par ventilateurs et éjecteurs).

CHAPITRE XI

MACHINES THERMIQUES

---

95. Considérations générales. — On donne le nom de machine thermique ou de moteur thermique à tout moteur qui produit du travail en dépensant de la chaleur. Suivant que cette transformation a lieu par l'intermédiaire de la vapeur d'eau ou d'un gaz quelconque, la machine est dite *machine à vapeur* ou *machine à gaz*.

Les machines à vapeur constituent les moteurs les plus

répandus. Elles comprennent essentiellement un appareil producteur de vapeur (appelé *générateur* ou *chaudière*) et un appareil (*moteur à vapeur proprement dit*) dans lequel la force élastique de cette vapeur est utilisée pour produire un mouvement qui est ensuite transmis à divers organes.

96. Historique. — C'est un médecin français, Denis Papin, qui, en 1690, eut le premier l'idée d'utiliser la force élastique de la vapeur d'eau pour produire du mouvement. Sa machine se composait simplement d'un corps de pompe contenant un peu d'eau et un piston ; en chauffant le corps de pompe, il se produisait de la vapeur qui soulevait le piston ; en cessant de chauffer, la vapeur se condensait et le piston descendait sous l'influence de la pression atmosphérique. Papin fit même construire, en 1707, un bateau à roues mû par sa machine, mais les bateliers, craignant la concurrence, détruisirent son œuvre.

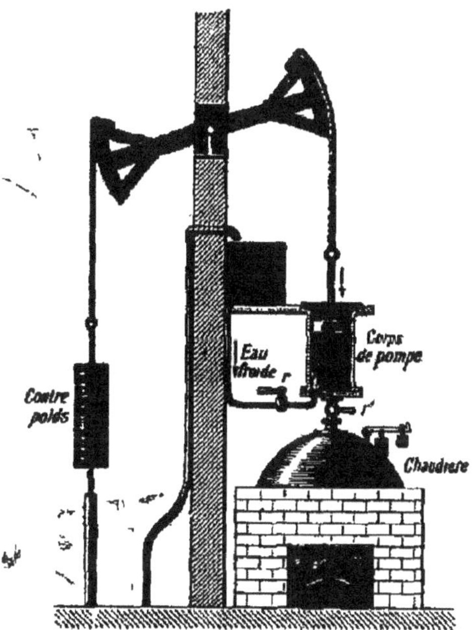

Fig. 120. — Disposition schématique de la machine de Newcomen.

Newcomen, en 1705, construisit la première machine à vapeur industrielle. Cette machine, destinée à actionner une pompe servant à épuiser l'eau d'une mine, comprenait une chaudière distincte et un corps de pompe (*fig.* 120). Lorsque le piston avait atteint le haut de sa course sous l'influence de la vapeur, on interrompait la communication de vapeur en fermant le robinet *r'* et ensuite on ouvrait le robinet à eau froide *r* pour condenser par une rapide injection d'eau la vapeur contenue dans le corps de pompe. Le mode de distribution dans cette machine se réduisait donc au jeu des deux robinets introduisant successivement la vapeur ou l'eau sous le piston. Cette manœuvre était confiée à un enfant. L'un d'eux, nommé Humphry Potter, eut l'ingénieuse idée de se faire suppléer par la machine elle-même, en attachant au balancier des tiges de bois qui mettaient les robinets en mouvement aux moments voulus. Les tiges de bois furent remplacées par des bielles métalliques, et la machine devint automatique.

La machine de Newcomen fonctionna ainsi pendant plus de soixante ans. C'est alors que l'Anglais James Watt lui apporta des perfectionnements considérables et construisit une machine qui peut être considérée comme le type de celles que l'on emploie actuellement.

GÉNÉRATEURS DE VAPEUR

97. Définition. — Les générateurs de vapeur ou chaudières à vapeur sont des appareils destinés à produire et à emmagasiner de la vapeur d'eau saturée, sous pression déterminée, par l'action de combustibles variés (houille, coke, bois, tourbe, déchets divers). Le type le plus répandu est le générateur dit à *bouilleurs*, que nous décrirons ainsi qu'un certain nombre d'autres systèmes employés aujourd'hui.

98. Générateur à bouilleurs. — Ce générateur se compose essentiellement d'un corps cylindrique A (*fig.* 121),

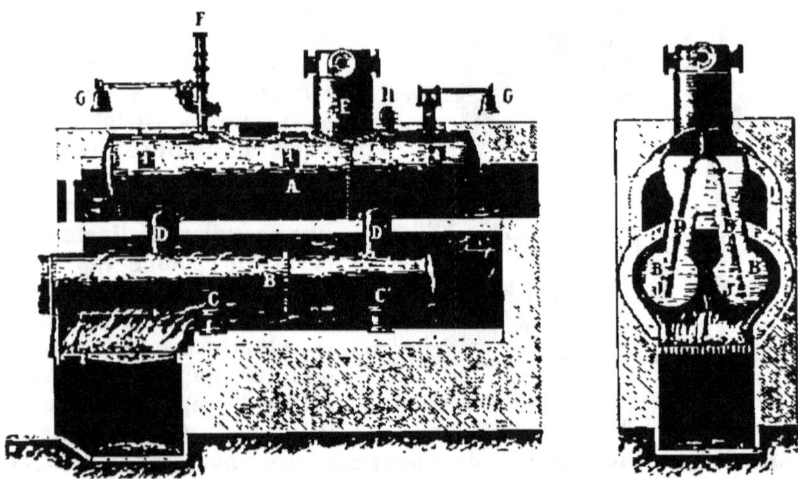

Fig. 121. — Chaudière horizontale à bouilleurs.

communiquant avec deux bouilleurs également cylindriques B et B' par deux paires de *cuissards* D, D', rivés sur les trois parties essentielles de la chaudière.

Le corps cylindrique, constitué par plusieurs viroles en

tôle rivées, est fermé aux extrémités par deux fonds emboutis en forme de goutte de suif, ayant pour rayon de courbure le propre diamètre du corps cylindrique. Ce corps porte un *dôme* E garni de tubulures pour y fixer les valves ou robinets de prise de vapeur ; il est muni : de deux *soupapes de sûreté* G, d'un *manomètre*, d'un *tube indicateur de niveau*, d'un *indicateur magnétique de niveau* F, et enfin d'un *robinet d'alimentation* H communiquant avec le générateur par un tube plongeur qui se bifurque en deux branches J et J'. Ces plongeurs amènent l'eau d'alimentation au fond des bouilleurs, du côté opposé au coup de feu, pour éviter le refroidissement brusque et la contraction subite des tôles exposées au rayonnement direct du foyer.

Les bouilleurs sont formés eux-mêmes de plusieurs viroles en tôle de qualité assemblées par rivets. La chaudière repose, par l'intermédiaire de *chandeliers* en fonte C, C', sur un massif de maçonnerie en briques. Sur la façade se trouve scellée une plaque en fonte dite *dédevanture* qui laisse émerger à l'extérieur les têtes des deux bouilleurs munies de tampons autoclaves ou trous d'homme pour le nettoyage. Enfin le foyer comprend la grille et le cendrier. La figure montre le mode de construction du fourneau ou massif, ainsi que la circulation des gaz autour du générateur.

On s'étudie à maintenir le niveau de l'eau ou *plan d'eau* à 8^{cm} environ au-dessus de la maçonnerie pour éviter la surchauffe et pour ne pas brûler les tôles. Les règlements ne permettent pas de laisser descendre ce niveau à moins de 6^{cm} au-dessus de la partie léchée par les flammes.

Les briques immédiatement en contact avec la flamme et les gaz chauds sont en terre réfractaire ; les autres sont en terre ordinaire. Toutes ces briques sont assemblées avec un coulis de *terre à four* et non au mortier de sable, chaux ou ciment, à cause de sa fusibilité.

Avantages et inconvénients. — Les chaudières à deux bouilleurs sont simples et faciles à conduire : le long parcours imposé aux gaz chauds assure une bonne utilisation du combustible. Grâce à leur grand volume d'eau, qui fait l'office d'un puissant accumulateur de chaleur, la production de vapeur est régulière, ne se fait pas par à-coups ; de même, leur grand volume de vapeur (moitié environ de celui du corps cylindrique) fait que les fortes prises modifient peu la pression. Cette masse, qui assure la régularité du fonctionnement, joue un peu le rôle du volant dans un moteur. Mais en raison de leur grand volume d'eau, les chaudières à bouilleurs montent lentement en pression. Leur nettoyage est facile, car on peut avoir accès partout ; une simple vidange et un piquage au marteau suffisent généralement ; leur entretien est presque nul. Toutes ces qualités expliquent leur faveur. Malheureusement, pour une surface de chauffe donnée, elles occupent plus de place que les chaudières d'autres types ; de là leur abandon quand on ne dispose que d'un espace restreint.

Modifications du générateur à bouilleurs. — Le générateur à bouilleurs a été modifié de bien des manières ; nous allons passer rapidement en revue quelques-uns de ses principaux dérivés.

Générateur a bouilleur unique. — Pour les petites forces on a eu l'idée de supprimer l'un des deux bouilleurs ; le centre du bouilleur unique restant est alors sur la verticale passant par l'axe du corps cylindrique.

Générateur sans bouilleurs. — Ici, on a supprimé radicalement les deux bouilleurs, et la chaudière se réduit alors à un simple corps cylindrique. C'est le plus simple des générateurs et un des premiers en date.

Générateur Lagosse. — Dans cette chaudière les communications ou cuissards sont remplacées par une série de nombreux tubes de 50^{mm} de diamètre sertis parallèlement sur des parties planes du corps cylindrique et des bouilleurs. Cette disposition a pour objet d'augmenter beaucoup la surface du générateur soumise au rayonnement direct du foyer,

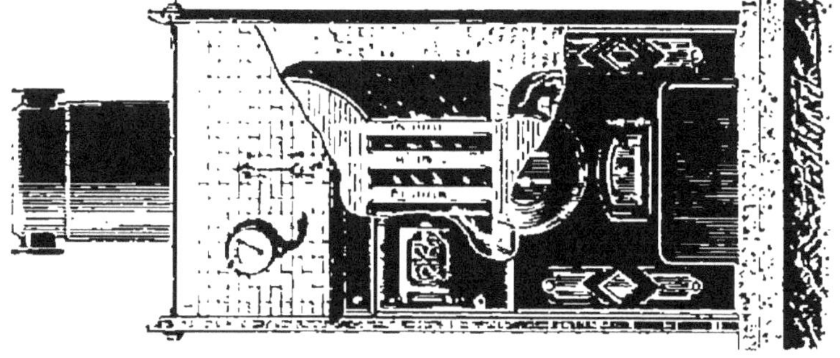

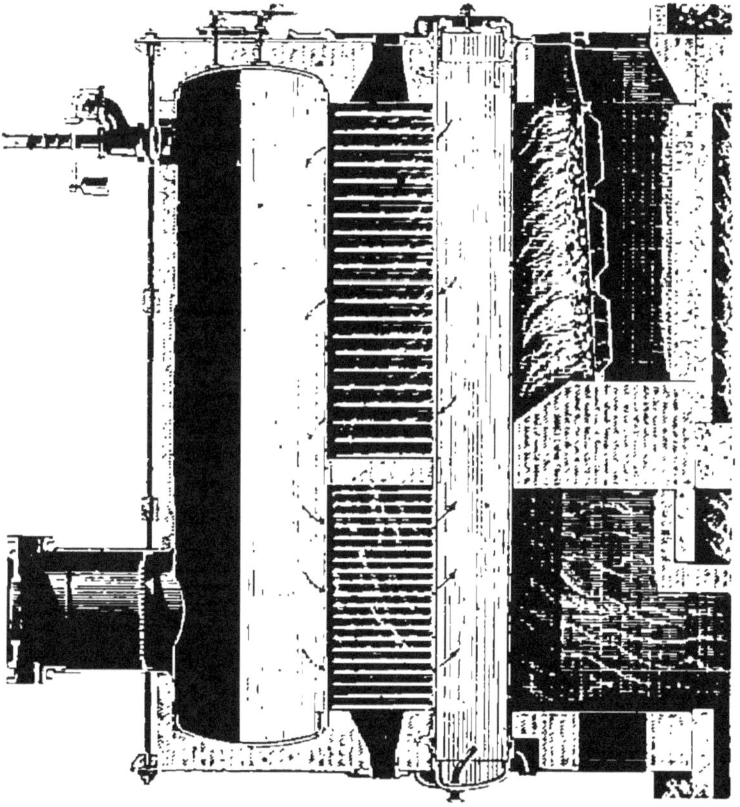

Fig. 122. — Générateur à un bouilleur, système Lagosse.

d'où il résulte évidemment une plus grande puissance de vaporisation. Les avantages du générateur à bouilleurs sont en outre conservés, car le supplément de surface n'est pas obtenu au détriment des réserves d'eau et de vapeur.

Le générateur Lagosse se construit également à un seul bouilleur (*fig.* 122).

99. Accessoires des générateurs. — Ces accessoires étant communs aux divers types de générateurs, nous allons les décrire avant d'aller plus loin.

Grilles. — Les grilles sont constituées par des barreaux parallèles, en fonte dure, posés les uns à côté des autres sur des sommiers extrêmes. Ces barreaux ont la forme de solides d'égale résistance, c'est-à-dire que la section de leur tranche médiane a plus de hauteur que celle de leurs extrémités. Leurs bouts A et B (*fig.* 123) portent des épaulements plus larges que l'épaisseur du corps du barreau ; les barreaux ne se touchent que par ces épaulements ; entre eux existe le vide nécessaire au passage de l'air et des scories. La section du corps de barreau est un trapèze ; en section, le vide entre deux barreaux aurait aussi la forme d'un trapèze, mais renversé, c'est-à-dire inverse du premier, ayant sa grande base en bas, afin de faciliter la chute des scories. Une grille ainsi constituée présente à peu près la moitié de sa surface en *pleins*, le reste en *vides*.

Fig. 123. — Barreau de grilles.

Quand on brûle des *fines*, il faut réduire la largeur des vides, ce qui peut nuire au tirage et entraîner une mauvaise combustion ; on a remédié à ce grave inconvénient en construisant des grilles dans lesquelles les passages de l'air sont multipliés de façon à brûler facilement tous les combustibles (*fig.* 124).

Fig. 124. — Grille à circulation d'air (dite aussi à colonnettes).

Grilles a barreaux articulés. — Il arrive quelquefois que les scories, sous l'influence de la chaleur, se ramollissent tellement qu'elles coulent sur la grille, s'y figent et obstruent les passages d'air. Ces scories sont difficiles à détacher avec le ringard, qui peut casser les barreaux. Pour éviter ces inconvénients, on a imaginé des grilles *décrassables* à barreaux mobiles. Les systèmes de grilles décrassables sont nombreux (Wakernie, Orcet, Raymondière, etc.).

La figure 125 représente la grille *Orcet*, dans laquelle les barreaux, reliés ensemble par une tringle transversale actionnée par une poignée *ab* et une bielle *bc*, peuvent s'incliner à droite et à gauche autour de leur grand axe pour prendre les positions A et B : dans ce mouvement, les scories sont brisées et se détachent.

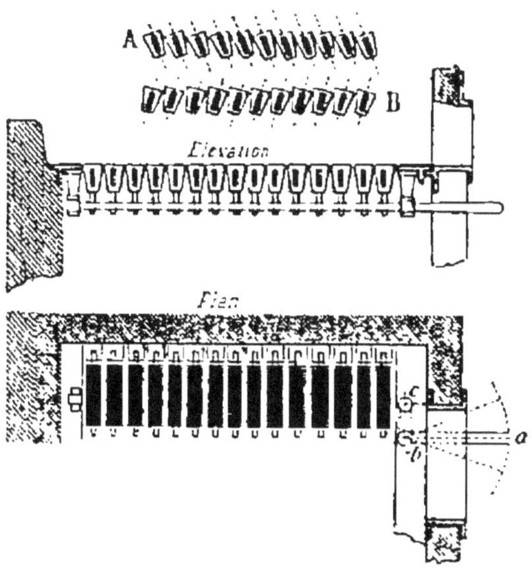

Fig. 125. — Grille articulée système Orcet.

Cendriers. — Ce sont de simples récipients rectangulaires en fonte, logés sous la grille pour recevoir les escarbilles ; du côté de la façade, la paroi est inclinée pour faciliter l'enlèvement des cendres. On met de l'eau dans les cendriers ; elle empêche les barreaux de grille d'être trop chauffés et rongés trop vite ; elle permet aussi au chauffeur de voir, comme dans une glace, l'état du dessous de la grille et de savoir si un décrassage est nécessaire.

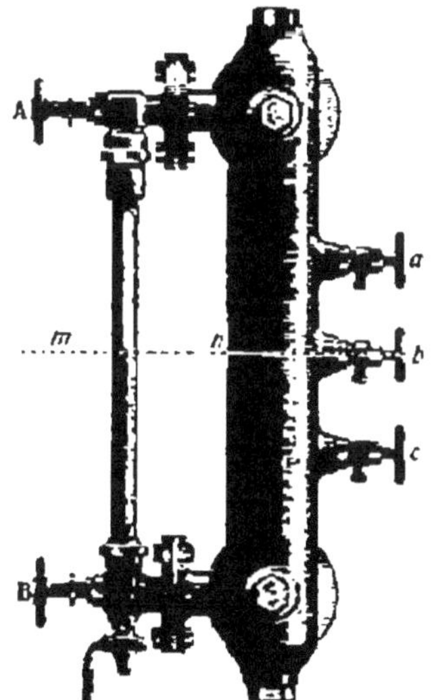

Fig. 126. — Niveau d'eau à bouteille.

Indicateurs d'eau. — Le chauffeur doit être renseigné à chaque instant sur le niveau de l'eau dans sa chaudière; quand il voit que son plan d'eau baisse sensiblement, il doit alimenter.

Niveau d'eau. — Ce petit appareil comprend un tube de verre fixé par ses extrémités dans une monture métallique à garniture de caoutchouc (*fig.* 126), et communiquant, à sa partie supérieure avec la chambre de vapeur de la chaudière, à sa partie inférieure avec la chambre d'eau. Entre le tube et la chaudière on interpose quelquefois un tube métallique plus large appelé bouteille ou *clarinette*, dont le rôle est de refroidir un peu l'eau et d'éviter ainsi les ruptures trop fréquentes des tubes de verre ; cette bouteille atténue en même temps les mouvements que prend l'eau dans la chaudière sous l'action de l'ébullition (*danse*

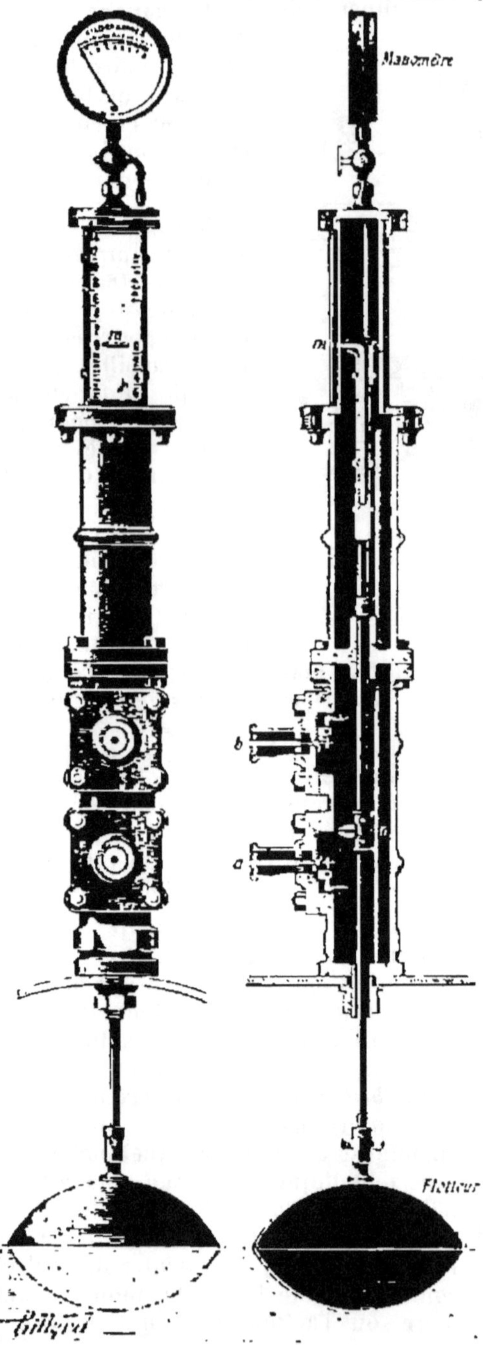

Fig. 127. — Indicateur magnétique de Lethuillier et Pinel.

du niveau). L'appareil est placé à une hauteur telle que le niveau moyen de la chaudière passe par la ligne *mn*.

En cas de rupture du tube de verre, on ferme les valves A et B pour arrêter les projections de vapeur et d'eau chaude. En attendant le remplacement du tube, on vérifie le niveau en consultant de temps en temps les robinets de jauge *a*, *b*, *c* : *a* doit normalement donner de la vapeur, *c* de l'eau, *b* un mélange de vapeur et d'eau.

Les règlements exigent que chaque chaudière porte deux appareils indicateurs du niveau de l'eau, absolument indépendants l'un de l'autre. L'un deux est obligatoirement le tube en verre décrit ci-dessus : l'autre peut être un indicateur à robinets ou un indicateur à flotteur.

Indicateur a robinets. — L'appareil peut être un tube métallique isolé comme celui qui fait partie de l'indicateur que nous venons de décrire : il peut ne posséder que les robinets *a* et *b*, et à la rigueur *b* seulement.

Indicateur magnétique de Lethuillier et Pinel. — C'est aussi un signal d'alarme pouvant prévenir le chauffeur du *manque* ou du *trop* d'eau.

Cet appareil se compose

d'un aimant monté sur une tige à flotteur métallique porté par l'eau (*fig.* 127). L'aimant suit les variations du niveau et fait mouvoir à travers une glace un index *m* contre une échelle (sur la figure l'aimant est la partie blanche dont la courbure aboutit au niveau de *m*). La tige porte une came *n*, qui peut agir sur deux sifflets *a* et *b*, rendant, l'un un son *grave* et l'autre un son *aigu*, qui indiquent le trop ou le manque d'eau. Cet avertisseur est donc à la fois *optique* et *acoustique*. On le surmonte quelquefois d'un manomètre.

Soupapes de sûreté. — Ce sont des appareils automatiques que la vapeur soulève dès que sa pression dépasse la valeur du *timbre* (*) de la chaudière. La vapeur s'échappe alors avec un bruis-

---

(*) Le *timbre* est une médaille poinçonnée par l'État sans laquelle aucune chaudière à vapeur ne peut être mise en service. Il est apposé après que le service des mines — qui est chargé en France de la vérification et du contrôle des appareils à vapeur — a constaté que la chaudière a supporté une pression hydraulique dépassant d'une quantité déterminée celle pour laquelle elle a été construite. L'épreuve consiste à soumettre la chaudière à une surcharge égale à la pression effective sans jamais être inférieure à 1/2 kilogr. ni surpasser 6 kilogr. par centimètre carré. Ainsi, T étant le timbre d'une chaudière et P la pression d'épreuve réglementaire, on a : pour les timbres inférieurs à 500^{gr}, $P = T + 0^{kg},5$; de 500^{gr} à 6^{kg}, $P = 2T$, et pour les timbres supérieurs à 6^{kg}, $P = T + 6^{kg}$.

L'Administration des Monnaies et Médailles fabrique et vend aux constructeurs 33 variétés de médailles en cuivre rouge du type figuré ci-contre (*fig.* 128), indiquant la pression de $0^{kg},25$ et toute la gamme des pressions de demi-kilogr. en demi-kilogr. depuis $0^{kg},5$ jusqu'à 16^{kg}. L'industrie privée en fabrique aussi maintenant et satisfait mieux à tous les besoins. L'ingénieur ou le contrôleur des mines qui a fait la vérification fait sceller l'un de ces timbres au générateur au moyen de trois rivets et il applique son poinçon, qui représente une tête de cheval, partie sur chaque rivet, partie sur la médaille. Il a d'autres poinçons portant chacun un chiffre et il s'en sert pour graver à coups de marteau la date de sa vérification. Notre modèle se rapporte à une chaudière timbrée le 24 du 3e mois de l'année 1900 et dans laquelle la pression effective de la vapeur ne devra jamais dépasser 6^{kg} par centimètre carré. — Si une chaudière est démontable, les différentes parties susceptibles d'être remplacées doivent recevoir le timbre. — Un générateur de vapeur ne doit jamais rester plus de dix ans sans être timbré à nouveau.

Echelle : 1/2.

Fig. 128. — Timbre des générateurs de vapeur.

Nous ne pouvons nous empêcher de faire remarquer que le contrôle de l'Etat sur les générateurs est un peu illusoire, parce que la vérification

sement qui avertit le chauffeur. Les soupapes sont en effet des appareils plutôt avertisseurs que régulateurs de pression. Le plus souvent, l'échappement serait trop lent pour abaisser assez vite la pression. Le chauffeur doit alors diminuer l'activité du foyer ou alimenter si le niveau le permet.

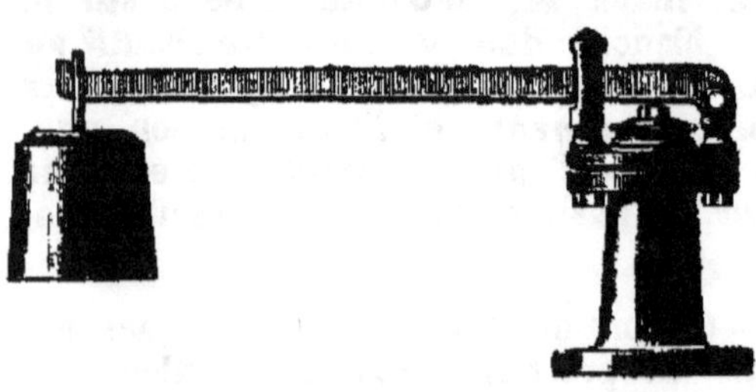

Fig. 129. — Soupape ordinaire.

Les soupapes ordinaires se composent d'une tubulure en fonte rivée sur la chaudière (*fig.* 129), et portant une soupape à ailettes en bronze obturant un siège rodé de même métal. Cette soupape est équilibrée par un levier à contrepoids.

Le levier est souvent un embarras, surtout pour les chaudières mobiles ; aussi construit-on des soupapes de sûreté équilibrées par un ressort (*fig.* 130), qu'un écrou permet de tendre à volonté. Enfin, on peut employer des soupapes à poids direct agissant sur le clapet sans aucun organe intermédiaire, mais alors il faut un poids très lourd.

Fig. 130. — Soupape à ressort.

Une chaudière est toujours munie obligatoirement de deux soupapes ; elle peut en avoir davantage.

Appareils d'alimentation. — L'alimentation d'un générateur consiste à y introduire une quantité d'eau égale à celle qui en est sortie sous forme de vapeur. Elle se fait au moyen d'appareils qui diffèrent suivant qu'on alimente à l'eau froide, à l'eau chaude, qu'on a de grands ou de petits générateurs, qu'ils sont fixes ou mobiles, etc. Bien entendu, toutes les fois qu'on a de l'eau chaude, provenant de la condensation ou de toute autre opération, on s'en sert pour alimenter ; elle est généralement plus pure que l'eau

est faite dans des conditions absolument différentes de celles qui constituent le régime de marche des chaudières. Quand, au lieu d'eau froide, elles contiennent de l'eau bouillante et de la vapeur à des températures de 120 à 200° ; que les parties rivées supportent aussi les variations de température provenant du foyer, de l'alimentation, etc., bien des choses sont changées.

froide, elle économise le combustible, elle refroidit moins la chaudière.

Bouteille alimentaire. — Cet appareil d'alimentation (*fig.* 131) est le plus simple et le plus sûr. Il se compose d'un récipient en tôle résistante placé à un niveau supérieur à celui de la chaudière, ou, comme l'on dit, monté *en charge* ; il est muni d'un tube de niveau, d'un robinet E de prise d'eau, d'un robinet A d'échappement d'air et de vapeur, et d'un robinet R d'alimentation. Quand la bouteille est pleine d'eau, on ferme les robinets E et A, puis on ouvre la prise de vapeur V, qui communique avec la chaudière : la pression intérieure sur la surface libre du liquide devient égale à la pression qui règne dans la chaudière. On ouvre alors le robinet R ; l'eau monte par le tuyau plongeur et pénètre dans le générateur à la faveur de la distance verticale ou charge qui sépare les deux plans d'eau. Quand la bouteille est vide, on ferme R et V et on ouvre A pour laisser échapper la vapeur. On peut opérer avec de l'eau bouillante.

Fig. 131. — Bouteille alimentaire.

Ce mode d'alimentation est infaillible, mais il dépense beaucoup de vapeur et impose des manœuvres assez pénibles, car les robinets ne sont pas à portée de la main du chauffeur. Cette bouteille ne peut servir qu'à l'alimentation des petites chaudières.

Injecteur de vapeur Giffard. — L'injecteur Giffard se compose essentiellement d'une tuyère C pouvant être ouverte ou fermée par une aiguille E actionnée par une manivelle M (*fig.* 132). Cette tuyère peut glisser à frottement gras dans un fourreau à presse-étoupes, de sorte qu'avec un levier L commandant une vis rapide on place la tuyère à telle distance que l'on veut de l'ajutage convergent I, placé lui-même en regard d'un autre ajutage J divergent.

La vapeur vive fournie par la conduite A s'introduit dans la boîte à aiguille et s'échappe par la tuyère C avec d'autant plus de vitesse que la section est plus réduite. L'eau, aspirée en H, condense la vapeur, de sorte qu'un jet continu d'eau pénètre avec rapidité dans l'ajutage I, puis en J. Dans ce dernier ajutage, la vitesse de l'eau diminue graduellement grâce à sa divergence, correspondant à une augmentation de section. Enfin, l'eau soulève le clapet de retenue O et s'introduit dans la chaudière.

La chambre V entourant les deux cônes *c* et *c'* a pour rôle de permettre à l'air entraîné mécaniquement de se dégager. L'eau qui s'écarte de la veine retourne à la bâche d'aspiration par le tuyau de trop-plein K.

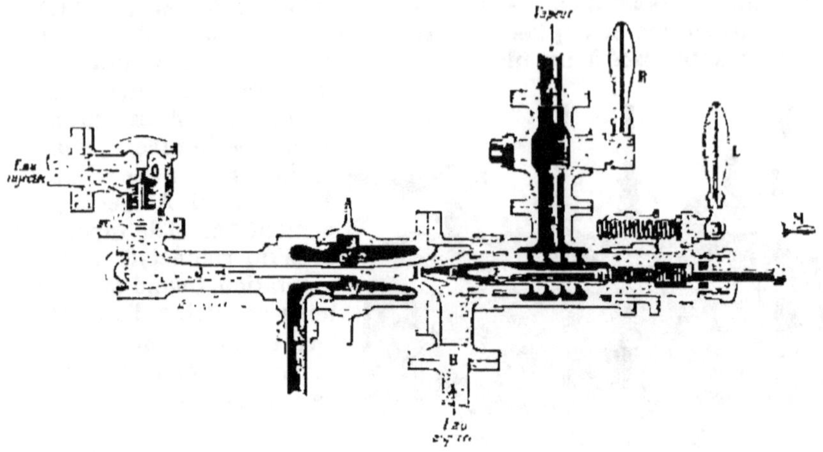

Fig. 132. — Injecteur Giffard (coupe longitudinale).

La théorie de ce curieux appareil n'est pas encore établie d'une façon indiscutable et nous admettrons provisoirement qu'il fonctionne comme une trompe à vide.

C'est avec des injecteurs Giffard qu'on alimente les chaudières de locomotives, locomobiles, etc. Leur installation est commode, car, à l'inverse des pompes, ils n'exigent aucun mouvement ; en revanche, ils sont moins sûrs. Les injecteurs Giffard fonctionnent avec une petite hauteur d'aspiration et encore mieux en charge : ils se désamorcent avec de l'eau chaude (40°).

Les éjecteurs dérivent de l'injecteur Giffard.

Pompes alimentaires. — Pour les installations un peu importantes, on a recours à des pompes alimentaires actionnées par la vapeur. Le type représenté par la figure 133 comprend une machine à vapeur à tiroir circulaire dont la tige prolongée forme un piston plongeur. Pour assurer l'aspiration, même avec de l'eau chaude, le clapet A est actionné mécaniquement au moyen de leviers mis en mouvement par un excentrique calé sur l'arbre moteur ; ce clapet retombe sur son siège par son propre poids. La pompe porte un récipient d'air au refoulement pour assurer la régularité de l'écoulement.

La conduite reliant le refoulement au générateur est munie d'une soupape de sûreté pour éviter l'éclatement de cette conduite dans le cas où le robinet d'alimentation placé sur la chaudière serait resté fermé. D'autre part, le robinet donnant accès au tuyau plongeur d'alimentation est précédé d'un clapet de retenue, qui empêche l'eau refoulée de revenir dans la conduite de refoulement

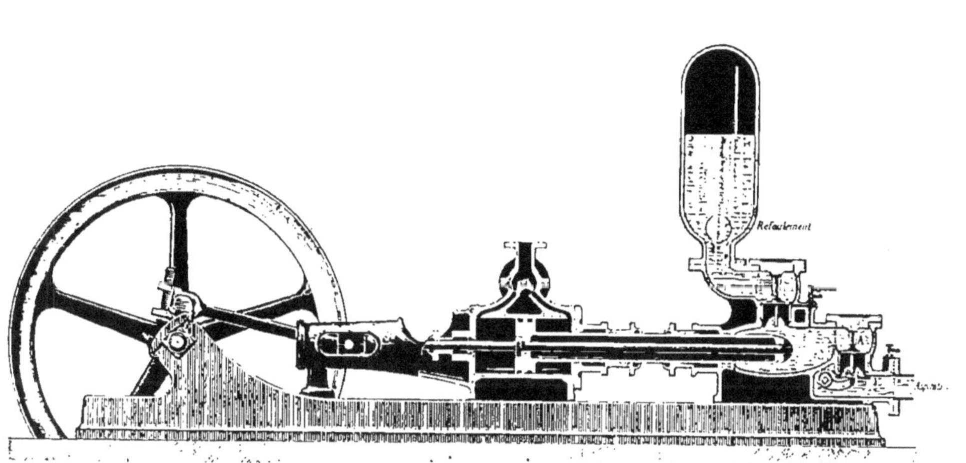

Fig. 133. — Pompe alimentaire.

sous l'action de la pression intérieure. En cas de rupture de la pompe ou de son tuyau de refoulement, ce clapet empêche la chaudière de se vider par son robinet d'alimentation, qui est presque toujours ouvert.

Alimentateurs automoteurs. — Outre les appareils que nous venons d'étudier, on rencontre dans l'industrie des *alimentateurs automoteurs* dits à *niveau constant*. Ces alimentateurs, construits sur les données connues de la bouteille alimentaire appliquée cette fois sous forme automatique, établissent naturellement, c'est-à-dire sans l'aide d'organes mécaniques, le *niveau constant* dans la chaudière. Un timbre avertisseur, installé sur les appareils, tient constamment en éveil les mécaniciens-conducteurs et les avertit que l'alimentation se fait ou qu'elle est arrêtée, le niveau dans la chaudière ayant atteint son maximum. Ces appareils se sont peu répandus ; on leur a reproché d'avoir surtout pour effet d'endormir dans une fausse sécurité la vigilance des chauffeurs.

Épuration des eaux d'alimentation. — Cette épuration est liée à l'alimentation des chaudières, dans lesquelles on ne peut introduire une eau quelconque.

Pour éviter les dépôts incrustants, il faut alimenter avec une eau aussi pure que possible, non acide surtout, et ne contenant pas de matières en suspension. Les eaux chargées même légèrement de matières organiques solubles moussent beaucoup, provoquent des entraînements de vapeur et tendent à s'acidifier ; aussi sont-elles rejetées absolument. Les eaux trop fortement calcaires sont épurées par des procédés chimiques dont nous n'avons pas à nous occuper ici. Nous dirons seulement quelques mots de l'épuration de l'eau par son chauffage gratuit au moyen de la vapeur d'échappement d'un moteur.

Cette vapeur, après avoir agi sur le piston, au lieu d'être perdue en se dispersant dans l'atmosphère, est utilisée pour le chauffage de l'eau d'alimentation, ce qui constitue une importante économie, l'eau étant introduite *chaude* dans la chaudière ; ce chauffage entraîne, par surcroît, l'épuration.

Les appareils employés dans ce but sont nombreux ; ils utilisent le calorique latent de la vapeur d'échappement pour échauffer l'eau d'alimentation, les uns, par transmission à travers un faisceau tubulaire (condensation et par suite échauffement par surface), les autres, par simple barbotage dans l'eau à échauffer (échauffement par mélange). Nous décrirons seulement l'*appareil Chevalet* (*fig.* 134).

Cet appareil, connu sous le nom de *réchauffeur-détartreur*, se compose essentiellement d'un réservoir surmonté d'une colonne à plateaux comprenant cinq compartiments. L'eau froide arrive au sommet de la colonne en volume réglé par un robinet à flotteur et descend par trop-plein, de plateau en plateau, jusque dans le réservoir. La vapeur d'échappement circule en sens contraire : chaque plateau est percé d'une tubulure centrale coiffée d'une calotte dentelée qui, plongeant légèrement dans la couche d'eau à niveau constant restée sur les plateaux, force la vapeur à barboter avant de s'élever d'un plateau au

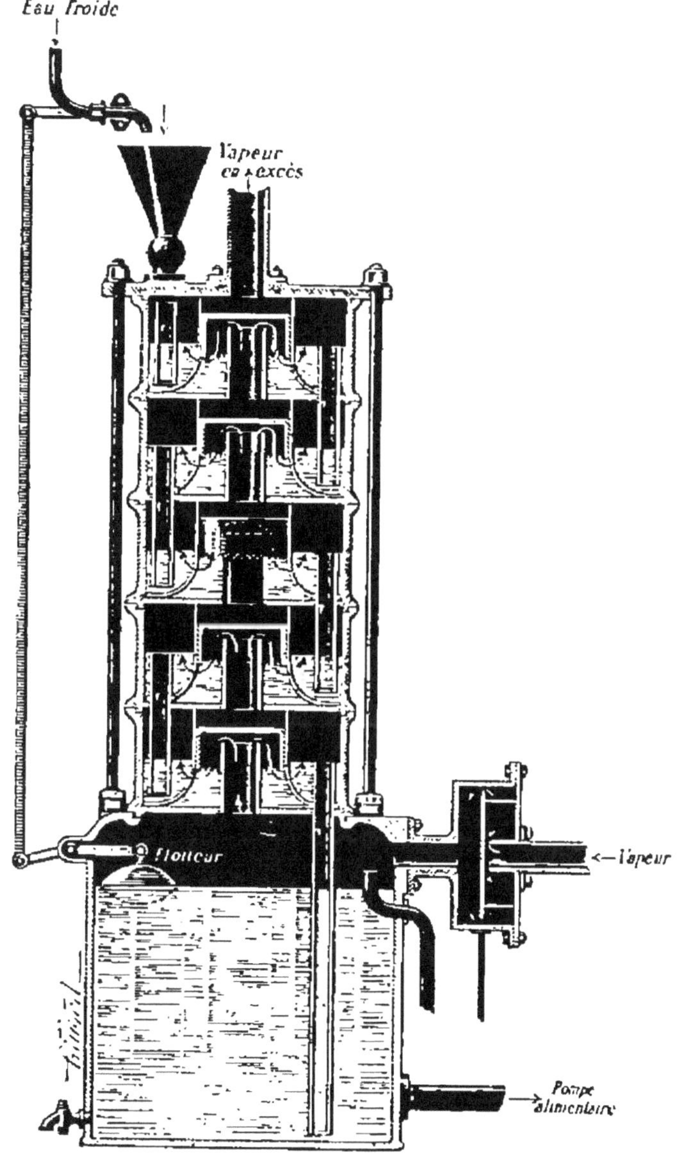

Fig. 131. — Réchauffeur détartreur système Chevalet.

suivant. L'eau subit donc une ébullition nouvelle sur chaque plateau, et son action est méthodique, car la colonne est traversée par deux courants de sens contraires : l'un d'eau froide descendant, l'autre de vapeur chaude montant ; la vapeur vierge agit donc sur l'eau la plus chaude tandis qu'au haut de l'appareil la vapeur à très faible tension échauffe l'eau froide introduite. L'eau à épurer perd ainsi peu à peu son gaz carbonique et par suite son tartre (calcaire), qui se dépose par couches d'épaisseur décroissant à mesure qu'on se rapproche du réservoir. Ce tartre forme des concrétions peu dures, faciles à enlever au marteau à piquer. La vapeur, si elle est en excès, s'échappe à l'air libre par un tube placé sur le chapiteau de la colonne. Quant à l'eau emmagasinée dans le réservoir, elle se clarifie en laissant déposer une boue insignifiante ; c'est là que la pompe alimentaire vient la puiser pour la refouler dans le générateur.

Purgeurs automatiques. — La nécessité dans laquelle on se trouve d'alimenter avec des eaux à la fois *chaudes* et aussi *pures* que possible, a conduit à récolter dans les usines, les habitations chauffées à la vapeur, etc., les eaux pures et chaudes provenant de la condensation de la vapeur.

Les eaux de condensation extraites des conduites de vapeur, des serpentins, des doubles fonds, des faisceaux tubulaires, enfin de tous les

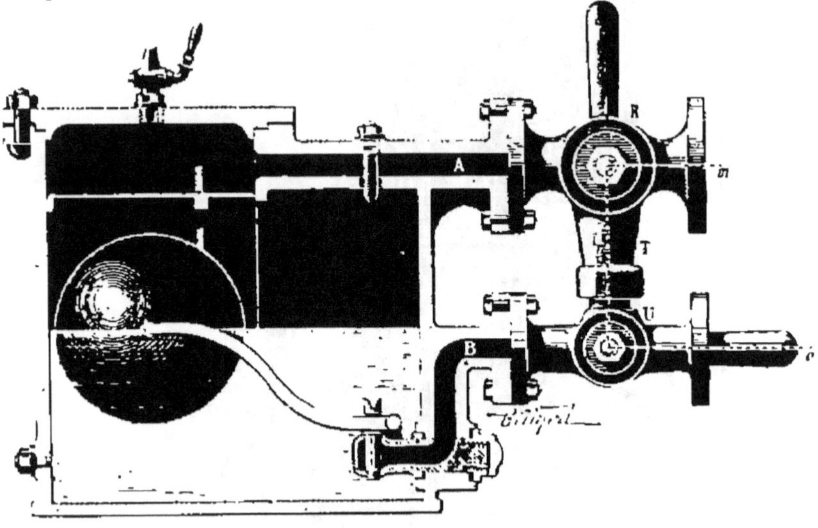

Fig. 135. — Purgeur Legat.

appareils dans lesquels la vapeur a servi au chauffage par *surface*, prennent le nom de *retours*. Ces retours sont extraits au moyen d'appareils très variés appelés *purgeurs automatiques* et envoyés ensuite au réservoir servant à l'alimentation des chaudières, d'où ils sont pris par les pompes, bouteilles et injecteurs d'alimentation. Ces appareils, tout en enlevant l'eau condensée, doivent éviter tout échauffement anticipé de la vapeur.

Fig. 136. — Générateur semi-tubulaire à deux bouilleurs.

Nous décrirons le *purgeur automatique système Legat* (*fig.* 135). La vapeur et l'eau de condensation arrivent par le tube A, et traversent une grille qui arrête les corps solides entraînés mécaniquement (débris de mastic, de caoutchouc, de filasse provenant des joints, etc.). L'eau condensée s'élève dans la cuve et il arrive un moment où le flotteur est soulevé ; la soupape reliée à ce flotteur s'ouvre alors, et l'eau de retour s'écoule par la tubulure B. Cette soupape étant toujours noyée, ferme toute issue à la vapeur. Deux robinets R et U et une tubulure T permettent d'isoler la purge et par suite de faire sortir les retours momentanément suivant le tracé *mno* ; le purgeur réparé ou nettoyé, on remet les choses en place en orientant convenablement les robinets R et U.

100. Générateur semi-tubulaire. — Ce générateur dérive encore de la chaudière à bouilleurs, mais le corps cylindrique est devenu tubulaire (*fig.* 136), et par suite les fonds emboutis sont remplacés par des plaques dites tubulaires *planes*. Le diamètre des tubes varie de 7 à 12^{cm}, et leur longueur de 3 à 5^{m}. Une porte de façade permet leur écouvillonnage. Les gaz lèchent les bouilleurs, passent d'arrière en avant dans les tubes, puis circulent autour du corps cylindrique. La surface de chauffe est ici considérablement augmentée par l'addition des tubes, mais en revanche le volume d'eau est réduit de beaucoup.

Les générateurs semi-tubulaires sont très répandus. Une modification de ce type consiste à supprimer les bouilleurs ; on a alors une chaudière montant rapidement en pression, mais à faible volume d'eau. Cette chaudière a surtout été conçue pour les colonies, son faible encombrement rendant son transport relativement peu coûteux.

Fig. 137. — Générateur tubulaire à foyer amovible.

101. Générateur tubulaire à foyer intérieur amovible (Système Thomas et Laurens). — Ce générateur se passe de maçonnerie ; il est caractérisé par une partie amovible B (*fig.* 137), réunie par un grand joint boulonné *mn* à un corps cylindrique A.

Le foyer tout entier est placé dans la partie amovible. Les gaz arrivent dans la panse M et traversent des tubes un peu inclinés pour déboucher dans la cheminée. En démontant le joint *mn*, on peut retirer le foyer et le faisceau tubulaire pour les nettoyer.

Les générateurs de ce genre s'emploient pour locomobiles et machines demi-fixes ; mais ce ne sont pas des générateurs d'usines. On en construit qui procèdent de ce type auquel on aurait ajouté un corps cylindrique supérieur de grand volume ; le volume d'eau est ainsi très augmenté en même temps que la surface de chauffe.

102. Générateur tubulaire à foyer cylindrique. — C'est le type le plus usité pour les locomobiles (*fig.* 138).

Comme dans les types précédents à foyer intérieur, les parois du foyer participent à la surface de chauffe. Les tubes se font ici quelquefois en laiton ou en cuivre rouge, au lieu d'être en fer ou en acier étiré.

Fig. 138. — Générateur locomobile tubulaire.

Les chaudières de locomotives sont du même type, avec cette différence que le foyer est carré au lieu d'être cylindrique.

103. Générateurs verticaux. — Nous décrirons comme exemple le *générateur vertical à tubes Field* (*fig.* 139).

Cette chaudière, à foyer intérieur, est caractérisée par l'emploi de tubes verticaux fermés par un bout, sertis sur le ciel plan du foyer faisant office de plaque tubulaire. Ces tubes sont placés au-dessus de la grille ; ils sont pourvus intérieurement d'un tube concentrique ouvert aux deux bouts et maintenu à sa partie supérieure par deux ailerons. Grâce à cette disposition, il se produit une active circulation de l'eau et de la vapeur dans le sens des flèches, ce qui évite les projections. (On sait en effet qu'il est difficile d'éviter les projections dans les laboratoires lorsqu'on fait bouillir un liquide dans un tube de verre; cette difficulté est ici vaincue simplement.) Dans le foyer et dans l'axe de la cheminée on suspend

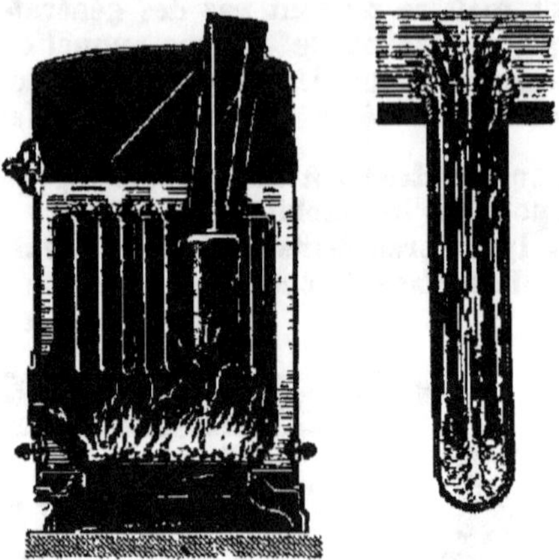

Fig. 139. — Générateur vertical à tubes Field.

une masse en fonte ou en terre réfractaire qui a pour but de projeter les gaz sur les tubes et d'éviter un passage trop direct à la cheminée.

Les générateurs Field sont très employés pour les petites forces, pour les installations de maisons habitées (laboratoires de liquoristes, confiseurs, chimistes, etc.), pour les pompes à incendie à vapeur; pour actionner les appareils de levage des quais (grues roulantes, etc.), les appareils à distiller montés sur roues, les appareils de vidange, etc.

104. Générateurs multitubulaires. — Les générateurs multitubulaires sont très employés, car ils se prêtent à la production de la vapeur à haute tension si recherchée aujourd'hui, et leur emplacement est faible par rapport à la surface de chauffe qu'ils peuvent offrir.

Nous décrirons la *chaudière de Babcock et Wilcox*, qui comprend essentiellement un faisceau tubulaire incliné à 10 ou 15°, relié à un corps cylindrique horizontal (*fig.* 140). Pour perdre le moins de place possible, on dispose les tubes en quinconce, ce qui permet de placer les tubes de la rangée voisine dans les places laissées vides (*fig.* 141). Ces tubes, toujours pour une même rangée, communiquent entre eux au moyen de boîtes de connexions en acier coulé, munies de regards dont les couvercles sont maintenus par une terrasse intérieure et un boulon central. Chaque file est indé-

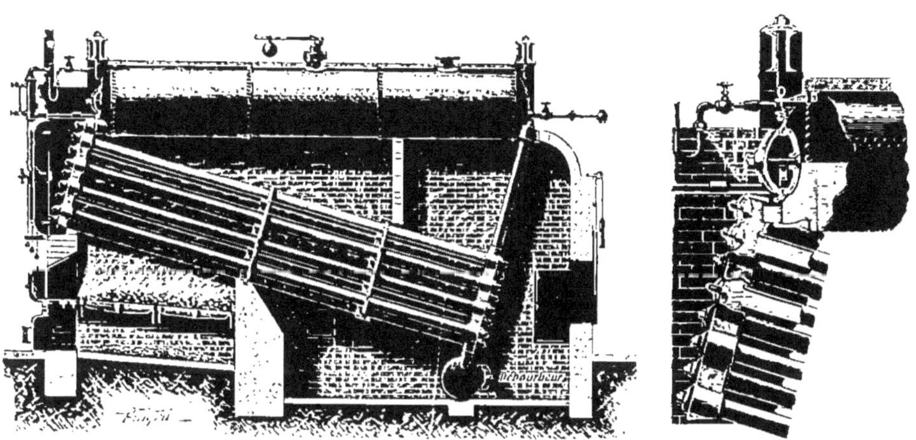

Fig. 140. — Chaudière multitubulaire système Babcock et Wilcox.

pendante de la rangée voisine et constitue ce que l'on appelle un *élément* (*fig*. 141). L'eau occupe les tubes et la moitié du corps cylindrique supérieur. En raison du grand nombre de tubes, la vaporisation est active et rapide ; de plus, leur inclinaison facilite le dégagement de la vapeur produite, et une circulation active a lieu dans le sens inverse du mouvement des gaz, ce qui constitue un chauffage méthodique.

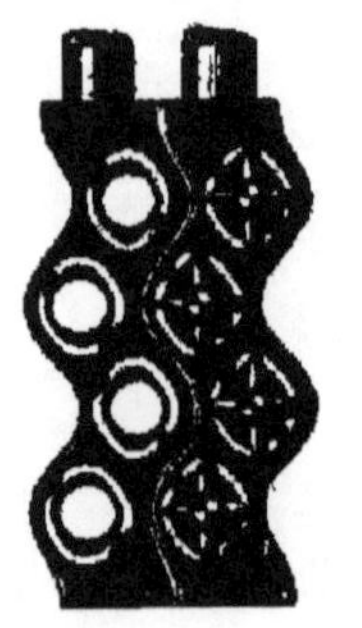

Fig. 141. — Disposition de deux éléments contigus.

Outre le type que nous venons de décrire, il faut citer les chaudières Belleville, Roser, Collet, Niclausse, Oriolle, Matho, etc., qui n'en diffèrent que par quelques détails. Ces chaudières s'introduisent de plus en plus dans la marine de guerre.

105. Chaudières marines. — Ces chaudières sont de types assez variés. La figure 142 représente une chaudière tubulaire à retour de flammes, très employée pour la navigation maritime et fluviale.

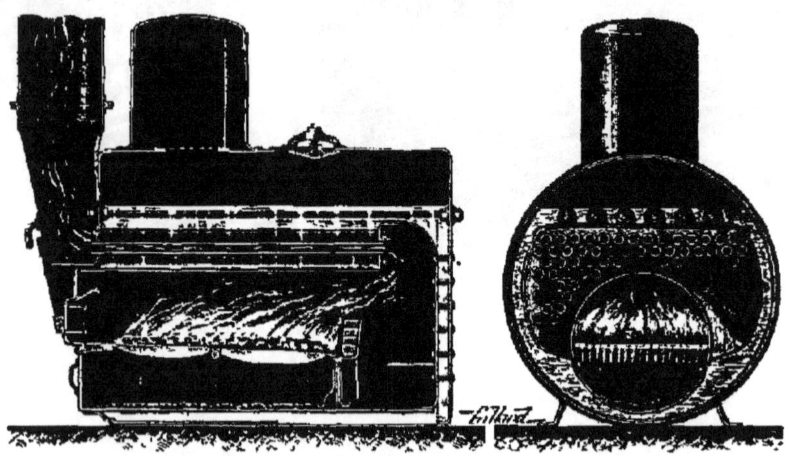

Fig. 142. — Chaudière marine.

La disposition de cette chaudière se comprend à la simple vue de la figure. Les fonds plans sont entretoisés solidement pour parfaire leur raideur. Pour augmenter le tirage, et par suite la combustion et la production de vapeur, on injecte presque toujours, à l'aide d'un ventilateur, de l'air sous la grille, dans le cendrier fermé. C'est le *tirage forcé*, ayant pour but de diminuer le poids des appareils d'évaporation, l'encombrement, etc. (Dans les locomotives, le tirage est forcé par l'échappement de la vapeur des cylindres à la base de la cheminée.)

106. Chaudière Serpollet. — Elle se compose d'un serpentin capillaire placé sur un foyer et dans lequel, au moyen d'une pompe à débit variable, on injecte constamment de l'eau qui se vaporise instantanément : la vapeur à très haute pression sort par l'autre extrémité du serpentin. Cette chaudière n'a pas de réservoirs d'eau ni de vapeur : elle est donc sujette à de très grandes variations de pression et elle est à peu près inexplosible grâce à l'épaisseur du serpentin.

Le serpentin est en acier ; il a été laminé en présence de grès pilé à l'intérieur pour empêcher le bouchage pendant l'opération. Le laminoir l'amène à la forme désirée, qui est celle d'un haricot en section. Le grès intérieur s'extrait facilement ensuite.

Les chaudières Serpollet sont appliquées aux tramways à vapeur et autres voitures locomobiles : elles exigent de grands soins.

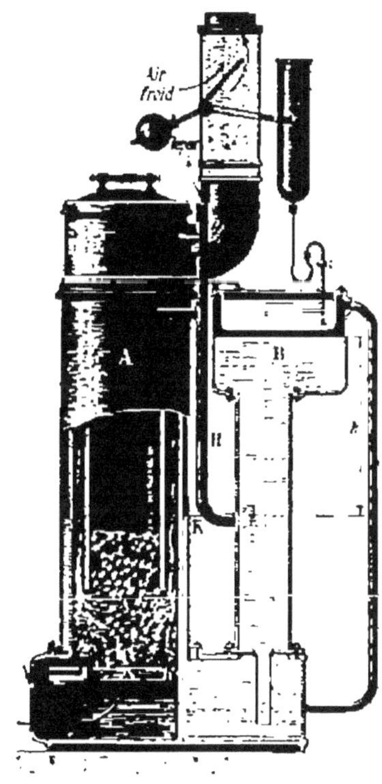

Fig. 143. — Vaporigène Bourdon.

107. Générateurs à basse pression pour usages domestiques. — Nous décrirons comme exemple le *vaporigène* Bourdon, usité pour le chauffage des habitations par la vapeur.

Il se compose essentiellement de deux récipients communiquant A et B (*fig* 143), dont l'un, A, de forme annulaire, sert de vaporisateur et contient à l'intérieur un foyer concentrique. Les gaz chauds circulent entre le foyer et la paroi intérieure du récipient A. Le second récipient, B, est ouvert à l'air libre : il communique avec le premier par un tuyau de grande section et sert à recevoir l'eau qui se trouve refoulée du récipient A lorsque la pression se produit. La pression de l'appareil est limitée d'une façon absolue à une hauteur *h* (représentant ordinairement 1/20 de kilogramme), au moyen du tube H par lequel s'échappe l'excédent de vapeur lorsqu'on a dépassé la pression que l'on s'est fixée ; à ce moment, le niveau de l'eau dans le vaporisateur est descendu en K.

Grâce à son mode de construction, le vaporigène peut se placer dans un local quelconque, cuisine, sous-sol, etc. ; il est à feu continu et est muni d'un régulateur qui proportionne la dépense de combustible aux besoins du chauffage ; on obtient ainsi facilement et économiquement une production régulière de vapeur et, par conséquent, une température sensiblement constante.

108. Considérations générales sur les générateurs. — La production de vapeur en marche normale varie beaucoup avec les types de générateurs et surtout avec la manière dont ils sont conduits ; cette production oscille entre 12 et 25kg par mètre carré de surface de chauffe et par heure. Avec le tirage forcé, comme dans les locomotives et les chaudières marines, on peut vaporiser de 40 à 50kg par mètre carré. Quant à l'utilisation du combustible, elle est généralement meilleure dans un générateur qui vaporise peu au mètre superficiel de chauffe que dans un générateur vaporisant beaucoup. On peut dire qu'en moyenne 1kg de houille vaporise industriellement 7 à 8kg,5 d'eau.

Le tableau suivant indique pour quelles surfaces de chauffe (nous donnons les minima et maxima) se construisent généralement quelques-uns des types de générateurs que nous venons d'étudier.

		Surfaces de chauffe minima et maxima (en mètres carrés)
Générateur	à deux bouilleurs	20 à 70.
id.	à bouilleur unique	10 à 50.
id.	système Lagosse	25 à 120.
id.	semi-tubulaire à bouilleurs	25 à 250.
id.	Thomas et Laurens	6 à 50.
id.	tubulaire à foyer cylindrique	10 à 60.
id.	Field	3 à 25.

Nous allons bientôt parler des moteurs à vapeur ; mais avant d'en finir avec les générateurs, insistons sur une idée qu'il faut avoir nettement dans l'esprit, c'est que le générateur de vapeur et le moteur qui utilise cette vapeur sont, théoriquement, complètement indépendants. Pratiquement, ils sont quelquefois réunis en une même machine ; c'est forcément le cas des locomotives et autres automobiles ; c'est aussi le cas de bien des machines de la petite industrie où les organes sont rassemblés de façon à tenir peu de place. Mais dans la grande industrie les générateurs sont établis dans des locaux (sans étage au-dessus, à cause des explosions possibles) distincts de ceux des machines. Ils crachent leur vapeur dans un récipient commun, duquel partent autant de prises de vapeur qu'il y a de canalisations nécessaires pour aller aux machines. Ces canalisations ont quelquefois plusieurs centaines de mètres. Il y en a même qui ont plusieurs kilomètres ; mais alors la condensation et la baisse de pression sont très élevées.

109. Températures de l'eau correspondant aux différentes pressions. — Il est bon d'avoir une idée des températures de l'eau qui correspondent aux différentes pressions de la vapeur Nous les donnons dans la table suivante, pour des pressions variant de 1/2 kilog. en 1/2 kilog jusqu'à 20 kilog. Les chiffres indiquent la pression *effective*, c'est-à-dire la pression absolue diminuée de la pression atmosphérique.

Table donnant la température de l'eau correspondant à une pression donnée (en kilogrammes effectifs).

Valeurs correspondantes		Valeurs correspondantes		Valeurs correspondantes		Valeurs correspondantes	
de la pression	de la température	de la pression	de la température	de la pression	de la température	de la pression	de la température
kilogr.	degr. cent.	kilogr.	degr. cent.	kilogr.	degr. cent.	kilogr.	degr. cent.
0,5	111	5,5	161	10,5	185	15,5	202
1	120	6	164	11	187	16	203
1,5	127	6,5	167	11,5	189	16,5	205
2	133	7	170	12	191	17	206
2,5	138	7,5	173	12,5	193	17,5	208
3	143	8	175	13	194	18	209
3,5	147	8,5	177	13,5	196	18,5	210
4	151	9	179	14	197	19	211
4,5	155	9,5	181	14,5	199	19,5	213
5	158	10	183	15	200	20	214

110. Fumivorité. — La fumivorité a pour but la suppression des fumées rejetées dans l'atmosphère par les foyers industriels. Cette suppression a une double importance : l'économie du combustible, car un dégagement de fumée est la preuve d'une combustion incomplète ; la sauvegarde de l'hygiène publique, car les fumées sont constituées par des produits gazeux irrespirables ou toxiques, accompagnés de particules solides de charbon salissantes et nuisibles.

Les appareils propres à la suppression des fumées ou *fumivores* sont généralement construits d'après ce principe qu'il faut envoyer dans le foyer la quantité d'oxygène nécessaire à la combustion des gaz, et cela à une température suffisamment élevée pour prévenir les refroidissements intérieurs.

Le *fumivore Orvis*, que nous décrirons comme exemple, est une sorte d'éjecteur par lequel l'air, au moyen d'une petite quantité de vapeur, se trouve projeté sur toute la surface du foyer, accélère le tirage et complète la combustion des gaz. Il se compose d'une sphère creuse (*fig.* 144), au centre de laquelle se trouve une tuyère placée dans l'axe du tuyau E qui débouche dans le foyer de combustion ; l'appareil est complété par un tube D communiquant librement avec l'atmosphère, et un volant réglant la section de sortie de vapeur pour activer ou modérer l'injection de l'air au-dessus du foyer suivant que le charbon est plus ou moins gras. Lorsque la vapeur s'échappe par la tuyère, il se produit une aspiration énergique de l'air extérieur, qui est insufflé dans le foyer, de façon à brûler les gaz combustibles d'une manière si complète que l'on aperçoit à peine un léger nuage blanchâtre.

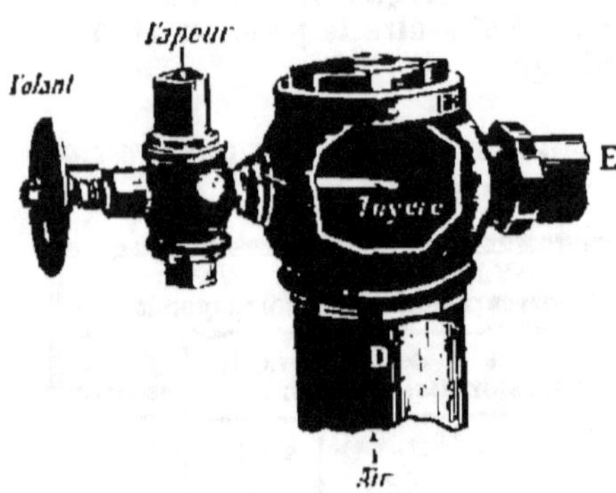

Fig. 144. — Fumivore Orvis.

111. Surchauffeurs de vapeur. — On a souvent besoin de

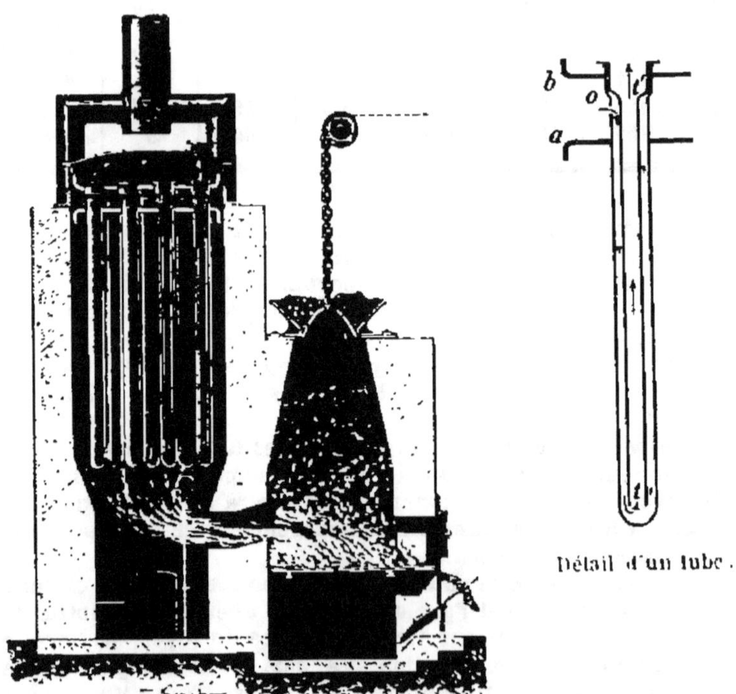

Fig. 145. — Surchauffeur de vapeur système Montupet.

surchauffer la vapeur, par exemple pour la distillation des acides gras, des naphtols, de la diphénylamine et autres produits ; pour les étuves, etc. On emploie alors un appareil surchauffeur à combustion continue (*fig.* 145). Cet appareil se compose essentiellement de deux plaques tubulaires horizontales *a*, *b* et d'une série de cylindres verticaux fixés par le haut à ces plaques : chaque cylindre enveloppe un tube concentrique *t*, *t'*. La vapeur à surchauffer arrive entre les deux plaques tubulaires, pénètre par des orifices *o* dans chaque tube extérieur, et comme elle ne trouve d'issue qu'en *t*, elle fait un long parcours dans le tube léché par les flammes ; elle ressort en *t'* pour se rendre au lieu d'utilisation.

112. Détendeurs de vapeur. — Il peut se faire au contraire que l'on veuille utiliser dans un appareil quelconque de la vapeur à une pression déterminée, mais inférieure à celle qui règne dans la chaudière ou dans une conduite. On emploie pour cela des appareils appelés *détendeurs*.

La figure 146 représente un détendeur de vapeur système Legat. Il comprend un robinet muni de deux tubulures opposées, l'une pour l'entrée de la vapeur, l'autre pour sa sortie. Un obturateur

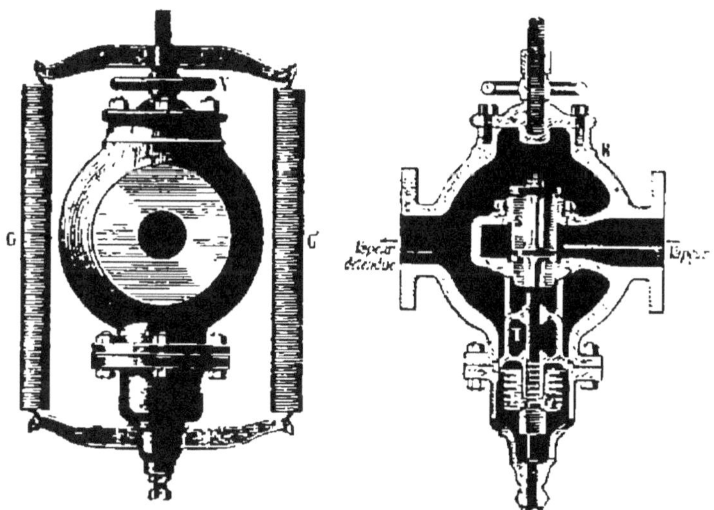

Fig. 146. — Détendeur de vapeur système Legat.

équilibré à deux soupapes conjuguées, relié à une membrane élastique extensible M par une tige centrale T, laisse pénétrer plus ou moins la vapeur dans le robinet. Deux ressorts-balances G, G', dont on règle à volonté la tension par un volant V, équilibrent l'action de la pression intérieure sur la membrane. La vapeur détendue dans le robinet agit sur la membrane et tend ainsi à vaincre l'action des ressorts G, G', dont la tension maintient ouverte la soupape S.

Si la pression de la vapeur à l'arrivée augmente ou si le débit de la vapeur diminue à la sortie, ce qui entraine une augmentation de pression, la pression de la vapeur sur la membrane M augmente, la tension des ressorts G, G' est vaincue et la soupape S tend à se fermer et à réduire la quantité de vapeur qui arrive ; l'équilibre se rétablit ainsi. Si au contraire la pression diminue à l'entrée ou si le débit augmente à la sortie, la soupape S tend à se soulever pour rétablir l'équilibre. En résumé, le robinet détendeur permet d'obtenir de la vapeur sous une pression fixe et régulière pour laquelle les ressorts ont été réglés, et cela quelles que soient les variations de pression que présente la vapeur du générateur.

113. Brûleurs Agnellet. — Ces brûleurs présentent un grand intérêt parce qu'ils permettent d'utiliser, comme combustibles, les matières liquides riches en carbone telles que les huiles minérales naturelles de pétrole et de schiste, les goudrons, etc.

La figure 147 représente un appareil pour brûler les matières les plus liquides. Il se compose d'une sorte de tuyère à double tube, le tube intérieur A amenant le liquide combustible, et le tube extérieur B amenant de l'air comprimé. Ces deux tubes se terminent chacun par une partie sphérique percée d'une ouverture correspondant au centre du tube. L'ouverture pour la sortie du liquide est très petite, l'ouverture pour la sortie de l'air est plus grande. Il résulte de cette disposition que le liquide est pulvérisé à sa sortie, et qu'il s'opère un mélange intime du combustible liquide ainsi réduit avec l'air nécessaire à sa combustion. Ce mélange est enflammé à la sortie du brûleur.

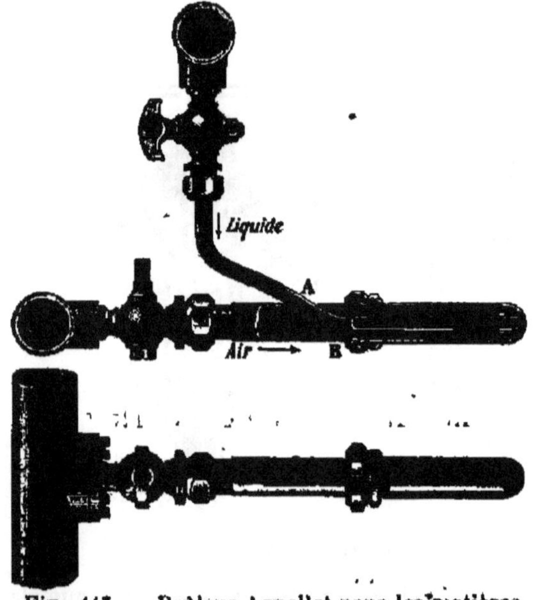

Fig. 147. — Brûleur Agnellet pour les matières les plus liquides.

Suivant l'importance du chauffage, on monte sur deux tuyaux collecteurs un plus ou moins grand nombre de brûleurs comme celui que nous venons de décrire. L'un des tuyaux collecteurs amène l'air comprimé ; l'autre amène le liquide combustible emmagasiné dans un réservoir placé en charge par rapport aux brûleurs.

Les flammes obtenues avec les brûleurs Agnellet ont un pouvoir calorifique très grand ; on peut les utiliser non seulement pour le chauffage des générateurs, mais encore pour celui des étuves, des fours à réverbère. Ces brûleurs sont très employés sur les locomotives et les bateaux à vapeur en Russie et aux Etats-Unis, où le pétrole est bon marché.

MOTEURS A VAPEUR

114. Principaux organes d'un moteur à vapeur. — Toute machine motrice à vapeur comprend essentiellement :

1° Un *cylindre*, dans lequel un piston peut prendre un mouvement de va-et-vient sous l'action de la force élastique de la vapeur ;

2° Un *appareil de distribution* ou *distributeur*, également animé d'un mouvement rectiligne alternatif, introduisant successivement la vapeur au-dessus et au-dessous du piston, et évacuant cette vapeur après qu'elle a agi ;

3° Un *système mécanique* transformant le mouvement rectiligne alternatif du piston en un mouvement circulaire continu actionnant corrélativement le distributeur ;

4° Enfin, des *organes de régulation*, servant à maintenir la vitesse de la machine dans des limites déterminées.

115. Cylindre. — Le cylindre est en fonte, soigneusement tourné ou *alésé* intérieurement. Cet organe est fermé à ses extrémités par deux couvercles boulonnés *m*, *n* (*fig.* 148), avec presse-étoupes ou calfats pour le passage sans fuite de la tige A. Afin d'éviter les pertes de chaleur par rayonnement, le cylindre est ordinairement muni d'une enveloppe calorifuge extérieure de bois ou de laiton, souvent même formée des deux à la fois.

Piston. — Le piston est en fonte creuse pour diminuer son poids; son étanchéité est obtenue au moyen d'un certain nombre de ressorts d'acier ou *segments* à section rectangulaire, encastrés dans des gorges circulaires pratiquées sur son pourtour. En vertu de leur élasticité, ces ressorts s'appliquent exactement et à frottement gras contre la surface interne du cylindre. Pour permettre à cette élasticité de se produire, les segments sont coupés

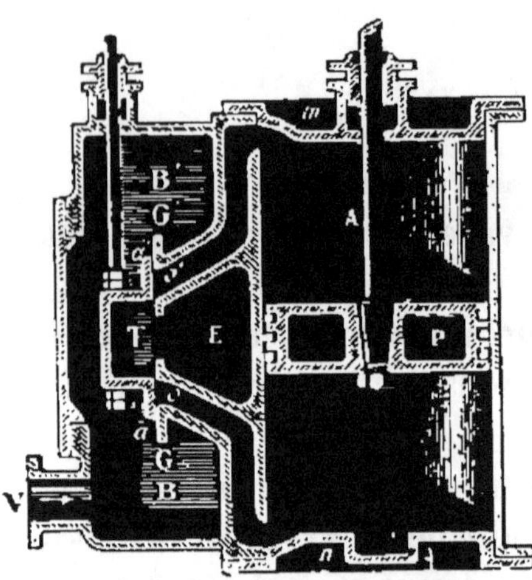

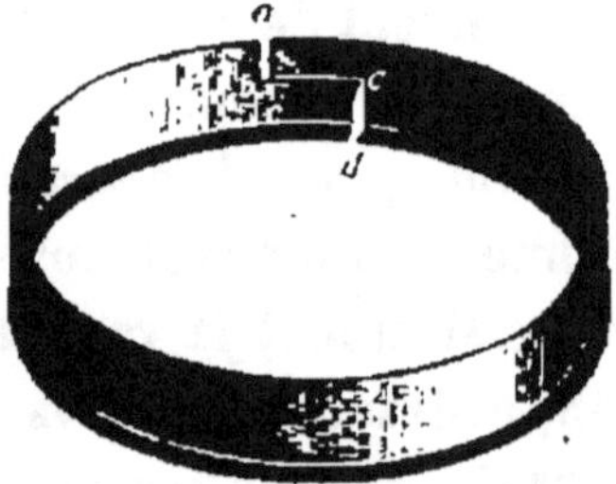

Fig. 149. — Ressort de piston.

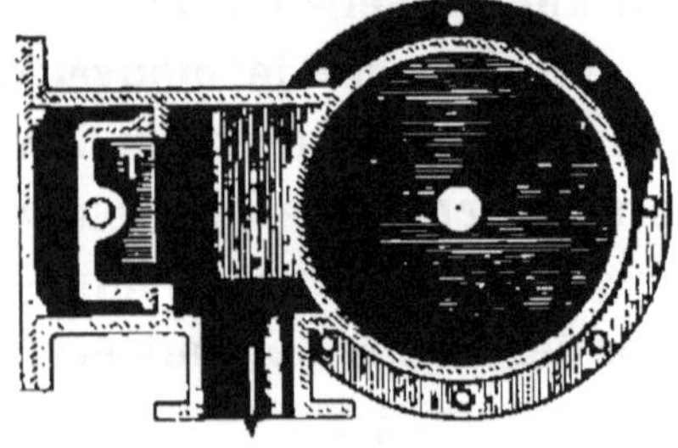

Fig. 148. — Cylindre et distributeur de vapeur (section longitudinale et section transversale).

Fig. 150. — Piston soudé à la tige.

suivant une ligne qui a généralement la forme *abcd* (*fig.* 149) ; les parties ainsi séparées sont jointives et par suite étanches suivant *bc*. Enfin la tige A est solidement reliée au piston par des moyens très variés (clavetage, boulonnage, etc.).

On construit aujourd'hui, pour les machines à grande

vitesse, beaucoup de pistons tout en fer forgé, soudés directement à leurs tiges, sans aucun autre moyen d'assemblage (*fig.* 150). On obtient ainsi une grande légèreté unie à beaucoup de solidité ; en même temps la construction se trouve notablement simplifiée.

116. Distribution de la vapeur. — Le distributeur de vapeur a pour organe principal une pièce en fonte T appelée *tiroir* (*fig.* 148), creusée d'une cavité et pourvue de bandes a, a' qui s'appliquent exactement sur une table bien dressée G, G' appelée *glace* du tiroir. Ce tiroir est actionné par une tige qui traverse un presse-étoupes et reçoit son mouvement du système mécanique. Enfin le distributeur est à l'intérieur de la *boîte à vapeur* B, B', qui reçoit la vapeur du générateur par une tubulure V précédée d'un robinet d'admission.

Les deux faces du piston communiquent, par les canaux ou *lumières* o et o', tantôt avec la boîte à vapeur B, B', tantôt avec l'intérieur du tiroir T et le conduit E chargé d'évacuer la *vapeur d'échappement*, c'est-à-dire la vapeur ayant agi sur le piston. Cette vapeur s'échappe soit dans l'atmosphère (et dans ce cas la machine est dite à *échappement libre* ou encore *sans condensation*), soit dans un *condenseur*. Le condenseur est un récipient clos dans lequel on fait le vide au moyen d'une pompe à air et où l'on condense la vapeur évacuée par injection ou par surface (V. 99, épuration des eaux) ; on élimine ensuite l'eau condensée par une pompe, qui peut être la pompe à air elle-même. Les machines munies d'un condenseur sont appelées *machines à condensation*.

Cela posé, supposons la boîte à vapeur en communication avec le générateur, et le tiroir avec le système mécanique en mouvement. Ce système entraîne le tiroir dans le sens de la flèche *f* par exemple (*fig*. 151) et la lumière *o* se découvre peu à peu : la vapeur contenue dans la boite passe alors sous le piston et le pousse dans le sens F ; mais la disposition du tiroir est telle que bien avant que le piston soit arrivé au bout de sa course, le tiroir revient en

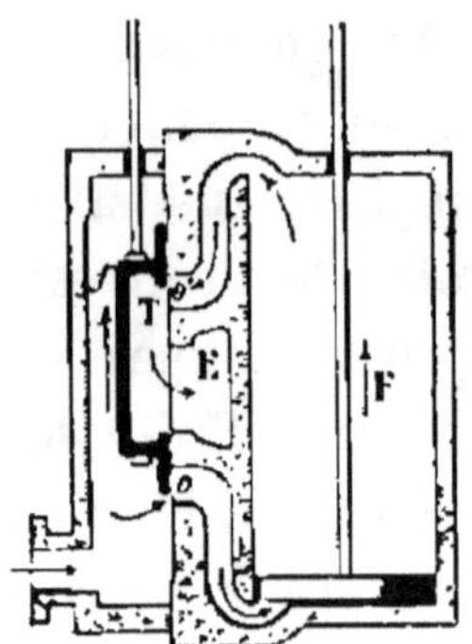

Fig. 151. — Période d'admission.

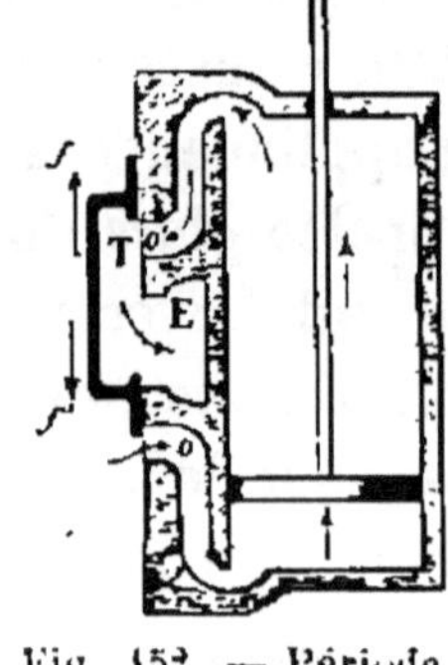

Fig. 152. — Période d'admission (suite).

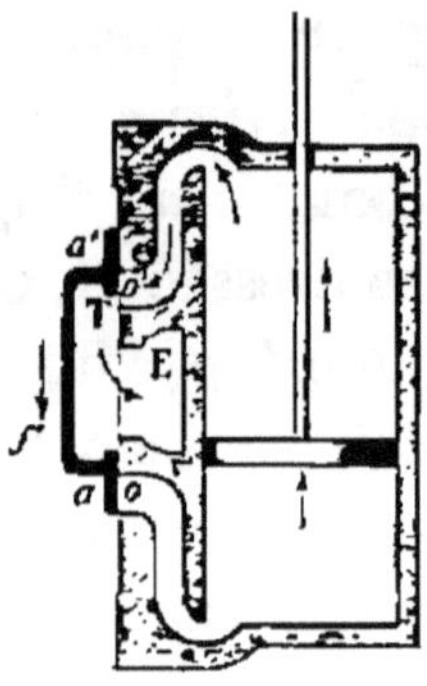

Fig. 153. — Période de détente

arrière dans le sens *f'* (*fig*. 152) et la bande *a* va recouvrir la lumière *o* (*fig*. 153). Il y a donc à ce moment sous le piston un certain volume de vapeur isolée sous la pression qui règne dans le générateur ; cette vapeur continue de pousser le piston, mais en se *détendant*, et à mesure que son volume augmente, sa pression diminue, ces deux éléments restant liés sensiblement par la loi de Mariotte. Bien entendu, la température de la vapeur baisse avec la pression. De la vapeur se condense même dans le cylindre ; on évacue l'eau par des robinets *purgeurs* placés aux extrémités du cylindre.

Pendant que la vapeur qui a eu accès sous le piston par la lumière *o* le fait monter, la vapeur qui avait agi précédemment pour le faire descendre s'échappe par la lumière *o'* et le conduit E : elle se rend dans l'atmosphère ou dans un condenseur.

La lumière *o* ne reste cependant pas fermée pendant toute la période de détente ; le tiroir, en continuant sa course dans le sens *f'*, la découvre assez tôt pour que l'échappement par *o* (*fig.* 154) commence avant que le piston soit au bout de sa course ; c'est ce que l'on appelle l'*avance à l'échappement.* Elle a pour but, en réduisant la pression sous le piston, d'empêcher qu'il soit projeté violemment contre le fond du cylindre.

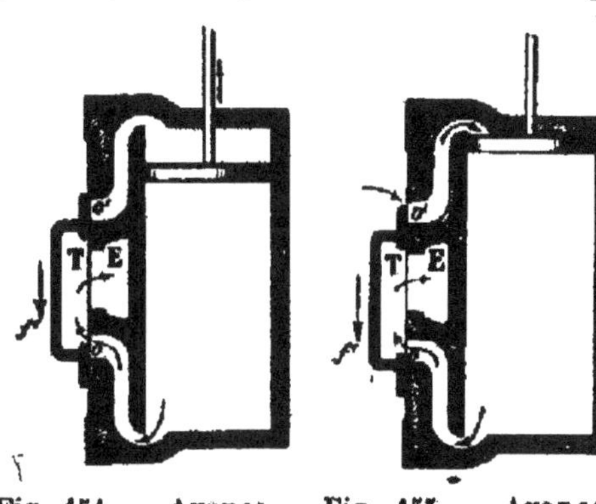

Fig. 154. — Avance à l'échappement.

Fig. 155. — Avance à l'admission.

Bien plus, le tiroir continuant toujours sa marche dans le même sens, arrive à découvrir un peu la lumière *o'* (*fig.* 155) avant que le piston soit tout à fait à bout de course ; de la vapeur s'introduit par *o'* ; c'est ce que l'on appelle l'*avance à l'admission.* Elle a pour but, en mettant la vapeur en contact avec le piston avant la fin de sa course, d'atténuer les chocs, et, en établissant l'équilibre entre la chaudière et le cylindre, de favoriser l'action motrice sur le piston dès qu'il commence sa marche en sens inverse.

Nous voici donc revenus à notre point de départ, ou plutôt à la position rigoureusement opposée ; mais c'est la même au point de vue du raisonnement, car ce qui se passe à l'aller du piston se passe identiquement au retour : il suffit d'intervertir le sens de toutes les flèches et de faire sur la lumière *o'* les raisonnements faits tout à l'heure sur *o*, et inversement. Nous retombons donc sur le cas de la figure 151. Suivons encore un instant la marche du tiroir (*fig.* 152 et 153) et remarquons que si l'échappement par *o'* et E a lieu dans l'atmosphère, la *contrepression*, c'est-à-dire la pression supportée par la face du piston opposée à celle où agit la vapeur, est évidemment égale à la pression atmosphérique ; donc, pour qu'il y ait évacuation dans des conditions économiques, il faut que le fluide agissant arrive par voie de détente à une tension égale ou très légèrement supérieure à la pression atmosphérique.

Si la vapeur est admise dans le cylindre pendant la période

de pleine pression (*fig.* 152) à 6^{kg} par exemple, il faut qu'elle se détende à la pression d'une atmosphère (soit environ 1^{kg}) avant de s'échapper, et le moteur aura utilisé théoriquement la chute de chaleur et par suite le travail correspondant à 5^{kg}. Si, dans les mêmes conditions de pleine pression, l'échappement a lieu dans le vide parfait, la contrepression est *nulle*, le travail correspondant aux 6^{kg} sera utilisé tout entier et la chute de chaleur sera plus grande. En réalité, la contrepression n'est jamais nulle ; mais le raisonnement montre et la pratique confirme que les machines à condensation sont plus économiques que les machines à échappement libre.

On voit d'après ces considérations que la détente doit être poussée aussi loin que possible, et que la pression de la vapeur au moment de son échappement doit être égale à la pression du milieu dans lequel se produit l'évacuation.

117. Système mécanique. — Examinons maintenant comment le mouvement rectiligne alternatif du piston se transforme en mouvement circulaire continu.

La tige du piston P est fixée à un coulisseau ou *crosse* C (*fig.* 156) se mouvant entre deux guides parallèles appelés

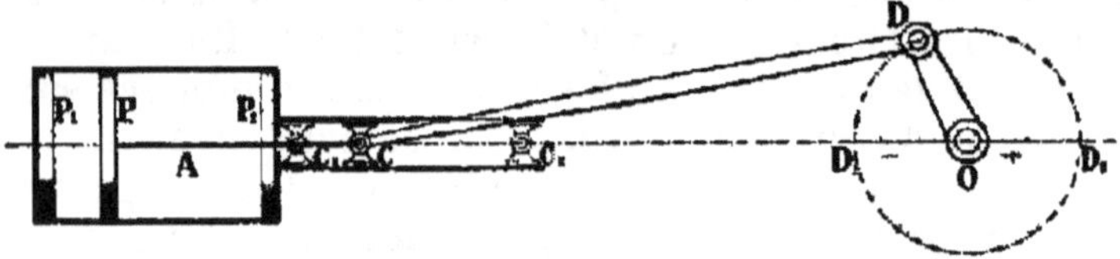

Fig. 156. — Disposition schématique du mécanisme de transformation.

glissières, dont la longueur est égale à la course du piston. La crosse C porte une bielle CD articulée en C et également articulée en D au bouton de la *manivelle* OD ; cette manivelle est calée en O sur l'*arbre moteur*, elle fait corps avec lui. Le mouvement du piston est transmis par la crosse C à la bielle CD, qui fait tourner la manivelle OD ; celle-ci entraine avec elle l'arbre moteur, qui tourne d'un mouvement continu.

Lorsque le piston est au départ, en P_1, le bouton de la

manivelle est en D_1, et cette manivelle OD_1 pourrait se mettre en mouvement aussi bien dans le sens de la flèche f (*fig.* 157) qu'en sens contraire (nous verrons plus loin que ce qui détermine le sens de ce mouvement c'est la position dans laquelle on cale l'excentrique sur l'arbre moteur). Supposons que la manivelle se meuve dans le sens f. Considérons-la au moment où elle est parvenue à la position particulière OD pour laquelle l'angle CDO est droit. La pression

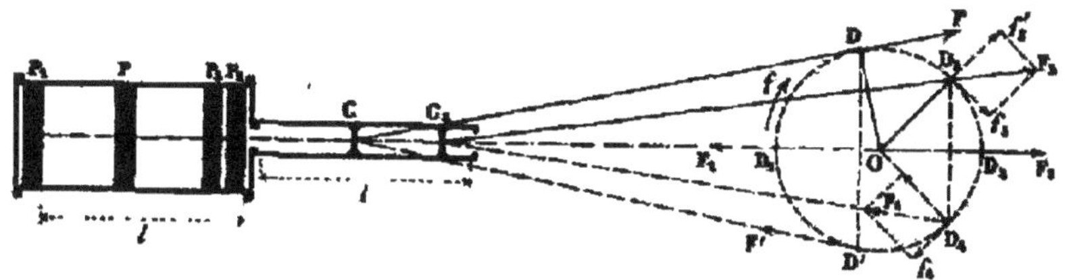

Fig. 157. — Valeur des composantes tangentielles qui produisent le mouvement.

du piston se transmet suivant DF tangente en D au cercle O et elle agit dans son intégralité (nous laissons de côté les frottements) pour faire tourner la manivelle. Au contraire, dans une autre position, telle que D_3, la force F_3 (qui n'est pas égale à F, car dans la durée d'une cylindrée la vapeur presse le piston d'une façon variable) n'agit plus que suivant sa composante tangentielle f_3 pour faire tourner la manivelle ; l'autre composante, f'_3, qui tendrait à soulever l'arbre moteur, est équilibrée par la résistance qu'il offre. Enfin, quand le bouton de la manivelle arrive en D_2, la composante tangentielle est nulle ; rien ne tend à faire tourner l'arbre moteur. Il résulte de tout cela que la force qui agit sur la manivelle varie pour chaque point du demi-cercle ; de là irrégularité du mouvement de rotation de l'arbre de couche.

Le piston est passé de la position P_1 à la position P_2, parcourant un chemin de longueur l ; la crosse du piston a parcouru un chemin égal, et la projection D_1D_2 du chemin parcouru par le bouton de la manivelle est aussi égale à l. Dans le trajet de retour, tout va être symétrique ; seulement les forces F et F′ seront de signes contraires, de même que les forces F_3 et F_4 et leurs composantes tangentielles. C'est ce changement de signe qui assurera la continuité du mouvement. Le piston étant de retour en P_1, la manivelle aboutit en D_1 et la force F_1 n'a pas de composante tangentielle ; comme en D_2, rien ne tend à faire tourner ; les deux points D_1 et D_2 sont dits *points morts*.

En résumé, pour un tour complet de l'arbre moteur correspondant à une allée et une venue du piston, il faut noter quatre positions remarquables du bouton de la manivelle : les points D et D' pour lesquels la bielle et la manivelle sont à angle droit et les deux points morts D_1, D_2.

Volant. — D'après ce que nous venons de voir, aucune force ne sollicite la manivelle à dépasser les deux points morts, et l'on conçoit qu'une machine qui serait ainsi construite ne pourrait fonctionner. Cette difficulté a été vaincue en calant sur l'arbre moteur une roue pesante en fonte qui tourne avec lui et qui, par suite, ne saurait s'arrêter court aux points morts. Cette masse souvent très considérable, en restituant à la machine le travail qu'elle a accumulé, force la manivelle à franchir les points morts. De plus, le volant régularise le mouvement de rotation, qui sans cela serait très irrégulier par suite des variations de la composante tangentielle.

Fig. 158. — Excentrique.

Excentrique. — L'excentrique est destiné à transformer un mouvement circulaire en un mouvement rectiligne de va-et-vient, qui pourra actionner par exemple le tiroir. L'excentrique comprend un disque en fonte A (*fig.* 158) plein ou ajouré, de centre O, calé sur l'arbre moteur B de façon que le centre B de cet arbre soit distant du centre du disque d'une quantité $OB = e$ qui doit être égale, comme nous le verrons tout à l'heure, à la moitié de la course du tiroir. Cette distance des centres s'appelle l'*excentricité*. Le disque est enveloppé à frottement doux d'un collier formé de deux pièces C, C' assemblées par des boulons ; la pièce supérieure porte un graisseur et la partie inférieure une tige rigide dite *barre d'excentrique*, terminée par un œil qui permet d'y passer un axe d'articulation assemblant cette barre à la tige du tiroir à commander. L'arbre, en tournant, entraîne le disque, qui fait corps avec lui (*fig.* 159) ; mais ce disque glisse dans son collier sans le faire tourner ; il en résulte que le centre O décrit un cercle de rayon BO et se déplace de OB + BO' = deux fois l'excentricité. Le collier se déplace de cette même quantité : son point D le plus bas passe de la position D à la position D_3, et $dd_3 = OO'$. La barre DE se

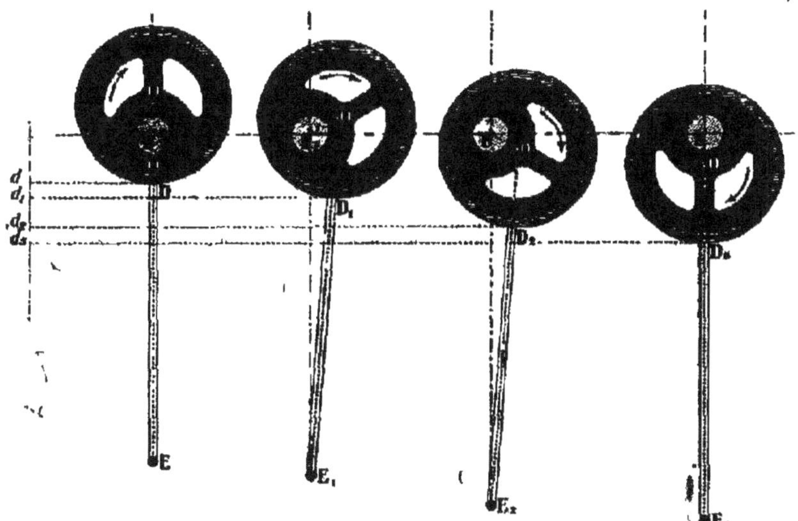

Fig. 159. — Dessin théorique montrant quelques positions de l'excentrique pour un demi-tour de l'arbre moteur.

déplace de la même quantité, et comme l'articulation E parcourt, pour un demi-tour de l'arbre, $ab = OO'$, on voit que l'excentrique fonctionne comme une manivelle de rayon BO. La distance ab ou $OO' = 2BO$ est égale à la course du tiroir.

Sens du mouvement. — Nous avons vu que quand le piston partait de la position P_1 (*fig.* 157) pour commencer sa course, la manivelle était en D_1. Elle pourrait tourner indifféremment dans le sens D_1D ou dans le sens D_1D' si elle était seule calée sur l'arbre moteur ; mais l'excentrique aussi y est calé, et forcément les deux doivent tourner dans le même sens.

Considérons un tiroir et un cylindre à vapeur (*fig.* 160), et soient deux cercles concentriques de centre O dont l'un a pour rayon le rayon de la manivelle motrice et l'autre le rayon d'excentricité, O étant d'ailleurs le centre de l'arbre moteur.

La course du piston est égale a D_1D_2 ; la course du tiroir, à BB'.

Quand le piston est en P_1, la manivelle est en OD_1. Comment doit être placé alors l'axe de l'excentrique ? Il ne peut être en OB, car alors la tige du piston et celle du tiroir avanceraient et reculeraient toujours simultanément, et il n'en est pas ainsi (*fig.* 153 à 155). Si le tiroir occupait à ce moment sa position moyenne, l'axe de l'excentrique serait en OA perpendiculaire à celui de la manivelle ; mais nous avons vu que dans cette position moyenne les lumières o et o' sont fermées ; or il faut, pour que le piston puisse quitter la position P_1, qu'elles soient un peu ouvertes (*fig.* 151). Le tiroir

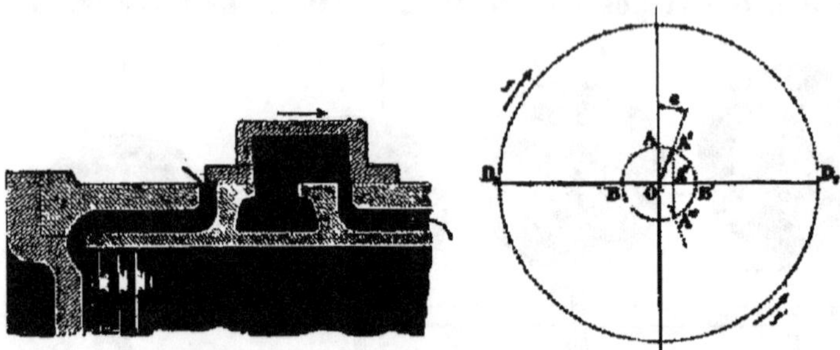

Fig. 160. — Rôle de l'excentrique dans la distribution de la vapeur.

vient donc de dépasser cette position moyenne d'une certaine quantité ; l'axe de l'excentrique OA' doit de même avoir dépassé la position OA d'un certain angle α dit *angle d'avance*. L'angle tel que $D_1OA' = 90° + \alpha$ que doivent faire les axes de la manivelle et de l'excentrique s'appelle l'*angle de calage*.

Sa valeur est établie pour une machine suivant les besoins de la distribution.

Pour déterminer cette valeur, il suffit de calculer l'angle d'avance α. Supposons le piston dans la position de la figure 160 : la manivelle étant en OD_1, nous avons vu que le tiroir doit avoir dépassé sa position moyenne de la quantité OA'', A'' étant la projection de A' (OA'' est presque rigoureusement égale à la longueur dont le tiroir avance quand la manivelle passe de A à A', puisque la barre d'excentrique se déplace presque parallèlement à elle-même). La quantité OA'' est l'*avance linéaire*. On se donne cette avance d'après l'avance à l'admission que l'on a besoin de ménager.

Cela posé, le triangle OA'A'' donne

$$\sin \alpha = \frac{OA''}{OA'}.$$

Comme OA' est égal au rayon d'excentricité (ou à la demi-course du tiroir), on déduit α de cette formule, et par suite l'angle de calage. Dans la pratique, ce dernier est généralement de 120 à 125°.

Une fois l'excentrique calé dans la position OA' correspondant à la position OD_1 de la manivelle, le mouvement de rotation de la machine ne pourra se faire que dans le sens de la flèche f. Si l'excentrique était calé suivant OA''', la distribution de la vapeur serait la même, mais le mouvement aurait lieu dans le sens opposé, f'. On voit donc que, quand on commande une machine à un constructeur, il faut lui indiquer le sens dans lequel on désire qu'elle tourne.

On construit cependant des machines pouvant tourner dans les deux sens. Pour changer le sens de la marche, il faut faire tourner le disque de l'excentrique sur l'arbre de l'angle A'OA''' tracé à l'avance sur cet arbre ; on l'y fixe avec une clavette enfoncée dans une rainure préparée à cet effet, ou par tout autre moyen. Ces machines sont dites *à changement de marche*. Mais le changement n'y est pas instantané, il exige toute une opération.

Coulisse de Stephenson. — Dans certaines machines, telles que les locomotives, machines routières ou de mines, machines actionnant des treuils, des grues, etc., il est nécessaire de pouvoir intervertir immédiatement le sens de la marche. On y parvient au moyen d'appareils divers et notamment avec la coulisse de Stephenson, que nous allons décrire.

Deux excentriques accolés C, C_1 (*fig.* 161) sont calés sur l'arbre moteur de façon que l'un correspond à un sens de rotation et l'au-

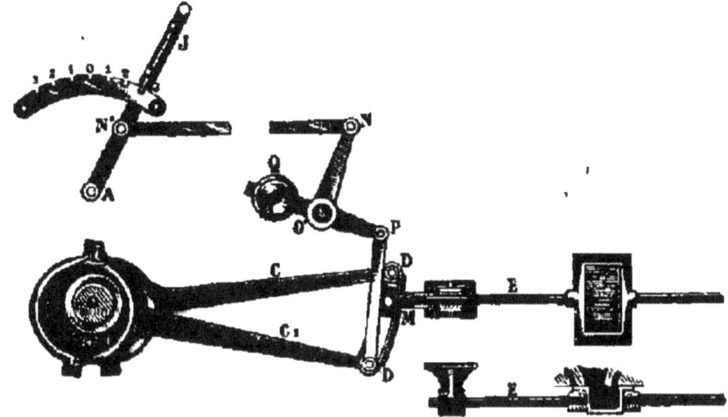

Fig. 161. — Coulisse de Stephenson.

tre au sens contraire. Ils sont articulés en D, D avec les extrémités d'une coulisse formée de deux arcs de cercle de centre O. Dans cette coulisse peut glisser un coulisseau M relié à la tige E du tiroir. La coulisse est suspendue par une tringle PD à l'extrémité d'un levier coudé NO'P, et équilibrée par un contrepoids Q. On peut élever ou abaisser à volonté la coulisse à l'aide du levier à secteur JA dit levier de *changement de marche* et de la tringle N'N. Suivant que la coulisse est abaissée ou élevée, le tiroir est commandé par l'excentrique C ou par l'excentrique C_1. Quand M est au milieu de DD, le tiroir n'est actionné ni par l'un ni par l'autre des excentriques, car cette position moyenne correspond à la fermeture des deux lumières du tiroir, à l'arrêt de la machine. Au contraire si la coulisse est relevée, ou si elle est abaissée, l'une de ses deux extrémités se rapproche de M : c'est la marche dans un sens ou dans l'autre. La course du tiroir dépend de l'amplitude du mouvement du coulisseau, et celle-ci dépend du plus ou moins de proximité du point M avec les extrémités D de la coulisse. Ce mécanisme procure donc non seulement le changement de marche, mais aussi la détente variable.

118. Transformations de mouvement. — Nous avons vu comment le mouvement rectiligne et alternatif du piston était transformé par la bielle et la manivelle en un mouvement circulaire continu de l'arbre moteur. Si cet arbre est l'essieu d'une locomotive, le mouvement est utilisé directement. Mais si l'on se propose, par exemple, d'actionner les machines-outils d'un atelier, le mouvement de l'arbre moteur leur sera généralement transmis par l'intermédiaire d'un arbre principal régnant tout le long de l'atelier. Cet arbre principal recevra le mouvement de l'arbre moteur par poulies (*fig.* 162 et 163) et courroies ou par engrenages et pourra le

Fig. 162. — Poulie à bras droits.

Fig. 163. — Poulie à bras cintrés.

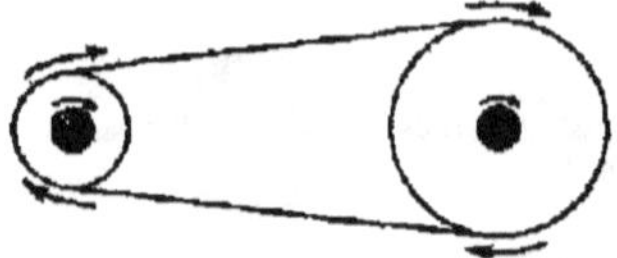

Fig. 164. — Arbres tournant dans le même sens.

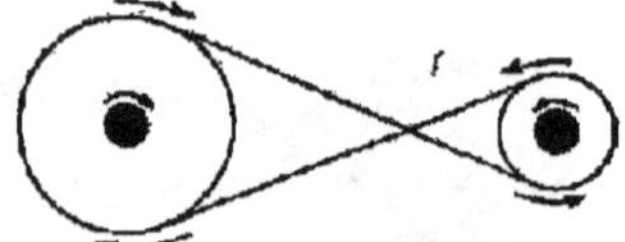

Fig. 165. — Arbres tournant en sens contraires.

renvoyer de même aux machines-outils. Les courroies seront tangentes extérieurement (*fig.* 164) aux poulies quand on voudra avoir un mouvement de même sens que celui de l'arbre principal ; elles seront croisées, c'est-à-dire tangentes intérieurement (*fig.* 165), dans le cas contraire.

On fixera sur l'arbre principal des poulies d'autant plus grandes et à l'arbre des machines-outils des poulies d'autant plus petites qu'on aura besoin de donner à ces outils plus de vitesse. S'ils doivent marcher à vitesse variable, on obtiendra ce résultat au moyen de poulies étagées (*fig.* 166). Si les poulies A, B, C (*fig.* 167) sont sur l'arbre principal, et A', B', C' sur l'arbre de la machine-outil, la vitesse diminuera quand la courroie passera de A et A' à B et B', etc.

Fig. 166. — Poulies étagées.

Lorsque le mouvement de l'arbre principal doit être transmis à un arbre tout proche, les poulies et courroies deviennent inutiles, et on se sert d'engrenages (*fig.* 168). On calcule les rayons des roues dentées de façon à avoir les vitesses voulues. Les deux arbres tournent nécessairement en sens contraires ; il faudrait un engrenage intermédiaire pour les faire tourner dans le même sens.

Fig. 167. — Transmission de mouvement par poulies.

Si l'arbre principal doit mettre en mouve-

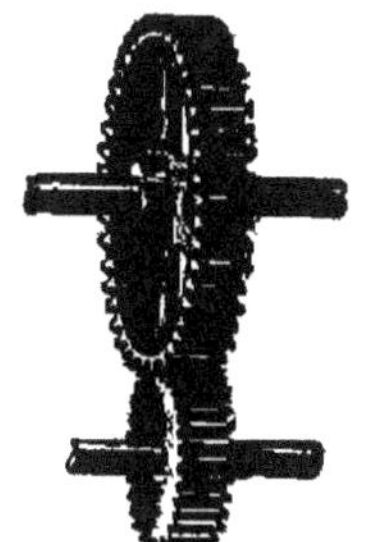

Fig. 168. — Engrenage.

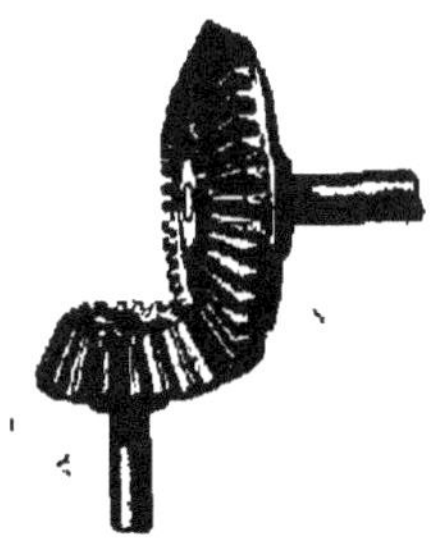

Fig. 169. — Engrenage d'angle.

ment un arbre qui ne lui soit pas parallèle, on se sert d'un engrenage d'angle. La figure 169 représente un engrenage d'équerre, mais l'angle des arbres pourrait ne pas être droit ; on calculerait les engrenages en conséquence.

Fig. 170. — Cônes de friction.

Enfin, on peut encore transmettre le mouvement en se servant : pour des arbres parallèles, de rouleaux de friction ; pour des arbres à angle, de cônes de friction (*fig.* 170). Ils s'entraînent par simple adhérence. On les emploie quand on veut obtenir de grandes vitesses avec de faibles efforts.

Nous venons de voir comment on transmet un mouvement circulaire d'un arbre à un autre. Mais on a continuellement aussi besoin de transformer un mouvement circulaire en un mouvement rectiligne de va-et-vient analogue à celui de la tige du piston. Cette transformation se fait le plus souvent sur la machine-outil elle-même, qui est construite en conséquence, mais par des combinaisons analogues à celles que nous allons examiner comme étant réalisables sur l'arbre principal lui-même ou sur l'arbre moteur primitif.

Il est bien évident que la manivelle qui a donné le mouvement à l'arbre moteur ne pouvait qu'être fixée à une extrémité de cet arbre ; autrement elle n'aurait pas pu se mouvoir. Inversement, on pourra passer du mouvement circulaire au mouvement rectiligne par une manivelle et une bielle semblables placées à l'autre extrémité de l'arbre moteur ou à une extrémité d'un arbre de couche quelconque.

Mais si ce n'est plus à une extrémité mais en un point quelconque de l'arbre de couche qu'on veut obtenir cette transformation de mouvement, il faut couder l'arbre de façon à en faire un *arbre-manivelle*, comme celui qu'on voit sur la figure 174. Il pourra recevoir un mouvement circulaire et rendre un mouvement rectiligne, ou, inversement, recevoir un mouvement rectiligne et produire un mouvement circulaire.

Comme il est très coûteux de couder de gros arbres de couche, on emploie plutôt des excentriques pour transformer des mouvements circulaires en mouvements rectilignes ; mais il faut remarquer que l'excentrique ne permet pas la transformation inverse. De plus, dès qu'il est un peu grand, le frottement sur le collier prend beaucoup de force à l'arbre. Aussi limite-t-on l'emploi de l'excentrique aux mouvements de peu d'amplitude.

119. Régulateurs. — On donne le nom de régulateurs, dans les machines à vapeur, aux organes qui ont pour fonction de maintenir la vitesse entre des limites déterminées. Parmi les régulateurs, les uns remédient aux variations périodiques de la vitesse dépendant de la nature de la machine elle-même : ce sont les *volants*, dont nous avons déjà parlé ; les autres remédient aux variations imprévues de la vitesse : ce sont les *régulateurs proprement dits*.

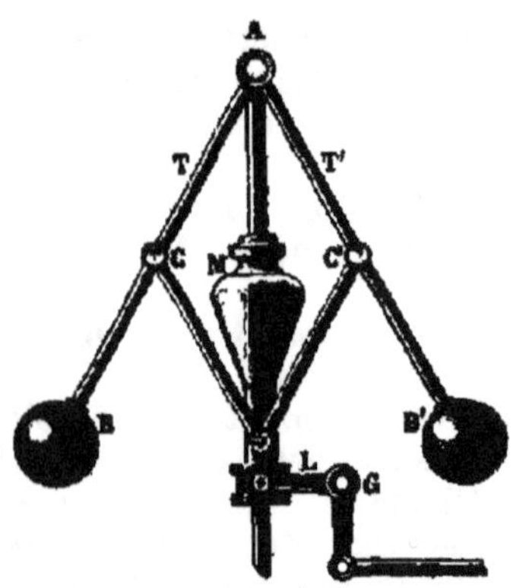

Fig. 171. — Régulateur à boules de Watt.

Le type des régulateurs proprement dits est le *régulateur à boules* de Watt (*fig.* 171), fondé sur l'action de la force centrifuge.

Il se compose d'un arbre vertical A tournant, par l'intermédiaire d'une poulie ou d'engrenages, avec une vitesse proportionnelle à celle de la machine. Sur cet arbre sont articulées deux tiges T et T', d'égale longueur, terminées inférieurement par des masses métalliques B, B' ; aux points C, C' sont assemblées deux autres tiges dont les extrémités inférieures sont reliées à un manchon pesant M qui entoure l'arbre et peut s'abaisser ou s'élever verticalement. Enfin le manchon M porte une gorge embrassée par la fourchette d'un levier L mobile autour du point G, et qui peut fermer ou ouvrir une valve montée en avant de la boîte à vapeur sur le tuyau de prise de vapeur.

Lorsque la machine pourvue du régulateur marche à sa vitesse normale, les masses B, B', en vertu de la force centrifuge, s'élèvent à une certaine hauteur. Si la vitesse de la machine diminue, les masses, sous l'influence de la pesanteur, tendent à ramener dans la verticale les deux bras auxquels elles sont fixées ; le manchon descend et entraîne avec lui le levier qui, agissant sur la valve, augmentera la section d'admission de vapeur. Si au contraire la vitesse vient à augmenter, les masses s'écartent en soulevant le manchon, et le levier fait alors réduire la section d'admission. On voit que le mouvement vertical du manchon dépend des variations de la force centrifuge et par suite des variations de la vitesse. Il faut donc donner aux masses un poids suffisant pour soulever le manchon malgré sa résistance, et cela pour une variation de vitesse déterminée.

Le régulateur à boules présente l'inconvénient de ne pouvoir remédier aux variations de vitesse qui ont une faible durée, car la vitesse normale ne peut être rétablie qu'après un certain intervalle de temps. Divers perfectionnements ont été apportés à ce régulateur ; nous dirons quelques mots, à titre d'exemple, du *régulateur Wild* (*fig.* 172).

Fig. 172. — Régulateur Wild.

La masse centrale du manchon est remplacée par un ressort *r* dont on peut régler la tension. Quand la vitesse augmente, les boules s'écartent en comprimant le ressort et finalement la tige A est abaissée, le clapet *c* suit ce mouvement et, se rapprochant de son siège, fixe la pièce *d*.

D'un autre côté, la vapeur est admise librement par la soupape de garde S dans le boisseau B, et son écoulement dans le cylindre est réglé par la levée plus ou moins grande du clapet *c*. La vapeur passe ensuite par un conduit cintré de la chambre C en N pour aller à la boîte à vapeur.

120. Indicateurs de pression. — Les indicateurs de pression sont des appareils qui permettent d'enregistrer la pression de la vapeur dans le cylindre et d'en constater les variations pendant la détente. Avec le résultat de leurs indications pour une double course du piston, on calcule le travail effectué par la vapeur.

Un des plus employés est l'*indicateur Crosby* (*fig.* 173). Il se compose d'un cylindre en bronze, qui peut se raccorder au fond du cylindre de la machine à expérimenter, et dans lequel peut se mouvoir un piston P fixé à un ressort r. La tige du piston est articulée à l'une des branches d'un levier qui amplifie les mouvements du piston et dirige un crayon devant un manchon M recouvert d'une feuille de papier. Le manchon est relié par une cordelette C à la crosse du piston de la machine ; un ressort intérieur r' tend à

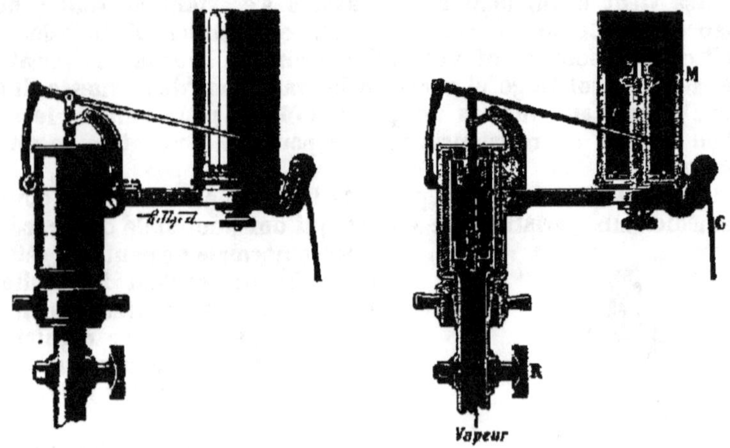

Fig. 173. — Indicateur de pression Crosby.

enrouler la cordelette déroulée par le mouvement de la crosse. Il en résulte que le mouvement du piston de la machine est transmis au manchon et lui imprime un mouvement alternatif ; le robinet R étant fermé, le crayon trace alors sur le manchon un trait horizontal représentant la ligne de pression atmosphérique. Lorsqu'on laisse arriver la vapeur dans le cylindre de bronze, le piston P se soulève plus ou moins suivant la pression de la vapeur, comprime le ressort, et la pointe du crayon trace une courbe fermée circonscrivant une surface qui représente le travail développé sur la face du piston pendant un tour de la manivelle.

Comme la vapeur agit successivement sur les deux faces du piston dans le cylindre, le crayon enregistre sur le manchon deux diagrammes à peu près symétriques dont la sommation représente, pour un tour de la manivelle, le travail effectué par la vapeur dans les deux cylindres.

121. Machines ordinaires à détente fixe. — Nous appellerons ainsi les machines qui dérivent directement de la machine théorique que nous venons d'exposer et dans lesquelles la détente est *fixe*, c'est-à-dire que l'expansion de la vapeur dans le cylindre commence toujours au même point de la course du piston. Ces machines présentent une grande variété quant à la forme ; nous en décrirons deux types très répandus : une machine *horizontale* sans condensation et la machine *verticale dite à pilon*.

Machine horizontale sans condensation. — Cette machine comprend un bâti en fonte (*fig.* 174) supportant tous les organes et posé lui-même sur un massif de ma-

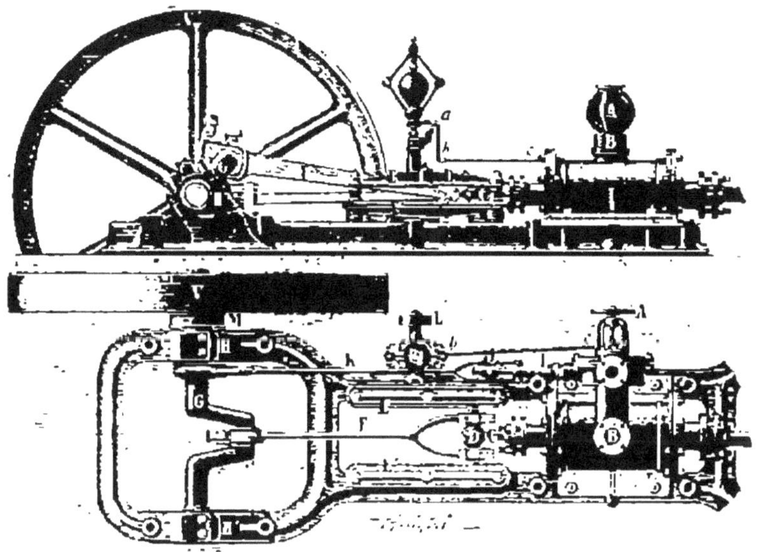

Fig. 174. — Machine horizontale sans condensation.

çonnerie. Le cylindre, horizontal, reçoit la vapeur par le robinet à volant A : cette vapeur s'échappe par la tubulure B. La tige C est reliée à la crosse D, guidée par une paire de glissières E, E'. La bielle à fourche F actionne l'arbre-manivelle G, porté sur deux paliers graisseurs H, H' ; sur cet arbre sont calés deux volants tels que V. La figure montre la tige I du tiroir avec son guide J, manœuvré par un organe K appelé *excentrique*, dont le mouvement est corrélatif de l'arbre-manivelle et du piston. Enfin un régulateur à force centrifuge, par l'intermédiaire des poulies L et M avec courroie et de

Fig. 175. — Machine verticale dite à pilon.

leviers *abc*, actionne une valve qui ferme plus ou moins l'entrée de la vapeur dans la boite à vapeur. Le mouvement de la poulie L est transmis à l'axe du régulateur par pignons d'angle. La valve dépendant du régulateur est placée entre le robinet d'admission de vapeur et la boîte à vapeur ; l'action de cette valve se fait sentir indépendamment du robinet A, qui peut être ouvert complètement.

Machine verticale dite à pilon. — Cette machine, dont le caractère distinctif réside dans la position verticale du cylindre, comporte les mêmes organes que la machine horizontale. Le cylindre est placé à la partie supérieure (*fig.* 175) et solidement boulonné sur son bâti. L'arbre-manivelle moteur, l'excentrique de distribution et une roue d'angle actionnent le régulateur. La crosse de la tige du piston est guidée par une glissière à section circulaire : la tige de l'excentrique est conduite par une autre glissière G.

Les machines verticales à pilon se répandent de plus en plus, à cause du faible emplacement qu'elles occupent ; elles se font à condensation ou à échappement libre.

122. Machines ordinaires à détente variable. — Le système de la détente fixe ne présente aucun inconvénient dans les machines qui ont des résistances constantes à vaincre ; mais il n'en est pas de même pour les machines qui ont à produire un travail variable.

Etant donnée une machine à détente fixe, si la résistance diminue à un certain moment, il serait nécessaire que la détente commençât plus tôt pour introduire dans le cylindre moins de vapeur à la pression de la boîte à vapeur ; inversement, si la résistance augmente, il faudrait diminuer la détente, c'est-à-dire introduire plus de vapeur dans le cylindre à l'instant considéré, ce qui revient à faire commencer la détente plus tard. Il résulte de là que les machines à détente fixe sont peu souples et peu économiques ; aussi ne les construit-on que pour des puissances n'allant guère au delà de 20 à 25 chevaux, à moins que l'on ne trouve à utiliser économiquement la vapeur d'échappement, comme c'est le cas dans certaines usines, les sucreries et les distilleries par exemple

Les machines à détente variable sont donc celles dans lesquelles on fait varier la détente soit à la main, soit automatiquement, suivant les fluctuations des résistances à vaincre. Dans les machines ordinaires, à tiroir, ce résultat est atteint principalement au moyen du tiroir Meyer ou du tiroir Farcot.

Tiroir Meyer. — C'est un tiroir ordinaire commandé par un excentrique, mais il est percé de deux conduits *c*, *c'* (*fig.* 176). Sur le dos de ce tiroir glissent deux tuileaux B, B', commandés par un second excentrique et dont la tige d'entraînement D porte deux filetages égaux, mais de sens contraires, de sorte que si l'on vient à

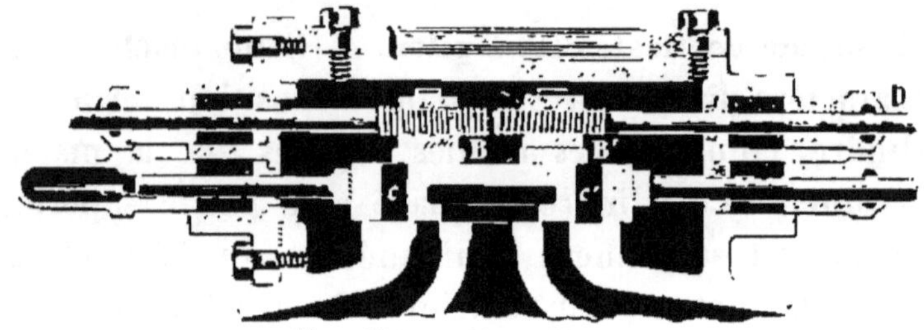

Fig. 176. — Tiroir Meyer.

tourner la tige D, les tuileaux s'écartent ou se rapprochent. La fermeture des lumières *c*, *c'* aura lieu plus tôt ou plus tard suivant qu'on aura écarté ou rapproché les tuileaux B et B'; de là, détente variable à volonté.

On voit sur la figure 177 le volant et le mécanisme très simple par

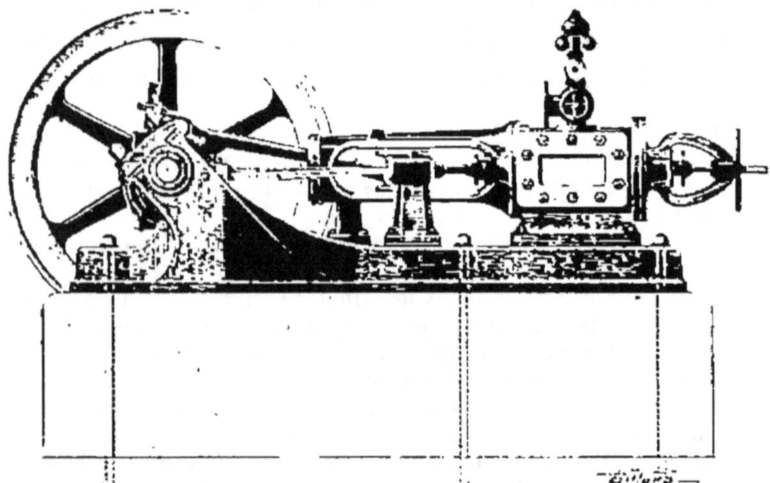

Fig. 177. — Machine horizontale Meyer à détente variable à la main.

lequel on peut faire varier la détente à la main : une aiguille indicatrice permet d'apprécier le degré de détente obtenu. On peut aussi faire varier la détente automatiquement par le régulateur ; ce dernier agit alors sur un secteur denté engrenant avec un autre secteur faisant tourner la tige filetée des tuileaux.

La figure 177 représente l'ensemble d'une machine horizontale Meyer à détente variable à la main ; on voit nettement les deux excentriques et le volant de manœuvre des tuileaux. Cette machine ne présente aucune autre particularité.

La détente Meyer est employée pour les machines à allure rapide ; elle permet des introductions de vapeur à pleine pression pendant la période de la course qui s'étend de $\frac{1}{10}$ à $\frac{6}{10}$. Les angles de calage des deux excentriques sont symétriques.

Tiroir Farcot. — Le tiroir Farcot s'emploie pour les machines à marche lente.

La face du tiroir qui est en regard du cylindre est munie de deux conduits C, C' (*fig.* 178) s'ouvrant sur la face opposée chacun par

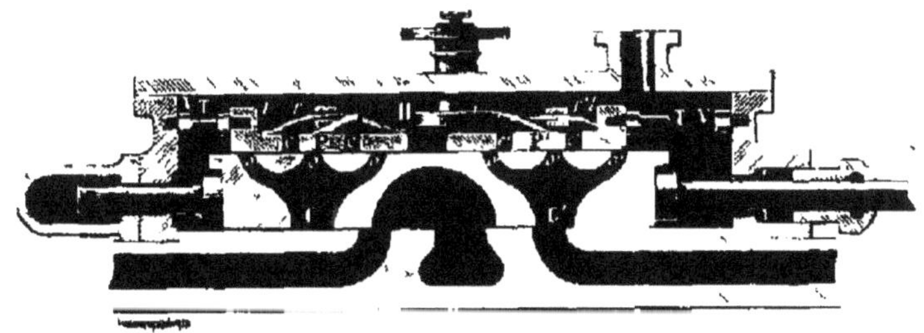

Fig. 178. Tiroir Farcot

trois orifices *o, o, o, o', o,' o'*. Cette dernière face porte deux tuileaux indépendants P, P', percés chacun de deux canaux *c, c, c', c'*, de même section que les orifices *o* et *o'*. Les tuileaux P et P' sont appliqués exactement sur le tiroir par des ressorts *r* et *r'* et par la pression de la vapeur : chacun d'eux porte un talon *t* dans lequel est vissé un taquet T. A la fin de chaque course du tiroir ce taquet bute contre la tête d'une vis V et fait ainsi coïncider les orifices *o* avec les canaux *c*, ou les orifices *o'* avec les canaux *c'* suivant le sens, afin de permettre une nouvelle introduction de vapeur. Le degré de détente s'obtient au moyen d'une came H actionnée à la main ou par le régulateur comme les tuileaux du tiroir Meyer.

Ce système permet de faire varier la détente de 0 jusqu'à mi-course et par suite d'obtenir des machines très économiques.

Les machines à détente Farcot ne présentent extérieurement aucune particularité.

123. Machines à quatre distributeurs. — Les machines que nous avons étudiées jusqu'à présent n'ont qu'un distributeur, lequel

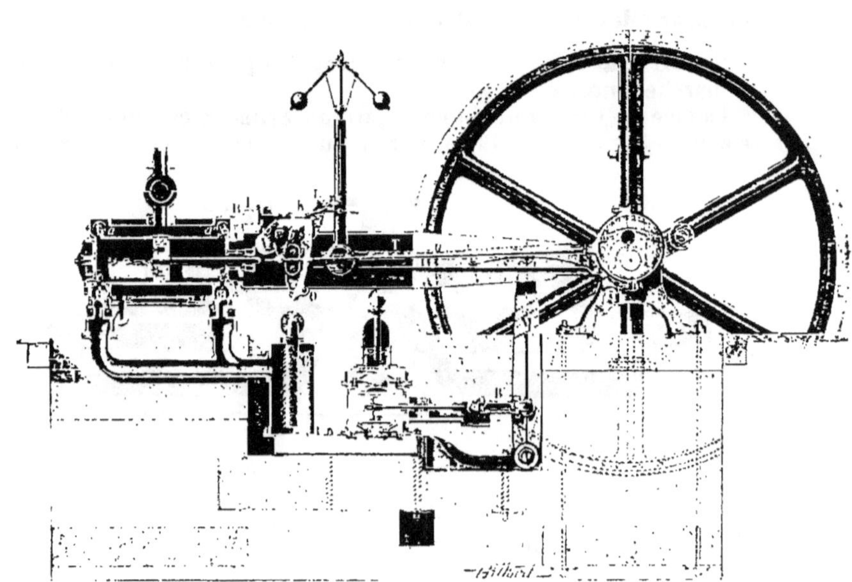

Fig. 179. — Machine Corliss à condensation.

est chargé à la fois d'admettre la vapeur des deux côtés du piston, d'effectuer l'échappement et de faire la détente. On atteint plus complètement ces divers buts en employant plusieurs distributeurs et en les plaçant près des fonds du cylindre, afin de réduire les espaces nuisibles ; cette disposition permet en outre de donner au piston une grande vitesse (2m et plus par seconde) et par suite d'obtenir des machines puissantes de faible volume.

Les machines à quatre distributeurs se rattachent à deux types principaux : la machine à distributeurs circulaires de Corliss et la machine à soupapes de Sulzer.

Machine à distributeurs circulaires de Corliss. — Le cylindre (*fig.* 179) est muni de quatre distributeurs circulaires, qui sont de véritables robinets logés dans l'épaisseur de ses parois, aussi près que possible des fonds pour diminuer les espaces nuisibles. Les distributeurs *a* et *a'* servent pour l'admission ; les distributeurs *e* et *e'*, pour l'échappement. Les distributeurs d'admission s'ouvrent plus ou moins suivant qu'ils doivent livrer passage à plus ou moins de vapeur. Les distributeurs d'échappement s'ouvrent toujours de la même quantité, quel que soit le volume de vapeur admis. C'est l'excentrique T qui commande ces mouvements ; mais sa tige n'agit pas directement sur les distributeurs : le mouvement est transmis par des organes intermédiaires dont nous allons parler.

La barre d'excentrique est articulée au bouton de la manivelle *m*, calée sur le moyeu d'un plateau A qu'elle fait osciller autour de l'axe *o*. Cet axe est fixé au support général Y. Sur le plateau A s'articulent directement, en *i* et *i'*, les bielles de l'échappement.

En ce qui concerne l'admission, considérons seulement pour l'instant le distributeur *a'* (*fig.* 180). Il est actionné par la tige B, qui est manœuvrée par la pièce S, dite *sabre*, laquelle oscille autour de l'axe O fixé au support Y. Le sabre est lié au plateau A par une bielette *b* qui lui donne un mouvement de va-et-vient de droite à gauche et *vice versa*.

Jusqu'ici, il n'y a rien de bien particulier ; mais voici où apparaît le but de tous ces organes de transmission. A l'arrière du sabre S est bandé un ressort (figuré en pointillé sur la figure), appliqué dans une rainure, boulonné en *r* à sa partie inférieure, et tendant à se détendre pour se porter de *r'* vers la droite. Il est fixé à la tige *tt'*, qui traverse le sabre et est reliée à la bielle B. Cette bielle est tirée, en *c*, tantôt par le taquet K qui s'articule à l'extrémité du sabre, tantôt par la tige *tt'*, et voici comment. Le taquet K s'enclenche en *c* dans la tige qui actionne la bielle B, mais il peut s'en dégager brusquement par un mouvement de déclic. Ce déclic est produit par le levier L, qui est actionné par le régulateur.

L'admission se produit quand le taquet K, attiré par le sabre sur la droite, attire à son tour le mécanisme commandant la bielle B ; mais si, à un certain point de sa course, ce taquet est pressé par L, il bascule, et le déclic se produit. La tige tt' n'étant plus alors retenue par K, le ressort agit, s'éloigne du sabre et attire vivement sur la droite tt' et la bielle B ; cette bielle, qui, dans son mouvement de gauche à droite, a ouvert le robinet d'admission, le ferme maintenant que ce mouvement s'accentue ; l'admission cesse donc

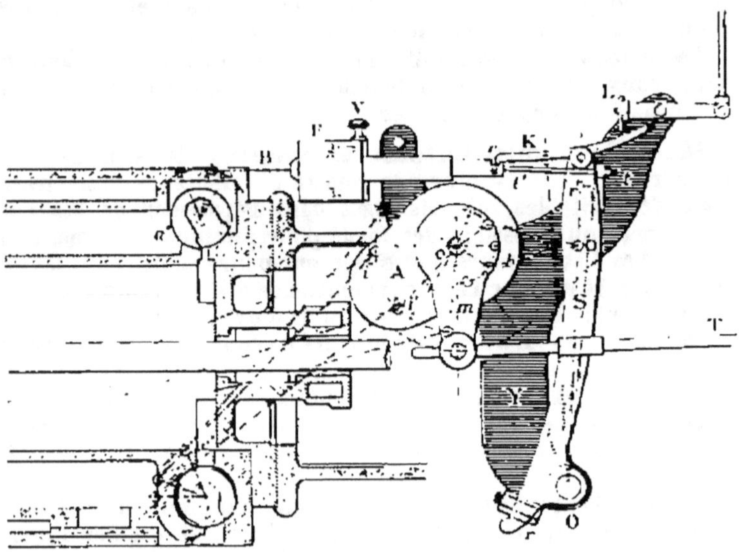

Fig. 180. — Distribution dans la machine Corliss.

brusquement. Comme l'instant du contact de K et L dépend de la position de L, c'est-à-dire du régulateur, on voit que c'est bien celui-ci qui intervient pour régler automatiquement la détente. La fermeture brusque du tiroir est tempérée par le piston ou frein à air F, qui fait l'office de matelas et évite la détérioration des organes en jeu.

Le distributeur a est commandé par une série d'organes identiques à ceux que nous venons de passer en revue à propos du distributeur a' : bielette, sabre, ressort, taquet, tige et frein à air.

La machine Corliss représentée par la figure 179 est à condensation. On voit que l'échappement, au lieu de se faire à l'air libre, a lieu dans un condenseur à injection C : l'eau chaude (à 40° environ) provenant de cette condensation ainsi que les gaz non liquéfiés sont extraits par une pompe à air à double effet actionnée par une bielle B' et un balancier en retour M. L'introduction de la vapeur peut varier de 0 aux $\frac{5}{10}$ de la course, comme avec la détente de Farcot.

On a créé de nombreux types de machines à distributeurs circulaires (Ingliss, Wheelock, etc.) : M. Corliss lui-même en avait imaginé sept ou huit, différant par les mécanismes.

Machine à soupapes de Sulzer. — Cette machine a pour but, comme les machines à quatre distributeurs, de remédier aux inconvénients des tiroirs ; elle a deux soupapes d'admission et deux soupapes d'échappement, placées respectivement au-dessus et au-dessous du cylindre et près des fonds (*fig.* 181).

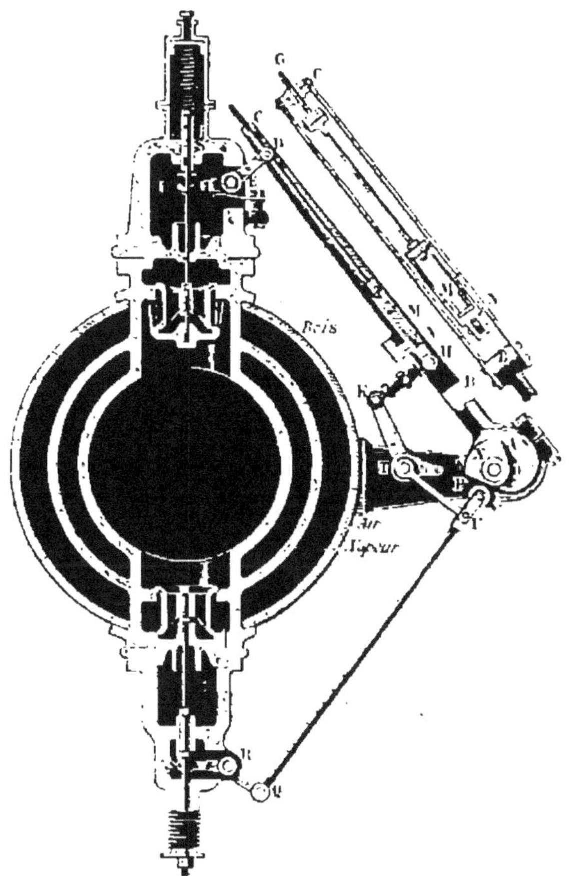

Fig. 181. — Machine à soupapes de Sulzer.

Sur un arbre A parallèle à l'axe général de la machine et mis en mouvement par deux roues dentées dont l'une est calée sur l'arbre moteur et l'autre sur A, est fixé un excentrique B à fourche. Cette fourche oscille et glisse sur la tige G, laquelle est guidée en C et terminée par une chape M, reliée en N par les leviers articulés HKT. Le talon de la chape M fait corps avec la fourche et, dans la position de la figure, est en contact avec N. Par suite de ce contact, la soupape d'admission est soulevée de son siège par le levier DEF, d'où admission de vapeur. La durée de cette admission et comme conséquence, la détente, dépend du régulateur qui agit sur le levier S et détermine la durée du contact entre M et N. La soupape d'admission se ferme *rapidement* dès que ce contact a cessé, d'abord par son poids, puis par l'action d'un ressort antagoniste à boudin. Le choc est amorti par un frein à air S'. Quant aux soupapes d'échappement, elles sont mues par les leviers SQR, OU et la came profilée X, agissant sur ces leviers par l'intermédiaire du galet P.

Le cylindre est à enveloppe de vapeur, d'air et de bois.

Ce système permet de faire la détente de 0 aux $\frac{95}{100}$ de la course il est donc très économique, aussi est-il très employé.

124. Machines polycylindriques. — Dans ces machines, qui peuvent affecter les formes les plus variées, la vapeur est admise dans un premier cylindre à pleine pression pendant une fraction de la course, puis elle s'y détend, et l'échappement, au lieu de se faire

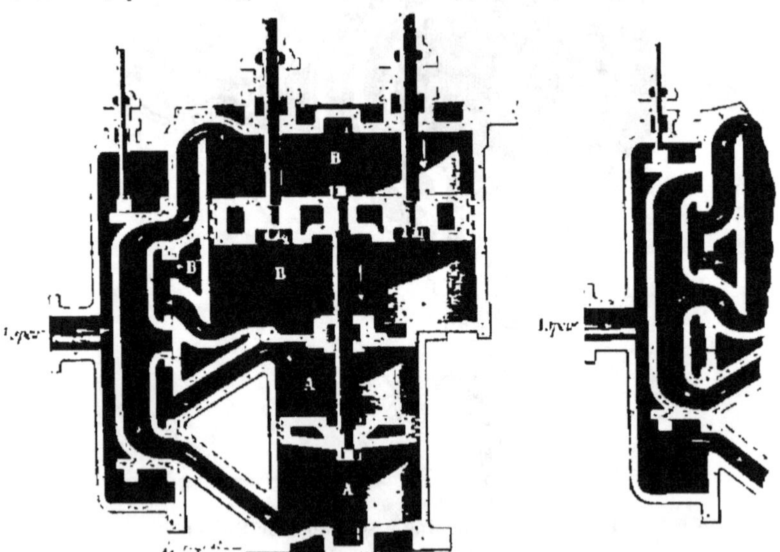

Fig. 182. – Cylindres et distributeur d'une machine à tandem de Woolf.

dans l'air ou dans un condenseur, a lieu dans un second cylindre où la vapeur se détend encore. On peut ainsi obtenir des détentes très prolongées, ce qui procure une grande économie.

Machines de Woolf. — Les deux cylindres peuvent être placés bout à bout, ou côte à côte et parallèlement.

Dans le premier cas, on dit que la machine est à *tandem*. Le tiroir est double (*fig.* 182) : la première partie de la figure montre que l'échappement de A passe en B, pendant que la vapeur directe entre en A' (sur la figure de gauche, la lumière qui donne accès à A' est en communication avec la boîte à vapeur, qui contourne le tiroir) et que l'échappement définitif, soit à l'air libre, soit au condenseur, se fait par B' ou B''. La deuxième partie de la figure montre le tiroir dans sa position inverse. La bielle unique transmet à la manivelle la somme des pressions qu'elle reçoit des deux pistons. Ces pistons ont nécessairement même course.

Lorsque les deux cylindres sont montés parallèlement, il est nécessaire de caler les deux manivelles à 180°, afin que la vapeur sortant du premier cylindre (le piston de ce cylindre étant à fin de course) entre au-dessus du piston du second cylindre au moment où ce piston va commencer sa course. Les manivelles étant à 180° passeront toutes deux ensemble aux points morts, de sorte que la rotation ne sera pas plus uniforme qu'avec une machine monocylindrique ou à deux cylindres bout à bout. C'est là le principal inconvénient de ces machines, qui sont du reste très économiques.

Machines compound ou composées. — Les machines compound ont également deux cylindres montés parallèlement, mais le grave inconvénient que nous venons de signaler y est évité par le

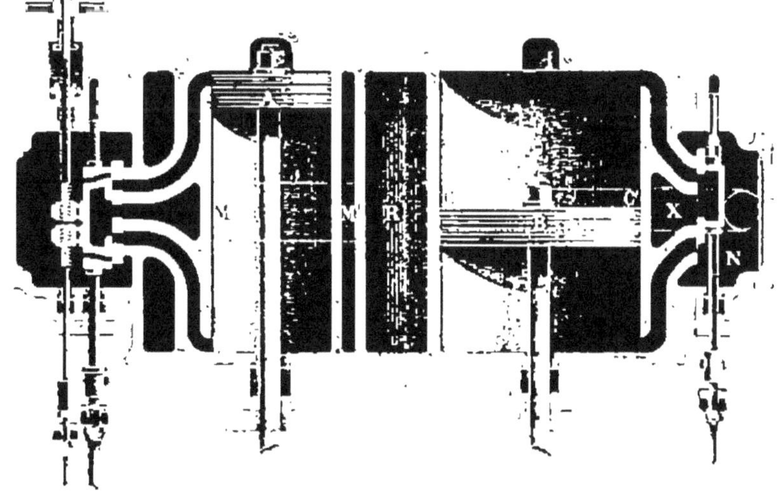

Fig. [illegible]

calage des manivelles à 90° ; en revanche ce calage nécessite l'emploi d'un réservoir intermédiaire recevant la vapeur d'échappement du petit cylindre avant son introduction dans le grand cylindre. Les manivelles à 90° passent alors à tour de rôle aux points morts, d'où

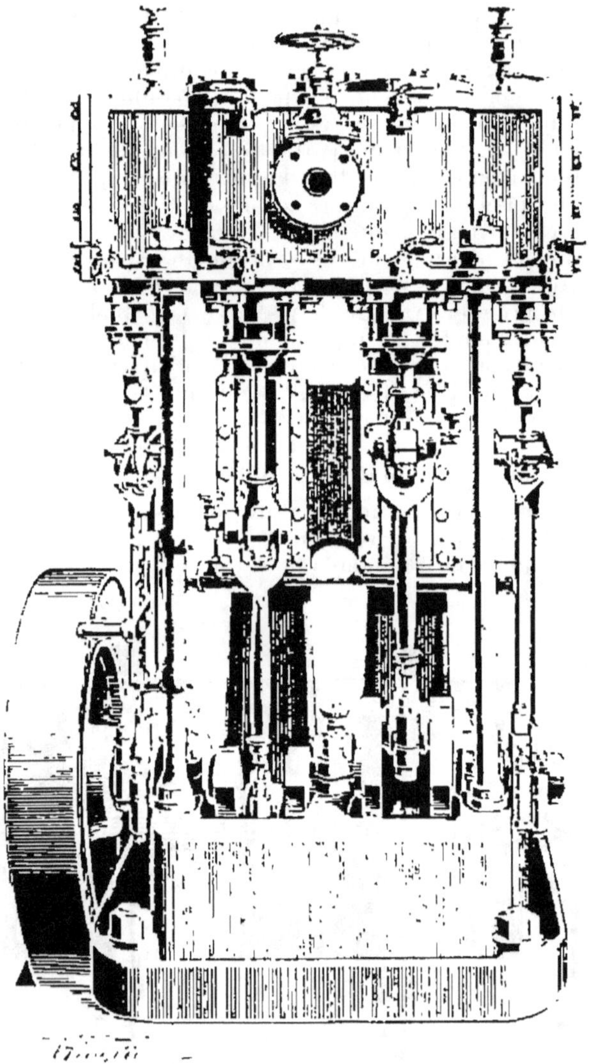

Fig. [illegible]. — M[illegible]

une plus grande régularité de marche ; de plus, on a toujours un piston au point de départ, ce qui n'arrive pas avec les machines de Woolf et les machines à un cylindre.

Lorsque A est à fond de course (*fig.* 183), B est à mi-course et n'est pas prêt dans ces conditions à recevoir l'échappement de A. Cet échappement se fait dans le réservoir intermédiaire R par le canal MM' ; de là, la vapeur, à pression déjà réduite, passe par le canal CC' dans la boîte à tiroir N, d'où elle est distribuée au grand cylindre à la manière ordinaire. L'échappement se fait par X dans le condenseur ou dans l'air. La figure montre que la distribution est celle de Meyer pour le petit cylindre ; c'est la distribution ordinaire pour le grand cylindre.

La figure 184 représente dans son ensemble une machine pilon compound à deux cylindres et à changement de marche. Ce type est très usité.

Machine compound a triple expansion. — Cette machine, qui constitue le type le plus fréquemment employé pour la navigation, est à trois cylindres avec deux réservoirs intermédiaires (*fig.* 185).

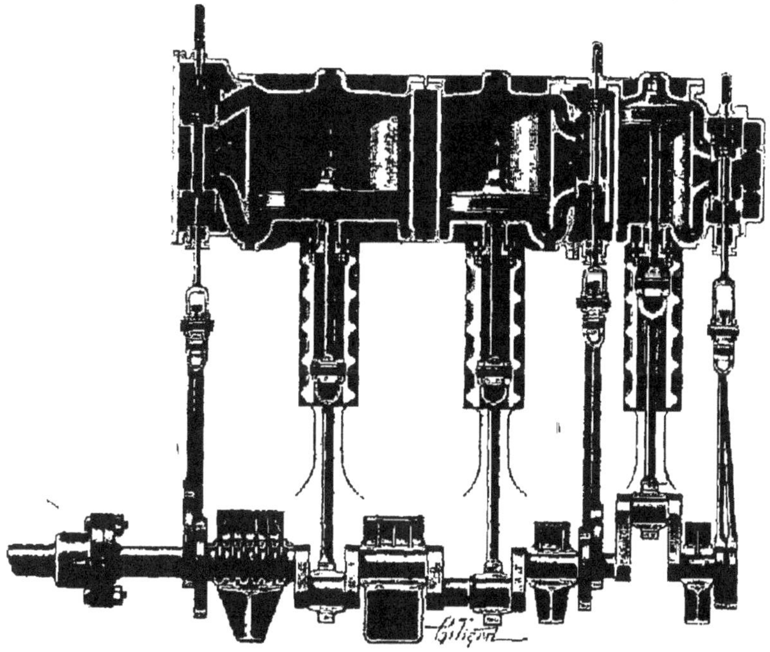

Fig. 185. — Machine compound a triple expansion pour navigation

Les manivelles sont à 120°, ce qui donne une parfaite régularité de rotation. L'arbre actionne directement l'hélice du navire.

La distribution présente une disposition particulière fréquemment employée. Les tiroirs, au lieu d'être plats et de recevoir, par suite, la pression de la vapeur sur leur revers, sont cylindriques et à frottement sur tout leur pourtour latéral. Il suffit d'examiner la figure pour comprendre que ces tiroirs sont équilibrés dans toutes les positions qu'ils peuvent prendre, et que la vapeur ne peut les presser contre la table des lumières comme dans les distributeurs plats que nous avons étudiés. Il résulte de là que l'effort nécessaire à la manœuvre des tiroirs est beaucoup moins considérable.

125. Machines mobiles. — Nous venons de classer les machines d'après leur système de distribution. Nous allons étudier quelques-unes d'entre elles plus complètement ou à un autre point de vue. Sous ce titre de machines mobiles, nous groupons les machines qui sont montées sur roues, soit qu'elles se meuvent d'elles-mêmes, soit qu'elles puissent être attelées à la façon des voitures ordinaires circulant sur les routes.

Machines demi-fixes. — Auparavant, nous donnerons une vue d'une machine demi-fixe, qui forme le passage entre les grosses machines solidement établies et maçonnées à poste fixe et les machines tout à fait mobiles. Les machines demi-fixes (*fig.* 186) sont

Fig. 186. — Machine demi-fixe.

montées sur leur générateur, le plus souvent sans maçonnerie. Elles sont facilement démontables et déplaçables et ont de nombreuses applications dans la moyenne industrie. Elles se construisent avec ou sans condenseur.

126. Locomobiles. — Ce sont des machines à vapeur ordinaires de 3 à 25 chevaux, montées sur une chaudière à vapeur généralement tubulaire, placée elle-même sur un véhicule.

Le cylindre est disposé horizontalement (*fig.* 187), et le mouvement rectiligne alternatif du piston est transformé, par l'intermédiaire d'une bielle et d'une manivelle, en un mouvement de rotation continu de l'arbre moteur. Cet arbre est muni d'un volant faisant office

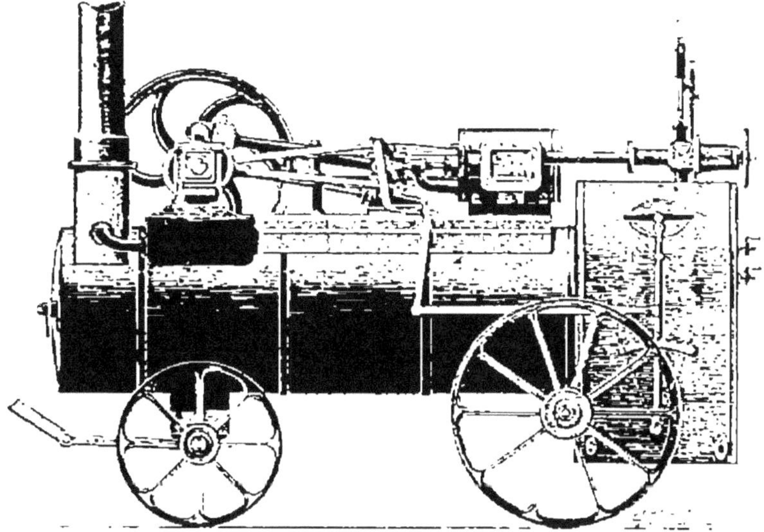

Fig. 187. — Locomobile.

de poulie, sur lequel on adapte la courroie. La cheminée ne pouvant avoir beaucoup de hauteur, on active le tirage en faisant faire l'échappement dans cette cheminée. La machine est quelquefois pourvue d'une coulisse de Stephenson, pour permettre le changement de marche.

Les locomobiles ont des emplois très variés : travaux agricoles, travaux publics, épuisements, etc.

127. Locomotives. — Les locomotives sont des machines à vapeur automobiles montées sur véhicule et destinées à remorquer les convois sur rails. Les types de locomotives sont très nombreux, mais on retrouve dans tous les mêmes organes essentiels, groupés seulement d'une manière différente suivant le but poursuivi.

Principaux organes d'une locomotive. — Nous prendrons comme exemple une locomotive à marchandises à six roues couplées, en service actuellement sur les lignes de la Cie de l'Ouest (*fig.* 188).

Cette locomotive possède une chaudière tubulaire cylindrique formée de tubes en laiton de 4 à 5m de longueur et 5cm de diamètre, sertis

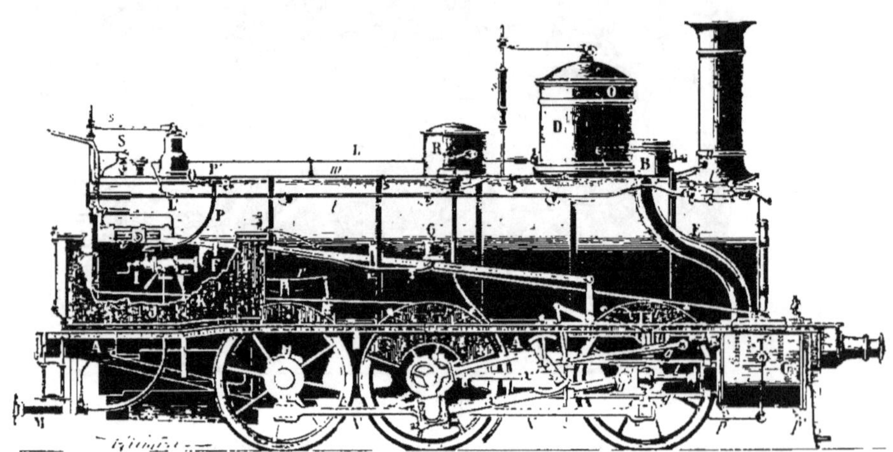

Fig. 188. — Locomotive à marchandises à 6 roues couplées.

sur deux plaques tubulaires placées, l'une du côté du foyer, l'autre du côté de la boîte à fumée. Le foyer, placé à l'arrière, est en cuivre rouge et de forme carrée. La chaudière repose sur un robuste châssis rectangulaire en fer AA, posé lui-même sur trois paires de ressorts *r*, *r'*, *r"*, et elle est munie des accessoires ordinaires des générateurs. On remarque à l'arrière un manomètre, un tube de niveau d'eau, des robinets de jauge ; au-dessus se trouve un sifflet S à signaux, des soupapes de sûreté à ressort *s*, *s'*, et un dôme de prise de vapeur D avec tuyau intérieur O, permettant de prendre la vapeur aussi loin que possible du plan d'eau et de l'envoyer au mécanisme moteur par deux conduites E placées de chaque côté de la chaudière. Le tuyau O débouche dans ces conduites par une boîte B dont l'obturateur à tiroir peut être ouvert ou fermé par le levier L à presse-étoupes, actionné par un levier L' placé à portée du mécanicien. R est un réservoir (sablière) renfermant du sable que le mécanicien peut faire tomber sur les rails sous les roues motrices à l'aide d'un clapet à levier ; cette chute de sable a pour but d'augmenter l'adhérence de ces roues sur le rail et par suite de faciliter le *démarrage* du convoi par les temps de pluie ou de verglas.

En arrière de la locomotive on voit un manchon à caoutchouc M avec raccord fileté à manettes, reliant la bâche d'eau d'alimentation montée sur le tender avec l'injecteur Giffard I ; J est le tuyau d'aspiration, K le trop-plein à entonnoir, FG le tuyau de refoulement avec clapet de refoulement F et robinet de retenue en G. Ce robinet, habituellement ouvert, serait fermé immédiatement en cas de rupture du tuyau d'alimentation pour éviter la vidange violente de la chaudière sous l'effort de la pression intérieure. P est le tuyau de prise de vapeur de l'injecteur ; son robinet P' est manœuvré par la tige à canon Q. A gauche, la locomotive porte également un injecteur de secours installé de la même manière. Enfin une porte à double vantail, placée en avant de la boîte à fumée, permet d'enlever les escarbilles et la suie accumulées, ainsi que d'écouvillonner les tubes.

Nous décrirons le mécanisme moteur pour le côté droit, le côté gauche étant identique. Ce mécanisme comprend un cylindre C avec ses robinets purgeurs *p*, *p'* et son tiroir de distribution T du genre ordinaire. Le cylindre est préservé du refroidissement, comme la chaudière, par une enveloppe calorifuge en tôle ou laiton avec matelas d'air intérieur. La vapeur directe est admise dans la boîte du tiroir par la conduite E ; l'échappement a lieu par un tuyau situé à la base et dans l'axe de la cheminée ; cette vapeur produit le tirage nécessaire au foyer, tirage qui serait nul sans cela à cause de la faible hauteur de la cheminée. Un levier *l* permet de réduire plus ou moins la section du tuyau d'échappement à la base de la cheminée par le jeu d'un clapet, mû par les leviers extérieurs *l'* ; on règle ainsi le tirage à volonté. En station, la cheminée est privée du *tirage forcé* que crée la vapeur d'échappement ; on y remédie par un jet de vapeur prise directement sur le dôme par la tringle *m* et le tuyau *n* (soufflard).

La tige *t* du piston est guidée dans sa crosse *u*, prise par les deux glissières *g*, *g'*. Le mouvement est communiqué à la roue motrice calée sur l'essieu par la bielle *x* (*fig.* 189), agissant sur un bouton fixé sur un rai appartenant à cette roue. L'essieu moteur de la locomotive correspond à l'arbre de couche d'une machine fixe ordinaire ; cet essieu porte deux excentriques à calage inverse, l'un pour la marche en avant, l'autre pour la marche en arrière. Leurs barres *x'* et *x''* attaquent une coulisse de Stephenson *y*, qui oscille autour de son centre *o* sur son axe de suspension *o'*. Au moyen du levier à contrepoids manœuvré par la vis *e* (*fig.* 188), on déplace le coulisseau de manière à amener la bielle *z* (*fig.* 189) du tiroir en

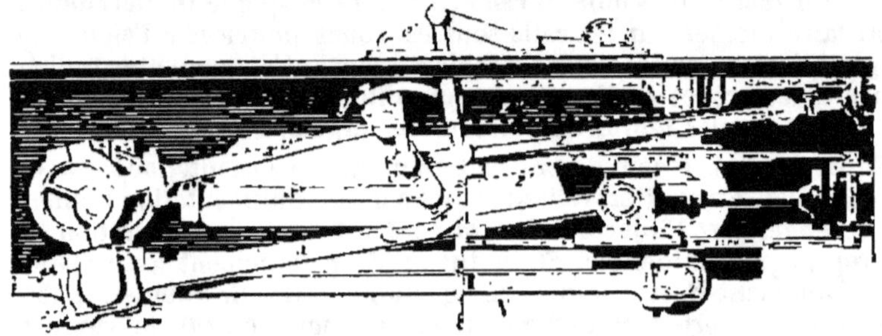

Fig. 189. — Mécanisme moteur et de distribution.

regard de *x'* ou de *x''* suivant qu'on veut aller en avant ou en arrière : cette bielle prend alors les positions *z'* et *z''* autour de sa position moyenne *z*. Le levier à contrepoids agit également sur le mouvement de gauche.

La puissance de traction d'une locomotive, indépendamment de l'effort exercé sur ses pistons, dépend de son adhérence sur le rail, laquelle adhérence est fonction de la pression exercée sur le rail par les roues motrices. Si l'adhérence était insuffisante, c'est-à-dire si les résistances de roulement à vaincre par les roues motrices pour avancer et entraîner étaient supérieures à celles à vaincre pour tourner sur place, c'est ce dernier mouvement qui aurait lieu : tout le travail de la locomotive serait employé à le produire et à l'accélérer. Or, pour la locomotive considérée, le poids supporté par l'essieu moteur est d'environ 12 400^{kg} ; la charge qu'elle pourra remorquer sera fonction de ces 12 400^{kg}, et comme cette locomotive pèse au total 36 000^{kg}, on voit que le tiers seulement du poids de la machine serait utilisé pour l'adhérence et par suite pour la remorque. On change ces conditions en rendant les deux roues porteuses d'avant et d'arrière solidaires de la roue motrice centrale (*couplement des roues*). Pour cela, on relie ces trois roues par une bielle d'accouplement V, qui reçoit son mouvement de la manivelle motrice actionnée par x et le transmet ensuite aux deux autres roues, pourvues de manivelles de même rayon. Tout se passe en somme comme si les trois roues recevaient simultanément l'action de la bielle motrice x, et ce résultat a pour conséquence de faire participer à l'adhérence le poids total de la locomotive réparti aussi également que possible sur les trois paires de roues ; de là, augmentation de la puissance de traction.

Dans les véhicules ordinaires qui circulent sur routes, les roues sont *folles* sur leur essieu, et cela leur permet de tourner facilement dans des courbes de faible rayon, chaque roue décrivant alors, indépendamment de l'autre, un arc de cercle de longueur égale au chemin qu'elle parcourt. Dans les locomotives et wagons, les roues sont calées sur les essieux, qui, par conséquent, tournent avec elles.

On se demande dans ces conditions comment les deux roues, solidaires de l'essieu et par conséquent solidaires l'une de l'autre, peuvent, dans les voies en courbe, parcourir des chemins différents AB, A'B' (*fig.* 190). C'est grâce à la conicité des bandages et à l'inclinaison

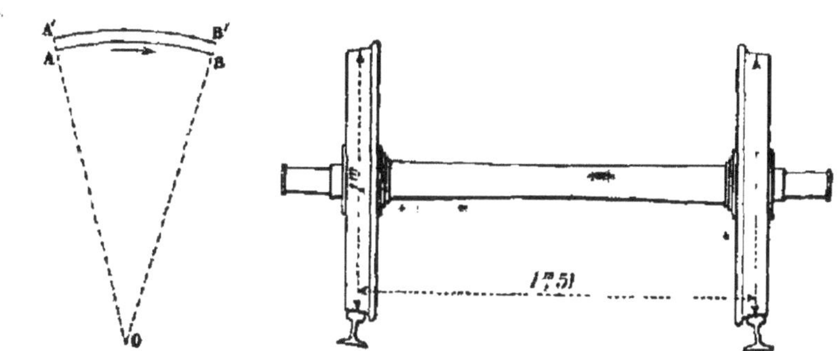

Fig. 190. — Chemin inégal à parcourir.

Fig. 191. — Roues de wagons calées sur leur essieu.

des rails. Le bandage est la partie extérieure de la roue (grisée sur la figure 192), celle qui frotte contre le rail. On lui donne la forme indiquée par la figure. Dans les courbes, la force centrifuge projette la machine (ou le wagon) contre le rail extérieur A'B'; le boudin (bourrelet de la roue qui l'empêche de sortir des rails) de la roue de gauche s'applique contre ce rail ; celui de la roue de droite s'écarte de AB, et il résulte de la conicité des ban-

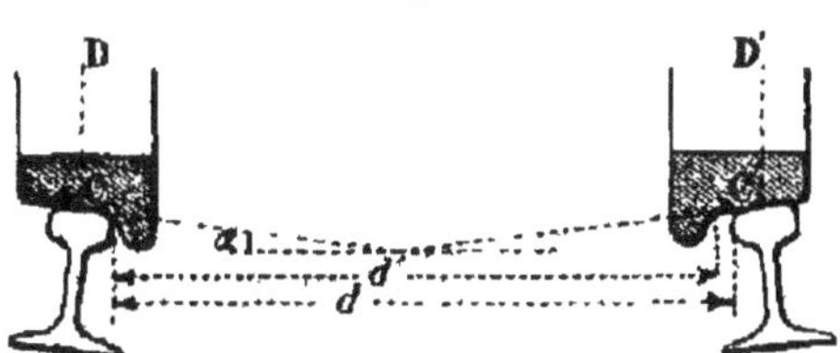

Fig. 192. — Coupe montrant la conicité des bandages des roues.

dages que la roue de gauche, qui a le plus grand chemin à parcourir, roulera sur un diamètre CD plus grand que le diamètre de roulement C'D' de la roue de droite. L'angle de conicité des bandages est calculé de façon que la compensation s'établisse (V. problème 37).

On facilite d'ailleurs l'inscription de la machine dans les courbes en donnant dans les boîtes à graisse un jeu latéral permettant une légère convergence des essieux, et un jeu transversal leur donnant une petite latitude de déplacement perpendiculaire à la voie. Ajoutons enfin que la conicité des bandages à encore pour effet, dans les parcours en alignement droit, de tendre à ramener constamment dans l'axe de la voie la locomotive et les wagons, d'où il résulte une stabilité plus grande.

Les manivelles motrices de droite et de gauche des locomotives sont toujours calées sur l'essieu à 90° l'une de l'autre. Par suite, lorsqu'un piston est à fond de course, c'est-à-dire à son point mort, le piston jumeau est à mi-course : la bielle et la manivelle de ce dernier sont alors à peu près à angle droit, soit à l'inverse du point mort; le démarrage est donc toujours possible. De plus, ce calage des manivelles à 90° régularise le mouvement de rotation. L'inertie des bielles est compensée par des contrepoids placés près des jantes et entre les rayons ou rais des roues.

Les locomotives consomment environ 13 à 14^{kg} d'eau par cheval-heure, soit 50^{kg} par 1 000^{kg} de résistance du convoi ; la consommation en charbon est de 1^{kg} pour 7 à 8^{kg} d'eau, soit 6 à 8^{kg} de combustible par 1 000^{kg} de résistance du convoi. La vitesse effective varie de 40 à 100^{km} à l'heure pour les voyageurs et de 25 à 45^{km} pour les marchandises.

On classe les locomotives en machines à grande vitesse, machines à marchandises, machines mixtes, machines-tenders. Ces dernières servent pour les lignes à trafic peu considérable ou à faible parcours (banlieues, manœuvres de gare, terrassements). Le *tender* suit la locomotive ; il porte l'eau, le combustible, l'huile, les chiffons, l'outillage et les objets nécessaires aux menues réparations de route.

Locomotive compound de la Cie P.-L.-M. — C'est du dernier type, construit pour trains rapides, que nous voulons parler. Cette nouvelle machine à quatre cylindres présente quelques dispositions particulières intéressantes.

Les cylindres sont conjugués en machine compound (*fig.* 193), c'est-à-dire que la vapeur directe ayant agi dans le petit cylindre extérieur C se rend dans le grand, placé à l'intérieur du châssis, entre les deux petites roues porteuses. Ces roues sont montées sur boggie, c'est-à-dire sur un avant-train articulé ; la cheville ouvrière du boggie passe par l'axe de la cheminée. La locomotive étant à 8 roues, le boggie a pour but d'en faciliter l'inscription dans les courbes.

La bielle B du petit cylindre attaque la roue motrice arrière, dont

Fig. 193. Locomotive compound à grande vitesse.

le maneton est muni d'une manivelle en porte à faux faisant avec la manivelle motrice un angle de calage déterminé. Cette fausse manivelle *m* actionne la coulisse C', qui commande le tiroir au moyen de la bielle *bb'*. Les excentriques de distribution sont supprimés et le changement de marche est obtenu en déplaçant le point P sur la coulisse par le système de leviers *bl*, *gh*, *gfe* et le balancier *lh*. Le point P vient en P', et la bielle *bb'* prend la position *b''b'*. Ce déplacement se fait non par vis, mais par deux cylindres à vapeur H, H' à simple effet qui agissent sur le mécanisme de distribution, l'un pour la marche en avant, l'autre pour la marche en arrière. La vapeur directe est admise dans la boîte à vapeur du cylindre C par le tuyau E ; l'échappement a lieu au grand cylindre, où la détente se produit, et l'évacuation finale se fait dans la cheminée à la façon ordinaire.

Le cylindre de détente attaque la roue S par une bielle et une manivelle faisant un angle de 90° avec la manivelle motrice de la roue S'. Les roues S et S' sont donc motrices, et d'après cela on pourrait se dispenser de les coupler ; on les relie cependant par une bielle d'accouplement B' afin de les solidariser davantage et de compenser l'inégalité des travaux développés sur les deux pistons compound. Le cylindre de détente, sa bielle, sa coulisse et son changement de marche sont placés à l'intérieur du châssis ; il en résulte que la manivelle motrice de la roue S est formée par son essieu coudé. (Le mécanisme de gauche est identique au mécanisme de droite.) Le dôme de prise de vapeur D, la sablière R et la cheminée sont pris dans une même enveloppe disposée en proue à l'avant de façon à diminuer le plus possible la résistance de l'air. Cette particularité n'est pas spéciale à cette machine. L'avant de la boîte à fumée est également en coupe-vent.

Les premières locomotives compound ont été étudiées par M. Mallet. Ces machines, construites depuis peu pour les grandes vitesses, sont encore à l'étude ; aussi ne peut-on se prononcer actuellement d'une façon certaine sur leurs avantages.

128. Locomotive sans foyer. — Cette locomotive, inventée en 1872 par M. Lamm, a été depuis perfectionnée par MM. Francq et Mesnard. Le principe est le suivant : l'eau ne pouvant être chauffée en route, doit l'être très fortement au départ ; elle est en effet portée à 200°, température à laquelle correspond pour la vapeur une pression de 15^{kg}. La vapeur étant consommée pendant le trajet, la pression baisse ; la température baisse d'une quantité correspondante ; alors l'eau, par réébullition à une température moindre que la température initiale, fournit une nouvelle quantité de vapeur, et ainsi de suite.

La chaudière, entourée d'une enveloppe calorifuge, se réduit à un simple réservoir en tôle A (*fig.* 194), timbré à 15^{kg}, contenant de l'eau qu'on peut porter progressivement à l'ébullition, puis à 200°. La vapeur nécessaire à cette opération est produite par des générateurs établis à poste fixe et qui sont reliés pour la circonstance au barboteur B par le tuyau T et le robinet à raccord R.

Nous avons expliqué le cycle des phénomènes : consommation de la vapeur, abaissement de la pression, réébullition de l'eau. La chaudière fonctionne donc comme un véritable accumulateur de

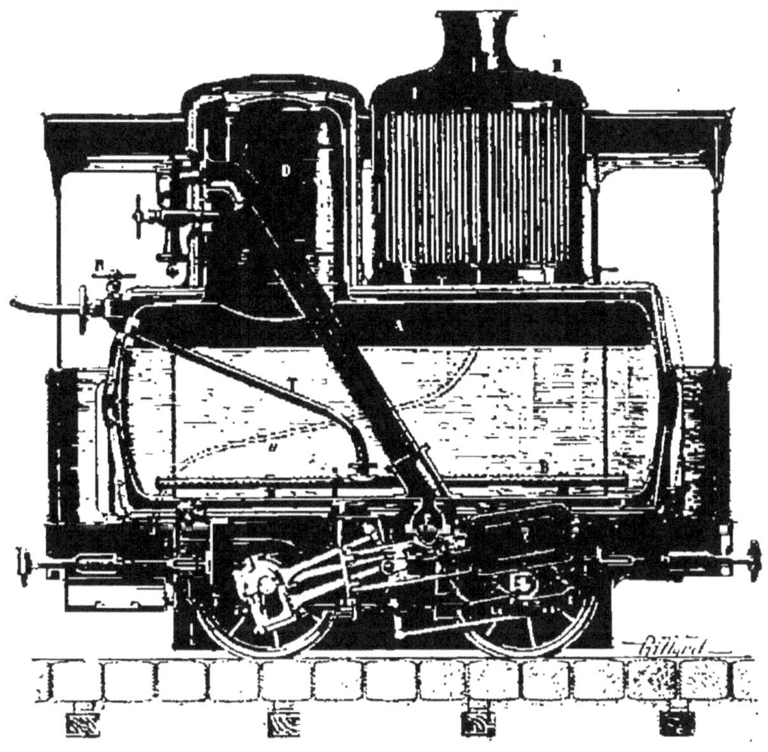

Fig. 194. — Locomotive sans foyer.

chaleur. Pour la construire, on a calculé la quantité de vapeur qu'elle devait produire suivant la charge à remorquer et la distance à parcourir, rampes comprises.

Le mouvement de ces locomotives est semblable à celui des locomotives à foyer. La vapeur sèche est prise par le tuyau t dans le dôme D et se rend aux cylindres C, C par un robinet détendeur rr'. Pour éviter tout bruit et tout nuage de vapeur dans les rues, on dirige l'échappement dans un faisceau tubulaire F ; l'air atmosphérique circule dans les tubes, les refroidit, et la vapeur se condense presque complètement dans l'espace intertubulaire. L'eau ainsi formée dans ce *condenseur à air* est extraite par le tuyau u, et les gaz incondensables (ceux qui étaient dissous dans l'eau) par u'. On facilite la circulation de l'air froid autour du faisceau tubulaire en entourant ce dernier d'une capote à cheminée H.

Le système de traction par les locomotives sans foyer est très économique et comporte des applications importantes ; nous citerons comme exemples les lignes de tramways de Paris (Etoile) à Saint-Germain et à Courbevoie, de Lille à Roubaix et Tourcoing. Ce système de traction, outre son économie, a l'avantage de ne pas produire de fumée.

129. Rouleaux compresseurs et locomotives routières.— Les *rouleaux compresseurs* ont pour but de comprimer les empierrements formant le macadam des chaussées.

La figure 195 représente le type étudié et construit par Albaret. La chaudière est tubulaire ; elle porte une machine à vapeur horizontale à changement de marche dont l'arbre moteur actionne l'essieu arrière au moyen d'un train d'engrenages ; une clavette A

Fig. 195. Rouleau compresseur à vapeur.

permet de rendre les roues solidaires de l'essieu. La direction est donnée par deux chaînes fixées aux deux boîtes à graisse du rouleau d'avant, monté sur l'avant-train ; ces chaînes s'enroulent et se déroulent sur deux treuils conjugués mus par une vis sans fin et une roue à denture hélicoïdale.

Ce train d'avant assure la direction de la machine tant qu'il s'agit de déplacements à grands rayons de courbure, mais pour tourner un peu court, il faut enlever la clavette A du rouleau placé du côté du centre de courbure, afin de rendre la roue folle sur son essieu et par conséquent libre de ses mouvements.

Les *locomotives routières* du même ingénieur diffèrent très peu de la machine précédente. Le rouleau d'avant est simplement remplacé par deux roues porteuses et celui d'arrière par deux roues motrices à bandages cannelés pour augmenter l'adhérence sur le sol.

Ces locomotives ont été créées pour effectuer de gros transports sur route à faible vitesse (4 à 5^{km} à l'heure).

130. Omnibus automobile à vapeur (système Weidknecht-Bourdon). — La question de la locomotion automobile étant très étudiée actuellement sous toutes ses formes, tant pour la traction sur rails que sur routes, nous dirons quelques mots de l'omnibus automobile Weidknecht-Bourdon, créé en vue du transport en commun des voyageurs avec leurs bagages (*fig.* 196).

Le mécanisme comprend une machine à vapeur à deux cylindres à changement de marche, alimentée par une chaudière verticale multitu-

Fig. 196. — Omnibus automobile à vapeur.

bulaire. L'arbre moteur porte un pignon entouré d'une chaîne de Gall engrenant avec la roue motrice. On peut changer la vitesse du véhicule en accélérant ou ralentissant le moteur, ou mieux encore en laissant à celui-ci son allure normale et changeant seulement la vitesse propre de l'arbre moteur. Ce changement s'obtient en interposant entre cet arbre et l'arbre de couche de la machine à vapeur une série d'engrenages modifiant finalement le nombre de tours de la roue motrice. On peut varier de 4 à 6^{km} à l'heure.

La direction est donnée aux deux roues d'arrière, auxquelles on donne l'obliquité convenable par un levier à crémaillère à la portée du mécanicien.

131. Machines à action directe. — Ce sont des machines

qui, bien qu'étant à vapeur, diffèrent de celles que nous venons d'étudier, soit qu'elles n'en aient pas tous les organes fondamentaux, soit qu'elles reposent sur des principes tout différents.

Les unes, comme le marteau-pilon, la grue à vapeur, la pompe Worthington, ont bien un cylindre et une distribution de vapeur, mais elles n'ont pas de système mécanique : pas de bielle, pas de manivelle, pas de transformation de mouvement, pas de volant non plus : la tige du piston prolongée (et aidée d'une chaine pour la grue) fait elle-même la besogne qu'on demande à la machine.

D'autres, comme le pulsomètre et la turbine de Laval, se distinguent tout à fait des machines à vapeur ordinaires.

Le pulsomètre est une pompe aspirante et foulante, comme la machine Worthington ; mais il diffère de celle-ci en ce qu'il n'a ni cylindre, ni tiroir : la vapeur agit directement sur le liquide, qu'elle aspire par le vide né de sa condensation, qu'elle refoule par sa pression.

Enfin, dans la turbine de Laval c'est encore un autre principe : la vapeur agit sur les aubes d'une roue à la façon de l'eau sur la roue d'un moulin Mais cette machine diffère des quatre autres que nous venons de citer en ce qu'elle est d'un usage tout à fait général et non propre seulement à une tâche déterminée ; elle donne le mouvement à un arbre moteur, et l'on fait de ce mouvement ce qu'on veut.

132. Marteau-pilon. — Le marteau-pilon est utilisé surtout dans la métallurgie du fer pour le cinglage des loupes, des lingots d'acier, la soudure des fers au paquet, la confection d'un grand nombre de pièces de forge.

Cet appareil consiste essentiellement en une machine à vapeur verticale dont la tige du piston est reliée directement au marteau (*fig.* 197).

On distingue des pilons à simple effet et des pilons à double effet.

1° Pilons a simple effet. — La vapeur soulève le piston et par suite le marteau, qui retombe ensuite en chute libre sur l'enclume. Le choc est réglé par la hauteur de chute que l'on impose au marteau.

2° Pilons a double effet. — La pression de la vapeur s'ajoute au poids du marteau pour augmenter son choc. Dans la position de la figure, la vapeur du grand cylindre s'échappe par Q et par l'intérieur du tiroir *o*, mais l'orifice A est découvert et la vapeur vierge passe par le tuyau B au-dessus du petit piston moteur et le marteau tombe ; le *gamin* (nom donné à l'aide qui obéit au pilonnier) relève le tiroir : la vapeur contenue dans le petit cylindre au-dessus du piston passe sous le gros piston et le soulève, puis s'échappe comme il a été dit. On voit que la même vapeur agit successivement pour pousser, puis relever le marteau : elle s'échappe ensuite.

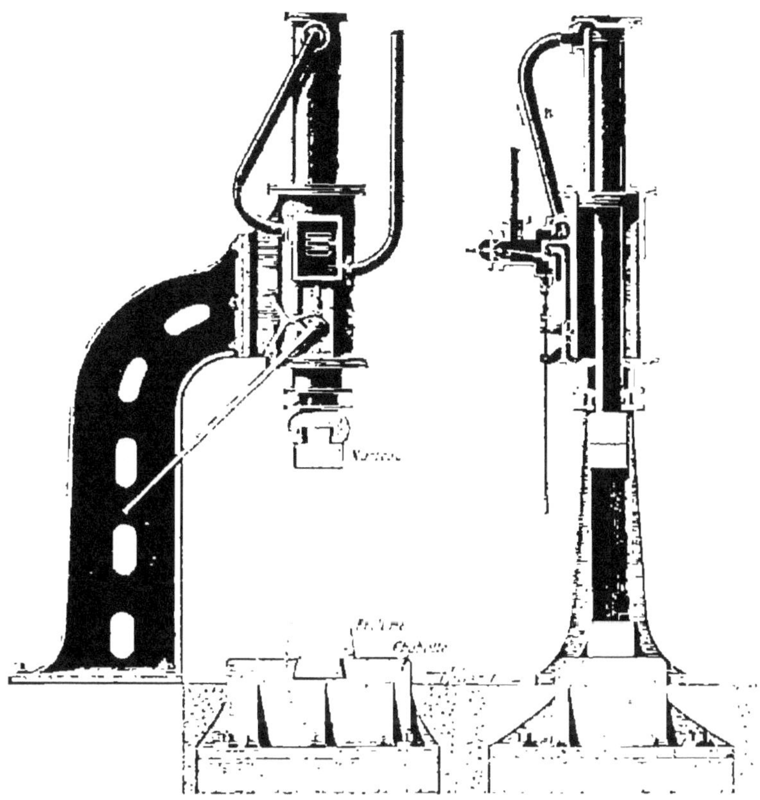

Fig. 197. — Marteau-pilon à double effet.

On obtient telle chute que l'on veut en déplaçant plus ou moins le tiroir.

133. Grue à vapeur. — La vapeur produite par la chaudière C (*fig.* 198) arrive par le tuyau *abc* dans le cylindre incliné A. Dans ce cylindre se meut un piston à longue course qui entraîne dans son mouvement le galet G, lequel se déplace entre deux glissières, comme la crosse du piston dans la machine ordinaire. Une chaîne fixée en B s'enroule autour de G, remonte en P et porte le fardeau.

Un tiroir à la main permet d'introduire de la vapeur au-dessus du piston, puis de maintenir ce piston à fond de course pour faire tourner sur son pivot le fardeau toujours levé. En déplaçant le tiroir, on fait échapper la vapeur ; le poids de la chaîne et de son équipage fait remonter le piston, et ainsi de suite.

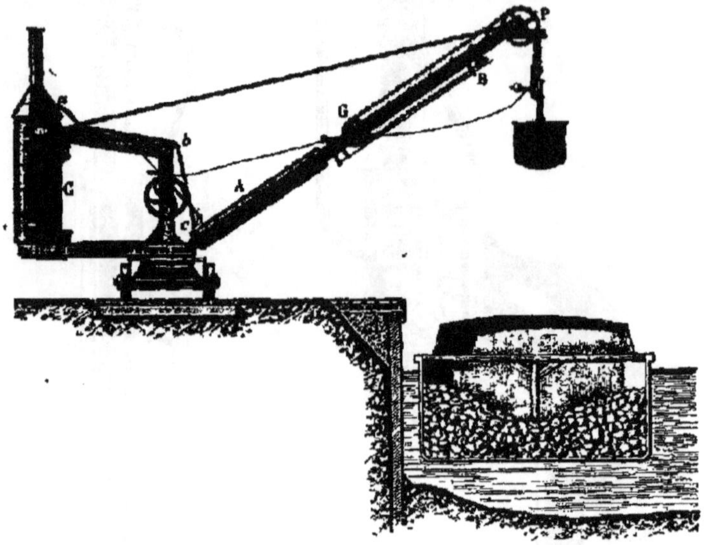

Fig. 198. Grue à vapeur.

La grue munie de sa chaudière peut être déplacée à volonté sur le quai.

134. Pompe double à vapeur Worthington. — C'est, comme nous l'avons dit, un moteur à action directe. Il comprend deux cylindres à vapeur tels que C, à axes parallèles (*fig.* 199), dont les pistons P sont reliés chacun aux pistons plongeurs B par une tige M, M portant en son milieu une mortaise G garnie d'un coussinet de bronze dans lequel s'engage le levier L. Le levier L de droite actionne, par l'intermédiaire d'une bielle Q, le tiroir T du cylindre de gauche et, réciproquement, le même levier L de gauche agit par une deuxième bielle Q sur le tiroi du cylindre de droite.

Le tiroir est du système ordinaire à coquille et son tracé est tel qu'admettant la vapeur par les lumières V, il produit l'échappement par des conduits distincts W. Quand le tiroir de droite, par exemple, occupe une certaine position, le tiroir de gauche occupe la position inverse. Ce but est atteint par l'angle α que forment entre eux les leviers L et l (c'est l'analogue de l'angle de calage de l'excentrique) et par l'écartement m des deux mortaises G pour la position moyenne.

On remarquera que, le moteur étant sans manivelles, la course du piston n'est limitée en apparence que par la longueur intérieure

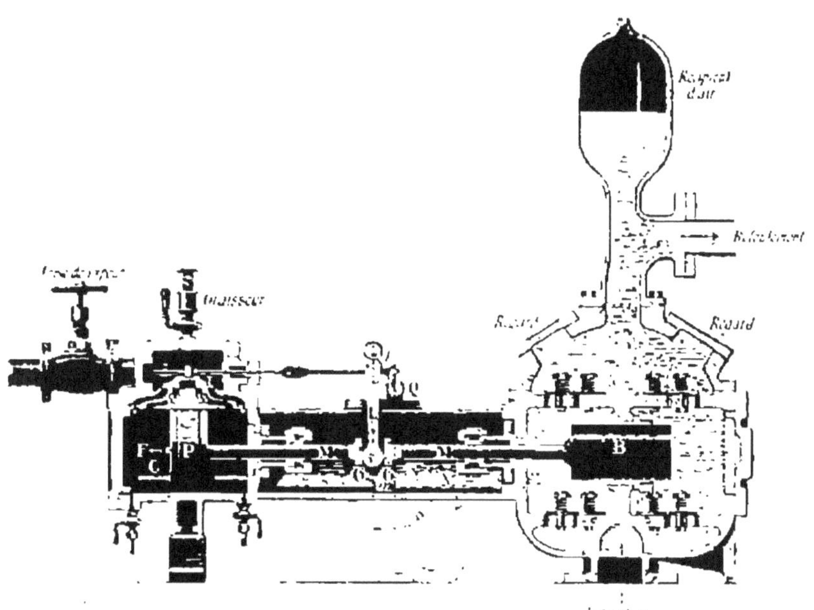

Fig. 199. — Coupe longitudinale de la pompe à vapeur Worthington.

Fig. 200. — Vue d'ensemble d'une pompe à vapeur Worthington.

des cylindres et qu'il pourrait se produire des chocs, à chaque coup, entre les pistons et les fonds des cylindres s'il n'y avait un dispositif permettant de les éviter. Ce dispositif réside dans la position des lumières d'échappement W : quand le piston marche, par exemple, dans le sens F, il arrive à un point de la course où il obstrue complètement W, ce qui arrête évidemment l'échappement de la vapeur ; cette vapeur restant emprisonnée entre le piston et le fond du cylindre fait ressort ou matelas élastique, de sorte que le piston ne peut venir buter contre le couvercle. La contrepression créée ainsi sous le piston limite donc la course de cet organe.

Les clapets de la pompe sont plats, en bronze ou en caoutchouc ; ils retombent rapidement après la levée sur leur siège par l'action d'un ressort antagoniste à boudin.

La figure 200 donne une vue d'ensemble d'une pompe Worthington. Il en existe des modèles de toute sorte et de toute puissance. Bien que peu économiques au point de vue de la consommation de vapeur, ces pompes se sont beaucoup répandues à cause de leur simplicité et de la facilité de leur installation. (Élévation d'eau et d'autres liquides, alimentation des chaudières, eau sous pression, pompes à vide et compresseurs d'air, etc.). Elles ont aussi ce grand avantage qu'on peut les faire marcher à l'allure qu'on veut, leur donner un grand ou un faible débit en réglant l'ouverture de la prise de vapeur. Pour les pompes puissantes, on a des systèmes compound qui utilisent mieux la vapeur.

135. Pulsomètres. — Les pulsomètres, imaginés par l'Américain Hall, sont des pompes aspirantes et foulantes à double effet dans lesquelles la vapeur agit directement sur le liquide.

Ces machines se composent (*fig.* 201) d'un corps en fonte formé de deux chambres en forme de poires P et P', qui se resserrent vers le haut et aboutissent à une chambre de vapeur commune munie d'une languette oscillante *l*. Les deux chambres aboutissent à un tuyau commun d'aspiration T ; chacune d'elles est munie dans le haut d'un clapet de retenue pour l'introduction de l'air, dans le bas d'un clapet d'aspiration et d'un tuyau d'injection *t*. Enfin au corps en fonte est accolée la boîte aux deux clapets de refoulement surmontée du tuyau de décharge F.

Les deux chambres étant complètement remplies d'eau ainsi que le tuyau d'aspiration, on laisse arriver la vapeur en ouvrant le robinet R. La vapeur passe dans la chambre P en fermant l'autre avec la languette *l* et refoule par le tuyau F l'eau contenue dans la chambre P. Or la vapeur, qui entre par une petite ouverture, est absorbée par l'eau beaucoup plus vite qu'elle ne se renouvelle ; à un moment donné, il se produit un vide partiel dans la chambre P ; la languette *l*, attirée par ce vide, se retourne pour fermer immédiatement le col opposé, laissant la vapeur pénétrer dans la chambre P' dont elle refoulera l'eau. Lorsque celle-ci aura atteint un certain niveau, il se produira comme précédemment un nouveau déplacement de la languette ; mais la vapeur, en pénétrant de nouveau en P, trouve la chambre pleine d'eau, car pendant que la vapeur n'y entrait plus, l'eau s'est élevée dans cette chambre sous l'influence de la pression atmosphérique. Il se produit donc un mouvement d'oscillation de la languette de distribution *l*, et à chaque déplacement correspondent le refoulement de l'eau d'une chambre et le remplissage de l'autre par aspiration. A chaque aspiration une petite rentrée d'air a lieu par les clapets de retenue ; cet air amortit le choc que l'eau qui monte pourrait produire dans l'appareil. Pour aider à la condensation dans les chambres au moment voulu, on injecte un peu d'eau par les tuyaux d'injection *l*, qui communiquent avec le tuyau de refoulement. L'aspiration est limitée à 6m, à cause de l'imperfection du vide due à la présence des gaz de l'eau (gaz entraînés par la vapeur, gaz de l'eau aspirés par le vide). La hauteur du refoulement dépend uniquement de la pression de la vapeur.

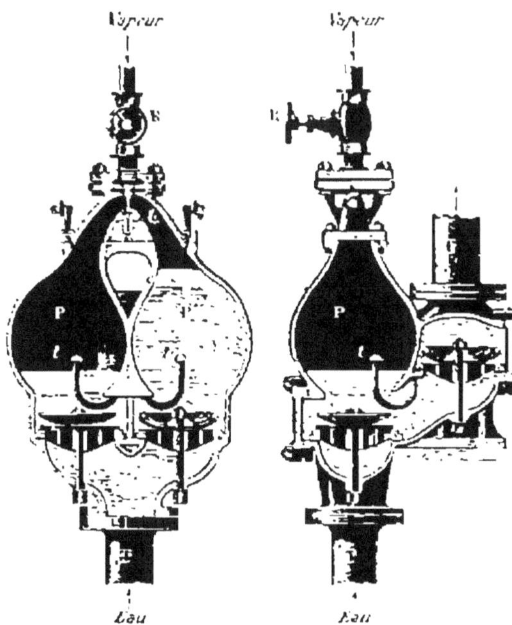

Fig. 201. — Pulsomètre à action directe.

Les pulsomètres marchent généralement à 60 déplacements de la languette par minute.

136. Machine rotative de Laval. — Cette machine est une *turbine à vapeur* utilisant directement la force vive de la vapeur ; cette vapeur arrive *entièrement détendue* sur les aubes de la roue réceptrice, qui se

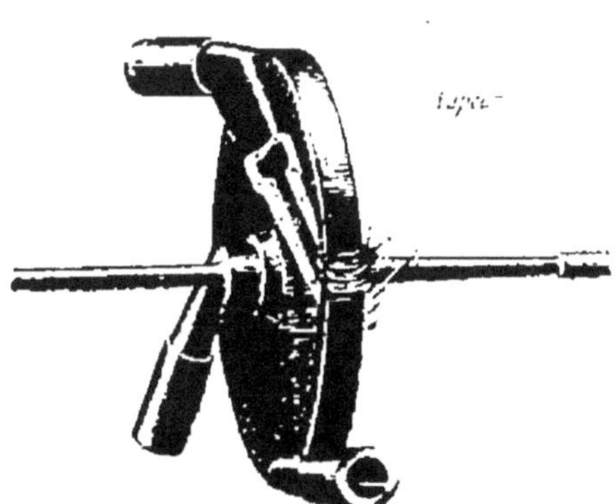
Fig. 202. — Roue à aubes et canaux d'admission de la vapeur.

met à tourner grâce à la force vive acquise par la vapeur du fait de la détente.

La turbine de Laval se compose d'une roue à axe horizontal (*fig.* 202) munie sur son pourtour d'aubes inclinées sur lesquelles la vapeur arrive par plusieurs ajutages en bronze dont l'axe est faiblement incliné sur le plan de la roue. La longueur de ces ajutages a été calculée de telle sorte que la vapeur se détende complètement dans

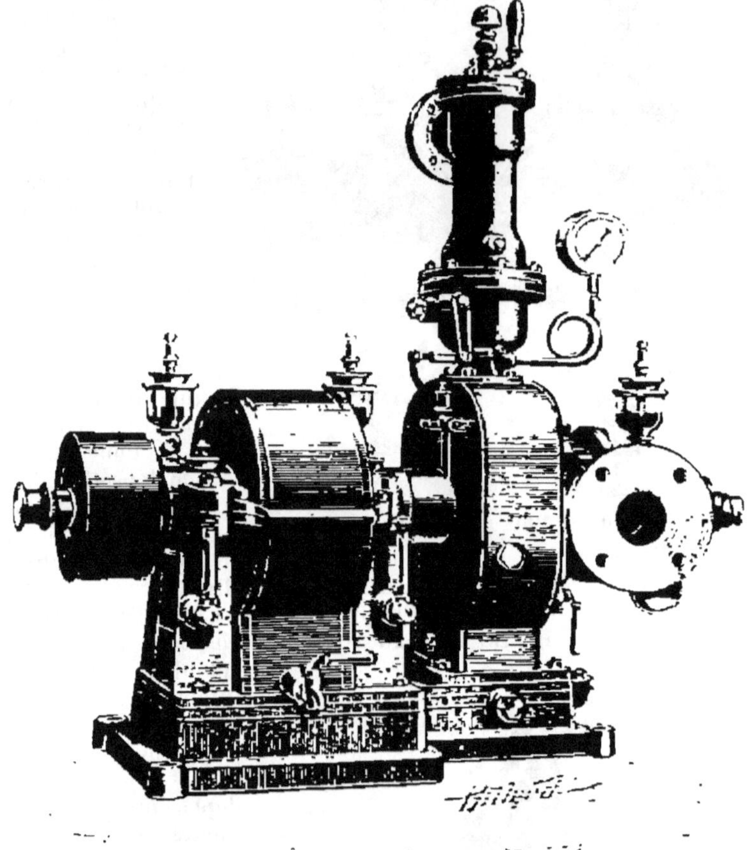

Fig. 203. — Turbine de Laval.

le trajet de la valve d'introduction jusqu'aux aubes de la roue. En se détendant, la vapeur acquiert une vitesse considérable, qu'elle communique à la roue en la traversant grâce à l'inclinaison des aubes ; elle s'échappe ensuite par l'autre face de la roue avec une vitesse très réduite, et gagne une chambre d'évacuation mise en communication soit avec un condenseur, soit avec l'atmosphère.

Comme la vitesse prise par la roue est trop considérable pour pouvoir être utilisée dans la pratique (elle atteint 30000 tours par minute pour une petite turbine de 5 chevaux), on associe à la turbine un réducteur de vitesse composé d'une double paire de roues d'engrenage, à dents inclinées de 45° et en sens inverse pour empêcher les mouvements longitudinaux de l'arbre. Ces engrenages réduisent la vitesse de 9/10. En outre, un régulateur de vitesse à force centrifuge est monté sur l'axe du réducteur de vitesse et agit sur la valve de distribution de la vapeur.

La figure 203 donne une vue complète d'une turbine de Laval de 5 à 30 chevaux. Ces appareils très ingénieux, qui joignent à l'avantage d'un fonctionnement très économique celui d'un faible encombrement, peuvent donner une puissance qui varie de 5 à 300 chevaux. On les emploie pour actionner des dynamos, des ventilateurs, des pompes à force centrifuge, etc.

137. Considérations générales sur les moteurs à vapeur. — On divise généralement les moteurs à vapeur en trois catégories, en prenant pour base la valeur de la tension de la vapeur admise dans les cylindres : 1° machines à *basse pression*, où la tension de la vapeur ne dépasse pas 2kg ; 2° machines à *moyenne pression*, où cette tension reste comprise entre 2kg et 6kg ; 3° machines à *haute pression*, où la vapeur travaille à une tension supérieure à 6kg. Les machines à basse pression ne s'emploient plus, tandis que celles à haute pression se répandent beaucoup.

Travail dans les machines à vapeur. — Dans une machine *à condensation*, le travail effectif se compose de trois parties : travail développé pendant la période d'admission, c'est-à-dire pendant la marche à pleine pression ; travail de la détente ; travail négatif effectué par la contrepression sur la face opposée du piston. Ce travail effectif se calcule facilement en supposant que la force élastique de la vapeur qui se détend varie suivant la loi de Mariotte (V. Mécanique). Pour déterminer l'expression du travail dans les machines *sans condensation*, il suffit de substituer à la valeur de la contrepression, celle de la pression atmosphérique.

Pratiquement, le travail se détermine directement, soit par les *indicateurs de pression* (120), soit par des *freins dynamométriques*, qui, en se substituant momentanément à l'outillage que doit actionner la machine, le remplacent et absorbent par voie de frottement une quantité de travail égale au travail résistant des outils. Ce travail ainsi absorbé se calcule exactement et on en déduit la puissance de la machine en chevaux-vapeur (75^{kgm} par seconde).

Rendement. — Le rendement R d'une machine à vapeur est le rapport qui existe entre la quantité Q de vapeur consommée et la puissance P de la machine :

$$R = \frac{Q}{P}.$$

Ce rapport varie beaucoup suivant les types et l'état d'entretien des machines.

La quantité de vapeur consommée par cheval et par heure est de 15 à 25^{kg} pour les machines ordinaires, de 10 à 12 pour les machines à condensation ; elle descend à 9 et même à 8^{kg} pour les machines à détente prolongée (Corliss, Sulzer, Woolf, Compound). On aura la consommation de charbon correspondante en se basant sur ce qu'un kilogramme de bonne houille produit 7 à 8^{kg} de vapeur.

Remarque. — Dans le cas d'une machine à condensation, et en supposant la machine *parfaite*, le rendement s'obtient immédiatement en appliquant la formule de Carnot :

$$R = \frac{T - T'}{T},$$

T représentant la température absolue de la source de chaleur et T' la température absolue dans le condenseur. Supposons qu'une machine thermique parfaite puise de la chaleur à une source dont la température est de 200° C et que la température du réfrigérant soit de 50° C. La vapeur sort du générateur à 200° et va se détendre dans le cylindre où elle perd de la chaleur en effectuant du travail; elle se rend ensuite au condenseur, où elle est ramenée à l'état d'eau à 50°, puis le cycle recommence indéfiniment. On voit ainsi que les machines à haute pression sont les plus avantageuses, car leur chute de chaleur, donnée par la différence des températures dans la chaudière et dans le condenseur, est plus grande que dans les machines à basse ou à moyenne pression. Il faut encore remarquer que la production de la vapeur à haute pression ne coûte pas beaucoup plus que celle qu'on obtient à basse pression.

Dans l'exemple précédent, on a

$$R = \frac{200 + 273 - 50 + 273}{200 + 273} = 0,317;$$

telle est la fraction de la chaleur fournie par la source transformée en travail mécanique.

Ce rendement théorique est un maximum que l'on ne peut atteindre dans la pratique. Le rendement *industriel* des meilleures machines à vapeur ne dépasse pas $\frac{1}{10}$.

MOTEURS A GAZ

138. Classification des moteurs à gaz. — Nous rangerons dans cette classe les moteurs à air comprimé, les moteurs à air raréfié ou à vide, les moteurs à air chaud, les moteurs à gaz tonnants, et enfin les moteurs à pétrole, qui ne sont qu'un cas particulier des moteurs à gaz tonnants.

139. Moteurs à air comprimé. — Leur construction et leur aspect diffèrent peu de ceux des machines à vapeur. Nous avons vu que l'on est conduit à chauffer directement l'air comprimé avant son emploi ou à y injecter de la vapeur pour remédier aux effets dangereux (glaçons, neige, givre, congélation des huiles) dus au refroidissement du fluide pendant sa détente. On fait encore circuler l'eau chaude dans l'enveloppe dont le cylindre moteur peut être pourvu. M. Mékaski échauffe l'air en lui faisant traverser par barbotage une couche d'eau chaude maintenue constamment à 170° et par suite à la pression d'environ 8^{kg}.

En dehors des moteurs fixes à air comprimé, on construit, pour la traction des tramways notamment, des locomotives qui présentent une grande analogie avec les locomotives à vapeur sans foyer. Le réservoir accumulateur de vapeur est remplacé par un récipient d'air comprimé, qui distribue cet air à la pression voulue aux cylindres moteurs, par l'intermédiaire d'un robinet détendeur. Quand la provision d'air est épuisée, on charge de nouveau le récipient en le mettant en communication avec une prise d'air comprimé branchée sur la conduite générale alimentée elle-même par les compresseurs. Ces prises d'air ont lieu sur les points principaux de la ligne, placés autant que possible près des dépôts où sont installés les compresseurs d'air, de façon à diminuer l'importance de la canalisation et les pertes qui en résultent (refroidissement, pertes de charge, fuites, etc.).

C'est par des moteurs à air comprimé que sont actionnés les tramways de Nantes, de Saint-Quentin, de Tarbes, d'Angoulême, de quelques lignes du réseau parisien, etc.

140. Moteurs à air raréfié ou à vide. — Ce sont encore des moteurs qui ont une grande analogie de construction avec les machines à vapeur, mais qui utilisent la pression atmosphérique. La distribution se fait par tiroir. L'air ambiant communique directement avec la boîte à tiroir, et l'échappement se fait dans la canalisation à air raréfié, où l'on entretient au moyen de pompes un vide de 68 à 70^{cm} de mercure.

Les moteurs à air raréfié fonctionnent parfaitement; mais comme pour les grandes forces ils atteignent nécessairement des dimensions importantes qui augmentent beaucoup leur prix, on a été conduit à limiter leur emploi à la petite industrie, à celle surtout qui s'exerce en chambre.

141. Moteurs à air chaud. — Les moteurs à air chaud sont basés sur l'augmentation de force élastique éprouvée par un certain volume d'air froid pris à la pression atmosphérique lorsqu'on le porte brusquement à une température élevée.

Les premiers types de ces moteurs sont dus à Stirling (1816) et au capitaine Ericson (1850). Les moteurs modernes à air chaud sont très nombreux; on peut citer ceux de Lobereau, de Bélou, de Bénier, etc. Nous décrirons comme exemple un moteur très simple étudié et construit par M. Lacroix, de Caen.

Le moteur Lacroix comprend deux cylindres verticaux A et B (*fig.* 204), montés sur une plaque de fondation commune et pourvus de deux pistons plongeurs dont les bielles attaquent directement deux manivelles calées à angle droit sur un arbre horizontal commun portant en son milieu un puissant volant. Le cylindre A est pourvu d'une double enveloppe dans laquelle circule un courant d'eau froide élevée par une petite pompe accouplée au moteur. Le cylindre moteur B est placé sur un foyer au coke; on donne à son fond la forme concave afin d'augmenter la surface de chauffe offerte au rayonnement, et on fait épouser au piston cette forme, pour réduire l'espace nuisible.

Par l'action de la chaleur, l'air emprisonné sous le piston B à la pression atmosphérique se dilate brusquement et soulève le piston jusqu'à ce qu'il soit arrivé à fond de course. A ce moment, le piston découvre l'orifice de la boîte de communication R entre les deux cylindres conjugués B et A ; l'air chaud passe donc du cylindre B sous le piston de A en cédant la plus grande partie de son calorique à des ailettes longitudinales en font qui garnissent la boîte R. Cet air achève de se refroidir dans le cylindre A et par suite diminue de volume. Alors le piston de A descend, comprime l'air et le force à se rendre sous le piston de B en repassant par le régénérateur R où il récupère la chaleur qu'il y a abandonnée lors de son premier passage. Les phénomènes déjà décrits se renouvellent immédiatement, de sorte que c'est toujours le même air qui fait la navette entre les deux cylindres.

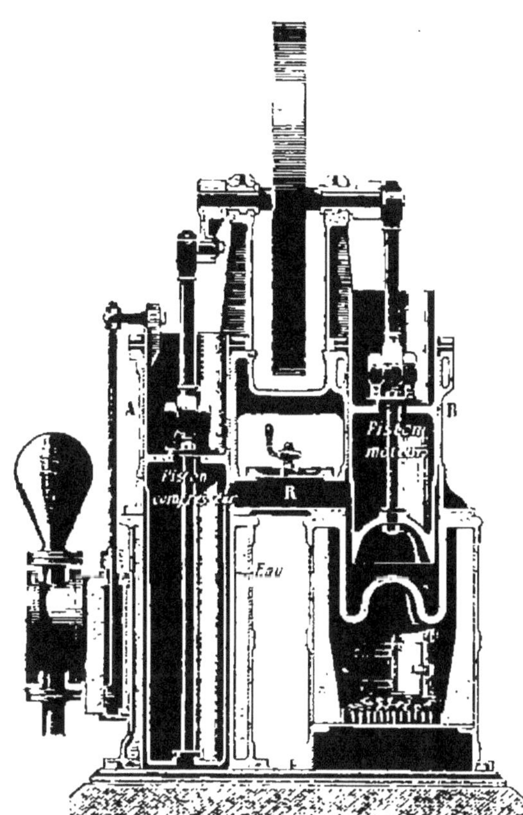

Fig. 204. — Moteur à air chaud Lacroix.

Il faut bien noter que le piston B est seul utilisé comme moteur ; son conjugué A a simplement pour but de chasser l'air initial sous B en lui faisant récupérer la chaleur accumulée en R. L'air refoulé sous B y arrivant déjà chaud, consomme une quantité correspondante de combustible en moins et arrive plus rapidement à la température nécessaire au fonctionnement de la machine.

La consommation de charbon est d'environ 4kg,860 par cheval-heure.

Le cylindre A et le récupérateur ne sont pas indispensables ; on peut donc les supprimer, mais alors on se prive de la récupération de la chaleur, et le moteur devient peu économique. Dans tous les cas, la chaleur emportée par l'eau de réfrigération est perdue pour le travail à produire.

Les moteurs à air chaud sont simples et faciles à conduire, mais le graissage des pistons est difficile en présence de l'air chaud, qui attaque assez rapidement les surfaces métalliques. La partie qui reçoit le rayonnement du foyer est quelquefois brûlée malgré l'interposition de boucliers protecteurs en terre réfractaire ou autre matière. La construction de ces moteurs a encore besoin de faire des progrès ; ils ont d'ailleurs subi dans ces dernières années la concurrence redoutable des moteurs à gaz tonnants.

142. Moteurs à gaz tonnants. — On appelle ainsi les machines qui utilisent la force élastique produite par la déflagration d'un gaz tonnant mélangé à l'air dans des proportions déterminées, ce mélange étant allumé sous un piston pouvant se mouvoir dans un cylindre. On utilise généralement le gaz d'éclairage, mais on emploie aussi des gaz dits *pauvres*, de fabrication plus économique (gaz à l'eau, gaz au bois, air carburé).

Les moteurs à gaz tonnants ont évidemment pour origine les machines à explosion ou à poudre de Hautefeuille (1678), de Huyghens (1680) et de Papin (1690). C'est à Lebon (1801), à Lenoir (1862) et surtout à Beau de Rochas que l'on doit les principes et les études qui ont permis à nos constructeurs actuels d'établir rationnellement ces moteurs.

On peut distinguer deux classes principales de moteurs à gaz tonnants :

1° Moteurs à explosion sans compression préalable du mélange gazeux ;

2° Moteurs à explosion avec compression préalable du mélange gazeux.

Moteurs à explosion sans compression préalable. — Décrivons sommairement la succession des phénomènes qui se produisent : 1° Au départ, le piston aspire le gaz et l'air en volumes déterminés. 2° En un certain point de sa course, l'aspiration cesse, l'allumage se fait et la déflagration pousse le piston en avant ; les gaz se détendent, le piston arrive à bout de course. 3° Revenant en arrière sous l'impulsion du volant, il expulse les gaz brûlés. Au second départ, les mêmes phénomènes se reproduisent dans le même ordre, et ainsi de suite.

Un moteur ainsi établi est dit à simple effet, car pour un tour de la manivelle ou pour une *allée* et une *venue* du piston, cet organe ne subit qu'une fois l'action des gaz. Il faudra donc, pour avoir de la régularité dans le mouvement, munir la machine d'un volant puissant, ou bien disposer de deux cylindres jumeaux actionnant des manivelles calées à 90°, ou bien encore prendre trois cylindres agissant sur trois manivelles également réparties sur la circonférence et calées à 120° l'une par rapport à l'autre.

MOTEUR LENOIR. — Le moteur Lenoir, abandonné aujourd'hui, est intéressant parce qu'il a été le premier moteur industriel appartenant au groupe des moteurs à gaz tonnants.

Sa disposition générale (*fig.* 205) rappelle celle des machines à vapeur horizontales. Un piston P actionne un arbre-manivelle par une bielle B. La crosse de la tige du piston est guidée par deux glissières G. Sur l'arbre sont calés deux excentriques C et C', dont l'un, C', sert à l'admission, et l'autre, C, à l'échappement des gaz brûlés. L'excentrique C' commande un tiroir de distribution T' percé d'un trou *a* qui admet le gaz ou interrompt son arrivée dans la cavité *d*. Le gaz communique toujours avec la boite *b* par une tubulure non figurée, branchée sur la canalisation.

Dans la position représentée par la figure, le gaz pénètre en M par l'ouverture *a* et la lumière de droite, et le piston allant à gauche aspire par le conduit *mn* l'air nécessaire à la combustion ; puis, le tiroir continuant sa course, l'introduction d'air et de gaz cesse quand la lumière *a* est obturée par le recouvrement *xy*. A ce moment, l'explosion a lieu ; les gaz brûlés sont expulsés au dehors par l'autre tiroir suivant la flèche *f*. Les deux excentriques sont calés à 90° pour que les tiroirs puissent prendre les positions symétriques. Les phénomènes décrits pour le côté M se reproduisent exactement pour le côté M'.

L'allumage des gaz se fait par une bobine d'induction et une pile de deux éléments Bunsen. Le moment précis du jaillissement de l'étincelle est déterminé par un commutateur RR, sur lequel glisse un curseur S fixé à la crosse du piston. Le refroidissement du cylindre porté à une température assez élevée est obtenu par un courant d'eau froide circulant dans la double enveloppe dont il est

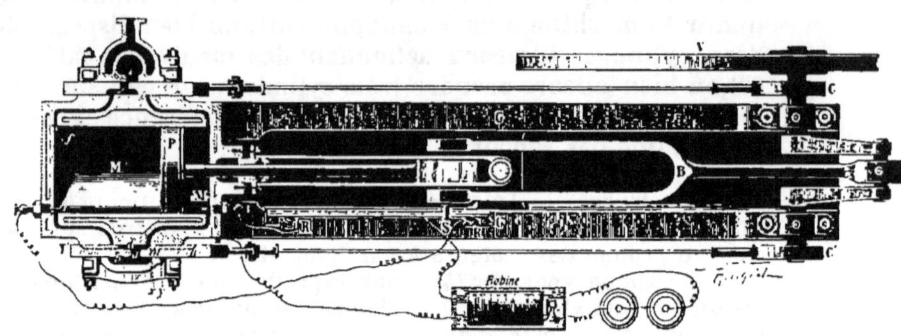

Fig. 205. — Moteur Lenoir.

muni. On remarquera que la chaleur emportée par cette eau ne se transforme pas en travail et qu'elle est complètement perdue ; cela nous semblera d'autant plus illogique que nous avons vu, à propos des machines à vapeur, qu'on cherchait au contraire à empêcher le refroidissement du cylindre moteur ; mais le refroidissement des cylindres à gaz tonnants est une nécessité qu'il faut subir ; elle est imposée par l'obligation dans laquelle on se trouve d'assurer le graissage, qui rend seul possible le fonctionnement du piston.

Le moteur Lenoir consommait par cheval-heure 150 litres d'eau de réfrigération et 2^{mc},5 de gaz. Les moteurs modernes sont beaucoup plus parfaits. M. Lenoir a construit depuis sa première invention un nouveau moteur à compression préalable qui compte parmi les meilleurs de cette classe.

Moteur Bischoff. — Ce moteur a été créé pour la petite industrie ; sa puissance ne dépasse pas un cheval.

Il se compose d'un cylindre vertical (*fig.* 206) dans lequel se meut un piston P, dont la tige est guidée par une glissière circulaire fondue avec le couvercle supérieur. La crosse est reliée par une bielle B à une manivelle M actionnant l'arbre A, sur lequel est calé un excentrique E, agissant sur le tiroir *o* par l'intermédiaire du balancier *mn* articulé en *r* : l'arbre moteur, reporté en dehors de l'axe général de la machine, est rattaché au cylindre par une console en fonte C. On peut remarquer que cet arbre, au lieu d'être placé dans le prolongement des glissières, occupe une position à peu près à mi-hauteur de la machine ; cette disposition, appliquée autrefois avec certaines variantes aux machines à vapeur marines, a pour but de réduire l'emplacement occupé.

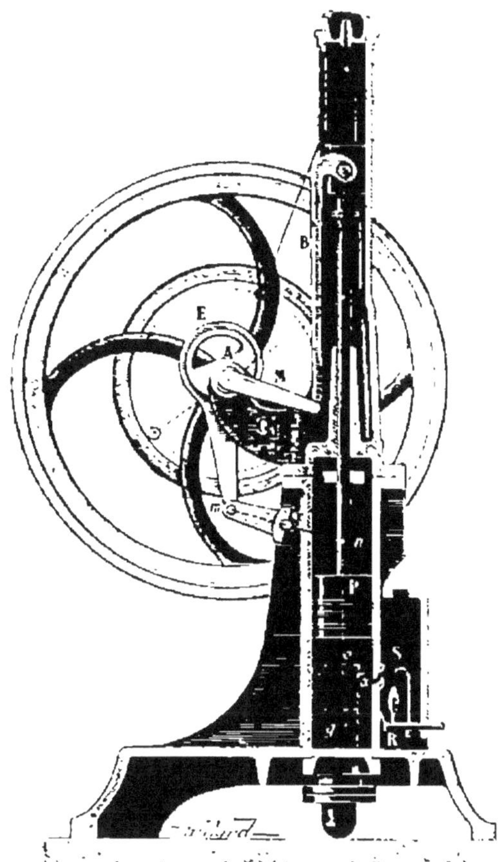

Fig. 206. — Moteur Bischoff.

Le tiroir en se soulevant découvre l'orifice *g* d'arrivée du gaz ; il ouvre en même temps un orifice d'aspiration d'air, et le mélange tonnant se fait sous le piston. Quand cet organe a dépassé la lumière *x*, la flamme du bec S aspirée enflamme le mélange, puis s'éteint par le déplacement du fluide et se trouve rallumée par le bec-veilleuse R. Le calage de l'excentrique et son recouvrement sont tels qu'au moment où l'explosion se produit, les lumières d'admission de gaz et d'air sont obturées. Le piston est lancé en avant et sa course est limitée de manière que, par détente, la pression finale des gaz soit notablement inférieure à celle de l'atmosphère ; la pression atmosphérique agit alors sur la face supérieure du piston, qui redescend sous cette action augmentée de l'inertie du volant. Les gaz brûlés sont expulsés pendant cette phase par un orifice que découvre le tiroir, puis les phénomènes décrits recommencent. Il résulte de là que ce moteur n'est pas tout à fait à simple effet, car, par suite de la détente prolongée des gaz, la pression atmosphérique intervient à la descente du piston; cette particularité a fait donner aux moteurs de ce genre le nom de moteurs *mixtes*.

Le refroidissement a lieu par le rayonnement d'ailettes longitudinales placées sur toute la surface du cylindre (Principe des radiateurs).

En résumé, les phénomènes produits pour un tour de la manivelle sont les suivants : 1° Pour la course *montante* : aspiration du mélange tonnant, explosion, détente des gaz au-dessous de la pression atmosphérique; 2° Pour la course *descendante* : action de la pression atmosphérique sur le piston, compression des gaz brûlés jusqu'à une tension égale à la pression atmosphérique, et enfin expulsion de ces gaz.

Moteurs à explosion avec compression préalable. — Dans ce genre de moteurs, de beaucoup les plus employés, le mélange tonnant est comprimé avant déflagration, à une tension supérieure à la pression atmosphérique. Le cycle peut se décomposer en cinq phases bien distinctes : 1° aspiration du mélange tonnant; 2° compression de ce mélange de gaz; 3° allumage et explosion; 4° détente des gaz brûlés; 5° expulsion des gaz. Suivant la façon dont s'accomplissent ces cinq phases, on est conduit à considérer deux catégories de moteurs :

1° Les moteurs *monocylindriques*, appelés aussi *moteurs à quatre temps*, qui effectuent quatre courses pour parcourir le cycle complet.

1re course (allée). — Aspiration du mélange tonnant		Un tour
2e id. (retour). — Compression du mélange. .		de manivelle.
3e id. (allée). — Allumage et explosion. . .		Un tour
4e id. (retour). — Expulsion des gaz brûlés. .		de manivelle.

Il y a donc deux tours de manivelle, dont un demi-tour moteur seulement, correspondant à la troisième course, celle de l'explosion.

Ces moteurs sont les plus nombreux.

2° Les moteurs *polycylindriques*, dans lesquels les différentes phases s'accomplissent corrélativement. Avec une machine bicylindrique, par exemple, comprenant un cylindre *préparateur* et un cylindre *moteur*, on aura

Cylindre préparateur.	1re course (allée). — Aspiration. . 2e id. (retour). — Compression.	Un tour de manivelle.

Le mélange tonnant comprimé dans ce cylindre passe dans le cylindre moteur.

Cylindre moteur.	1re course (allée). — Allumage, explosion et détente. . . . . . 2e — (retour). — Échappement. .	Un tour de manivelle.

Les quatre phases s'accomplissent en un tour de manivelle au lieu de deux. On a un demi-tour moteur par tour de manivelle au lieu d'un demi-tour moteur par deux tours de manivelle; on obtient ainsi une plus grande régularité de rotation.

Les moteurs polycylindriques ne diffèrent pas théoriquement des moteurs à un seul cylindre.

Dans les moteurs à explosion avec compression, le mélange gazeux étant comprimé avant l'explosion, il en résulte une déflagration plus forte, une température plus élevée et par suite une pression plus considérable sous le piston que dans les moteurs sans compression. Le rendement augmente dans de telles proportions, malgré le travail perdu par le fait de la compression, que la consommation par cheval-heure tombe, pour le gaz, à 550 ou 600 litres, et pour l'eau de réfrigération, à 20 litres. Comme exemple de ces moteurs, nous décrirons le moteur Charon, l'un des mieux étudiés et qui présente quelques particularités remarquables.

Mais avant, montrons que l'objectif des constructeurs de moteurs à gaz était de proportionner à tout instant la force de la machine, c'est-à-dire la puissance de l'explosion, au travail demandé au même instant à cette machine. Si la proportion d'air et de gaz et la durée de l'admission étaient réglées pour la force maxima de la machine, il est bien évident que quand toute cette force n'était pas utilisée, le moteur devait prendre une allure trop vive. On y remédiait de deux façons, toujours automatiquement, au moyen du régulateur : soit en produisant un certain nombre d'allées et venues du piston dans le cylindre vide de mélange tonnant, soit en faisant varier la proportion d'air entrant dans le mélange. Le premier système avait l'inconvénient de donner au mouvement de la machine une très grande irrégularité ; le second produisait des combustions incomplètes, des encrassements. Dans le moteur Charon, aucun de ces deux inconvénients n'existe.

Moteur Charon. — C'est un moteur monocylindrique dans lequel on modifie le cycle à quatre temps de Beau de Rochas par l'opération du *remisage*, qui consiste à refouler dans un réservoir spécial une partie du volume du mélange explosif aspiré dans le premier temps. On ne conserve ainsi pendant le deuxième temps dans le cylindre et pour le comprimer que le volume strictement nécessaire pour produire une explosion dont la puissance correspond exactement à celle qui est demandée au moteur. Cette modification du cycle à quatre temps permet d'avoir pendant la marche du moteur une course utile tous les deux tours. Il n'y a pas de passages à vide, et la régularité du moteur est complètement assurée.

Le piston, creux et dit à plongeur, est articulé directement avec la bielle (*fig.* 207) ; il a une longueur suffisamment grande pour pouvoir se passer de guidage. L'arbre-manivelle porte deux volants qui concourent à la régularité de la marche ; il met en mouvement un engrenage commandant, dans le rapport de 2 à 1 (1 tour du second pour 2 du premier), un arbre longitudinal O parallèle au grand axe de la machine, qui accomplit ainsi un tour pendant les quatre temps du cycle complet. Cet arbre O, destiné à actionner les organes de distribution et d'allumage, est prolongé par un manchon M qui porte deux cames *b* et *g* actionnant, la première, la soupape d'admission B, la seconde, une soupape G à ressort de rappel permettant l'arrivée du gaz. Au-dessous de la boîte qui contient la soupape B se trouve un cylindre A, appelé *cuvette d'aspiration*, renfermant un serpentin dont l'orifice central *a* livre passage à l'air extérieur. Cet orifice est recouvert d'une grille pour éviter que les poussières n'entrent avec l'air. Lorsque la soupape d'admission B vient reposer sur son siège, elle ferme à la fois la communication avec l'air extérieur et avec l'arrivée du gaz. Enfin une soupape d'échappement D est disposée latéralement au cylindre ; sa tige, pourvue aussi d'un ressort de rappel, est commandée par la came *d* calée sur l'arbre de distribution O.

Voyons maintenant le fonctionnement de ce moteur. Pendant la première course du piston (allée), les soupapes B et G sont soulevées par leurs cames respectives ; le piston aspire à la fois, à travers le siège de la soupape B, de l'air extérieur et du gaz. A la fin de cette course, le cylindre est donc rempli du mélange détonant ainsi formé. Dès le retour du piston, la soupape G se ferme tandis que la soupape B reste soulevée ; une partie du mélange détonant est refoulée dans les spires du serpentin, qui laisse seulement échapper de l'air,

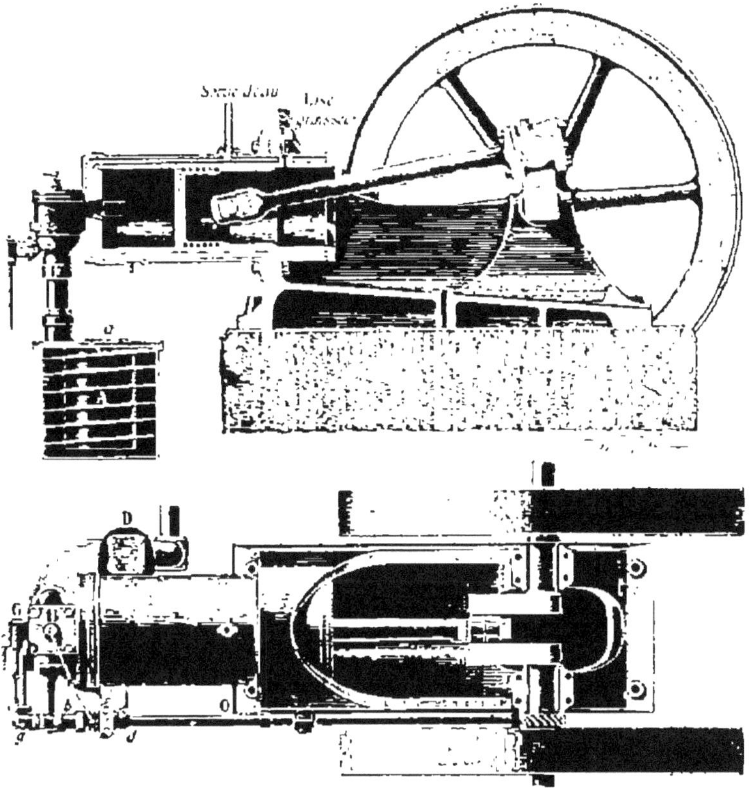

Fig. 207. — Moteur Charon (type horizontal).

chassé par ce mélange. A un moment donné, la soupape B se ferme à son tour et la compression commence. Lorsque le piston est près d'arriver à fin de course, une étincelle jaillit entre deux pointes de platine et enflamme le mélange comprimé. Les gaz se détendent et poussent le piston (troisième course, allée). Enfin le piston, grâce à la force vive emmagasinée dans les volants, revient de nouveau (quatrième course, retour) et expulse les gaz brûlés à travers la soupape d'échappement D. Au cycle suivant, le piston aspire d'abord les gaz tenus en réserve dans le serpentin, puis l'air et le gaz nécessaires pour compléter la cylindrée, dont une partie est de nouveau envoyée dans le serpentin, et ainsi de suite. Le volume du mélange ainsi mis en réserve varie depuis 1/3 de la capacité du cylindre jusqu'à 7 et même 8 dixièmes. C'est le régulateur à boules qui, suivant l'allure de la machine, règle cette proportion. De même, les cames *b* et *g* ont un profil qui leur permet de régler la quantité de gaz admis à chaque course de façon à proportionner la force de l'explosion au travail à développer.

On donne au réservoir A la forme d'un serpentin pour que le mélange refoulé éprouve une certaine résistance et ne se mêle pas à l'air. Le serpentin a un volume un peu supérieur à celui du cylindre, et dans le refoulement le mélange tonnant repousse l'air qui vient à sa suite dans les spires du serpentin, en chasse une partie, mais ne se rend pas lui-même dans l'atmosphère.

La réfrigération du cylindre est obtenue comme à l'ordinaire par un courant d'eau circulant dans une double enveloppe.

Le moteur Charon dépense, à pleine puissance, moins de 500^{lit} de gaz par cheval-heure et sa vitesse à différentes charges ne présente que de très faibles écarts, grâce à ses deux volants. On construit de ces moteurs pour des puissances variant de 1/2 cheval à 80 chevaux.

Considérations générales sur les moteurs à gaz tonnants. — Le gaz d'éclairage est le plus employé, malgré son prix élevé, parce qu'il donne les meilleurs résultats. La proportion d'air varie avec la nature du gaz et sa composition. Pour 1^{vol} de gaz d'éclairage, on emploie pratiquement de 6 à 8^{vol} d'air. Dans ces proportions et le mélange n'étant *pas comprimé*, on obtient, avec un bon allumage, une tension de 6^{kg}; *avec compression* préalable à 3^{kg}, on obtient une tension de 13^{kg}, d'où ressort avec évidence l'avantage de la compression.

Pour les moteurs de faible puissance, on peut se contenter de refroidir le cylindre moteur par simple rayonnement exalté par des ailettes en fonte qui augmentent la surface à refroidir. Le moteur se comporte alors, vis-à-vis de l'air ambiant, comme un véritable calorifère à radiation, ce qui peut présenter des inconvénients, surtout l'été. La réfrigération par circulation d'eau froide dans la double enveloppe du cylindre est beaucoup plus active. Il faut compter sur une consommation moyenne de 35 à 40 litres d'eau par cheval-heure. On doit éviter, pour dépenser moins d'eau, de la rejeter à une température trop élevée, l'eau pouvant dans ces conditions déposer des sels incrustants dans l'enveloppe de circulation. Si l'eau coûte cher, on pourra l'évacuer à une température atteignant jusqu'à 65 et même 70°; mais si on l'a presque gratuitement, on en consommera deux fois plus et on l'évacuera vers 40°. (Cette remarque s'applique à tous les appareils dans lesquels l'eau sert à refroidir, à travers une surface métallique, des gaz, vapeurs, liquides chauds, etc.).

Les dimensions des moteurs à gaz se calculent en partant de la formule

$$W = \frac{\pi d^2 c}{4} \times \frac{nP}{60},$$

dans laquelle W représente le travail, n le nombre d'explosions par seconde, P la pression moyenne, d et c le diamètre et la course du piston.

Le rendement est de 70 à 80 %.

Installation. — La figure 208 représente l'installation d'un moteur monocylindrique à gaz. Son cylindre est à réfrigération mixte, c'est-à-dire que sa chambre de combustion est refroidie par la

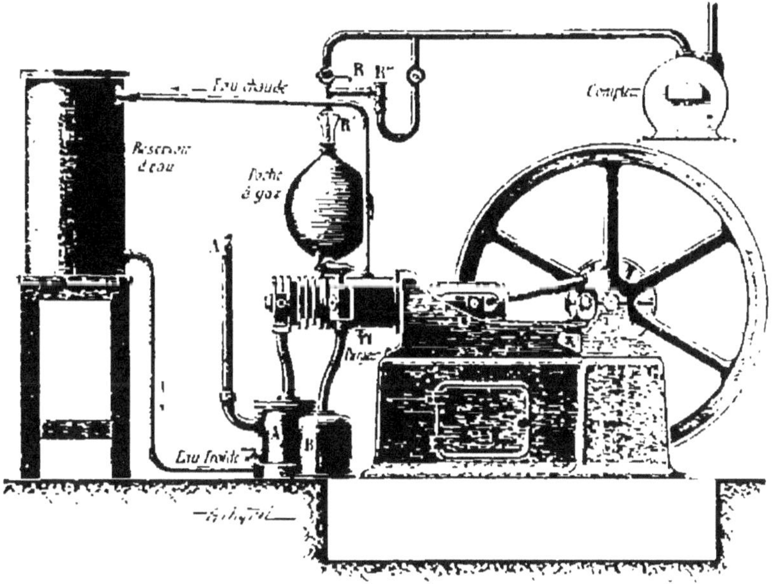

Fig. 208. — Installation d'un moteur à gaz.

radiation des ailettes dont elle est garnie, tandis que l'autre partie reçoit une circulation d'eau. Cette circulation d'eau, au lieu d'être libre, se fait ici au moyen d'un thermo-siphon économiseur d'eau. On obtient un refroidissement plus énergique sous moindre volume en remplaçant le réservoir du thermo-siphon par un jeu de tuyaux en fonte à ailettes formant radiateur. Pour éviter le bruit, l'échappement des gaz brûlés a lieu dans la boite A, d'où ils sont expulsés sur le toit par le tuyau en fer A'. La prise d'air se fait par une autre boite B, percée de petits trous pour régulariser l'aspiration.

Il est toujours intéressant de faire passer le gaz par un compteur, même si on le fabrique soi-même, afin de vérifier le cube de la consommation. La conduite de gaz est munie d'un robinet d'arrêt R pour isoler la canalisation en cas de fuite; ce robinet est suivi d'un robinet R' à cadran et aiguille indicatrice pour régler le gaz alimentant le moteur. Le gaz pénètre dans le cylindre par l'intermédiaire d'une poire ou poche en caoutchouc qui, jouant le rôle d'accumulateur, soutient l'écoulement du fluide et évite ainsi de produire, par aspiration dans les conduites, une série de dépressions capables de faire trembloter ou éteindre les becs voisins Un robinet à ressort R'', à soupape équilibrée, laisse pénétrer la quantité nécessaire de gaz dans la poche en cas d'insuffisance momentanée du débit de R et R'.

Comparaison des moteurs a gaz et des machines a vapeur. — Les moteurs à gaz conviennent surtout pour la petite industrie. Leur grand avantage est la suppression du générateur de vapeur, ce qui économise le mécanicien et le chauffeur et supprime les dangers d'une explosion. Il faut considérer aussi, jusqu'à un certain point, le bon marché et la commodité de l'installation des moteurs à gaz. Quelques minutes suffisent pour les mettre en mouvement et, une fois en marche, ils demandent peu de surveillance; l'arrêt s'obtient simplement en fermant le robinet qui commande l'arrivée du gaz. Un moteur à gaz est donc avantageux quand on n'a à effectuer que des travaux intermittents, puisqu'on ne dépense pas de combustible pendant les intervalles de repos. Il n'en est plus de même lorsqu'il s'agit d'un travail qui doit être soutenu pendant longtemps et surtout si l'on a besoin de puissances dépassant 25 ou 30 chevaux; les machines à vapeur prennent alors l'avantage, à cause du prix relativement élevé du gaz d'éclairage.

Fabrication du gaz spécial pour moteurs. — Les moteurs à gaz s'étant rapidement répandus, surtout dans la petite industrie, on a été naturellement conduit à étudier des procédés de fabrication permettant de produire un gaz combustible plus économique que le gaz d'éclairage. Dans ces dernières années, il a été publié sur cette intéressante question bien des mémoires; beaucoup de brevets ont été pris, tant en Europe qu'aux Etats Unis. Nous décrirons seulement deux procédés de fabrication, ceux de Dowson et de M. Riché.

Procédé Dowson (gaz à l'eau). — Ce procédé a pour base l'action de la vapeur d'eau sur du charbon porté au rouge. L'eau se décompose d'abord en hydrogène et oxygène; une partie de ce dernier gaz s'unit au carbone pour former de l'oxyde de carbone et du gaz carbonique; puis le gaz carbonique, au contact d'une nouvelle couche de charbon incandescent, est réduit et se transforme lui-même en oxyde de carbone. Finalement on obtient un mélange d'hydrogène et d'oxyde de carbone, dilué par l'azote apporté par l'air nécessaire à la combustion du charbon.

Ces conditions sont réunies dans l'appareil suivant. Une petite chaudière verticale à vapeur à basse pression (*fig.* 209) lance de la vapeur d'eau sous la grille d'un foyer cylindrique chargé de com-

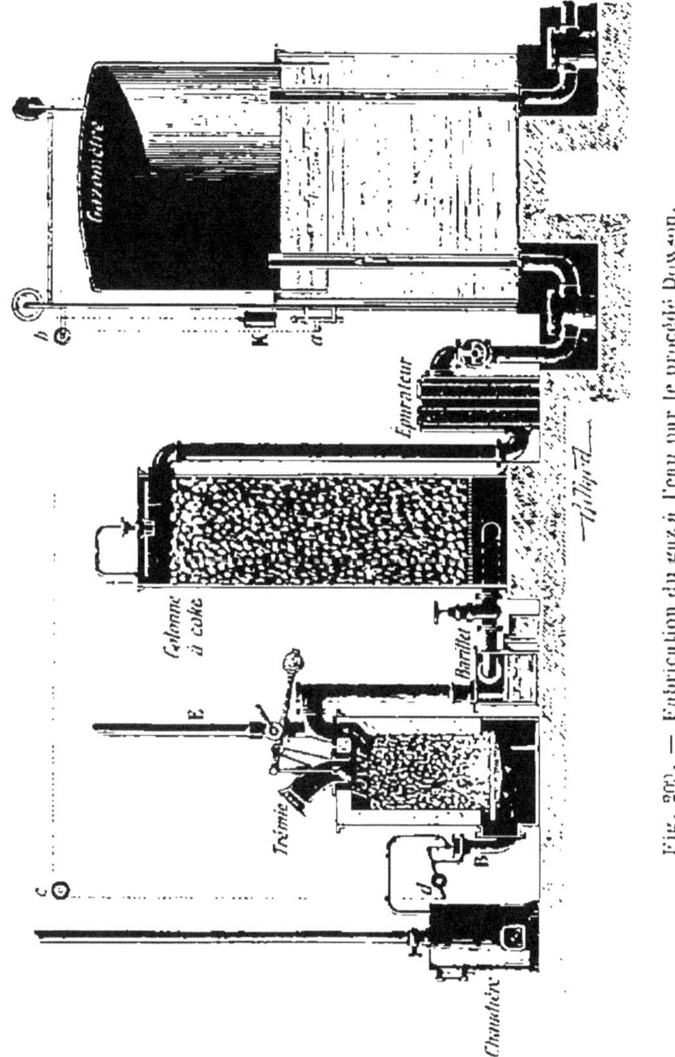

Fig. 209. — Fabrication du gaz à l'eau par le procédé Dowson.

bustible en ignition. L'air nécessaire est appelé par la vapeur au moyen d'un éjecteur B du genre Kœrting. Quand le gaz est jugé trop pauvre pour être recueilli, on le rejette au dehors par le tuyau à robinet E. Si le gaz est de bonne qualité, il passe dans un barillet où il dépose son goudron et ses sels ammoniacaux, puis il traverse une colonne à coke recevant elle-même une fine pluie d'eau froide qui alimente ensuite le barillet. Le gaz perd dans cette colonne les dernières traces de goudrons et de sels ammoniacaux et s'y refroidit. Avant de se rendre au gazomètre, il passe sur le mélange de Laming contenu dans un épurateur à deux compartiments. Quand le gazomètre est près d'être plein, la génération du gaz se ralentit ou s'arrête *automatiquement* par un moyen très simple. Le contrepoids K, placé sous la dépendance directe de la cloche équilibrée, ferme plus ou moins la prise de vapeur de l'éjecteur B par un renvoi *abcd*. L'effet inverse se produit quand, au contraire, la cloche se vide, c'est-à-dire que l'éjecteur s'ouvre et admet de la vapeur sous le foyer.

Le combustible employé est généralement l'anthracite; on le charge par une trémie à obturateur conique. Le gaz obtenu présente en moyenne la composition suivante en volumes : hydrogène, 20; oxyde de carbone, 30; azote, 50.

La puissance calorifique du gaz d'éclairage étant en moyenne de 5 400 calories, celle du gaz Dowson n'est que de 1500 calories; le rapport des puissances calorifiques est donc $\frac{3,6}{1}$, ce qui signifie que pour obtenir le même travail il faudra consommer 3,6 fois plus de gaz à l'eau que de gaz d'éclairage. Si dans un moteur donné, on substitue le gaz pauvre au gaz d'éclairage, la puissance du moteur sera immédiatement réduite; le moyen le plus efficace de compenser cette réduction consiste à augmenter la compression du mélange tonnant avant l'explosion. Malgré cet inconvénient, le gaz à l'eau est très employé, grâce à son bas prix de revient.

Les moteurs à gaz pauvre ne diffèrent des moteurs à gaz d'éclairage que par une plus forte compression du mélange tonnant et par un puissant moyen d'allumage. Avec le gaz pauvre, on consomme $0^{kg},760$ d'anthracite par cheval-heure; c'est une très faible dépense, moindre que celle d'une très bonne machine à vapeur. Quand le gaz est mal préparé, il peut y avoir des ratés à l'explosion, des coups longs ou fusants, etc., ce qui n'arrive que rarement avec le gaz ordinaire.

Procédé Riché (gaz au bois). — Le procédé Riché consiste en principe à distiller rapidement du bois à haute température, puis à soumettre les gaz et les vapeurs formés à l'action réductrice d'une colonne de charbon incandescent. On obtient ainsi un mélange de formène, d'oxyde de carbone et d'hydrogène; ce mélange (gaz Riché) est exempt de goudron et par suite prêt immédiatement pour l'emploi.

La fabrication du gaz Riché se fait dans des cornues dites à *distillation renversée* (*fig.* 210). Le bois et le charbon sont placés respectivement dans deux cornues verticales communiquant à la partie supérieure par un tube horizontal et comprenant entre elles un foyer. Les gaz et les vapeurs provenant de la distillation du bois traversent le charbon incandescent, qui réduit le gaz carbonique et la vapeur d'eau ; le mélange gazeux, avant de se rendre au gazomètre, passe dans un récipient laveur entouré d'eau froide.

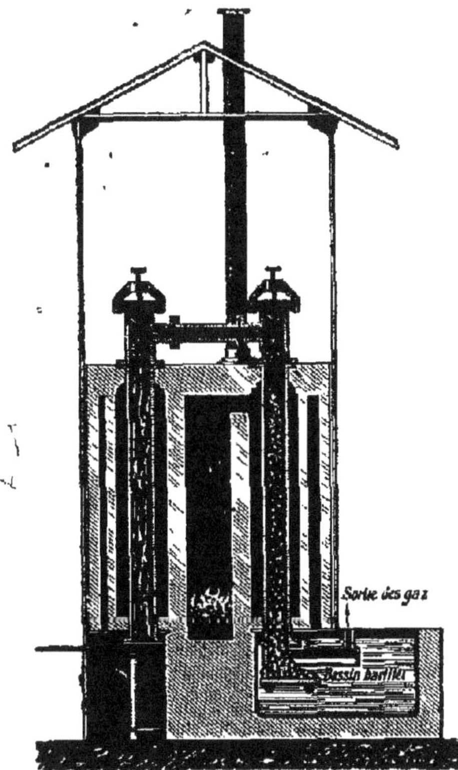

Fig. 210. — Gazogène pour gaz Riché.

A défaut de bois, on peut utiliser des déchets de bois, des copeaux, sciures, etc.; de la tannée, de la tourbe, même des déchets organiques comme du sang coagulé, des gadoues, etc.; tous ces produits fournissent en général 1^{mc} de gaz par kilogramme de matière première, ce qui est un rendement extraordinaire, et laissent un résidu charbonneux qui sert au chauffage domestique ou au chauffage du gazogène.

Le gaz Riché développe de 3000 à 4000 calories au mètre cube; la consommation pour un moteur à gaz est d'environ 1^{mc} par cheval-heure; son emploi eu égard à son faible prix de revient est donc très économique.

143. Moteurs à pétrole. — Ces moteurs, dont l'invention est due au mécanicien américain Brayton (1872), diffèrent très peu en principe des moteurs à gaz tonnants, dont ils dérivent directement.

Le mélange tonnant moteur est composé d'air et de vapeur de pétrole lampant (pétrole ordinaire des lampes : $d = 0{,}817$) ou d'essence de pétrole ($d = 0{,}65$). Le pétrole lampant est plus employé à cause de son bas prix ; la consommation est de 500 à 600^{gr} par cheval-heure, et cette quantité suffit pour carburer 6^{mc} d'air (*).

(*) On a songé à employer l'alcool depuis le dégrèvement de ce liquide, admis maintenant à la dénaturation moyennant un droit de 3 fr. par hectolitre à 100° Gay-Lussac, au lieu de 40 francs. (L'alcool non dénaturé paye un droit de $156^{fr},25$).

Les appareils de carburation ou *carburateurs* sont nombreux ; mais on peut les ramener à deux types :

1° *Carburateurs à pétrole lampant.* — La volatilisation du pétrole se fait dans une enceinte chauffée par les gaz d'échappement ou par l'explosion elle-même ; la chaleur qui en résulte est suffisante pour vaporiser le liquide carburateur et même quelquefois pour produire la détonation du mélange tonnant.

2° *Carburateurs pour liquides plus volatils que le pétrole lampant.* — La volatilisation a lieu par barbotage d'air échauffé par les gaz de l'échappement, cet air étant lancé par une petite pompe annexe actionnée par le moteur lui-même.

Nous décrirons, comme application du premier type, le moteur Hornsby-Akroyd, et comme application du second, le carburateur Longuemare.

Moteur Hornsby-Akroyd. — Cet excellent moteur, construit par M. Burton, est à quatre temps, c'est-à-dire que pour deux tours de la manivelle les phases sont les suivantes :

1re Course (allée du piston). — Aspiration du mélange tonnant	}	Un tour de manivelle.
2e id. (retour id.). — Compression du mélange.	}	
3e id. (allée id.). — Allumage et explosion motrice	}	Un tour de manivelle.
4e id. (retour id.). — Échappement des gaz brûlés	}	

Le pétrole est aspiré par une pompe à simple effet dans un réservoir placé sous le bâti-socle de la machine et il est refoulé dans le carburateur C (*fig.* 211), en passant par un ajutage E dont l'orifice varie de 3 à 6 dixièmes de millimètre afin de *pulvériser* le pétrole et de favoriser son mélange avec l'air. Ce pétrole ainsi injecté se répand dans le carburateur échauffé par les explosions précédentes et s'y volatilise rapidement grâce à la grande surface de chauffe due aux ailettes de fonte dont le carburateur est garni intérieurement. Supposons maintenant que le piston porte en avant ; la soupape de prise d'air F se soulève mécaniquement et le mélange tonnant se fait. Le piston revient alors en arrière et comprime le mélange (la soupape F s'est fermée un peu avant le retour du piston). A fond de course, le mélange détone par le fait de son échauffement dans le carburateur et le piston est lancé en avant ; il revient en arrière, entraîné par le volant, et expulse les gaz par une soupape G, mue aussi mécaniquement.

La quantité de pétrole injectée dans le carburateur par la pompe est réglée automatiquement selon le travail à effectuer, par l'intermédiaire d'un régulateur à force centrifuge ordinaire commandé par un pignon denté H calé sur l'arbre longitudinal I, mis lui-même en mouvement par l'arbre moteur J à l'aide d'une paire de roues dentées coniques. Ce régulateur (par un mécanisme simple que nous ne décrirons pas ici, mais facile à concevoir) agit sur la

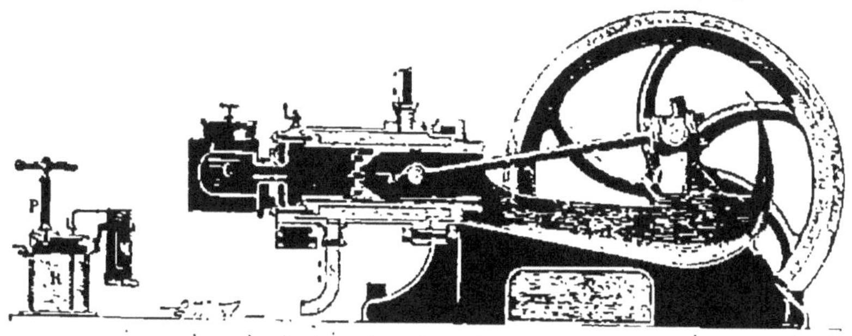

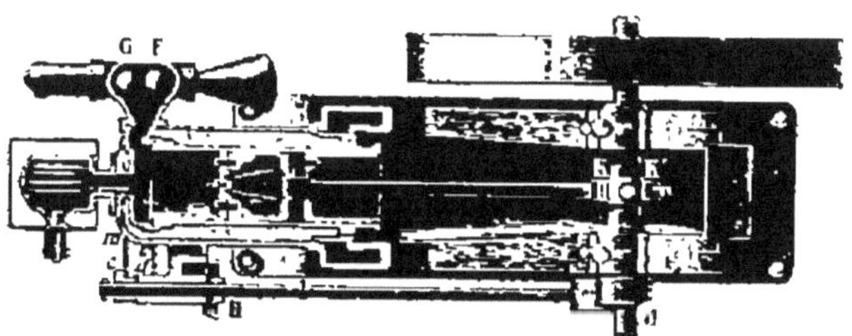

Fig. 211. — Moteur Hornsby-Akroyd.

pompe à pétrole pour en faire varier le débit suivant les circonstances.

Il augmentera par exemple ou diminuera le débit de cette pompe, en faisant varier la course de son piston, ou plus simplement encore, en ouvrant ou fermant plus ou moins un robinet placé sur le tuyau d'aspiration du pétrole.

L'arbre latéral I fait tourner deux cames c et d qui commandent les soupapes de prise d'air et d'échappement F et G par l'action des leviers *m* et *n*.

Le piston est à fourreau et directement articulé avec la bielle. Le cylindre est refroidi par une circulation d'eau.

La quantité de pétrole introduite est variable : mais le volume d'air admis étant constant, le mélange est plus détonant lorsqu'il y a moins de pétrole et par suite lorsque la machine travaille à petite charge. Il se produirait donc dans ces conditions des explosions anticipées si l'on ne prenait les mesures nécessaires pour diminuer la compression préalable. Pour cela on place en avant et en arrière de la tête de la bielle des contre-plaques K et K', qui ont pour effet d'allonger ou de raccourcir la bielle et par suite de diminuer ou d'augmenter la longueur de la chambre d'explosion, ce qui fait varier la tension du mélange comprimé.

La lampe de mise en route comprend un réservoir de pétrole R, une pompe de compression à main P et un serpentin en cuivre. Le pétrole, s'échappant sous pression d'un très petit orifice placé à l'extrémité inférieure d'un tuyau en fer M, se mélange en vapeur avec l'air et produit une forte flamme, qui suffit pour chauffer en quelques minutes le carburateur. Ce résultat obtenu, on retire la lampe du dessous du carburateur et le moteur se suffit ensuite à lui-même.

Carburateur Longuemare. — Ce carburateur s'applique aux moteurs à essence. Le liquide arrive par la tubulure *a* dans une boîte à flotteur (*fig.* 212), qui règle le débit par la petite soupape *c*. L'essence, par suite du niveau qu'elle atteint dans la boîte, soulève la

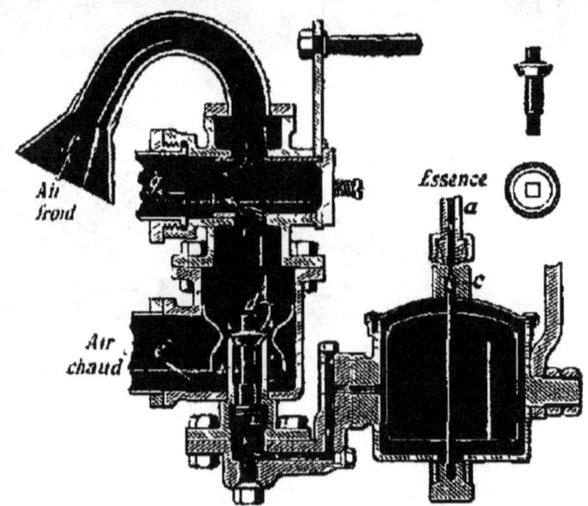

Fig. 212. — Carburateur Longuemare.

soupape *d*, puis se trouve vaporisée et entraînée par un courant d'air chaud venant par *e* (cet air est chauffé par les gaz d'échappement). De l'air froid entre également par *f*, et le tout est aspiré par le moteur au premier temps par la tubulure *g*.

Applications des moteurs à pétrole. — Les moteurs à pétrole se répandent de plus en plus dans la petite industrie, grâce à la simplicité de leur installation, qui ne comporte ni gaz, ni gazogène. On les applique aussi aux véhicules automobiles. Nous en donnerons l'exemple suivant :

Voiturettes Bollée. — Ce sont des tricycles à deux places, ayant une roue motrice à l'arrière et deux roues directrices à l'avant (*fig.* 213). Le moteur est horizontal, à un seul cylindre muni d'ailettes pour le refroidissement, et fonctionne à quatre temps. Lorsque le piston aspire (1er temps), le mélange d'air et de vapeur d'essence formé dans le carburateur A pénètre dans le cylindre par la soupape d'admission. A bout de course, le piston n'aspirant plus, cette soupape se ferme d'elle-même. Le piston revient alors vers le fond du cylindre (2e temps), comprimant le mélange tonnant dans la

Fig. 213. — Voiturette Bollée.

chambre d'explosion ; cette chambre est terminée par un tube de platine maintenu constamment au rouge par un brûleur extérieur B, alimenté par un réservoir R. Le tube en platine met le feu au mélange et le piston est violemment projeté en avant (3e temps), produisant un travail utile sur la roue motrice. Le piston revient enfin en arrière (4e temps), la soupape d'échappement s'ouvre et les gaz brûlés s'échappent dans une boîte X.

L'embrayage ou la solidarisation de l'arbre moteur avec la roue actionnant le véhicule se fait en avançant un levier L qui, reculant la roue motrice arrière, tend à volonté une courroie, du moteur à la roue motrice. Les changements de vitesse s'effectuent à l'aide de trois groupes d'engrenages enfermés dans un coffre et correspondant normalement aux vitesses de 8, 16, 24^{km} à l'heure. On change la vitesse en déplaçant latéralement une roue dentée à l'aide d'une poignée P placée à la partie supérieure du levier L ; on met ainsi en prise un groupe d'engrenages autre que celui en travail. La voiturette est munie de deux freins constitués, l'un, par un sabot en caoutchouc pouvant s'appliquer sur la poulie de la roue motrice, l'autre (frein de secours) par une courroie s'appuyant sur le volant du moteur et permettant d'arrêter ce dernier avec une pédale.

Dans des conditions normales, la dépense est d'environ 2 à 3 centimes par kilomètre. Le réservoir du moteur permet d'effectuer environ 120^{km} sans avoir besoin qu'on le remplisse à nouveau.

RÉSUMÉ DU CHAPITRE XI

Les machines thermiques produisent du travail en dépensant de la chaleur par l'intermédiaire de la vapeur (machine à vapeur) ou d'un gaz (machine à gaz).

Les *machines à vapeur* comprennent un producteur de vapeur (générateur) et un moteur qui utilise la force élastique de cette vapeur pour produire un mouvement.

Le générateur à bouilleurs se compose d'un cylindre communiquant avec deux bouilleurs par des cuissards; il est muni d'un dôme dans lequel se rend la vapeur, d'un manomètre, de deux indicateurs de niveau et d'un robinet d'alimentation. Il existe une foule d'autres systèmes de générateurs (générateurs semi-tubulaires, tubulaires, verticaux, multitubulaires, etc.).

Les *moteurs à vapeur* comprennent un cylindre avec piston, un distributeur de vapeur, un mécanisme de transformation et des organes régulateurs. Le distributeur a pour organe principal un tiroir en fonte qui ferme et ouvre alternativement les lumières du cylindre, admettant ainsi successivement la vapeur au-dessus et au-dessous du piston. La vapeur n'arrive que pendant une partie de la course du piston (période de pleine pression), puis elle se trouve emprisonnée et se détend en suivant sensiblement la loi de Mariotte. L'échappement a lieu soit dans l'atmosphère, soit dans un condenseur où l'on fait le vide et où se condense la vapeur évacuée. La tige du piston est fixée à une crosse guidée par des glissières et portant une bielle articulée au bouton d'une manivelle calée sur l'arbre moteur. Ce mécanisme transforme le mouvement rectiligne alternatif du piston en un mouvement circulaire continu, actionnant aussi le distributeur par un excentrique. Une roue en fonte (volant) et un régulateur à boules régularisent le mouvement.

Les principaux types de machines à détente fixe sont la machine horizontale sans condensation et la machine verticale dite à pilon. Dans les machines qui ont à produire un travail variable, on fait varier la détente suivant les fluctuations des résistances à vaincre (tiroir Meyer, tiroir Farcot).

Il existe des moteurs présentant quatre distributeurs de vapeur près des fonds du cylindre (machines de Corliss, de Sulzer), des machines polycylindriques qui donnent des détentes très prolongées (machines de Woolf, machines compound).

Certaines machines à vapeur sont montées sur roues; ce sont les locomobiles, qui peuvent être traînées sur routes d'un lieu à un autre, et les automobiles, notamment les locomotives.

D'autres machines, tout en étant à vapeur, reposent sur des principes tout différents de ceux des moteurs à vapeur ordinaires ; nous ne citerons que les pulsomètres et la turbine de Laval.

Les moteurs à vapeur ordinaires se distinguent en machines à basse pression (tension F de la vapeur inférieure à 2^{kg}), machines à moyenne pression (F de 2 à 6^{kg}), machines à haute pression (F supérieur à 6^{kg}).

Les *moteurs à gaz* utilisent la force élastique produite par la déflagration d'un mélange d'air et de gaz tonnant, allumé sous un piston pouvant se mouvoir dans un cylindre. Dans les uns, l'explosion se produit sans compression préalable du mélange gazeux ; le piston ne reçoit qu'une fois l'impulsion des gaz pour une allée et venue (moteur Lenoir, moteur Bischoff). Dans les moteurs avec compression préalable, le mélange tonnant est comprimé avant déflagration à une tension supérieure à la pression atmosphérique ; les plus employés sont les moteurs à quatre temps, dans lesquels on a, pour quatre courses successives du piston (deux allées et deux venues) le cycle d'opérations suivant : aspiration du mélange tonnant, compression du mélange, allumage et explosion, expulsion des gaz brûlés (moteur Charon).

EXERCICES SUR LE CHAPITRE XI

*37. Calculer l'angle α de conicité à donner aux bandages des roues des locomotives (ou des wagons), ou, ce qui revient au même, l'inclinaison à donner aux rails dans la pose d'une voie ferrée (*fig.* 190 à 192 et texte correspondant) pour que l'inégalité de parcours des deux roues d'un même essieu soit compensée par leur conicité. On connaît e, écartement des rails d'axe en axe ; r, rayon de roulement des roues dans leur position moyenne ; j, jeu de la voie ($d - d'$ sur la figure 192) ; ρ, rayon de courbure de l'axe de la voie.

Réponse : $$\operatorname{tg} \alpha = \frac{er}{j\rho}.$$

Si : $e = 1^m,51$ (voies françaises), $j = 0^m,03$, $2r = 1^m$, et si ρ a la plus petite valeur qu'il puisse acquérir sur une bonne ligne, 500^m, alors

$$\operatorname{tg} \alpha = \frac{1}{20}.$$

38. Le diamètre intérieur du cylindre d'une machine à vapeur à basse pression, sans détente, est $0^m,45$; la course du piston est $1^m,2$; le nombre des coups de piston par minute est 24 ; la pression de la vapeur est $1^{kg},5$; la pression dans le condenseur est $0^{kg},25$.

1° Quelle est, en kilogrammes, la force qui agit sur le piston ?

2° Quelle est, en chevaux-vapeur, la puissance théorique de la machine ?

3° Quelles sont, pour une journée de 12 heures, les dépenses en eau et en charbon, sachant que pour chaque cheval-vapeur on compte par heure $3^{kg},2$ d'eau et $2^{kg},5$ de charbon ?

Réponses : 1° $1984^{kg},5$; 2° 12,7 ; 3° $487^{kg},68$ d'eau et 381^{kg} de charbon.

39. Calculer, en chevaux-vapeur, la puissance d'une machine à double effet, sans condenseur, fonctionnant à 5^{kg}, sachant qu'elle fait 2 tours par seconde et que le piston a une course de 1^{m} et une section de 5^{dq}.

Réponse : $106^{ch\text{-}vap},66$.

40. Une machine thermique parfaite puise de la chaleur à une source dont la température est 200° C ; la température du réfrigérant est 50° C. On demande :

1° Quelle fraction de la chaleur fournie par la source est transformée en travail mécanique ;

2° Quelle est en chevaux-vapeur la puissance de la machine, si elle emprunte à la source 3 calories par seconde.

Réponses ; 1° 0,317 ; 2° $5^{ch\text{-}vap},39$.

ACOUSTIQUE

(COMPLÉMENTS)

CHAPITRE XII

ÉTUDE DES SONS MUSICAUX

144. Intervalles musicaux. — On appelle intervalle de deux sons le rapport des nombres de vibrations par seconde de ces deux sons. Lorsque deux sons sont émis simultanément, l'expérience montre que l'impression reçue par l'oreille dépend essentiellement de leur intervalle et non de leur hauteur absolue.

Soient n et n' les nombres de vibrations par seconde de deux sons donnés; l'intervalle de ces deux sons est, par définition, le rapport $\frac{n'}{n}$. Par convention, on prend pour numérateur le nombre de vibrations du son le plus aigu; un intervalle est donc toujours exprimé par un nombre plus grand que l'unité.

Les intervalles de deux sons sont en nombre indéfini. Certains intervalles, en petit nombre, sont seuls usités en musique; on les appelle à cause de cela *intervalles musicaux*.

Les principaux intervalles musicaux sont :

l'*unisson*, caractérisé par le rapport ou intervalle 1 (nombres de vibrations égaux);

la *seconde majeure*, par l'intervalle $\frac{9}{8}$ (l'un des mouvements fait 9 vibrations pendant que l'autre en fait 8);

la *tierce majeure*, par l'intervalle $\frac{5}{4}$;

la *quarte*, — $\frac{4}{3}$;

la *quinte*, — $\frac{3}{2}$;

la *sixte*, — $\frac{5}{3}$;

la *septième*, — $\frac{15}{8}$;

l'*octave*, — $\frac{2}{1} = 2$.

On emploie encore en musique deux intervalles complémentaires : la *seconde mineure*, intervalle $\frac{16}{15}$, et la *tierce mineure*, intervalle $\frac{6}{5}$.

145. Accords. — **Un accord est la production simultanée de deux ou plusieurs sons séparés par des intervalles musicaux.** On dit qu'un accord est *consonant* si la sensation qui en résulte est agréable à l'oreille; il est *dissonant* si la sensation est désagréable. Ces sensations sont naturellement plus ou moins agréables ou désagréables.

Accords de deux sons. — L'intervalle le plus consonant formé par la production simultanée de deux sons est l'*unisson* ; viennent ensuite les accords d'octave, de quinte, de quarte, de tierce majeure et de tierce mineure. Les accords de sixte, de seconde et de septième sont plus ou moins dissonants.

Accords de trois sons. — Le plus agréable des accords de trois sons est l'*accord parfait majeur*. Les deux derniers sons de cet accord présentent avec le premier des intervalles de tierce majeure et de quinte. En prenant pour unité le premier des nombres de vibrations exécutées par les trois sons, les nombres de vibrations sont représentés par 1, $\frac{5}{4}$, $\frac{3}{2}$ ou, en réduisant au même dénominateur, par les nombres entiers 4, 5, 6.

L'*accord parfait mineur* diffère du précédent en ce que l'intervalle de tierce majeure est remplacé par celui de tierce mineure. Les nombres de vibrations des sons qui forment cet accord sont donc représentés par 1, $\frac{6}{5}$, $\frac{3}{2}$ ou, ce qui revient au même, par 10, 12, 15.

GAMME

146. Définition. — On donne le nom de gamme à une série de sept sons présentant avec le plus grave d'entre eux des intervalles musicaux déterminés. Les sept sons ou *notes* de la gamme ont reçu en France les noms suivants :

ut, ré, mi, fa, sol, la si.

La première note peut être choisie arbitrairement; si on la change, on modifie la hauteur de toutes les autres notes de la gamme, mais on ne change pas les intervalles respectifs des six dernières notes par rapport à la première.

147. Échelle musicale. — Prenons comme point de départ un son que nous appellerons ut_3. Dans la gamme *majeure*, les autres notes seront définies par leurs intervalles avec ut_3 :

ut_3	$ré_3$	mi_3	fa_3	sol_3	la_3	si_3	ut_4
1	$\frac{9}{8}$	$\frac{5}{4}$	$\frac{4}{3}$	$\frac{3}{2}$	$\frac{5}{3}$	$\frac{15}{8}$	2

c'est-à-dire que l'intervalle entre $ré_3$ et ut_3 est $\frac{9}{8}$, etc.

La gamme ainsi constituée est la *gamme majeure fondamentale* de l'échelle musicale. La note ut_3 en est la note fondamentale ou la *tonique* ; la cinquième note, le *sol*, s'appelle la *dominante*; la septième note, le *si*, est la note *sensible*.

L'ut_4 peut servir de point de départ à une seconde gamme, dans laquelle chaque note correspondrait à un nombre de vibrations deux fois plus grand que dans la première. Cette seconde gamme se terminera à l'ut_5, qui servira de point de départ à une troisième gamme, et ainsi de suite. De même au-dessous de l'ut_3, nous pouvons constituer une gamme allant à l'ut_2, etc. La série des gammes peut être prolongée indéfiniment dans les deux sens, mais, dans la pratique, la première gamme est affectée de l'indice -2, la dernière de l'indice 7.

148. Nombres de vibrations correspondant aux sons musicaux. — Si l'on fixe le nombre de vibrations correspondant à l'un quelconque des sons de l'une des gammes, tous les autres seront déterminés. Par convention, le la_3 sert de point de départ; il est donné par un diapason construit à cet effet et appelé *diapason normal*, faisant 435 vibrations par seconde à 15°. Toutes les autres notes des gammes se trouvant alors déterminées, on peut calculer facilement les nombres de vibrations qui leur correspondent.

La note ut_3 correspond à $435 \times \frac{3}{5} = 261^{\text{vib}}$, la note $ré_3$ à $261 \times \frac{9}{8} = 293^{\text{vib}},6$, et ainsi de suite. Les notes ut_{-2} et ut_7 correspondent à 16,3 et 4176 vibrations.

149. Intervalles entre les notes successives d'une gamme. — Au lieu de définir les notes d'une gamme par les intervalles des six dernières notes avec la première, on peut définir chaque note par son intervalle pris par rapport à la note qui la précède immédiatement. On trouve ainsi, en faisant le quotient des nombres de vibrations qui correspondent aux deux notes :

ut	*ré*	*mi*	*fa*	*sol*	*la*	*si*	*ut*
1	$\frac{9}{8}$	$\frac{5}{4}$	$\frac{4}{3}$	$\frac{3}{2}$	$\frac{5}{3}$	$\frac{15}{8}$	2

$$\frac{9}{8} \quad \frac{10}{9} \quad \frac{16}{15} \quad \frac{9}{8} \quad \frac{10}{9} \quad \frac{9}{8} \quad \frac{16}{15}.$$

Il n'y a donc que trois espèces d'intervalles successifs, qui sont, par ordre de grandeur décroissante, $\frac{9}{8}, \frac{10}{9}, \frac{16}{15}$. Le premier s'appelle *ton majeur*; le second, *ton mineur*; le troisième, *demi-ton*.

Les fractions $\frac{9}{8}$ et $\frac{10}{9}$ ont presque la même valeur; leur intervalle $\frac{9}{8} : \frac{10}{9} = \frac{81}{80}$ diffère très peu de l'unité. Cet intervalle s'appelle un *comma* ; il faut une oreille tellement exercée pour l'apprécier qu'on le néglige dans la pratique et que l'on confond le ton majeur et le ton mineur. En faisant cette approximation, les intervalles successifs entre les notes de la gamme sont ainsi constitués :

ut *ré* *mi* *fa* *sol* *la* *si* *ut*

ton ton $\frac{1}{2}$ ton ton ton ton $\frac{1}{2}$ ton.

150. Dièses et bémols. — Au lieu de commencer une gamme par la note *ut*, on peut prendre une autre note quelconque comme *tonique*. Pour conserver dans ces nouvelles gammes les mêmes intervalles successifs que dans les gammes d'*ut*, il est nécessaire de substituer à certaines de leurs notes des notes qui en diffèrent soit par un demi-ton en plus, soit par un demi-ton en moins ; les premières des notes ainsi modifiées portent le nom de notes *diésées*, les secondes, celui de notes *bémolisées*.

Gammes à notes diésées. — Soit à construire une gamme majeure ayant pour tonique la quinte de la gamme d'*ut*, c'est-à-dire le *sol*. Les notes et les intervalles seront, en représentant un ton entier par T et un demi-ton par *t* :

sol *la* *si* *ut* *ré* *mi* *fa* *sol*,

T T *t* T T *t* T

ce qui donne deux tons, un demi-ton, deux tons, un demi-ton, un ton.

Les notes précédentes ne peuvent constituer une gamme, parce que l'intervalle entre *mi* et *fa* est trop petit et que l'intervalle entre *fa* et *sol* est trop grand. Il faut donc, à partir du *mi*, monter d'un ton entier, ce qui donne un son intermédiaire entre *fa* et *sol*. Ce son intermédiaire s'appelle *fa dièse* et se symbolise par *fa*$^\sharp$. L'intervalle *mi-fa*$^\sharp$ est par hypothèse un ton, c'est-à-dire $\frac{10}{9}$, tandis que l'intervalle *mi-fa* est un demi-ton ou $\frac{16}{15}$. L'intervalle *fa-fa*$^\sharp$ est par suite $\frac{10}{9} : \frac{16}{15} = \frac{25}{24}$.

On voit que diéser une note, c'est multiplier son nombre de vibrations par $\frac{25}{24}$.

En résumé, la gamme de sol sera ainsi constituée :

sol la si ut ré mi fa♯ *sol*.
T T *t* T T T *t*

On trouverait de même que la gamme de *ré* comporte deux notes diésées (*fa*, *ut*) ; la gamme de *la*, trois (*ut*, *fa*, *sol*) ; la gamme de *mi*, quatre (*fa*, *sol*, *ut*, *ré*) ; la gamme de *si*, cinq (*ut*, *ré*, *fa*, *sol*, *la*).

Gammes à notes bémolisées. — Prenons maintenant pour tonique d'une gamme majeure la note *fa* de la gamme naturelle. La série des notes et des intervalles sera :

fa sol la si ut ré mi fa.
T T T *t* T T *t*

On n'a pas une gamme, parce que l'intervalle entre *la* et *si* est trop grand et que l'intervalle entre *si* et *ut* est trop petit. En descendant d'un ton à partir de l'*ut*, on tombe sur un son intermédiaire entre *la* et *si*, et qui s'appellera *si bémol* (*si*♭). Cette nouvelle note diffère du *si* naturel par l'intervalle $\frac{24}{25}$. Donc pour bémoliser une note, on multiplie son nombre de vibrations par $\frac{24}{25}$.

151. Gamme tempérée. — En disposant des sept notes de la gamme, de leurs dièses et de leurs bémols, on peut commencer une gamme majeure par telle note que l'on veut, puisqu'il est possible, à partir de chaque note, de monter ou de descendre d'un ton ou d'un demi-ton. On est ainsi conduit à employer 21 sons par gamme.

Ces 21 sons différents peuvent être rendus par la voix

humaine et par les instruments à sons variables, comme le violon, le violoncelle ; mais si on voulait les obtenir avec des instruments à sons fixes, comme le piano, il en résulterait dans le clavier une grande complication.

On a adopté pour les instruments à sons fixes une gamme spéciale appelée *gamme tempérée*, comprenant 12 sons distincts, également espacés. L'intervalle constitutif de cette gamme se nomme *tempérament* ou demi-ton moyen, et comme la réunion de ces 12 tempéraments doit faire l'octave, chacun d'eux a pour valeur $\sqrt[12]{2} = 1,05946$. Dans la gamme ainsi constituée, on confond une note diésée avec la note bémolisée suivante, bien que l'intervalle de ces deux notes soit un peu supérieur à un comma.

Le tableau suivant contient les douze sons équidistants de la gamme tempérée avec les intervalles exacts des notes de la gamme ordinaire. Les différences sont, comme on le voit, fort petites.

Sons et tempéraments.		*Intervalles exacts.*	
ut			
ut♯ ou *ré*♭	1,059		
ré	1,122	*ré*	1,125
ré♯ ou *mi*♭	1,189		
mi ou *fa*♭	1,260	*mi*	1,250
fa ou *mi*♯	1,335		
fa♯ ou *sol*♭	1,414		
sol	1,498	*sol*	1,500
sol♯ ou *la*♭	1,587		
la	1,682	*la*	1,667
la♯ ou *si*♭	1,782		
si	1,888	*si*	1,875
si♯ ou *ut*♭	2,000		

152. Gammes mineures. — Outre les gammes majeures que nous avons étudiées, on emploie en musique des gammes dites *gammes mineures*, dont les intervalles avec le son fondamental sont

$$1, \frac{9}{8}, \frac{6}{5}, \frac{4}{3}, \frac{3}{2}, \frac{5}{3}, \frac{15}{8}, 2.$$

La tierce d'une gamme mineure est une tierce *mineure*. Les intervalles successifs comprennent un ton, un demi-ton, deux tons, un demi-ton, deux tons.

Le type des gammes mineures est la gamme de *la* :

la, *si*, *ut*, *ré*, *mi*, *fa*, *sol*♯, *la*,

à laquelle correspond l'accord parfait mineur *la*, *ut*, *mi*.

En employant des dièses et des bémols, on forme des gammes mineures à partir d'autres notes, comme on l'a fait pour les gammes majeures.

153. Harmoniques d'un son. — **On appelle harmoniques d'un son**, considéré comme son fondamental, **des sons dont les nombres de vibrations sont doubles, triples, quadruples, etc., du nombre qui correspond au son fondamental.** Ainsi, étant donné un son fondamental correspondant à n vibrations par seconde, ses harmoniques sont les sons dont les hauteurs peuvent s'exprimer par le produit kn, k étant un nombre entier.

La plupart des harmoniques d'un son musical appartiennent à l'échelle des gammes ordinaires. Voici, à titre d'exemple, la série des harmoniques successifs correspondant au son ut_1, considéré comme son fondamental.

			Nombre de vibrations.
Son fondamental		ut_1	n
1er	harmonique	ut_2	$2n$
2e	id.	sol_2	$3n$
3e	id.	ut_3	$4n$
4e	id.	mi_3	$5n$
5e	id.	sol_3	$6n$
6e	id.	non dans la gamme (voisin de $si_3^\flat$)	$7n$
7e	id.	ut_4	$8n$
8e	id.	$ré_4$	$9n$
9e	id.	mi_4	$10n$

On voit que les harmoniques deviennent de plus en plus voisins les uns des autres à mesure qu'on s'avance dans la série. La superposition de deux de ces sons donne un accord d'autant plus consonant qu'ils se trouvent plus voisins du son fondamental.

154. Limites de l'échelle musicale. — Théoriquement, la série des gammes est indéfinie dans les deux sens ; mais pratiquement il y a une limite supérieure et une limite inférieure en dehors desquelles les vibrations ne produisent plus aucune impression sur l'oreille. Ces limites ne peuvent être fixées qu'approximativement ; elles varient d'ailleurs d'une personne à l'autre.

En musique, les sons d'un bon usage sont compris entre 30 et 4 000^{vib} par seconde, ce qui correspond à une étendue de 7 octaves environ. Les pianos vont ordinairement depuis le la_{-2} (27^{vib} par seconde) jusqu'au la_6 inclusivement (3880^{vib}). Le son le plus élevé employé en musique est donné par la petite flûte : c'est le $ré_7$ (4 700^{vib}).

RÉSUMÉ DU CHAPITRE XII

L'*intervalle* de deux sons est le rapport $\frac{n'}{n}$ des nombres de vibrations par seconde de ces deux sons. Les principaux intervalles usités en musique sont caractérisés par les rapports 1, $\frac{9}{8}$, $\frac{5}{4}$, $\frac{4}{3}$, $\frac{3}{2}$, $\frac{5}{3}$, $\frac{15}{8}$, 2.

Un *accord* est la production simultanée de plusieurs sons ; les plus consonants sont l'unisson $\left(\text{intervalle } \frac{1}{1}\right)$ et l'accord parfait majeur $\left(\text{nombres de vibrations représentés par } 1,\ \frac{5}{4},\ \frac{3}{2}\right)$.

La *gamme* est une série de 7 sons présentant avec le plus grave les intervalles indiqués ci-dessus. La gamme majeure fondamentale a pour point de départ l'ut_3 ; son la_3 correspond à 435^{vib} par seconde.

Les intervalles entre les notes successives d'une gamme sont $\frac{9}{8}$, $\frac{10}{9}$, $\frac{16}{15}$, $\frac{9}{8}$, $\frac{10}{9}$, $\frac{9}{8}$, $\frac{16}{15}$. L'intervalle $\frac{9}{8}$ s'appelle ton majeur, l'intervalle $\frac{10}{9}$, ton mineur ; l'intervalle $\frac{16}{15}$, demi-ton. Dans la pratique, on confond $\frac{9}{8}$ et $\frac{10}{9}$, de sorte que l'on a successivement 2 tons, $\frac{1}{2}$ ton, 3 tons, $\frac{1}{2}$ ton. En respectant ces intervalles, on peut commencer une gamme par une note quelconque ; certaines notes doivent alors être diésées $\left(\text{nombre de vibrations multiplié par } \frac{25}{24}\right)$ ou bémolisées $\left(\text{nombre de vibrations multiplié par } \frac{24}{25}\right)$.

La gamme *tempérée* est employée pour les instruments à sons fixes ; elle comprend 12 sons également espacés, chaque note diésée étant confondue avec la note bémolisée suivante.

Les *harmoniques* d'un son ont des nombres de vibrations 2, 3, 4, ... fois plus grands que le nombre de vibrations correspondant à ce son. Les harmoniques successifs de ut_1, par exemple, sont ut_2, sol_2, ut_3, etc.

EXERCICES SUR LE CHAPITRE XII

41. Constituer la gamme majeure de *mi*. Quel est l'accord parfait majeur correspondant ?

Réponse : *mi*, *sol*$^{\sharp}$, *si*.

42. Calculer les nombres de vibrations correspondant aux notes suivantes : si_2, $la_1^{\flat}$, $ré_4^{\sharp}$.

Réponses : 244, 104, 611.

CHAPITRE XIII

VIBRATIONS TRANSVERSALES DES CORDES

---

155. Définitions. — On appelle cordes, en Acoustique, des fils en boyau ou en métal, fixés par leurs deux extrémités et plus ou moins tendus.

Si l'on écarte une corde de sa position d'équilibre en la pinçant par exemple en son milieu, pour l'abandonner ensuite à elle-même, elle effectuera une série d'oscillations suivant le mécanisme habituel des mouvements vibratoires et l'on entendra un son. Ces vibrations s'appellent vibrations *transversales*, parce que chaque point se déplace dans une direction perpendiculaire à celle de la corde. On les excite, soit en frottant la corde avec un archet comme sur le violoncelle, soit en la pinçant comme on le fait avec la guitare, soit encore en l'ébranlant par le choc d'un corps dur comme dans le piano.

Les cordes peuvent aussi effectuer des vibrations dans le sens de leur longueur, c'est-à-dire des vibrations *longitudinales*. On provoque ces vibrations en frottant les cordes, dans le sens de leur longueur, avec un morceau de drap imbibé d'alcool ou saupoudré de colophane.

Nous n'étudierons que les vibrations transversales.

156. Lois des vibrations transversales. — Les lois des vibrations transversales des cordes sont comprises dans la formule suivante, déduite des lois de la mécanique par Taylor :

$$n = \frac{1}{2l}\sqrt{\frac{F}{sd}}. \qquad (1)$$

n est le nombre de vibrations complètes (rappelons qu'une vibration complète est un aller et retour) exécutées en une seconde par une corde vibrant dans toute sa longueur ; l représente la longueur de la corde comprise entre les points fixes, s sa section, d sa densité ; F est la force avec laquelle la corde est tendue ou, autrement dit, la tension de la corde.

Or, la force F qui tend une corde fixée par ses deux extrémités peut être déterminée en tendant la corde par des masses M de manière à lui faire rendre le même son que primitivement ; par suite, $F = Mg$, g désignant l'accélération due à la pesanteur. Posons de plus $s = \pi r^2$, $2r$ étant le diamètre de la corde ; la relation (1) devient

$$n = \frac{1}{2rl}\sqrt{\frac{Mg}{\pi d}},$$

qui est la formule ordinairement employée. On exprime r et l en centimètres, M en grammes, g par 981 (à Paris).

On voit que le nombre de vibrations par seconde du son le plus *grave* rendu par une corde varie :

1° En raison inverse de la longueur l de la corde ;

2° En raison inverse du diamètre $2r$;

3° Proportionnellement à la racine carrée de la tension $F = Mg$ dynes ;

4° En raison inverse de la racine carrée de la densité d de la substance qui constitue la corde.

157. Vérifications. — Les vérifications expérimentales des lois précédentes se font à l'aide du *sonomètre*.

Le sonomètre se compose d'une caisse rectangulaire en

bois mince destinée à renforcer les sons (*fig.* 214). Sur cette caisse sont fixés deux chevalets triangulaires C et C′ distants de 1m. Deux cordes, fixées toutes deux à l'une de leurs extrémités par des boulons de fer *b* et *b*′, passent

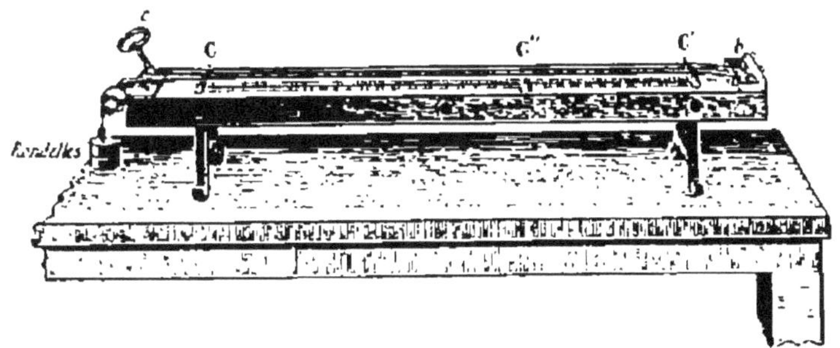

Fig. 214. — Sonomètre.

sur les chevalets ; l'une s'enroule à l'autre extrémité sur une cheville que l'on peut faire tourner avec une clef *c* de manière à tendre la corde à volonté ; l'autre corde passe sur une poulie et supporte des rondelles de plomb. Un chevalet mobile C″ peut se déplacer sous cette dernière corde pour limiter la longueur de la partie vibrante. Enfin l'appareil porte trois règles : la première donne la gamme tempérée, la seconde la gamme vraie, la troisième est un mètre divisé en millimètres dans toute sa longueur.

1° Loi des longueurs. — Pour vérifier la loi des longueurs, on règle avec des rondelles la tension de la corde enroulée sur la poulie de manière qu'elle puisse rendre un son convenable, puis on met l'autre corde à l'unisson en tournant la clef *c*. Cette dernière corde sert à conserver le son fondamental pour la comparaison.

On fait alors vibrer la corde enroulée sur la poulie en lui donnant successivement, à l'aide du chevalet mobile C″, des longueurs qui soient en raison inverse des intervalles de la gamme majeure, c'est-à dire $1, \frac{8}{9}, \frac{4}{5}, \ldots, \frac{1}{2}$; la corde rend successivement toutes les notes de cette gamme, ce qui est la démonstration de la loi des longueurs.

C'est ainsi qu'en variant la longueur de la partie vibrante on fait rendre à une même corde de violon une série de sons différents.

2° Loi des diamètres. — On place successivement sur le sonomètre deux cordes de même longueur, de même substance, tendues par les mêmes masses, mais dont l'une a un diamètre double de l'autre. La corde de comparaison est mise à l'unisson de la corde ayant le plus fort diamètre; si l'on substitue à celle-ci la corde la plus mince, elle donne l'octave aiguë du son rendu par l'autre corde.

C'est par application de cette loi que les cordes donnant les sons graves d'un piano sont faites en gros fil, et les cordes donnant les sons aigus en fil fin.

3° Loi des tensions. — On vérifie la loi des tensions en montrant que, pour faire monter d'une octave le son rendu par une corde, il faut quadrupler la tension.

La corde enroulée sur la poulie étant tendue par une masse M, on met la corde de comparaison à l'unisson. On remplace alors la masse M par une masse quadruple; la corde ainsi tendue donne bien l'octave aiguë du premier son.

On utilise les variations de hauteur par la tension pour accorder les pianos, les violons, etc.

4° Loi des densités. — On vérifie la loi des densités en se servant de deux cordes de même longueur et de même diamètre, l'une en fer, l'autre en platine.

La corde en fer étant d'abord tendue par une masse M, on met la corde de comparaison à l'unisson. Cela fait, on substitue à la corde de fer la corde de platine, que l'on tend par la même masse M, et, à l'aide du chevalet mobile, on cherche quelle longueur il faut lui donner pour qu'elle rende un son de même hauteur n que la corde de comparaison. Soient l et l' les longueurs des cordes de fer et de platine qui rendent la même note, d et d' les densités du fer et du platine : on trouve que le rapport $\frac{l}{l'}$ est égal à $\frac{\sqrt{d}}{\sqrt{d'}}$. Or, soit n' le nombre de vibrations que rendrait la corde de platine si on lui donnait la même longueur l qu'à la corde de fer ; on doit avoir, d'après la loi des longueurs,

$$\frac{n'}{n} = \frac{l}{l'}.$$

Par suite,

$$\frac{n'}{n} = \frac{\sqrt{d}}{\sqrt{d'}},$$

ce qui vérifie la loi des densités.

C'est en vertu de la loi des densités que les cordes de boyau rendent des sons beaucoup plus aigus que les cordes métalliques. Les cordes recouvertes d'un fil métallique (cordes filées) sont employées dans les violons, les violoncelles, etc. pour obtenir, à dimensions égales, des sons plus graves qu'avec des cordes de boyau.

158. Harmoniques. — Les lois qui précèdent se rapportent au cas où l'on fait rendre à une corde le son le plus grave de ceux qu'elle est capable de produire ou le son *fondamental*. La corde vibre alors dans toute sa longueur et n'a d'autres points immobiles que ses extrémités, appelées *nœuds* de vibration ou *points nodaux* ; elle présente en son milieu un maximum d'amplitude (*ventre* de vibration). Mais en rendant fixe un point convenablement choisi sur la corde, on peut diviser celle-ci en 2, 3, 4, ... parties égales qui vibrent simultanément et obtenir les *harmoniques* du son fondamental.

Pour obtenir le premier harmonique, on place le chevalet mobile au milieu de la corde et l'on attaque la corde en une de ses moitiés (*fig.* 215) ; le milieu reste immobile et la corde se divise en deux parties égales qui vibrent simultanément et rendent l'octave aiguë du son fondamental. Le milieu et les extrémités sont des points nodaux. Les points V et V′ situés à égale distance du milieu et des extrémités sont des ventres ; des cavaliers de papier placés en ces points sont violemment projetés. Quant aux vibrations exécutées par les deux moitiés de la corde, elles sont au même instant de sens contraires (*fig.* 216).

Fig. 215. — Production du premier harmonique.

En arrêtant successivement le chevalet mobile au tiers, au quart, . . de la corde (*fig.* 216), et en ébranlant chaque fois la portion courte de la corde, on obtient successivement le 2e harmonique (quinte du 1er harmonique), le 3e harmonique (octave du 1er harmonique), etc. La corde se subdivise en 3, 4, ... parties vibrant à l'unisson. Les ventres et les point fixes ou points nodaux sont équidistants ; des cava-

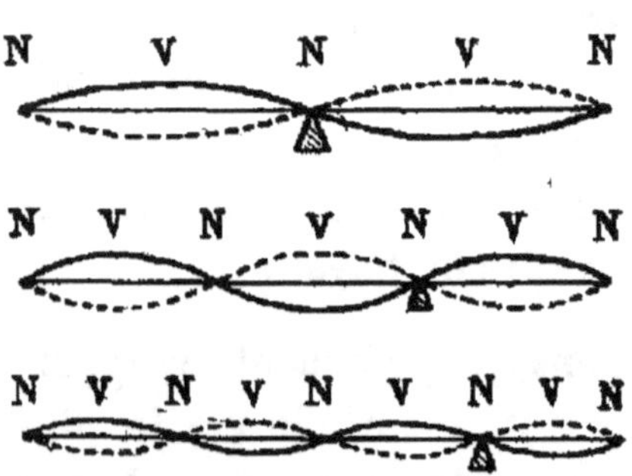

Fig. 216. — Mode de vibration d'une corde produisant les trois premiers harmoniques.

liers de papier posés aux points nodaux ne sont pas déplacés ; des cavaliers posés au milieu des espaces intermédiaires sont projetés.

On voit d'après cela que la corde se partage toujours en un nombre pair de quarts de longueur d'onde. En désignant par L la longueur de la corde, on a donc

$$L = 2k\,\frac{\lambda}{4}\,;$$

et comme $\lambda = \frac{V}{n}$, V étant la vitesse avec laquelle cette corde propage un ébranlement transversal, n le nombre de vibrations du son fondamental,

$$L = \frac{2kV}{4n},$$

et

$$n = \frac{kV}{2L}.$$

Si l'on connaît la vitesse V, vitesse qui varie avec le rayon, la tension, la densité de la corde et si l'on donne à k les valeurs 1, 2, ..., on aura les nombres de vibrations correspondant au son fondamental et aux harmoniques successifs. Inversement, si l'on a déterminé le nombre de vibrations du son fondamental, la relation précédente permettra de calculer la vitesse avec laquelle la même corde propage un ébranlement transversal.

REMARQUES. — 1° On peut produire les harmoniques du son fondamental d'une corde en opérant par *résonance*. Soit une corde dont le son fondamental est ut_2. Si l'on produit à côté de cette corde le son ut_3 (1er harmonique), elle se met à vibrer par influence et rend le son ut_3 en se divisant en deux parties égales. De même, en produisant le son sol_3 (2e harmonique), la corde se divise en trois parties et rend le son sol_3.

2° Lorsqu'une corde vibre transversalement dans toute sa longueur, une oreille exercée distingue, outre le son fondamental qui est le son dominant, les harmoniques 1, 2, 3, 4. En même temps que la corde vibre dans son entier, elle s'est donc subdivisée d'elle-même en 2, 3, 4 parties égales vibrant simultanément. Pour montrer nettement la coexistence des harmoniques avec le son fondamental, on fait vibrer une corde, puis on la touche en son milieu : le son fondamental s'éteint, mais son 1er harmonique, qui se produisait en même temps, continue à résonner, de sorte que le son monte d'une octave. De même, si l'on touchait la corde au tiers de sa longueur, le son, au lieu de s'éteindre, monterait de la quinte de l'octave (2e harmonique).

RÉSUMÉ DU CHAPITRE XIII

Les lois des vibrations transversales des cordes sont comprises dans la formule $n = \frac{1}{2rl}\sqrt{\frac{Mg}{\pi d}}$. Le nombre n de vibrations complètes par seconde du son le plus grave rendu par une corde varie en raison inverse de la longueur l et du diamètre $2r$; il est proportionnel à la racine carrée de la tension Mg et inversement proportionnel à la racine carrée de la densité de la substance qui constitue la corde.

Les lois précédentes se vérifient à l'aide du *sonomètre*. Elles s'appliquent à une corde qui vibre dans toute sa longueur et rend le son fondamental. Si l'on rend fixe le milieu de la corde et si l'on attaque l'une des moitiés, les deux moitiés de la corde vibrent simultanément et rendent l'octave aiguë (1er harmonique) du son fondamental. En arrêtant le chevalet au $\frac{1}{3}$, au $\frac{1}{4}$, etc., et attaquant chaque fois la partie courte de la corde, on obtient successivement le 2e, le 3e, ... harmonique, etc.

EXERCICES SUR LE CHAPITRE XIII

43. On fait vibrer deux cordes de même diamètre : l'une, en cuivre, de 1 mètre de long, est tendue par une masse de 4 kg ; l'autre, en platine, de 0m,50 de longueur, tendue par 10kg, est à l'octave aiguë de la première. La densité du cuivre étant 8,78, calculer celle du platine.

Réponse : 21,95.

44. Deux cordes de fer de même longueur et de même diamètre, mais inégalement tendues, sont à l'octave l'une de l'autre. Si, les tensions restant les mêmes, on allongeait la corde la plus tendue de n fois sa longueur, les deux cordes seraient à l'unisson. On demande de calculer : 1° la valeur du rapport des poids tenseurs des deux cordes ; 2° la grandeur du nombre n.

Réponses : 1° Le poids qui tend la corde à l'octave aiguë est quatre fois plus grand que l'autre poids tenseur ; 2° $n = 2$.

45. Deux cordes métalliques AA' et BB', de même nature et de même diamètre, fixées à l'une de leurs extrémités, supportent des masses égales ; on les fait osciller, et on trouve que leurs durées d'oscillation sont entre elles comme 3 est à 2 (on appliquera les lois du pendule simple). Quel est l'intervalle des sons fondamentaux que rendraient ces deux cordes si elles étaient placées sur un sonomètre et tendues par les mêmes masses ?

Réponse : $\frac{9}{4}$.

46. Deux cordes de même longueur mais inégalement tendues, l'une de fer et l'autre de cuivre, sont à l'unisson. Sachant que la corde de cuivre est trois fois plus tendue que celle de fer et que le rapport des densités des deux métaux est 1,15, on demande de calculer :

1° Le rapport des diamètres des deux cordes ;

2° La tension à donner à la corde de fer, par rapport à celle correspondant à l'unisson, pour que l'intervalle entre les notes rendues par les deux cordes devienne $\frac{3}{2}$.

Réponses : 1° 1,615 ; 2° $\frac{9}{4}p$.

CHAPITRE XIV

NOTIONS SOMMAIRES SUR LES VIBRATIONS DE L'AIR DANS LES TUYAUX SONORES

---

159. Définitions. — On appelle tuyaux sonores des tubes cylindriques ou prismatiques à parois résistantes, qui produisent des sons lorsqu'on fait vibrer la colonne d'air qu'ils renferment. Suivant la disposition employée pour mettre en mouvement cette colonne gazeuse, les tuyaux se divisent en deux catégories, les tuyaux *à embouchure de flûte* ou tuyaux *à bouche* et les tuyaux *à anche*.

TUYAUX A BOUCHE

160. Principe et description. — Dans les tuyaux à bouche, la colonne d'air reçoit une succession rapide d'impulsions périodiques sous l'influence d'un courant d'air qui se brise contre un obstacle en biseau.

Fig. 217. — Tuyaux à bouche.

Ce sont des tubes en bois ou en métal, d'une grande longueur par rapport à leur section (*fig.* 217). Ils sont terminés inférieurement par un tube appelé *pied*, qui sert à fixer le tuyau sur une soufflerie. L'air comprimé arrive par le pied, passe par une fente étroite appelée *lumière*, puis se brise contre le bord supérieur d'une ouverture transversale qui est la *bouche*. Ce bord, taillé en biseau, porte le nom de *lèvre supérieure*. L'extrémité opposée au pied peut être ouverte ou fermée ; dans le premier cas, le tuyau est dit *ouvert* ; dans le second, c'est un tuyau *fermé*.

161. Fonctionnement. — Un tuyau sonore joue le rôle d'un *résonateur* : il ne peut renforcer qu'un certain son, appelé *son fondamental*, et des harmoniques déterminés de ce son.

Pour montrer ce rôle de résonateur, il suffit de présenter un diapason vibrant à l'extrémité d'une éprouvette à pied (*fig.* 218). En versant peu à peu de l'eau dans l'éprouvette pour régler la longueur de la colonne d'air, on arrive à un moment donné à renforcer considérablement le son du diapason. Si l'on approche de l'éprouvette un diapason rendant un autre son, le renforcement n'aura plus lieu.

D'après cela, supposons qu'à l'orifice d'un tuyau sonore on produise un son exactement à l'unisson avec le son fondamental que le tuyau peut rendre ; l'air du tuyau

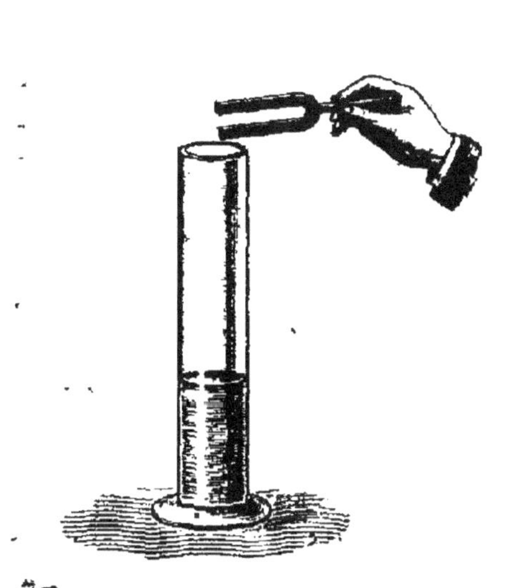

Fig. 218. — Expérience montrant qu'un tuyau se comporte comme un résonateur.

Fig. 219. — Expérience montrant l'état vibratoire de l'air dans un tuyau qui résonne.

entrera en vibration par influence. Lorsqu'on insuffle de l'air comprimé dans le tuyau, le frottement de l'air contre la lèvre supérieure produit un ensemble complexe de sons ; si parmi ces sons se trouve celui (ou l'un de ceux) que le tuyau peut rendre lui-même, la colonne d'air du tuyau entrera en vibration.

Pour montrer que l'air vibre dans un tuyau sonore, on peut se servir d'une membrane tendue sur un cadre et couverte de sable. On fait descendre cette membrane à l'aide d'un fil (*fig.* 219) dans un tuyau qui rend un son et dont une des faces est fermée par une glace ; le sautillement du sable met en évidence l'état vibratoire de la colonne d'air.

162. Tuyaux fermés. — L'extrémité fermée est nécessairement une *surface nodale* ; à l'extrémité ouverte, il ne peut y avoir aucune variation de pression ; c'est donc un *ventre* (*fig.* 220).

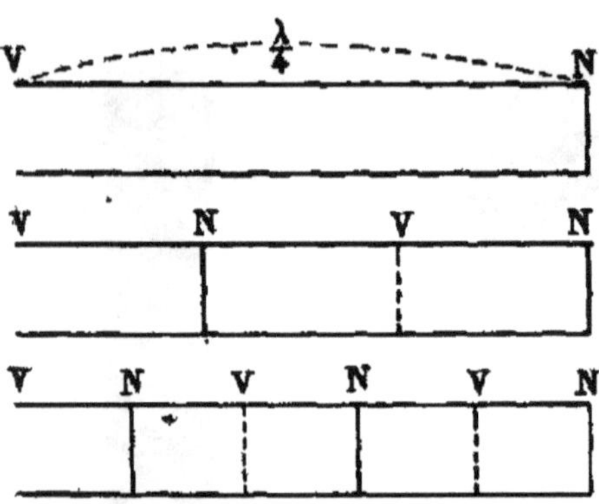

Fig. 220. — Distribution des nœuds et des ventres dans un tuyau fermé.

Lorsqu'un tuyau fermé rend le *son fondamental*, il n'existe dans le tuyau aucune autre partie immobile que l'extrémité fermée. La longueur du tuyau est alors le *quart* de la longueur d'onde du son produit. La colonne d'air subit une série de compressions et de dilatations, et son mouvement est analogue à celui d'une tige dont une extrémité est fixe et qui se raccourcit et s'allonge alternativement.

Appelons L la longueur du tuyau, n le nombre de vibrations correspondant au son fondamental, V la vitesse de propagation du son dans le gaz que renferme le tuyau. On a

$$L = \frac{\lambda}{4},$$

et comme $V = n\lambda$,

$$n = \frac{V}{4L},$$

c'est-à-dire que *le nombre de vibrations est inversement proportionnel à la longueur*. Si l'on donne au tuyau une longueur deux fois plus petite, le son monte à l'octave.

Harmoniques. — Un tuyau fermé peut se diviser, comme une corde vibrante, en un certain nombre de parties vibrant simultanément ; mais comme il doit toujours y avoir une surface nodale à une extrémité et un ventre à l'autre extrémité, le tuyau ne peut se diviser qu'en un nombre impair de quarts de longueur d'onde.

Lorsque le tuyau s'est divisé en trois parties, on obtient le premier harmonique du son fondamental ; il y a deux nœuds et deux ventres (*fig.* 220) et la longueur du tuyau est égale à $\frac{3\lambda}{4}$. Les ondes incidentes et les ondes réfléchies par le fond se composent pour produire un système d'ondes stationnaires.

En général, soit $2k$ un nombre pair ; on a

$$L = (2k+1)\frac{\lambda}{4},$$

et, en remplaçant λ par $\frac{V}{n}$,

$$n = \frac{(2k+1)V}{4L}.$$

De cette formule on déduit la loi suivante, connue sous le nom de loi de Bernoulli : *un tuyau fermé peut rendre des harmoniques du son fondamental, mais seulement des harmoniques d'ordre impair*. Les nombres de vibrations du son fondamental et des harmoniques renforcés seront

$$\frac{V}{4L}, \quad \frac{3V}{4L}, \quad \frac{5V}{4L}, \quad \ldots.$$

Si le son fondamental est ut_1, par exemple, on pourra obtenir les harmoniques sol_2, mi_3, etc. Tous ces harmoniques s'obtiennent le plus souvent en modifiant convenablement la force du courant d'air.

Remarques. — 1° Quand le gaz contenu dans le tuyau est de l'air, ce qui est le cas ordinaire, on peut prendre V égal à 340^m. Le nombre de vibrations du son fondamental est alors donné par la relation

$$n = \frac{85}{L},$$

L étant exprimé en mètres.

Si l'on fait parler le tuyau en insufflant un gaz plus léger que l'air, comme du gaz d'éclairage, la vitesse du son augmente et le son monte.

2° La relation $n = \frac{V}{4L}$ peut être utilisée pour déterminer la vitesse du son dans un gaz ; on mesure le nombre de vibrations correspondant au son fondamental produit par un tuyau fermé plein de ce gaz, et l'on obtient la vitesse en appliquant la formule $V = 4nL$.

163. Tuyaux ouverts. — Il ne peut y avoir aux extrémités ouvertes aucune variation de pression : ce sont des *ventres*. De plus, entre deux ventres doit se trouver nécessairement au moins une *surface nodale*, qui est fixe et subit les plus grandes variations de pression.

Lorsqu'un tuyau ouvert rend le son fondamental, il n'y a qu'une surface nodale, située à égale distance des extrémités. Le tuyau peut être considéré comme le siège d'un système d'ondes stationnaires dont les extrémités ouvertes sont deux ventres consécutifs ; sa longueur est égale à $\frac{2\lambda}{4}$. On a donc, en adoptant les mêmes notations que pour les tuyaux fermés,

$$L = \frac{2\lambda}{4},$$

et

$$n = \frac{2V}{4L} = \frac{V}{2L},$$

c'est-à-dire que *le son fondamental d'un tuyau ouvert est à l'octave aiguë de celui que donne un tuyau fermé de même longueur.*

Harmoniques. — Les tuyaux ouverts peuvent aussi se

diviser en plusieurs parties vibrant simultanément et produire des harmoniques du son fondamental, mais comme les extrémités ouvertes sont toujours des ventres, la longueur du tuyau vaut un nombre pair de fois $\frac{\lambda}{4}$.

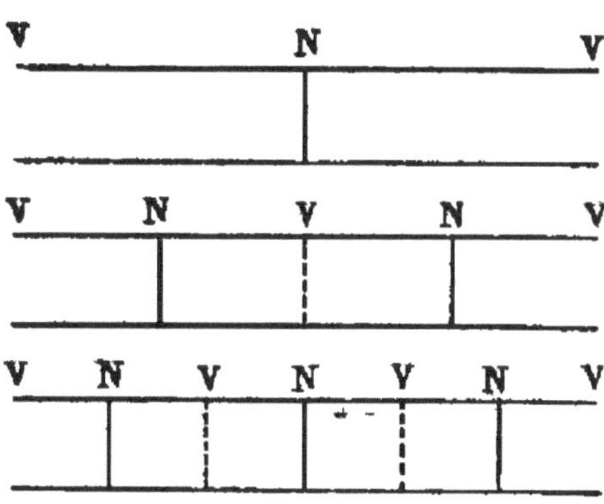

Fig. 221. — Distribution des nœuds et des ventres dans un tuyau ouvert.

Supposons qu'il y ait deux surfaces nodales (*fig.* 221) ; le tuyau est alors divisé en deux segments vibrant chacun comme la colonne d'air d'un tuyau qui rendrait le son fondamental. Le nombre de vibrations est donc deux fois plus grand que celui du son fondamental.

En appelant $2k$ un nombre pair, on a, en général,

$$L = 2k\frac{\lambda}{4},$$

et, en remplaçant λ par $\frac{V}{n}$,

$$n = \frac{2kV}{4L} = \frac{kV}{2L}.$$

En faisant successivement dans cette formule $k = 1, 2, 3, \ldots$, on trouve que les nombres de vibrations du son fondamental et des harmoniques renforcés sont $\frac{V}{2L}$, $\frac{2V}{2L}$, $\frac{3V}{2L}$, ...

On voit qu'un tuyau ouvert peut rendre, outre le son fondamental, toute la série des harmoniques pairs ou impairs de ce son. Si le son fondamental est ut_1, par exemple, on pourra obtenir successivement les harmoniques ut_2, sol_2, etc.

164. Applications. — Les tuyaux à bouche sont utilisés sous les formes les plus diverses : flûte, flageolet, sifflet, certains tuyaux d'orgue, cornet à piston, clairon, etc.

Dans la *flûte ordinaire*, l'embouchure est une simple

ouverture circulaire contre les bords de laquelle le courant d'air vient se briser par suite de la disposition qu'on donne aux lèvres. Si tous les trous latéraux étaient fermés, on n'obtiendrait que le son fondamental et ses harmoniques ; en débouchant ces trous, on y fait naître des ventres, et on obtient ainsi des sons intermédiaires entre les harmoniques.

Dans les *orgues* et dans la plupart des *instruments à vent*, on n'utilise que le son fondamental ; aussi chaque note exige-t-elle un tuyau si la longueur du tuyau est invariable : c'est le cas de la *flûte de Pan*. Dans le *cornet à piston*, au contraire, on fait varier la longueur du tuyau sonore, ce qui permet d'obtenir les diverses notes avec le même instrument.

Enfin le *clairon* peut être considéré comme un tuyau ouvert dont on ne peut produire ni le son fondamental ni le premier harmonique. Selon la force du courant d'air et la position des lèvres, on produit le second, le troisième, le quatrième et le cinquième harmonique (faisant dans le même temps 3, 4, 5, 6 fois plus de vibrations que le son fondamental).

TUYAUX A ANCHE

165. Définition. — Les tuyaux à anche sont des tuyaux dans lesquels on règle les sorties périodiques de l'air à l'aide d'une languette élastique spéciale appelée anche. Il y a deux espèces d'anche : l'anche *libre* et l'anche *battante*.

166. Tuyaux à anche libre. — La figure 222 représente un tuyau à anche libre modèle de démonstration, muni de fenêtres pour permettre d'en voir le fonctionnement.

Le tuyau est fermé à la partie supérieure par un couvercle en bois portant un tube creux qui pénètre dans l'intérieur du tuyau. Ce tube, appelé *porte-vent*, est fermé à la partie inférieure ; il est percé en avant d'une fente rectangulaire allongée contre laquelle est appliquée l'anche libre. Celle-ci est constituée par une mince languette de laiton fixée par son extrémité supérieure à l'un des petits côtés de la fente ; elle rase les bords de la fente sans la toucher.

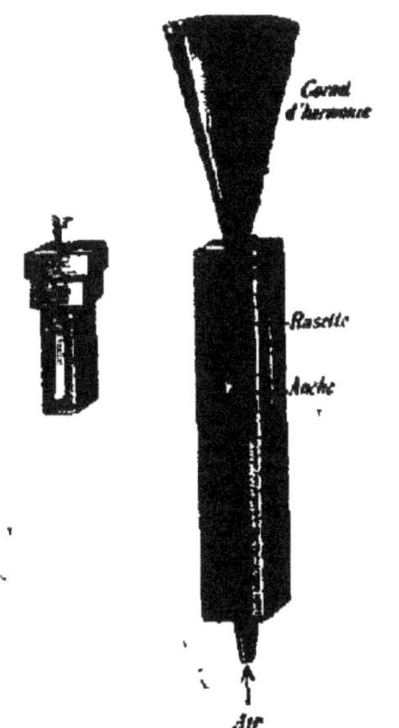

Fig. 222. — Tuyau à anche libre.

L'air d'une soufflerie arrive à la partie inférieure du tuyau, pénètre dans le tuyau et pousse la languette en dedans du porte-vent pour s'échapper ensuite par l'ouverture supérieure du tuyau. La languette, en vertu de son élasticité, reprend sa position première, puis rentre de nouveau dans le porte-vent, et ainsi de suite, en effectuant des oscillations qui ont pour effet d'ouvrir et de fermer successivement la fente. Le passage de l'air se trouvant ainsi successivement établi et interrompu, il en résulte un son. Toutefois, pour que le son persiste, il faut que le mouvement vibratoire de la languette soit d'accord avec celui que peut rendre la colonne d'air du tuyau. On accorde l'anche avec le tuyau en faisant varier la longueur de la partie vibrante de la languette au moyen d'une petite tige métallique *r*, appelée *rasette*, qui passe à frottement dur à travers le couvercle ; plus la rasette est enfoncée, plus le son est aigu.

Les sons rendus par les tuyaux à anche sont toujours plus ou moins nasillards ; on remédie en partie à ce défaut en adaptant à la partie supérieure du tuyau un *cornet d'harmonie*, conique ou prismatique, dont l'air entre en vibration en même temps que l'anche.

167. Tuyaux à anche battante. — Les tuyaux à anche battante présentent les mêmes parties essentielles que les tuyaux à anche libre, mais l'anche est un peu plus large que la fente latérale du porte-vent et vient en frapper les bords (*fig.* 223), de là son nom d'anche *battante*. Le porte-vent a la forme d'une sorte de rigole dans laquelle l'air ne peut pénétrer pour s'échapper qu'en soulevant l'anche battante. Un cornet d'harmonie peut encore être adapté à la partie supérieure du tuyau. Enfin une rasette permet de limiter la longueur de la languette vibrante.

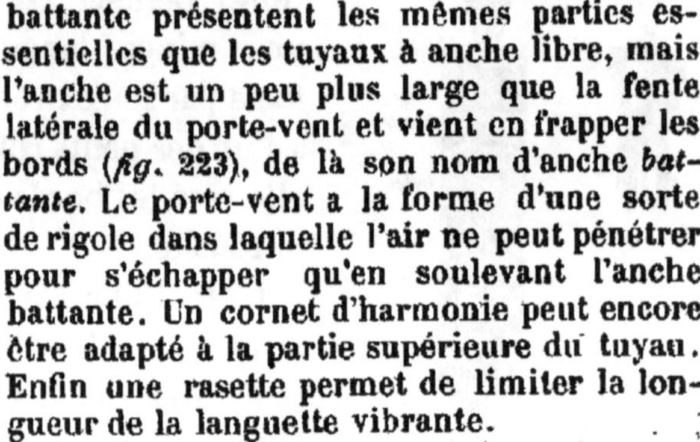

Fig. 223. — Tuyau à anche battante.

Les anches battantes produisent des sons beaucoup moins doux que les anches libres.

168. Applications. — Les anches sont employées comme embouchures dans certains tuyaux d'orgue, dans la clarinette, le hautbois, le saxophone, etc.

Dans les tuyaux d'orgue à anche, le tuyau sonore est ordinairement constitué par le porte-vent ; l'anche est métallique, et comme elle doit être accordée avec le tuyau, chaque anche ne peut servir que pour un seul tuyau. La clarinette, le hautbois, etc. sont munis d'anches en bois très légères, qui prennent d'elles-mêmes un mouvement synchrone avec celui de la colonne d'air de l'instrument. Il en résulte qu'une même anche peut servir pour des sons variables; de plus, en bouchant ou débouchant les trous latéraux, on permet à l'instrument de renforcer les notes dans une assez large limite.

RÉSUMÉ DU CHAPITRE XIV

Les tuyaux sonores sont des résonateurs capables de renforcer un certain son fondamental et des harmoniques déterminés de ce son. Ils se divisent en tuyaux à bouche et tuyaux à anche.

Dans les tuyaux *à bouche*, l'air d'une soufflerie arrive par le pied, passe par la lumière, puis se brise contre le bord taillé en biseau (lèvre supérieure) d'une ouverture transversale (bouche). Sous l'influence de ce courant d'air, la colonne d'air du tuyau reçoit une succession rapide d'impulsions périodiques qui produisent un son.

Lorsqu'un tuyau fermé rend le son fondamental, il y a un nœud à l'extrémité fermée et un ventre à l'extrémité ouverte ; on a $L = \frac{\lambda}{4}$ et $n = \frac{V}{4L}$. En modifiant plus ou moins la force du courant d'air, on fait produire au tuyau une série d'harmoniques d'ordre impair, et dont les nombres de vibrations sont donnés par la formule générale $n = \frac{(2k+1)V}{4L}$.

Lorsqu'un tuyau ouvert rend le son fondamental, il y a un ventre à chaque extrémité et un nœud au milieu du tuyau ; $L = \frac{2\lambda}{4}$ et $n = \frac{V}{2L}$. Un tuyau ouvert peut rendre toute la série des harmoniques pairs ou impairs du son fondamental, d'après la formule générale $n = \frac{kV}{2L}$.

Dans les tuyaux *à anche*, les sorties périodiques de l'air sont réglées à l'aide d'une languette élastique. Si la languette rase les bords de l'ouverture sans la toucher, l'anche est dite libre ; si elle est plus large que l'ouverture et vient en frapper les bords en vibrant, elle est dite battante. Dans les deux cas, une rasette sert à limiter la longueur de la partie vibrante.

EXERCICES SUR LE CHAPITRE XIV

47. Un tuyau sonore fermé rempli d'air rend un son. On demande : 1° la longueur d'onde du son émis par le tuyau ; 2° la longueur du tuyau ; 3° le nombre de tours effectués en une minute par le plateau mobile d'une sirène rendant un son de même hauteur que le son du tuyau.

Le tuyau ne présente que deux nœuds, distants de 20^{cm}. — La vitesse du son dans l'air est de 340^{m} par seconde. — Les plateaux de la sirène sont percés chacun de 20 trous.

Réponses : 1° 40^{cm} ; 2° 30^{cm} ; 3° 2550.

48. Un tuyau ouvert donne fa_3 pour troisième harmonique. Quelle est la longueur de ce tuyau, la température étant 22°? On remplace le tuyau ouvert par un tuyau fermé de même longueur. Que représente le cinquième harmonique rendu dans ces nouvelles conditions, la température étant toujours 22°? Vitesse du son à 0°, 333m.

Réponses : 1° 1m,492; 2° ut_4.

CHAPITRE XV

ÉTUDE DU TIMBRE

---

169. Définition. — **Le timbre est cette qualité qui nous fait distinguer deux sons de même hauteur et de même intensité.**

Nous avons vu qu'une corde vibrant transversalement est capable de rendre successivement un son fondamental et ses différents harmoniques. Or, lorsqu'on écoute avec attention le son rendu par une corde vibrante un peu longue, on reconnaît que le son fondamental, qui est le son dominant, est *accompagné* d'harmoniques, parmi lesquels on distingue surtout l'octave, la quinte de l'octave, la double octave et sa tierce majeure. En même temps que la corde vibre dans sa totalité, elle s'est donc subdivisée d'elle-même en 2, 3, 4,... portions égales qui vibrent simultanément, tout en obéissant au mouvement général. On exprime ce fait en disant que le son rendu par une corde est un son *composé*. De même un tuyau sonore capable, comme une corde, de rendre successivement un son fondamental et des harmoniques d'ordre déterminé, peut aussi rendre simultanément ces harmoniques et le son fondamental et produire, par conséquent, un son composé.

En général, lorsqu'un instrument produit un son, ce

son est accompagné d'harmoniques plus ou moins nombreux et plus ou moins intenses. Le timbre d'un son est dû précisément *à la superposition de plusieurs harmoniques au son dominant*. Les différents timbres sont caractérisés par le nombre et l'ordre de ces harmoniques coexistants, ainsi que par leurs intensités relatives.

ANALYSE DES SONS

170. Principe. — L'analyse des sons a pour but de déterminer le nombre et l'ordre des harmoniques qui accompagnent un son fondamental ; elle se fait par une méthode basée sur les phénomènes de résonance et imaginée par Helmholtz.

Nous avons vu que si dans le voisinage d'un tuyau sonore on produit le son qu'il est capable de rendre, la colonne d'air du tuyau vibre par influence. Tout corps creux susceptible de vibrer ainsi par influence et de renforcer un son porte le nom de *résonateur*.

171. Méthode d'Helmholtz. — Les résonateurs d'Helmholtz ont la forme de sphères creuses en cuivre munies de deux ouvertures opposées (*fig.* 224). L'une de ces ouvertures est munie d'un cône s'adaptant exactement au conduit de l'oreille ; l'autre est une sorte de pavillon cylindrique qui s'ouvre au dehors. Chaque résonateur renforce un son particulier, d'autant plus grave que la sphère est plus grosse.

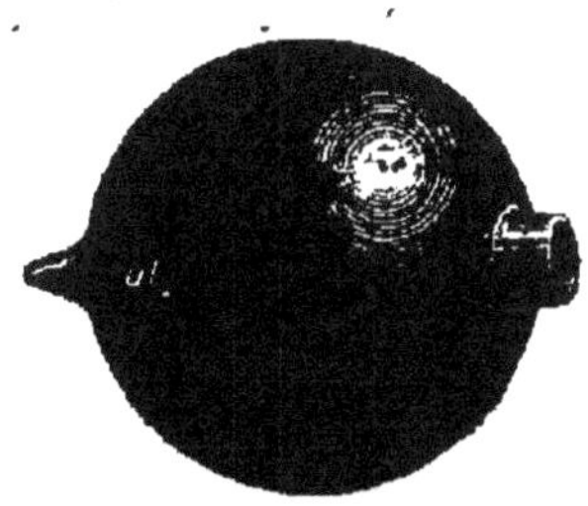

Fig. 224. — Résonateur d'Helmholtz.

Soit un résonateur capable de renforcer l'ut_3. Lorsqu'on produit cette note devant l'appareil, la masse d'air qu'il contient entre en vibration et l'oreille, armée du résonateur, entend le son ut_3 avec une grande intensité. Tout autre son produit devant le résonateur n'est perçu que très faiblement. Dans un ensemble complexe de sons, le résonateur renforce seulement, s'il existe dans cet ensemble, le son qui est d'accord avec celui qu'il peut produire. L'emploi des résonateurs fournit donc une méthode très sensible pour distinguer un son entre un grand nombre d'autres.

Pour analyser un son, il suffit de le produire pendant un temps convenable devant une série de résonateurs dont on introduit successivement les cônes dans l'oreille ; les sons correspondant aux divers résonateurs ayant manifesté un renforcement sont ceux dont la réunion constitue le son étudié.

172. Méthode de Kœnig. — La méthode d'Helmholtz a été perfectionnée par Kœnig de manière à permettre à tout un auditoire de voir le résultat de l'analyse des sons.

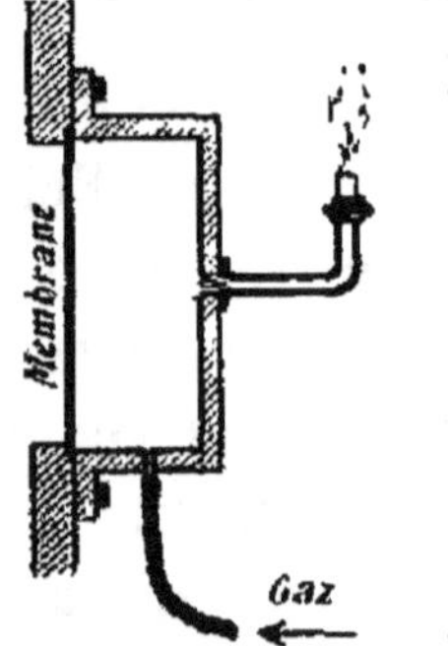

Fig. 225. — Capsule manométrique.

La méthode de Kœnig repose sur l'emploi des *capsules manométriques*. Une portion de la paroi du résonateur est remplacée par une membrane de caoutchouc sur laquelle est appliquée une capsule ou boîte très plate (*fig.* 225). Du gaz d'éclairage arrive dans l'intérieur de la capsule et en sort par un petit bec, où il est allumé. Tant que l'air du résonateur est au repos, la flamme est immobile, et si on la regarde dans un miroir tournant, la persistance des impressions lumineuses sur la rétine fait apercevoir une bande lumineuse uniforme. Mais si l'air du résonateur est en vibration, la membrane de caoutchouc vibre à l'unisson, et la flamme subissant des allongements et des raccourcissements alternatifs apparaît dans le miroir tournant sous forme d'une bande dentelée.

Les résonateurs employés par Kœnig, au lieu d'être à *sons fixes* comme ceux d'Helmholtz, peuvent servir à renforcer successivement plusieurs sons : on les appelle des résonateurs *universels*. Ils ont la forme d'un cylindre à

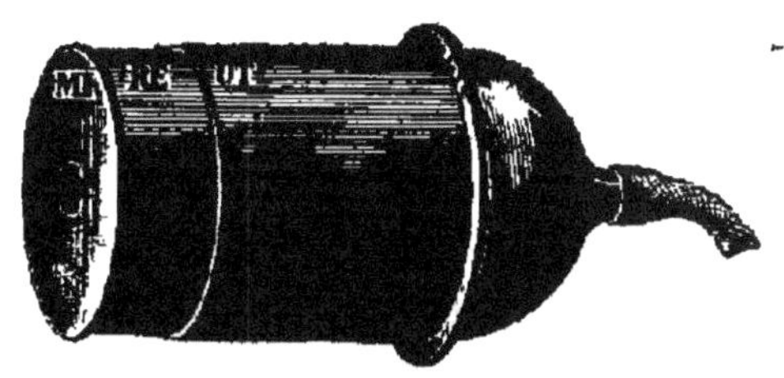

Fig. 226 — Résonateur de Kœnig.

tirants (*fig*. 226) ; l'extrémité devant laquelle on produit le son peut se tirer plus ou moins, de manière à faire varier à volonté le volume de l'air que contient le résonateur.

La figure 227 représente l'appareil à *flammes manométriques* construit par Kœnig lui-même pour l'analyse des sons. Il comprend 14 résonateurs universels à tirants gradués de sol_1 à mi_3, disposés en deux séries parallèles sur un châssis de fonte. Le gaz d'éclairage arrive dans une grande boîte plate portant 8 capsules manométriques. Chaque bec est relié, d'une part, à l'un des résonateurs, d'autre part, à la boîte à gaz.

Un parallélépipède dont chaque face est un miroir plan permet de manifester la dentelure des flammes manométriques.

173. Résultats. — L'analyse des sons par les méthodes précédentes a démontré l'existence de deux espèces de sons : les sons simples et les sons composés.

Les sons *simples* ne sont pas accompagnés de sons harmoniques ; ils correspondent à un nombre déterminé et unique de vibrations et, n'ayant pas de timbre, ne diffèrent entre eux que par leur hauteur et leur intensité. Le son rendu par un diapason peut être considéré comme simple parce que les harmoniques qui accompagnent le son fondamental ont une faible intensité et s'éteignent très rapidement. Il en est de même pour une flûte, pour la voix humaine prononçant la syllabe *ou*.

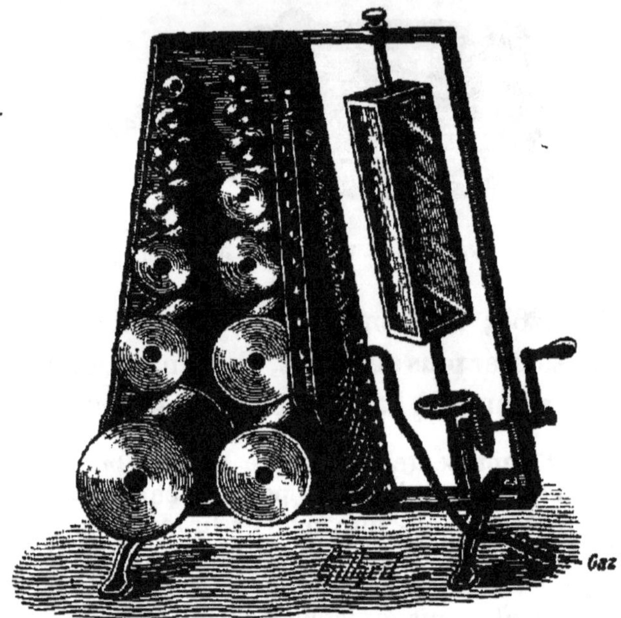

Fig. 227. — Appareil de Kœnig pour l'analyse des sons.

Les sons *composés* peuvent se diviser en deux groupes. Les uns sont constitués par la réunion de sons dont les nombres de vibrations ne présentent pas de rapports simples. Ils sont dépourvus de caractère musical ; ce sont des bruits. On peut citer comme exemples les sons rendus par les cloches, les plaques métalliques, les tiges métalliques mises en vibration par un choc, etc. Les autres sont des sons musicaux proprement dits : ils sont constitués par un son fondamental accompagné d'une série plus ou moins riche d'harmoniques dont l'intensité dépend de la manière dont le corps sonore est mis en vibration. Tels sont ceux qu'émettent la plupart des instruments de musique. Pour ces sons musicaux proprement dits, les différences de timbre sont dues, comme nous l'avons dit, au nombre, au rang et à l'intensité des harmoniques superposés au son fondamental ou son prédominant.

SYNTHÈSE DES SONS

174. Méthode d'Helmholtz. — La synthèse des sons vérifie d'une façon remarquable les résultats fournis par les méthodes précédentes. Helmholtz est arrivé en effet à reproduire la plupart des timbres en associant un certain nombre de sons simples d'intensités convenables, harmoniques du premier d'entre eux. Sa méthode repose sur le principe suivant.

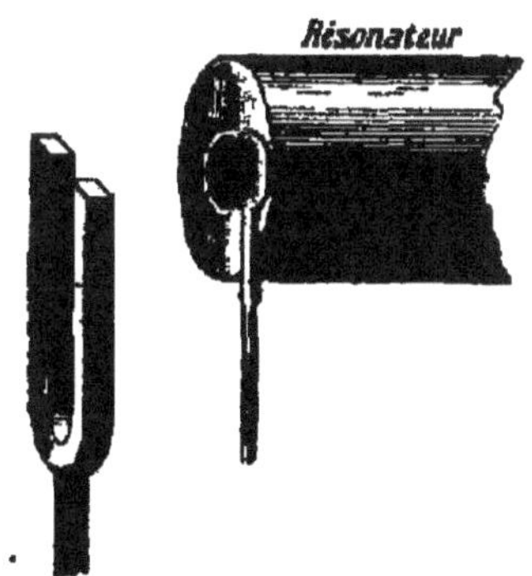

Fig. 228. — Principe de la méthode d'Helmholtz pour la synthèse des sons.

Imaginons une série de diapasons capables de produire un son fondamental et ses harmoniques successifs. Plaçons devant chaque diapason un résonateur accordé sur lui et muni d'un orifice que l'on peut masquer (*fig.* 228).

Le résonateur vibre par influence lorsque l'orifice est libre, et le son renforcé est d'autant plus intense que l'ouverture est plus large. En démasquant plus ou moins certains de ces résonateurs, nous pourrons associer au son le plus grave des harmoniques d'intensité variable et reproduire ainsi des timbres différents.

La figure 229 représente le grand appareil imaginé par Helmholtz, pour la synthèse des sons. Il comprend dix diapasons donnant la suite des harmoniques partant de ut_2

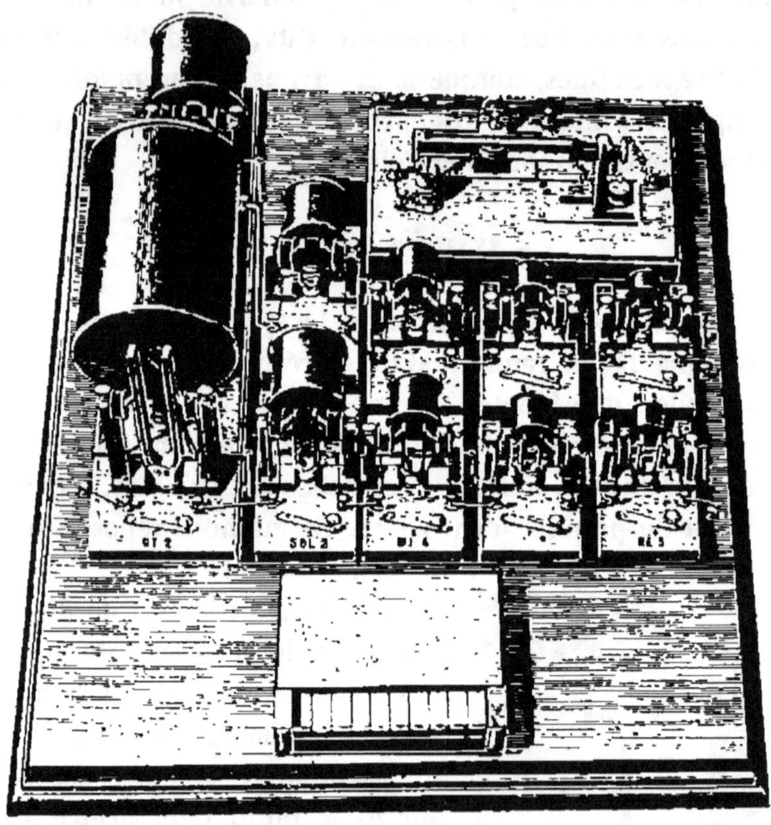

Fig. 229. — Appareil d'Helmholtz pour la synthèse des sons (modèle de Kœnig).

comme note fondamentale. Ces diapasons sont fixés verticalement entre des électro-aimants que traverse un courant rendu intermittent par un diapason interrupteur de 128 vibrations ; ils sont isolés de la table qui les porte par du caoutchouc, en sorte que leur mouvement est presque silencieux. Chaque diapason est muni d'un résonateur cylindrique, que l'on peut ouvrir plus ou moins à l'aide d'un clavier en communication avec les orifices. Lorsque les résonateurs sont fermés, les diapasons s'entendent à peine ; mais on fait résonner chacun avec l'intensité voulue en appuyant sur les touches du clavier.

Helmholtz a reproduit ainsi d'une façon assez satisfaisante les timbres des voyelles et de certains instruments. Il faut remarquer d'ailleurs que ces reproductions ne peuvent être faites d'une façon absolue ; les sons rendus par la plupart des instruments sont en effet accompagnés de bruits caractéristiques (frottement de l'archet, bruissement de l'air dans les instruments à vent, etc.), qui constituent pour l'oreille un des éléments d'appréciation du timbre et que l'appareil d'Helmholtz ne peut reproduire.

RÉSUMÉ DU CHAPITRE XV

Le timbre distingue deux sons de même hauteur et de même intensité ; il a pour cause la superposition d'harmoniques au son fondamental.

L'*analyse* des sons a pour but de déterminer le nombre et l'ordre de ces harmoniques ; elle est basée sur les phénomènes de résonance. Les résonateurs d'Helmholtz sont des globes creux à deux ouvertures, renforçant chacun un son déterminé. On produit le son à analyser devant une série de résonateurs ; les sons correspondant aux résonateurs ayant renforcé constituent par leur réunion le son étudié. Dans la méthode de Kœnig, on communique les vibrations des résonateurs à du gaz d'éclairage contenu dans une capsule ; suivant que la flamme vibre ou est immobile, on observe une bande dentelée ou une bande uniforme dans un miroir tournant. Les résonateurs de Kœnig sont à tirage et peuvent renforcer plusieurs sons.

Il y a des sons simples et des sons composés. Les sons *simples* ne sont accompagnés d'aucun harmonique et ne diffèrent que par leur hauteur et leur intensité. Parmi les sons *composés*, les uns sont dépourvus de caractère musical (bruit d'une cloche) ; les autres sont accompagnés d'une série plus ou moins riche d'harmoniques dont les nombres de vibrations sont dans des rapports simples (sons de la plupart des instruments de musique).

En associant convenablement certains sons simples, harmoniques du premier d'entre eux, on arrive à effectuer la *synthèse* de la plupart des sons composés.

OPTIQUE

(COMPLÉMENTS)

CHAPITRE XVI

NOTIONS ÉLÉMENTAIRES DE SPECTROSCOPIE

175. Définition. — La spectroscopie est la partie de l'Optique qui a pour objet l'étude des spectres des différentes sources lumineuses. Les instruments construits en vue de cette étude portent le nom de *spectroscopes*.

SPECTROSCOPES

176. Spectroscope ordinaire. — Le spectroscope classique est celui de Kirchhoff et Bunsen (*fig.* 230). Il se compose essentiellement d'un *prisme*, d'un *collimateur*, d'une *lunette astronomique* et d'un *micromètre*.

Prisme. — Le prisme, destiné à produire la dispersion de la lumière émise par la source à étudier, est en flint, cristal très dispersif ; son angle réfringent est de 60°. Il est disposé perpendiculairement à un cercle métallique et réglé au minimum de déviation pour les rayons jaunes. La face supérieure et la base, qui ne jouent aucun rôle dans la dispersion, sont noircies ; de plus, on recouvre le prisme d'un tambour à trois ouvertures pour empêcher l'accès de la lumière diffuse.

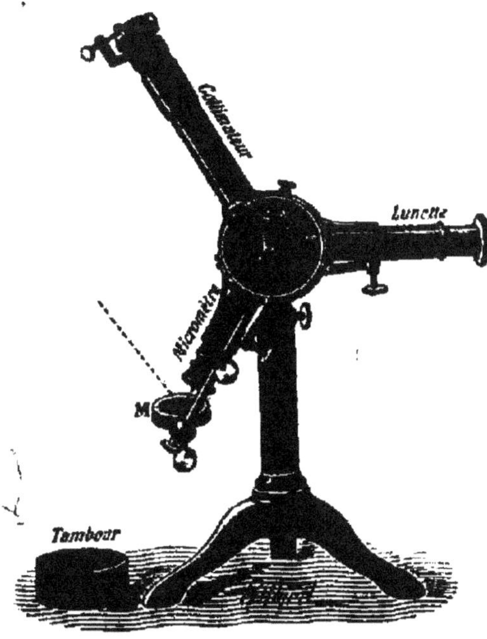

Fig. 280. — Spectroscope de Kirchhoff et Bunsen (disposé verticalement).

Collimateur. — Le collimateur sert à rendre parallèles les rayons qui doivent tomber sur le prisme. Il se compose d'un tube dont une extrémité porte une fente verticale que l'on éclaire avec la source à étudier. Cette fente se trouve dans l'un des plans focaux principaux d'une lentille convergente montée à l'autre extrémité du tube ; elle est constituée par deux plaques métalliques que l'on peut rapprocher à volonté par une vis de pression, de manière à laisser entre elles une ouverture plus ou moins étroite.

Lunette. — La lunette avec laquelle on observe le spectre se compose, comme la lunette astronomique ordinaire, d'un objectif à grande surface et d'un oculaire à court foyer. Elle n'a qu'un faible grossissement, et par suite son champ est assez étendu.

Les différents faisceaux colorés qui émergent du prisme sont chacun parallèles à une même direction et vont former dans le plan focal principal de l'objectif un spectre *réel* de la fente du collimateur, spectre qui pourrait être projeté sur un écran. On l'observe directement à travers l'oculaire jouant le rôle de loupe.

Micromètre. — Il est destiné à fournir des points de repère pour les différentes régions du spectre. C'est un collimateur dont la lentille porte dans l'un de ses plans focaux principaux une échelle divisée sur verre, éclairée à l'aide d'une bougie. Les rayons provenant de l'échelle divisée, rendus parallèles par la lentille, viennent se réfléchir sur la face du prisme qui regarde la lunette et pénètrent dans la lunette parallèlement à son axe optique. Il en résulte que l'image de l'échelle divisée se superpose au spectre dans le plan focal de l'objectif.

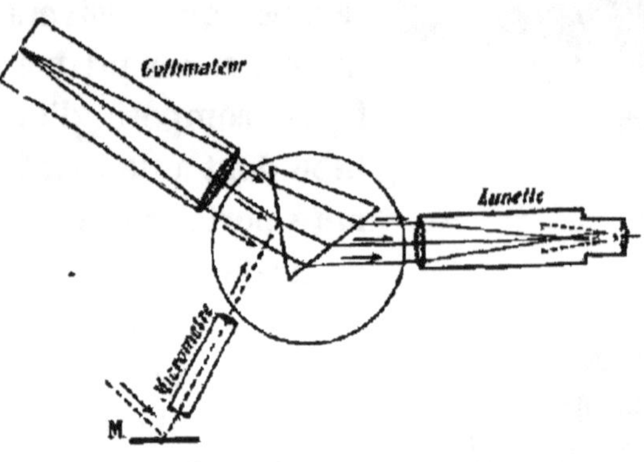

Fig. 231. — Disposition relative des parties essentielles du spectroscope.

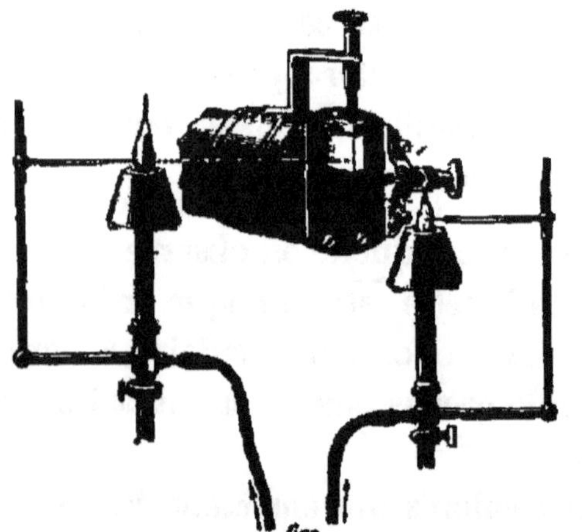

Fig. 232. — Disposition du prisme à réflexion totale devant la fente du collimateur.

La figure 231 montre la disposition relative des quatre pièces essentielles du spectroscope.

Parties accessoires. — Les quatre pièces essentielles du spectroscope sont montées sur un pied commun. Le collimateur est fixe. La lunette peut se déplacer autour du prisme : une vis de pression permet d'élever ou d'abaisser son axe dans le plan vertical ; son tirage se règle à la façon ordinaire. Enfin un petit prisme à réflexion totale, placé à la partie supérieure de la fente du collimateur (*fig.* 232), permet d'observer simultanément les spectres de deux lumières.

Le spectroscope de Kirchhoff et Bunsen peut se fixer à volonté horizontalement ou verticalement. La position verticale est la plus favorable ; elle permet d'observer directement la lumière solaire et les flammes ou foyers placés à diverses hauteurs.

Manière d'opérer. — La lunette étant réglée à l'infini, c'est-à-dire pour la vision d'objets très éloignés, et le prisme étant amené au minimum de déviation pour les rayons jaunes, on règle le micromètre de manière que son image nette se forme au-dessus de la bande lumineuse du spectre donné par une bougie et parallèlement à sa direction. On donne ensuite à la fente du collimateur la largeur voulue pour l'expérience que l'on veut faire (6 à 8^{mm} en général), puis on met le micromètre et l'oculaire au point. Il ne reste plus qu'à disposer devant la fente du collimateur la source à étudier.

177. Spectroscopes à vision directe. — Le spectroscope de Kirchhoff et Bunsen est quelquefois d'un emploi peu commode, parce qu'il oblige l'observateur à regarder dans une direction très différente de la direction des rayons incidents. Les spectroscopes à vision directe ont pour but de supprimer la déviation de l'ensemble du spectre par rapport à la direction incidente ; ils sont donc orientés tout entiers dans la direction du faisceau incident et ont, par suite, une forme analogue à celle des lunettes. Leur système dispersif est constitué par un ensemble de prismes accolés dont les angles sont calculés de telle manière qu'une certaine radiation située au milieu du spectre traverse le système sans déviation tandis que les autres radiations sont déviées dans un sens ou dans l'autre.

La figure 233 représente un spectroscope à vision directe construit par Pellin. Dans la partie cylindrique P sont deux prismes à vision directe ; C est le collimateur muni en F d'une fente. Une tige DE_1 sert à ouvrir ou à fermer la fente à distance. La lunette oculaire L porte un bouton E pour la mise au point et une vis tangente B pour le déplacement de la lunette. Le micromètre M est muni d'un bouton de mise au point E_1 ; enfin, B_1 est une vis de rappel pour le déplacement latéral du micromètre.

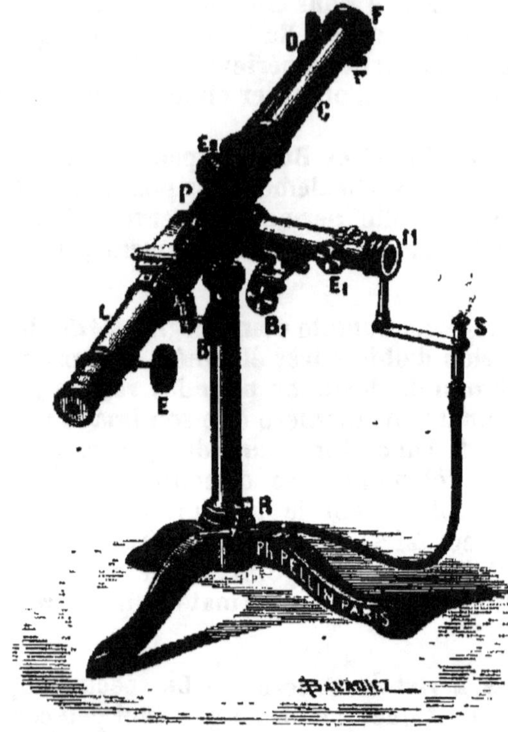

Fig. 233. — Spectroscope à vision directe.

Le spectroscope à vision directe le plus parfait est celui de Thollon, qui donne de la lumière solaire un spectre ayant une longueur apparente d'environ 15^m. Cette grande puissance dispersive est obtenue par une disposition spéciale des prismes et par l'emploi de prismes creux contenant du sulfure de carbone.

178. Longueurs d'onde des diverses radiations. — Les spectres des différentes sources lumineuses sont composés d'une infinité de radiations, qui se distinguent par leur *longueur d'onde*, absolument comme se distinguent, en Acoustique, des sons de hauteur différente. La longueur d'onde est d'autant plus petite que le nombre de vibrations correspondant est plus grand. Ces longueurs d'onde sont d'ailleurs toujours extrêmement petites ; elles s'expriment en millièmes de millimètre ou *microns*, que l'on désigne par la lettre μ.

Nous savons (tome II, 130) que les radiations émanées

d'une source lumineuse ne sont pas toutes lumineuses, c'est-à-dire capables d'impressionner notre rétine. De même que nous ne percevons un son que lorsque le nombre des vibrations est supérieur à une certaine limite et inférieur à une autre, de même nous n'éprouvons la sensation de lumière que lorsque les longueurs d'onde sont comprises entre $0^{\mu},4$ (violet extrême) et $0^{\mu},75$ (limite extrême des rayons rouges); la sensibilité de la rétine atteint donc à peine une octave dans la gamme des radiations. Au-dessous et au-dessus de ces limites, les radiations ne sont pas lumineuses, mais elles ont d'autres propriétés : les unes sont calorifiques, d'autres ont une action chimique, etc.

Nous n'étudierons dans ce chapitre que les radiations lumineuses.

PRINCIPAUX TYPES DE SPECTRES

179. Spectre des solides ou liquides incandescents. — Tout corps solide ou liquide incandescent donne un spectre *continu*, c'est-à-dire un spectre complet, dont les radiations se succèdent sans aucune discontinuité. On observe facilement ce spectre en produisant devant la fente du collimateur la lumière de Drummond, ou encore la pointe de l'un des charbons entre lesquels jaillit l'arc voltaïque (mais non l'arc lui-même). La lumière émise par la flamme d'une lampe à huile ou à pétrole, d'une bougie, d'un bec de gaz ordinaire — toutes sources dans lesquelles le corps incandescent est le carbone solide — donne également un spectre continu.

La proportion dans laquelle les radiations lumineuses entrent dans un spectre continu varie considérablement avec la température. Un corps solide dont la température est inférieure à 450° ne donne pas de radiations lumineuses; son spectre ne contient que des radiations infra-rouges, c'est-à-dire à longueurs d'onde supérieures à celles du rouge. Un peu au delà de 450°, les radiations rouges apparaissent; puis à mesure que la température du corps s'élève, le spectre se complète peu à peu par l'apparition de nouvelles radiations dont la longueur d'onde est de plus en plus petite. Les radiations violettes ne se montrent que lorsque la température est très élevée, et le spectre s'étend de plus en plus du côté du violet à mesure que la température augmente.

180. Spectre des gaz et des vapeurs incandescents. — Les gaz et les vapeurs amenés à l'incandescence donnent un spectre *discontinu*, formé d'un certain nombre de raies brillantes isolées, séparées par de larges intervalles obscurs. Le nombre et la nature de ces raies sont caractéristiques du gaz ou de la vapeur qui émet la lumière. On a donc là un moyen d'investigation extrêmement puissant pour déceler la présence de certains corps. Les recherches peuvent s'exercer directement quand il s'agit d'astres comme le soleil ou les étoiles, dont les enveloppes lumineuses sont formées de gaz et de vapeurs incandescents. Mais s'il s'agit d'une recherche de laboratoire, on devra au préalable amener à l'état de vapeur et rendre lumineux le corps à étudier.

Spectre des vapeurs incandescentes. — Supposons qu'il s'agisse d'étudier le spectre d'un métal. On prend un de ses sels volatils, par exemple un chlorure, et on le porte dans la flamme non lumineuse d'un brûleur de Bunsen. On se sert pour cela de fils de platine tournés en boucle et soudés à un tube de verre. On plonge la boucle dans une solution aqueuse du sel à essayer, ou bien on y fait adhérer un fragment du sel solide, et on la porte sur le bord de la flamme du brûleur. (Le fil de platine doit être placé plus bas que la fente du collimateur, pour que le spectre continu du platine n'apparaisse pas.) La flamme devient beaucoup plus éclatante, et son spectre est formé de lignes brillantes, qui sont caractéristiques du métal dont le sel est réduit en vapeur dans la flamme.

Parmi les métaux, ceux que l'analyse spectrale permet de déceler facilement sont les métaux *alcalins* et *alcalino-terreux* (*fig.* 234) ; les autres, comme le zinc, le fer, l'ar-

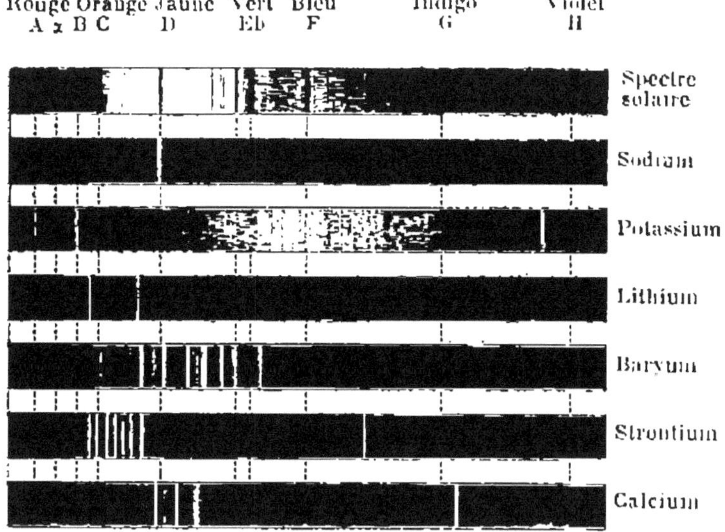

Fig. 234. — Spectres d'émission des principales vapeurs métalliques incandescentes.

gent, etc., sont caractérisés par des raies trop nombreuses et qui ne peuvent être observées qu'avec de grandes difficultés.

Le spectre du *sodium* se compose seulement d'une raie jaune très brillante qui donne deux raies plus fines et très voisines si l'on rend très étroite la fente du collimateur.

Le *potassium* est caractérisé par deux belles raies principales, l'une dans l'extrême rouge, l'autre dans l'extrême violet. Ces raies sont difficiles à voir, parce qu'elles sont aux limites des radiations lumineuses.

Le *lithium* donne une belle raie rouge et une raie jaune très faible ; le *baryum*, une dizaine de raies, dont les plus brillantes sont dans le vert ; le *strontium*, quatre raies rouges brillantes, une jaune et une bleue ; le *calcium*, des raies orangées et jaunes, une raie verte très vive et une bleue, etc.

La sensibilité spectrale des métaux précédents est très grande. D'après Grandeau, il suffit d'introduire $\frac{3}{10\,000\,000}$ de milligramme de sodium dans la flamme pour obtenir aussitôt la raie jaune caractéristique de ce métal. Un peu de poussière soulevée près de la flamme du brûleur Bunsen fait apparaître cette raie ; aussi est-il très difficile de l'éviter dans les observations spectroscopiques. Le potassium et le baryum sont moins sensibles que le sodium ; il faut environ $\frac{1}{1000}$ de milligramme de chacun de ces métaux pour pouvoir observer nettement leurs raies caractéristiques.

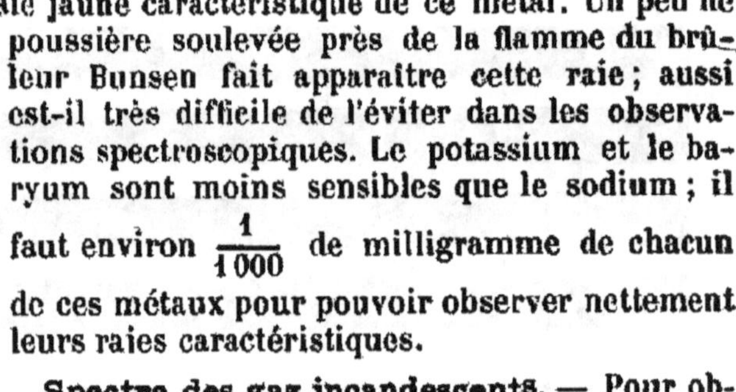

Fig. 235. — Tube de Geissler pour observer le spectre des gaz incandescents.

Spectre des gaz incandescents. — Pour observer le spectre des gaz incandescents, on les enferme dans des tubes de Geissler formés de deux ampoules cylindriques (*fig.* 235) réunies par un tube capillaire et munies d'électrodes terminales en platine. On illumine ces tubes par l'étincelle d'induction et on place la partie capillaire devant la fente du collimateur.

Les spectres ainsi observés sont en général des spectres cannelés, formés de raies brillantes et de bandes obscures. Le nombre et la largeur de ces raies varient d'ailleurs avec l'intensité du courant qui traverse le tube et avec la force élastique du gaz qui y est enfermé. Ajoutons qu'il est rare de rencontrer un tube complètement exempt d'azote et d'argon, car on retrouve presque toujours les raies caractéristiques de ces deux gaz.

181. Spectres d'absorption. — Le vide seul est rigoureusement transparent pour toutes les radiations. Lorsqu'un faisceau de lumière blanche traverse un milieu matériel quelconque, il éprouve un affaiblissement ou une *absorption* plus ou moins intense suivant l'épaisseur traversée, et si l'on analyse au spectroscope le faisceau ainsi modifié, on aura un spectre dans lequel certaines couleurs manqueront et seront remplacées par des bandes sombres. Les spectres de ce genre sont dits des *spectres d'absorption*.

Soit, par exemple, une dissolution étendue de sulfate de cuivre qui, sous une faible épaisseur, a la propriété d'absorber les radiations rouges et jaunes, et d'être transparente pour les radiations bleues et violettes. Plaçons cette dissolution dans une petite cuve de verre à faces parallèles et interposons la cuve entre la fente du collimateur et une flamme donnant un spectre continu : le rouge et le jaune manqueront dans le spectre observé, tandis que le bleu et le violet auront conservé la même intensité que dans le spectre continu. De même une dissolution très étendue de permanganate de potassium donne 7 bandes étroites d'absorption, situées dans le vert et dans le bleu. La lumière qui a traversé une dissolution de permanganate contenant surtout les radiations situées aux deux extrémités du spectre, on s'explique ainsi la couleur violet pourpre que possède ce liquide.

Les spectres d'absorption les plus intéressants au point de vue pratique sont ceux de l'hémoglobine, de la chlorophylle et ceux des vapeurs incandescentes.

Spectre d'absorption de l'hémoglobine. — L'hémoglobine ou matière colorante du sang donne un spectre d'absorption caractérisé par deux larges bandes noires situées l'une dans le jaune, l'autre dans le vert. Pour observer ce spectre, on délaye le sang dans un excès d'eau, à raison par exemple de deux gouttes de sang pour 5^{cc} d'eau, et l'on interpose le liquide entre la fente du collimateur et un bec de gaz ordinaire. Il suffit d'un dix-millième d'hémoglobine pour obtenir un effet sensible ; aussi la recherche des taches de sang sur le linge, etc., est-elle devenue une opération très simple, surtout si la dissolution est placée dans un tube d'une dizaine de centimètres de longueur.

Spectre d'absorption de la chlorophylle. — On broie rapidement dans un mortier une plante verte avec de l'alcool à 36°, puis on filtre. Cette dissolution donne une large bande

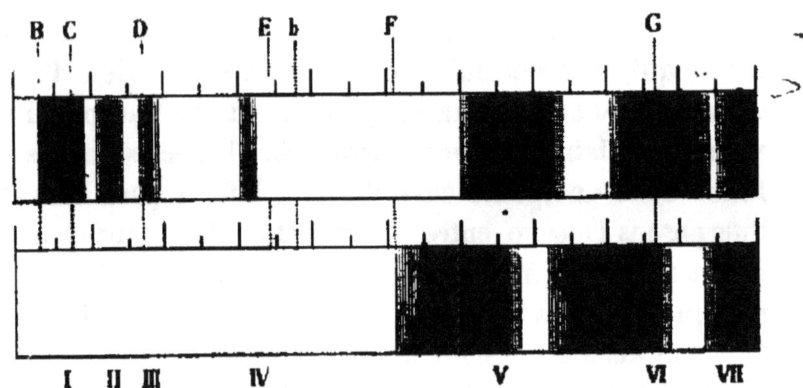

Fig. 236. — Spectres d'absorption : en haut, de la chlorophylle ; en bas, de la xantophylle.

très noire dans le rouge, une à la naissance de l'orangé, une autre entre le jaune et le vert, une dernière dans le vert (*fig.* 236); au delà du bleu, l'absorption est complète. Si la dissolution de chlorophylle est très concentrée, on ne voit qu'un peu de rouge. La xantophylle présente seulement trois bandes dans la partie la plus réfrangible du spectre.

Spectre d'absorption des vapeurs incandescentes. — Si l'on observe le spectre d'un corps solide ou liquide incandescent, on voit qu'il est continu (179) ; mais si l'on interpose une vapeur sur le trajet des rayons lumineux, immédiatement on voit apparaître dans le spectre des raies obscures. Or, si l'on prenait le spectre seul de la vapeur, on trouverait qu'il se compose de raies brillantes correspondant exactement, comme position, aux raies obscures que l'on vient de constater. C'est que les vapeurs interposées sur le trajet de radiations lumineuses ont la propriété d'absorber précisément les radiations qu'elles émettent elles-mêmes si elles sont incandescentes, ou, si elles ne sont pas à une température élevée, qu'elles émettraient si elles étaient suffisamment chaudes.

Cette curieuse propriété, qui a ouvert des voies inespérées à l'analyse spectrale, a été bien mise en lumière par Kirchhoff ; mais déjà cent ans auparavant Euler avait affirmé qu' « un corps absorbe la série des oscillations qu'il peut lui-même produire ».

Pour la chaleur, il y a longtemps qu'on a vérifié l'égalité des pouvoirs émissif et absorbant. On a fait aussi des expériences dans le même sens relativement aux sons.

L'absorption de certaines radiations par les vapeurs peut se démontrer de la façon suivante : une source de lumière blanche très intense (lumière de Drummond) éclaire la fente du collimateur et donne un spectre continu. Entre la fente et la source on interpose la flamme d'un brûleur Bunsen contenant du chlorure de sodium, par exemple. On voit aussitôt apparaître dans le jaune une double raie noire, occupant exactement la place des deux raies brillantes que donnerait la flamme jaune du brûleur. Parmi toutes les radiations émises par la lumière blanche, la vapeur de sodium a donc absorbé les radiations qu'elle émet elle-même.

Cette expérience, connue sous le nom d'expérience du *renversement des raies*, ne réussit que si l'on emploie une source de lumière blanche très intense. En effet, la flamme jaune émettant elle-même les deux radiations jaunes qu'elle absorbe, les raies d'absorption ne peuvent être noires que par contraste si le reste du spectre est très brillant.

On peut montrer facilement dans un cours l'absorption par la vapeur du sodium en recevant sur un écran le spectre continu réel donné par une fente éclairée par la lumière Drummond (*fig.* 237). En brûlant un fragment de sodium

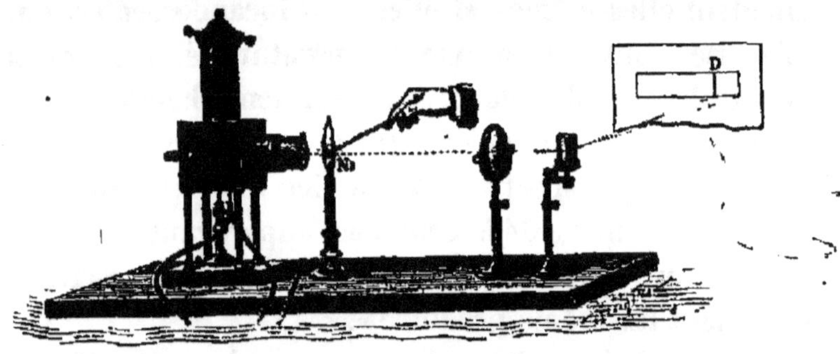

Fig. 237, — Disposition employée pour montrer l'absorption par la vapeur de sodium.

dans la flamme incolore d'un brûleur Bunsen, on voit apparaître une bande noire dans le jaune du spectre continu.

APPLICATIONS

182. Analyse spectrale. — L'analyse spectrale a pour but de reconnaître la présence de certains corps à l'inspection de leurs spectres ; « elle sait franchir dans la matière ce qui ne tient qu'à ses propriétés générales pour atteindre jusqu'à son individualité propre, c'est-à-dire jusqu'à l'espèce chimique. »

Cette méthode d'analyse est la plus délicate que l'on connaisse ; son emploi a permis de découvrir un certain nombre de métaux ; nous citerons particulièrement le *rubidium*, caractérisé par deux raies rouges très éclatantes et par deux raies violettes ; le *cæsium*, par deux raies bleues ; le *thallium*, par une seule raie verte très brillante ; l'*indium*, par une raie bleue et une raie violette ; le *gallium*, par deux raies violettes.

183. Constitution des astres. — La découverte de l'analyse spectrale a fait faire un pas immense à l'astronomie physique, en la dotant d'une méthode d'une puissance prodigieuse. Grâce à elle, en effet, nous pouvons déterminer la nature d'éléments chimiques qui se trouvent dans des étoiles dont la plus rapprochée est encore à une distance de nous deux cent mille fois plus grande que celle qui nous sépare du soleil.

La lumière émise par les astres donne des spectres continus, sillonnés de nombreuses raies sombres. Ces spectres rentrent donc dans la catégorie des spectres d'absorption. Par suite, il faut qu'il existe entre la masse incandescente de l'astre, qui par elle-même donnerait un spectre continu, et l'œil de l'observateur, des gaz et des vapeurs incandescents produisant une absorption.

Spectre solaire. — Les raies sombres qui sillonnent ce spectre forment deux catégories.

La première comprend les raies qui sont dues à une absorption subie dans l'atmosphère terrestre. Ces raies sont appelées à cause de cela raies *telluriques*. Quelques-unes ont une intensité variable avec les conditions de sécheresse ou d'humidité ; elles sont dues à la vapeur d'eau. Les autres sont plus ou moins marquées suivant que les rayons ont traversé une épaisseur plus ou moins grande de notre atmosphère : elles sont dues, comme l'expérience le démontre, à l'absorption par l'oxygène de l'air. C'est pour diminuer l'influence de ces raies dans les observations spectroscopiques qu'on a créé des observatoires au sommet de hautes montagnes (Mont Blanc, etc.).

Les raies qui forment la seconde catégorie sont de beaucoup les plus nombreuses, et leur intensité est complètement indépendante de l'atmosphère terrestre. De plus, la plupart de ces raies correspondent *exactement* à certaines raies colorées données par les vapeurs incandescentes. Ainsi, par exemple, si l'on produit simultanément, en utilisant le prisme à réflexion totale du collimateur, le spectre d'une flamme chargée de sodium et le spectre solaire, on reconnait que la double raie noire D du spectre solaire est le prolongement exact de la double raie jaune du sodium. De même, une centaine de raies noires du spectre solaire correspondent rigoureusement aux raies brillantes qui constituent le spectre de la vapeur de fer. Pour expliquer ces coïncidences, Kirchhoff et Bunsen ont établi l'hypothèse suivante sur la constitution du soleil.

Le globe solaire doit se composer d'une masse incandescente, la *photosphère*, entourée d'une atmosphère ou *chromosphère* formée de vapeurs incandescentes dont la température est moins élevée que celle de la photosphère. La photosphère, si elle était seule, donnerait un spectre continu ; les vapeurs de la chromosphère absorbent au passage les radiations qu'elles sont capables d'émettre, ce qui donne naissance aux raies noires non telluriques. D'après cela, la présence du sodium, du fer, du calcium, du magnésium, du chrome, du nickel, du manganèse et de l'hydrogène à l'état de vapeur dans la chromosphère résulte de la concordance rigoureuse entre les raies colorées de ces corps à l'état de vapeur incandescente et certaines raies noires du spectre solaire. L'absence de concordance fait admettre que certains métaux, tels que l'argent, le lithium, le strontium, etc., n'entrent pas dans la composition de la chromosphère.

L'existence de la chromosphère a pu être démontrée directement. Dans les éclipses totales de soleil, il arrive un moment où, la photosphère étant complètement masquée par la lune, une partie de la chromosphère se trouve à découvert. Le spectre donné alors par cette partie restée visible est composé de raies brillantes occupant exactement la place des raies noires du spectre solaire. Quant aux protubérances qui s'élèvent à une grande hauteur dans la chromosphère et que l'on voit, dans les éclipses totales de soleil, déborder le disque de la lune, elles sont constituées par des jets d'hydrogène. Leur spectre se compose en effet des quatre raies caractéristiques de l'hydrogène. On y trouve en outre une raie jaune caractérisant un gaz très léger, l'*hélium*, que l'on a récemment découvert, mélangé à l'argon, dans certaines roches rares.

Spectres des planètes. — La lune et les planètes donnent des spectres identiques au spectre solaire; on sait en effet que ces astres ne sont pas lumineux par eux-mêmes et qu'ils n'émettent que la lumière du soleil réfléchie. On peut cependant rencontrer dans les spectres des planètes des raies noires spéciales dues à l'absorption que subit la lumière solaire en traversant leur atmosphère. L'étude de ces raies a montré que l'atmosphère de plusieurs planètes contient de la vapeur d'eau.

Spectres des étoiles. — Les étoiles donnent des spectres analogues, mais non identiques, au spectre solaire, ce qui prouve qu'elles sont lumineuses par elles-mêmes. Celles dont le spectre se rapproche le plus du spectre solaire sont les étoiles qui paraissent jaunâtres, comme la Chèvre. Les étoiles blanches, comme Sirius, donnent un spectre dont la partie violette est très brillante, ce qui indique une température élevée. Les étoiles rouges, au contraire, paraissent avoir une température moins élevée que le soleil ; la partie violette de leur spectre a peu d'intensité. On peut citer comme exemple de ces étoiles α d'Orion. Enfin quelques rares étoiles, de même que les comètes, les nébuleuses, donnent des spectres à raies brillantes comme la lumière émise par les gaz et les vapeurs incandescents.

La conclusion de toutes les belles recherches d'astronomie physique entreprises depuis quarante ans est que les astres qui parsèment la voûte céleste sont à tous les âges de leur évolution et que la matière qui forme le monde solaire et les étoiles est empruntée aux mêmes éléments.

184. Applications diverses. — En dehors de l'analyse spectrale et de l'étude de la constitution des astres, la spectroscopie donne lieu à une foule d'applications intéressantes. Nous citerons particulièrement la recherche du sang sur le bois, le linge, etc. ; la prévision de la pluie d'après l'apparition dans le spectre solaire de certaines raies telluriques ; la détermination approximative des hautes températures en métallurgie ; la comparaison des intensités de deux sources lumineuses par les *spectrophotomètres* ; la comparaison des colorations de deux liquides quelconques par les *spectrocolorimètres*.

RÉSUMÉ DU CHAPITRE XVI

Le *spectroscope* de Kirchhoff et Bunsen se compose essentiellement : 1° d'un prisme en flint ; 2° d'un collimateur muni d'une fente et d'une lentille qui rend parallèles les rayons de la source à étudier 3° d'une lunette astronomique pour observer le spectre ; 4° d'un micromètre divisé sur verre, dont l'image se superpose au spectre.

Les radiations des différents spectres se distinguent par leurs *longueurs d'onde*, longueurs qui sont très petites et s'évaluent en microns.

Les solides et les liquides incandescents donnent des spectres *complets*, dont les radiations se succèdent sans discontinuité.

Les gaz et les vapeurs incandescents donnent des spectres *discontinus*, formés de raies colorées isolées, séparées par des intervalles obscurs. Pour observer par exemple le spectre d'un métal, on introduit un de ses sels facilement volatilisables (tel un chlorure) dans la flamme non éclairante d'un brûleur Bunsen. Les métaux alcalins et alcalino-terreux sont caractérisés par les raies les plus nettes. Le sodium donne deux raies jaunes brillantes ; le potassium, une raie rouge et une raie violette.

Les différents milieux matériels exercent sur la lumière blanche une absorption plus ou moins intense, et la lumière blanche ainsi modifiée donne des spectres d'*absorption*. Les vapeurs incandescentes absorbent les radiations qu'elles sont capables d'émettre et les remplacent par des bandes sombres ; on le démontre par l'expérience du renversement des raies.

L'analyse spectrale permet de reconnaître la présence de certains corps à l'inspection de leurs spectres ; son emploi a fait découvrir de nouveaux métaux (rubidium, cæsium, etc.).

Les spectres des astres sont des spectres d'absorption. Le spectre solaire est continu, mais sillonné d'une multitude de raies sombres ; les unes sont dues à une absorption produite par notre atmosphère ; les autres, plus nombreuses, correspondent exactement, comme position, à certaines raies colorées données par des gaz et vapeurs incandescents. On explique ce fait en admettant que le soleil est composé d'un noyau incandescent qui, s'il était seul, donnerait un spectre continu, et d'une atmosphère formée de gaz et de vapeurs incandescents qui absorbent au passage les radiations qu'ils sont susceptibles d'émettre. De la concordance parfaite entre certaines raies sombres du spectre solaire et certaines raies colorées données par des gaz et vapeurs incandescents, on déduit la présence du fer, du sodium, de l'hydrogène, etc., dans l'atmosphère du soleil. Les raies dues à notre propre atmosphère sont appelées *telluriques* ; elles sont de deux sortes ; les unes sont plus ou moins marquées suivant que le soleil est plus ou moins près de l'horizon, c'est-à-dire suivant l'épaisseur de la couche d'air traversée ; elles sont dues à l'oxygène de l'air ; les autres, d'intensité très variable, dépendent de la quantité de vapeur d'eau contenue dans l'air et aident même à la prévision du temps.

L'examen des spectres des étoiles a montré que la matière qui forme ces astres et celle qui entre dans la composition du monde solaire étaient empruntées aux mêmes éléments.

CHAPITRE XVII

PROPRIÉTÉS DES RADIATIONS

185. Considérations générales. — Les radiations qui ne jouissent pas de la propriété d'impressionner la rétine sont caractérisées, comme les radiations lumineuses, par leur *longueur d'onde;* elles s'étendent sur une assez grande longueur de part et d'autre du spectre visible. Pour étudier ces radiations, on emploie la méthode thermométrique, c'est-à-dire qu'on mesure la quantité de chaleur qu'elles cèdent par unité de temps, ou bien on met à profit leur action chimique sur les sels d'argent.

186. Étude des radiations par la méthode thermométrique. — Considérons par exemple les radiations émanées du soleil; nous formerons un spectre réel de la lumière solaire avec une lentille et un prisme de sel gemme, et nous explorerons les différentes régions du faisceau dispersé avec un appareil indiquant de très faibles variations de température. Un thermomètre à mercure à réservoir noirci ne serait pas assez sensible, car la masse de l'instrument étant assez grande, il mettrait longtemps pour atteindre une température stationnaire. On emploie, soit une *pile thermo-électrique linéaire*, dont toutes les soudures paires ou impaires sont distribuées sur une même ligne, soit le *bolomètre* de Langley, basé sur ce que la résistance électrique d'un fil augmente lorsque sa température s'élève.

Avec ces appareils, qui accusent nettement les millièmes de degré centigrade, on constate que les élévations de température sont extrêmement faibles dans la partie bleue ou violette du spectre. La quantité de chaleur augmente à mesure qu'on se rapproche du rouge et continue de croître au-delà du rouge, là où l'œil ne perçoit plus rien ; après avoir atteint un maximum, elle disparaît progressivement et finit par devenir nulle pour les radiations dont la longueur d'onde atteint environ 20 μ. Il existe donc des radiations moins déviées par le prisme que les rayons lumineux ; ces radiations, appelées comme nous l'avons dit *infra-rouges*, ont les mêmes propriétés que les radiations visibles, sauf la propriété d'impressionner la rétine.

REMARQUE. — L'expérience précédente peut être faite avec une source calorifique quelconque. Si la source est lumineuse, on trouve des radiations calorifiques obscures et des radiations qui sont à la fois calorifiques et lumineuses. Si la source n'est pas lumineuse, on trouve uniquement des radiations calorifiques obscures, moins déviées que ne le seraient les rayons rouges.

187. Étude des radiations par la méthode chimique. — La méthode thermométrique ne convient pas pour l'étude des radiations de faible longueur d'onde ; il faut avoir recours à la décomposition des sels d'argent par ces radiations.

Si l'on projette un spectre solaire pur sur une feuille de papier imprégnée de chlorure d'argent, elle prend une teinte violacée qui commence seulement au vert, mais qui s'étend jusque bien au-delà du violet. Les rayons de grande longueur d'onde sont donc, au point de vue chimique, absolument inactifs. On voit en même temps que, parmi les radiations incapables d'impressionner la rétine, il en existe que le prisme dévie plus que les rayons violets. Ces radiations, appelées radiations *ultra-violettes*, ont une longueur d'onde plus petite que celle des rayons violets ; la moindre longueur d'onde observée est d'environ $0^\mu,1$.

Remarque. — Le degré d'activité des différentes radiations au point de vue chimique varie beaucoup avec la source lumineuse qui fournit le spectre et avec la nature des substances soumises à la décomposition. Certaines sources lumineuses, comme la flamme du magnésium, la flamme du sulfure de carbone saturé d'oxyde azotique, etc., sont très riches en rayons chimiques ; d'un autre côté, en mélangeant au chlorure d'argent diverses substances, on augmente sa sensibilité pour telle ou telle couleur. Il n'est donc pas possible de dresser une table des intensités chimiques correspondant aux diverses longueurs d'onde des rayons actifs.

188. Phosphorescence et fluorescence. — La *phosphorescence* est la propriété que possèdent certaines substances, après être restées quelque temps exposées à la lumière, de paraître lumineuses lorsqu'on les transporte dans l'obscurité, tout en étant à la température ordinaire. Comme exemples de substances phosphorescentes, on peut citer les sulfures de calcium, de baryum, le platinocyanure de potassium.

La phosphorescence n'est généralement excitée que par les radiations de faible longueur d'onde, comme les rayons bleus et violets. Dans tous les cas, la longueur d'onde de la lumière émise est toujours plus grande que celle qui lui a donné naissance (loi de Stokes) ; en d'autres termes, les corps phosphorescents transforment les radiations qu'ils ont absorbées en radiations moins réfrangibles, qu'ils restituent plus ou moins rapidement dans l'obscurité.

La durée de la phosphorescence est plus ou moins longue suivant la nature de la substance ; elle peut être de quelques heures pour les sulfures de baryum et de calcium. Lorsque cette durée devient excessivement courte, c'est-à-dire lorsque la transformation des radiations reçues par le corps cesse en même temps que la lumière excitatrice, le phénomène prend le nom de *fluorescence* ; c'est le cas pour le spath d'Islande, le verre d'urane, la dissolution de sulfate de quinine dans l'acide sulfurique, la fluorescéine. Les corps fluorescents, outre qu'ils renvoient par diffusion la lumière qu'ils reçoivent comme les corps non fluorescents, renvoient par fluorescence des radiations moins réfrangibles que les radiations excitatrices. Si, par exemple, on dirige sur un corps fluorescent un faisceau de rayons ultra-violets, le corps s'illumine et ces rayons sont rendus visibles.

La propriété précédente est appliquée dans la construction des spectroscopes à *oculaire fluorescent*. L'image réelle du spectre est projetée sur une lame de verre d'urane ou sur un papier imprégné de sulfate de quinine ; les radiations ultra-violettes, rendues ainsi visibles, sont examinées au moyen d'un oculaire.

189. Échelle des radiations. — Aux radiations que nous venons d'étudier il faut ajouter les radiations électriques dites *hertziennes* dont l'analogie avec les radiations lumineuses est maintenant bien établie et que l'on peut étudier par la méthode thermométrique. Nous parlerons de ces radiations à propos de la télégraphie sans fil. Leur longueur d'onde varie de 6m à 2cm.

En résumé, les radiations connues et étudiées jusqu'ici peuvent se ranger sur une sorte d'échelle, dans l'ordre des nombres croissants de vibrations, c'est-à-dire des longueurs d'onde décroissantes. Au bas de cette échelle se trouvent les radiations hertziennes ; viennent ensuite, successivement, les radiations obscures infra-rouges ou calorifiques, les radiations visibles : rouges, orangées, jaunes, vertes, bleues, violettes, puis enfin les radiations ultra-violettes, caractérisées par leur action chimique sur les sels d'argent. Les *radiations X* ou radiations *Rœntgen* sont regardées généralement comme des radiations ultra-violettes, dont la longueur d'onde serait de l'ordre du centième de micron. Ces radiations seront étudiées en Électricité, après la bobine de Ruhmkorff.

PHOTOGRAPHIE

190. Principe et historique. — La photographie est l'ensemble des procédés employés pour fixer des images sous l'influence de la lumière ; elle repose sur la décomposition, par les

radiations de faible longueur d'onde, de certains composés chimiques, notamment du chlorure, du bromure et de l'iodure d'argent.

La première solution pratique relative à la photographie fut donnée par Daguerre en 1838. Son procédé, connu sous le nom de *daguerréotypie*, consistait en principe à soumettre à l'action de la lumière une plaque de cuivre doublée d'argent et rendue sensible par une exposition aux vapeurs d'iode. Pour faire apparaître ensuite l'image, on soumettait la plaque à l'action de vapeurs de mercure qui, se condensant seulement sur les parties impressionnées, y formaient un amalgame d'argent. On enlevait l'iodure d'argent non altéré par la lumière en lavant la plaque avec une dissolution d'hyposulfite de sodium. La daguerréotypie avait l'inconvénient de ne donner qu'une épreuve et d'exiger un temps de pose assez long; elle est complètement abandonnée. Talbot, en 1839, substitua à la plaque sensible de Daguerre une feuille de papier imprégnée de chlorure d'argent et reconnut que les sels d'argent, qui ne sont pas naturellement réductibles par les sels ferreux, le deviennent lorsqu'ils ont subi l'action de la lumière. L'image négative qu'il obtint ainsi permettait de tirer une série illimitée d'images *positives* présentant les mêmes teintes que l'objet. Depuis, un grand nombre de perfectionnements ont été apportés à l'art photographique, notamment en ce qui concerne la préparation de la couche sensible; cet art est devenu abordable à tous et donne lieu journellement à de nombreuses applications. Nous décrirons particulièrement le procédé au *gélatino-bromure d'argent*, qui est d'un emploi général.

191. Procédé au gélatino-bromure d'argent. — Comme tous les procédés photographiques modernes, le procédé au gélatino-bromure comprend trois opérations principales. La première se fait dans la chambre noire; elle consiste à soumettre à l'action de la lumière la substance chimique impressionnable. La deuxième opération consiste à révéler l'image latente produite dans la première opération; elle donne une image réelle appelée *cliché* ou *négatif*, qui reproduit en noir les parties claires du sujet et inversement.

Enfin la troisième opération consiste à produire au moyen du cliché des images *positives* dont les teintes se retrouvent dans leur ordre naturel.

La substance impressionnable est du bromure d'argent disséminé au sein d'une couche mince et homogène de gélatine. Ce bromure se prépare par double décomposition à l'abri de la lumière en ajoutant de l'azotate d'argent à une solution chaude de gélatine contenant un bromure alcalin. L'émulsion obtenue est coulée sur des plaques de verre, puis on élimine l'azotate alcalin par un lavage. Les plaques sensibles se trouvent toutes préparées dans le commerce et à très bon marché.

Impression dans la chambre noire. — Bien que le commerce fournisse aujourd'hui un grand nombre de modèles de chambres noires très légères que l'on tient à la main, il y a toujours avantage à se servir de chambres noires à pied (*fig.* 238).

Fig. 238.— Chambre noire de photographie.

La chambre noire étant disposée convenablement par rapport à l'objet à photographier, on place la tête sous un voile suffisamment opaque et on *met au point*, c'est-à-dire que l'on cherche à avoir une image très nette sur la glace dépolie mobile qui forme le fond de la chambre. On immobilise ensuite la chambre dans la position qu'elle occupe à l'aide d'une vis de serrage, puis on introduit entre les deux lentilles de l'objectif le diaphragme que l'on juge convenable suivant la quantité de lumière que l'on veut laisser pénétrer dans la chambre noire, et l'on couvre l'objectif.

Il faut alors substituer la plaque sensible à la glace dépolie. La plaque sensible ayant été préalablement introduite à l'obscurité dans un châssis (*fig.* 239), on remplace le cadre qui porte la glace dépolie par le châssis qui renferme la plaque, puis on soulève jusqu'au bout le volet ou le rideau du châssis et on enlève l'obturateur de l'objectif.

Fig. 239. — Châssis double à volets.

Le *temps de pose* est une question de pratique ; il est très variable suivant la qualité de l'objectif et des plaques et surtout suivant la nature et l'éclairement de l'objet à photographier. Quand il est jugé suffisant, on recouvre l'objectif, on rabat le volet et l'on transporte le châssis dans le cabinet noir.

Développement du négatif. — Le cabinet noir ne doit être éclairé que par la lumière rouge, les autres couleurs exerçant une action sur les sels d'argent. On se sert de lampes spéciales à essence minérale ou à pétrole ou de lampes à incandescence (*fig.* 240) munies d'un verre rouge.

La plaque qui a subi l'action de la lumière ne montre aucune trace d'image. Celle-ci n'apparaît que sous l'influence de *révélateurs*, qui jouent le rôle de réducteurs et précipitent l'argent partout où le bromure a été impressionné. Les révélateurs sont très nombreux : on les trouve tout préparés dans le commerce (*bains de développement*).

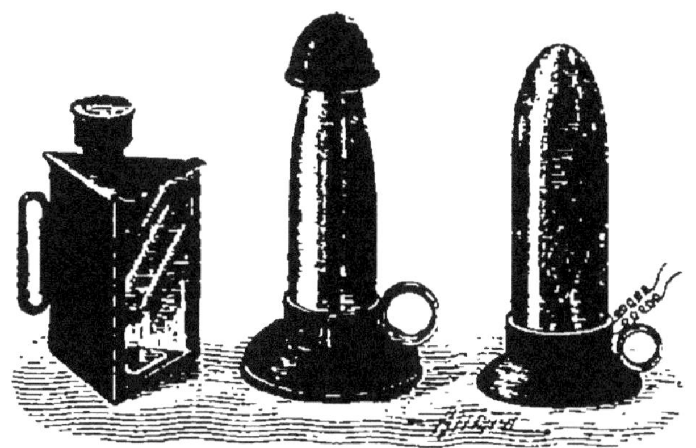

Fig. 240. — Lampes de cabinet noir.

Les plus employés sont à base de l'un des corps suivants : oxalate ferreux, acide pyrogallique, hydroquinone, iconogène (substance organique dérivant du naphtol). Nous prendrons comme exemple le développement à l'acide pyrogallique.

On prépare d'abord les dissolutions suivantes : bromure de potassium (100gr par litre) ; carbonate de sodium (250gr par litre) ; sulfite de sodium (250gr par litre).

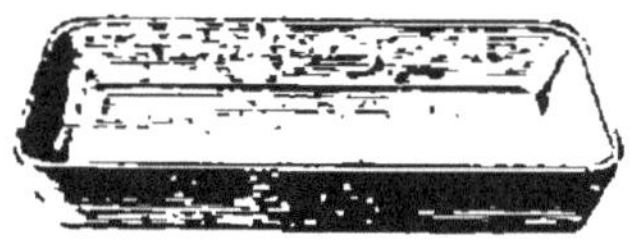

Fig. 241. — Cuvettes pour photographie.

Soit à développer une plaque impressionnée. On met dans une cuvette en porcelaine ou en carton durci (*fig.* 241) 15 à 20cg d'acide pyrogallique en poudre, 2 à 3cc de la solution de bromure, 60cc de la solution de sulfite et 15 à 20cc de la solution de carbonate ; on agite le tout de manière à avoir un bain bien homogène et on y introduit le cliché, la couche sensible vers le haut, de manière que le liquide recouvre toute la plaque dès le début. Après un temps qui varie entre 20 et 30 secondes, des parties noires commencent à apparaître sur la plaque; on suit l'apparition des détails, en ajoutant du carbonate si ces détails sont insuffisants ou de l'acide pyrogallique si l'intensité fait défaut. Lorsqu'on juge l'image suffisamment révélée, on retire la plaque du bain et on la lave. Il ne reste plus qu'à fixer l'image.

Le *fixage* a pour but d'éliminer le bromure d'argent qui n'a pas été réduit par le bain de développement. Cette élimination se fait par une dissolution d'hyposulfite de sodium (200gr par litre) dans laquelle on plonge la plaque. Lorsque l'aspect laiteux que présentait tout d'abord la plaque a complètement disparu, on la lave de nouveau et on la laisse séjourner quelques heures dans l'eau pour enlever tout l'hyposulfite, puis on la met finalement sécher sur un égouttoir (*fig.* 242).

Fig. 242. — Égouttoir pour séchage des plaques.

Opérations accessoires. — 1° Malgré tous les soins employés dans le développement du négatif, il peut arriver que l'image ait une intensité trop faible ou trop forte; on est alors obligé de la renforcer ou de la baisser. Le *renforcement* se pratique en plongeant le cliché préalablement bien lavé dans une solution au quarantième de sublimé corrosif (chlorure mercurique). On laisse blanchir le cliché, puis on le traite par une solution d'ammoniaque à 10 °/₀ et on termine par un lavage à grande eau. Pour *baisser* ou réduire, on plonge le cliché dans un mélange à volumes égaux d'une solution à 5 °/₀ de ferricyanure de potassium et d'une solution également à 5 °/₀ d'hyposulfite de sodium. On termine encore par un lavage abondant.

2° Dans un but de conservation du cliché, on faisait autrefois passer la plaque, après le fixage, dans une solution à 8 pour 1000 d'alun de potassium. L'alun durcissait la gélatine et la rendait imputrescible. Cette opération s'appelait l'*alunage*. Aujourd'hui on préfère durcir la gélatine en trempant le cliché dans du formol (aldéhyde formique) en solution à 10 %.

3° Le *séchage* doit s'effectuer à l'air libre; il ne nécessite que quelques heures si l'atmosphère n'est pas trop humide. Quand on veut obtenir un séchage rapide, il suffit de plonger le cliché pendant quelques minutes dans de l'alcool méthylique chaud, puis de le soumettre à une douce chaleur.

Si la gélatine a été durcie au formol, on obtient un séchage rapide en exposant le cliché au soleil ou à toute autre source de chaleur.

4° La *retouche* des clichés se fait en vue d'obtenir de meilleurs positifs. On retouche au point de vue artistique en se servant d'aiguilles emmanchées ou de crayons bien taillés. Afin de bien apercevoir les détails du cliché, on le pose sur une glace transparente inclinée à 45° qui reçoit la lumière du ciel par l'intermédiaire d'un miroir convenablement disposé.

Tirage des positifs. — Les papiers sensibles employés pour le tirage des positifs se trouvent tout préparés dans le commerce ; ce sont des papiers albuminés ou gélatinés, rendus sensibles par des sels d'argent, des sels de fer, des sels de platine ou du bichromate de potassium.

TIRAGE SUR PAPIER AUX SELS D'ARGENT. — Tous les papiers aux sels d'argent (chlorure, bromure, citrate) se traitent de la même manière.

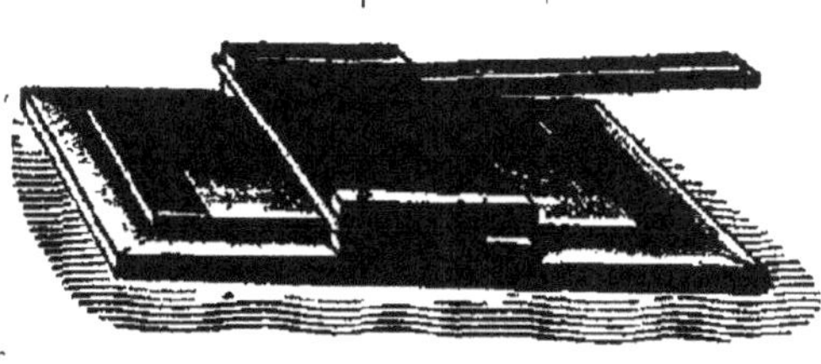

Fig. 243. — Châssis-presse.

On prend un *châssis-presse* (*fig.* 243) constitué par un cadre de bois muni d'une glace transparente, d'un double volet à charnière et de deux fermoirs à ressort. Le cliché étant placé sur la glace du châssis-presse, la couche sensible du côté des volets, on applique sur la gélatine une feuille de papier sensible de dimensions convenables, puis on place sur l'ensemble un morceau de drap ou quelques feuilles de papier buvard pour régulariser la pression et on assujettit les volets à l'aide des fermoirs. On retourne alors le châssis et on l'expose à la lumière diffuse. La lumière traverse les parties blanches et transparentes du cliché et donne sur le papier sensible une image *positive* où les teintes de l'objet à photographier sont rétablies. De temps à autre on ouvre un des volets et on soulève le papier afin de suivre les progrès de la reproduction. Lorsque les noirs sont suffisamment accentués, on cesse l'exposition. L'épreuve positive est lavée à l'eau ordinaire afin d'éliminer les sels d'argent solubles, puis portée dans le bain de virage.

Le *virage* a pour but de remplacer l'argent réduit du papier sensible par de l'or, ce qui rend l'épreuve inaltérable et lui donne une teinte violacée riche, plus ou moins foncée. Le bain de virage le plus employé comprend pour 1 litre d'eau distillée, 1^{gr} de chlorure d'or et 25^{gr} de craie lavée. On remue constamment le positif dans le bain et on le retire lorsque le ton désiré est légèrement dépassé.

Il ne reste plus qu'à dissoudre le sel d'argent non altéré par la lumière dans l'exposition du châssis-presse. Cette opération s'appelle le *fixage*. Le bain de fixage est une solution d'hyposulfite de sodium à 15 ou 20 centièmes. L'épreuve y est laissée pendant 10 à 15 minutes, puis lavée à l'eau courante pendant plusieurs heures et mise à sécher. On peut ensuite la coller sur carton.

Le papier sensible dit *aristotypique* est du papier au gélatino-chlorure d'argent permettant d'obtenir à volonté des épreuves mates ou brillantes. On pousse au tirage un peu plus qu'il ne faudrait, car l'épreuve perd de son intensité en passant dans les bains de virage et de fixage. Ces derniers sont ordinairement combinés. On emploie : eau, 1^{lit}; chlorure d'or, 1^{gr}; alun, 60^{gr}; hyposulfite de sodium, 400^{gr}; acétate de plomb, 8^{gr}; sulfocyanure d'ammonium, 50^{gr}. Pour avoir des épreuves mates, on les met sécher sur une lame de verre dépoli après avoir préalablement frotté celle-ci avec un tampon de flanelle imprégné d'une solution de cire vierge ou de paraffine dans la benzine ; on évite ainsi l'adhérence de la gélatine sur le verre. En opérant le séchage de la même manière sur une surface parfaitement polie, comme une lame de verre, une lame d'ébonite, on obtient des épreuves très brillantes.

Tirage sur papier aux sels de fer. — Ce papier, le plus commode lorsqu'on ne dispose que de peu de temps, est sensibilisé par un mélange de perchlorure ou de citrate de fer ammoniacal et de ferricyanure de potassium (papier au ferro-prussiate). Le côté sensibilisé est jaune ; il devient bleu sous l'influence de la lumière.

Le papier au ferro-prussiate étant superposé au négatif dans le châssis-presse, on expose à la lumière. Après un temps suffisant, on lave l'image à l'eau pure ; le ferro-prussiate se dissout sur toutes les parties du papier qui ont été préservées par les parties sombres du cliché. L'image obtenue est en blanc sur fond bleu.

Ce procédé est surtout employé dans l'industrie pour reproduire directement des plans de machines, des dessins d'architecture. Le dessin à reproduire est exécuté à l'encre de Chine sur un papier transparent destiné à remplacer le négatif dans le châssis-presse.

Tirage sur papier aux sels de platine. — Le papier aux sels de platine est sensibilisé par un mélange convenablement préparé de chlorure de platine et d'oxalate ferrique ; il donne des épreuves noires ou sépia, d'une inaltérabilité absolue et d'un caractère artistique tout particulier.

Sous l'influence de la lumière, la couche sensible donne un dépôt de platine. L'image brune obtenue est développée dans une dissolution d'oxalate de potassium et d'acide tartrique à 20°, puis lavée rapidement et fixée dans une solution d'acide chlorhydrique à 5 %.

Tirage sur papier au bichromate. — Ce procédé, imaginé par Poitevin, est connu sous le nom de *procédé au charbon;* il est peut-être le plus difficile de tous, mais il donne de belles épreuves, qui sont inaltérables.

Le papier sensible employé est recouvert d'une couche de gélatine imprégnée de bichromate de potassium mélangé à du noir de fumée. Sous l'influence de la lumière, la gélatine bichromatée acquiert la propriété d'être plus ou moins insoluble dans l'eau tiède suivant l'intensité de la lumière qui l'a pénétrée. Si donc, après une exposition suffisante derrière un négatif au châssis-presse, l'épreuve est traitée par de l'eau tiède, la gélatine restera inaltérée aux points qui auront été frappés par la lumière, et se dissoudra aux points qui auront été préservés de l'action de la lumière par les parties sombres du cliché, entraînant alors avec elle le noir de fumée qui y avait été incorporé. L'épreuve terminée, il est nécessaire de l'aluner pour chasser l'excès de bichromate qui peut rester.

Tirage sur verre. — Les positifs peuvent se tirer sur verre sensibilisé comme les divers papiers que nous venons d'étudier; ces positifs servent pour les agrandissements, les projections; pour imiter les vitraux, pour les impressions de photogravures en taille-douce, etc.

On applique la couche sensible de la plaque négative contre la couche sensible de la plaque positive, puis on introduit le système dans le châssis-presse et on expose le tout à la lumière. On peut utiliser la lumière d'une bougie, d'une lampe à incandescence. Le temps de pose varie avec la sensibilité de la plaque, l'intensité du négatif, l'intensité de la lumière. Quand la plaque est suffisamment impressionnée, on la retire et on la traite exactement comme un négatif (développement, fixage, lavages).

192. Photographie instantanée. — Lorsqu'il s'agit de prendre des objets en mouvement, des phénomènes naturels, des scènes de genre, etc., il est nécessaire de réduire la pose à une durée très courte $\left(\frac{1}{20}\text{ de seconde en moyenne}\right)$.

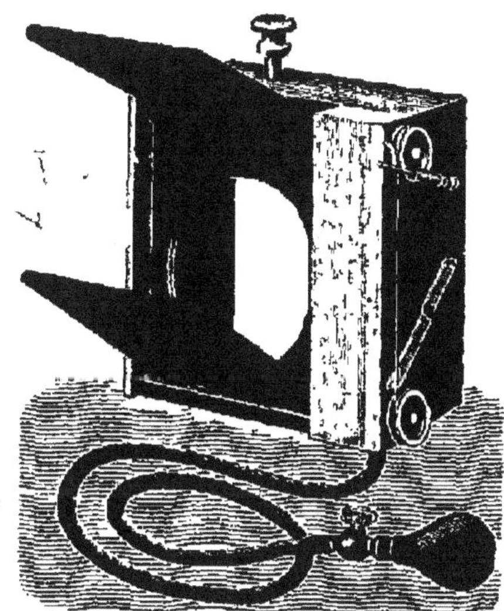

Fig. 244. — Obturateur à double volet de Guerry.

On adapte alors à l'objectif un appareil appelé *obturateur*, qui fonctionne automatiquement et ne laisse pénétrer la lumière dans la chambre noire que pendant un temps très court.

Les obturateurs sont ordinairement commandés par un déclenchement pneumatique mis en mouvement par la pression d'une poire en caoutchouc. L'un des plus employés est l'obturateur à double volet de Guerry (*fig.* 244); son fonctionnement est excessivement doux et il peut servir à la pose et à l'instantané.

On emploie avantageusement les appareils à main pour les instantanés. Ces appareils contiennent 6, 12 ou 18 plaques, quelquefois même 24 plaques, et permettent de prendre autant de vues sans changer de châssis; ils sont munis de *viseurs*, constitués le plus souvent par un miroir argenté dans lequel on peut voir l'image telle qu'elle sera sur la glace sensible, mais beaucoup plus petite. Il existe une foule de modèles d'appareils à main. Nous dirons quelques mots de deux types très répandus, le détective et le vérascope.

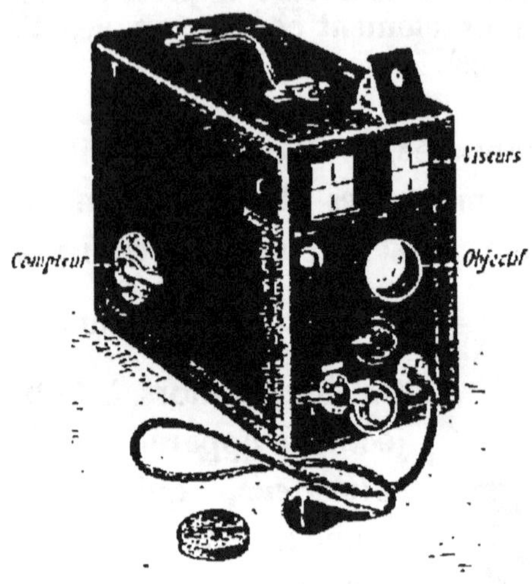

Fig. 245. — Détective.

Le *détective* est un appareil très léger recouvert en maroquin (*fig.* 245) : il est muni de deux viseurs pour opérer en hauteur ou en largeur, d'un obturateur à vitesses variables pour l'instantané et d'un compteur indiquant le nombre de plaques

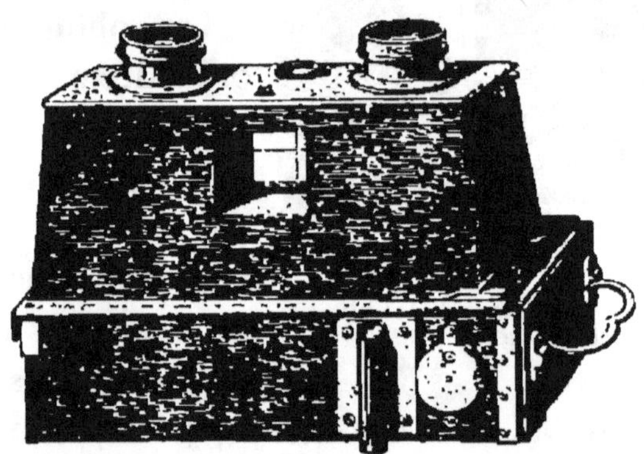

Fig. 246. — Vérascope Richard.

prises. Les 12 plaques que contient l'appareil se changent l'une après l'autre en appuyant sur le levier-compteur placé sur le côté.

Le *vérascope* permet de faire 12 photographies stéréoscopiques ou 24 photographies simples. Il est composé essentiellement de deux chambres noires (*fig.* 246) munies d'obturateurs instantanés et à pose : un viseur donne le champ de ce que contiendra la photographie.

REMARQUE. — On peut faire de l'instantané dans des endroits sombres comme les caves, les grottes, etc. Il faut alors employer une lumière artificielle intense, comme la lumière électrique, la lumière oxhydrique, la flamme produite par la combustion du magnésium. Le magnésium s'emploie ordinairement en poudre (poudre photogénique). Cette poudre est introduite dans des lampes spéciales (lampes tison-éclair, revolver photogénique, etc.), comprenant un réservoir de poudre photogénique, une poire pour projeter la poudre, et une petite lampe à alcool (*fig.* 247).

Fig. 247. — Revolver photogénique.

193. Agrandissements photographiques. — Les agrandissements des clichés se font à l'aide de lanternes magi-

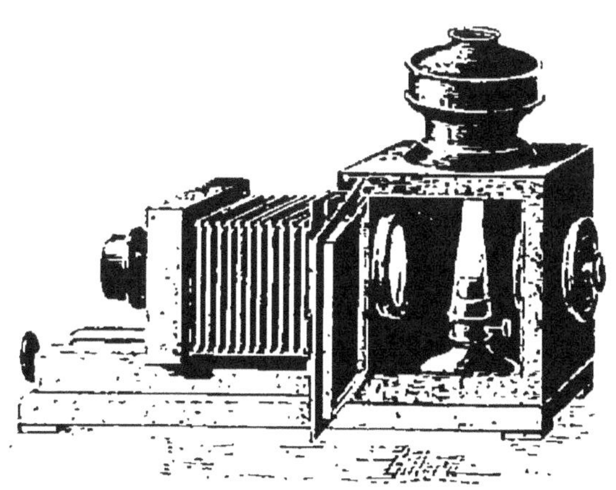

Fig. 248. — Lanterne d'agrandissement.

ques appropriées à ce genre de travail et qui permettent d'opérer à la lumière artificielle, le soir ou en hiver.

Ces lanternes, appelées lanternes *d'agrandissement* ou de *projection*, se composent d'une boîte contenant une source lumineuse (lampe à essence minérale ou à pétrole). Sur le devant de la boîte se trouve une ouverture de la dimension du cliché à agrandir (*fig.* 248). Contre cette ouverture est appliquée une chambre noire à soufflet munie d'un objectif. Enfin un condenseur de lumière, placé entre la source et le cliché à agrandir, est destiné à projeter plus de lumière sur le cliché. On opère dans le cabinet noir.

194. Applications de la photographie. — Outre les applications proprement dites relatives aux portraits, aux vues, aux projections, aux dessins, la photographie présente de nombreuses applications scientifiques et industrielles. Nous citerons particulièrement la chronophotographie, la microphotographie et les réductions microscopiques, la fabrication d'émaux photographiques, les procédés mécaniques de tirage des positifs.

Chronophotographie. — La chronophotographie est une application de la photographie instantanée. Celle-ci permet de suivre le développement d'un mouvement quelconque, comme les différentes phases de la marche, du saut, du vol des oiseaux, etc. Il suffit pour cela de prendre des photographies successives à des intervalles de temps rigoureusement égaux. Si l'on reproduit devant l'œil toutes ces photographies dans le même ordre et suivant les mêmes intervalles, on assistera à la reproduction exacte du phénomène (V. cinématographe, tome II).

Microphotographie. — La microphotographie a pour but d'obtenir par les procédés photographiques ordinaires les images agrandies de très petits objets, comme les préparations anatomiques, les cultures microbiennes, etc.

La chambre noire ordinaire étant insuffisante pour cet usage, on substitue à l'objectif photographique un microscope convenablement disposé (*fig.* 249) et l'on relie le tube du microscope à la chambre à soufflet par une étoffe noire. La préparation, éclairée très fortement et d'une façon très égale, est placée sur la plateforme ; elle projette son image considérablement grossie sur la plaque sensible.

Pour obtenir des *réductions photographiques*, il suffit de photographier avec la chambre noire qui a servi à préparer le cliché; plus on éloigne l'objectif du cliché, plus l'épreuve est petite. En temps de guerre, on fabrique ainsi des photographies presque imperceptibles de lettres, de dépêches, etc., que l'on enferme dans de minces petits tubes et que l'on confie à des pigeons voyageurs. Ces photographies, arrivées à destination, sont agrandies et projetées sur un écran.

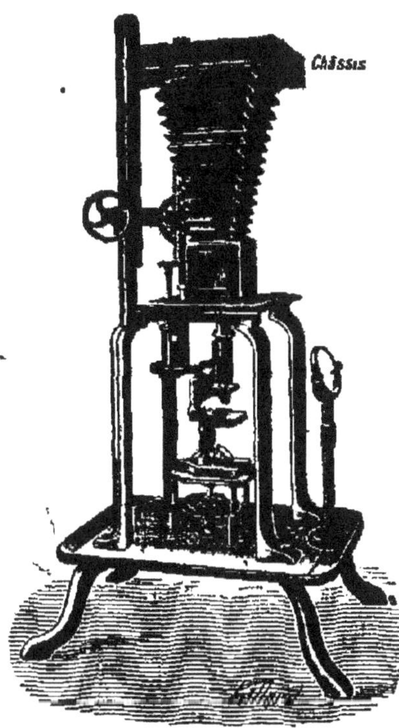

Fig. 249. — Disposition employée pour la microphotographie.

Céramique photographique. — C'est une application du procédé de Poitevin à la gélatine bichromatée. Celle-ci est coulée sur de la porcelaine à laquelle on a incorporé préalablement des poudres de composition variable suivant la couleur que l'on veut obtenir (silicate de plomb et de cobalt pour le bleu, oxyde de chrome et borax pour le vert, etc.). Après exposition à la lumière derrière un cliché, on élimine les parties restées solubles par un lavage à l'eau tiède et on a une image constituée par des épaisseurs plus ou moins fortes de gélatine colorée. On fait cuire ensuite comme pour la céramique ordinaire.

Procédés mécaniques de tirage des positifs. — Ces procédés ont pour but d'obtenir des planches qui permettent de tirer un grand nombre d'épreuves positives sans l'intervention de la lumière. Nous décrirons les deux procédés les plus employés : la *phototypie*, que le congrès photographique de 1889 a décidé d'appeler désormais la *photocollographie*, et la *phototypographie* ou phototypogravure.

Photocollographie. — Le procédé photocollographique permet d'obtenir rapidement sur du papier ou sur une étoffe quelconque et, par report, sur du bois, de la porcelaine, etc., des épreuves inaltérables, à un prix très inférieur à celui de tout autre procédé photographique. De plus, les épreuves photocollographiques présentent une perfection au moins aussi grande que celles que l'on obtiendrait d'un même négatif sur papier aux sels d'argent.

La photocollographie repose sur un principe fécond, découvert en

1854 par Poitevin : c'est que la gélatine bichromatée absorbe une quantité d'eau *inversement proportionnelle* à la quantité de lumière qu'elle a reçue. Si donc on insole une telle surface sous un cliché négatif ordinaire, et qu'on laisse ensuite séjourner cette pellicule dans l'eau, elle absorbera des quantités d'eau plus ou moins grandes en ses différents points et présentera, par suite, des creux et des reliefs fort variables reproduisant la continuité des maximum et des minimum d'intensité du cliché, c'est-à-dire toutes les demi-teintes.

On a ainsi une couche de gélatine où les parties gonflées d'eau sont en relief et correspondent aux noirs du cliché, tandis que les parties plus ou moins sèches sont en creux et correspondent aux clairs du cliché négatif. Les premières donneront les blancs photographiques et les secondes les noirs et les demi-teintes, car l'encre grasse qu'on déposera, à l'aide d'un rouleau, sur cette gélatine n'adhérera qu'aux parties en creux et proportionnellement à leur degré de siccité. On sait, en effet, que les corps gras et en particulier les encres d'imprimerie se déposent sur les corps secs et sont refusés par les corps humides. Si donc on place une feuille de papier sur la surface de la gélatine et qu'on donne de la pression, le papier recevra une image positive.

On voit que la couche de gélatine, après insolation et mouillage, se comporte comme une pierre lithographique qui a reçu un dessin et a été lavée à l'eau acidulée. Il faut remarquer toutefois que la pierre lithographique doit être entretenue humide pendant tout le temps du tirage par des rouleaux mouilleurs, tandis que la couche de gélatine peut donner jusqu'à deux cents épreuves successives avant qu'on ait besoin de recourir à un nouveau mouillage.

Phototypogravure. — Dans le procédé phototypographique, inverse du précédent, les reliefs sont encrés et donnent les noirs, tandis que les creux sont dégarnis d'encre et correspondent aux blancs et aux demi-teintes. On voit de suite les défauts de ce système : c'est qu'aucune partie creuse ne recevant d'encre, seules les fortes ombres (les reliefs) seront rendues sur le positif ; les teintes moyennes, les demi-teintes, qui précisément donnent à l'image photographique son modelé et son relief, disparaissent. Au contraire, quand le modèle est composé de lignes, comme une gravure sur acier ou sur bois, un dessin à la plume, il est facile et avantageux de faire un fac-similé de ces lignes par le procédé phototypographique. Nous dirons un mot de ce qu'on est convenu d'appeler la *photogravure* au trait et aussi de la *similigravure*.

Photogravure. — Pour obtenir le cliché typographique, on sensibilise une plaque de métal (cuivre ou zinc) au moyen d'une solution de benzine et de bitume de Judée. Après insolation, on trempe la planche métallique dans un dissolvant approprié (l'essence de térébenthine, par exemple) ; le vernis ne disparaît qu'aux endroits non insolés, qui correspondent aux parties opaques du négatif et aux blancs de l'objet. La planche est mise ensuite dans un bain acide (acide azotique très étendu), l'envers et la bordure du zinc ayant été préalablement recouverts d'un vernis isolant ; l'acide mordant le métal, le creuse aux endroits dépouillés de vernis ; mais il respecte les points où l'enduit protecteur n'a pu être dissous par suite de son insolation. On a donc, en définitive, des reliefs qui seront encrés et rendront les noirs de l'objet, et des creux correspondant aux blancs. C'est par ce procédé, appelé quelquefois *gillotage* (Gillot, inventeur), qu'ont été faits les clichés servant à illustrer le présent livre.

Similigravure. — On a réussi à aller plus loin et à faire des clichés typographiques ne donnant pas seulement des traits, mais encore des teintes, toute la variété possible des teintes intermédiaires entre le noir absolu et le blanc. On obtient le résultat désiré au moyen de trames ; ce sont des glaces portant des rayures qui forment des quadrillages, des réseaux plus ou moins serrés. On interpose ces trames entre l'objectif et la plaque sensible ; elles hachent en quelque sorte les teintes et les transforment, sur le cliché, en une multitude de petits points, d'autant plus rapprochés que la teinte à photographier était plus foncée. La morsure à l'acide azotique se fait comme pour les clichés au trait, mais elle est excessivement peu profonde. Aussi les clichés obtenus ne peuvent-ils être imprimés que sur des papiers très lisses préparés ad hoc. L'œil non prévenu ne voit pas les milliers de petits points ; il a la sensation d'une teinte bien fondue.

La photogravure au trait et la similigravure ont réalisé un progrès considérable en permettant d'obtenir par un procédé industriel rapide et économique des clichés typographiques de dessins que seule la gravure sur bois aurait pu donner autrefois. Nous ne saurions trop nous réjouir de cette invention, qui nous permet de présenter ce livre au lecteur. Les figures de ce tome III coûtent une dizaine de mille francs ; en gravure sur bois, elles eussent coûté quinze ou vingt fois plus : c'est dire que le livre n'aurait pas pu paraître avec cette richesse d'illustrations.

195. Photographie des couleurs. — Les images projetées sur le verre dépoli de la chambre noire y apparaissent non seulement avec la forme, mais encore avec les couleurs des objets. Si l'on substitue une plaque sensible au verre dépoli, cette plaque, dans la photographie ordinaire, fixe la forme des objets et leur modelé, mais c'est tout ; les couleurs ont beau s'y refléter, la plaque n'en retient rien, et par conséquent ce cliché type négatif ne peut rien transmettre, comme couleur, aux multiples épreuves positives sur papier qu'on en obtiendra. Quand ces épreuves sont livrées dans le commerce avec des couleurs souvent assez bien combinées avec le modelé photographique, c'est qu'elles ont été coloriées au verso au moyen de pigments qui traversent les fibres du papier, ou bien au recto avec des pigments transparents ; mais ces procédés n'ont rien de commun avec la photographie des couleurs ; ce ne sont pas non plus des procédés rapides comme ceux que réclame l'industrie.

Au point de vue industriel, le problème de la photographie des couleurs a été résolu d'une façon indirecte, par Cros et par Ducos du Hauron ; au point de vue scientifique, il a été résolu directement et magistralement par M. Lippmann, professeur à la Sorbonne.

Le procédé Cros et Ducos du Hauron est indirect en ce sens que la photographie prépare seulement l'emplacement des couleurs : la main de l'homme doit les placer. Il est industriel, car la couleur peut être appliquée par une machine, qui, une fois le prototype obtenu, multiplie à plaisir les exemplaires. Au contraire, la méthode de M. Lippmann est directe parce que la lumière agit seule et fait toute la besogne, sans aucune intervention de couleur matérielle : au contact de la plaque sensible, chaque rayon lumineux a laissé la trace indélébile de sa coloration, et l'ensemble de la polychromie est d'une merveilleuse fidélité. Mais le procédé n'est pas industriel, attendu qu'on n'est pas parvenu jusqu'à présent à tirer du cliché original de nouveaux exemplaires ; on est tenu à faire autant d'opérations photographiques complètes que l'on veut avoir d'images.

Méthode indirecte. — Si l'on regarde au spectroscope une surface blanche faiblement éclairée, on n'aperçoit que trois couleurs, le rouge-orangé, le vert et le bleu-violet. Si l'on éclaire fortement on voit alors apparaître les autres couleurs du spectre ; mais on peut remarquer que celles-ci pourraient être obtenues par un mélange convenable des premières : le jaune est un élément constitutif de l'orangé ; de même l'indigo entre dans la constitution du bleu-violet, couleur qu'on pourrait obtenir par un mélange d'indigo, de bleu et de rouge. Il semble donc qu'en prenant, en proportion voulue, ces trois couleurs : rouge-orangé, vert, bleu-violet, on puisse reproduire toutes les autres. C'est en effet ce qui a lieu. Ces trois couleurs fondamentales, dont le mélange donne du blanc, sont dites *primaires*.

Mais ce ne sont pas ces couleurs-là qui servent, dans la pratique, aux impressions polychromes, précisément parce que leur mélange donne du blanc, dont l'effet serait neutralisé par la couleur blanche du papier servant à l'impression ; on emploie les trois couleurs complémentaires de celles-là, le bleu, le rouge et le jaune, dont le mélange (quand ces trois couleurs se superposent au maximum d'intensité) donne du noir.

Avant d'aller plus loin, faisons remarquer qu'il y a une distinction capitale à faire entre les couleurs sur lesquelles on peut vraiment raisonner scientifiquement, les couleurs du spectre solaire, par exemple, qui sont impondérables et impalpables, mais qui ont des éléments parfaitement fixes et déterminés, et les couleurs matérielles que nous fournissent les règnes organique et minéral. Ce qui est vrai pour les premières ne s'applique pas toujours aux secondes. Ainsi, rien n'est plus facile que d'obtenir du vert en faisant un mélange matériel de bleu et de jaune, tandis qu'on n'y arrive pas en projetant sur un écran des rayons bleus et jaunes du spectre : on obtient du blanc. Nous ferons donc toujours la distinction nécessaire entre les radiations colorées et les couleurs matérielles ; nous appellerons ces dernières des *pigments* pour éviter la confusion.

Il est de toute évidence que ce ne sont pas des pigments d'un rouge, d'un jaune et d'un bleu quelconques qui peuvent donner par mélange la sensation de toutes les couleurs. Chevreul a remarqué que parmi les pigments il existe un type de rouge, un type de jaune et un type de bleu absolument conformes, par la sensation qu'ils produisent sur l'organe de la vue, à trois zones étroites et bien délimitées du rouge, du jaune et du bleu qui se discernent dans le spectre solaire. Ce sont des pigments de même coloration que ces trois zones, c'est-à-dire parfaitement déterminés, qui servent aux impressions en trois couleurs, parce que, comme l'a fait remarquer aussi Chevreul, ils peuvent donner par mélange l'immense variété des couleurs perceptibles pour l'œil humain.

Si donc avec ces trois couleurs on peut obtenir toutes les autres, inversement ne peut-on d'un sujet coloré extraire successivement, par la photographie, ce qui est rouge ou contient du rouge, ce qui est jaune ou contient du jaune, ce qui est bleu ou contient du bleu, puis, après cette analyse des couleurs, en faire la synthèse et obtenir une image fidèle de l'original ? C'est le problème que se sont posé séparément deux chercheurs qui s'ignoraient, Cros et Ducos de Hauron, et qu'ils ont résolu simultanément : leur méthode a été portée à la connaissance du public le même jour (7 mai 1869) par la Société française de photographie.

Elle consiste à faire ce triage des couleurs au moyen d'écrans colorés ou filtres qu'on interpose soit entre le sujet à photographier et l'objectif, soit plutôt entre l'objectif et la plaque sensible, et même contre celle-ci. Chaque écran ne livrera passage qu'aux radiations de sa couleur, et il les admettra dans la proportion où le modèle les laisse rayonner. On fera donc trois opérations successives sans que le modèle ait bougé : une avec un écran rouge, une avec un écran jaune, la troisième avec un écran bleu. On obtiendra trois clichés n'ayant que des blancs et des noirs bien entendu, comme dans la photographie ordinaire, mais où les noirs marquent la place : sur l'un, de tout ce que le modèle contient de plus ou moins rouge ; sur le second, de tout ce qu'il contient de plus ou moins jaune ; sur le troisième, de tout ce qu'il renferme de plus ou moins bleu (par exemple, le mauve, le violet laisseront filtrer à travers l'écran rouge la part de rouge qui entre dans leur composition ; à travers l'écran bleu, la part de bleu ; certaines couleurs qui peuvent être obtenues par un mélange à la fois de rouge, de bleu et de jaune filtreront à travers les trois écrans et impressionneront les trois plaques). Ces trois plaques qui constituent les procès-verbaux fidèles de l'analyse des couleurs du sujet et qui serviront à en faire la synthèse, la reconstitution, s'appellent des *monochromes*, bien qu'elles ne soient pas colorées ; leur rôle, nous le répétons, est de délimiter exactement la place de chaque couleur et de la proportionner en chaque point à son intensité, à la valeur qu'elle a dans le modèle. On a pu reporter ces clichés sur des feuilles de mica, des verres pelliculaires, etc., qu'on a colorés au moyen de mixtions rouges, jaunes, bleues. En faisant coïncider les trois pellicules monochromes, on a pu voir par transparence l'image du sujet avec toute la variété de ses couleurs. On obtient le même résultat avec des appareils (qu'on simplifie et perfectionne au point qu'ils seront bientôt entre les mains des amateurs) permettant d'amener par réflexion les trois images en coïncidence après passage de chacune d'elles à travers un écran de même couleur que celui qui a servi à sa filtration.

Mais nous nous écartons du point de vue industriel. Le but étant d'obtenir, après la triple opération photographique, autant de reproductions que l'on veut par un système d'impression mécanique, on doit recourir soit aux procédés de la collographie, soit aux procédés de la typographie (similigravure). Dans les deux cas, il faut, avec les trois monochromes négatifs, faire trois positifs. Raisonnons sur un seul de ces monochromes, le rouge par exemple. Sur le négatif, les noirs correspondent aux radiations rouges ; sur le positif, c'est l'inverse : les noirs deviennent blancs, les blancs deviennent noirs. Donc il ne faudra pas imprimer ce monochrome positif avec un pigment rouge, mais bien avec la couleur complémentaire du rouge : le bleu. De même on imprimera en rouge le monochrome qui provient du négatif ayant reçu les radiations jaunes, et en jaune le monochrome provenant du négatif qui a reçu les radiations bleues.

Voilà le principe. Dans la pratique ce n'est pas aussi simple. Autrement, on n'aurait pas mis vingt ans à saisir la portée du procédé et dix ans à le perfectionner avant d'arriver à des résultats bien satisfaisants. C'est qu'en effet ici tout est variable, et l'habileté de l'opérateur est un facteur essentiel du succès dans l'application de ce procédé qu'on a appelé « des douze variables » ; ces variables sont : les trois sources d'illumination, le choix des colorations des trois écrans, le choix des trois plaques photographiques, les conditions d'obtention des trois négatifs. Il faut qu'après tout cela la superposition des trois monochromes, transformés en clichés métalliques, se fasse avec un repérage parfait !

Les plaques photographiques ordinaires sont d'une sensibilité très inégale pour les différentes radiations colorées : le jaune de chrome, le minium, par exemple, n'impressionnent presque pas les sels d'argent ; les bleus, au contraire, sont très actiniques, etc.

On remédie à ce défaut en employant pour chacun des trois monochromes des plaques de sensibilité différente, dites *orthochro-*

matiques, capables d'être impressionnées plus particulièrement par telle ou telle radiation colorée. En additionnant par exemple d'éosine ou d'érythrosine la couche sensible, on exalte la sensibilité pour les radiations jaunes ; la cyanine sensibilise pour les radiations rouges; la salicine, pour les radiations vertes ; etc. On peut faire usage aussi de plaques semblables pour les trois monochromes, à la condition qu'elles soient *panchromatiques*, c'est-à-dire préparées en vue d'être sensibles à toutes les radiations colorées.

La couleur des écrans non plus n'est pas absolument fixe ; un habile opérateur peut la faire varier un peu suivant les colorations du sujet.

Les trois écrans qu'on emploie sont généralement rouge-orangé, vert, bleu-violet. Avec les plaques ordinaires, ce dernier est même souvent considéré comme inutile ; mais on le remplace par une glace de même épaisseur pour ne pas déplacer le foyer.

Des appareils photographiques ont été construits qui permettent d'obtenir simultanément les trois monochromes. Ils se composent de trois chambres noires, dont une fait face au sujet et dont les deux autres, à droite et à gauche, reçoivent l'image au moyen de deux miroirs. Ces appareils sont appelés des *chromographes*.

L'impression collographique n'est pas pratique ; les couleurs finissent par teindre la gélatine humide, qui les décharge à son tour sur le papier dans les parties correspondant aux blancs. Pour les tirages d'une certaine importance, on n'emploie que l'impression typographique, et une révolution s'accomplit en ce moment dans cette branche de l'impression en couleurs. L'illustration en couleurs des livres et des journaux va devenir de plus en plus abondante.

Méthode directe de M. Lippmann. — Cette méthode ne diffère essentiellement de celle employée pour la photographie ordinaire que par l'emploi du mercure pour former un *miroir plan* adossé à la couche sensible. C'est ce miroir qui permet aux couleurs de se fixer.

On prend une plaque sensible ordinaire, transparente et *sans grains apparents* ; il faut que le sel d'argent soit disséminé à l'intérieur d'une lame d'albumine ou de gélatine transparente et sans former de grains qui soient visibles même au microscope. On met cette plaque dans un châssis spécial (*fig.* 250), construit de manière à pouvoir contenir du mercure. En soulevant un petit réservoir à mercure, le métal liquide vient former une couche miroitante derrière la plaque On fait poser la plaque avec son miroir de mercure dans la chambre noire. Il se produit dans la couche sensible des dépôts d'argent inégalement espacés suivant la couleur de la lumière. On abaisse le réservoir de façon à y faire rentrer le mercure, puis on retire la plaque, on la développe et on la fixe par les procédés ordinaires. La plaque, après dessiccation, montre par réflexion les couleurs naturelles des rayons qui l'ont frappée.

On peut se rendre compte facilement du rôle joué par le miroir de mercure dans la fixation des couleurs. On sait que la lumière est due à des vibrations excessivement rapides se propageant sous forme d'ondulations régulièrement espacées, et qu'une couleur ne diffère d'une autre que par le nombre de vibrations exécutées en une seconde (178). Lorsqu'on fait poser une plaque sensibilisée dans les conditions ordinaires, chaque rayon lumineux traverse la couche sensible avec une vitesse de 300 000^{km} par seconde, en l'impressionnant plus ou moins fortement, mais sans lui imprimer sa forme, ni laisser la marque de la longueur d'onde qui le caractérise. C'est pourquoi les photographies ordinaires sont incolores. Mais si l'on ajoute un miroir à la couche sensible, les rayons se réfléchissent suivant leur propre direction. Entre les rayons incidents et réfléchis qui se propagent en sens contraires avec la même vitesse, il se produit une sorte de conflit que l'on appelle *interférence* et qui annule les effets de la propagation. Autrement dit, les vibrations sont devenues *stationnaires*, c'est-à-dire que chaque ondulation monte et descend indéfiniment à la même place de la couche sensible. Le système de ces ondulations imprime à la plaque la longueur d'onde caractéristique de la couleur, et le dépôt d'argent qui se forme au développement est comme le moule du rayon coloré qui l'a produit.

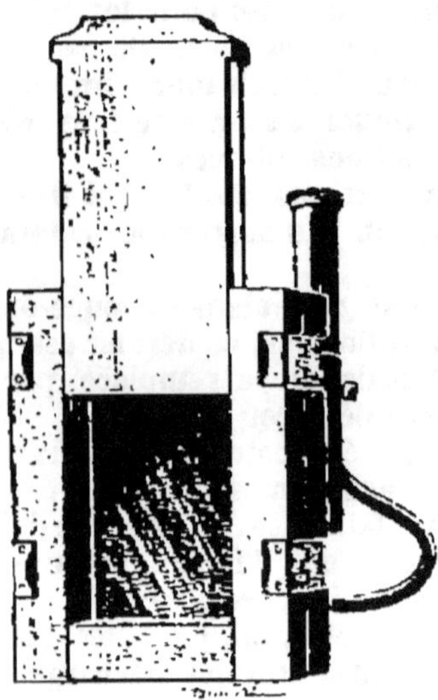

Fig. 250. — Châssis de M. Lippmann pour la photographie des couleurs.

Si maintenant, l'épreuve étant développée et fixée, on la regarde par réflexion régulière, chacun de ses points paraît revêtu de la couleur qui l'a frappé. Là où le rouge a impressionné, on voit le même rouge parce que la lumière blanche contient des radiations rouges et que ces radiations sont réfléchies par le dépôt photographique qui a acquis la structure d'un rayon rouge avec sa longueur d'onde. C'est un phénomène d'interférence, analogue à celui qui se produit dans une bulle de savon, laquelle est faite d'un liquide incolore, mais paraît en ses différents points rouge, verte, violette,... suivant qu'en chaque point la double épaisseur de sa frêle enveloppe est égale à la longueur d'onde du rouge, du vert, du violet,.... Le dépôt d'argent brun ou gris qui recouvre la plaque après développement est également dépourvu de couleurs mais la lumière s'y est formé une sorte de réseau délicat, qui est le moule où chaque rayon coloré retrouve sa propre forme et une structure apte à le réfléchir après coup.

En somme, le dépôt d'argent réduit est stratifié : il se compose d'une série de lames minces d'argent équidistantes, partageant la gélatine qui leur sert de support en lames minces superposées. Cette structure est singulièrement délicate. Ainsi la longueur d'onde du jaune, par exemple, est de $\frac{1}{2000}$ de millimètre ; les couches d'argent réduites par les rayons jaunes sont à $\frac{1}{4000}$ de millimètre de distance, la distance entre deux maxima d'impression étant égale à la demi-longueur d'onde de la lumière incidente. Le dépôt d'argent constitue ainsi un édifice d'un grand nombre d'étages : si l'épaisseur de la couche de gélatine sensible est de $\frac{1}{10}$ de millimètre de diamètre (c'est-à-dire l'épaisseur d'une feuille de papier), le nombre de ces étages est de 400.

Une expérience simple vérifie la théorie très sommaire que nous venons d'exposer. Un cliché coloré est d'abord plongé dans l'eau, puis projeté sur un écran : les couleurs ont disparu et on ne voit qu'une bande uniformément jaune de dépôt d'argent. Mais au fur et à mesure que la dessiccation du cliché se produit, les couleurs reviennent, le rouge d'abord, le violet en dernier. Cela tient à ce que la gélatine s'était gonflée en absorbant de l'eau. Les distances entre deux maxima qui, à l'état sec, sont égales à une certaine longueur d'onde, étaient devenues trois ou quatre fois plus grandes ; elles diminuent par la dessiccation. Considérons par exemple un point du cliché qui normalement est violet. Sa structure lamellaire sera (fig. 251) V (ici des milliers de fois grossi). Quand la gélatine

Fig. 251.

est très mouillée, la structure devient I ; elle ne correspond à aucune longueur d'onde, le point V est invisible. Puis la gélatine se desséchant, la région V prend la structure lamellaire R correspondant à la longueur d'onde du rouge : à ce moment précis, le point V nous apparaît rouge ; la dessiccation continue, la couleur change à chaque instant, correspondant toujours à la nouvelle structure lamellaire ; le point V apparaît avec des couleurs comme l'orangé, le jaune, le vert, le bleu,... et finalement, quand la dessiccation est complète, la gélatine ayant repris en ce point sa couleur primitive, le point V se fixe à la couleur violette.

Les épreuves obtenues par la méthode de M. Lippmann ne sont susceptibles d'aucune retouche. Leurs couleurs ne sont visibles que sous l'incidence de la réflexion régulière ; sous une autre incidence, on ne voit qu'un négatif gris. Cette propriété des couleurs des épreuves de n'apparaître que par réflexion régulière leur est commune avec celle des bulles de savon, de la nacre de perle ; c'est une preuve de plus que ce sont de simples couleurs d'interférence.

La méthode de M. Lippmann n'est pas encore entrée dans la pratique. Elle nécessite en effet un temps de pose assez long (un quart d'heure en moyenne à la lumière diffuse, quelques minutes au soleil); de plus elle exige l'emploi de plaques sensibles transparentes et sans grains que l'on ne trouve pas dans le commerce. Enfin chaque pose ne donne qu'une épreuve : on n'a pas encore trouvé le moyen de fixer les images colorées sur le papier.

VITESSE DE LA LUMIÈRE

196. Méthodes employées. — La vitesse de propagation de la lumière a été déterminée par des méthodes astronomiques et par des méthodes physiques. Dans les premières, on mesure la vitesse de la lumière sur des distances très grandes, comme le diamètre de l'orbite terrestre ; les secondes, plus exactes, permettent d'opérer sur des distances relativement faibles. Nous étudierons, comme exemple des méthodes astronomiques, la méthode de Rœmer, et comme exemple des méthodes physiques, la méthode de Foucault.

197. Méthode de Rœmer. — Rœmer, astronome danois attaché à l'Observatoire de Paris, donna le premier, en 1676, des nombres acceptables pour la vitesse de la lumière ; sa méthode est fondée sur l'observation des éclipses d'un des satellites de Jupiter.

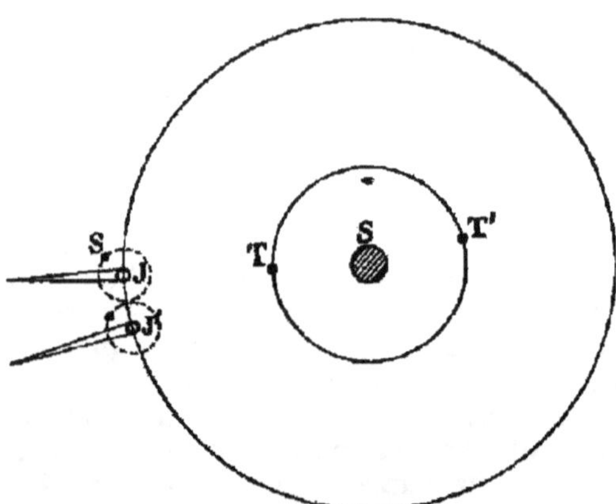

Fig. 252. — Principe de la méthode de Rœmer.

Cette planète possède cinq satellites : le premier (le plus rapproché des cinq) est très difficile à voir ; le second, très visible, pénètre dans le cône d'ombre de Jupiter toutes les 42^h environ, et, n'étant plus alors éclairé par le soleil, disparaît complètement. Supposons que l'on ait calculé l'instant d'une éclipse de ce satellite lorsque Jupiter est en J et la Terre en T (*fig.* 252), c'est-à-dire quand Jupiter est en opposition ; comme les éclipses se produisent à des intervalles de temps égaux, on peut déterminer l'heure de toutes les éclipses suivantes. Or, à mesure que la Terre s'éloigne de Jupiter, on remarque que les éclipses arrivent avec un retard de plus en plus grand sur l'heure calculée. Ce retard atteint un maximum (16'26") lorsque les deux astres sont en T' et en J', c'est-à-dire lorsque la distance de Jupiter à la Terre est augmentée de tout le diamètre de l'orbite terrestre. A partir de ce moment, le retard diminue ; il devient nul lorsque la Terre est revenue en T.

Rœmer tira de ces observations la conclusion que le retard de 16'26" tient au temps qu'il faut à la lumière pour parcourir l'espace TT', c'est-à-dire le double de la distance qui nous sépare du Soleil. En divisant cette distance par 8'13", il trouva 280000^{km} par seconde pour vitesse de la lumière.

Le résultat ainsi obtenu ne peut être qu'approximatif, car on ne connaît pas d'une façon précise la distance de la Terre au Soleil. D'ailleurs, du temps de Rœmer, la valeur admise pour cette distance était plus grande de 1/10 que la valeur admise aujourd'hui.

196. Méthode de Foucault. — La méthode de Foucault, appelée aussi méthode du *miroir tournant*, permet de mesurer la vitesse de la lumière sur un espace de quelques mètres.

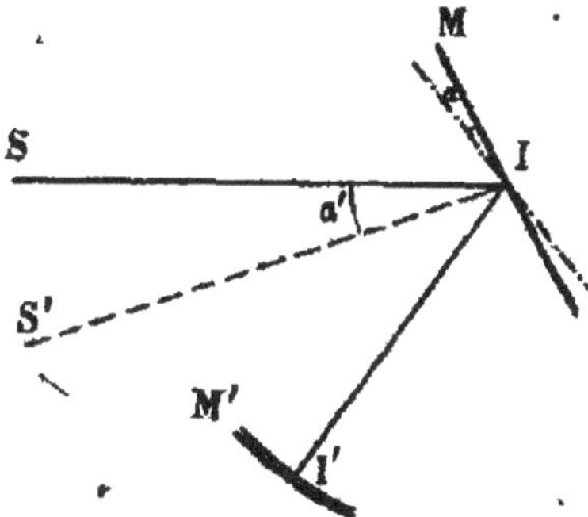

Fig. 253.— Principe de la méthode des miroirs tournants.

PRINCIPE. — Considérons un rayon SI se réfléchissant d'abord sur un miroir plan M (*fig.* 253), puis sur un miroir concave M'. Ce rayon est renvoyé sur lui-même et revient suivant IS. Supposons maintenant que l'on fasse tourner le miroir M autour du point I d'une façon suffisamment rapide pour que, pendant le temps très court que met le rayon pour aller de I en I' et revenir, le miroir ait tourné d'un certain angle. Le rayon I'I rencontrera le miroir dans la position M_1, par exemple, et prendra une direction IS' un peu différente de IS. Si l'on connaît la vitesse de rotation du miroir, la mesure de l'angle S'IS dont le rayon a été dévié permet de calculer la vitesse de la lumière.

DISPOSITION DE L'APPAREIL. — Les rayons partant d'une fente lumineuse placée en F (*fig.* 254), tombent sur une lentille achromatique qui les ferait converger en A sans l'interposition du miroir plan

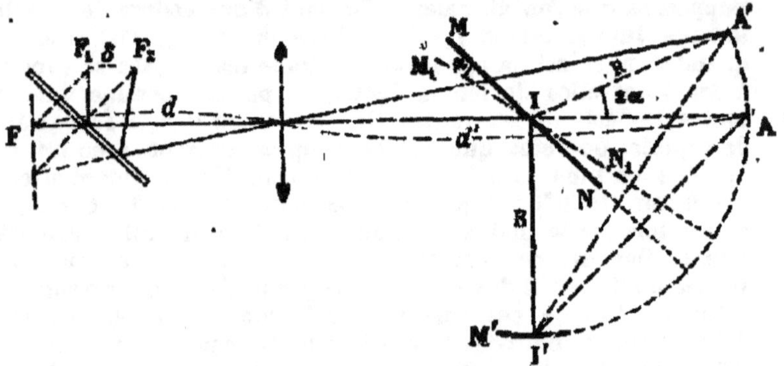

Fig. 254.— Disposition schématique de l'appareil employé par Foucault.

MN. Ce miroir tourne autour d'un axe I avec une vitesse d'au moins 700 tours par seconde ; cette rapidité de rotation s'obtient par l'emploi d'une petite turbine ou sirène à air comprimé qui permet de déterminer le nombre de tours par la hauteur du son produit. Une glace transparente à faces parallèles, placée derrière la fente lumineuse, réfléchit les rayons qui ont traversé une deuxième fois la lentille ; de sorte que l'on aperçoit en F_1 l'image de la fente lorsque le miroir plan est immobile. Si le miroir plan vient en M_1N_1 pendant que les rayons vont de I en I', puis de I' en I, ces rayons sembleront provenir de A' symétrique de I' par rapport à M_1N_1 ; l'image de retour se déplacera et on la verra en F_2 au lieu de la voir en F_1. Les images de retour F_1 et F_2 s'observent à l'aide d'une loupe.

Calcul. — Soient δ le déplacement de l'image, d et d' les distances de la lentille à la fente F et à son image A, R le rayon du miroir concave, n le nombre de tours que fait le miroir plan en une seconde, V la vitesse de la lumière.

L'arc AA' pouvant, à cause de sa petitesse, être confondu avec sa corde, on a

$$\frac{AA'}{\delta} = \frac{d'}{d}$$

d'où
$$AA' = \frac{\delta d'}{d},$$

et l'angle AIA' a pour valeur $\frac{AA'}{R}$ ou $\frac{\delta d'}{Rd}$.

Comme cet angle est le double de l'angle α dont a tourné le miroir, on peut écrire

$$\alpha = \frac{\delta d'}{2Rd}. \qquad (1)$$

D'un autre côté, $\alpha = \omega t$, ω désignant la vitesse angulaire de rotation, vitesse qui est égale à $2\pi n$, comme nous l'avons démontré (2), t le temps employé par la lumière pour parcourir 2R. On a donc

$$\alpha = 2\pi n t = 2\pi n \times \frac{2R}{V}. \qquad (2)$$

En égalant les relations (1) et (2), il vient

$$\frac{\delta d'}{2Rd} = \frac{2\pi n \times 2R}{V},$$

d'où

$$V = \frac{8\pi n R^2 d}{\delta d'}.$$

Dans l'appareil employé par Foucault, la distance entre la fente lumineuse et son image était de 10^m environ; le rayon de courbure du miroir concave, de 5^m ; il trouva $V = 298\,000^{km}$. Ces expériences ont été reprises récemment sur une plus grande échelle ($R = 3^{km}$) et ont donné comme moyenne de mesures $299\,900^{km}$.

Remarque. — La méthode du miroir tournant permet de vérifier que la lumière se propage moins vite dans l'eau que dans l'air. Si l'on place un second miroir sphérique M'_1 à la suite du premier, et que l'on interpose sur le trajet IM'_1 un tube contenant de l'eau, on obtient une troisième image verdâtre F_3 plus déviée que F_2 ; donc la lumière met plus de temps pour parcourir une colonne d'eau que pour parcourir la même épaisseur d'air.

RÉSUMÉ DU CHAPITRE XVII

Les radiations qui n'impressionnent pas la rétine sont caractérisées, comme les radiations lumineuses, par leur longueur d'onde. Nous les étudierons au double point de vue calorifique et chimique. On explore le spectre avec un appareil thermoscopique très sensible (pile thermo-électrique linéaire, bolomètre) ; les élévations de température, très faibles dans la région violette, augmentent jusqu'au delà du rouge (radiations infra-rouges), puis décroissent progressivement. On étudie les radiations de faible longueur d'onde en utilisant leur action chimique sur les sels d'argent : le maximum d'action se produit bien au-delà du violet (radiations ultra-violettes)

La *photographie* repose sur la décomposition de certains composés chimiques (sels d'argent notamment) par les radiations de faible longueur d'onde. Le procédé au gélatino-bromure d'argent est communément employé. Il comprend trois opérations principales : impression dans la chambre noire d'une plaque recouverte de gélatino-bromure d'argent, développement et fixage de la plaque impressionnée en vue d'obtenir un cliché ou négatif ; production au moyen du cliché d'images positives sur papier.

Le développement de la plaque qui a subi l'action de la lumière se fait à l'aide de substances qui jouent le rôle de réducteurs (oxalate ferreux, hydroquinone, acide pyrogallique) ; on fixe ensuite par l'hyposulfite de sodium, qui enlève le bromure d'argent non réduit. Les papiers sensibles employés pour le tirage des positifs sont recouverts d'albumine ou de gélatine tenant en suspension un sel d'argent, de platine, etc. Le papier sensible, placé derrière le cliché dans un châssis-presse, est soumis à l'action de la lumière ; le positif obtenu est viré dans un bain à base de chlorure d'or, puis fixé par l'hyposulfite de sodium et lavé. Dans le procédé au charbon, le papier sensible est recouvert de gélatine imprégnée de bichromate de potassium et de noir de fumée ; cette couche acquiert la propriété de devenir plus ou moins insoluble dans l'eau tiède suivant l'intensité de la lumière qui l'a pénétrée. Par un lavage, le noir de fumée est enlevé aux points qui ont été préservés de l'action de la lumière.

Pour la photographie instantanée, on adapte à l'objectif un obturateur automatique, ne laissant pénétrer la lumière dans la chambre noire que pendant un temps très court. Les agrandissements photographiques se font ordinairement à l'aide d'une lanterne analogue à la lanterne magique.

Les applications de la photographie sont nombreuses : portraits, vues, chronophotographie, microphotographie, céramique photographique, photocollographie, photogravure.

EXERCICE SUR LE CHAPITRE XVII

49. Un appareil photographique pour paysage a son écran à une distance fixe de 20^{cm} de l'objectif, dont il occupe ainsi le plan focal principal. On veut cependant s'en servir pour photographier un tableau, en réduisant au $\frac{1}{5}$ ses dimensions linéaires.

Quelle sera la distance focale de la lentille à placer en avant de l'objectif et contre l'objectif ?

Cette lentille étant biconvexe et ayant 1^{m} pour rayon commun de courbure de ses faces, quel est son indice ?

Quel rayon commun devront avoir les faces d'une autre lentille biconvexe, de même verre, pour que, en l'accolant à la précédente, on obtienne une photographie du tableau en vraie grandeur ?

Réponses : 1° 100^{cm} ; 2° $\frac{3}{2}$; 3° 25^{cm}.

ÉLECTRICITÉ

(COMPLÉMENTS)

INTRODUCTION

199. Rappel des principes d'électricité. — L'électricité étant devenue, par suite de ses innombrables applications industrielles, une des branches les plus importantes de la physique, il est de toute utilité de posséder une bonne théorie fondamentale des phénomènes électriques. Nous résumerons d'abord rapidement les principales conclusions théoriques établies dans le tome II.

Nous avons déjà dit (t. III, 77) que l'électricité est une *manifestation de l'énergie*. Les appareils qualifiés dans le tome II de sources d'électricité ne sont en effet que des agents de transformation d'énergie mécanique (machines électrostatiques), chimique (piles) ou calorifique (piles thermo-électriques) en énergie électrique (charge électrique, courant électrique). Cette dernière peut à son tour se transformer en énergie mécanique (perce-verre), calorifique (incandescence d'un fil parcouru par un courant) ou chimique (électrolyse). Dans toutes ces transformations, l'énergie électrique obéit à la grande loi de la conservation de l'énergie (77).

La science électrique n'est autre chose que la connaissance des lois suivant lesquelles s'effectuent ces transformations. C'est elle, notamment, qui nous enseigne quel courant peut être produit par la dépense d'un nombre donné de kilogrammètres ou de calories, et, inversement, quel travail, quelle chaleur on peut tirer d'un courant donné ; et pour cela il est indispensable de savoir mesurer cette énergie électrique, si souple, qu'on retrouve sous tant de formes différentes. Or, que cette énergie se manifeste à l'état statique ou à l'état dynamique, elle n'impressionne nos sens que par des secousses nerveuses qui ne sauraient présenter aucun caractère de précision. Il a donc fallu chercher des propriétés caractéristiques de l'énergie électrique et les définir par des effets faciles à apprécier et à mesurer. C'est ce que nous avons fait dans le tome II d'une façon tout élémentaire, et nous sommes arrivés aux résultats suivants, qui sont les plus importants :

En électricité statique, l'étude des lois de Coulomb (t. II, 145) nous a montré que les corps électrisés sont doués de forces répulsives ou attractives plus ou moins grandes — ce que nous avons exprimé en disant qu'ils étaient plus ou moins chargés d'électricité — et nous en avons conclu que ces forces mesuraient les quantités ou masses d'électricité invisibles, impondérables qui forment ces charges.

La répartition des quantités d'électricité sur des conducteurs réunis par un autre conducteur dépend d'une qualité nouvelle de cette électricité, qui se reconnait et se définit par la charge que prend une sphère de 1^cm^ de rayon, et que nous avons appelée le *potentiel* (t. II, 161). Nous avons vu aussi que de ces phénomènes résultait la notion d'une qualité particulière à chaque conducteur, appelée sa *capacité*. Quantité et potentiel sont les qualités fondamentales de l'énergie électrique à l'état statique. On les mesure avec des unités spéciales, qui ont reçu les noms de *coulomb* et de *volt*.

Nous avons établi par une simple analogie (t. II, 169) que l'énergie d'une charge électrique est égale à la moitié du produit de la quantité exprimée en coulombs par le potentiel exprimé en volts. Cette énergie est alors exprimée en *joules*, et elle représente le travail que peut produire la décharge du corps électrisé (ou son équivalent sous forme calorifique, etc.).

Des données analogues ont été acquises sur l'énergie électrique dynamique. Nous savons que, dans une pile, il existe *constamment* sur chacun des deux pôles une charge d'électricité, et que les potentiels de ces charges sont toujours différents ; qu'il en résulte une circulation continue d'électricité dans tout conducteur qui réunit ces deux pôles, et que cette sorte de décharge interrompue s'appelle un *courant électrique* (t. II, 200, 201). Ce courant se manifeste par des effets divers (déviation d'une aiguille aimantée, production de chaleur, électrolyse, etc.), qui peuvent servir à le mesurer.

La qualité qui fait que les effets d'un conducteur électrique sont plus ou moins forts a reçu le *nom d'intensité*. Nous avons admis qu'elle dépend de la *quantité* d'électricité qui traverse le conducteur dans une seconde et nous avons appelé *ampère* le courant d'intensité 1, celui dans lequel circule un coulomb par seconde. Cette intensité dépend, dans un conducteur donné, de la différence de potentiel constante entre les pôles de la pile, de ce qu'on appelle sa *force électromotrice*, et, pour une pile donnée, elle dépend de la nature du conducteur, de ce qu'on appelle sa *résistance*.

Enfin un courant peut produire du travail *mécanique* (roue de Barlow), de la chaleur, etc. Son énergie, comme celle d'une charge statique, peut s'évaluer en *joules* ; mais comme ici le courant est continu, cette énergie s'évalue en *watts*, c'est-à-dire en joules par seconde. Cette évaluation, qui n'a pas été faite dans le tome II, le sera un peu plus loin.

Telles sont les notions fondamentales acquises jusqu'à présent.

Elles ont besoin d'être complétées et précisées. La première qui appelle un développement est celle du *potentiel*.

CHAPITRE XVIII

COMPLÉMENTS D'ÉLECTRICITÉ STATIQUE

POTENTIEL

200. Notions générales et expérimentales sur le potentiel. — Lorsqu'on examine un phénomène naturel dans lequel se produit une modification ou une transformation d'énergie (77), on constate que l'énergie mise en jeu — le plus souvent sous forme de travail ou de chaleur — dépend de deux facteurs :

1° La *quantité* de l'agent naturel par l'intermédiaire duquel se fait la transformation ou modification d'énergie ;

2° L'*état* dans lequel se trouve cet agent au moment où il va commencer à agir — et qu'on rapporte à l'unité de quantité d'agent.

L'exemple familier le plus simple de cette loi nous est fourni par le travail de l'homme. Le travail total que peut fournir en un jour une équipe d'ouvriers dépend évidemment : 1° du nombre de ces ouvriers ; 2° de la force que possède chacun d'eux, c'est-à-dire du travail qu'il est capable de donner en une journée. La science nous en fournit d'autres exemples plus précis. Le travail que peut fournir, par seconde, une chute d'eau, sa *puissance*, est égal au produit du nombre de litres d'eau qui tombent par la hauteur dont tombe chaque litre. Pour considérer l'énergie sous une autre forme, la chaleur que peut dégager en brûlant un combustible quelconque est égale au produit du poids de ce combustible par le nombre de calories que dégage chaque kilogramme en brûlant.

Cette énergie qui se dégage, sous forme de travail dans une chute d'eau, sous forme de chaleur dans une combustion, peut être évaluée, avant le phénomène même de la chute ou de la combustion, à l'état d'énergie potentielle (77). Son expression est toujours la même. C'est ainsi que nous avons évalué l'énergie potentielle d'un corps de masse m maintenu à une hauteur h au-dessus de la surface de la terre, et que nous l'avons trouvée égale à mgh. Or m, c'est la masse du corps, nombre proportionnel à la quantité de matière pesante qu'il renferme, et gh n'est pas autre chose que le travail de la pesanteur dans la chute d'un corps de masse 1 pendant h mètres [travail = déplacement (h) $\times$ force (c'est à-dire poids) ; or poids du corps de masse $1 = g$] ; c'est un état particulier au corps de masse 1, lorsqu'il a été soulevé de h mètres.

L'énergie potentielle du combustible est, de même, encore égale au produit de son poids par la chaleur *que peut* dégager en brûlant chaque kilogramme de ce corps, et ainsi de suite.

Ce que nous avons appelé *état* particulier de l'unité de l'agent en jeu, n'est pas autre chose que l'énergie qu'elle est elle-même susceptible de développer, sa propre *énergie potentielle.* Il suffit, pour s'en convaincre, de revoir les exemples ci-dessus. Nous désignerons cet état, en général, et provisoirement, sous le nom de *potentiel.* La loi que nous venons de montrer se formulera donc de la manière suivante : l'énergie développée dans un phénomène naturel est égale au produit de la quantité d'agent de transformation par le potentiel de cet agent (ceci suppose que ce potentiel, comme celui d'une chute d'eau, *ne varie pas* pendant la transformation).

Le travail que peut produire en un jour un ouvrier est son potentiel ; la hauteur d'où tombe la chute d'eau est son potentiel, etc.

D'où provient le potentiel de ces agents ? Il a la même origine que toute énergie potentielle (77) : il provient de l'énergie dépensée antérieurement. Le potentiel d'un homme provient de la combustion de ses aliments, le potentiel d'une chute d'eau provient de l'évaporation et de la condensation de l'eau, etc. Dans le cas spécial d'une énergie mécanique, le potentiel s'évaluera en travail.

Il est à remarquer que le nombre qui exprime cette énergie dépensée antérieurement ne dépend nullement de toutes les modifications par lesquelles elle a pu passer. Ainsi un litre d'eau, pour être élevé de 10 mètres au-dessus du niveau de la mer, n'exigera jamais qu'une dépense de 10 kilogrammètres, et ne possédera qu'une énergie potentielle de 10 kilogrammètres, quels qu'aient été ses positions ou ses états antérieurs. Si nous l'avons élevé au préalable à 25 mètres, nous avons bien, en luttant contre la pesanteur, *dépensé* 25 kilogrammètres ; mais en le laissant retomber à 10^{m}, cette pesanteur agit à son tour et *produit* un travail de 15 kilogrammètres qui ramène le travail dépensé en réalité à 10 kilogrammètres.

Potentiel électrique. — L'énergie électrique est soumise aux mêmes lois que l'énergie calorifique ou l'énergie mécanique. Étant donnée une masse d'électricité (état statique), nous savons qu'elle est capable d'un certain travail, qu'elle possède une énergie potentielle, — comme un corps maintenu à une certaine hauteur. Si cette masse se renouvelle constamment, est en mouvement (état dynamique), elle est capable d'un certain travail par seconde, d'une certaine puissance, elle possède encore une énergie potentielle, — comme une chute d'eau. Dans tous les cas, cette énergie s'exprimera par le produit de la quantité d'électricité mise en jeu en une seule fois (électricité statique) ou par seconde (électricité dynamique) par l'énergie potentielle de l'unité de masse électrique, c'est-à-dire par le *potentiel* de cette électricité.

D'où provient le potentiel de cet agent que nous avons appelé électricité ? Il provient toujours de l'énergie dépensée antérieurement, frottement dans une machine, combustion dans la pile. Et quelle est la force naturelle contre laquelle s'est *dépensé* ce travail de frottement ou de combustion pour amener les molécules électriques à cet état de puissance emmagasinée qui constitue leur potentiel ? C'est la force de répulsion qui s'exerce entre ces molécules. Quand on charge un condensateur, par exemple, dès qu'une masse électrique se trouve déposée sur le collecteur, une nouvelle molécule ne peut y être déposée à son tour que si on vainc la répulsion qui s'exerce entre la première masse et elle-même dès qu'elle apparaît, — de même qu'une molécule d'eau ne peut être arrachée à la mer pour aller se déposer dans le réservoir d'une chute d'eau que si on vainc l'attraction qui s'exerce entre elle et la terre tout entière.

L'usage a prévalu de n'appliquer qu'à l'électricité le terme, pourtant général, de *potentiel*. Quand on parle de potentiel, simplement, on veut dire potentiel électrique. C'est ce potentiel que nous allons maintenant étudier en détail.

Il résulte, avons-nous dit, de l'action répulsive réciproque des masses d'électricité qui composent une charge. Il est donc naturel d'étudier d'abord le potentiel dans le cas le plus général de deux masses d'électricité séparées.

201. Du potentiel électrique. — Potentiel d'une masse électrique en un point extérieur. — Une quantité ou masse d'électricité, q', positive par exemple, exerce autour d'elle, et à une distance théoriquement infinie, une répulsion sur toute autre masse, q', d'électricité, également positive. Si cette quantité q' est libre, placée sur un corps conducteur, elle sera repoussée jusqu'à l'infini : il y a ainsi déplacement du point d'application de la force électrique dans le sens de cette force et, par conséquent, travail *produit, moteur, positif* (9) de cette force. Inversement, si on ramène, par l'action de forces autres que la force électrique, la masse q' depuis l'infini jusqu'à sa position initiale, il y aura encore déplacement du point d'application de la force électrique, mais en sens inverse de cette force : il y aura cette fois travail ***dépensé, résistant, négatif.*** En vertu du principe de la conservation de l'énergie, ces deux travaux sont égaux en valeur absolue. Le premier représente exactement (77) l'énergie potentielle de la masse q' par rapport à la masse q, ou, comme on dit, l'énergie potentielle relative de ces deux masses.

Cette énergie et ce travail dépendent évidemment de la distance initiale des deux masses.

Définition. — Supposons donc une masse électrique positive isolée, q, concentrée en un point A de l'espace (*fig.* 255). Elle crée autour d'elle un *champ* électrique, analogue au champ terrestre (22, Rem.), avec lignes de force et surfaces de niveau. Plaçons au point M, à une distance d de la première, une autre masse d'électricité, également positive, mais égale à l'unité; il s'exercera entre ces deux masses une force répulsive égale à $\frac{q}{d^2}$ (loi de Coulomb), et la masse 1 est capable, si elle est libre, d'un certain travail, elle possède une énergie potentielle.

Fig. 255. — Potentiel d'une masse q en un point M.

On appelle potentiel de la masse $+q$ au point M l'énergie potentielle d'une masse positive égale à l'unité placée en ce point M ou, ce qui n'est différent que par les termes, **le travail accompli par les forces électriques lorsqu'une masse positive, égale à l'unité, se déplace depuis le point M jusqu'à l'infini.**

C'est en effet tout le travail qu'est susceptible de produire la force électrique lorsqu'elle est entièrement libre d'agir.

Il résulte immédiatement de cette définition que, si au point A se trouve non plus une masse $+1$ mais une masse m, l'énergie potentielle du système des deux masses sera égale au produit de la masse m par le potentiel dû aux forces émanées de la masse $+q$ au point M.

Si l'on désigne par W cette énergie, par V le potentiel dû à la masse $+q$ au point A, on exprimera ce fait par la formule

$$W = mV.$$

Avant d'apprendre à calculer V en fonction des deux seules données de la question, la masse q et la distance d, nous ferons les remarques suivantes:

I. Le potentiel V, pour une masse q donnée, ne dépend que de la distance d. On peut donc dire qu'il a une valeur en chaque point de l'espace. Il aura la même sur tous les points de toute sphère ayant le point A pour centre.

II. Si on laisse la masse $+m$ se déplacer depuis le point M non plus jusqu'à l'infini, mais seulement jusqu'à une seconde position M' (*fig.* 256), à la distance d' du point A, la force électrique aura accompli un certain travail, et l'énergie potentielle relative des deux masses aura varié d'autant.

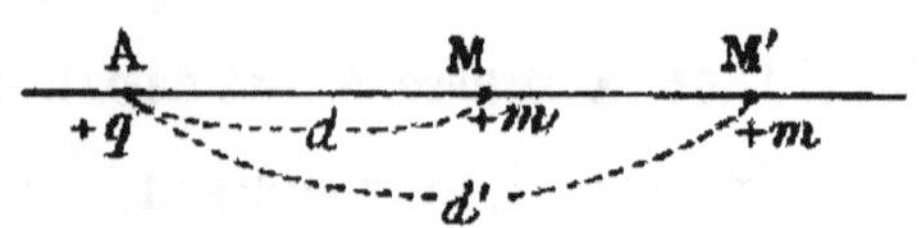

Fig. 256. — Potentiel d'une masse q en M et en M'.

Si on désigne par V' la valeur du potentiel dû à $+q$ au point M', cette variation d'énergie est évidemment

$$mV - mV' \quad \text{ou} \quad m(V - V').$$

Donc le travail accompli pendant le déplacement de la masse m de M en M' est mesuré par le produit de cette masse m par la variation $V - V'$ du potentiel, quand on passe de M en M'.

III. D'après ce que nous venons de dire (200) sur les états intermédiaires de l'énergie, cette expression du travail reste vraie quel que soit le chemin par lequel la masse $+m$ s'est dirigée de M en M'. Le travail accompli dans ce transport de M en M' (*fig.* 257) ne dépend que des distances d, d', initiale et finale, des deux masses en jeu.

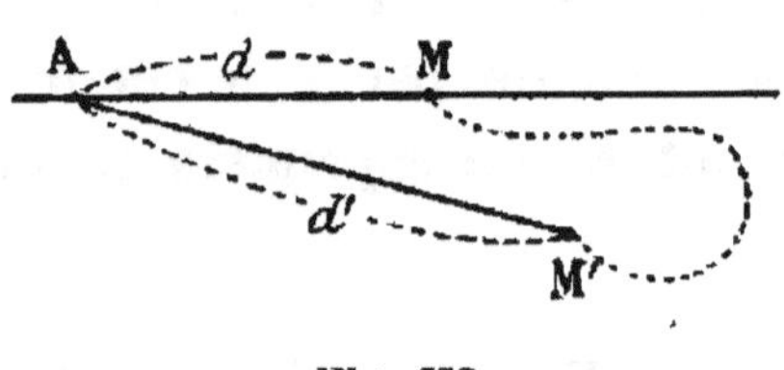

Fig. 257

Calcul de ce potentiel. — Pour appliquer utilement ces formules, il faut savoir calculer V en fonction de q et de d.

On y arrivera en évaluant le travail produit dans le transport de la quantité $+1$ depuis le point M jusqu'à l'infini.

Un travail s'évalue en multipliant une force par un déplacement. Mais ici la force varie à chaque instant et le déplacement est infiniment grand; on ne pourrait opérer la multiplication que par les procédés du calcul intégral. Nous résoudrons la difficulté par un artifice de calcul :

Prenons sur la direction AM (*fig.* 258) un certain espace MM' et divisons-le en un grand nombre de parties égales,

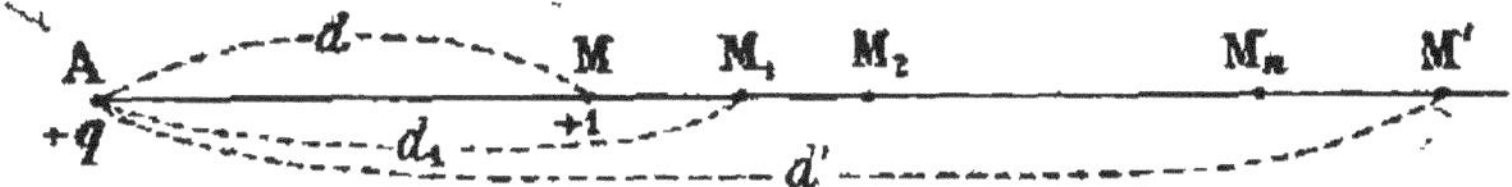

Fig. 258. — Potentiel d'une masse q en différents points.

très petites, MM_1, M_1M_2, ... Appelons V le potentiel en M, V' le potentiel en M', et d, d_1, d_2, ..., d' les distances respectives des points M, M_1, M_2, ..., M' au point A. D'après les lois de Coulomb, la force électrique a pour valeur en M $\frac{q}{d^2}$, et en M_1 $\frac{q}{d_1^2}$; comme les points M et M_1 sont très voisins, on peut supposer que la force reste constante entre ces deux points et prendre pour sa valeur la moyenne géométrique $\frac{q}{dd_1}$, de sorte que le travail effectué par la force électrique de M en M_1 est $\frac{q}{dd_1}(d_1 - d)$ ou $q\left(\frac{1}{d} - \frac{1}{d_1}\right)$.

On trouverait de même que le travail effectué de M_1 en M_2 est $q\left(\frac{1}{d_1} - \frac{1}{d_2}\right)$, et ainsi de suite. On aura donc pour le travail total :

$$W = V - V' = q\left(\frac{1}{d} - \frac{1}{d_1}\right) + q\left(\frac{1}{d_1} - \frac{1}{d_2}\right) + \dots$$
$$+ q\left(\frac{1}{d_n} - \frac{1}{d'}\right) = q\left(\frac{1}{d} - \frac{1}{d'}\right).$$

Si le point M′ est pris de plus en plus éloigné de M, le terme $\frac{1}{d'}$ tend vers zéro en même temps que le potentiel V′ ; à la limite, c'est-à-dire quand le point M′ est à l'infini, la relation précédente peut s'écrire

$$V = \frac{q}{d}.$$

Donc, *dans un champ électrique produit par une seule quantité électrique agissante q concentrée en un certain point, le potentiel à une distance d de ce point est exprimé par le rapport* $\frac{q}{d}$.

Exemple. — Une masse de 15 coulombs étant concentrée en un point M, quel est le potentiel dû à cette masse, à la distance de 10 centimètres ?

C'est $\frac{15}{10}$, ou 1,5 volt. C'est-à-dire que le travail accompli par la force émanée de M qui repousserait jusqu'à l'infini une masse 1 d'électricité placée à 10 centimètres de M serait de 1,5 joule.

Le travail accompli pour la repousser à 20 centimètres seulement serait $15\left(\frac{1}{10} - \frac{1}{20}\right) = 0{,}75$ joule.

Remarques. — **I**. La sphère de centre A qui est le lieu des points de l'espace pour lesquels le potentiel a une valeur donnée est ce que nous avons appelé une surface de niveau (22). De telles sphères sont aussi appelées *surfaces équipotentielles*.

II. Étant donné le potentiel $V = \frac{q}{d}$ en un point M du champ, si l'on donne à d un accroissement très petit, δ, le potentiel devient $V + v$, et l'on a

$$V + v = \frac{q}{d + \delta},$$

d'où l'on tire
$$v = \frac{q}{d + \delta} - \frac{q}{d},$$

et
$$\frac{v}{\delta} = \frac{-q}{d^2 + d\delta}.$$

Si l'on fait tendre δ vers zéro, le dénominateur $d^2 + d\delta$ tend vers d^2. On peut donc écrire

$$\text{limite } \frac{v}{\delta} = -\frac{q}{d^2}.$$

La limite de $\frac{v}{\delta}$ n'est autre chose que la *dérivée* de la fonction V lorsque d y est considéré comme une variable: $\frac{q}{d^2}$ est la force électrique qui, au point M, existerait entre la masse donnée q et l'unité d'électricité de même signe ; c'est ce qu'on appelle la *force électrique au point* M *du champ* dû à la masse q. Le calcul ci-dessus montre que la dérivée du potentiel par rapport à la distance, prise en signe contraire, représente, en grandeur et en signe, la force électrique au point M.

Ce théorème est général et s'applique à toutes les forces admettant un potentiel. La connaissance de ce dernier permet donc, quand on sait prendre sa dérivée, de connaître la valeur de la force. Il montre, en outre, que, pour des points pris sur une même surface de niveau, le potentiel étant le même, la force conserve également la même valeur (22).

Potentiel de plusieurs masses électriques. — Considérons (*fig.* 259) trois masses électriques q_1, q_2, q_3, et une quantité 1 placée en un point A de l'espace. Le potentiel en A est la somme des travaux effectués par chacune des forces émanées à chaque instant de ces trois masses, pendant que la quantité 1 se retire de A vers l'infini, par un chemin quelconque. C'est donc la

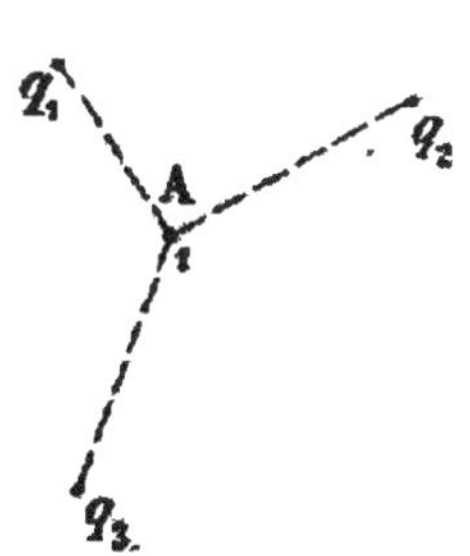

Fig. 259. — Potentiel de plusieurs masses électriques.

somme des expressions $\frac{q_1}{d_1}$, $\frac{q_2}{d_2}$, $\frac{q_3}{d_3}$, c'est-à-dire d'une façon générale $\sum \frac{q}{d}$.

202. Potentiel d'un conducteur électrisé. — Ce qui est intéressant à connaître, pour l'évaluation de l'énergie que possèdent les masses électriques, c'est le potentiel propre de cette masse, plutôt que le potentiel extérieur que nous venons d'étudier. Cette étude n'était qu'un préliminaire pour arriver à la suivante.

Soit une masse électrique, répandue à la surface d'un conducteur C quelconque (*fig.* 260) ; ce sont les seules masses que nous ayons jamais rencontrées : il n'existe pas de masses isolées. Cette masse totale exerce sur une masse 1 de même électricité placée en M une action, *résultante* des répulsions de chacune des masses électriques élémentaires, q, qui la composent. Le potentiel de ces forces au point M est la *somme* des potentiels dus à chaque masse q ; c'est $\sum \frac{q}{d}$.

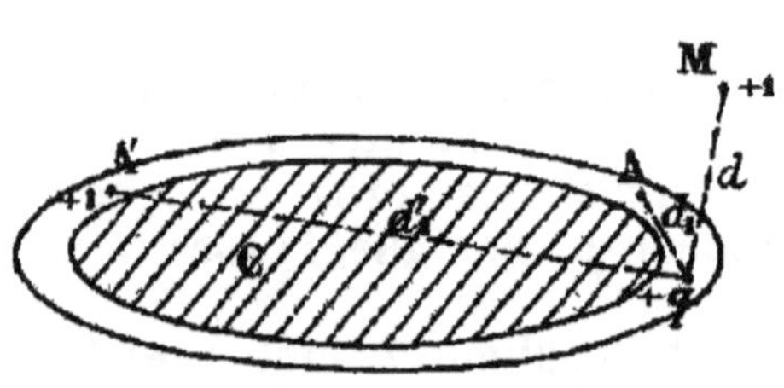

Fig. 260. — Potentiel d'un conducteur.

Imaginons que la masse 1 vienne se placer en un point A de la surface du conducteur (il faut supposer que la couche d'électricité représentée sur la figure est infiniment mince). Cette masse 1 éprouve une répulsion de la part de toutes les autres masses qui constituent la charge : elle possède donc une énergie potentielle V ; les forces électriques dues à la charge de C ont, *au point* A, un potentiel précisément égal à cette énergie V, et qui a pour expression toujours $\sum \frac{q}{d_1}$.

En un autre point A', les forces électriques dues à la charge du corps C auraient également un potentiel V', ayant toujours même expression $\sum \frac{q}{d'_1}$.

Chacune des masses-unités en lesquelles on peut, par la pensée, décomposer la charge du conducteur possède ainsi une énergie potentielle qui est le *potentiel du conducteur* au point de la surface où nous plaçons telle ou telle de ces masses-unités.

Or, *il se trouve que les potentiels aux différents points d'un même corps électrisé ont la même valeur.* Nous pouvons donc les désigner tous par un même symbole V que nous appellerons potentiel du conducteur électrisé.

Le potentiel d'un conducteur est donc le potentiel dû à la charge de ce corps en un point quelconque de sa surface. C'est encore le travail accompli par les forces électriques émanées de sa charge alors qu'une masse d'électricité égale à l'unité partant d'un point *quelconque* de cette surface se retire à l'infini sous l'action de ces forces.

Nous ne pouvons pas établir directement et dans toute sa généralité la constance du potentiel sur un corps électrisé. Nous ne le ferons que dans le cas simple d'une sphère.

Newton a démontré, dans un théorème célèbre et déjà invoqué (22), qu'une couche d'électricité répandue sur une sphère agissait sur tout point extérieur à cette sphère, ou situé sur sa surface, comme si elle était concentrée au centre, et qu'elle n'avait aucune action sur tout point intérieur à la sphère.

Cela étant, le potentiel de la charge Q d'une sphère en

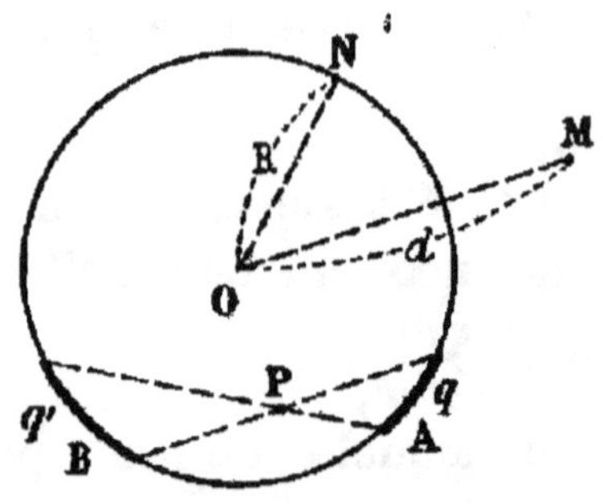

Fig. 261. — Potentiel d'une sphère : en un point extérieur ; en un point intérieur.

un point extérieur M, situé à la distance d du centre, (*fig.* 261), a donc pour valeur $\frac{Q}{d}$, et le potentiel en tout point de cette sphère est évidemment le même et égal à $\frac{Q}{R}$. La force répulsive agissant sur une masse 1 d'électricité en M serait $\frac{Q}{d^2}$, et en N, $\frac{Q}{R^2}$.

A l'intérieur *la force* serait nulle, égale à 0. Il faut entendre par là que les forces dues à l'action de toutes les molécules qui constituent la couche électrique sur la masse 1 placée en un point P intérieur se détruisent mutuellement, ont une résultante nulle. Les masses q, peu nombreuses mais très rapprochées de P, ont une action égale et de sens contraire à celle des masses q', nombreuses mais éloignées.

Quant au potentiel, il n'est point nul : il a toujours pour valeur le travail qu'il faut accomplir pour amener la masse 1 depuis le point P jusqu'à l'infini. Pour aller de P en A ce travail est évidemment nul, *la force* étant nulle à l'intérieur de la sphère. Mais à partir de A jusqu'à l'infini, il a une valeur, et cette valeur n'est pas autre chose que le potentiel au point A : c'est $\frac{Q}{R}$.

Remarquons d'ailleurs que *la force* passant toujours par le centre, puisque c'est là qu'est supposée concentrée la masse agissante, sera toujours *normale* à la sphère. Si donc la masse 1 considérée tout à l'heure se rend de P en A, puis de A en un autre point quelconque A' de la sphère, puis de A′ à l'infini, le travail des forces électriques pendant le trajet AA′ sera encore nul, car pendant tout ce trajet le déplacement aura été normal à la force (9).

Ces résultats sont absolument généraux, quelle que soit la forme du conducteur :

La force est nulle à son intérieur (démontré expérimentalement, *t.* II, 148) ;

La force, en un point de sa surface, est normale à cette surface. Il en résulte, en considérant une masse + 1 qui se rend d'un point P quelconque de l'intérieur de ce corps à l'infini, en passant par deux points quelconques A,A′ de la surface (*fig.* 262), que :

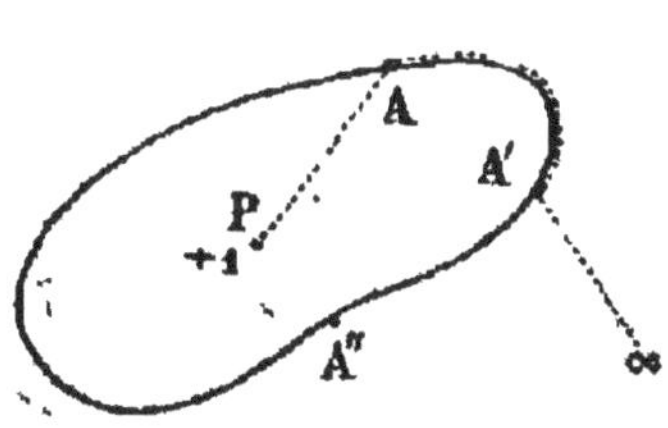

Fig. 262. — Travail accompli par le déplacement d'une masse électrique.

Le travail de P en A est nul (force nulle) ;

Le travail de A en A′ est nul (force constamment normale au déplacement) ;

Le travail de A′ à l'infini a une valeur V qui est constante quelle que soit la position du point A′ [puisque pour aller d'un autre point A″ à l'infini il suffit de faire le trajet A″A′ (travail nul), puis A′ ∞ (travail V)]. Ce travail V est le potentiel du conducteur.

Ce potentiel est donc constant pour tout point du corps conducteur pris sur sa surface ou à son intérieur.

Remarques. — I. Lorsqu'on met en communication deux corps électrisés et à des potentiels différents, ils ne forment plus qu'un seul conducteur et prennent évidemment tous deux le même potentiel.

II. La force électrique est, au signe près, la dérivée du

potentiel : à l'intérieur des corps électrisés la force est nulle : le potentiel y est donc constant.

Nous avons dit dans le tome II (164) que, si l'on relie par un fil long et fin une sphère de 1[cm] de rayon à un conducteur électrisé, cette sphère prend toujours la même charge d'électricité quel que soit le point du conducteur touché, et nous avons appelé *potentiel* de ce conducteur *la valeur de cette charge*. Nous allons montrer que cette définition et la définition théorique donnée plus haut sont identiques.

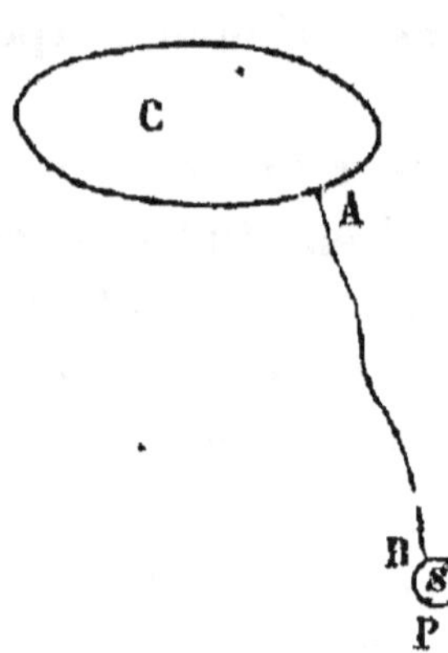

Fig. 263. — Expérience servant à définir le potentiel d'un conducteur.

Soient le conducteur C et la sphère S, de rayon 1, qui lui est réunie par le fil *long* et *fin* AB (*fig.* 263) ; appelons q la charge prise par la sphère. L'ensemble CAS forme un conducteur unique, à la surface et à l'intérieur duquel le potentiel V a partout la même grandeur. On aura la valeur de ce potentiel en l'évaluant pour un point quelconque de cet ensemble. Choisissons ce point en P, sur la sphère S. En ce point le potentiel est la somme des potentiels de toutes les quantités d'électricité répandues sur le conducteur. Or les quantités répandues sur le corps C n'ont pas de potentiel appréciable en P, parce que nous avons choisi le fil *long*. Les quantités répandues sur AB n'en ont pas davantage, comme étant trop faibles, parce que nous avons choisi le fil *fin* ; les quantités répandues sur la sphère sont donc seules à agir sur le point P. La somme de ces quantités est q, et le rayon de la sphère étant 1 centimètre, leur potentiel $\frac{q}{d}$ sera également q.

Donc, en tout point du conducteur, le potentiel est égal à la charge prise par la sphère de rayon 1.

Remarque. — Nous avons *calculé* le potentiel d'une sphère $\left(V = \frac{Q}{R}\right)$ et nous avons dit que le potentiel d'un conducteur quelconque était le même en tous points. Mais nous ne savons pas le calculer.

L'expérience précédente permettant de ramener le potentiel d'un corps quelconque à celui d'une sphère, nous pouvons donc, dans tous les cas, *connaître* le potentiel d'un conducteur quelconque.

En somme, le potentiel d'un conducteur est l'énergie potentielle possédée par une masse 1 d'électricité, placée sur ce conducteur (ou à son intérieur) et soumise aux actions de toutes les masses électriques répandues sur ce corps, et à *celles-là seulement.*

Cette conception est purement théorique et n'est jamais réalisée pratiquement. Une masse prise sur un conducteur est en effet toujours soumise, en outre, à l'action de toutes les autres masses électriques qui sont au monde et notamment sur la terre.

Or l'expérience prouve que ces dernières ne varient point : les potentiels, mesurés ou calculés, doivent donc être *tous* augmentés d'une quantité *constante* qui est le potentiel électrique dû à la terre. Cette quantité disparaît d'ailleurs toujours dans l'évaluation des différences de potentiel qui, seules, interviennent (t. II, 164). On ne connaît donc point sa valeur, qui n'est point utile, et on la suppose *nulle*. C'est pour cela qu'on dit que le potentiel de la terre est zéro.

203. Énergie d'un conducteur électrisé. — Nous avons dit que si l'on met en présence deux quantités Q et q d'électricité, l'énergie potentielle de la quantité q, en présence de la quantité Q (ou énergie potentielle relative à ces deux quantités) est égale au produit de la quantité q par le potentiel V dû à la quantité Q à la distance qui les sépare. On a donc $W = qV$. C'est l'expression du travail que peuvent fournir les deux quantités par leur déplacement relatif.

Un autre problème se pose maintenant. Étant donné un seul conducteur, isolé et électrisé, soustrait à toute influence extérieure, il s'agit de calculer l'énergie potentielle qu'il possède à lui seul, c'est-à-dire *le travail qu'il peut produire par sa décharge*. En vertu du principe de la conservation de l'énergie, ce travail est égal à celui qu'il a fallu dépenser pour charger le conducteur. Une telle évaluation ne peut se faire rigoureusement que par les procédés du calcul intégral ; mais nous pouvons cependant arriver au résultat en faisant une hypothèse acceptable :

Admettons qu'au lieu de se faire d'une façon continue, la décharge se fasse en n fois, $\frac{1}{n}$ de la charge disparaissant à chaque fois. Chaque disparition fait diminuer le potentiel de $\frac{1}{n}$ de sa valeur (t. II, 165), de sorte que la première décharge partielle étant celle d'une quantité $\frac{Q}{n}$ soumise au potentiel V, produit un travail $\frac{Q}{n}V$ (*); puis le potentiel devient $V - \frac{V}{n}$ ou $V\frac{n-1}{n}$. De même, la seconde décharge, étant celle d'une quantité égale $\frac{Q}{n}$ au potentiel $V\frac{n-1}{n}$, produit un travail $\frac{Q}{n} \times V\frac{n-1}{n}$; et ainsi de suite jusqu'à la décharge finale, qui sera encore de $\frac{Q}{n}$, alors que le potentiel ne sera plus que $\frac{V}{n}$. La somme des travaux fournis par cette série de décharges sera donc

$$\frac{Q}{n}\left(1 + \frac{n-1}{n} + \frac{n-2}{n} + \ldots + \frac{2}{n} + \frac{1}{n}\right)V,$$

ou $$\frac{QV}{n^2}[n + (n-1) + (n-2) + \ldots + 2 + 1),$$

ou enfin $$\frac{QV}{n^2}\frac{n(n+1)}{2} = \frac{1}{2}QV + \frac{1}{2}\frac{QV}{n}.$$

Le second terme $\frac{1}{2}\frac{QV}{n}$ tend vers zéro lorsque n croît

(*) Chaque décharge partielle n'est autre chose que le déplacement jusqu'à l'infini de la masse $\frac{Q}{n}$.

indéfiniment, c'est-à-dire lorsque la décharge se fait d'une façon de plus en plus continue. Finalement, lorsque la décharge est terminée, le travail produit W a pour valeur $\frac{1}{2}$ QV. La charge Q étant mesurée en coulombs, le potentiel V en volts, l'énergie se trouvera naturellement évaluée en joules.

En remarquant que $Q = CV$, on peut remplacer cette expression de W par la suivante :

$$W = \frac{1}{2} CV^2,$$

dans laquelle interviennent seulement la capacité, caractéristique du conducteur, mesurée une fois pour toutes, et le potentiel auquel il se trouve porté, plus facile à mesurer, comme nous le verrons, que la quantité d'électricité dont il est chargé.

Énergie d'un condensateur. — Un condensateur n'est autre chose (t. II, 171) qu'un conducteur (*collecteur*), dont la capacité a été augmentée par la présence d'un autre conducteur (*condenseur*). Ce dernier étant relié au sol, l'énergie du collecteur sera mesurée par le demi-produit de sa capacité par le carré de son potentiel, soit (t. II, 173) par

$$W = \frac{1}{2} \frac{KS}{4\pi e} V^2.$$

Un condensateur est donc un accumulateur d'énergie, qui peut être extrêmement puissant si on le construit avec une surface S considérable, et un isolant d'épaisseur e très petite, ce qui est le cas des condensateurs à feuilles alternantes (t. II, 176).

Pratiquement, cette puissance est limitée par la grandeur de V, qui provoque à travers l'isolant de très faible épaisseur la décharge du collecteur sur le condenseur (décharge disruptive).

UNITÉS ÉLECTROSTATIQUES

204. Définitions des unités électrostatiques. — Les grandeurs que l'on rencontre en électricité statique sont la *quantité* et le *potentiel*. On sait de plus que, sur un conducteur déterminé, le potentiel étant proportionnel à la quantité d'électricité, ce rapport caractéristique du conducteur est appelé sa *capacité*.

La quantité, le potentiel et la capacité ne peuvent s'évaluer que par la mesure de leurs effets, lesquels s'évaluent au moyen des unités fondamentales : centimètre, gramme-masse, seconde. C'est ainsi que la mesure d'une quantité électrique se ramène à celle d'un certain nombre de *dynes*, que la capacité d'une sphère s'évalue par le nombre de *centimètres* que renferme son rayon (t. II, 167), etc. Les unités électriques dérivent donc finalement du système C. G. S.

Les unités électriques ont été choisies de façon à permettre d'écrire le plus simplement possible les relations que l'expérience fait connaître entre les différentes grandeurs électriques. Ce sont les suivantes :

Unité de quantité. — *C'est la quantité d'électricité qui, placée à 1cm d'une quantité égale, la repousserait avec une force d'une dyne.* Cette quantité est, comme on le voit, fort petite, et son maniement implique des mesures d'une précision extrême. Elle n'a pas reçu de nom particulier, ce qui est fort regrettable pour la clarté de l'exposition des théories électriques. On l'appelle *unité* *électrostatique* C. G. S. *de quantité*. Nous la désignerons par le symbole : u. é-s. CGS de quantité.

Unité de potentiel. — *C'est le potentiel d'un conducteur qui communiquerait une partie de son électricité égale à une u. é-s.* CGS *de quantité à une sphère de* 1cm *de rayon mise en communication lointaine avec lui*. D'après ce que nous avons vu précédemment, l'unité de potentiel peut encore se définir *le potentiel d'une sphère de* 1cm *de rayon chargée d'une u. é-s.* CGS *de quantité*. C'est évidemment la même chose.

L'unité ainsi définie est très grande et les formidables courants alternatifs que l'on emploie aujourd'hui dépassent rarement 35 fois ce potentiel. Elle n'a pas reçu non plus de nom particulier. On l'appelle *unité électrostatique* CGS *de potentiel*. Nous la désignerons par u. é-s. CGS de potentiel.

Unité de capacité. — La notion de capacité étant le résultat d'une relation entre les deux grandeurs précédentes, son unité est tout indiquée : *c'est la capacité d'un conducteur qui renfermerait une u. é-s.* CGS *de quantité au potentiel* 1 (autrement dit, c'est la capacité d'une sphère de 1cm de rayon).

Cette capacité, étant le quotient d'une faible quantité par un grand potentiel, est nécessairement fort petite. Elle ne porte pas de nom particulier. On l'appelle *unité électrostatique* CGS *de capacité*. Nous la désignerons par u. é-s. CGS de capacité.

On donne le nom de *système électrostatique* à l'ensemble des trois unités que nous venons de définir. Ce système a pour base la définition de l'unité de quantité. Ces trois unités sont beaucoup trop grandes ou beaucoup trop petites pour les besoins de la pratique ; elles conduiraient dans les calculs à des nombres extrêmement encombrants. C'est pour cela qu'on ne les emploie jamais pratiquement et qu'elles n'ont pas reçu de nom particulier. On les remplace par d'autres : *coulomb*, *volt*, *farad*, dont nous avons déjà parlé, et dont nous exposerons plus loin l'origine et les relations.

Il nous reste à faire connaître comment on *mesure* les grandeurs électriques au moyen de ces unités. C'est ce que nous ferons dans un chapitre spécial (Chapitre XX).

RÉSUMÉ DU CHAPITRE XVIII

Étant donnée une quantité d'électricité q et une autre quantité 1 de la même électricité placée en un certain point M, on appelle potentiel de la quantité q au point M le travail qu'accomplirait la force électrique pour amener de cette position M à l'infini l'unité de masse électrique. Soit d la distance du point M à la quantité agissante q ; le potentiel V en M a pour valeur $\frac{q}{d}$. Lorsque le champ est produit par un nombre quelconque de quantités électriques agissantes, on a $V = \Sigma \frac{q}{d}$.

Le potentiel d'un conducteur est constant en tous ses points.

Le *potentiel* d'une sphère, isolée et électrisée, est le quotient de sa charge par son rayon ; cette valeur représente le travail que dépenseraient les forces émanées de la charge totale de la sphère pour repousser une masse 1 d'électricité depuis la surface de la sphère jusqu'à l'infini.

L'énergie d'un conducteur électrisé, isolé et soustrait à toute influence extérieure, est le travail qu'il est susceptible de produire par sa décharge. Cette énergie a pour valeur la moitié du produit de la charge électrique par le potentiel.

Les principales *unités électrostatiques* sont l'unité de quantité, l'unité de potentiel et l'unité de capacité ; elles n'ont pas reçu de noms spéciaux. Les unités *pratiques* de ces mêmes grandeurs s'appellent coulomb, volt, farad.

EXERCICES SUR LE CHAPITRE XVIII

50. Une sphère métallique de 10^{cm} de rayon a une charge électrique égale à 10^{-8} coulombs ; quel est le potentiel : 1° au centre ; 2° à la distance de 20^{cm} du centre ?

Réponses : 1° 900 volts ; 2° 450 volts.

51. Une sphère électrisée, de 10^{cm} de rayon, chargée de 10^{-6} coulombs, est suspendue par un fil de soie dans une sphère métallique creuse concentrique de rayons 15 et 20^{cm}, et maintenue par un support isolant. Quel est le potentiel de la petite sphère ?

Réponse : 75 000 volts.

52. Une première sphère conductrice, de 20^{cm} de rayon, est au potentiel 10 ; une deuxième sphère, de 10^{cm} de rayon, est au potentiel 5 ; on les relie par un fil long et fin. Quelle était l'énergie électrique initiale, et qu'est-elle devenue après la communication ?

Réponses : 1° 1125 ergs ; 2° 1 040 ergs.

53. Trouver le rapport des capacités d'une même surface sphérique de 10^{cm} de rayon, si elle est entourée concentriquement d'une surface sphérique de 15^{cm} de rayon ou d'un rayon infiniment grand.

Réponse : 3.

54. Une batterie de 10 bouteilles de Leyde de 20^{cm} de hauteur et de 10^{cm} de diamètre, ayant 1^{mm} d'épaisseur de verre et un pouvoir inducteur spécifique de 2,3 est chargée à un potentiel de 5000 volts. On demande :

1° La quantité d'énergie développée à la décharge ;
2° La quantité de chaleur équivalente ;
3° L'élévation de température d'un fil de fer pesant 1^{gr}, à travers lequel s'effectue la décharge.

Réponses : 1° 1 597 222 ergs ou $0^{joule},159$;
2° $0^{cal},0383$;
3° $0°,34$.

CHAPITRE XIX

PROPRIÉTÉS ET LOIS FONDAMENTALES DU COURANT ÉLECTRIQUE

COURANTS, PILES ET CONDUCTEURS

205. Intensité d'un courant. — L'intensité d'un courant est sa qualité fondamentale, celle de laquelle dépendent tous les effets qu'il peut produire. Elle est constante en tous les points d'un même courant.

On définit l'intensité d'un courant *la propriété qu'il possède de dévier plus ou moins une aiguille aimantée qui a pris sensiblement la direction Nord-Sud sous l'influence de la terre* (expérience d'Œrstedt). Cette déviation est le résultat d'un *couple*, dont le moment mesure, à proprement parler, l'intensité du courant.

Si l'on fait passer la décharge d'un condensateur à travers un fil conducteur disposé au-dessus de l'aiguille aimantée, on obtient aussi une déviation, due également à un couple. Mais cette déviation n'est pas permanente, comme celle que provoque un courant : elle cesse avec la décharge, elle est instantanée. Des calculs qui ne peuvent trouver place ici montrent que si la décharge durait une seconde, le couple qu'elle produirait, et qui mesurerait l'intensité de cette espèce de courant, serait proportionnel à la *quantité d'électricité statique*, qui constituait la charge du condensateur, c'est-à-dire à la masse électrique qui aurait passé en une seconde. Il est naturel d'en conclure que dans un courant tout se passe comme s'il y avait réel transport de masse d'électricité statique d'un pôle à l'autre, et que l'intensité du courant (couple de déviation de l'aimant) est proportionnelle à la masse qui passe, en une seconde, au-dessus de l'aiguille.

Cela justifie définitivement (*) l'assimilation de l'intensité d'un courant à un *débit*, assimilation qui fait image et qui est d'une commodité telle qu'elle s'est immédiatement imposée : par intensité, il faut toujours entendre la quantité d'électricité qui passe en une seconde. Le courant d'un ampère (t. II, 202) est donc un courant qui transporte un coulomb d'électricité par seconde.

206. Force électromotrice d'une pile. — Le rôle d'une pile est de transformer de l'énergie chimique en énergie électrique. Sur les deux pôles, supposés écartés, apparaissent des quantités d'électricité portées à des potentiels différents. On admet qu'il s'exerce entre les surfaces en contact (zinc et acide sulfurique par exemple) une force d'une nature spéciale, dite *force électromotrice*, qui est la cause de ces phénomènes. Cette force ne dépend que de la *nature* et non de la grandeur des surfaces en contact ; on la mesure par son effet immédiat, qui est l'apparition et la permanence de cette différence de potentiel entre les deux pôles séparés.

Si l'on réunit les deux pôles par un conducteur, il se produit un courant. La différence de potentiel des deux pôles reste encore constante pendant tout le temps que

---

(*) Nous savons déjà (t. II, ch. XX) que les décharges électriques produisent des effets thermiques, chimiques, etc., analogues à ceux des courants. Ce qui précède ne fait que préciser cette analogie en donnant aux deux séries de phénomènes une mesure commune (déviation d'aimant) appelée intensité ou débit.

dure le courant, mais elle est plus petite que la force électromotrice (t. II, 201).

207. Résistance d'un conducteur. — Étant donnée une pile dont les deux pôles sont réunis par un fil conducteur, l'expérience montre que la longueur, la section et la nature du conducteur jouent un rôle dans la valeur de l'intensité du courant. On appelle *résistance* du conducteur *cette propriété qu'il possède de fixer en quelque sorte l'intensité de ce courant.*

L'expérience dont nous venons de parler est particulièrement aisée à réaliser avec une pile thermo-électrique, dont la résistance intérieure est, comme nous le savons, presque négligeable. Elle permet de constater de plus que l'intensité du courant obtenu est :

1° *proportionnelle à la section s du conducteur ;*

2° *inversement proportionnelle à sa longueur l ;*

3° *inversement proportionnelle à un certain coefficient ρ dépendant de la nature du conducteur.*

On peut donc écrire

$$I = k\frac{s}{l\rho} = \frac{k}{\left(\frac{l\rho}{s}\right)}.$$

Le quotient $\frac{l\rho}{s}$ a reçu le nom de *résistance*. Pour évaluer la résistance d'un conducteur, il faut donc connaître sa longueur, sa section et le coefficient ρ relatif à la nature du conducteur. Ce coefficient s'évalue pratiquement en exprimant en *ohms* (t. II, 202) ou en *microhms* (millioniémes d'ohms) la résistance de 1^{cm} d'un fil de 1^{cq} de section du conducteur considéré : on obtient ainsi un certain nombre d'*ohms-centimètres* ou de *microhms-centimètres*, qu'on appelle *résistance spécifique* ou *résistivité* du conducteur et qui n'est autre que le coefficient ρ. Si l et s sont exprimés en centimètres et en centimètres carrés, on a la formule

$$r = \frac{l\rho}{s}.$$

Cette formule permet de calculer la résistance des conducteurs électriques, résistance que l'on a le plus grand intérêt à connaître. Soit à calculer par exemple la résistance d'un fil de cuivre de 100^m de long et de 1^{mm} de diamètre (section $0^{mmq},78$) sachant que la résistivité du cuivre est de 1,59 microhm-centimètre. On a

$$r = \frac{10\,000 \times 1,59}{0,0078} = 2\,000\,000 \text{ de microhms} = 2 \text{ ohms}.$$

Lorsqu'un circuit est formé de conducteurs de nature différente et d'éléments de pile, la résistance totale R est la somme de toutes les résistances des conducteurs et des éléments de pile considérés séparément :

$$R = \frac{l\rho}{s} + \frac{l'\rho'}{s'} + \frac{l''\rho''}{s''} + \ldots = \Sigma\frac{l\rho}{s}.$$

Les méthodes employées pour déterminer la résistance des conducteurs seront étudiées plus loin ; nous donnerons seulement ici les résultats les plus importants :

1° Les métaux ont une résistance relativement faible ; ceux qui conduisent le mieux la chaleur, comme l'argent ou le cuivre, sont aussi ceux qui conduisent le mieux l'électricité.

2° La résistance d'un métal augmente avec la température ; elle peut être représentée avec assez d'exactitude par la formule empirique

$$r = r_0(1 + at),$$

r_0 désignant la résistance à 0°, a un coefficient numérique. Pour les métaux très purs, on peut prendre sensiblement $a = 0,0038$.

3° Les solutions acides ou salines ont une résistance beaucoup plus grande que celle des métaux. Une pile, notamment, présente au passage du courant qu'elle engendre une résistance assez grande.

208. Lois d'Ohm. — Lorsqu'une pile a ses deux pôles réunis par un conducteur sur lequel n'est intercalé aucun appareil susceptible de transformer de l'énergie, l'intensité du courant ne dépend que de la force électromotrice de la pile et de la résistance totale du circuit. Le physicien allemand Ohm a trouvé par le calcul que ces grandeurs sont liées entre elles par une relation très simple :

$$I = \frac{E}{R + r},$$

I désignant l'intensité du courant exprimée en ampères, E la force électromotrice exprimée en *volts*, R la résistance de la pile et r celle du conducteur qui en relie les deux pôles, exprimées en *ohms*.

De cette relation, appelée *formule d'Ohm*, on déduit deux lois :

1° L'intensité du courant est proportionnelle à la force électromotrice de la pile, c'est-à-dire à la différence de potentiel de ses bornes, en circuit ouvert;

2° L'intensité du courant est inversement proportionnelle à la somme des résistances intérieure et extérieure.

Variations du potentiel le long d'un circuit. — Les lois d'Ohm s'appliquent également à une portion limitée de conducteur traversée par un courant ; elles donnent alors l'énoncé suivant : *entre deux points quelconques de ce conducteur existe une différence de potentiel qui a pour valeur le produit de l'intensité du courant par la résistance du conducteur entre ces deux points.*

Soit un circuit comprenant un élément de pile et un fil métallique homogène (*fig.* 264). Mettons le pôle négatif au sol ; les valeurs absolues du potentiel sont modifiées tout le long du circuit, mais la différence des potentiels entre deux points ne change pas. Joignons par un fil conducteur MM' un point M du circuit à l'aiguille d'un instrument appelé *électromètre*, dont nous donnons plus loin la théorie et qui permet de comparer entre eux des potentiels. Puis promenons le fil MM' sur tout le circuit, de façon à comparer entre eux les potentiels de tous les points de ce circuit. Nous

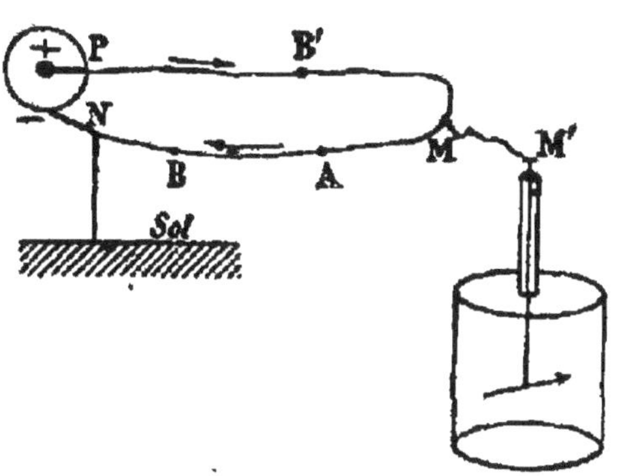

Fig. 264. — Étude des variations du potentiel le long du circuit.

constatons que le potentiel est maximum au pôle positif ; il décroît en *progression arithmétique* quand les distances au pôle négatif décroissent également en progression arithmétique et devient nul au pôle négatif. De plus, si l'on appelle V le potentiel en un point A, V' le potentiel en un point B, r_1 la résistance entre les deux points A et B, I l'intensité du courant qui va de A vers B, on a

$$V - V' = Ir_1.$$

Si l'on porte en abscisses les résistances des diverses par-

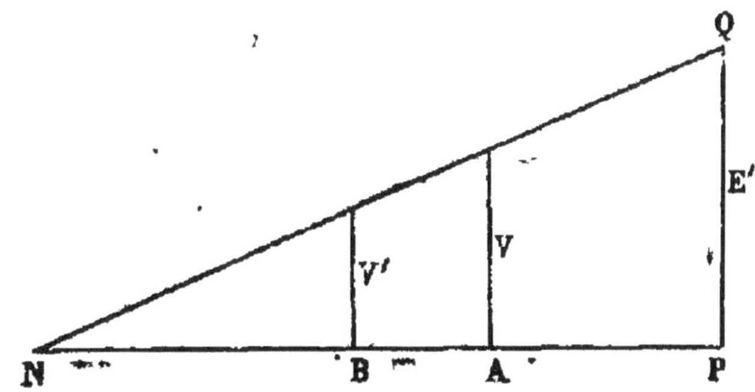

Fig. 265. — Diagramme des variations du potentiel le long du circuit.

ties du fil métallique à partir du pôle négatif de la pile, et en ordonnées les potentiels aux différents points, les variations de potentiel seront représentées par une ligne droite (*fig.* 265).

Quand on va de N en P en traversant la pile, le potentiel remonte brusquement à une valeur $PQ = E'$, E' étant la différence de potentiel entre les bornes de la pile fermée. Il en résulte que si l'on considère un point tel que B' situé au-delà de la pile par rapport à A, il faut tenir compte, non seulement de la décroissance régulière du potentiel le long du fil, mais du relèvement brusque E'. En désignant par V'' le potentiel en B', par r_2 la résistance entre A et N, par r_3 la résistance entre P et B', on a

$$V - V'' = (r_2 + r_3)I - E'. \qquad (1)$$

Or la traversée de la pile équivaut à celle d'un conducteur de résistance R (R étant la résistance de la pile), et l'on a de N en P une chute de potentiel IR qui agit en sens contraire de la force électromotrice E. On a donc

$$E' = E - IR.$$

La relation (1) devient alors

$$V - V'' = (r_2 + r_3)I - E + IR,$$

d'où

$$V - V'' = (R + r_2 + r_3)I - E. \qquad (2)$$

Si le point B' fait le tour du circuit et revient coïncider avec A, on a

$$V - V = 0 = (R + r)I - E,$$

r désignant la résistance du fil interpolaire.

On tire de cette relation

$$I = \frac{E}{R + r},$$

et l'on retrouve ainsi la relation d'Ohm appliquée au circuit total.

Remarques. — I. La différence de potentiel E' entre les deux pôles d'une pile en circuit fermé est naturellement plus petite que la force électromotrice E qui se produit entre les deux pôles en circuit ouvert. On a en effet

$$E' = E - IR = Ir.$$

La différence de potentiel E' est donc égale au produit de l'intensité par la résistance du fil interpolaire. Elle est inférieure à la force électromotrice du produit de l'intensité par la résistance de la pile.

II. La formule (2) ci-dessus donne l'expression de la différence de potentiel entre deux points d'un courant A et B' qui comprennent une pile, c'est-à-dire un appareil transformateur d'énergie. Elle nous montre comment doit, dans ce cas, être modifiée la loi d'Ohm. La différence de potentiel y est égale au produit de la résistance totale par l'intensité, diminuée de la différence de potentiel propre à l'appareil introduit sur le courant.

209. Courants dérivés. — Supposons que l'on coupe un conducteur reliant les deux pôles d'une pile (*fig.* 266) et qu'on réunisse les deux bouts séparés A et B par deux fils métalliques; ces deux fils sont des *dérivations*. On appelle *courant principal* celui qui circule dans le circuit comprenant la pile et les conducteurs PA et BN; *courants dérivés* ceux qui circulent dans les dérivations. Pour étudier la distribution du courant dans les dérivations, on s'appuie sur deux lois, énoncées par Kirchhoff.

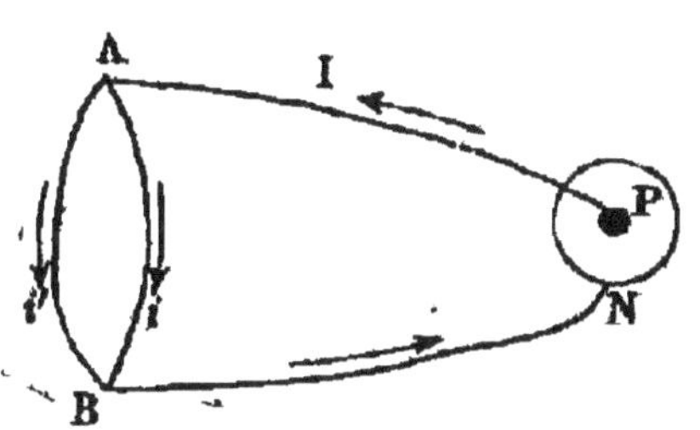

Fig. 266. — Courants dérivés.

Lois de Kirchhoff. — 1° En un point de croisement de plusieurs fils conducteurs parcourus par des courants, la somme algébrique des intensités des courants qui traversent ces conducteurs est nulle. — On convient de considérer comme positifs les courants qui se rapprochent du point de croisement, comme négatifs ceux qui s'en éloignent.

En appelant I l'intensité du courant principal, i et i' les intensités des courants qui parcourent les dérivations, on a

$$I + i + i' = 0,$$

ou, en valeur absolue,

$$I = i + i'.$$

Cette loi exprime donc simplement qu'il ne peut y avoir accumulation d'électricité au point de croisement ; elle est vraie quel que soit le nombre des dérivations.

2° Pour toute figure fermée résultant de l'assemblage de plusieurs conducteurs, la somme algèbrique des produits des intensités par les résistances est égale à la somme algébrique des forces électromotrices existant sur le contour considéré.

En appliquant cette loi au cas simple que nous avons considéré, on a, E désignant la force électromotrice de la pile, R la résistance de la pile et des fils PA et BN, r et r' les résistances des dérivations,

$$E = IR + ir = IR + i'r',$$

d'où

$$ir = i'r'$$

et

$$\frac{i}{i'} = \frac{r'}{r},$$

c'est-à-dire que *les intensités des deux courants dérivés sont inversement proportionnelles aux résistances des dérivations.*

Cherchons maintenant les intensités i et i' en fonction de I. De la relation précédente on tire

$$\frac{i}{i+i'} = \frac{r'}{r+r'},$$

d'où

$$i = \frac{Ir'}{r+r'}.$$

On trouverait de même

$$i' = \frac{Ir}{r+r'}.$$

En remplaçant i par sa valeur dans la formule $E = IR + ir$, il vient

$$E = IR + \frac{Irr'}{r+r'}.$$

Par suite, l'intensité I du courant principal a pour valeur

$$I = \frac{E}{R + \frac{rr'}{r+r'}}.$$

S'il n'y avait pas de dérivation, l'intensité du courant fourni par la pile serait, d'après la loi d'Ohm,

$$I' = \frac{E}{R+r}.$$

Or $\frac{rr'}{r+r'} < r$, donc $I' < I$.

Ainsi, *l'introduction d'une dérivation dans le circuit d'une pile augmente l'intensité du courant principal en diminuant la résistance totale.*

Applications. — On se sert de dérivations dans maintes circonstances que nous étudions plus loin : pour *shunter* les galvanomètres, pour mesurer la résistance d'un conducteur par la méthode du pont de Wheatstone, pour pouvoir envoyer simultanément deux dépêches en sens contraires, pour transmettre l'énergie électrique dans des sonneries, des électro-aimants, des lampes électriques, etc.

Shunts. — Les shunts sont des appareils qui permettent de n'envoyer dans les galvanomètres qu'une fraction connue du courant d'une source d'électricité. On évite ainsi la détérioration que subiraient les organes délicats d'un galvanomètre de précision s'ils étaient traversés par un courant trop intense.

Pour shunter un galvanomètre, on établit deux dérivations entre deux points A et B du circuit (*fig.* 267). Sur l'une on

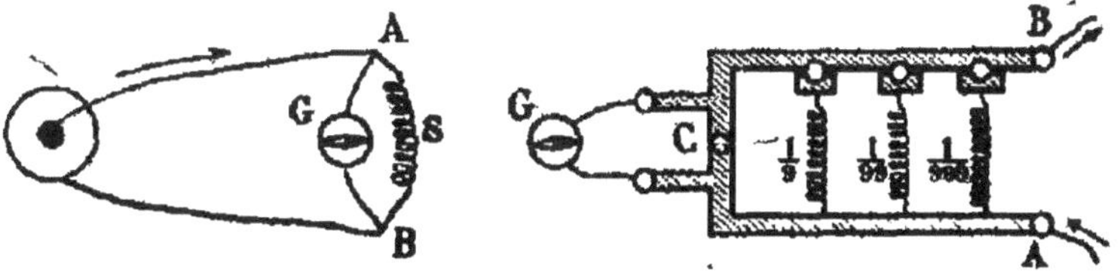

Fig 267. — Disposition théorique du shunt.

intercale le galvanomètre de résistance r, sur l'autre on établit le shunt. Supposons que le shunt présente successivement des résistances égales à $\frac{1}{9}r$, $\frac{1}{99}r$, $\frac{1}{999}r$; on aura, d'après les formules relatives aux courants dérivés,

$i = I\frac{r}{r+9r} = \frac{1}{10}I$; $i = \frac{1}{100}I$; $i = \frac{1}{1000}I$, et l'intensité du courant qui traversera le galvanomètre ne sera ainsi que la $\frac{1}{10}$, la $\frac{1}{100}$, la $\frac{1}{1000}$ partie du courant principal.

Un shunt se compose de trois bobines de fil conducteur, dont les résistances sont respectivement égales au $\frac{1}{9}$, au $\frac{1}{99}$, au $\frac{1}{999}$ de la résistance du galvanomètre auquel il est adjoint. Ces bobines sont renfermées dans une boîte cylindrique (*fig.* 268) dont le couvercle, en ébonite, supporte 6 plaques métalliques isolées. Deux de ces plaques sont surmontées des bornes d'attache du circuit de la pile et de la dérivation contenant le galvanomètre. Si l'on plante une cheville métallique entre ces deux bornes, tout le courant passe de l'une à l'autre sans traverser le galvanomètre : c'est la position de sûreté. Si l'on plante au contraire la cheville dans l'un des trous qui se trouvent entre la pièce centrale P et les pièces marquées $\frac{1}{9}$, $\frac{1}{99}$, $\frac{1}{999}$, on introduit dans le circuit la dérivation correspondante.

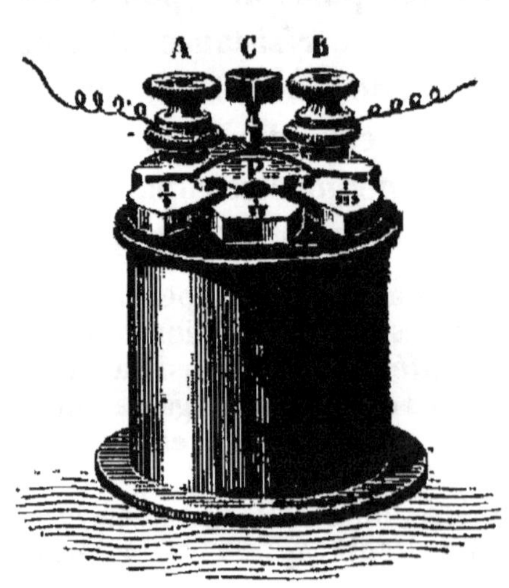

Fig. 268. — Shunt.

210. Association des éléments de pile. — Étant donné un certain nombre d'éléments de pile, on peut faire varier l'intensité du courant en les associant de trois manières différentes.

I. Association en série ou en tension. — Dans l'association en série, tous les éléments sont placés à la suite les uns des autres et dans le même sens (*fig.* 269), le pôle

Fig. 269. — Association en série.

positif de chaque élément étant relié au pôle négatif du suivant. Deux pôles de signes contraires restent libres, un à chaque extrémité de la pile ; on les relie par un fil métallique de résistance r.

Soient n le nombre d'éléments identiques ainsi associés, R la résistance intérieure, E la force électromotrice de chaque élément. La force électromotrice de la pile est nE, car les forces électromotrices E, agissant toutes dans le même sens, s'ajoutent ; la résistance intérieure totale est nR, puisque le courant parcourt tous les éléments. En appliquant la loi d'Ohm, l'intensité I du courant est donnée par la formule

$$I = \frac{nE}{nR + r}.$$

Si la résistance interpolaire est très grande, celle des éléments étant très petite, on a approximativement $I = \frac{nE}{r}$, c'est-à-dire que l'intensité croît à peu près proportionnellement au nombre des éléments. Si au contraire r est très petit par rapport à R, on a sensiblement $I = \frac{nE}{nR} = \frac{E}{R}$, c'est-à-dire que l'on obtient le même effet qu'avec un seul élément. Il n'y a donc avantage à associer les éléments en série que si l'on a une grande résistance à vaincre, quand on cherche à produire des effets physiologiques par exemple.

II. Association en batterie, ou en quantité, ou en parallèle. — Pour associer des éléments en batterie, on relie d'un côté tous les pôles positifs, de l'autre tous les pôles négatifs (*fig.* 270). Une association de n éléments

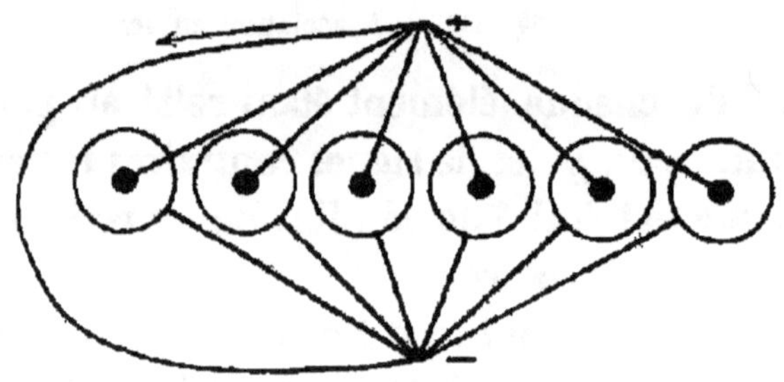

Fig. 270. — Association en batterie.

en batterie se comporte comme un seul élément de surface n fois plus grande et par suite de résistance n fois plus petite. La résistance de la pile est donc égale à $\frac{R}{n}$, tandis que la force électromotrice ne change pas et reste égale à celle d'un seul élément.

La loi d'Ohm donne dans ce cas

$$I = \frac{E}{\frac{R}{n} + r},$$

d'où

$$I = \frac{nE}{R + nr}.$$

Si r est assez petit pour que nr soit négligeable, la formule se réduit à $I = \frac{nE}{R}$: l'intensité est proportionnelle au nombre des éléments. Si r est très grand, on a

$I = \frac{nE}{nr} = \frac{E}{r}$: l'intensité est indépendante du nombre des éléments, et il n'y a pas intérêt à associer en batterie.

III. Association mixte. — C'est une combinaison des deux précédentes. Étant donnés par exemple 6 éléments identiques, on peut les associer 2 par 2 en série, les trois séries étant elles-mêmes associées en batterie, ou bien en deux séries de 3, réunies elles-mêmes en batterie (*fig.* 271); le nombre total d'éléments est le produit du nombre d'éléments en série par le nombre des séries formées.

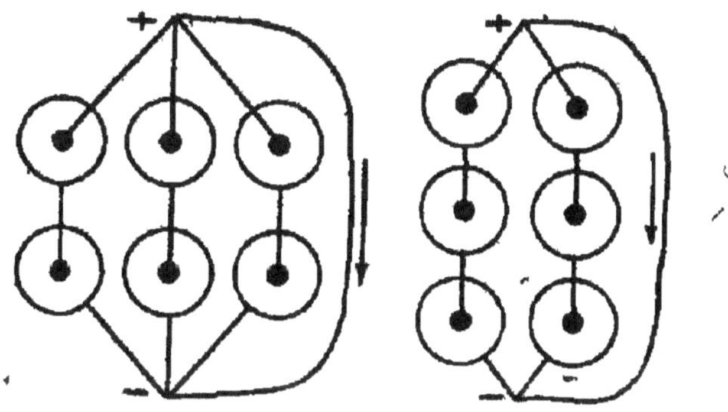

Fig. 271. — Associations mixtes.

D'une manière générale, soient n éléments identiques associés d'une façon mixte, x le nombre d'éléments en série, y celui des séries formées. La force électromotrice totale sera xE, et la résistance totale $\frac{xR}{y}$. On aura donc les équations

$$xy = n$$

et

$$I = \frac{xE}{\frac{xR}{y} + r}.$$

Cette dernière équation peut être mise sous la forme

$$I = \frac{E}{\frac{R}{y} + \frac{r}{x}}.$$

Pour que l'intensité soit la plus grande possible, il faut que le dénominateur soit minimum. Or ce dernier est composé de deux termes dont le produit $\frac{Rr}{xy}$ ou $\frac{Rr}{n}$ est constant ; il sera donc minimum quand ces deux termes seront égaux, c'est-à-dire quand on aura

$$\frac{R}{y} = \frac{r}{x}$$

ou bien

$$\frac{Rx}{y} = r.$$

D'après cette égalité, *on obtient la plus grande intensité possible lorsque la résistance totale de la pile est égale à la résistance extérieure.*

Exemple. — *Comment doit-on grouper* 100 *éléments Bunsen ayant chacun une force électromotrice de* $1^{volt},8$ *et une résistance intérieure de* $0^{ohm},24$, *pour obtenir un courant d'intensité maxima ? La résistance du circuit extérieur est de* 5 *ohms.*

Pour que l'intensité soit maxima, on doit avoir $\frac{x \times 0,24}{y} = 5$, d'où $y = \frac{x \times 0,24}{5}$. D'un autre côté, $xy = 100$. Par suite, $\frac{x(x \times 0,24)}{5} = 100$, d'où $x = \sqrt{\frac{500}{0,24}} = 45,6$. On prendra le diviseur de 100 immédiatement supérieur à 45,6, c'est-à-dire 50, ce qui donne deux séries de 50 éléments groupées en batterie. L'intensité du courant aura pour valeur

$$I = \frac{50 \times 1,8}{\frac{50 \times 0,24}{2} + 5} = 8^{amp},18.$$

Si les 100 éléments étaient tous groupés en batterie, l'intensité serait seulement $\frac{1,8}{\frac{0,24}{100}+5} = 0^{amp},35$, et si ces mêmes éléments étaient tous groupés en série,

$$\frac{100 \times 1,8}{100 \times 0,24 + 5} = 6^{amp},2.$$

211. Énergie, puissance d'une pile et d'un courant. — Considérons un élément de pile, un élément zinc-cuivre-eau acidulée par exemple (*fig.* 272). Quand le circuit est ouvert, les potentiels en A et B sont respectivement égaux aux potentiels du zinc et de l'eau acidulée, le cuivre ne servant qu'à recueillir l'électricité. La différence E de ces potentiels n'est autre que la force électromotrice de la pile.

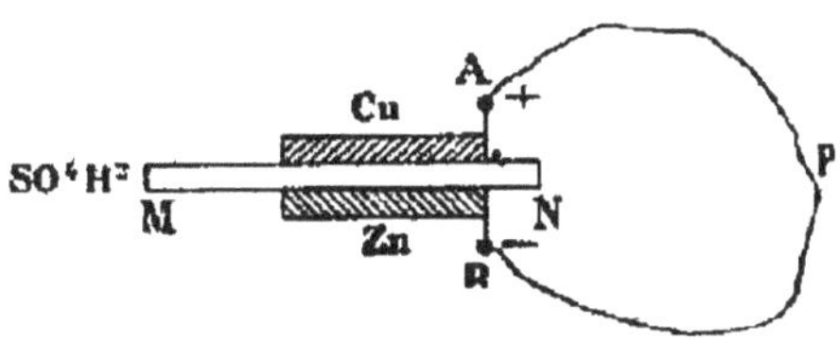

Fig. 272. — Évaluation de la puissance d'une pile.

Réunissons maintenant les pôles A et B par un conducteur. Le courant prend naissance, et une certaine quantité d'électricité, I *coulombs* (I étant l'intensité du courant), se met en mouvement et traverse en une seconde une section quelconque du conducteur. Le potentiel de ces I coulombs, qui avait une valeur V sur l'eau acidulée, décroît comme nous l'avons vu précédemment à mesure que l'électricité s'éloigne du pôle A pour se rapprocher du pôle B. Quand l'électricité arrive à la surface MN, ce potentiel est V — E, mais en traversant cette surface il remonte de la quantité E. On voit donc que de MN en MN par A, P et B, de l'énergie électrique s'est consommée, puisque le potentiel a passé de V à V — E. Cette énergie est égale à la quantité d'électricité multipliée par la variation du potentiel, c'est-à-dire à EI joules, *une fois par seconde*. On voit de plus que la même quantité d'énergie EI joules se reconstitue toutes les secondes sur la surface MN.

Mais l'énergie ne peut se perdre ni se créer. Cette quantité EI joules d'énergie électrique se dépense dans le courant sous forme de chaleur dégagée, d'après la loi de Joule, en produisant $\frac{EI}{4,17}$ calories, puisque 4joules,17 équivalent à une calorie (81). La quantité EI résulte de la transformation d'une quantité égale d'énergie chimique par suite des réactions de l'acide sulfurique et du zinc, réactions qui s'accomplissent avec production de chaleur La pile et le circuit sont donc le siège de transformations d'énergie, et finalement c'est de la chaleur produite par l'action du zinc sur l'acide sulfurique qui se dégage dans le circuit.

La quantité d'énergie EI empruntée chaque seconde par la pile aux réactions chimiques qui s'y produisent n'est pas une quantité fixe d'énergie qui peut disparaître, c'est-à-dire se transformer, en un instant, comme celle d'un condensateur ; c'est une énergie qui se renouvelle *constamment* tant qu'il y a des réactions chimiques possibles. Ce n'est pas, à proprement parler, un travail ; c'est un travail par unité de temps ou, autrement dit, une *puissance* (16). On parlera donc de l'énergie d'un condensateur, d'une charge ; on parlera de la puissance d'une pile, d'un courant.

Nous avons vu que le joule par seconde porte le nom de *watt*. On dira donc que *la puissance d'une pile est égale à* EI *watts*.

Puissance utilisable d'un courant. — La seule partie d'un courant accessible pratiquement est celle qui s'étend entre les deux pôles. Nous avons vu que la différence de potentiel entre A et B, c'est-à-dire $V_A - V_B$, est plus petite que la force électromotrice E. La puissance *utilisable* du courant n'est donc que $(V_A - V_B)I$ *watts*. De même, entre deux points quelconques M et N du circuit, $(V_M - V_N)I$ est l'énergie potentielle par seconde, la puissance que pourra donner cette portion de circuit. Par extension, on appelle quelquefois *force électromotrice* entre les points M et N leur différence de potentiel $V_M - V_N$.

L'expression $(V_A - V_B)I$ a une importance capitale. On peut dire qu'elle est la base de toutes les applications industrielles, car elle indique le travail, l'énergie que peut donner un courant défini par son intensité et par la différence de potentiel des deux points entre lesquels il circule.

Remarque. — Nous avons supposé jusqu'à présent que le courant ne fournissait pas d'autre travail que de la chaleur. Ce n'est pas ce qu'on lui demande le plus souvent ; s'il doit produire un travail mécanique, chimique, etc., les formules que nous venons de donner n'en sont pas moins applicables.

Soit, par exemple, un courant d'intensité I qui parcourt un circuit AMNB (*fig.* 273) et fait tourner un moteur électrique entre les points M et N (A et B sont les pôles de la source qui fournit le courant). Le travail total fourni par seconde par le courant est $(V_A - V_B)I$ watts. De ce travail, une partie fournit une quantité T de travail mécanique en MN ; l'autre partie se transforme en chaleur et a pour valeur, d'après la loi de Joule, rI^2 joules ou $\frac{rI^2}{4,17}$ calories par seconde, r étant la résistance du conducteur. On a donc

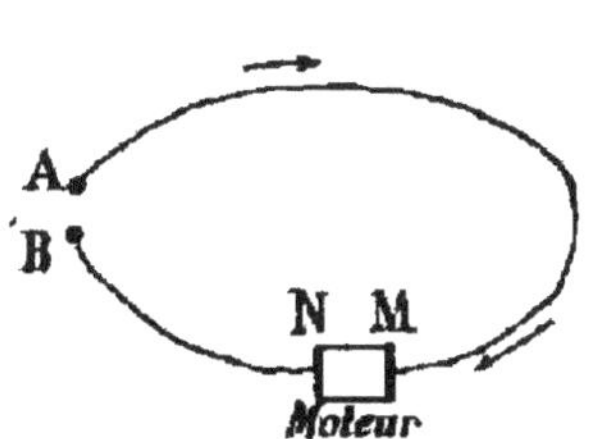

Fig. 273. — Évaluation du travail fourni par un courant.

$$(V_A - V_B)I = rI^2 + T,$$

d'où

$$T = (V_A - V_B)I - rI^2 \text{ watts.}$$

Telle est la formule qui fait connaître le nombre de watts que pourra donner le moteur placé en MN. Supposons, par exemple, que la différence de potentiel entre A et B soit de 120 volts, l'intensité du courant de 6 ampères et la résistance du circuit AMNB de 0,1 d'ohm (chiffres de l'ordre de ceux qu'on rencontre ordinairement). On a

$$T = 120 \times 6 - 0{,}1 \times 36 = 716^{\text{watts}},4.$$

On peut donc compter recueillir entre M et N une puissance de $716^{w},4$, soit un peu moins d'un cheval-vapeur. (En se reportant aux §§ 15 et 16, on voit que

$$1 \text{ ch.-vap.} = 75 \text{ kgm.-sec.} = 75 \times 98\,100\,000 \text{ ergs}$$
$$= \frac{75 \times 98\,100\,000}{10^7} \text{ joules} = 736{,}75 \text{ joules-secondes ou watts.})$$

UNITÉS ÉLECTROMAGNÉTIQUES

212. Définitions des unités électromagnétiques. — Les unités que nous avons appelées électrostatiques ont été choisies en prenant pour base l'action de deux quantités égales d'électricité l'une sur l'autre. Il serait assez difficile de se servir de pareilles unités pour mesurer, par exemple, la quantité d'électricité qui passe par seconde dans un courant, ce que nous avons appelé son *intensité*. On a préféré avoir recours à un autre système d'unités, dans lequel on prend pour base l'action d'un courant sur un aimant, et que l'on appelle pour cette raison système *électromagnétique*.

Les phénomènes magnétiques montrent (t. II, 233) que chaque pôle d'un aimant est doué de forces attractives ou répulsives analogues à celles dont est douée une masse d'électricité. On a donc été amené à admettre qu'en ce pôle se trouvait une certaine *masse magnétique*, ou *quantité de magnétisme*, susceptible d'être mesurée par ses effets, qui sont tout ce qu'on connaît d'elle.

Une masse a été choisie pour mesurer les autres : c'est,

comme pour les masses électriques, *celle qui, placée à 1 centimètre d'une masse égale, la repousserait avec une force égale à une dyne.* C'est de la conception de cette masse que l'on part pour définir l'unité d'intensité des courants, *directement*, sans recourir à la notion de la quantité d'électricité transportée.

Unité d'intensité. — L'expérience d'Œrstedt (t. II, 245) nous a appris qu'un aimant est dévié par un courant de sa position initiale : il se mettrait en croix avec le courant s'il n'en était empêché par le magnétisme terrestre qui exerce sur lui un couple (t. II, 238). Dans la position d'équilibre atteinte par l'aimant, le couple terrestre est équilibré, et il ne peut l'être que par un autre couple. Donc l'action d'un courant indéfini sur un aimant tout entier est un couple.

En partant de la connaissance de ce couple, l'analyse a permis de connaitre la *force* que développe une portion déterminée de courant sur un seul pôle d'aimant. On est arrivé ainsi à l'expression des intensités en fonction des forces qu'elles exercent, et on a choisi pour unité d'intensité : *l'intensité d'un courant qui, parcourant un conducteur de* 1cm *de long, recourbé suivant un arc de cercle de* 1cm *de rayon, exerce sur l'unité de quantité de magnétisme placée en son centre une force égale à* 1 *dyne.*

La force ainsi exercée est perpendiculaire au plan du cercle et dirigée vers la gauche de l'observateur d'Ampère (t. II, 245). En général, si un courant d'intensité I parcourt un arc CC′ (*fig.* 274) de longueur l, de rayon r, au centre duquel se trouve une quantité de magnétisme q, on a

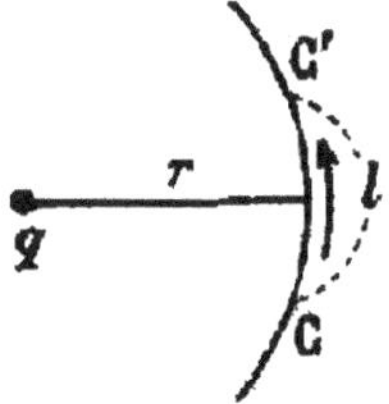

Fig. 274. — Action d'un courant sur une quantité de magnétisme.

$$F = \frac{qIl}{r^2}$$ (formule de Laplace).

Unité de quantité. — La définition de l'unité de quantité résulte de la relation que nous avons indiquée entre l'intensité d'un courant et la quantité d'électricité qui passe par seconde dans le circuit (205).

L'unité électromagnétique de quantité d'électricité est *la quantité d'électricité qui passe pendant une seconde dans chaque section d'un conducteur parcouru par un courant ayant l'unité d'intensité.*

Unité de résistance. — Cette unité se déduit aussi de l'unité d'intensité, mais par l'intermédiaire de la loi de Joule :

L'unité électromagnétique de résistance est *la résistance d'un conducteur dans lequel un courant ayant l'unité d'intensité dégage en une seconde une quantité de chaleur équivalente à un erg.*

Unité de force électromotrice. — On l'établit en se servant de la loi d'Ohm.

L'unité électromagnétique de force électromotrice est *la différence de potentiel qui, existant entre les extrémités d'un conducteur homogène de résistance égale à l'unité, y soutiendrait un courant ayant l'unité d'intensité.*

Cette unité, étant une différence de potentiel, sert également à mesurer les potentiels.

Unité de capacité. — La capacité d'un corps quelconque peut très bien se mesurer au moyen d'une unité dérivée de la notion d'intensité. L'unité de capacité est *la capacité d'un corps qui, chargé de l'unité électromagnétique de quantité, se trouverait à un potentiel égal à l'unité électromagnétique de force électromotrice.*

L'ensemble des unités que nous venons de définir constitue le système *électromagnétique.* Ce système est constamment employé par les physiciens, et, à moins d'indications contraires, dans toutes les formules se rattachant à l'électricité, les lettres représentent des grandeurs mesurées à l'aide de ce système.

213. Unités pratiques. — Les nombres obtenus dans les mesures courantes au moyen des unités électromagnétiques sont trop grands ou trop petits pour être d'un emploi commode. On leur substitue, dans la pratique, des unités secondaires ou unités *pratiques*, qui en sont des multiples ou des sous-multiples décimaux. Ces unités, qui servent à faire toutes les mesures industrielles, ont reçu des noms spéciaux ; leur ensemble s'appelle ordinairement *système pratique.*

Les unités pratiques ont une existence réelle, comme le mètre ou le litre. Il en existe des *étalons*, auxquels on peut facilement comparer toute grandeur de même espèce. Ces étalons ont été définis avec soin au Congrès de Chicago en 1893 ; leur emploi est devenu obligatoire depuis 1896 dans tous les marchés et contrats passés pour le compte de l'État français.

Intensité. — L'unité pratique d'intensité est la dixième partie de l'unité électromagnétique C.G.S. Elle a reçu le nom d'*ampère.*

L'ampère est suffisamment représenté, pour les besoins de la pratique, par le courant constant qui, traversant une dissolution d'azotate d'argent dans l'eau, dépose l'argent à raison de $1^{\text{milligr}},118$ par seconde.

Quantité. — L'unité pratique de quantité est la quantité d'électricité qui passe par seconde dans un courant d'un ampère. C'est évidemment le dixième de l'unité de quantité é-m. C.G.S. On l'appelle un *coulomb.*

Résistance. — L'unité pratique de résistance vaut un milliard (10^9) d'unités é-m. C.G.S. On lui a donné le nom d'*ohm*.

L'ohm est suffisamment représenté, pour les besoins de la pratique, par la résistance offerte à un courant constant par une colonne de mercure à 0° ayant une masse de $14^{gr},4521$, une section transversale constante et une longueur de $106^{cm},3$.

Force électromotrice. — L'unité pratique de force électromotrice vaut 100 millions de fois (10^8) l'unité é-m. C.G.S. On l'appelle *volt*.

Le volt est suffisamment représenté, pour les besoins de la pratique, par les 0,6974 ou $\frac{1000}{1434}$ de la force électromotrice d'un élément Latimer-Clark à 15° C (*).

Capacité. — L'unité pratique est la milliardième partie $\left(\frac{1}{10^9}\right)$ de l'unité é-m. C.G.S. On l'appelle *farad*. On emploie aussi le *microfarad*, qui vaut $\frac{1}{1000000}$ de farad.

Outre les unités pratiques que nous venons de définir, on se sert constamment d'une unité de travail et d'une

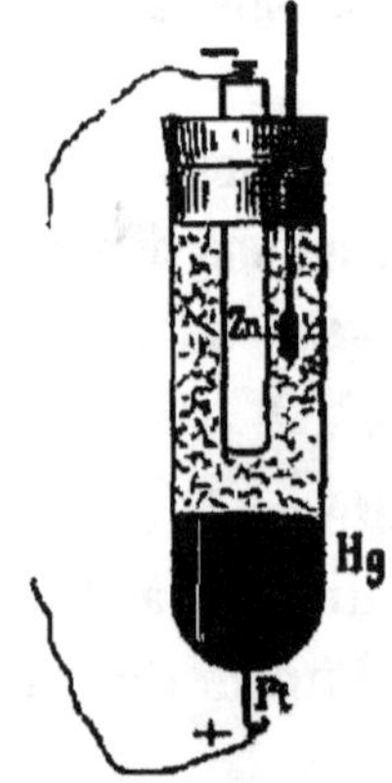

Fig. 275.— Élément Latimer-Clark.

(*) L'élément étalon Latimer-Clark (*fig.* 275) se compose d'un tube de verre au fond duquel se trouve un peu de mercure et qui est rempli d'une pâte formée de sulfate de zinc et de sulfate mercureux agglutinés par de l'eau. Un bâton de zinc y plonge, un fil de platine forme le pôle positif. Un thermomètre indique la température.

Cet élément possède une force électromotrice constante de $1^v,434$ à 15° (et augmentant avec la température de $0^v,0008$ environ par degré). C'est cette conservation de la force électromotrice qui fait l'intérêt de cet élément, lequel n'est susceptible d'aucun usage pratique ; elle se perd d'ailleurs dès que l'élément a donné un courant.

unité de puissance qu'il est bon de connaître : ce sont le *joule* et le *watt*. Le joule est égal à 10^7 ergs. Le watt, qui vaut 10^7 unités CGS de puissance, n'est autre que la puissance d'un joule par seconde. Enfin une unité pratique constamment utilisée dans les calculs de consommation d'énergie électrique est l'*hectowatt-heure*. C'est l'énergie consommée pendant une heure par une machine qui consommerait 100 watts, c'est-à-dire 100 joules par seconde. Un hectowatt-heure représente donc 360000 joules; un *kilowatt-heure*, 10 fois plus.

214. Comparaison avec le système électrostatique. — Les grandeurs électriques peuvent être mesurées soit d'après le système électrostatique, soit d'après le système électromagnétique, qui procèdent, le premier, d'une quantité d'électricité, le second, d'une quantité de magnétisme. Une comparaison familière va nous montrer que le fait de se servir de systèmes différents d'unités pour mesurer une même grandeur est, au fond, très simple.

Supposons que l'on veuille évaluer une certaine quantité de blé. On peut prendre comme unité le grain et en déterminer le nombre (ce qui ne constituerait pas une manière de procéder commode) ; on peut prendre comme unité le litre ou encore le kilogramme. On est ainsi amené à représenter une même quantité de blé de plusieurs façons différentes. De même, une même quantité d'électricité peut être représentée par un certain nombre d'unités électrostatiques ou par un autre nombre d'unités électromagnétiques.

Il se peut enfin qu'aucun des systèmes choisis ne donne des nombres commodes à manier, et qu'on adopte une unité qui soit un multiple ou un sous multiple d'une des précédentes. L'unité ainsi adoptée ne fait pas partie d'un système nouveau ; c'est une unité *pratique*. Le blé, par exemple, peut être mesuré en *sacs*, contenant chacun un même nombre de litres déterminé. Les unités électrostatiques, qui mesurent l'électricité comme le grain mesure le blé, ne sont pas employées. Les unités électromagnétiques, qui amènent à des opérations de mesure plus commodes, sont employées de préférence, mais les nombres qu'elles donnent dans les mesures courantes seraient ou trop grands ou trop petits ; on les remplace par des multiples ou des sous-multiples des mêmes unités, et qui sont ce que nous avons appelé coulomb, ampère, etc., ou unités pratiques.

Le système électrostatique et le système électromagnétique ne sont pas indépendants l'un de l'autre ; le lien entre les deux systèmes est le nombre d'unités é-s. de quantité contenues dans une unité é-m. de quantité. Ce nombre est facile à trouver indirectement (*).

Désignons par I, Q, R, E, C les grandeurs électriques qui caractérisent un certain courant mesurées en unités é-m., et I', Q', R', E', C', les mêmes grandeurs mesurées en unités é-s. Une quantité déterminée d'énergie électrique développée par ce courant s'exprimera, d'après les théorèmes démontrés jusqu'à présent, par RI^2t, EIt, EQ ou E^2C dans le premier système, et par $R'I'^2t$, $E'I't$, $E'Q'$ ou E'^2C' dans le second. Ces huit expressions représentent toutes une même quantité de travail, et chacune d'elles donne ce travail en ergs, unité indépendante du choix des unités électriques; elle devront donc être numériquement égales, et on pourra écrire

$$\frac{I'}{I} = \frac{\sqrt{R}}{\sqrt{R'}} = \frac{Q'}{Q} = \frac{E}{E'} = \frac{\sqrt{C'}}{\sqrt{C}} = a,$$

en désignant par a la valeur commune de ces rapports.

Cette constante a a été calculée en évaluant, par des procédés variés, une même grandeur électrique, une quantité, par exemple, dans les deux systèmes : on l'a toujours trouvée égale à 3×10^{10}, soit 30 milliards. Cela signifie qu'une quantité d'électricité, par exemple, évaluée en unités é-s., sera mesurée par un nombre Q' 30 milliards de fois plus grand que le nombre Q qui la mesurerait si l'on se servait de l'unité é-m.

On peut remarquer que le nombre a a précisément pour valeur la vitesse de la lumière exprimée en centimètres. Aucune conséquence théorique certaine n'a encore été déduite de ce fait curieux, qui n'est cependant pas considéré comme une simple coïncidence.

Le tableau suivant résume les multiples et les sous-multiples des unités qui ont été choisies comme unités pratiques. Il doit se lire

---

(*) Il en serait de même dans le double système de mesures que nous venons d'indiquer pour le blé. Le système grain et le système litre ont un lien qui est le nombre de grains que renferme un litre. Ce nombre est facile à connaître : il n'y aurait qu'à compter les grains d'un litre. Admettons que cela ne soit pas possible ; on pourrait évaluer séparément en grains et en litres une troisième grandeur qui soit mesurable avec une unité propre, par exemple un *poids* de blé, mesuré en kilogrammes. On trouverait ainsi que, par exemple, 1 000 litres de blé pèsent 750kg et 30 000 000 de grains en pèsent 1500. On en conclurait, évidemment, que le rapport $\frac{30\,000\,000}{2 \times 1\,000}$ représente le nombre de grains contenus dans un litre, soit 15000.

C'est par une méthode analogue que l'on va procéder pour trouver *indirectement* le lien des systèmes d'unités électriques, la recherche directe n'étant pas possible.

de la manière suivante : l'unité pratique d'intensité est l'*ampère*, qui vaut $\frac{1}{10}$ de l'unité é-m., et $\frac{a}{10}$ ou 3×10^9 unités é-s., etc.

GRANDEURS	UNITÉS PRATIQUES	VALEUR DES UNITÉS PRATIQUES EN	
		unités é. m	unités é. s.
Intensité	Ampère .	$\frac{1}{10}$	$\frac{a}{10}$ ou 3×10^9.
Quantité	Coulomb. .	$\frac{1}{10}$	$\frac{a}{10}$ ou 3×10^9.
Résistance.	Ohm. . . .	10^9	$\frac{10^9}{a^2}$ ou $\frac{1}{3^2 \times 10^{11}}$.
Force é. m. ou potentiel	Volt. . . .	10^8	$\frac{10^8}{a}$ ou $\frac{1}{3 \times 10^2}$.
Capacité.	Farad . . .	$\frac{1}{10^9}$	$\frac{a^2}{10^9}$ ou $3^2 \times 10^{11}$.

RÉSUMÉ DU CHAPITRE XIX

L'*intensité* d'un courant est la propriété qu'il possède de dévier plus ou moins une aiguille aimantée qui a pris sensiblement la direction Nord-Sud sous l'influence de la Terre. Le courant d'un ampère est un courant qui transporte un coulomb d'électricité par seconde.

L'expérience montre que la longueur, la section et la nature du conducteur qui réunit les pôles d'une pile influent sur la valeur de l'intensité du courant. Cette intensité est proportionnelle à la section s du conducteur, inversement proportionnelle à sa longueur l, inversement proportionnelle à un certain coefficient ρ qui dépend de la nature du conducteur. On a donc $I = k\frac{s}{l\rho}$. Le quotient $\frac{l\rho}{s}$ représente la résistance du conducteur.

Lorsqu'une pile ne fournit aucun travail extérieur, l'intensité du courant est proportionnelle à la force électromotrice de la pile en circuit ouvert et inversement proportionnelle à la somme des résistances intérieure et extérieure : $I = \frac{E}{R + r}$ (loi d'Ohm).

De même, entre deux points quelconques d'un conducteur parcouru par un courant, existe une différence de potentiel égale au produit de l'intensité du courant par la résistance du conducteur entre ces deux points. La différence de potentiel entre les bornes d'une pile fermée a pour valeur le produit de l'intensité du courant par la résistance du fil interpolaire.

Si l'on réunit les deux bouts séparés d'un conducteur par des fils métalliques, l'intensité du courant qui parcourt le conducteur augmente par suite de la diminution de la résistance totale, et les courants qui parcourent les dérivations obéissent aux lois de Kirchhoff : $I = i + i'$; $E = IR + ir = IR + i'r'$. Une des principales applications des courants dérivés est le *shuntage* des galvanomètres.

On peut associer des éléments de pile de trois manières différentes ; 1° en série, les éléments sont reliés par leurs pôles de noms contraires : $I = \frac{nE}{nR + r}$; 2° en *batterie*, on relie d'un côté tous les pôles positifs, de l'autre tous les pôles négatifs : $I = \frac{E}{\frac{R}{n} + r}$; 3° en formant une *association mixte*, combinaison des deux précédentes : $I = \frac{xE}{\frac{xR}{y} + r}$; on obtient la plus grande intensité possible lorsque la résistance totale de la pile est égale à la résistance extérieure.

La *puissance* d'une pile est le produit EI watts de sa force électromotrice par l'intensité du courant. La puissance utilisable est $I(V_A - V_B)$, $V_A - V_B$ représentant la différence de potentiel entre les deux pôles.

Les unités électromagnétiques ont pour base l'action du courant sur l'aiguille aimantée ; les principales sont celles d'intensité, de quantité, de résistance, de force électromotrice et de capacité. Dans les applications on substitue aux unités absolues des unités pratiques (*ampère*, *coulomb*, *ohm*, *volt*, *farad*), qui en sont des multiples ou des sous-multiples décimaux. Le joule vaut 10^7 ergs, le watt 10^7 unités de puissance ou un joule par seconde.

EXERCICES SUR LE CHAPITRE XIX

55. Les deux pôles d'une pile sont réunis par deux fils métalliques, l'un en zinc, l'autre en argent ; le fil de zinc a une longueur de 520^m, un diamètre de 1^{mm},25, une conductibilité de 17 par rapport au mercure. Le fil d'argent a une longueur de 50^m, un diamètre de 0^{mm},25, une conductibilité égale à 63 fois celle du mercure. On demande le rapport des intensités des courants qui traversent les deux fils.

Réponse : 0,648.

56. Pour comparer les forces électromotrices E_1 et E_2 de deux piles, de résistances intérieures r_1 et r_2 inconnues, on les met en circuit avec un galvanomètre de résistance g également inconnue.

Dans une première expérience, les piles sont réunies par deux pôles contraires et on lit la déviation D du galvanomètre. Dans une seconde expérience, elles sont réunies par deux pôles de même nom, c'est-à-dire mises en opposition, et on lit la déviation d. En admettant la proportionnalité des intensités aux déviations, on demande le rapport des deux forces électromotrices.

Cas particulier : $D = 56$ divisions, $d = 8$ divisions.

Réponse : $\frac{4}{3}$.

57. Sur le circuit d'une pile est intercalé un galvanomètre dont la résistance est 10 ohms. On shunte ce galvanomètre par une résistance de 2 ohms. On demande quelle doit être la résistance qu'il faut introduire dans le circuit principal pour que le courant y garde la même valeur que lorsque le galvanomètre était seul interposé.

Réponse : 8 ohms $\frac{1}{3}$.

58. Six éléments de pile identiques associés en série donnent, dans un conducteur A qui réunit les pôles de la pile, un courant de 10 ampères. En ne mettant en série que trois de ces éléments, on obtient dans le même conducteur A un courant de 6 ampères. Combien faudrait-il mettre de ces éléments en série pour que la pile ainsi formée fournit dans le conducteur A un courant de 20 ampères ?

Réponse : 24.

59. 12 éléments Daniell sont disposés en trois séries parallèles dont les pôles de même nom sont réunis respectivement à deux bornes, qu'on relie par un fil métallique dont la longueur est 3^m et la résistance 20 ohms. On demande : 1° l'intensité du courant qui parcourt le fil ; 2° l'intensité du courant qui parcourt chacune des trois séries d'éléments ; 3° la différence de potentiel qui existe entre deux points du fil distants de 1^m.

On prendra pour la force électromotrice de l'élément Daniell, $1^{volt},07$ et pour sa résistance 5 ohms.

Réponses : 1° $0^{amp},1605$; 2° $0^{amp},0535$; 3° $1^{volt},07$.

60. Le courant produit par une pile de 100 éléments Bunsen passe dans un circuit extérieur dont la résistance est égale à 10 ohms. Quelle sera l'intensité du courant si l'on dispose les 100 éléments en 4 séries de 25 chacune, associées en batterie ? Comment faudra-t-il disposer les éléments pour rendre maxima l'intensité du courant ? — Force électromotrice d'un Bunsen : $1^{volt},9$; résistance intérieure de cet élément : $0^{ohm},1$.

Réponses : 1° $4^{amp},47$; 2° en une seule série.

61. On dispose d'un certain nombre d'éléments de pile ayant chacun 1^{ohm} de résistance intérieure et 2^{volts} de force électromotrice. Combien doit-on associer en série de ces éléments pour obtenir un courant de $\frac{1}{2}$ ampère avec une résistance extérieure de 54^{ohms} ?

Quelle est la quantité de chaleur dégagée en une minute dans le fil de 54^{ohms}, sachant qu'un courant d'un ampère dégage en une seconde dans un fil d'un ohm $\frac{1}{4,18}$ de petite calorie ?

Réponses : 1° 18 ; 2° $193^{cal},779$.

62. Le courant fourni par une pile de 20 éléments associés en série traverse un conducteur en cuivre ayant 4^{mmq} de section et 10^{m} de longueur ; son intensité est de $9^{amp},4$; s'il traverse un conducteur en fer ayant même longueur et même section que le conducteur en cuivre, l'intensité se réduit à $8^{amp},96$. La résistance du cuivre évaluée en ohms est 0,016 par millimètre carré de section et par mètre de longueur, celle du fer est 0,096. Calculer : 1° la force électromotrice de chaque élément ; 2° la résistance intérieure d'un élément ; 3° l'intensité d'un courant qui traverserait le conducteur de cuivre si les éléments étaient associés en batterie.

Réponses : 1° $1^{volt},91384$; 2° $0^{ohm},2016$; 3° $38^{amp},215$.

CHAPITRE XX

MESURES ÉLECTRIQUES

Dans tout ce qui précède nous avons établi des relations entre les grandeurs électriques en supposant qu'on savait mesurer ces grandeurs, c'est-à-dire trouver les nombres qui entrent dans les formules. Nous avons déterminé quelles unités on emploierait ; il nous reste à faire connaître comment se font ces mesures.

215. Méthodes générales de mesures. — Mesurer une grandeur, dit l'arithmétique, c'est la comparer à une grandeur de même espèce appelée unité ; le résultat de cette comparaison est un nombre.

Il est très rare que cette comparaison puisse se faire directement, comme lorsqu'on porte un mètre sur une longueur pour savoir combien de fois il y est compris. C'est ainsi qu'on ne saurait trouver la surface d'un cercle en portant sur ce cercle un mètre carré, qu'il serait très incommode de mesurer le poids d'un corps en le comparant directement à des centimètres cubes d'eau distillée à 4°, etc. On fait presque toujours intervenir des grandeurs auxiliaires qui nécessitent le plus souvent l'emploi d'appareils. Ainsi la géométrie nous enseigne des relations qui nous donnent la surface d'un cercle quand on a mesuré simplement son rayon (longueur) ; la physique nous a donné le dynamomètre qui ramène la mesure d'un poids à celle d'une longueur, la balance qui le ramène à celle d'un angle, le thermomètre qui ramène la mesure des températures à celle d'une dilatation (longueur), etc. ; le mètre dont on se sert communément n'a pas été vérifié en le portant dix millions de fois sur le quart du méridien terrestre, mais par comparaison avec un *étalon* obtenu lui-même à la suite de calculs géométriques (mesure géodésique d'une portion de méridien), et ainsi de suite.

On suit naturellement ces mêmes procédés en électricité. L'étude du système des mesures électriques n'est pas différente de celle de tout autre système ; toutefois les grandeurs à mesurer étant à peu près inaccessibles à nos sens, il importe de ne pas perdre de vue l'enchaînement de ces mesures et de se rendre un compte bien exact de la manière dont elles se déduisent les unes des autres.

L'emploi des grandeurs auxiliaires et des appareils de mesure peut se ramener à deux procédés généraux.

1° **Mesures absolues ou indirectes.** — Le résultat de la mesure, le nombre, est donné par une formule dans laquelle n'entrent que des nombres qu'on a obtenus par des mesures connues. C'est ainsi que l'intensité g de la pesanteur se mesure par l'examen du mouvement d'un pendule (31) ; la formule

$$t = \pi\sqrt{\frac{l}{g}}$$

ramène la mesure de cette intensité à celle d'une longueur et d'un temps.

2° **Mesures relatives ou par comparaison.** — On compare la grandeur à mesurer à d'autres de même espèce, mais de valeur connue, que l'on a su mesurer ou construire en se servant de la méthode précédente, et qu'on appelle des *étalons*.

On opère généralement en cherchant combien d'étalons produisent sur l'appareil de mesures le même effet que la grandeur inconnue (telle la mesure des masses par la méthode de la double pesée), ou encore en soumettant au préalable l'appareil à l'action d'un nombre croissant d'étalons, ce qui permet de le graduer (comme l'on fait pour la mesure des tensions de vapeur par les manomètres métalliques, § 58).

La première méthode convient aux recherches scientifiques ; elle donne leur point de départ aux mesures industrielles, qui se font presque toujours par comparaison.

MESURES ÉLECTROSTATIQUES

216. Mesure absolue des quantités d'électricité. — Les premières mesures électriques ont été faites par Coulomb au moyen de l'appareil ci-contre (*fig.* 276), qu'il appela *balance de torsion*. Cette balance se compose d'une aiguille très légère suspendue en son milieu par un fil très fin, *sans torsion* (fil de cocon, fil d'argent) ; à une extrémité de l'aiguille est une balle de sureau *a* recouverte d'une feuille métallique, à l'autre extrémité est un index qui fait contrepoids. Le tout est enfermé dans une cage de

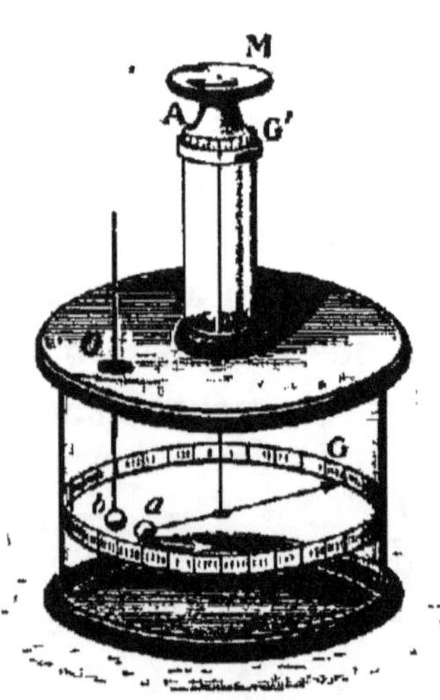

Fig. 276. — Balance de Coulomb.

verre sur laquelle est collée une graduation en angles, G. Le support A du fil peut lui-même, au moyen de la molette M, tourner, en entraînant le fil, d'un angle que l'on mesure sur la graduation G'.

Pour mesurer la charge d'une sphère métallique b, égale à la sphère a, on introduit par l'ouverture O cette sphère b. On touche la sphère a, qui prend la moitié de l'électricité et s'éloigne de la sphère b en imprimant une *torsion* au fil. Pour éviter que les deux sphères ne s'éloignent trop l'une de l'autre, on ramène la boule a, en agissant sur la molette M, *ce qui tord davantage le fil*, jusqu'à ce qu'elle se trouve toujours à une distance déterminée de b.

En partant de la connaissance de l'angle total dont le fil est tordu, une formule — dont la démonstration importe peu — donne la *force* qui agit entre les deux boules.

Si ces deux boules sont à un centimètre de distance, nous savons que cette force est proportionnelle au carré de la quantité d'électricité contenue sur chacune d'elles, d'après la formule (t. II, 145)

$$f = \frac{q^2}{d^2},$$

d'où

$$q = d\sqrt{f}.$$

f étant exprimé en dynes, q est exprimé en unités é-s. de quantité.

Ce procédé de mesure ne pourrait s'appliquer qu'à de très petites quantités d'électricité. Mais c'est en faisant varier à la fois la distance des deux boules et leur charge que Coulomb a établi les lois qui portent son nom. C'est la formule qui les résume, $f = \frac{qq'}{d^2}$, qui a permis le calcul de toutes les autres formules, desquelles on a déduit toutes les propriétés et tous les moyens de mesure de l'électricité. Les mesures que fit Coulomb avec sa balance sont donc la base de toutes les mesures électriques et par suite de toute la science électrique. Nous indiquons plus loin comment se mesurent les grandes quantités d'électricité.

217. Mesure des potentiels. — D'après la définition du potentiel, on pourrait le mesurer par la charge que prend une sphère de 1 centimètre de rayon, charge qui pourrait elle-même se mesurer, dans certains cas, avec la balance de Coulomb. Ce procédé, peu commode, ne s'emploie pas.

Mesure absolue du potentiel. — Cette mesure se fait au moyen d'un appareil imaginé par sir W. Thomson, (lord Kelvin), l'*électromètre absolu*, dont nous ne donnerons que le principe. En partant de la loi de Coulomb, nous avons établi la valeur du potentiel d'une charge en un point, $\Sigma \frac{q}{d}$; nous avons montré aussi que ce potentiel avait pour dérivée la force électrique en ce point (201). On conçoit donc que le calcul permette d'exprimer la force avec laquelle s'attirent deux corps de forme géométrique simple, en fonction de leurs potentiels.

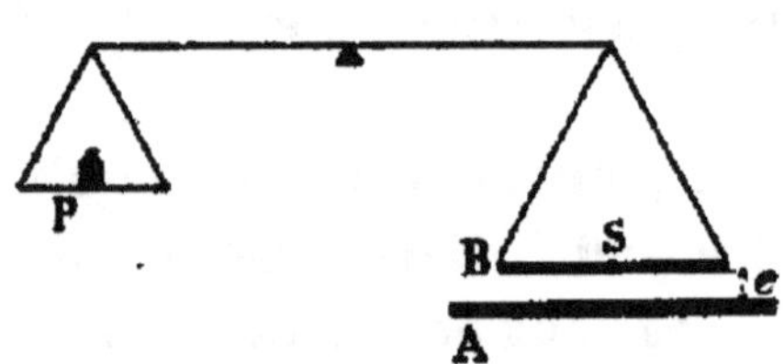

Fig. 277. — Schéma de l'électromètre absolu de lord Kelvin.

Dans l'électromètre absolu de lord Kelvin, on applique ce calcul à deux plateaux circulaires (fig. 277) dont l'un, A, est fixe et l'autre, B, suspendu à l'extrémité d'un fléau de balance. L'attraction étant équilibrée par un poids de P dynes, les deux plateaux se trouvant à e centimètres l'un de l'autre, et à des potentiels V_1 et V en unités é-s de potentiel, on a la formule

$$V_1 - V = e\sqrt{\frac{8P\pi}{S}},$$

S étant la surface du plateau supérieur.

Pour mesurer la différence de potentiel qui existe entre deux conducteurs quelconques, il suffira de mettre les deux plateaux de l'électromètre en relation avec ces deux conducteurs (ces plateaux sont de capacité assez petite pour ne pas faire varier sensiblement le potentiel des deux conducteurs).

Si l'un des plateaux est en communication avec la terre, l'appareil donne la valeur absolue du potentiel de l'autre plateau.

Mesure relative des potentiels. — Cette mesure se fait au moyen de l'*électromètre à quadrants*, qui est dû aussi à lord Kelvin. L'organe essentiel de cet instrument est une large aiguille mobile en aluminium, en forme de 8 (*fig.* 278). Cette aiguille est soutenue en son milieu par un fil métallique très fin et peut se mouvoir horizontalement au-dessus de quatre secteurs ou quadrants plans en laiton, isolés les uns des autres, mais reliés deux à deux en diagonale par des fils métalliques. Le tout est protégé par une cage carrée munie d'un couvercle d'ébonite auquel sont fixés les secteurs par quatre tiges conductrices; la cage est surmontée d'un tube de verre portant un tambour auquel s'adapte une pince soutenant le fil de suspension de l'aiguille. Enfin le fil de suspension se prolonge au-dessous de l'aiguille par une tige à laquelle est fixé un petit miroir ; ce miroir permet d'évaluer l'angle de rotation de l'aiguille par une des méthodes optiques décrites plus loin.

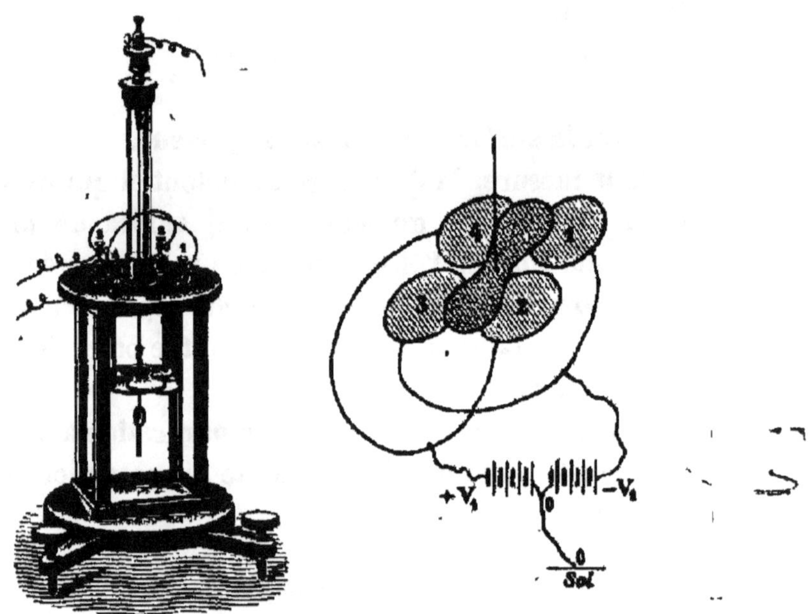

Fig. 278. — Électromètre à quadrants.

La théorie de cet appareil serait, comme celle du précédent, hors du cadre de cet ouvrage, et dérive, comme toujours, de la loi de Coulomb. La manière la plus générale de s'en servir est la suivante :

On porte à un certain potentiel V_1 les quadrants 1 et 3, au potentiel V_2 les quadrants 2 et 4. V_1 et V_2 seront égaux et de signes contraires si on met ces quadrants respectivement en communication avec les deux pôles d'une pile formée d'un nombre pair d'éléments, dont le milieu sera réuni à la terre. L'aiguille serait alors attirée également par les quatre secteurs et resterait immobile. Si on la met elle-même en relation avec un corps au potentiel X, elle sera déviée d'un angle θ_1 donné par la formule

$$\theta_1 = 2kV_1X.$$

Mise au potentiel Y, elle subirait une déviation θ_2 :

$$\theta_2 = 2kV_1Y.$$

C'est-à-dire que les *déviations de l'aiguille sont proportionnelles à ses potentiels*. Le rapport des déviations $\frac{\theta_1}{\theta_2}$ sera égal à $\frac{X}{Y}$, rapport des potentiels, sans que l'on ait besoin de connaître V_1 ou le coefficient k.

L'appareil ne pourra donc donner le potentiel X par exemple, que si *l'on connaît déjà* le potentiel Y d'un autre corps, ce qui est possible par l'emploi préalable de l'électromètre absolu. L'électromètre à quadrants donne donc seulement des mesures *par comparaison*.

Le potentiel X par exemple a donné une déviation de 60 degrés : on ne peut rien conclure de cette simple indication. Mais en recommençant l'expérience avec un corps dont le potentiel, mesuré à l'électromètre absolu, était 2, on trouve une déviation de 15 degrés. On en conclut que le potentiel X était 4 fois plus grand, soit 8.

Remarque. — La formule $\theta = 2kV_1X$ montre que la déviation de l'aiguille est proportionnelle au potentiel V_1, que l'on peut faire varier à volonté, en formant la pile d'un plus ou moins grand nombre d'éléments. Si donc X doit être très grand, on prendra une pile très faible pour que V_1 soit très petit, et l'angle θ restera alors dans des dimensions moyennes. Inversement, pour mesurer de faibles potentiels, on prendra une pile forte. Cet appareil peut donc mesurer à volonté de faibles ou de puissants potentiels, propriété très précieuse.

Évaluation des déviations. — Les déviations de l'aiguille s'évaluent par les méthodes optiques de Thomson ou de Poggendorff.

Dans la méthode de Thomson, le miroir porté par le fil de suspension est concave (*fig.* 279). Une large fente lumineuse au milieu de laquelle est tendu verticalement un fil opaque, et une échelle horizontale sur verre dépoli sont

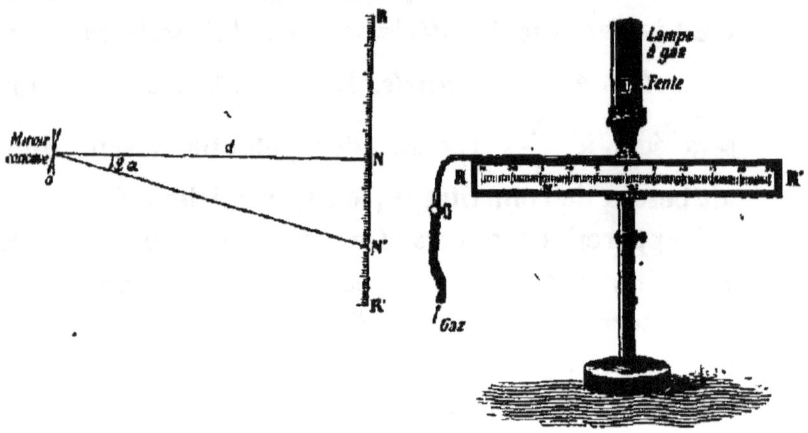

Fig. 279.— Évaluation des déviations par la méthode de Thomson.

placées en face du miroir à égale distance de part et d'autre du centre de courbure dans un plan vertical. L'image de la fente vient se peindre en vraie grandeur sur l'échelle, et en se plaçant derrière, on suit facilement les déplacements du fil sur les divisions. Soit N la division de l'échelle correspondant à la position d'équilibre de l'aiguille. D'après le principe du miroir tournant, à une déviation α de l'aiguille correspondra une division N′ telle que l'on ait

$$NN' = d \operatorname{tg} 2\alpha,$$

et comme α est toujours très petit, on peut écrire

$$\alpha = \frac{NN'}{2d}.$$

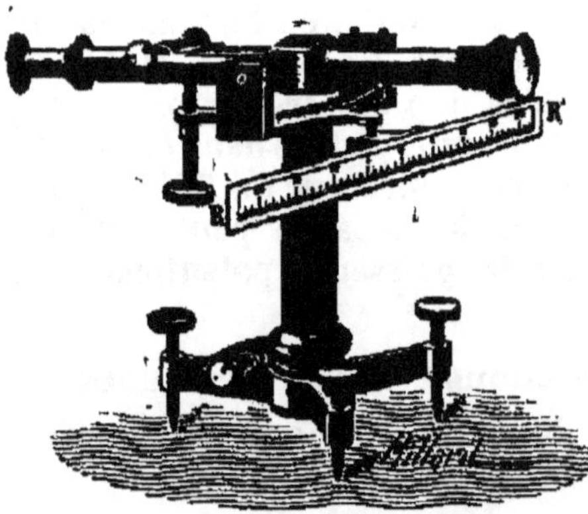

Fig. 280. — Évaluation des déviations par la méthode de Poggendorff.

La *méthode de Poggendorff* est plus ancienne. Le miroir est plan ; il donne de la règle graduée RR′ (*fig.* 280) une image virtuelle que l'on observe avec un viseur placé au-dessus de l'échelle. Quand le miroir est dévié, on voit passer les divisions de l'image devant un fil vertical disposé en avant de l'oculaire du viseur. La formule à appliquer est la même que dans le cas précédent.

218. Mesure des capacités. — Les capacités d'une sphère ou d'un condensateur à armatures parallèles à lame d'air s'obtiendraient par les formules $C = R$ ou $C = \frac{S}{4\pi e}$. La mesure *absolue* des capacités serait, dans ces cas particuliers, extrêmement simple. En général on ne fait, des capacités, que des mesures *relatives*.

Emploi de l'électromètre à quadrants. — On met les deux paires de quadrants à des potentiels égaux et de signes contraires par la disposition indiquée au § précédent, puis on charge l'aiguille à un potentiel quelconque V, en la reliant à un pôle d'une pile. Si C désigne la capacité propre de l'aiguille, elle se chargera d'une quantité d'électricité CV, et sera déviée d'un angle θ proportionnel au potentiel V, $\theta = kV$. Cet angle étant noté, on décharge l'aiguille.

On charge ensuite par le même moyen et au même potentiel V le corps dont on cherche la capacité X (en général un condensateur), puis on réunit ce corps à l'aiguille. Il se produit un mouvement d'électricité, le potentiel devient V′ et l'aiguille subit une nouvelle déviation θ' égale à kV'. La quantité totale d'électricité qui était XV s'est répartie en deux : la charge de l'aiguille CV′ et la nouvelle charge du condensateur XV′. On peut donc écrire (t. II, 168)

$$XV = XV' + CV' = V'(X + C),$$

d'où l'on tire

$$\frac{X}{X + C} = \frac{V'}{V} = \frac{\theta'}{\theta}. \qquad (1)$$

Le rapport $\frac{X}{X + C}$ étant connu par les deux lectures d'angles θ et θ', il serait facile d'en déduire X si on connaissait C. Il suffira, pour cela, de refaire l'expérience en remplaçant le condensateur par un corps de capacité *obtenue préalablement par une mesure absolue*, c'est-à-dire tout simplement par une sphère dont la capacité est R. On obtient, dans les mêmes conditions, une troisième déviation θ'', et l'on a la formule identique

$$\frac{R}{R+C} = \frac{\theta''}{\theta}, \tag{2}$$

d'où l'on déduit C. Plus simplement, on peut éliminer C entre les équations (1) et (2), ce qui est absolument la même chose au fond, et donne directement la formule

$$X = R\,\frac{\theta - \theta''}{\theta''}\cdot\frac{\theta'}{\theta - \theta'}.$$

219. Mesure relative des quantités d'électricité. — Les fortes charges électriques peuvent être facilement mesurées par le produit de leur potentiel par la capacité du conducteur sur lequel elles se trouvent. Mais on peut éviter cette double mesure par l'emploi du galvanomètre balistique.

Galvanomètre balistique. — Lorsqu'une décharge passe, à la façon d'un courant, dans un galvanomètre (t. II, 246), elle provoque aussi une déviation de l'aiguille aimantée. Mais son impulsion sur l'aiguille n'est pas continue comme celle d'un courant, elle dure aussi peu que la décharge elle-même, elle est *instantanée*. Dans ces conditions, le calcul montre que l'angle dont l'aiguille a été projetée en dehors de sa position d'équilibre est proportionnel à la quantité d'électricité qui a passé. On a donc

$$\theta = kQ.$$

Une seconde expérience, pour une charge Q', donnerait une déviation

$$\theta' = kQ',$$

d'où

$$\frac{\theta}{\theta'} = \frac{Q}{Q'},$$

formule qui donnera l'une des charges si l'autre est connue.

En mesurant une fois pour toutes l'angle θ de déviation, ou comme on dit d'*élongation* que provoque la charge Q d'un condensateur dont on a mesuré le potentiel et la capacité, l'appareil pourra donner des mesures par comparaison.

Remarque. — La mesure des quantités d'électricité par le galvanomètre balistique donne elle-même une manière très simple et très employée de mesurer les capacités des condensateurs.

En chargeant deux condensateurs, de capacités C et C' au même potentiel V, on leur communiquera des charges Q et Q', proportionnelles à ces capacités, c'est-à-dire qu'on aura

$$Q = CV, \qquad Q' = C'V,$$

$$\frac{Q}{Q'} = \frac{C}{C'}.$$

On les décharge à travers un galvanomètre balistique, ce qui donne le rapport $\frac{Q}{Q'}$. Si l'une des capacités est connue par une mesure à l'électromètre, ou par une mesure absolue (condensateur à lame d'air, pour lequel $C = \frac{S}{4\pi e}$), l'autre se calculera très aisément.

Bouteille de Lane. — Électromètre de Gaugain. — La bouteille de Lane (t. II, 181) permet de mesurer le débit d'une machine électrique en comptant les étincelles qui en jaillissent. L'électromètre de Gaugain n'est pas autre chose que la *bouteille à carillon* (t. II, 175), à laquelle on a enlevé les deux timbres pour éviter un bruit inutile. La charge de la bouteille est mesurée par le nombre d'oscillations du pendule.

Ces deux instruments ne peuvent donner d'indications que si on les a expérimentés au préalable avec une charge connue.

MESURES ÉLECTROMAGNÉTIQUES

220. Mesure absolue des intensités. — On ne peut songer à mesurer l'intensité, base du système électromagnétique, comme on a mesuré la quantité d'électricité, base du système électrostatique, par les actions mêmes qui servent à en définir l'unité (212), car on ne peut pas isoler une masse magnétique égale à l'unité, pas plus qu'un courant de 1 centimètre de long. Mais de cette définition même, et en passant par la formule de Laplace (212), on déduit par le calcul que *si un courant circulaire situé dans le méridien magnétique agit sur une aiguille aimantée très courte, il dévie cette aiguille du méridien, d'un angle δ dont la tangente est donnée par la formule*

$$\operatorname{tg} \delta = \frac{2\pi I}{HR}.$$

I désigne l'intensité du courant. R est le rayon du circuit, H la composante horizontale de l'intensité du champ magnétique terrestre, exprimés en unités C.G.S, c'est-à-dire en centimètres et en dynes.

La mesure absolue d'une intensité comportera donc :

1° La mesure une fois pour toutes d'une longueur R et d'une force H. Cette dernière se mesure, indépendamment de toute idée électrique, par des oscillations d'aimant, de même que l'intensité g due à la pesanteur se mesure par des oscillations de pendule. H se trouve tous les ans dans l'*Annuaire du Bureau des longitudes* (en 1901, H vaut $0^{dyne},19$ à Paris. A Marseille, elle vaut, $0^{dyne},22$);

2° La mesure d'un angle (par une méthode optique), qui constitue l'expérience.

BOUSSOLE DES TANGENTES. — L'appareil au moyen duquel on applique cette méthode porte le nom de *boussole des tangentes*, et est représenté par la figure 281. Le bâti de l'instrument est tout en bois. Une petite aiguille aimantée très courte, munie d'un miroir, est fixée au centre d'un système de deux cadres parallèles; son axe est parallèle au plan des cadres dans sa position d'équilibre. L'emploi de deux cadres permet d'obtenir un champ plus uniforme qu'avec un seul cadre.

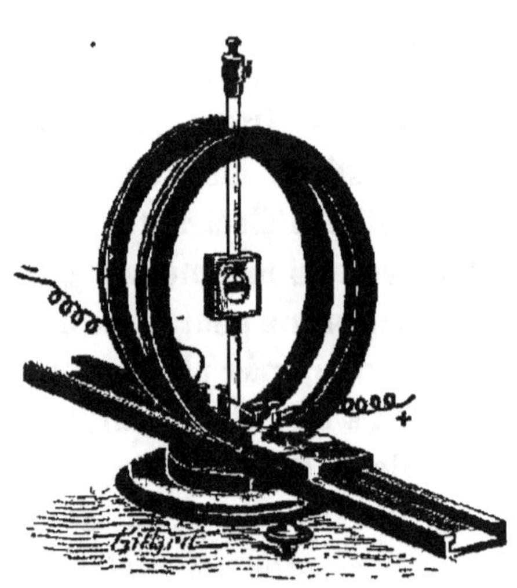

Fig. 281. — Boussole des tangentes à double cadre.

Mesure d'une intensité. — La formule ci-dessus donne

$$I = \frac{HR \operatorname{tg} \delta}{2\pi}.$$

Elle est d'une application immédiate.

Si le courant passait n fois autour de l'aimant, l'intensité donnée par cette formule serait n fois l'intensité réelle du courant. Il faudrait donc diviser le résultat par n, et la formule serait

$$I = \frac{HR \operatorname{tg} \delta}{2n\pi} \quad \text{en unités é-m.}$$

ou bien $\frac{10HR \operatorname{tg} \delta}{2n\pi}$ ampères, l'ampère valant 1/10 de l'unité é-m.

Si donc on construit la boussole de façon que le rapport $\frac{10HR}{2n\pi} = 1$, I, en ampères, sera égale à tg δ ; la lecture de la tangente donnera tout de suite l'intensité cherchée en ampères.

H étant égale à 0,19, 2π à 6,28, le rapport $\frac{R}{n}$ devra être égal à $\frac{6,28}{1,9} = 3,3$.

Exemple. — Quelle est l'intensité d'un courant qui donne une déviation dont la tangente est 0,2, dans une boussole de 33^{cm} de rayon, où le fil fait 10 tours ? (R = 3,3n)

$$I = \frac{10 \times 0,19 \times 33 \times 0,2}{6,28 \times 10} = 0,2 \text{ ampères.}$$

221. Mesure relative des intensités. — Un grand nombre d'appareils ont été imaginés pour mesurer les intensités des courants, qui jouent un rôle prépondérant dans toutes les applications industrielles. Les plus usuels sont fondés sur les actions réciproques des courants et des aimants. On les désigne sous le nom générique de *rhéomètres.*

Galvanomètres. — Les galvanomètres, dont le principe a déjà été donné (t. II, 246), servent dans les laboratoires pour les mesures de très faibles intensités. En faisant passer des courants variables à la fois dans une boussole des tangentes et dans un galvanomètre, on peut graduer ce dernier appareil, et obtenir ensuite avec lui des mesures par comparaison.

Outre le galvanomètre de Nobili et la boussole-galvanomètre déjà décrits, on emploie fréquemment le galvanomètre de Thomson et celui de Deprez et d'Arsonval.

Galvanomètre de Thomson. — La figure 282 représente la forme la plus simple du galvanomètre de Thomson.

Fig. 282. — Galvanomètre de Thomson (modèle simple).

L'aimant sur lequel doit agir le courant est un barreau de 3^{mm} de longueur, collé au dos d'un miroir. Ce système est suspendu par un fil de cocon au centre d'une bobine et se termine par une palette qui oscille avec l'aiguille et en amortit les oscillations. La bobine est renfermée dans une cage cylindrique surmontée d'une tige verticale le long de laquelle on peut déplacer à volonté un aimant *directeur*. Cet aimant est disposé de telle façon qu'il exerce sur le barreau une action contraire et à peu près égale à celle de la Terre.

Les déviations du barreau s'observent par une méthode optique (217).

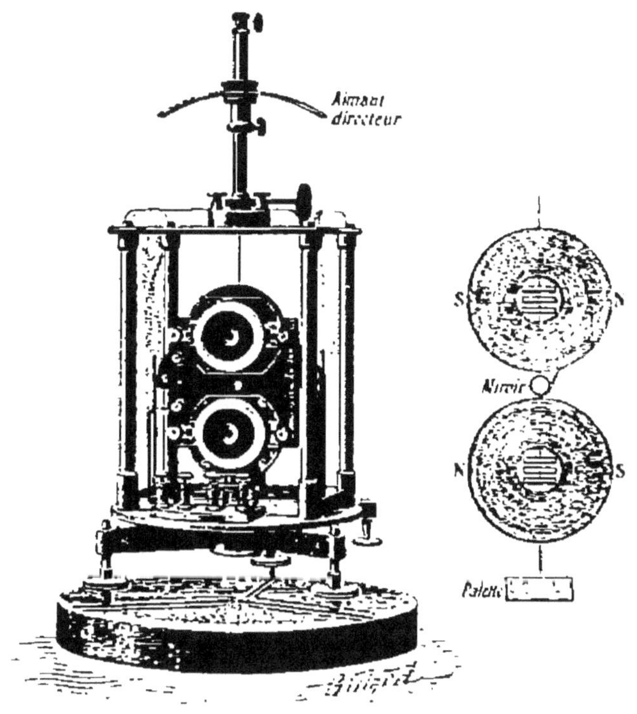

Fig. 283. — Galvanomètre de Thomson (modèle à 4 bobines).

Dans un autre modèle très usité (*fig.* 283), l'équipage mobile comprend deux petits groupes de barreaux aimantés très courts formant un système astatique. Chaque groupe est entouré de deux bobines accolées, dont l'enroulement est tel que les actions des quatre bobines sur les deux groupes de barreaux aimantés concordent. Un aimant directeur, que l'on peut fixer plus ou moins haut sur la tige qui surmonte la cage de l'appareil, permet d'augmenter la sensibilité de ce système.

Le galvanomètre de Thomson est d'une sensibilité extrême : le modèle à 4 bobines accuse nettement des courants dont l'intensité ne dépasse pas $\frac{1}{1\,000\,000\,000}$ d'ampère. On emploie ce galvanomère dans les mesures de précision ; avant l'invention du siphon-recorder, il servait de récepteur dans la télégraphie sous-marine.

Fig. 284.— Galvanomètre de Deprez et d'Arsonval

GALVANOMÈTRE DE DEPREZ ET D'ARSONVAL. — Dans ce galvanomètre, l'aimant est fixe et le cadre mobile, contrairement à ce qui a lieu d'ordinaire.

Il se compose d'un aimant permanent en fer à cheval (*fig.* 284) entre les pôles duquel peut se mouvoir un cadre rectangulaire formé par un fil très fin. Ce cadre est accroché par un fil d'argent à une potence et rattaché par son autre extrémité à un ressort tendu. Quand le courant passe, le plan du cadre tend à se placer perpendiculairement à la ligne NS de l'aimant (t. II, 248) ; l'action du fil équilibre l'action électromagnétique. Les mouvements du cadre dans le champ magnétique de l'aimant font naître des courants d'induction dont l'effet est d'arrêter les oscillations et d'amener rapidement le cadre dans la position d'équilibre ; de là le nom de *galvanomètre apériodique* donné quelquefois à cet appareil. Un cylindre de fer doux placé à l'intérieur du cadre s'aimante par influence et augmente l'intensité du champ magnétique. Les déviations s'observent encore par une méthode optique.

Ampèremètres. — Les ampèremètres, appelés aussi ammètres, font connaître par une simple lecture la valeur en ampères de l'intensité du courant qui les traverse. Ils sont fondés généralement sur l'attraction par le courant d'une palette de fer doux.

AMPÈREMÈTRES DE DEPREZ ET CARPENTIER. — Ce sont les premiers ampèremètres construits. Ils se composent de deux aimants permanents demi-circulaires (*fig.* 285), entre les pôles desquels se trouve un cadre galvanométrique fixe. Ce cadre est formé par des lames de cuivre pour que

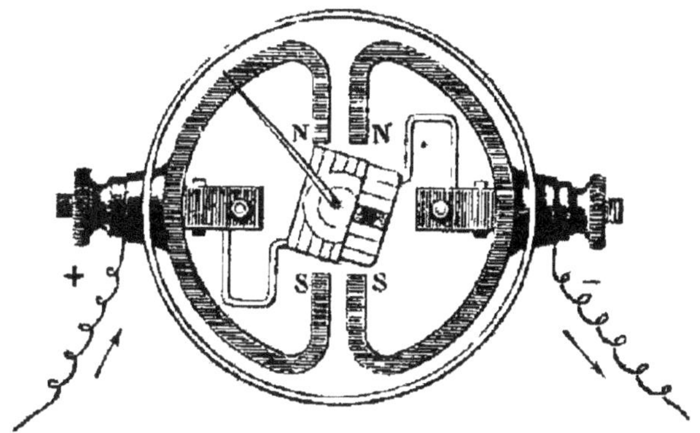

Fig 285. — Ampèremètre de Deprez et Carpentier.

sa résistance soit insignifiante et ne vienne pas altérer le courant; il contient un noyau de fer doux n mobile autour d'un axe perpendiculaire au plan de la figure et portant une aiguille indicatrice qui se meut sur un cadran marquant les ampères. Le fer doux est maintenu par un ressort; il cède plus ou moins à l'attraction des aimants suivant qu'il est plus ou moins aimanté par le courant qui circule autour de lui, c'est-à-dire suivant que ce courant est plus ou moins intense.

AMPÈREMÈTRE RICHARD. — La figure 286 représente un ampèremètre enregistreur, inscrivant automatiquement les variations d'intensité des courants qui le traversent. Il se compose d'un électro aimant formé de noyaux de fer doux sur lesquels sont enroulées des lames de cuivre. Devant l électro-aimant peut se mouvoir une sorte d'hélice à deux ailes en fer doux, portant un levier terminé par une plume appuyant sur un tambour recouvert de papier, et mû par un mouvement d'horlogerie. Lorsqu'un courant traverse l'électro-aimant,

Fig. 286. — Ampèremètre enregistreur Richard.

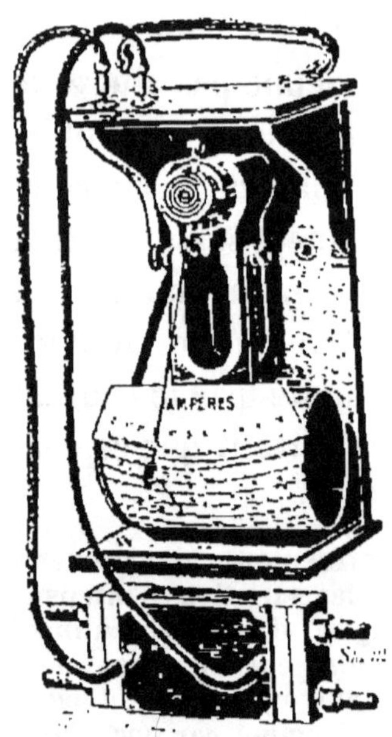

Fig. 287. — Ampèremètre enregistreur Chauvin et Arnoux.

l'hélice, attirée par les noyaux de fer doux, tend à tourner autour de son axe mais comme elle est sollicitée en même temps et en sens contraire par un poids suspendu à l'extrémité d'un petit levier, elle finit par prendre une position d'équilibre qui dépend de l'intensité du courant.

Ampèremètres Chauvin et Arnoux. — Ces appareils sont basés sur le déplacement d'un cadre galvanométrique dans un champ magnétique créé par un aimant permanent.

La figure 287 représente un ampèremètre enregistreur très répandu. Il comprend un aimant vertical, présentant un évidement dans lequel se trouve le cadre mobile, constitué par un conducteur enroulé sur un cadre de cuivre pur servant d'amortisseur. Ce cadre peut osciller autour d'un cylindre de fer doux fermant le circuit magnétique de l'aimant permanent. L'aiguille est constituée par un tube d'aluminium, emmanché par une de ses extrémités dans une pince flexible perpendiculairement à l'axe de rotation du cadre mobile ; l'autre extrémité porte la plume-molette.

222. Mesures électrolytiques des intensités. — La seconde loi de Faraday (t. II, 221) nous apprend que les masses d'un même électrolyte décomposées pendant un temps donné sont proportionnelles aux quantités d'électricité qui ont traversé l'électrolyte pendant ce temps. Nous pourrions formuler ainsi cette loi :

$$\frac{m}{m'} = \frac{q}{q'} ;$$

admettant, d'autre part, comme nous l'avons dit (205), que les quantités d'électricité q et q' sont proportionnelles aux intensités des courants ($q = it$, $q' = i't$), nous en conclurons que les masses décomposées sont proportionnelles aux intensités :

$$\frac{m}{m'} = \frac{i}{i'} .$$

Cette relation ne saurait nous donner une mesure *absolue* : elle exige la connaissance préalable de l'une des intensités i ou i'. En faisant passer dans différents électrolytes des courants dont l'intensité *mesurée à la boussole des tangentes* était 1 ampère, on a constaté le dépôt en une seconde de 0^milligr^,01035 d'hydrogène dans un voltamètre à eau acidulée, de 1^milligr^,118 d'argent dans un voltamètre à azotate d'argent, de 0^milligr^,328 de cuivre dans un voltamètre à sulfate de cuivre, etc.

Ceci peut s'exprimer encore en disant que 96 600 coulombs mettent en liberté 1 gramme d'hydrogène, et d'une manière générale, une valence des radicaux argent, cuivre, etc., (IIIe loi de Faraday).

Avec ces chiffres on peut facilement déduire l'intensité d'un courant, soit du volume d'hydrogène, soit de la masse d'argent, de cuivre, etc., qu'il aura mis en liberté dans un temps déterminé. Il faut remarquer toutefois que les appareils électrolytiques ne mesurent que l'intensité moyenne d'un courant; de plus, comme cette mesure exige un certain temps, on ne se sert guère des appareils électrolytiques que pour étalonner les ampèremètres. On les appelle suivant leurs dimensions voltamètres ou cuves électrolytiques.

223. Mesure de l'intensité des courants alternatifs. — Les appareils décrits jusqu'à présent supposent tous que le courant est constamment de même sens et ne donneraient aucune indication si on les faisait traverser par des courants changeant de sens 40 ou 50 fois par seconde, ce que nous appellerons plus loin des *courants alternatifs*. On a donc créé des instruments de mesure dont les indications sont indépendantes du sens du courant qui les traverse.

Électrodynamomètres. — Un électrodynamomètre se compose en principe d'une bobine mobile placée à l'intérieur d'une bobine fixe, de manière que les centres coïncident et que les axes soient rectangulaires. Si l'on fait passer à la fois dans les deux bobines, disposées en série, tout le courant à mesurer, elles réagissent l'une sur l'autre ; on démontre que la déviation éprouvée par la bobine mobile est proportionnelle au produit des intensités des courants qui traversent les deux bobines, c'est-à-dire, ici, au *carré de l'intensité du courant*. Le sens de l'action ne change donc pas quand on change le sens du courant ; les électrodynamomètres pourront donc mesurer l'intensité des courants alternatifs.

Ampèremètres à dilatation. — La chaleur dégagée dans une portion de circuit est, d'après la loi de Joule, proportionnelle au carré de l'intensité du courant : elle est donc indépendante du sens de ce courant. Dans l'ampèremètre Cardew, qui est le plus répandu des appareils de ce genre, la dilatation est estimée par la dilatation linéaire du conducteur.

Un fil en platine AB passe sur trois poulies *a*, *b*, *c*. La poulie *b* est reliée à un point fixe par un fil F qui s'enroule sur une poulie *d* et se termine par un ressort R. Quand les courants passent, le fil s'échauffe et s'allonge. Sous l'action du ressort R la poulie *b* descend et, dans ce mouvement, le fil F fait tourner la poulie *d*. Celle-ci est munie d'un index *i* qui se déplace sur un cadran.

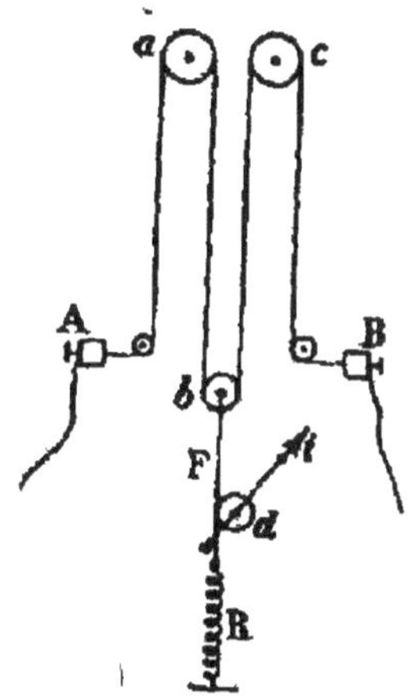

Fig. 288. — Schéma de l'ampèremètre Cardew.

On peut graduer ces appareils par comparaison, en les faisant traverser par des courants continus d'intensité connue.

224. Principes de la mesure des résistances. — La mesure des résistances présente la plus grande analogie avec celle des masses au moyen de la balance. On détermine d'abord, par une mesure absolue, la résistance de conducteurs déterminés qui deviennent des étalons de résistance; puis on compare la résistance que l'on veut mesurer à celle d'un nombre convenable d'étalons.

Mesure absolue. — La méthode la plus simple est celle du *cadre tournant de Weber* et repose sur les phénomènes d'induction. Nous avons dit (t. II, 265) que lorsque le flux magnétique qui traverse un circuit est modifié, il se produit dans ce circuit un courant dû au mouvement d'une *quantité d'électricité égale à la variation du flux qui traverse le circuit, divisée par la résistance totale de ce circuit.* Nous indiquerons plus loin (235) comment on réalise cette variation de flux en faisant tourner un circuit en forme de cadre dans le champ magnétique terrestre. Le courant instantané induit traverse un galvanomètre balistique qui permet de mesurer la quantité d'électricité mise en mouvement. On en déduit par une formule qui ne renferme pas d'autres grandeurs électriques, la valeur de la résistance du cadre en unités é-m.

Étalons de résistance. — L'étalon de résistance (*fig.* 289) a été construit d'abord en mercure, métal qu'on peut facilement obtenir pur et toujours semblable à lui-même. La méthode du cadre tournant a permis de déterminer quelle longueur d'une colonne de mercure de 1 millimètre carré de section possédait une résistance de un milliard d'unités é-m., c'est-à-dire 1 ohm. On a trouvé $106^{cm},3$. On remplace souvent cet étalon, d'un maniement peu commode, par un étalon en fil de maillechort recouvert de soie (*fig.* 290). Le fil est enroulé autour d'une bobine noyée dans la paraffine ; ses deux bouts sont fixés à deux grosses tiges de cuivre de résistance négligeable dont les extrémités peuvent être plongées dans des coupelles remplies de mercure. Enfin une cavité est ménagée au centre de l'étalon pour y placer un thermomètre. La résistance des métaux varie en effet, avons-nous dit, avec la température; celle du maillechort est donnée par la formule

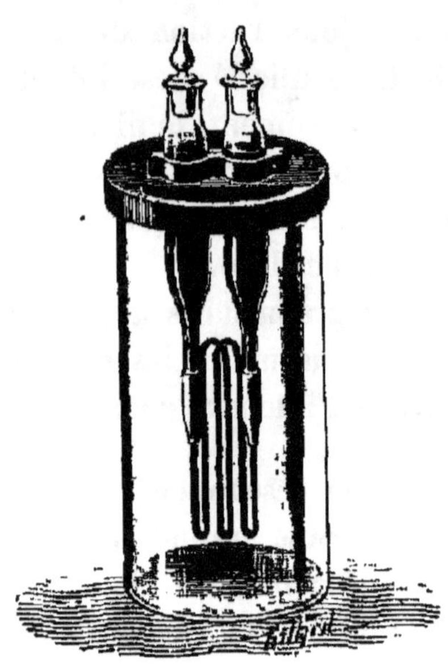

Fig. 289. — Ohm-étalon en mercure.

$$r = r_0(1 + 0,00044t).$$

On construit aussi des étalons, des multiples et des sous-multiples de l'ohm, généralement en fils de maillechort. Enfin ces multiples de l'ohm sont groupés par ordre de grandeur, disposés de façon qu'en les combinant ensemble on obtienne un très grand nombre de valeurs (comme on fait pour les masses marquées qui accompagnent une balance); on a ainsi ce qu'on appelle une *boîte de résistances*.

Fig. 290. — Ohm-étalon en maillechort.

Boîtes de résistances. — Les boîtes de résistances sont formées de bobines en fil de maillechort rangées par ordre de résistances croissantes, et dont chacune est un multiple de l'ohm. Les deux extrémités de chaque bobine sont fixées à deux larges masses de laiton, disposées sur une tablette d'ébonite formant le couvercle de la boîte qui contient les bobines (*fig.* 291).

Fig. 291. — Boîte de résistances.

L'intervalle que présentent entre elles les deux masses de laiton peut être fermé par une cheville de laiton à tête d'ébonite. Quand toutes les chevilles sont en place, le courant ne rencontre aucune résistance, celle des masses de laiton étant négligeable. Quand on enlève une des chevilles, on introduit dans le circuit la résistance de la bobine correspondante.

225. Mesure usuelle des résistances. — La manière la plus employée d'utiliser ces boites de résistances pour mesurer la résistance d'un conducteur porte le nom de méthode du *pont de Wheatstone*.

PRINCIPE. — *Si entre deux points* A *et* D *d'un circuit parcouru par un courant* (*fig.* **292**) *on établit deux dérivations, et qu'on joigne par un fil conducteur deux points* B *et* C *de ces dérivations au même potentiel, aucun courant ne passera dans le fil BC, et l'aiguille d'un galvanomètre placé sur ce fil ou pont restera au zéro.*

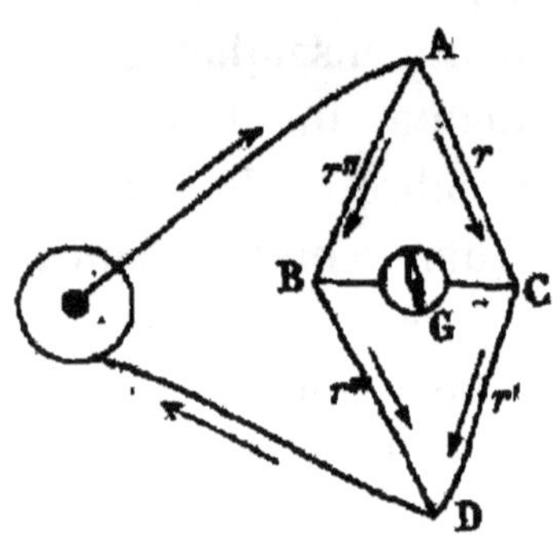

Fig. 292. — Principe du pont de Wheatstone.

Soient V et V′ les potentiels aux points A et D, v le potentiel commun aux points B et C, et r, r', r'', r''' les résistances des quatre conducteurs AC, CD, AB, BD. D'après la loi d'Ohm, les différences de potentiel entre plusieurs points d'un même circuit sont proportionnelles aux résistances comprises entre ces points. On a donc, pour le conducteur ACD,

$$\frac{V - v}{v - V'} = \frac{r}{r'},$$

et pour le conducteur ABD,

$$\frac{V - v}{v - V'} = \frac{r''}{r'''}.$$

On tire de ces égalités

$$\frac{r}{r'} = \frac{r''}{r'''}, \qquad \text{d'où} \qquad rr''' = r'r''.$$

Cette relation importante permet, si l'une des quatre résistances est inconnue, de la déterminer à l'aide des trois autres.

Disposition expérimentale. — Ordinairement, on prend deux résistances égales, r et r'', et on fait varier r' au moyen d'une boîte de résistances jusqu'à ce que l'aiguille du galvanomètre placé sur le pont revienne au zéro. La résistance inconnue r''' est alors égale à r'.

La figure 293 montre la disposition schématique de l'expérience dans cette méthode. La boîte de résistances comprend 22 bobines en trois bandes formant pont de Wheatstone. Les branches r et r'' sont formées chacune par 3 bobines ayant respectivement des résistances de 10, 100, et 1000 ohms. La résistance variable r' est formée par 16 bobines dont les résistances vont de 1 à 5000 ohms, ce qui permet de donner

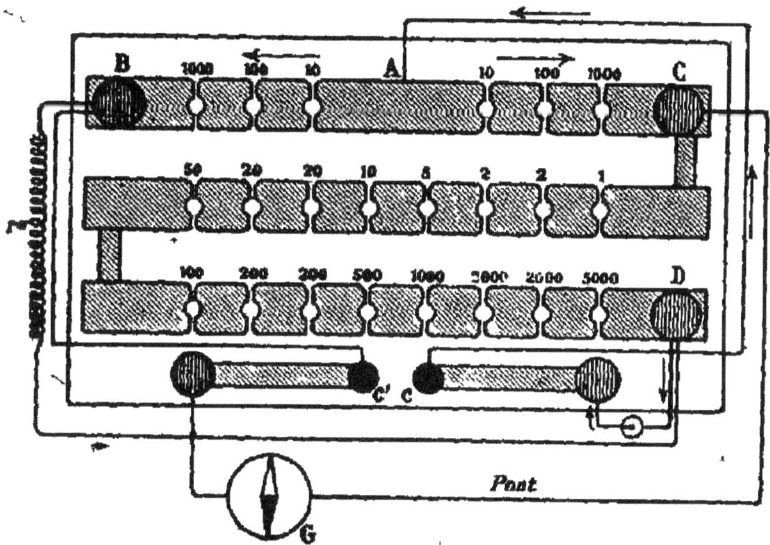

Fig. 293. — Disposition schématique d'une mesure de résistance par la méthode du pont de Wheatstone.

à r' toutes les valeurs comprises entre 1 et 11 110 ohms. La pile est établie entre les bornes A et D, le galvanomètre entre les bornes B et C, la résistance inconnue entre les bornes B et D. Deux clefs c et c' permettent, l'une de fermer le circuit pendant le temps juste nécessaire à l'observation, l'autre de fermer sur elle-même la bobine du galvanomètre avant chaque essai, afin d'amortir les oscillations. Après avoir débouché des résistances convenables, mais égales, en AB et en AC, on ferme la clef c et on appuie sur la clef c' pour mettre le galvanomètre dans le circuit. On obtient une déviation dont on observe le sens. On cherche alors par tâtonnement le nombre et la position des chevilles à enlever sur CD pour ramener l'aiguille au zéro. La somme des résistances ainsi introduites dans le circuit représente la valeur de la résistance inconnue r'''.

Remarque. — La méthode du pont de Wheatstone n'est plus applicable lorsque le conducteur dont on veut mesurer la résistance fait déjà partie d'un circuit parcouru par un courant. Le filament de charbon d'une lampe à incandescence, par exemple, n'aurait pas la même résistance *à froid*, c'est-à-dire s'il était traversé par le faible courant de la pile annexée à la boîte de résistance, qu'*à chaud*, lorsqu'il est traversé par le courant de la source qui porte le filament à l'incandescence. Pour déterminer la résistance d'un conducteur à chaud, le procédé habituel consiste à mesurer l'intensité du courant avec un ampèremètre et la différence de potentiel aux deux extrémités de la résistance inconnue par un *voltmètre*, appareil que nous décrivons plus loin (226). La résistance cherchée est le quotient de ces deux quantités. Il existe d'ailleurs des *ohms-mètres*, c'est-à-dire des appareils qui donnent ce quotient par une simple lecture et permettent ainsi de mesurer des résistances à chaud.

Résistance d'un galvanomètre. — On place le galvanomètre G dont on veut mesurer la résistance g sur la branche BD où l'on avait mis dans le cas général la résistance inconnue r''' (*fig.* 294), et l'on dispose sur le pont BC une simple clef jouant le rôle d'interrupteur. On fait alors varier la résistance r' jusqu'à ce que la déviation de l'aiguille du galvanomètre reste la même pendant la fermeture et l'ouverture de

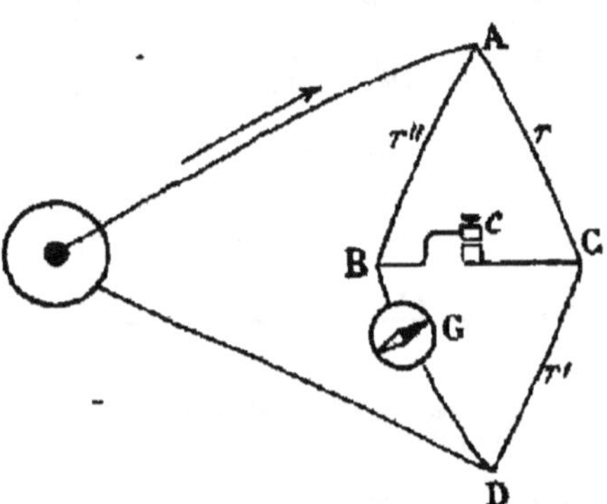

Fig. 294. — Mesure de la résistance d'un galvanomètre.

la clef. On a alors

$$g = \frac{r'r''}{r}.$$

Résistance intérieure d'un élément de pile. — On opère d'une façon analogue à la précédente, mais en remplaçant le galvanomètre par l'élément de pile et réciproquement. On a alors, R désignant la résistance de l'élément,

$$R = \frac{r'r''}{r}.$$

226. Mesure des forces électromotrices. — Les mesures des forces électromotrices, même les plus usuelles, sont presque toujours des mesures absolues.

Les forces électromotrices sont des différences de potentiel (*).

On peut donc les mesurer au moyen des électromètres de lord Kelvin. C'est ainsi qu'on procède dans les laboratoires pour les mesures de précision.

La loi d'Ohm (208) fournit un moyen très pratique de procéder à cette mesure. En faisant passer dans un fil de résistance connue un courant dont on mesure l'intensité, on aura, par un simple produit, la force électromotrice qui s'exerce aux deux extrémités de ce fil, par application de la formule $E = IR$.

Tel est le principe des *voltmètres*, par lesquels s'effectuent ces mesures dans l'industrie.

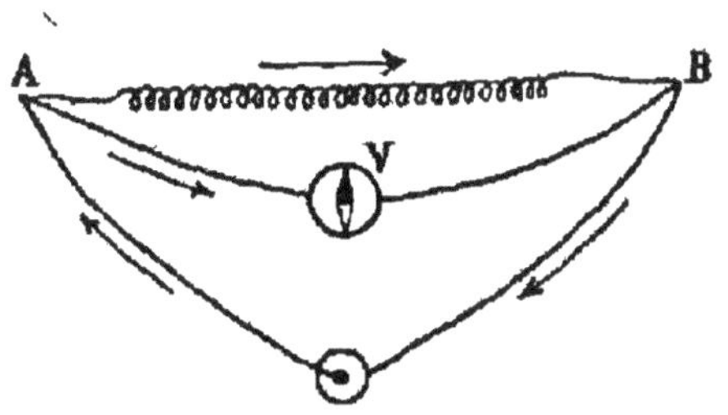

Fig. 293. — Principe des voltmètres.

Voltmètres. — Soit à mesurer la différence de potentiel E entre deux points A et B d'un circuit parcouru par un courant (*fig.* 293).

(*) Au lieu de force électromotrice, on emploie très fréquemment les termes « potentiel » et surtout *voltage*.

On établira entre ces deux points une dérivation contenant un ampèremètre V de très grande résistance; le courant qui traversera la dérivation sera assez faible pour ne pas altérer sensiblement le premier régime dans le reste du circuit, et la différence de potentiel entre A et B restera à peu près la même. Si ρ est la résistance de l'ampèremètre (appelé dans ce cas un voltmètre), I l'intensité du courant qui le traverse, on a $E = \rho I$,
et, par suite, les déviations de l'aiguille de l'ampèremètre, qui indiquent en réalité des intensités, indiquent aussi des forces électromotrices qui leur sont proportionnelles.

Les voltmètres ne diffèrent des ampèremètres que par la

Fig. 296. — Voltmètre enregistreur Richard.

graduation. Il existe des voltmètres enregistreurs (*fig.* 296) disposés comme les ampèremètres enregistreurs; mais, tandis que les ampèremètres sont toujours traversés par tout le courant dont on veut mesurer l'intensité, les voltmètres se placent en dérivation entre les deux points dont on veut déterminer la différence de potentiel.

Pour graduer ces appareils, on les fait traverser par des courants d'intensité connue. En multipliant ces intensités en ampères par la résistance intérieure du voltmètre évaluée en ohms, on obtient en volts les différences de potentiel à inscrire en regard des déviations de l'aiguille.

Un seul voltmètre peut, par l'addition de shunts appropriés, servir à mesurer des forces électromotrices très différentes.

Les ampèremètres pour courants alternatifs, montés en dérivation sur les circuits et gradués convenablement, formeront des voltmètres pour forces électromotrices alternatives.

Mesures relatives des forces électromotrices. — On conçoit qu'il soit facile de mesurer la force électromotrice des piles destinées à servir d'étalons. C'est ainsi que la pile de Gouy (t. II, 211) possède une force électromotrice de 1v,389, et celle de Latimer-Clark une force électromotrice de 1v,434.

On se sert de ces étalons, soit en comparant les intensités des courants donnés dans un même conducteur par un certain nombre d'éléments étalons montés en série d'une part, et de l'autre par la pile dont on veut mesurer la force électromotrice; soit en comparant les résistances de deux fils dans lesquels les étalons d'une part, la pile inconnue de l'autre, donnent une même intensité. On emploie quelquefois des appareils qui font connaître rapidement le rapport de ces résistances, et qu'on appelle des *potentiomètres*.

227. Mesure de la puissance. — Nous avons vu que la puissance disponible dans un conducteur traversé par un courant est égale au produit du nombre d'ampères par le nombre de volts et qu'elle s'évalue en joules par seconde ou watts. Cette puissance s'obtiendra donc immédiatement en lisant l'intensité sur un ampèremètre intercalé directement sur le conducteur, puis le potentiel sur un voltmètre mis en dérivation : en multipliant ces deux nombres l'un par l'autre, on a la puissance disponible en watts. On évite ce calcul par l'emploi des appareils appelés *wattmètres*.

Wattmètres. — Les wattmètres sont construits à peu près comme des électrodynamomètres (223) ; l'une des bobines, B, est traversée par tout le courant, d'intensité I ; l'autre, B', est traversée seulement par une dérivation d'intensité I' rendue très petite par l'adjonction de résistances additionnelles r, r' (*fig.* 297). L'action des deux bobines l'une sur l'autre tend à rendre parallèles leurs axes, lesquels sont maintenus rectangulaires quand aucun courant ne passe. Cette action est proportionnelle au produit II'. Or l'intensité I' est elle-même proportionnelle à la force électromotrice E qui s'exerce entre A et A'. La déviation des bobines peut donc mesurer EI, puissance du courant dans le circuit AMA'. Il est facile de graduer ces appareils en faisant varier en A, A' la force élec-

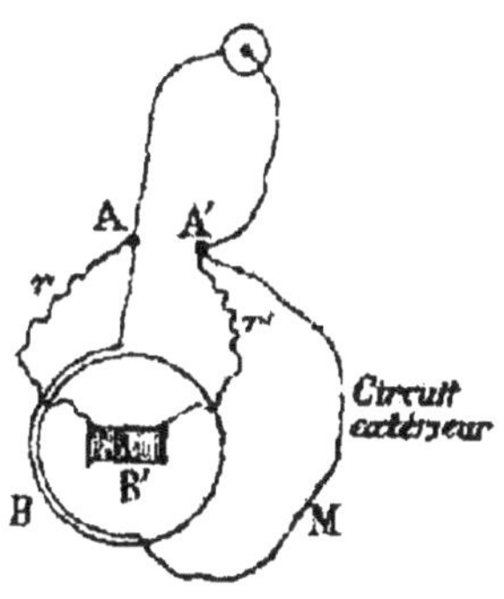

Fig. 297. — Disposition schématique d'un wattmètre.

tromotrice et l'intensité, en les mesurant séparément et en faisant leur produit.

Nous décrirons comme exemple le *wattmètre enregistreur* Richard (*fig.* 298). La bobine fixe, intercalée dans le circuit, est, suivant les intensités en jeu, en gros fil, en lames, ou en faisceaux de barres

Fig. 298. — Wattmètre enregistreur Richard.

en U. A l'intérieur se trouve une bobine mobile sphérique de fil fin, branchée en dérivation et dont les mouvements entraînent le style inscripteur. Les bobines B et B' constituent les résistances additionnelles. La plume du style trace le diagramme de l'énergie consommée sur un cylindre enregistreur. Enfin l'extrémité opposée à la plume soutient un piston que l'on fait plonger dans de la glycérine pour amortir les oscillations du style.

RÉSUMÉ DU CHAPITRE XX

Les mesures sont *absolues* lorsque la grandeur à mesurer es donnée par une formule dans laquelle n'entrent que des grandeurs que l'on sait mesurer d'autre part. Elles sont *relatives* quand on compare la grandeur à mesurer à une grandeur de même espèce.

La base de toutes les théories et mesures électriques se trouve dans les mesures effectuées à la *balance de torsion* par Coulomb. Cet appareil peut donner la mesure absolue de très faibles quantités d'électricité. Les *électromètres* de lord Kelvin donnent les mesures absolues et relatives des potentiels et des capacités. Le *galvanomètre balistique* mesure les grandes quantités d'électricité.

Pour mesurer les intensités des courants, on emploie des rhéomètres, des appareils électrolytiques ou des électrodynamomètres.

Les *rheomètres* comprennent : 1° les *boussoles,* qui permettent d'évaluer directement les intensités en unités électromagnétiques et, par suite, en ampères (boussole des tangentes) ; 2° les *galvanomètres* proprement dits, qui servent à constater l'existence des courants et à faire des mesures délicates de comparaison d'intensités (galvanomètres de Thomson, de Deprez et d'Arsonval) ; 3° les *ampèremètres*, instruments étalonnés faisant connaître par une lecture directe la valeur en ampères de l'intensité du courant qui les traverse.

Les *appareils électrolytiques* sont basés sur ce qu'un ampère met en liberté par seconde $0^{milligr},01035$ d'hydrogène ou $1^{milligr},118$ d'argent ; ils comprennent les voltamètres et les cuves électrolytiques.

L'*ohm* est la résistance d'une colonne de mercure de 1 millimètre carré de section et de $106^{cm},3$ de longueur à 0° ; on en fait des étalons en mercure ou en fil de maillechort. La résistance d'un conducteur se mesure par la méthode du *pont de Wheatstone* : $rr''' = r'r''$; on prend $r = r''$, et on fait varier r' au moyen d'une boîte de résistances jusqu'à ce que l'aiguille d'un galvanomètre placé sur le pont reste au zéro : r''' est alors égal à r'.

Les *voltmètres* sont les instruments industriels de mesure des forces électromotrices.

Les *wattmètres* donnent directement en watts la puissance disponible dans un conducteur traversé par un courant.

EXERCICES SUR LE CHAPITRE XX

63. En disposant dans un circuit un galvanomètre avec un shunt de $\frac{1}{10}$, on obtient une déviation de 60°. Le même galvanomètre sans shunt est ensuite placé dans un circuit dont font partie un élément Daniell d'une résistance de 10^{ohms} et une boîte de résistances ; pour ramener l'aiguille à 60°, il faut introduire dans le circuit, au moyen de la boîte de résistances, une résistance de 560^{ohms}. Quelle est l'intensité du courant ?

On prendra $1^{volt},079$ pour la force électromotrice d'un élément Daniell. La résistance du galvanomètre est supposée négligeable.

Réponse : $0^{amp},0189$.

64. Une boussole des tangentes est constituée par un fil de $19^{m},48$ de longueur, enroulé en cercle et formant 24 tours. En supposant que l'intensité horizontale du magnétisme terrestre à l'endroit de l'expérience soit de 0,192 (en unités C. G. S.), on demande l'intensité d'un courant qui ferait dévier l'aiguille de 30° ?

Réponse : $0^{amp},000951$.

65. Un courant traverse un voltamètre à eau acidulée, et les gaz dégagés sont recueillis dans un tube unique dont la section est s^{cq}, la longueur l^{cm}. Au bout d'une minute, le mélange gazeux occupe dans le tube une hauteur h^{cm}. La température est $t°$, la pression atmosphérique H^{cm}, la densité de l'eau acidulée est d, celle du mercure D, la tension maxima de la vapeur d'eau à $t°$ est F. On demande :

1° Quel serait le volume du mélange gazeux supposé sec et mesuré à 0° et 76cm ;

2° Quelle est, en ampères, l'intensité du courant.

Application numérique : $l = 40^{cm}$, $h = 20^{cm}$, $s = 2^{cq}$, $H = 75^{cm}$, $t = 20°$, $F_{20} = 17^{mm},4$, $d = 1,2$, $D = 13,6$, $\alpha = \frac{1}{273}$.

Réponses : 1° $35^{cc},06$, 2° $3^{amp},38$.

66. Le circuit d'une pile de 30 éléments est fermé sur un galvanomètre dont la résistance est 4 ohms, et sur une boîte de résistances. Les éléments étant associés en deux séries de 15, et la résistance prise sur la boîte étant 9 ohms, le galvanomètre accuse une déviation de 9°. Les éléments étant associés en trois séries de 10, il faut prendre 5 ohms sur la boîte pour donner au galvanomètre la même déviation. On sait de plus que pour un ampère la déviation du galvanomètre est 5°. Déduire de ces données la force électromotrice et la résistance d'un élément.

Réponses : force électromotrice, $1^{volt},74$; résistance, $0^{ohm},2$.

CHAPITRE XXI

MACHINES ÉLECTROMAGNÉTIQUES

COMPLÉMENTS DE MAGNÉTISME ET D'ÉLECTROMAGNÉTISME (*).

228. Champs magnétiques des aimants. — Les attractions et répulsions des *pôles* d'aimants, exposées au chapitre XXVI

(*) Bien que ces compléments ne fassent pas explicitement partie du programme de Première-Sciences, nous croyons utile de donner ici les principaux faits et théorèmes du magnétisme. Leur connaissance est indispensable pour bien comprendre le fonctionnement des machines électromagnétiques. On peut se contenter de lire les résultats.

du tome II, ont été étudiées par Coulomb, à l'aide de sa balance de torsion (216). Il a trouvé que les forces existant entre deux pôles se comportent comme les forces électriques, c'est-à-dire qu'elles sont inversement proportionnelles au carré des distances, et proportionnelles à ce qu'on a appelé par analogie les *quantités de magnétisme* ou *masses magnétiques* (212). Elles sont positives (ou Nord) ou négatives (ou Sud). On a tiré de ces faits les conclusions suivantes, que nous pouvons admettre par simple analogie.

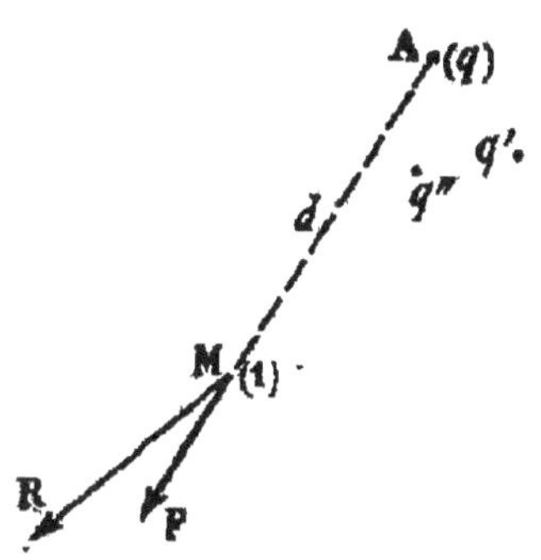

Fig. 299. — Champ magnétique.

Toute masse magnétique A (*fig.* 299) crée autour d'elle un *champ*. L'unité de magnétisme placée en un point quelconque M de ce champ est soumise à une force dont la direction est AM et la valeur $\frac{q}{d^2}$; qu'on appelle *intensité* du champ. (S'il y a plusieurs masses q, q', q'', c'est la résultante MR de leurs actions sur l'unité M qui est l'intensité du champ). La direction de cette force est donnée expérimentalement, en chaque point, par la limaille de fer (spectre magnétique) ou par une petite boussole ; on l'a appelée *ligne de force* (t. II, 234). La masse unité M possède une énergie potentielle que l'on appelle *potentiel du champ* au point M, et qui a pour expression $\sum \frac{q}{d}$.

Toutefois, il faut remarquer qu'en réalité on ne peut jamais se procurer de masses magnétiques isolées. Tous les aimants comportent deux pôles (expérience des aimants brisés, t. II, 236) ; ces pôles exercent des actions égales et de sens contraire, ce qui fait dire qu'ils renferment des masses de magnétisme égales et de signe contraire. Il en résulte que :

1° Dans l'impossibilité de séparer les masses magnétiques répandues sur un aimant, il sera impossible d'étudier leurs actions séparées sur des masses analogues, c'est-à-dire de les mesurer séparément, ainsi que leur distance (distance des pôles), et dans l'action d'un aimant on ne pourra faire intervenir que ce qu'on appelle le *moment magnétique* de l'aimant, moment qui n'est autre que le produit de la valeur numérique commune de ces masses par leur distance. Gauss a enseigné le moyen de mesurer ce produit par une expérience très simple.

2° Nous ne rencontrerons pas des champs et des potentiels d'*une* masse magnétique, mais bien des champs et des potentiels d'aimant. Ainsi au point M (*fig.* 300), l'unité de masse magnétique serait soumise, de la part de l'aimant AA', à une force, résultante de la répulsion de la masse $+q$ et de l'attraction de la masse $-q$; ce serait l'intensité du champ de l'aimant, et le potentiel en M serait $\frac{q}{r} - \frac{q}{r'}$. Il est clair que ce potentiel dépend non plus seulement de la distance du point M à l'aimant, mais encore de sa position par rapport à l'aimant.

Exemple. — Soit (*fig.* 301) un aimant MN, que nous *imaginons* formé de deux masses magnétiques $+q$ et $-q$ concentrées en

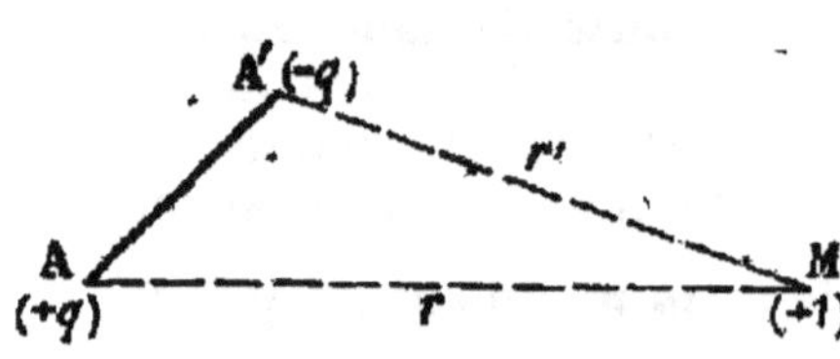

Fig. 300. — Potentiel d'un aimant.

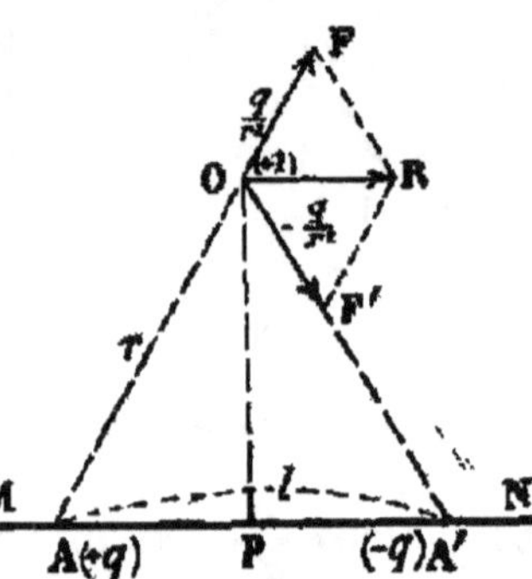

Fig. 301. — Intensité du champ d'un aimant.

deux pôles A et A' dont la distance serait l. Nous ne connaissons que le produit lq, moment de l'aimant, mesuré par le procédé de Gauss. Cherchons à évaluer l'intensité de son champ (c'est-à-dire la résultante des forces qu'il exerce sur l'unité de masse) au point particulier O, situé dans le plan perpendiculaire à AA' et passant en son milieu P. Les deux forces sont évidemment $+\frac{q}{r^2}$ et $-\frac{q}{r^2}$; elles se composent suivant OR, et la similitude des triangles OFR, AOA' donne

$$\mathrm{OR} = l\,\frac{\left(\frac{q}{r^2}\right)}{r} = \frac{lq}{r^3}.$$

L'intensité du champ de l'aimant en O est donc égale à son moment magnétique divisé par le cube de la distance OA. Celle-ci est d'ailleurs inconnue, puisque la position exacte du pôle A n'est pas connue, et l'évaluation du champ ne sera possible que si l'aimant est assez court et le point O assez éloigné pour qu'on puisse remplacer la distance du point considéré au pôle par sa distance OP au milieu de l'aimant.

Il est également un cas où le potentiel de l'aimant, en un point quelconque de l'espace, peut s'évaluer facilement, c'est celui où l'aimant est infiniment court. Soit AA′ la ligne des pôles de cet aimant (*fig.* 302), en chacun desquels nous supposons concentrée une masse magnétique q. Désignons par l la distance (inconnue) de ces deux pôles.

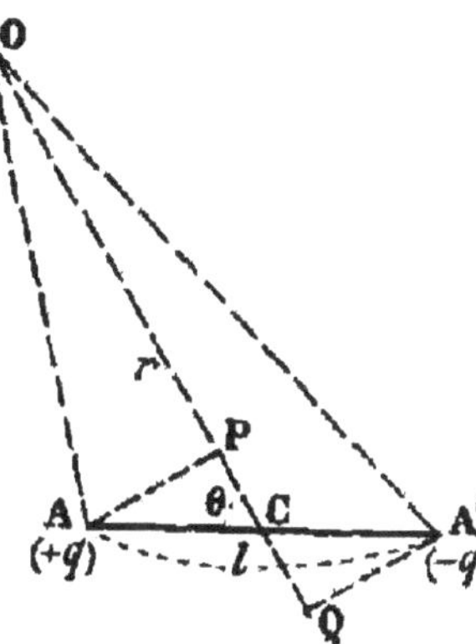

Fig. 302. — Potentiel d'un aimant infiniment court.

Évaluons le potentiel en un point O, défini par sa distance r au milieu C de l'aimant et par l'angle θ de l'aimant et de cette distance.

Le potentiel en O est

$$\frac{q}{OA}+\left(\frac{-q}{OA'}\right)=q\left(\frac{OA'-OA}{OA'\cdot OA}\right).$$

Nous allons remplacer les quantités inconnues OA et OA′ par d'autres que les petites dimensions de AA′ permettent de considérer comme infiniment voisines de celles-ci. Abaissons de A et de A′ les deux perpendiculaires AP et A′Q sur OC. Les longueurs OP et OQ diffèrent très peu de OA et OA′ : en les substituant à ces dernières dans l'expression du potentiel, celle-ci devient

$$V=q\,\frac{OQ-OP}{OQ\cdot OP}=q\,\frac{OC+CQ-(OC-CP)}{(OC+CQ)(OC-CP)}=q\,\frac{2.\dfrac{l}{2}\cos\theta.}{r^2-\dfrac{l^2}{4}\cos^2\theta}.$$

Le second terme du dénominateur est le produit des carrés de deux quantités dont l'une $\frac{l}{2}$ est aussi petite que l'on veut, et l'autre $\cos\theta$ toujours plus petite que l'unité. Nous pouvons, comme nous l'avons fait bien des fois dans les raisonnements employés en physique, le négliger vis-à-vis du premier terme r^2, et écrire facilement

$$V=q\frac{l\cos\theta}{r^2}.$$

Ce cas, très particulier, présente un intérêt considérable, que nous ferons comprendre plus loin, en appliquant cette formule. Remarquons que le produit ql n'est autre que le moment magnétique m de l'aimant, et que l'on peut écrire

$$V=m\ \frac{\cos\theta}{r^2}.$$

Flux magnétique. — Le calcul permet de trouver, sous les mêmes réserves, l'intensité du champ d'un aimant en tout point de ce champ. Désignons par $\mathcal{H}$ cette intensité. La direction de cette force est perpendiculaire à la surface de niveau qui passe en ce point (22). Découpons une petite aire s (*fig.* 303) sur une telle surface, assez petite pour que $\mathcal{H}$ ait la même valeur en chacun de ses points : le produit $\mathcal{H}.s$ porte le nom de *flux magnétique* à travers la surface s. Cette appellation se justifie en considérant toutes les lignes de force qui passent par chacun des points de la surface s, et qui forment ce qu'on appelle un *tube de force*. Si la surface s avait pour valeur 1 cent. carré, le flux serait égal à l'intensité elle-même.

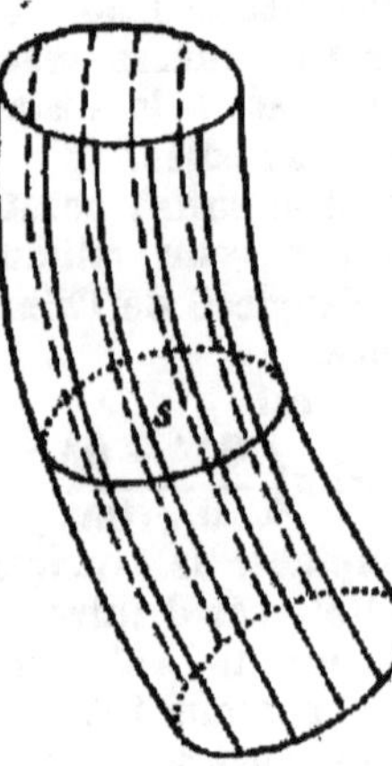

Fig. 303. — Tube de force.

Lorsque la surface s est telle que le flux qui la traverse ait pour valeur 1, le tube de force devient ce qu'on appelle proprement une *ligne de force*. C'est cette conception qui permet de mesurer l'intensité d'un champ magnétique en un point par le nombre des lignes de force qui passent en ce point (t. II, 234). Par exemple, à travers une surface de 0cq,2, pour laquelle l'intensité $\mathcal{H}$ vaut 5 dynes, le flux magnétique sera 1 : il y a une ligne de force pour cette surface, il y en aurait 5 par centimètre carré. Si l'intensité était 10, il y aurait une ligne de force pour chaque surface de 0cq,1, soit 10 par cent. carré, etc.

Flux à travers une surface quelconque. — Soit s une surface dont la direction est oblique par rapport à la direction OO′ des lignes de force (*fig.* 304) et assez petite pour que l'intensité $\mathcal{H}$ du champ y ait partout la même valeur.

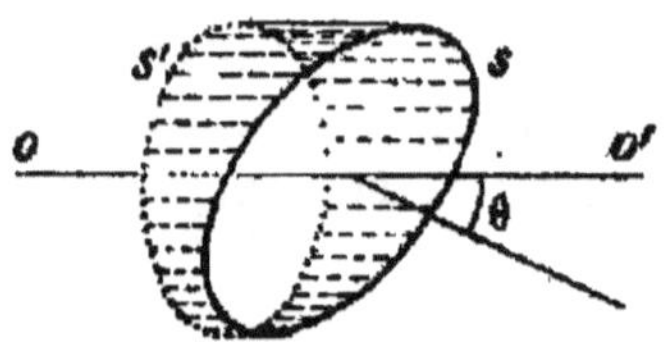

Fig. 304. — Flux à travers une petite surface oblique aux lignes de force.

Traçons la surface s', projection de la surface s sur un plan perpendiculaire aux lignes de force. Cette surface s' fera partie d'une surface de niveau, et le flux qui la traverse aura pour valeur $\mathcal{H} \times s'$. D'ailleurs s' a pour valeur $s \cos \theta$, θ étant l'angle des deux surfaces ou de leurs deux normales. Le flux à travers cette surface élémentaire s a donc pour valeur $\mathcal{H} s \cos \theta$.

Cela étant, soit une surface quelconque S (*fig.* 305) qui reçoit un flux de force d'un point P en lequel est concentrée une masse magnétique q. Soit PM une ligne de force, qui rencontre cette surface en M, et soit r la distance PM. L'intensité de la force, en M, est $\frac{q}{r^2}$. Le flux à travers un élément s de cette surface pris autour du point M est $\frac{q}{r^2} s \cos \theta$.

Cette expression est susceptible d'une interprétation géométrique rès précieuse.

En effet, $s \cos \theta$ est la surface s' normale à PM, projection de s, que, vu sa petitesse, on peut regarder comme placée sur un

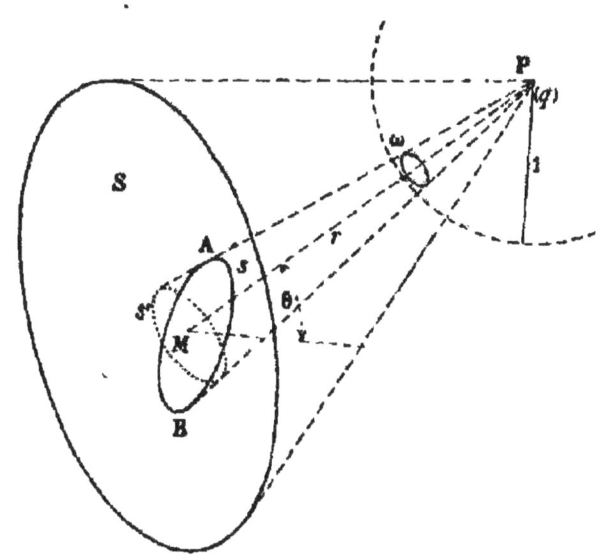

Fig. 305. — Flux émané d'un point à travers une surface quelconque.

même cône, APB, que la surface s elle-même. Coupant ce cône par une sphère de rayon 1, nous déterminons sur lui une petite surface ω, normale à l'axe du cône, et qui, étant à s' comme 1 est à r^2, a pour valeur $\frac{s'}{r^2}$, soit $\frac{s \cos \theta}{r^2}$. Cette surface ω mesure l'*angle solide* du cône P, comme l'arc de rayon 1 mesure un angle plan. Nous pouvons donc dire que le flux de force à travers la surface élémentaire s a pour valeur l'angle solide sous lequel on voit cette surface du point d'où émane ce flux, multiplié par la masse q.

Le flux total à travers la surface S étant la somme des flux élémentaires à travers toutes les surfaces infiniment petites en lesquelles on peut la décomposer, aura donc pour valeur l'*angle solide sous lequel on voit cette surface* S *du point d'où émane le flux, multiplié par la masse qui le produit*, ce qui s'exprime par la formule $\Phi = m\Omega$.

Nous tirerons plus loin des conclusions très importantes de cette expression.

Il est commode d'assimiler ce flux à un véritable courant, doué d'un sens, et de supposer qu'il se dirige d'un pôle Nord à un pôle

Sud (*fig.* 306) à l'extérieur des aimants, — d'un pôle Sud à un pôle Nord à leur intérieur. Il pénétrera donc toujours à l'intérieur d'un aimant par sa face sud (ou négative) (t. II, 234).

229. Induction magnétique. — Nous avons montré (*t.* II, 235) que tout morceau de fer ou d'acier placé dans un champ magnétique devenait lui-même un aimant. Ce phénomène est surtout facile à étudier dans le cas simple où l'on place un cylindre allongé en fer dans un champ uniforme, c'est-à-dire un champ pour lequel la direction et la grandeur de la force sont constantes.

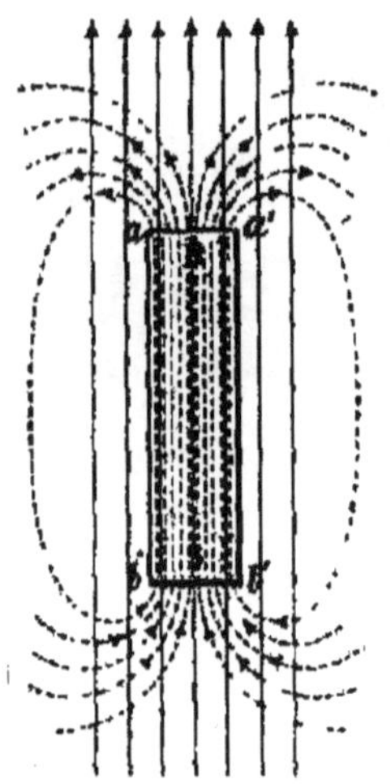

Fig. 306. — Induction magnétique.

Un tel champ existe à l'intérieur d'un solénoïde (t. II, 255), où l'on peut faire varier sa valeur à volonté, en faisant varier le courant qui le produit. Représentons par des traits pleins (*fig.* 306) les lignes de force de ce champ, qui devront (t. II, 234), être parallèles et également espacées. Plaçons dans ce champ parallèlement aux lignes de force un long cylindre de fer *aba'b'*. L'expérience apprend qu'il est aussitôt traversé par un flux magnétique bien supérieur au flux du champ dans lequel il est plongé ; nous représentons ses lignes de force par des traits pointillés. Le champ initial se trouve aussi modifié, naturellement, par l'adjonction de la partie extérieure de ces nouvelles lignes de force.

Le flux intérieur du barreau s'appelle *flux d'induction*. Son quotient par la section s du cylindre, c'est-à-dire l'intensité intérieure, prend le nom d'*induction* et se représente par la lettre $\mathcal{B}$. Cette induction est un multiple de l'intensité originelle du champ ; leur rapport, qu'on désigne par la lettre μ ($\mathcal{B} = \mu.\mathcal{H}$), s'appelle *perméabilité* du barreau. Cette induction n'est pas accessible directement à l'expérience : on ne peut pas mesurer d'actions magnétiques à l'intérieur d'un fragment de métal ; c'est le calcul qui permet de déduire sa connaissance de celle d'autres éléments.

Cette valeur de l'induction dépend de la nature du métal placé dans le champ (fer doux, acier trempé) et de l'*intensité du champ primitif*. Elle possède un maximum, c'est-à-dire qu'à partir d'une certaine valeur, on a beau augmenter le champ primitf, le barreau de fer doux conserve la même aimantation : on dit alors qu'il est aimanté *à saturation*. Si l'on fait diminuer progressivement l'intensité du champ primitif jusqu'à la rendre nulle, l'induction diminue aussi progressivement mais ne devient pas nulle ; elle garde une certaine valeur, appelée *magnétisme rémanent*, qui ne disparaît que si l'on fait changer de sens le flux originel. Une induction en sens contraire se produit alors dans le barreau (dont les pôles sont renversés) et croît jusqu'à une nouvelle saturation.

Hystérésis. — Prenons un barreau de fer doux et plaçons-le dans un champ magnétisant, par exemple dans un solénoïde (t. II, 255). Faisons varier ce champ progressivement, de façon que l'induction dans le fer, d'abord nulle, croisse jusqu'à sa valeur de saturation, puis décroisse jusqu'à zéro, change de sens et atteigne sa nouvelle saturation, pour diminuer alors de nouveau, et redevenir nulle, (on dit que le barreau aura décrit un *cycle* complet d'aimantation). Aux moments où il est aimanté, ce barreau possède, par rapport à toutes les masses de fer qui l'entourent, un certain potentiel, une énergie potentielle, qui n'a pu être acquise qu'aux dépens d'une autre énergie, qui est, ici, l'énergie de la pile qui produit le courant créateur du champ magnétique. Cette pile aura consommé plus de zinc que si elle avait simplement produit le champ initial, sans aimantation du barreau. Or cette aimantation est partie de zéro pour revenir à zéro ; l'énergie potentielle initiale et finale du barreau est aussi zéro. Qu'est donc devenue l'énergie potentielle qu'il avait acquise aux dépens de la pile ? Elle ne saurait s'être perdue. L'expérience montre en effet qu'elle s'est transformée en chaleur et qu'elle a échauffé le barreau.

Donc le simple fait *d'aimanter puis de désaimanter un morceau de fer, sans lui faire produire aucun travail, exige une consommation d'énergie qui se transforme en chaleur*. Ce phénomène, très important, a reçu le nom d'*hystérésis*.

230. Constitution des aimants. — L'expérience des aimants brisés et les phénomènes d'influence magnétique ont conduit à admettre que chacune des molécules composant un barreau aimanté est elle-même un aimant et possède deux pôles. Toutes ces molécules sont, à l'état naturel, orientées d'une façon quelconque et leurs pôles se neutralisent réciproquement ; mais si le barreau est placé dans un champ magnétique, les molécules tendent à s'orienter suivant les lignes de force de ce champ, tous les pôles Nord se tournant d'un même côté et tous les pôles Sud de l'autre, de telle sorte que leurs actions se détruisent deux à deux, sauf aux extrémités du barreau.

En général, cette orientation ne se produit pas complètement. Les molécules semblent retenues dans leur orientation primitive par une force inhérente au métal; et que l'on appelle *force coercitive*. De plus, dès que l'action du champ cesse, la force coercitive tend à rétablir l'orientation primitive et détruit plus ou moins l'aimantation suivant que le fer est plus ou moins doux. L'acier trempé garde en grande partie l'aimantation qu'il a acquise ; le fer, même le plus doux, conserve toujours une aimantation très faible (*magnétisme rémanent*).

Énergie d'un aimant. — Un aimant qui est susceptible d'attirer indéfiniment un morceau de fer, semble posséder une énergie indéfinie ; il est facile de se rendre compte qu'il n'en est rien.

Supposons qu'il n'y ait au monde que deux morceaux de fer, A et B, voisins l'un de l'autre, et dont nous aimanterons l'un, A, par un courant electrique. Il acquiert aussitôt, aux dépens de la source d'énergie électrique qui fournit le courant, un potentiel, c'est-à-dire une énergie potentielle qui se traduira par l'attraction du morceau de fer B, si celui-ci est libre. Dès lors l'aimant n'a plus d'énergie, il ne peut plus produire aucun travail ; et, pour qu'il soit susceptible d'une autre attraction, il faut qu'en arrachant, à la main par exemple, le fer B, on dépense une énergie (musculaire) qui rétablisse l'énergie potentielle de l'aimant A vis-à-vis du morceau de fer arraché.

Intensité d'aimantation. — Lorsque tous les petits aimants qui constituent un barreau aimanté sont identiques, on dit que ce barreau est uniformément aimanté. On démontre qu'il en est ainsi pour un barreau cylindrique allongé, et qu'on peut alors considérer les pôles comme étant aux extrémités mêmes ; on appelle *intensité d'aimantation* ou *aimantation* $\mathcal{J}$ du barreau le quotient de son moment magnétique par son volume v. On a donc

$$\mathcal{J} = \frac{\mathfrak{M}}{v},$$

et, en appelant q la quantité de magnétisme concentrée en chaque pôle, l la longueur de l'aimant, s sa section droite,

$$\mathcal{J} = \frac{ql}{ls} = \frac{q}{s}.$$

Si l'on appelle *densité magnétique*, par analogie avec la densité électrique, (t. II, 149), le quotient $\frac{q}{s}$, *l'aimantation est égale à la densité*.

Remarque. — On démontre que la *force portative* d'un aimant dont l'aimantation est $\mathcal{J}$ a pour valeur $2\pi\mathcal{J}^2$ par centimètre carré de sa section. On comprend sans peine que sa longueur n'intervienne pas.

Ceci nous permettra de rendre les notions qui précèdent plus claires par un exemple pratique.

Soit un barreau prismatique d'acier aimanté de 20cm de long et à base rectangulaire de 2 et 4cm de côté. Sa section serait 8cq, son volume 160cc. Nous supposerons qu'il est uniformément aimanté et que son moment magnétique, mesuré par la méthode de Gauss, a été trouvé égal à 32 000. Ceci signifie que son moment est 32 000 fois plus grand que le moment du petit aimant de 1cm de longueur sur chaque face duquel se trouverait l'unité de masse magnétique définie au § 212. L'intensité d'aimantation $\mathcal{J}$ serait donc $\frac{\mathcal{M}}{v} = \frac{32.000}{160}$, soit 200, c'est-à-dire 200 fois l'aimantation du petit aimant de 1cm de longueur, de 1cq de section, chargé de l'unité de masse à chaque pôle. La force portative de cet aimant étant $2\pi\mathcal{J}^2$ par centimètre carré de sa section, serait donc, pour sa section entière,

$$6{,}28 \times 40\,000 \times 8 = 2\,009\,600 \text{ dynes},$$

soit 2kg,048.

La longueur étant 20cm, la masse magnétique concentrée à chaque extrémité est 32 000 : 20 = 1 600 unités é-m. Un aimant identique, placé en face de celui-ci, pôle Sud contre pôle Nord, à 2cm de distance, serait attiré avec une force de 1 600 × 1 600 : 4, soit 640 000 dynes, ou 652 grammes.

Forme des aimants. — Quelle que soit la forme des aimants, on les considère toujours comme parcourus par un flux magnétique, allant du pôle Sud au pôle Nord à l'intérieur de l'aimant. Dans un aimant rectiligne, le flux a la forme indiquée dans la figure 306 ; il s'étale dans l'air, de chaque côté de l'aimant ; les lignes de force s'écartent. Dans un aimant en fer à cheval (*fig.* 307, I), les lignes de force traversent l'air surtout entre les deux pôles ; elles sont déjà plus resserrées, mais il s'en disperse encore beaucoup dans l'air. Toute masse métallique placée dans l'air sur leur trajet subirait l'aimantation par influence et serait attirée. Enfin, dans un aimant en forme de tore (*fig.* 307, II), même formé de plusieurs parties, le flux reste tout entier dans le métal, il serait impossible d'aimanter, et par suite d'attirer un autre morceau de fer. L'aimantation existe bien réellement pourtant, car il suffit de briser ce tore en deux pour faire aussitôt apparaître des pôles aux points de rupture.

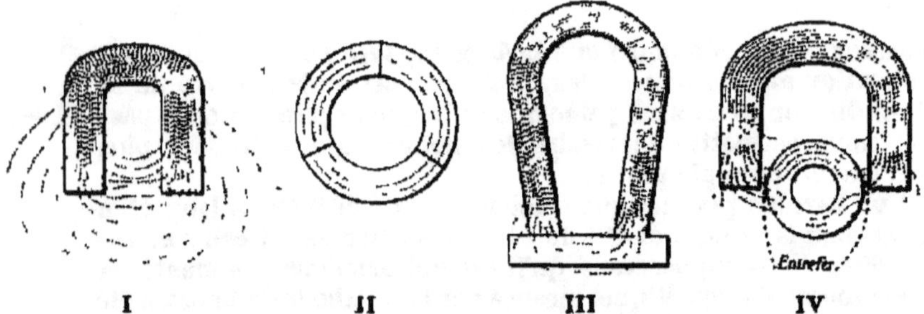

Fig. 307. — Flux magnétique.
I. Dans un aimant en fer à cheval.
II. Dans un aimant en forme de tore.
III. Dans un aimant en fer à cheval muni d'une armature.
IV. Dans un aimant en fer à cheval embrassant un tore en fer doux.

L'introduction du fer entre les branches d'un aimant en fer à cheval, dans la portion du flux qui traverse l'air, a pour effet de rassembler les lignes de force, de concentrer le flux dans le fer (*fig.* 307, III). Voici, par exemple (*fig.* 307, IV), l'aspect que présenterait le flux si on plaçait le tore entre les deux branches du fer à cheval. *Il n'y aurait presque plus de lignes de force éparpillées dans l'air.* Le chemin suivi par le flux s'appelle *circuit magnétique*. On dit qu'il est *fermé* quand il se compose uniquement de fer (cas du tore ou du fer à cheval avec armature) ; les portions où le fer est interrompu portent le nom d'*entrefer*.

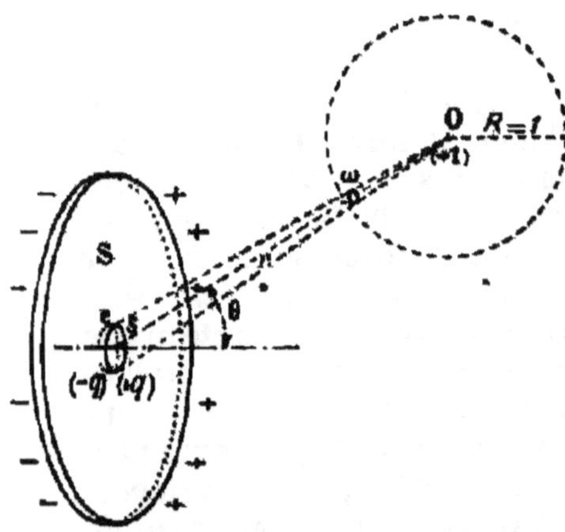

Fig. 308. — Potentiel d'un feuillet magnétique.

231. Feuillet magnétique. — Considérons un disque de surface S (*fig.* 308) et d'épaisseur *e*, aussi faible qu'on voudra, et sur les deux faces duquel sont répandues *uniformément* des quantités +Q et —Q de magnétisme. Un tel solide porte le nom de *feuillet magnétique*. On peut le considérer comme un assemblage de petits aimants identiques et juxtaposés, plantés perpendiculairement au disque, d'une section s arbitraire, mais d'une longueur e. La quantité q de magnétisme que renfermerait chaque pôle de ces aimants élémentaires est facile à déterminer. Car, par unité de surface, il existe $\frac{Q}{S}$ de magnétisme; sur la surface s, il en existera $\frac{Q}{S} \times s$, ou δs, δ représentant le quotient $\frac{Q}{S}$, *densité magnétique* supposée uniforme du feuillet.

Ce feuillet, qui n'est pas réalisable exactement, mais dont la considération amène à des résultats précieux, crée autour de lui un champ, en tout point duquel le potentiel a une expression remarquable. Ce potentiel est la somme des potentiels dus aux aimants élémentaires.

Pour chacun de ces aimants le potentiel est, en un point quelconque O (228), $V = \frac{m \cos \theta}{r^2}$. Or m a pour valeur $\delta s.e$. Donc $V = \delta se \frac{\cos \theta}{r^2}$ ou $\delta e \frac{s \cos \theta}{r^2}$.

Ce facteur $\frac{s \cos \theta}{r^2}$ n'est autre chose (228) que l'angle solide ω sous lequel on voit du point O la section de l'aimant élémentaire au milieu de son axe, ou à cause de la petitesse de cette section et de la longueur e, l'angle sous lequel on voit la surface s de l'aimant. Le potentiel du feuillet est la somme des potentiels élémentaires $\delta.e.\omega$.

Or la densité δ et la longueur e sont constantes quel que soit l'aimant élémentaire considéré. Leur produit, qui n'est autre que $\frac{Q}{S}.e$, caractérise le feuillet, il en renferme toutes les données; on l'appelle la *puissance* P du feuillet. La somme des quantités $\delta e\omega$ est donc égale à $\delta e\Sigma\omega$, ou $P\Sigma\omega$. La somme des petits angles ω n'est autre que l'angle solide sous lequel on voit, du point O, la surface S tout entière. Désignons le par Ω.

Il faut donner un signe à cet angle, pour distinguer les points qui regardent l'une ou l'autre face du feuillet. On est convenu de lui donner le signe + lorsque le point O voit la face chargée de magnétisme négatif, celle qui attire un pôle positif. Comme dans ce cas le potentiel au point O est évidemment négatif (signe de la face la plus rapprochée), il a fallu donner à l'expression du potentiel un signe contraire à celui que possède l'angle Ω. On aura donc finalement la formule

$$V = -P.\Omega.$$

Supposons par exemple $e = 0^{cm},1$ et $\delta = 200$. Pour tout point O d'où l'on verrait la surface S positive sous un angle solide de $1^{cq},5$ par exemple, le potentiel du feuillet serait

$$V = -20 \times (-1,5) = +30.$$

Si, au point O se trouvait une masse magnétique m, son énergie potentielle aurait pour valeur mV, c'est-à-dire $-$ P$m\Omega$, ou, d'après ce qui a été établi au § 228, le produit par la puissance du feuillet du flux de force magnétique qui, émané du point O, traverse la surface S.

La convention faite sur le signe de Ω doit être conservée, car le flux $m\Omega$ sera positif s'il se dirige du pôle positif O sur la face négative du feuillet (m, masse positive, Ω, angle positif).

(En réalité cette énergie n'appartient pas spécialement à la masse m ; si elle était fixe, ce serait la surface S qui perdrait de l'énergie en s'éloignant de la masse m : on l'appelle donc *énergie relative* du feuillet et de la masse.)

Ces notions peuvent sembler jusqu'à présent un peu arides : on va voir combien elles sont fécondes.

232. Assimilation des aimants et des courants. — C'est par ces notions, en effet, que nous allons arriver à la démonstration de la loi fondamentale de l'électromagnétisme, qui est elle-même la base de toutes les applications mécaniques de l'électricité.

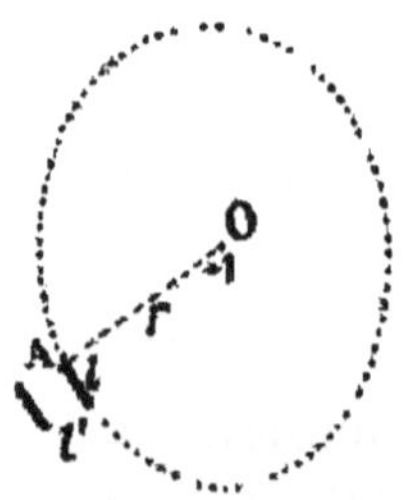

Fig. 309. — Déplacement d'un élément de courant en présence d'un pôle magnétique.

Champ magnétique d'un circuit fermé. — Considérons en O (*fig.* 309) une masse unité de magnétisme positif (ou Nord), et, en A, une portion extrêmement petite de circuit parcourue par un courant d'intensité I, et recourbée suivant un arc de cercle au centre duquel se trouve cette masse +1. Le pôle O agit sur la portion de courant que nous supposerons assez petite pour être rectiligne — ce qu'on appelle un *élément de courant* — et de longueur l. Cette action n'est autre que la réciproque de celle dont nous avons donné l'expression au § 212, et qui nous a servi à définir l'intensité des courants : elle est égale, d'après la loi de Laplace, à $\frac{Il}{r^2}$ et appliquée à l'élément l perpendiculairement au plan du cercle. Si cet élément est libre, il va donc sortir du plan du cercle pour occuper une nouvelle position parallèle à la première, à la distance l', et la force électromagnétique, pendant ce déplacement très petit, aura effectué un travail égal à

$$l'.\frac{Il}{r^2} \quad \text{ou} \quad I.\frac{ll'}{r^2},$$

forme qui nous montre que ce travail a pour expression le produit de l'intensité I du courant par $\frac{ll'}{r^2}$, *angle solide sous lequel la petite surface balayée par l'élément l est vue du pôle* O, soit I.ω.

Reprenant le raisonnement déjà fait sur les feuillets magnétiques, nous en conclurons que le travail accompli par les forces électromagnétiques pendant un déplacement quelconque d'un courant circulaire de longueur L en présence d'un pôle unité placé en son centre a pour valeur le produit de l'intensité de ce courant par l'angle solide sous lequel est vue du pôle l'aire balayée par la portion L du courant. Ce sera I.Ω.

Cette formule s'applique (on le voit à la suite d'un raisonnement identique et de calculs un peu plus compliqués) au déplacement d'une portion quelconque de courant en présence d'un pôle unité placé d'une façon quelconque. Elle est absolument générale.

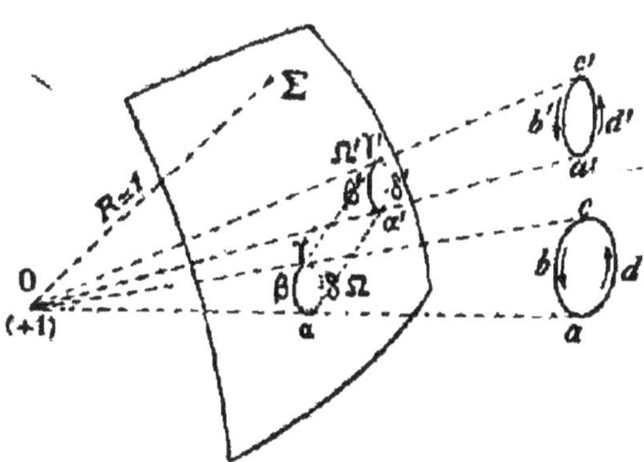

Fig. 310. — Déplacement d'un circuit fermé.

Appliquons-la au déplacement d'un circuit fermé *abcd* qui passe à une seconde position *a'b'c'd'*, sous l'action du pôle O (*fig.* 310). Traçons sur la sphère de rayon 1 (dont Σ représente une portion) les angles solides Ω, Ω' correspondant à ces deux positions. Considérons alors séparément les deux portions *abc* et *adc* du courant, comme deux courants séparés, de même intensité, mais de sens contraire. Le premier, venant occuper la position $a'b'c'$, le travail produit par son déplacement sera l'angle solide $\alpha\beta\gamma\gamma'\beta'\alpha'$ (multiplié par I); le second venant occuper la position $a'd'c'$, le travail produit sera l'angle solide $\alpha\delta\gamma\gamma'\delta'\alpha'$ (multiplié par $-$I). La somme de ces deux travaux, ou travail dû au déplacement du circuit fermé, sera donc

$$I(\alpha\beta\gamma\gamma'\beta'\alpha' - \alpha\delta\gamma\gamma'\delta'\alpha'),$$

ou $$I[\alpha\beta\gamma\delta + \alpha\delta\gamma\gamma'\beta'\alpha' - (\alpha\delta\gamma\gamma'\beta'\alpha' + \alpha'\beta'\gamma'\delta')],$$

c'est-à-dire $$I(\Omega - \Omega').$$

Le travail de déplacement d'un circuit fermé en présence d'un pôle égal à l'unité a donc pour expression *le produit de son intensité par la différence des angles solides sous lesquels ce circuit est vu du pôle.*

Il ne nous reste plus qu'à supposer que le circuit s'éloigne indéfiniment du pôle (ce qui revient absolument au même que si le pôle s'éloignait indéfiniment du circuit) : l'angle Ω' se réduit à un point, il devient nul, et le travail produit par ce déplacement particulier prend pour expression $I\Omega$. Mais il n'est autre, *par définition même,* que le potentiel magnétique du circuit. *Cette expression est tout à fait analogue à celle du potentiel d'un feuillet magnétique.*

Il y aurait identité d'expression si I avait même valeur que la puissance P du feuillet et si l'angle Ω était doué du même signe que pour les feuillets. Or, pour ceux-ci, nous avons donné à l'angle Ω le signe + lorsque la masse positive (ou Nord) placée en O regardait la masse négative (ou Sud) du feuillet, c'est-à dire regardait la face qui l'attire. Nous conviendrons donc de donner à l'angle Ω sous lequel on voit un courant fermé le signe + lorsque du point O on en verra la face *qui attirerait un pôle nord. L'expérience* montre que cette face est celle où le point O voit le courant circuler *dans le sens des aiguilles d'une montre* (t. II, 247).

Si donc nous prenons un feuillet magnétique de puissance P, il donnera naissance à un champ magnétique en tout point duquel le potentiel aura pour valeur $-P\Omega$. Nous pourrons obtenir le même champ magnétique en remplaçant ce feuillet par un circuit fermé, parcouru par un courant d'intensité égale à P, à condition que pour tout point de l'espace l'angle Ω ait même valeur et même signe pour le feuillet et pour le circuit. Ceci exige : 1° que l'un et l'autre aient même surface (pour être vus sous le même angle de tout point de l'espace), et 2° que la face sur laquelle on voit circuler le courant dans le sens des aiguilles d'une montre vienne remplacer la face Sud du feuillet.

Remarques. — I. Si, dans le champ du circuit fermé, nous plaçons non plus un pôle unité, mais un pôle de masse *m*, ce dernier est doué, comme dans le champ d'un feuillet, d'une énergie qui a même expression dans les deux cas : elle sera $-mI\Omega$, c'est-à-dire le produit de l'intensité I par le flux de force qui, émané de la masse *m*, traverse la surface du circuit.

II. Il ne faut pas perdre de vue que les calculs qui précèdent démontrent l'identité *quantitative* des champs produits par un feuillet et un circuit convenable ; mais c'est l'expérience seule qui apprend que ces champs sont identiques comme *qualités*, c'est-à-dire qu'ils sont tous deux *magnétiques*.

233. Applications. — De l'identité des champs produits par un feuillet et un circuit convenable se déduisent facilement les propriétés magnétiques des courants exposée dans le tome II. Nous n'en reprendrons que deux, dont il est utile de préciser les effets par des formules.

Déplacement d'un circuit dans un champ magnétique. — Règle de Maxwell. — Considérons un circuit fermé parcouru par un courant et placé dans le champ produit par une ou plusieurs masses magnétiques. L'énergie de ce circuit dans ce champ, ou celle du champ par rapport au circuit, leur énergie relative, enfin, est égale au produit $-\mathrm{I}.\Phi$ de l'intensité du courant du circuit par le flux de force qui traverse ce dernier (remarque précédente). Supposons le champ fixe et le circuit libre de se mouvoir. Dans une première position, il possède une énergie $W_1 = -\mathrm{I}.\Phi_1$. Dans une seconde position, il possède une énergie $W_2 = -\mathrm{I}.\Phi_2$. Supposons $W_2 < W_1$. Par suite de ce mouvement, l'énergie potentielle du circuit, qui était W_1, n'est plus que W_2 ; elle a *diminué* de $W_1 - W_2$ qui est égal à I $(\Phi_2 - \Phi_1)$, c'est-à-dire à I multiplié par l'*augmentation* du flux (car $W_1 - W_2$ étant positif, $\Phi_2 - \Phi_1$ doit l'être également).

Lors donc que l'énergie potentielle a diminué, le flux qui traverse le circuit a augmenté. Or l'énergie potentielle de tout corps libre tend évidemment à diminuer, à se transformer en *énergie cinétique* (77), puisque le corps, par cela même qu'il est libre, obéira aux forces qui le sollicitent (une pierre tend toujours à tomber le plus bas possible). Un circuit, libre dans un champ, se placera donc toujours, de lui-même, de façon à transformer en énergie cinétique la plus grande somme d'énergie potentielle, de façon à accomplir le travail maximum, ce qui aura lieu quand $\Phi_2 - \Phi_1$ sera maximum. Φ_1 étant donné par la position initiale du circuit, il faudra donc : 1° que Φ_2 soit positif, c'est-à-dire que le flux (qui a pour expression $m\Omega$) pénètre, en venant d'un pôle Nord, par la face Sud du circuit, et 2° que Φ_2 soit le plus grand possible.

Ainsi, si dans le flux NS (*fig.* 311) on place un circuit ABCD, celui-ci ne pourra rester dans la position ABCD telle qu'elle est indiquée. Il se retournera face pour face, et se mettra perpendiculairement aux lignes de force, comme en A'B'C'D'.

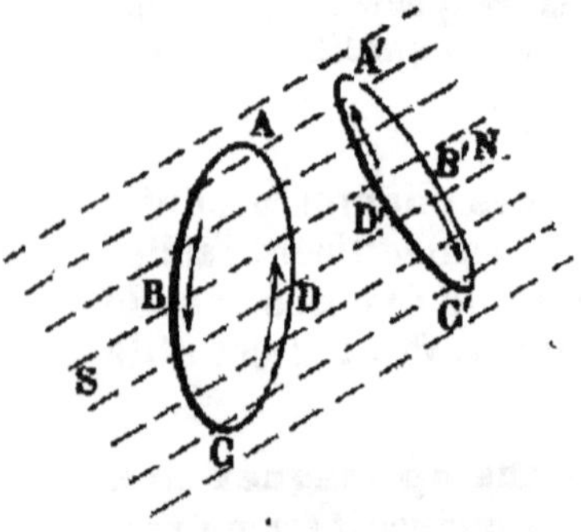

Fig. 311. — Mouvement d'un circuit dans un champ.

Cette règle s'appliquerait évidemment à un feuillet magnétique. On la désigne souvent sous le nom de règle de Maxwell. Elle est le principe des moteurs électriques (1).

Un solénoïde, qui n'est qu'une série de circuits identiques, abandonné à lui-même dans le champ magnétique terrestre, s'y place de façon que chacun de ces circuits soit traversé par le flux magnétique maximum, c'est-à-dire dans la direction des lignes de force de ce champ, direction Nord-Sud. Il en est de même d'un barreau aimanté, qui peut être considéré comme formé d'une infinité de feuillets magnétiques juxtaposés.

---

(1) Une comparaison va nous montrer combien ces conclusions, qui paraissent ardues et artificielles, sont simples et naturelles quand on les considère dans leur généralité. Le centre de la terre peut être regardé comme un pôle d'attraction, duquel émane une force qui n'a point de différence avec la force magnétique, sauf qu'elle s'applique à tous les corps matériels, et qu'elle n'est jamais répulsive. La pesanteur peut être évaluée par un flux, émané du centre de la terre, à travers une surface quelconque. Ainsi, un cercle matériel C, de 2 cm de rayon placé sur le sol à Paris (*fig.* 312), serait traversé par un flux égal à

$$981 \times \pi \times 4 = 12\ 320.$$

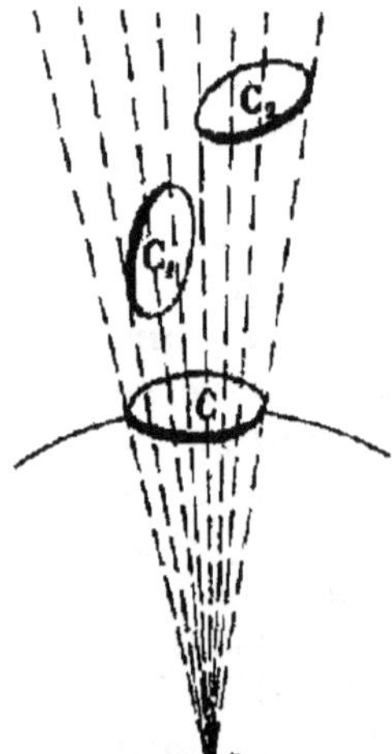

Fig. 312.— Flux de force de la pesanteur.

Élevons ce cercle, et plaçons le en l'air d'une façon quelconque, C_1 ou C_2. Nous avons augmenté son énergie potentielle, mais diminué son flux. Abandonnons-le à lui-même, il retombera et se mettra à plat sur le sol, c'est-à-dire qu'il cherchera à embrasser le flux maximum, en transformant en énergie cinétique la plus grande quantité possible de son énergie potentielle.

Champ magnétique d'un solénoïde. — Électro-aimants. — Un solénoïde est un aimant à l'intérieur duquel on peut pénétrer. Nous savons qu'on use de cette faculté pour aimanter le fer et l'acier. Proposons-nous d'évaluer sa force magnétisante, son champ, toutes expressions équivalant à celle-ci : la force agissant sur un pôle de masse 1 placé à l'intérieur du solénoïde.

Chacune des spires du solénoïde peut être considérée comme un circuit fermé, que l'on peut remplacer lui-même par un feuillet magnétique de même surface, et dont nous appellerons δ la densité magnétique (231). Les faces consécutives de tous ces feuillets seraient identiques et de noms contraires : leurs actions sur un point extérieur se détruiraient toutes, sauf celles des deux dernières, dont la résultante serait finalement l'action du solénoïde.

Les pôles d'un solénoïde doivent donc se trouver exactement aux extrémités du solénoïde comme ils se trouvent aux extrémités de ce que nous avons appelé les aimants uniformes.

Évaluons les deux actions de ces faces finales sur la masse 1 de magnétisme, *placée* sur l'axe du solénoïde à l'intérieur de celui-ci. Ce n'est qu'un cas particulier du problème, c'est celui qui est intéressant dans la pratique.

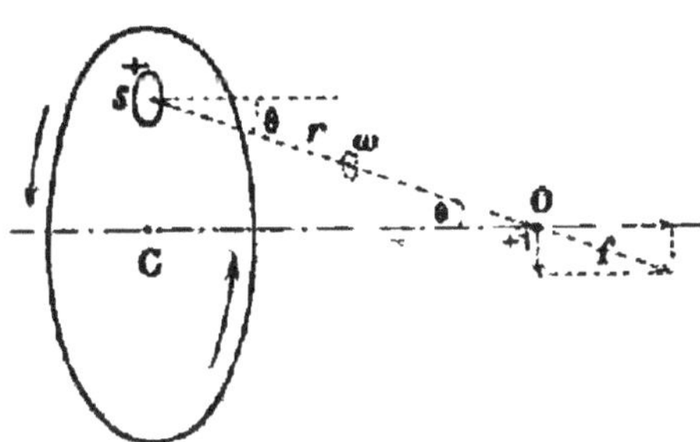

Fig. 313. — Force sur l'axe d'un solénoïde.

Considérons, comme toujours, une petite surface s (*fig.* 313) prise sur le feuillet équivalant à une spire quelconque du solénoïde ; elle renferme (231) une masse δs de magnétisme ; la force qui s'exerce entre elle et la masse 1 placée en un point quelconque de l'axe, O, à la distance r, sera, d'après la formule $f = \frac{mm'}{r^2}$,

$$f = \frac{\delta s \times 1}{r^2}.$$

Cette force, appliquée en O, peut être décomposée en deux : l'une suivant l'axe, qui a pour valeur $\frac{\delta s}{r^2} \cos \theta$, l'autre perpendiculaire à l'axe, $\frac{\delta s}{r^2} \sin \theta$.

L'action de tout le feuillet se réduira évidemment, par suite de la symétrie de la figure, à la somme des composantes suivant l'axe ; les autres s'annulant toutes autour du point O, deux à deux (provenant de surfaces s symétriques par rapport au point C). Or $\frac{\delta s}{r^2}\cos\theta$ n'est autre que $\delta \times \frac{s\cos\theta}{r^2}$, ou $\delta \times \omega$, ω étant l'angle solide sous lequel s est vue du point O ; la somme cherchée est donc $\delta \times \Omega$, Ω étant l'angle sous lequel on voit du point O la surface de la spire.

Si le point O était en C, l'angle Ω aurait pour valeur 2π.

Telle est la force due à une seule spire du solénoïde. Le point O étant supposé placé à l'intérieur du solénoïde, l'action totale exercée sur lui peut être considérée comme la somme des actions exercées par les deux portions AS et SB du solénoïde (*fig.* 314). Or l'action de AS est la différence des actions des spires OS et CA, c'est-à-dire

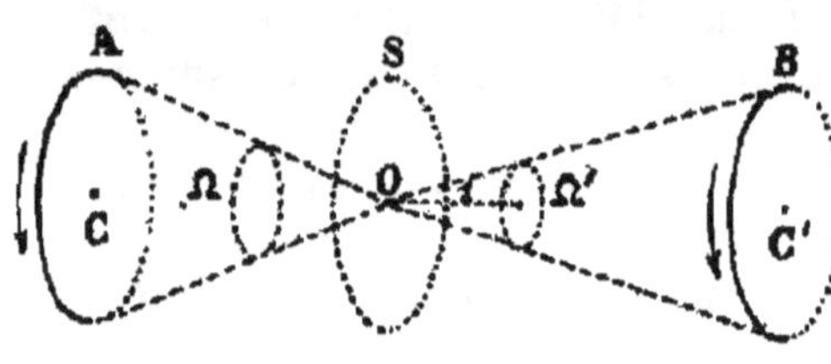

Fig. 314. — Force à l'intérieur d'un solénoïde.

$$\delta.2\pi - \delta.\Omega = \delta(2\pi - \Omega).$$

L'action de SB est de même $\delta(2\pi - \Omega')$.

La force exercée par le solénoïde en O est donc

$$\delta(2\pi - \Omega + 2\pi - \Omega').$$

Elle ne peut s'évaluer simplement que dans le cas où le solénoïde considéré est très long et ses spires d'un faible diamètre. Alors les angles Ω et Ω' sont très petits, et pour les points *qui ne sont pas voisins des extrémités*, on a, en appelant $\mathcal{H}$ cette force,

$$\mathcal{H} = 4\pi \times \delta = 12,56 \times \delta,$$

expression indépendante de la position du point O (sauf près des extrémités). Le solénoïde réalise donc un *champ uniforme* (229). Mais δ n'est qu'une grandeur auxiliaire introduite pour la commodité du calcul. La donnée réelle du problème, c'est l'intensité I du courant et le nombre de spires du solénoïde ; il est facile de les introduire dans cette formule.

Une spire étant considérée comme un feuillet possède une *puissance*, égale à δe (231), et que nous savons être égale à l'intensité I du courant équivalent. δ peut donc se remplacer dans la formule par $\frac{I}{e}$, e étant l'épaisseur d'un feuillet, ou d'une spire du solénoïde.

Pratiquement, on se donne le nombre n de tours que fait le fil du solénoïde et sa longueur l. Alors e est égal à $\frac{l}{n}$, et par suite, la formule devient

$$\mathcal{H} = 12{,}56 \times \frac{n.\mathrm{I}}{l}.$$

Si l'on se donne I en ampères, ce nombre est 10 fois trop grand (puisque l'ampère vaut 1/10 de l'unité é-m). On le ramène à son expression véritable en le divisant par 10, et on a finalement (t. II, 260)

$$\mathcal{H} = 1{,}25 \times \frac{n.\mathrm{I}}{l}.$$

Si l'on place à l'intérieur d'un solénoïde ou d'une bobine un morceau de fer, dont la perméabilité est μ, nous savons (229) qu'il sera traversé par un flux d'induction égal à $\mu\mathcal{H}$. Or les perméabilités μ des différents métaux peuvent se mesurer par un procédé dont nous indiquerons plus loin le principe (235). Connaissant donc l'intensité du courant qui parcourt une bobine donnée, on peut déterminer l'induction qu'elle produira dans un électro-aimant.

Exemple. — Un courant de 1,5 ampères passe dans une bobine de 20[cm] de longueur, faite avec un fil de 0[mm],1 d'épaisseur totale. Il y a 200 spires, et l'intensité du champ intérieur sera $1{,}25 \times \frac{200 \times 1{,}5}{20} = 18{,}75$ dynes.

Si on introduit dans cette bobine un noyau de fer doux, dont la perméabilité, *pour cette valeur* 18,75 *du champ* (229), est environ 800, l'induction dans ce fer sera 15000. Si ce noyau a une section de 4[cq], le flux total sera $15000 \times 4 = 60000$, dus au fer $(+ 18{,}75 \times 4$ dus à la bobine (229), que nous négligeons).

La connaissance des flux qui traversent des bobines ou des barreaux de fer est indispensable pour appliquer les lois de l'induction électromagnétique (t. II, 265).

La force portative d'un aimant peut se déduire de la connaissance de son induction. Un calcul très simple montre que cette induction $\mathcal{B}$ est égale à $4\pi\mathcal{J}$, $\mathcal{J}$ étant ce que nous avons appelé l'aimantation, ou intensité d'aimantation, qui est elle-même liée à la force portative p par la relation $p = 2\pi\mathcal{J}^2 \times s$ (230).

L'aimant considéré pourrait donc porter un poids de $2\pi \frac{\mathcal{B}^2}{16\pi^2} \times s$ ou $\frac{225000000}{6{,}28} = 35800000$ dynes $= 36$[kg] environ.

234. Loi fondamentale de l'induction électromagnétique. — Les expériences décrites dans le tome II montrent que le déplacement d'un circuit dans un champ, ou le déplacement inverse, produisent un courant dans ce circuit. Tous les cas examinés sont compris dans la règle suivante : *toutes les fois que le flux magnétique embrassé par un circuit varie, un courant prend naissance dans ce circuit* (t. II, 261). Nous allons utiliser les connaissances acquises en électromagnétisme pour évaluer d'une façon précise les éléments en jeu dans un phénomène d'induction, et c'est encore le principe de la conservation de l'énergie qui va nous fournir le lien nécessaire entre les deux phénomènes.

Nous allons faire ce calcul pour un cas simple ; le raisonnement est, du reste, général, ainsi que le résultat.

Supposons donc un circuit (*fig.* 315) traversé (dans sa portion S_1) par un flux Φ_1, émané d'un point M. Le courant qui le parcourt, et dont l'intensité est i, provient d'une pile dont la force électromotrice est e : la résistance totale du circuit est r. Transportons ce circuit à la position S_2, par un mouvement tel que le flux embrassé ait varié d'une façon uniforme et soit devenu Φ_2, et soit θ le temps qu'a duré ce mouvement.

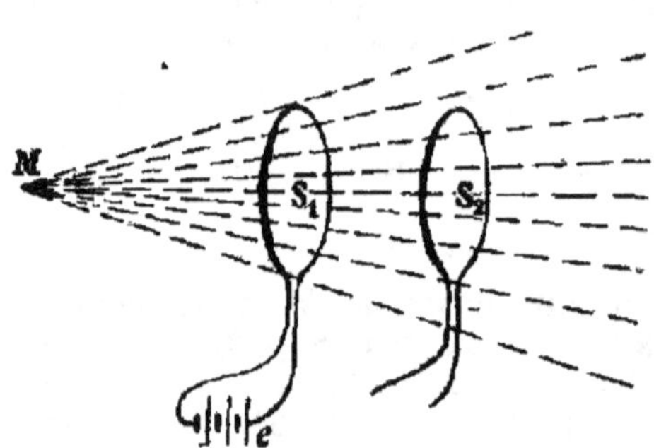

Fig. 315. — Induction électromagnétique.

L'*expérience* montre que l'intensité du courant a changé et est devenue I, valeur qu'elle a conservée pendant tout ce temps θ.

L'énergie produite par le courant dans le circuit total a donc été pendant ce temps eI par seconde, soit $eI\theta$ pendant toute la durée du mouvement. (Cette énergie est différente de celle fournie par la pile, qui est restée $ei\theta$.) Elle s'est transformée pendant ce temps, en une certaine quantité de chaleur, $I^2r\theta$ (loi de Joule). Mais, de plus, les forces électromagnétiques qui s'exercent entre le courant et le champ magnétique ont eu leurs points d'application déplacés; il y a donc eu de leur part un certain travail consommé, aux dépens de cette énergie $eI\theta$, la seule qui se trouve en jeu.

C'est ainsi que l'énergie d'un homme qui élève un poids à l'aide d'un treuil se transforme : 1° en chaleur, par les frottements de son treuil ; 2° en un travail de la pesanteur, *tra-*

vail résistant de la part de cette force, et égal à la variation d'énergie potentielle du poids soulevé (200).

De même l'énergie $eI\theta$ du courant, pendant ce temps θ, s'est transformée : 1° en une quantité de chaleur $I^2r\theta$; 2° en un travail *résistant*, négatif, des forces électromagnétiques, égal à $W_1 - W_2$, changé de signe, puisque le travail est résistant. Ce travail, $-(W_1 - W_2)$, peut se représenter, avons-nous dit plus haut, par $+I(\Phi_1 - \Phi_2)$.

Nous pouvons donc écrire finalement la relation

$$\underset{\text{Énergie motrice}}{eI\theta} = \underset{\text{Chaleur due aux résistances moléculaires}}{I^2r\theta} + \underset{\text{Travail résistant des forces électromagnétiques}}{I(\Phi_1 - \Phi_2)},$$

d'où l'on tire

$$I = \frac{e - \dfrac{\Phi_1 - \Phi_2}{\theta}}{r},$$

relation qui montre que tout se passe comme si la force électromotrice e avait été augmentée de la quantité $E = -\dfrac{\Phi_1 - \Phi_2}{\theta}$, variation (changée de signe) du flux pendant l'unité de temps.

Cette quantité E s'appelle la *force électromotrice d'induction*. Elle se produit dans chaque partie du courant traversée par un flux variable, et est indépendante de la valeur initiale de e et de i. Si ces deux dernières sont nulles, c'est-à-dire si le circuit n'est parcouru à l'origine par aucun courant, il se produit quand même une force électromotrice, donnant un courant d'induction, et qui a pour valeur la variation du flux pendant l'unité de temps (changée de signe). Enfin si le circuit n'est pas fermé, cette force électromotrice se produit encore, mais elle ne donne lieu, naturellement, à aucun courant.

Ceci est général, et vrai encore lorsque la variation de flux n'est pas uniforme. Mais dans ce cas l'intensité du courant produit est variable.

Si on divise le phénomène en un très grand nombre de périodes, assez petites elles-mêmes pour que l'intensité puisse être considérée comme constante pendant leur durée θ', le produit $I'\theta'$ représente la *quantité d'électricité* mise en mouvement pendant ce temps θ'. Si Φ_1 et Φ'_2 désignent les valeurs du flux au commencement et à la fin de θ', l'intensité I' du courant induit pendant le temps élémentaire θ' sera donnée par la *formule*

$$I' = \frac{-\left(\frac{\Phi_1' - \Phi_2'}{\theta'}\right)}{r} = \frac{\Phi_2' - \Phi_1'}{r\theta'},$$

et, par suite, le produit $I'\theta'$ aura pour valeur $\frac{\Phi_2' - \Phi_1'}{r}$.

La somme des quantités mises ainsi en mouvement par induction pendant les temps élémentaires θ', θ'', θ''', etc., sera finalement

$$Q = \frac{\Phi_2 - \Phi_1}{r}.$$

Le quotient par θ de ce nombre représente l'*intensité moyenne* du courant pendant la durée θ de la variation du flux.

Ces deux expressions $E = -\frac{\Phi_1 - \Phi_2}{\theta}$ et $I = -\frac{\Phi_1 - \Phi_2}{r\theta}$ font ressortir les propriétés déjà énoncées des courants d'induction (t. II, 265).

L'intensité moyenne est d'autant plus grande :

1° que la variation du flux est plus grande ;

2° qu'elle a été plus rapide (la *quantité* d'électricité mise en jeu restant indépendante de la rapidité de cette variation;

3° que la résistance du circuit total est plus faible.

Telle est l'expression de l'intensité du courant induit. Le sens de ce courant n'est pas moins utile à connaître ; il se déduit facilement de ce qui précède, combiné à la loi de Lenz (t. II, 264), que nous rappelons ici :

Le sens du courant induit est tel que ce courant s'oppose à chaque instant à la variation qui lui donne naissance. — Appliquons ceci au cas pris pour exemple :

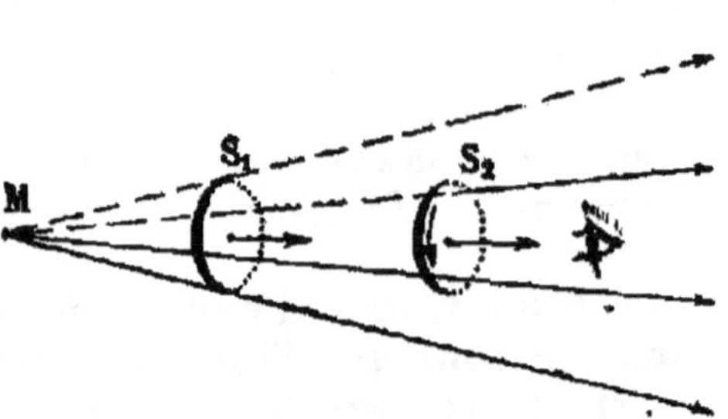

Fig. 316. — Sens des courants induits.

De la position S_1 à la position S_2 du circuit (*fig.* 316), le flux a diminué. Le courant produit va donc être de sens tel qu'il augmente le flux, c'est-à-dire qu'il produise lui-même un flux de même sens que celui qui est donné : la face de droite du circuit devra donc être un pôle Nord, et le courant devra par conséquent y circuler en sens inverse des aiguilles d'une montre pour un observateur placé à droite.

On évite ce raisonnement, dans les cas particuliers, en appliquant tout simplement la règle mnémonique suivante, due à Maxwell (1), et qui n'est que l'expression de ce qui précède :

Maxwell appelle *sens positif* le sens dans lequel il faut faire tourner un tire-bouchon pour le faire pénétrer dans la surface S, dans le même sens que les lignes de force du flux qui traverse cette surface.

(Ici, il devrait entrer par la face gauche et tourner précisément dans le sens du courant induit, qui est donc positif.)

Cela étant,

Lorsque le flux diminue, le sens du courant induit est positif.

Lorsque le flux augmente, le sens du courant induit est négatif.

Remarque. — Si plusieurs circuits subissent des variations de flux de même sens, les forces électromotrices induites dans chacun d'eux s'ajoutent, si ces circuits sont réunis en série (210); c'est le cas d'une bobine se déplaçant dans un champ.

Self-induction. — Extra-courants. — Supposons le circuit S placé hors de tout champ magnétique. Faisons-le parcourir par un courant. Au moment où ce courant commence à circuler, il y a création d'un champ magnétique à travers ce circuit, qui est devenu en effet assimilable à un feuillet. Il y a donc augmentation du flux, d'où courant de sens négatif qui vient affaiblir le courant initial. De même, lorsque l'on fait cesser le courant, il y a cessation — donc diminution — du flux produit, par conséquent courant de sens positif qui augmente le courant initial.

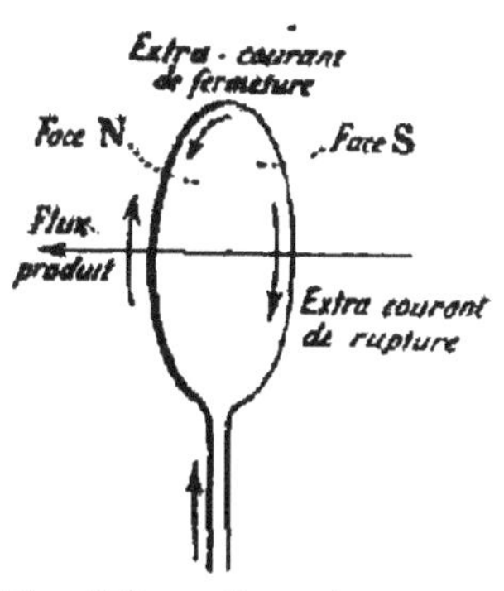

Fig. 317. — Sens des extra-courants.

Mêmes conclusions si le courant initial augmente ou diminue d'intensité.

Nous laissons au lecteur le soin de démontrer pourquoi ces phénomènes

(1) Il ne faut pas confondre cette règle avec celle qui donne le sens des lignes de force du feuillet équivalent à un courant circulaire (t. II, 247.)

sont beaucoup plus intenses quand le circuit possède un noyau de fer doux, et de chercher d'où provient le supplément d'énergie qui produit cette augmentation d'intensité.

225. Applications. — Les théories électromagnétiques trouveront leur principale application dans le fonctionnement des machines que nous allons étudier. Pour le moment, elles vont nous servir à montrer comment l'on peut effectuer deux mesures électriques dont nous n'avons point encore parlé.

1° Mesure absolue des résistances (224). — **Cadre tournant de Weber.** — Soit une circonférence de rayon r, en bois, sur laquelle sont enroulées n spires de fil métallique isolé, dont les deux extrémités sont reliées par des contacts glissants à un galvanomètre balistique G (*fig.* 318). Cette circonférence est mobile autour d'un axe vertical A. On la place dans un plan perpendiculaire au plan méridien magnétique. Elle est alors traversée par un flux de force dont l'intensité, constante, est égale à la composante horizontale H du magnétisme terrestre.

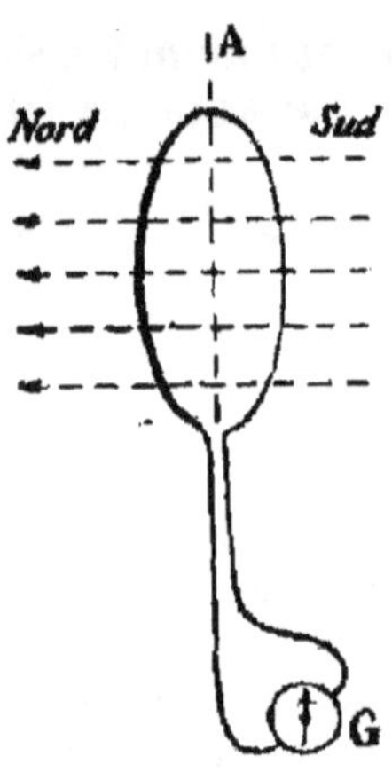

Fig. 318. — Principe du cadre tournant de Weber.

Le flux est donc égal à $\pi r^2 \times H$.

Faisons tourner ce cadre de 90°. Le flux devient 0. Achevons une demi-révolution, le flux redevient $\pi r^2 H$, en valeur absolue; mais il pénètre par l'autre face du cadre. La variation du flux qui traversait l'une des faces de chaque spire est donc $2\pi r^2 \times H$.

La quantité d'électricité induite dans tout le cadre pendant cette demi-révolution, est donc $n \times \frac{2\pi r^2 H}{\rho}$, ρ étant la résistance totale du fil.

On a donc $$q = \frac{n.2\pi r^2 H}{\rho};$$

q est donné par le galvanomètre balistique. H est connu, ρ est donc obtenu par des mesures de grandeurs différentes.

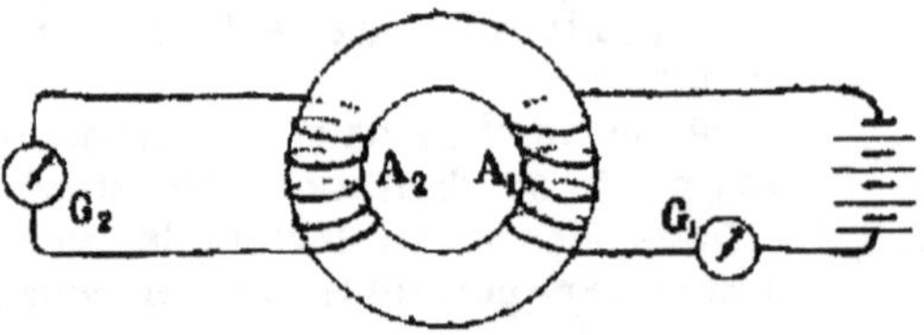

Fig. 319. — Principe de la mesure des perméabilités magnétiques.

2° Mesure des perméabilités magnétiques. — Nous ne ferons qu'en indiquer le principe.

Sur un anneau en fer (*fig.* 319), dont nous cherchons la perméabilité, pratiquons deux enroulements de fil isolé, A_1 et A_2. Soient n_1, n_2 les nombres de spires, l la longueur de l'enroulement A_1;

Faisons passer dans A_1 un courant d'intensité i, mesurée par un galvanomètre G_1. Il en résultera dans la bobine A_1 un champ, une force magnétisante — ou, comme on dit, une *force magnétomotrice* — dont la valeur est donnée par la formule

$$\mathcal{H} = \frac{12{,}56\, n_1 i}{l} \qquad (i \text{ en unités } e.\text{-}m.).$$

Le fer du tore subira donc une induction $\mathcal{B}$ égale à $\mu\mathcal{H}$, et par suite, si s est sa section, il sera traversé par un flux

$$\Phi = \frac{\mu . s . 12{,}56\, n_1 i}{l}.$$

Ce flux va traverser la bobine A_2 (dont chaque spire va éprouver une variation de flux égale à Φ) et y développer une quantité d'électricité induite

$$q = \frac{n_2 . \mu . s . \dfrac{12{,}56\, n_1 i}{l}}{\rho},$$

ρ étant la résistance totale du circuit A^2.

q sera donné par un galvanomètre balistique G_2. On en tirera μ par la mesure des autres grandeurs qui entrent dans la formule.

C'est donc une mesure absolue que permet cette méthode.

MACHINES ÉLECTROMAGNÉTIQUES

236. Définition et classification des machines électromagnétiques. — On appelle *machine*, en général, tout appareil dans lequel se produit d'une manière régulière une transformation ou une modification d'énergie. La machine à vapeur transforme de l'énergie calorifique en énergie mécanique ; la pile transforme de l'énergie chimique en énergie électrique ; le treuil modifie les qualités d'une énergie mécanique.

On appelle machines électromagnétiques celles dans lesquelles la transformation s'accomplit par l'intermédiaire des actions réciproques des courants et des aimants et des phénomènes d'induction.

Lorsque ces machines transforment de l'énergie mécanique en énergie électrique (*mouvement* transformé en *courant*), on les appelle *générateurs électromagnétiques*.

Lorsqu'elles transforment de l'énergie électrique en énergie mécanique, ce sont des *moteurs électriques*.

Lorsqu'elles modifient les qualités de l'énergie électrique qui leur est communiquée, ce sont des *transformateurs*.

Dans le langage courant, on désigne plutôt sous le nom général de machines électromagnétiques, les *générateurs électromagnétiques*.

Nous étudierons successivement ces trois catégories de machines.

Toute machine électromagnétique comprend deux parties fondamentales : l'*inducteur* et l'*induit*.

L'inducteur est destiné à produire le champ magnétique : il peut être constitué soit par un aimant permanent, soit par un électro-aimant. Dans le premier cas, la machine est dite *magnéto-électrique* ou, simplement, *magnéto* ; dans le second, on a une machine *dynamo-électrique* ou, par abréviation, une *dynamo*.

L'induit, appelé aussi *armature*, est formé par la portion du circuit où se produisent les courants sous l'action du champ magnétique. Les principaux types sont l'induit à *anneau* ou induit annulaire, dans lequel le fil est enroulé autour d'un anneau de fer doux, et l'induit à *tambour* ou induit cylindrique, formé par du fil enroulé parallèlement aux génératrices sur un cylindre ou tambour creux en fer.

Que la machine soit une magnéto ou une dynamo, si l'on recueille simplement les courants tels qu'ils sont produits d'après la loi de Lenz, la machine est *à courants alternatifs*, c'est-à-dire qu'elle fournit un courant variable et qui change de sens à des intervalles de temps égaux et très rapprochés. Si par un commutateur ou par un artifice spécial on amène les courants à avoir toujours le même sens, la machine est à *courants continus*, et le courant qu'elle fournit est à peu près constant comme le courant d'une pile.

GÉNÉRATEURS MAGNÉTO-ÉLECTRIQUES

237. Historique. — Le premier générateur magnéto-électrique a été imaginé par Pixii en 1832 ; il était constitué par un aimant en fer à cheval disposé pour tourner devant les noyaux d'une double bobine de fils de cuivre. En 1834, vint la machine de Clarke, dont la construction est inverse de la précédente : l'aimant était fixe et les bobines mobiles. Cette machine, restée longtemps classique, était munie d'un commutateur qui amenait les courants induits à être toujours de même sens dans le circuit extérieur. La première machine industrielle fut imaginée par Nollet en 1849 ; c'était une simple association de machines de Clarke donnant des courants alternatifs. On l'appliqua en 1863 à l'éclairage du phare de la Hève ; mais son usage ne put se développer à cause de son prix élevé et de son volume encombrant. En 1870, Gramme, ancien ouvrier de la Cie l'Alliance, inventa une magnéto qui diffère entièrement des machines anciennes par sa forme, son principe et ses résultats. Depuis cette époque, une foule de types de machines électromagnétiques ont été créés, et ces machines sont aujourd'hui presque exclusivement employées comme génératrices de courants dans l'industrie.

238. Magnéto de Gramme. — Description et principe. — La machine de Gramme est disposée de manière à donner des courants continus. On ne s'en sert guère maintenant que dans les laboratoires pour obtenir un courant sans avoir recours à des éléments de pile. Elle n'a aucune valeur industrielle, à cause de sa faible puissance ; mais comme c'est le type de toutes les machines électromagnétiques à courant continu, son étude détaillée est extrêmement importante.

La machine de Gramme (*fig.* 320) se compose de trois parties essentielles : l'inducteur, l'induit et le collecteur.

Fig. 320. — Magnéto de Gramme.

Inducteur. — L'inducteur est un aimant Jamin. Il se compose de fortes lames d'acier aimantées séparément à saturation, puis superposées et courbées en fer à cheval. Cet aimant est placé verticalement ; à ses deux pôles sont appliquées deux armatures de fer doux qui, s'aimantant par influence, deviennent elles-mêmes les pôles efficaces entre lesquels tourne l'induit

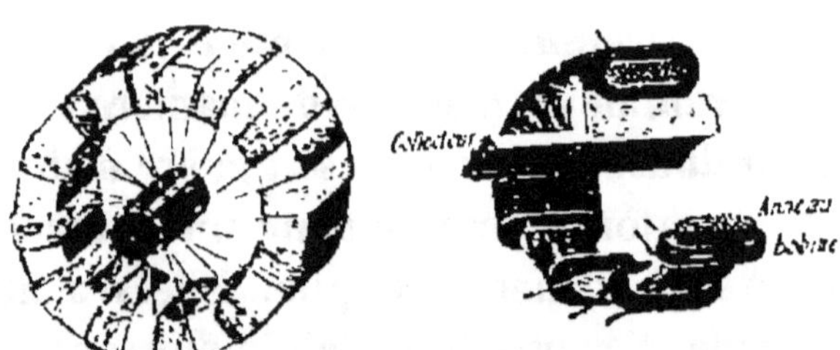

Fig. 321. — Anneau de Gramme.

Induit. — L'induit, connu sous le nom d'*anneau de Gramme*, comprend un anneau de fer doux autour duquel est enroulé le fil induit (*fig.* 321).

L'anneau n'est pas plein, pour éviter la production dans sa masse des courants induits dits courants de Foucault ; il est formé par un fil de fer doux recouvert d'un vernis isolant, enroulé sur lui-même un grand nombre de fois, de manière à constituer un faisceau annulaire. Le fil induit qui recouvre cet anneau est partagé en sections ou bobines distinctes, placées les unes à côté des autres et réunies en série, le bout finissant de l'une étant soudé au bout commençant de la suivante, par l'intermédiaire d'une lame de cuivre, dont nous verrons plus loin l'utilité ; ces sections de fil forment donc, dans leur ensemble, une bobine indéfinie.

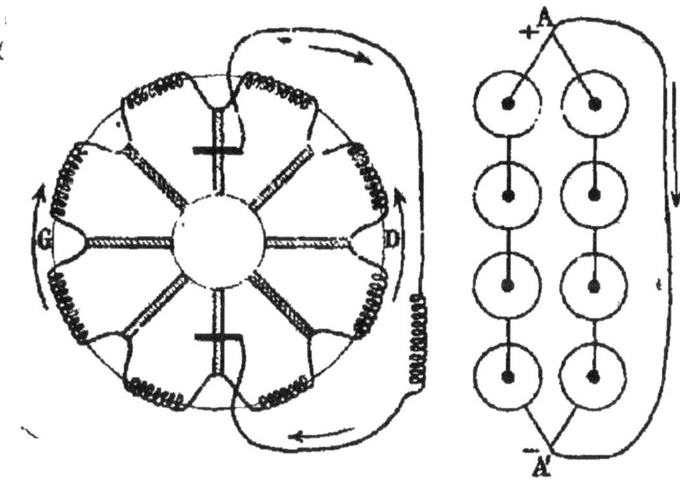

Fig. 322. — Sens des courants dans l'anneau de Gramme.

Lorsque l'on communique à l'anneau un mouvement de rotation uniforme autour d'un axe passant par son centre et perpendiculaire au plan de l'aimant, la théorie (que nous donnons plus loin) montre que toutes les bobines qui, à un moment donné, sont dans la demi-circonférence de droite D (*fig.* 322) sont parcourues par des courants induits de même sens, qui s'ajoutent et produisent un courant égal à leur somme. Les bobines de la demi-circonférence de gauche G sont aussi parcourues par un courant ascendant, égal à la somme des courants induits dans chacune d'elles. Ces deux courants résultants sont naturellement égaux, mais de sens contraires, de sorte que l'anneau ainsi construit présente une disposition analogue à celle d'une pile dont les éléments seraient montés en deux séries égales et parallèles (*fig.* 322). Si l'on réunit les points de convergence A et A' par un conducteur extérieur, celui-ci sera parcouru par un courant continu de A vers A' et égal à la somme des courants qui circulent dans les deux moitiés de l'anneau.

COLLECTEUR. — Le collecteur est constitué par une série de lames de cuivre disposées de manière à former un cylindre plein par leur groupement autour de l'arbre de rotation auquel est fixé l'anneau. Ces lames sont en nombre égal à celui des bobines qui entourent l'anneau; elles sont isolées les unes des autres par des lames de mica et fixées sur un bloc de buis monté sur l'arbre de rotation. A chaque lame sont attachés le bout finissant d'une bobine et le bout commençant de la bobine suivante : une lame sert donc de liaison entre deux bobines consécutives.

Pour recueillir les courants développés dans l'anneau, on dispose aux extrémités du diamètre vertical du collecteur deux ressorts frotteurs fixes, dont la pièce principale est un faisceau de fils de cuivre ou un petit bloc de charbon de cornues. Ces frotteurs, appelés *balais*, jouent le rôle des pôles d'une pile; le balai supérieur est le pôle positif; le balai inférieur, le pôle négatif. Si chaque balai ne touchait qu'une lame du collecteur, il y aurait une interruption de courant chaque fois que les balais frotteraient sur les isolants; on évite cet inconvénient en donnant aux balais une surface de contact assez large pour qu'ils touchent simultanément plusieurs lames voisines.

Enfin, dans la pratique, les balais ne sont pas exactement placés aux extrémités du diamètre vertical du collecteur; ils doivent être légèrement inclinés, comme nous le verrons, dans le sens de la rotation.

239. Théorie de la machine de Gramme. — L'aimant, les pièces polaires qui le terminent, l'anneau et la petite couche d'air qui sépare l'anneau des pièces polaires (entrefer), sont constamment parcourus par un flux magnétique représenté dans la figure 323 par des lignes de force.

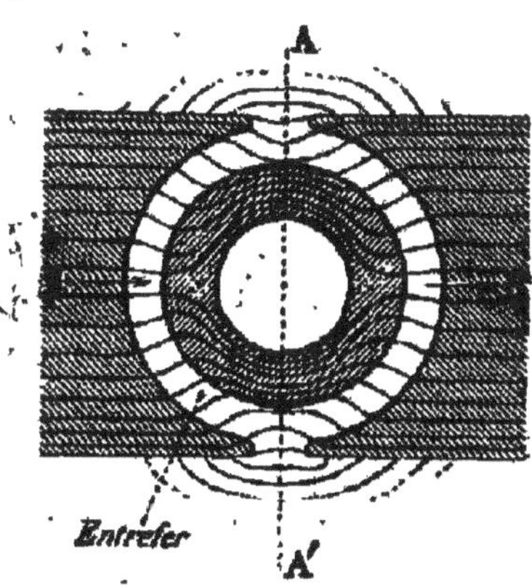

Fig. 323. — (Disposition schématique des lignes de force avec l'anneau de Gramme.

Sans cet anneau, le flux se dirigerait en ligne droite du pôle Nord au pôle Sud ; mais par suite de la perméabilité du fer doux, le flux s'infléchit et se bifurque pour traverser l'anneau, moitié en haut, moitié en bas (239). Il est évidemment maximum dans les sections de l'anneau par le plan AA'. Nous laisserons de côté les quelques lignes de force qui peuvent traverser l'air à l'intérieur de l'anneau ou passer en dehors de l'anneau aux points où les pièces polaires sont très voisines. Quand l'anneau tourne, les lignes de force conservent leur direction dans l'espace, bien que les molécules de fer doux se déplacent par rapport à elles.

Considérons une spire de fil *abb'a'* (*fig.* 324), qui tourne avec l'anneau et embrasse par conséquent des flux variables, et appliquons au mouvement de cette spire les règles que nous avons établies en étudiant l'induction (234). Quand la spire est exactement en face de N, son plan est parallèle à la direction des lignes de force en ce point : elle n'intercepte aucun flux. Quand elle va de N en A, elle intercepte un flux croissant, qui est maximum en A. Le flux qui la traversait a donc varié de 0 à $\frac{\Phi}{2}$ (Φ étant le flux total fourni par l'aimant), et par suite un courant d'induction, d'une intensité $\frac{\Phi}{2\theta r}$ (intensité moyenne), parcourt la boucle pendant le temps θ nécessaire pour aller de N en A.

Pour trouver le sens de ce courant, appliquons la règle de Maxwell. De N en A le flux a augmenté, le sens du courant est donc négatif ; c'est celui qui est indiqué sur la figure par les petites flèches.

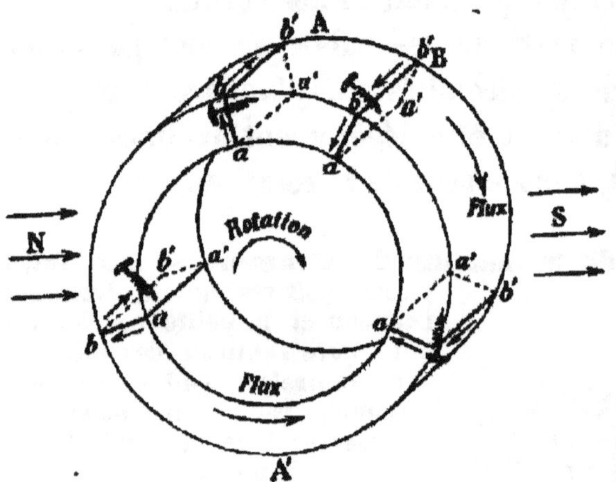

Fig. 324. — Sens des courants induits dans l'anneau de Gramme.

De A en S, le flux varie de $\frac{\Phi}{2}$ à 0 ; il y a encore un courant induit, mais le flux diminuant, le sens du courant est positif.

De S en A' le flux croît, le sens du courant devient négatif. Enfin de A' en N le flux décroît, le sens du courant est positif, et ainsi de suite.

L'examen des flèches montre que pendant le trajet ASA' le courant induit va d'arrière en avant de l'anneau dans la partie extérieure de la boucle ; il va au contraire d'avant en arrière pendant le trajet A'NA.

La force électromotrice d'induction varie à chaque instant du mouvement : la variation du flux, pour un déplacement donné de la spire, n'est en effet pas constante et est évidemment plus grande dans le voisinage des pôles Nord et Sud que dans le voisinage des points A et A' où le flux, étant maximum, varie peu.

En ces points A et A', où la spire se meut parallèlement aux lignes de force, la force électromotrice est nulle ; elle est maxima aux points N et S. Le diagramme de la figure 325 représente les variations du sens et de la grandeur de la force électromotrice d'induction pendant un tour de la spire. La ligne AA' s'appelle la *ligne neutre* ; les environs des points A et A' sont les *zones neutres*.

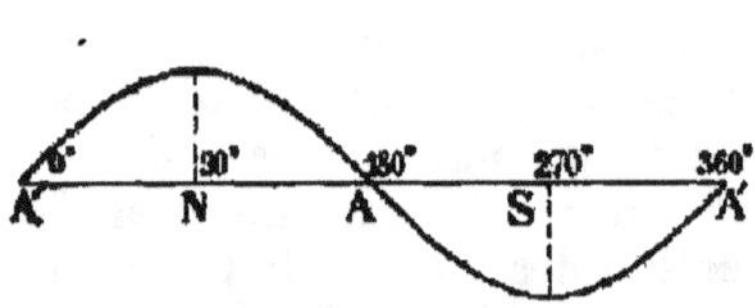

Fig. 325. — Diagramme de la force électromotrice d'induction dans l'anneau de Gramme.

Pour que les courants ainsi produits puissent être utilisés, il faut pouvoir les faire circuler dans un conducteur fixe, indépendant de la machine. Supposons que l'on coupe la spire en un point et que l'on soude les deux extrémités libres du fil à deux bagues métalliques isolées, montées sur l'arbre de rotation de l'anneau (*fig.* 326). Si deux ressorts ou balais B, B', réunis par un conducteur extérieur, s'appuient sur les bagues et restent constamment en contact avec elles pendant la rotation de la spire, ce conducteur sera parcouru évidemment par les mêmes courants alternatifs que la spire *abb'a'*, chacun des balais étant tantôt positif, tantôt négatif. Les machines

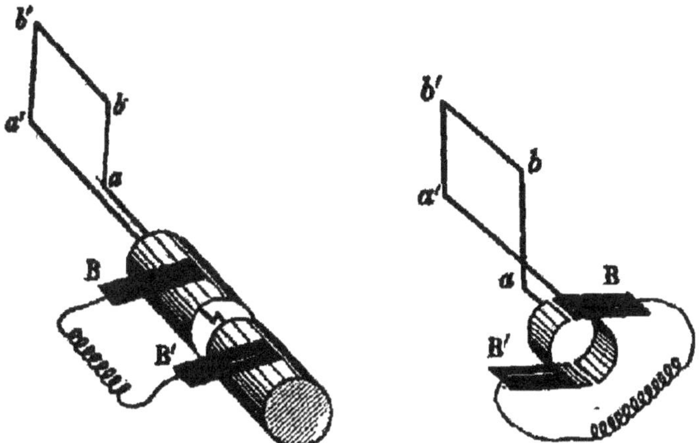

Fig. 326. — Disposition pour recueillir des courants alternatifs.

Fig. 327. — Disposition pour recueillir un courant continu.

à *courants alternatifs* présentent des applications de ce principe. Si l'on veut avoir dans le circuit extérieur un courant toujours de même sens, il suffit de relier les extrémités de la spire, non plus à deux bagues séparées, mais à deux demi-bagues isolées l'une de l'autre (*fig.* 327), les deux balais ayant leurs points de contact diamétralement opposés ; les choses doivent être disposées de manière que chaque balai quitte une des demi-bagues au moment précis où la spire *abb'a'* passe dans une zone neutre. A ce moment, le sens du courant induit change, mais en même temps le point *b*, par exemple, se trouve relié au balai B et non plus au balai B'. Les courants alternatifs produits dans la spire sont donc *redressés* dans le conducteur qui réunit extérieurement les deux balais, et ce conducteur est alors parcouru par un courant d'intensité variable, mais de sens constant, l'un des balais étant le pôle positif, l'autre le pôle négatif.

La courbe représentant la grandeur et le sens de la force électromotrice s'obtient en ramenant au-dessus de l'axe des x la portion de la courbe située au-dessous dans la figure 325.

La machine simple que nous venons de considérer ne donnerait qu'un courant excessivement faible. La force électromotrice induite est d'autant plus grande (234) : 1° que la variation du flux intercepté est plus grande, c'est-à-dire (cette variation se faisant de 0 à $\frac{\Phi}{2}$), que Φ sera lui-même plus grand ; 2° que cette variation est plus brusque, c'est-à-dire que la vitesse de rotation de l'induit est plus grande ; 3° enfin que le nombre des spires est plus grand. Pour satisfaire à cette dernière condition, on garnit l'anneau sur tout son pourtour, comme nous l'avons vu, d'un certain nombre d'hélices ou bobines qui sont emportées ensemble par la rotation de l'anneau. A un instant déterminé, toutes les bobines situées à droite sont le siège de forces électromotrices qui agissent dans le même sens et vont en diminuant depuis le milieu jusqu'aux extrémités A et A' ; toutes les bobines situées à gauche sont le siège de forces électromotrices qui agissent en sens inverse des précédentes. Comme les bobines sont réunies de façon à former un fil unique sans fin, ces forces électromotrices ajoutent leurs effets ; les bobines de droite ont leur partie extérieure parcourue par des courants qui vont d'arrière en avant et s'ajoutent pour produire un courant allant de A' vers A (*fig.* 328) ; celles de gauche ont leur partie extérieure parcourue par des courants qui vont d'avant en arrière et s'ajoutent pour produire un courant allant également de A' vers A. Tout étant symétrique de part et d'autre du plan AA', le courant induit total de droite est égal au courant induit total de gauche. Or le collecteur étant disposé de manière que chaque fois qu'une bobine passe dans la zone neutre, le sens dans lequel elle est reliée aux balais soit interverti, on voit que le circuit extérieur est parcouru par un courant sensiblement continu. Pour rendre complète l'analogie entre un induit de Gramme et une pile de deux séries égales et parallèles, il faudrait supposer que la force électromotrice diminue dans les éléments de chaque série depuis le milieu jusqu'aux extrémités, où elle devient nulle.

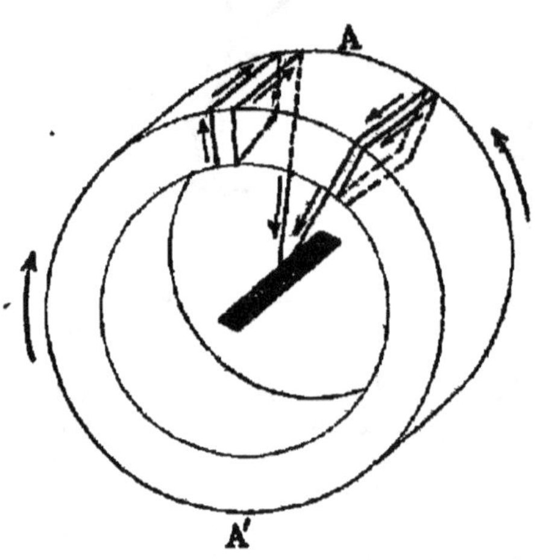

Fig. 328. — Sens des courants induits dans l'anneau de Gramme.

Il faut remarquer que le nombre des bobines doit toujours être *pair*, et que le collecteur doit être fractionné en autant de lames qu'il y a de bobines.

La division du fil induit en un grand nombre de bobines distribuées symétriquement sur l'anneau présente l'avantage de réduire les variations d'intensité du courant dans le circuit extérieur. Supposons en effet que l'anneau ne porte qu'une paire de bobines diamétralement opposées; la force électromotrice est deux fois nulle et deux fois maxima pour une révolution; elle est représentée par les courbes, CC (*fig.* 329). Si l'on a quatre bobines dont l'écart angulaire est de 90°, au moment où l'une des paires passe aux points où la force électromotrice est nulle, l'autre paire passe aux points où cette force est maxima, et la variation de la force électromotrice dans cette dernière paire sera figurée par les courbes C'C', déplacées de 90° par rapport à CC. La courbe représentative de la force électromotrice totale est *cc* .. obtenue en faisant la somme des ordonnées de CC et C'C'. Cette courbe représente en même temps les variations de l'intensité dans le circuit extérieur ; ses ondulations sont, comme on le voit, moins accentuées que celles des courbes obtenues avec une seule paire de bobines. Si, au lieu de deux paires de bobines, on en prenait un nombre plus grand, les ondulations de la courbe obtenue seraient encore plus faibles. En augmentant suffisamment le nombre des bobines, on arrive à une courbe différant peu d'une ligne droite ; la force électromotrice peut alors être considérée comme sensiblement constante, et les variations d'intensité du courant sont tellement faibles qu'elles ne peuvent être révélées que par le téléphone.

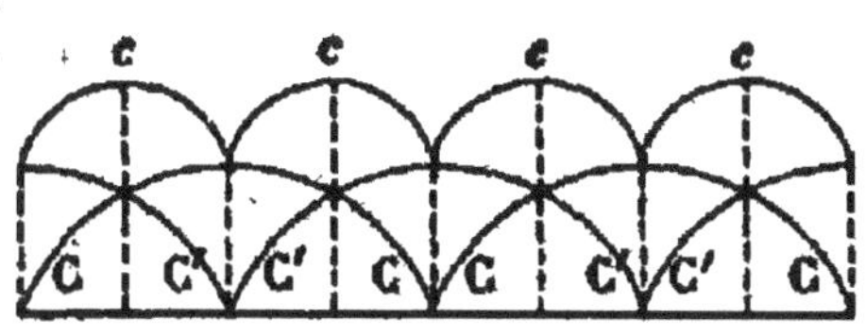

Fig. 329. — Diagramme de la force électromotrice pour quatre bobines équidistantes.

Calage des balais et réaction d'induit. — Lorsqu'une machine de Gramme fonctionne à circuit ouvert, c'est-à-dire sans que les balais soient réunis par un fil extérieur, il ne se produit aucun courant. La force électromotrice développée dans chaque bobine ne se manifeste que par l'apparition de potentiels différents aux deux extrémités de cette bobine, c'est-à-dire sur deux lames consécutives du collecteur, et les potentiels des lames du collecteur vont en croissant de chaque côté de la ligne neutre, depuis le pôle A' jusqu'au pôle A (*fig.* 322).

Plaçons les balais en ces deux points, c'est-à-dire sur la ligne neutre, et fermons le circuit par un fil extérieur. Le courant parcourra ce fil et l'induit. Considérons une bobine *l*MN*l'* (*fig.* 330, I) à son passage dans la zone neutre A ; le balai B s'appuie alors sur les deux lames *l*, *l'* du collecteur. La force électromotrice développée dans la section AM étant exactement annulée par la force électromotrice développée dans la section AN, ce balai ne recueille que des courants provenant des parties A'M et A'N de l'induit. Au moment où, par suite de la rotation de l'anneau, la lame *l'* abandonne le balai, le courant cesse et il se produit par suite un extra courant de rupture de sens Nl'B, accompagné d'une étincelle entre la lame l' et le balai. Cette étincelle, par sa répétition, pourrait détériorer rapidement ces deux organes.

Supposons maintenant que l'on incline le balai B dans le sens du

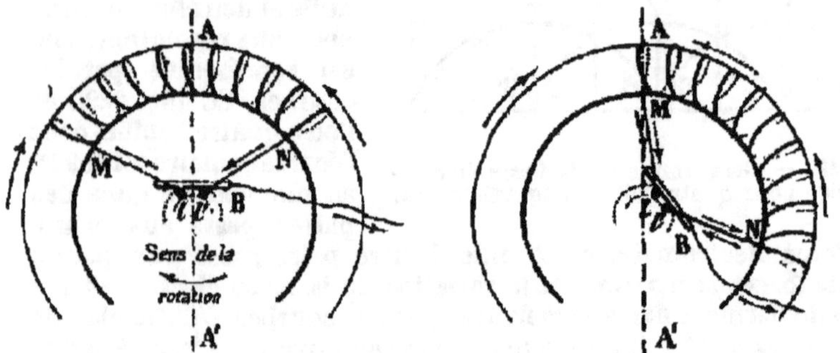

Fig. 330. — Production des extra-courants dans l'anneau de Gramme.

mouvement de rotation (*fig.* 330, II). On recueille toujours les mêmes courants ; mais par suite de la force électromotrice développée en MN, il se produit de plus dans le secteur MNl'l un courant dont le sens est indiqué par les flèches pointillées. Ce courant, vu la faible résistance de son circuit propre Mll'N, peut être aussi intense que le courant général et annuler l'effet de ce dernier dans la branche l'N. Au moment où la lame l' abandonne le balai B, il se produit un second extra-courant de rupture de sens l'N, égal et de sens contraire à celui dont nous avons parlé plus haut, de sorte qu'aucune étincelle ne jaillit. La valeur de la force électromotrice développée en MN dépend de la position de la bobine MN par rapport à la ligne neutre AA'. C'est par tâtonnement que l'on détermine, pour le balai, la position qui correspond à l'absence d'étincelles, ou tout au moins aux plus faibles étincelles.

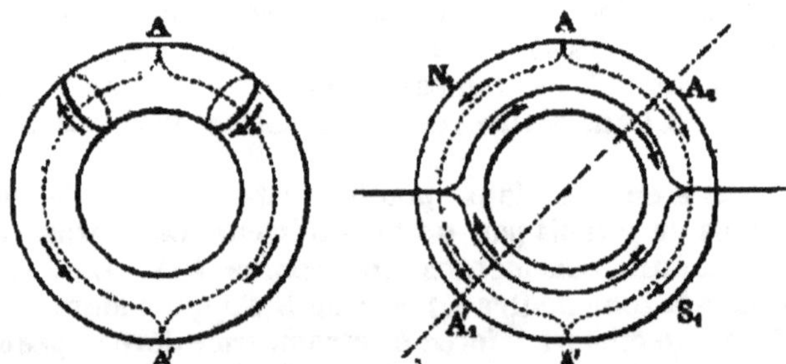

Fig. 331. — Déplacement de la ligne neutre dans l'anneau de Gramme.

Une autre cause contribue à faire incliner encore davantage les balais dans le sens de la rotation : c'est le déplacement de la ligne neutre résultant de la circulation du courant dans l'induit. Ce courant, qui circule de A' vers A par les deux demi-anneaux de droite et de gauche, produit en effet un flux qui se dirige (d'après la règle du tire-bouchon de Maxwell) du point A au point A' suivant les lignes pointillées (*fig.* 331, I) : les petites flèches indiquent sur la figure le sens du courant créateur de ce flux. Celui-ci se combine dans l'anneau avec le flux inducteur représenté par un trait plein ; les deux flux s'ajoutent dans les régions A_1, A'_1 (*fig.* 331, II), et se retranchent dans les régions N_1, S_1, de sorte que la ligne neutre, ou ligne du flux maximum, se trouve reportée de AA' en $A_1A'_1$ dans le sens de la rotation. C'est donc à partir de cette nouvelle position, et en avant d'elle, que les balais doivent être inclinés et fixés, ou, comme on dit, *calés*.

Il faut remarquer que l'inclinaison des balais en avant de la ligne neutre a pour effet de mettre hors du circuit général et, comme on dit, en *court circuit*, la bobine MN (*fig.* 330); on perd donc pour le circuit général l'effet de la force électromotrice induite dans MN et la perte est d'autant plus importante que les balais sont calés plus bas, c'est-à-dire que la bobine MN se trouve dans une région où la variation du flux est plus grande.

Il en résultera que la force électromotrice aux balais d'une machine de Gramme sera, à circuit fermé, quand le courant a lieu, inférieure à ce qu'elle est à circuit ouvert. La différence entre les deux forces électromotrices porte le nom de *réaction d'induit*.

240. Réversibilité de la machine de Gramme. — La machine de Gramme est *réversible*, c'est-à-dire qu'elle peut transformer de l'énergie électrique en énergie mécanique. Si en effet on met les balais en communication avec les pôles d'une source à courant continu, l'anneau se met à tourner dans le champ magnétique formé par les pièces polaires ; il devient ainsi un *moteur* capable d'effectuer un certain travail, en entraînant par exemple divers appareils reliés à son axe par une poulie et une courroie. On dit que la machine fonctionne comme *réceptrice*. Le courant que l'on dirige dans l'anneau peut provenir soit d'une pile, soit d'une autre machine de Gramme que l'on appelle alors *génératrice*.

On peut se rendre compte facilement de cette réversibilité. Admettons qu'on envoie dans le circuit extérieur un courant de même sens que celui que la réceptrice produirait en agissant comme génératrice. Ce courant arrive au balai supérieur où il se bifurque de façon à parcourir toutes les bobines de droite et toutes les bobines de gauche, puis retourne à la génératrice par le balai inférieur.

Considérons une spire M (*fig.* 332) ; elle constitue un circuit assimilable à un feuillet magnétique dont la face de rentrée des lignes de force ou face négative (pôle Sud) est celle qui regarde le point A, c'est-à-dire la face supérieure (t. II, 247 ou III, 232). Nous savons qu'un tel courant placé dans un champ magnétique (constitué ici par les pièces polaires), est sollicité à se mouvoir de façon que le maximum de flux le pénètre par sa face négative. Il en sera ainsi quand la spire M occupera la position A, c'est-à-dire quand elle sera dans la zone neutre. Mais à ce moment la spire franchit le balai, le sens du courant change et, dans la position M_1, par exemple, sa face négative regarde encore A ; la spire recevra alors le maximum de flux, quand elle sera parvenue en A', la translation circulaire de A en A' étant le seul mouvement qui lui est permis pour satisfaire à la loi de Maxwell (233).

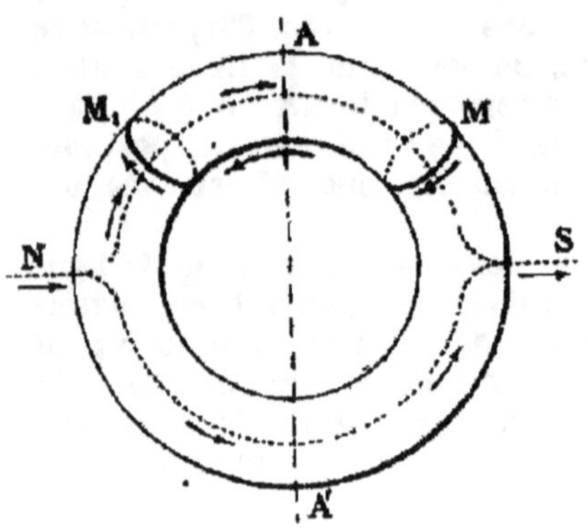

Fig. 332. — Rotation de l'anneau par réversibilite.

Et ainsi de suite : les actions sur toutes les spires concordent et leur impriment, ainsi qu'à l'anneau qui les porte, une rotation dans le sens SANA'. L'anneau tourne donc en sens contraire de son mouvement quand la machine fonctionne comme génératrice.

Les moteurs à courant continu reposent sur le principe que nous venons d'exposer. Pour les raisons que nous avons indiquées plus haut, les balais de la réceptrice doivent être calés dans la même position que ceux de la génératrice (les courants que fourniraient les deux machines étant supposés identiques) ; cette position se trouve alors en *arrière* du mouvement de l'anneau.

Remarque. — Si l'on change le sens de la rotation d'une machine *magnéto* de Gramme, employée comme génératrice, le courant qu'elle produit change de sens.

Si l'on change le sens du courant envoyé dans une machine *magnéto* de Gramme employée comme moteur, la rotation qu'il produit change de sens.

Nous verrons qu'il n'en est point de même avec les machines *dynamos*.

GÉNÉRATEURS DYNAMO-ÉLECTRIQUES.

241. Définition et classification. — Les générateurs dynamo-électriques sont des machines électromagnétiques dont les inducteurs sont constitués par des électro-aimants. Ce sont les véritables machines électromagnétiques industrielles, car les électro-aimants fournissent un champ magnétique beaucoup plus puissant que les aimants permanents et, d'autre part, elles sont, à égalité de puissance, beaucoup moins volumineuses et moins coûteuses que les magnétos.

Pour qu'une dynamo puisse fonctionner, il faut que son électro-aimant soit excité. Dans quelques cas spéciaux, on produit cette excitation par le courant d'une machine auxiliaire ou *excitatrice* ; le circuit inducteur est alors complètement indépendant du circuit induit et la dynamo est dite *à excitation indépendante*. Le plus souvent on excite l'électro-aimant en y faisant passer une partie ou la totalité du courant produit dans l'induit lui-même ; la dynamo est alors *auto-excitatrice*. Dans ce cas, quand l'induit est mis en mouvement, la petite aimantation rémanente que possèdent les noyaux de l'électro-aimant (1) donne naissance dans l'induit à un courant très faible, mais suffisant pour commencer l'excitation ; le champ magnétique de l'électro-aimant et l'intensité du courant induit augmentent ainsi progressivement, par réactions successives, jusqu'à leur valeur de régime. La machine est alors *amorcée*.

Les dynamos peuvent être groupées en deux catégories : les dynamos à *courant continu* et les dynamos à *courants alternatifs* ou *alternateurs*. On distingue les dynamos, dans

---

(1) Les premières fois que la machine est mise en marche, on aimante les inducteurs par un courant indépendant.

chaque catégorie, suivant la nature de leur induit, en dynamos à *anneau*, à *tambour* et à *disque*.

DYNAMOS A COURANT CONTINU

242. Différents modes d'excitation. — Les dynamos à courant continu sont auto-excitatrices : suivant les applications auxquelles elles sont destinées, on les excite en *série*, en *dérivation*, ou *compound*.

1° L'excitation est dite en série lorsque l'électro-aimant est parcouru par le courant total (*fig.* 333) ; elle convient particulièrement lorsque les appareils que la dynamo doit alimenter sont associés en série (lampes à arc).

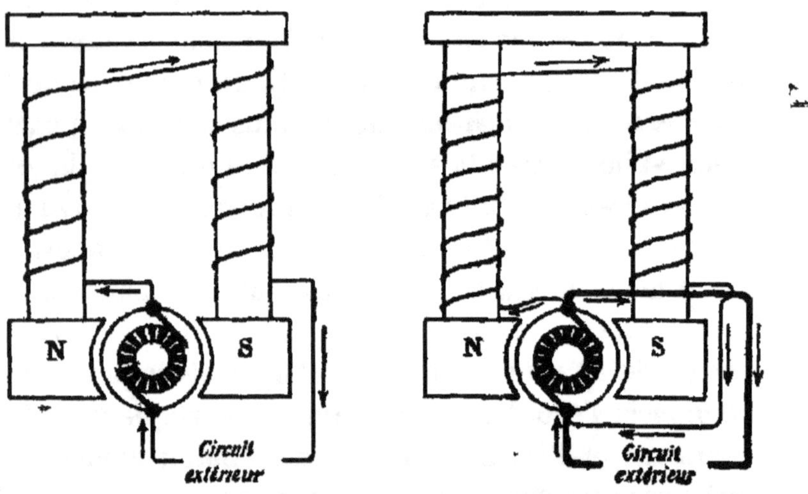

Fig. 333. — Disposition schématique de l'excitation en série.

Fig. 334. — Disposition schématique de l'excitation en dérivation.

2° L'excitation en dérivation, appelée aussi excitation en *shunt*, consiste à ne faire traverser l'électro-aimant que par une fraction du courant produit par l'induit (*fig.* 334). C'est l'excitation la plus employée.

3° Enfin, dans l'excitation compound, on dispose sur l'élec-

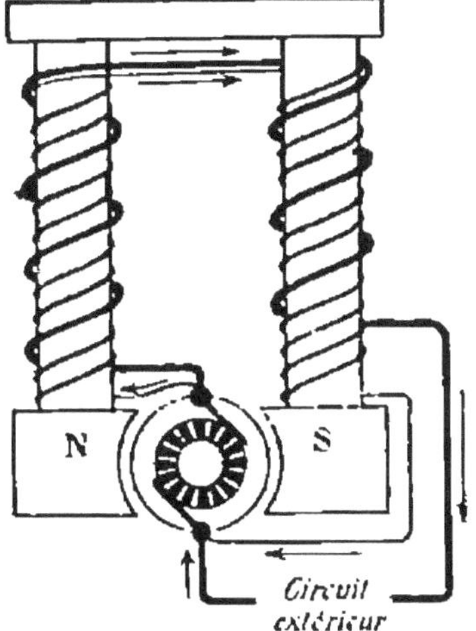

Fig. 335. — Disposition schématique de l'enroulement compound.

tro-aimant un double enroulement, c'est-à-dire qu'on l'excite à l'aide de deux circuits, l'un faisant partie du circuit extérieur, l'autre pris en dérivation sur les balais de la machine (*fig.* 335). Cette excitation est très fréquemment employée, notamment pour les transports de force, à des moteurs pour lesquels on a à craindre des variations considérables de puissance (démarrage des tramways électriques).

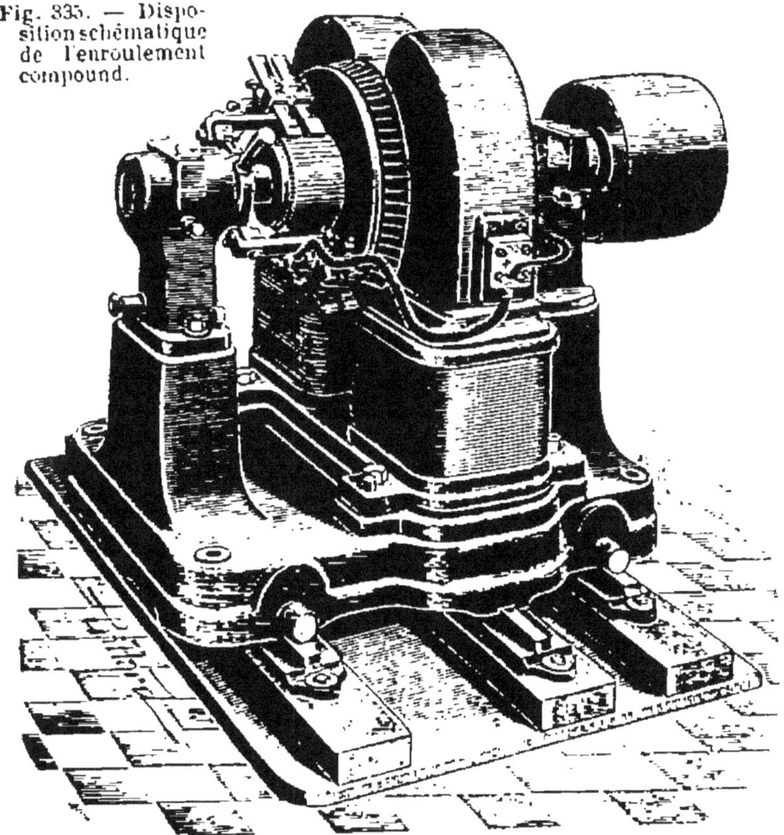

Fig. 336. — Dynamo de Gramme. Type supérieur.

243. Dynamos à anneau. — L'induit est constitué par un anneau de fer doux recouvert de spires comme l'induit de la machine magnéto-électrique de Gramme.

Dynamos de Gramme. — La figure 336 représente un modèle très répandu, connu sous le nom de *type supérieur*, parce que l'induit se trouve à la partie supérieure de la machine.

Les deux noyaux de l'électro-aimant, placés verticalement, sont réunis en bas par une pièce de fonte appelée *culasse* ; ils sont terminés à leur partie supérieure par deux épanouissements polaires entre lesquels est placé un anneau de Gramme. L'anneau est porté par un axe muni d'une poulie commandée par une courroie de transmission. Enfin un double porte-balais, que l'on peut mouvoir d'une seule pièce, permet de régler facilement le calage des balais.

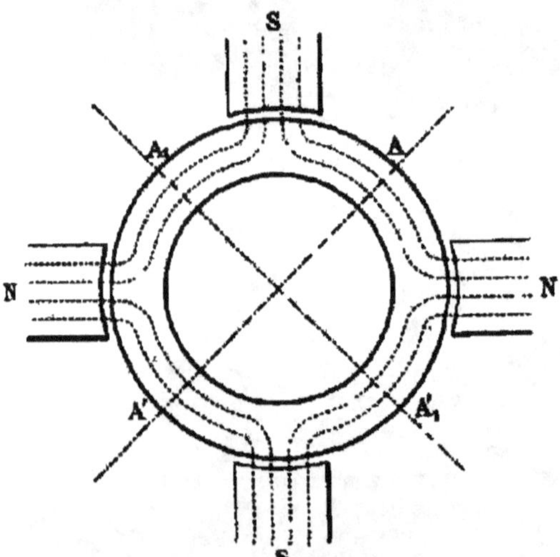

Fig. 337. — Circuit magnétique d'une dynamo tétrapolaire.

Machines multipolaires. — Pour construire des machines très puissantes à une seule paire de pôles, on serait amené à se servir d'inducteurs et, par suite, d'induits de dimensions exagérées. On arrive au même résultat en plaçant autour de l'induit plusieurs paires de pôles, ce qui constitue une machine *multipolaire*.

La production du courant dans ces machines se fait suivant les mêmes principes que dans les machines bipolaires. Mais, dans une machine à quatre pôles par exemple, il y a deux lignes neutres AA' et $A_1A'_1$ (*fig.* 337), et par suite quatre renversements de courant, de sorte que la variation de flux (de 0 à $\frac{\Phi}{2}$ et de $\frac{\Phi}{2}$ à 0) se fait en un quart de tour et non en un demi-tour. On obtient donc les mêmes forces électromotrices que dans les machines bipolaires avec des vitesses angulaires moindres de l'induit, ce qui constitue un avantage précieux quand l'induit a un grand diamètre. Il est facile de voir que les bobines induites, au lieu d'être parcourues pendant chaque révolution par deux courants de sens contraires comme dans les machines bipolaires, le sont par quatre courants successivement de même sens et de sens différents. Il faut donc employer quatre balais ; on relie ceux qui sont au même potentiel, comme le montre la figure 338 il n'y a alors que deux pôles, origines du circuit extérieur.

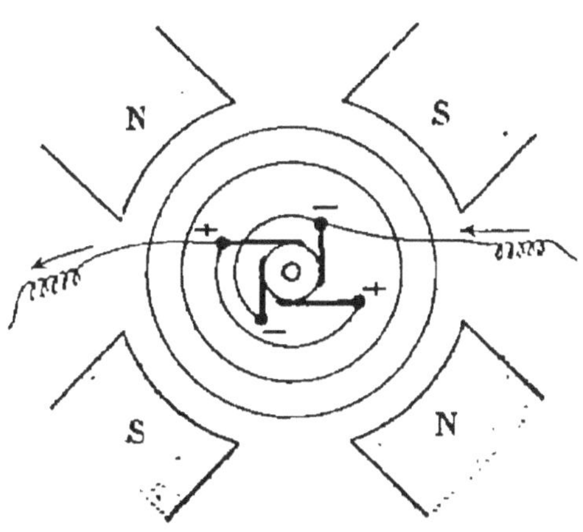

Fig. 338. — Jonction des balais dans une machine à quatre pôles.

La figure 339 représente une machine à quatre pôles.

Fig. 339. — Dynamo multipolaire.

244. Dynamos à tambour. — Dans l'induit Gramme, la partie *extérieure* seule des spires coupe les lignes de force du champ; c'est donc cette partie seule qui contribue à la variation du flux total embrassé par la spire, et cela, quelle que soit la disposition de la partie *intérieure* des spires.

Dans l'induit *à tambour*, la spire qui est le siège de la force électromotrice induite est enroulée suivant deux génératrices opposées d'un cylindre dont l'axe est perpendiculaire aux lignes de force de l'inducteur. Lorsque la spire a ses côtés suivant les génératrices dont les traces sont *a* et *b* (*fig.* 340), elle n'est traversée par aucun flux; lorsqu'elle a ses côtés suivant les génératrices dont les traces sont *c* et *d*, elle est traversée par le flux *tout entier* : la variation de 0 à Φ provoque un courant qui est recueilli par un collecteur analogue à celui de la machine de Gramme. On obtient ainsi la même force électromotrice en employant une plus faible longueur de fil dans l'induit ce qui, entre autres avantages, diminue la résistance totale du circuit.

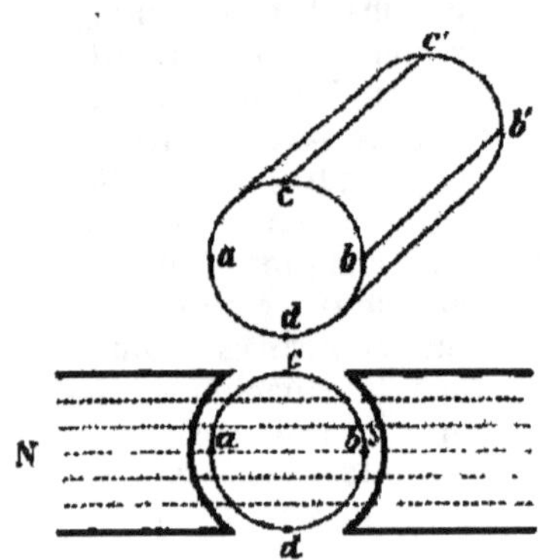

Fig. 340. — Principe de l'induit à tambour.

Dynamo Siemens. — La dynamo Siemens est la première des dynamos à tambour.

On la fabrique aujourd'hui en enroulant l'induit suivant les génératrices d'un cylindre métallique composé de feuilles minces de tôle, circulaires, vernies, et séparées par du papier, c'est-à-dire isolées, pour éviter la formation des courants de Foucault.

Dans les machines puissantes et multipolaires, l'induit est le plus souvent formé de barres de cuivre fixées dans des encoches ménagées sur les tôles qui constituent le cylindre. Cette disposition évite le croisement des fils sur les bases du cylindre, où ils formeraient une agglomération gênante.

245. Dynamos à disque. — Nous avons dit que, dans les induits à anneau et à tambour, on était obligé, pour empêcher l'éparpillement des lignes de force, de disposer l'enroulement sur une carcasse de fer doux et de réduire le plus possible l'entrefer en terminant les pôles par des pièces creuses de forme cylindrique. On peut supprimer complètement la carcasse en fer doux et les pièces creuses en employant comme armature de l'induit un *disque plat*, tournant entre des pôles disposés de façon que les lignes de force traversent normalement le plan du disque. La faible épaisseur de ce disque fait que le flux reste compact dans le court trajet entre les deux pôles, quelle que soit la matière dont est formé le disque.

L'enroulement de l'induit sur le disque est assez complexe. En principe, chaque élément induit forme une espèce de triangle ou de secteur tel que ABCD (*fig.* 341) dont les deux côtés rectilignes AB et CD se trouvent de part et d'autre du disque. Ce circuit élémentaire est traversé, dans la position représentée par la figure, par tout le flux φ émanant d'un pôle N supposé en arrière du disque : l'instant d'après, il est traversé par un flux de valeur $-\varphi$ qui, provenant de l'avant de la figure, se dirige vers le pôle S. La variation de flux est 2φ pendant le temps que met le côté AB pour passer de AM en AP ; cette variation produit un courant de sens représenté par les flèches, le même devant N que devant S, mais qui change de sens quand AB dépasse le point P. Un collecteur recueille les courants de façon à donner un courant continu.

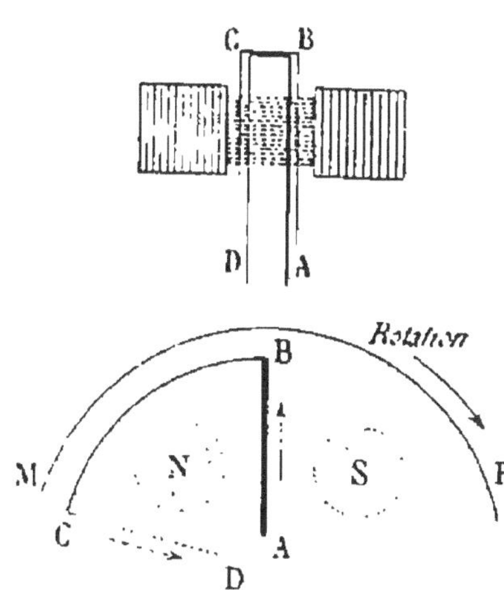

Fig. 341. — Principe des dynamos à disque.

La figure 342 représente une dynamo *Desroziers*, construite d'après ce principe.

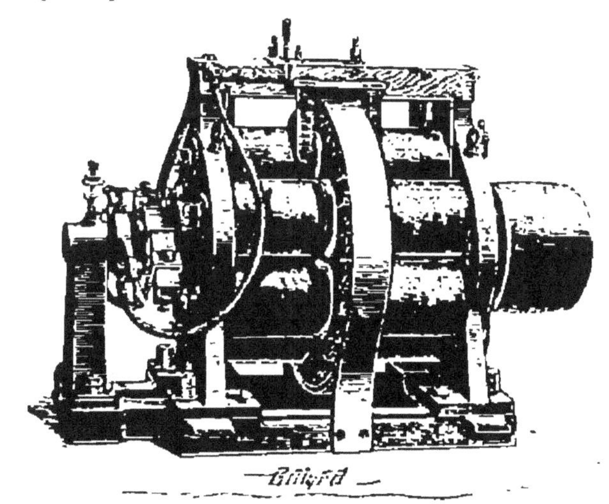

Fig. 342. — Dynamo Desroziers.

L'induit à disque présente plusieurs avantages : on le fait généralement en carton et il est par suite très léger ; il ne s'y produit pas de courants de Foucault qui consomment de l'énergie en pure perte ; enfin les spires ne portant pas de noyau de fer doux, il ne s'y produit pas de réaction d'induit.

Il existe un grand nombre de types de dynamos. Chaque constructeur en établit un qui lui est personnel. Toutes ces machines comprennent les mêmes parties essentielles. Elles ne diffèrent en général que par des dispositions de détail, ayant pour but d'augmenter leur rendement et de faciliter leur entretien.

246. Considérations générales sur le fonctionnement et le rendement des dynamos à courant continu. — D'après ce que nous avons dit au § 234, la force électromotrice d'induction dans les dynamos augmente avec la vitesse de rotation ; elle est proportionnelle à la longueur du fil des bobines induites et à l'intensité du champ magnétique. En appelant $\mathcal{H}$ l'intensité du champ magnétique inducteur exprimée en unités C. G. S., v la vitesse de rotation de l'induit en centimètres par seconde, l la longueur du fil induit en centimètres, r la résistance du circuit en ohms, la force électromotrice développée dans l'induit, exprimée en volts, a pour valeur

$$E = \mathcal{H}lv, \quad \textit{à circuit ouvert,}$$

et l'intensité du courant en ampères aurait pour valeur

$$I = \frac{\mathcal{H}lv}{r}$$

si la *réaction d'induit* ne faisait perdre une partie de la force électromotrice, et par suite, une partie aussi de l'intensité.

Ces machines sont *réversibles* comme la magnéto de Gramme ; on peut les employer soit comme génératrices soit comme réceptrices, et elles peuvent servir à la transmission de l'énergie mécanique à distance par l'électricité.

Le sens de la rotation d'une dynamo génératrice n'est pas indifférent. Si l'on fait tourner l'induit en sens inverse de sa première rotation, le courant produit est aussi de sens inverse ; mais il agit sur les électro-aimants pour *diminuer* le magnétisme rémanent que leur avait laissé le premier courant, ce qui affaiblit de plus en plus le courant produit. A un moment donné, les électro-aimants ne fonctionnent plus et le courant cesse ; la machine est alors *désamorcée. Une dynamo doit donc tourner toujours dans le même sens quand elle fonctionne comme génératrice.*

Le sens du courant reçu par une dynamo fonctionnant comme moteur ne détermine pas celui du mouvement de rotation comme dans la magnéto de Gramme, car quand on modifie le sens du courant, il change à la fois dans les bobines induites et dans l'électro-aimant, dont la polarité est par suite renversée ; *le sens de la rotation est donc indépendant du sens du courant.* Donc, *quel que soit le sens du courant envoyé dans une dynamo fonctionnant comme moteur, elle tourne toujours dans le même sens.* Quand il est nécessaire de chan ger le sens de la rotation d'un moteur, il faut recourir à un artifice qui consiste à n'intervertir le sens du courant que dans les inducteurs ou dans l'induit seulement.

COMPARAISON AVEC DES ÉLÉMENTS DE PILE. — Soit à déterminer le nombre d'éléments de pile d'un type donné pouvant produire les mêmes effets qu'une dynamo.

Une dynamo pourra être remplacée par une pile, sans modification du courant dans le circuit extérieur, quand la force électromotrice E et la résistance R de la dynamo seront respectivement égales à la force électromotrice et à la résistance de la pile. Soient x le nombre d'éléments en série, y le nombre de ces séries; on doit avoir, e et r représentant la force électromotrice et la résistance de chaque élément :

$$E = xe \qquad \text{et} \qquad R = \frac{xr}{y},$$

d'où

$$x = \frac{E}{e} \qquad \text{et} \qquad y = \frac{Er}{eR}.$$

Par suite, le nombre total N d'éléments est de

$$N = xy = \frac{E^2 r}{e^2 R}.$$

Comme exemple, soit une dynamo pour laquelle $E = 126$ *volts* et $R = 0^{ohm},2$; pour la remplacer par des éléments Bunsen présentant $1^{volt},8$ et ayant une résistance intérieure de $0^{ohm},06$, il faudrait employer $x = \frac{E}{e} = 70$ éléments dans chaque série et $y = \frac{Er}{eR} = 21$ séries en batterie, c'est-à-dire 1470 éléments. On voit ainsi l'avantage qu'il y a à employer des dynamos, avantage qui est d'autant plus grand que le travail demandé est plus considérable.

RENDEMENT D'UNE DYNAMO. — Désignons par W la puissance mécanique dépensée sur l'arbre de la dynamo, par P la puissance électrique totale produite par la dynamo dans les spires mêmes de l'induit, par p la puissance électrique utile disponible au sortir de l'induit, aux bornes. On distingue deux rendements :

1° Le rendement *électrique* est le rapport de la puissance utile à la puissance totale. On a donc, en appelant E la force électromotrice totale, e la force électromotrice aux bornes, R la résistance de la machine, r_e le rendement électrique,

$$r_e = \frac{p}{P} = \frac{eI}{EI} = \frac{EI - I^2R}{EI} = 1 - \frac{I^2R}{EI}.$$

Ce rendement diffère donc de l'unité d'une fraction égale à la puissance dépensée à échauffer le fil de l'induit et des inducteurs, divisée par la puissance électrique totale.

2° Le rendement *industriel* est le rapport de la puissance utile à la puissance dépensée pour maintenir la dynamo en mouvement :

$$r_i = \frac{p}{W}.$$

Le rendement électrique des dynamos varie de 95 à 97 °/₀, et leur rendement industriel de 90 à 94 °/₀.

De l'énergie mécanique perdue dans les dynamos, une partie se transforme en énergie calorifique (frottements de l'arbre contre les coussinets et des collecteurs contre les balais, échauflement dans le fil induit et dans le circuit inducteur) ; une autre partie disparait dans l'armature sous forme de courants de Foucault, qui provoquent aussi un échauffement. Signalons aussi comme causes de pertes d'énergie la *réaction d'induit* (239), bien plus sensible dans les dynamos, car la diminution d'intensité qu'elle occasionne agit aussi sur les inducteurs dont elle diminue le flux, et *l'hystérésis* (229). L'hystérésis cause une perte importante ; une section droite quelconque de la masse métallique de l'anneau est en effet traversée par des flux égaux et de sens contraires toutes les fois qu'elle occupe deux positions diamétralement opposées. Elle subit donc à chaque tour successivement une aimantation, une désaimantation, une aimantation en sens contraire et une nouvelle désaimantation ; elle parcourt, comme on dit, le cycle de l'hystérésis et il en résulte un échauffement aux dépens du courant qui produit le flux.

Commande des dynamos. — Les dynamos sont actionnées par des moteurs à gaz, des turbines, le plus souvent par des machines à vapeur. La commande se fait *indirectement* à l'aide de courroies de transmission, ou *directement* en attelant les dynamos sur l'arbre du

Fig. 343. — Dynamo actionnée directement par une turbine de Laval.

moteur (*fig.* 343), quelquefois même à la place du volant. La commande directe présente comme avantages la suppression des transmissions encombrantes et l'augmentation du rendement industriel.

La vitesse de l'induit varie entre 3000 tours par minute et 75 tours (dynamos multipolaires).

Couplage des dynamos. — Lorsqu'une seule dynamo est insuffisante pour fournir l'énergie électrique dont on a besoin, on peut associer plusieurs dynamos en série ou en quantité comme on le fait pour les éléments de pile.

Le couplage en *série* se fait quand on veut obtenir une force électromotrice considérable. Ce couplage est particulièrement commode avec des dynamos excitées en série : le pôle positif de l'une est réuni au pôle négatif de l'autre (*fig.* 344).

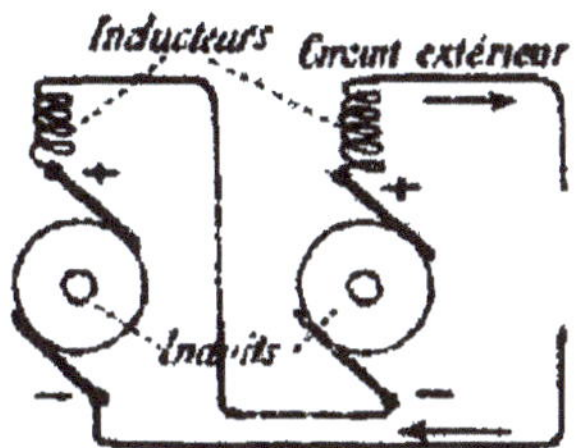

Fig. 344. — Couplage en série de deux dynamos excitées en série.

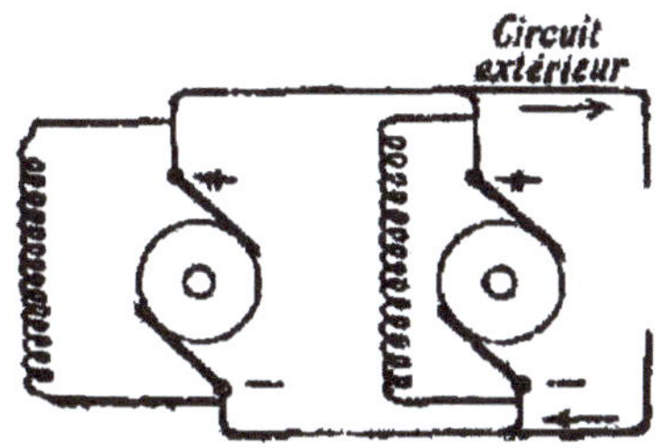

Fig. 345. — Couplage en quantité de deux dynamos excitées en dérivation.

Le couplage en *quantité* s'emploie surtout avec les dynamos excitées en dérivation et ayant même force électromotrice. Les pôles positifs sont réunis entre eux et les négatifs également (*fig.* 245) ; l'intensité du courant extérieur est la somme des intensités pour chaque dynamo.

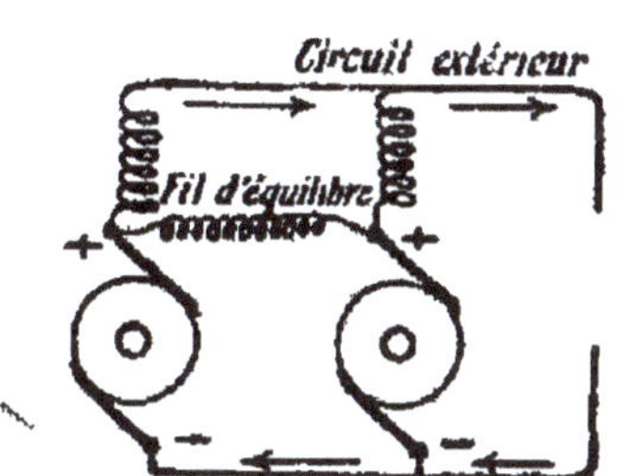

Fig. 346. — Couplage en quantité de deux dynamos excitées en série.

Avec les dynamos excitées en série, si la différence de potentiel n'est pas absolument la même aux bornes des deux machines, le courant fourni par l'une traverse les inducteurs de l'autre et peut produire un renversement des pôles : les deux machines travaillent alors en opposition. Pour éviter cet inconvénient, on réunit les deux balais formant le point de départ des circuits inducteurs par un fil ayant une faible résistance (*fig.* 346). Ce fil, appelé *fil d'équilibre*, maintient l'égalité entre les différences de potentiel des deux dynamos et empêche ainsi le renversement des pôles dans l'une d'elles.

247. Applications. — Les générateurs dynamo-électriques à courant continu ont une foule d'applications variées ; on les emploie pour l'éclairage électrique, la galvanoplastie, la galvanisation, l'électrométallurgie, pour charger les accumulateurs, pour transporter l'énergie mécanique à distance, etc.

DYNAMOS A COURANTS ALTERNATIFS

248. Notions sur les courants alternatifs. — Le courant alternatif est la forme naturelle du courant donné par une dynamo. Nous avons vu en effet que si l'on imprime à une bobine un mouvement périodique dans un champ magnétique, la bobine est parcourue par un courant alternatif périodique, conséquence de la force électromotrice qui y prend naissance d'une façon périodique, se reproduisant toujours a même à des intervalles de temps égaux. La forme la plus simple et la plus importante d'un courant alternatif peut être représentée graphiquement par une courbe

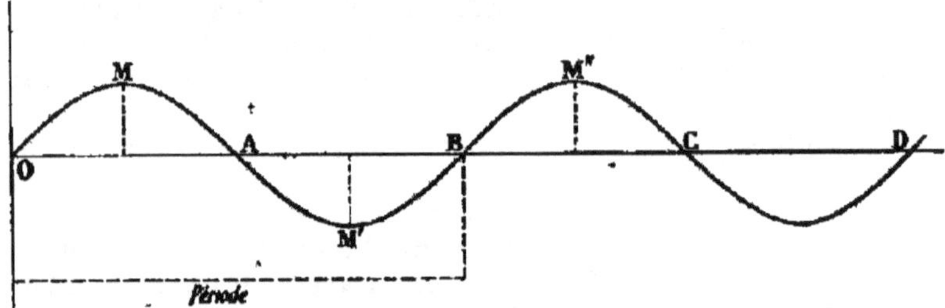

Fig. 347. — Courbe figurant les variations d'un courant alternatif.

sinusoïdale (*fig.* 347), obtenue en portant les temps en abscisses, et les forces électromotrices du courant en ordonnées. La force électromotrice du courant a une valeur qui augmente graduellement à partir de O, atteint un maximum en M, décroît ensuite, devient nulle en A, puis change de sens et reprend successivement les mêmes valeurs que précédemment, mais en sens inverse et ainsi de suite. Le temps nécessaire au courant pour accomplir un cycle complet ou, en d'autres termes, le temps qui s'écoule entre deux passages successifs du courant par les mêmes valeurs avec le même sens, porte le nom de *période*.

La durée OA qui sépare deux changements de signe est une *demi-période*. Enfin le nombre des périodes par seconde s'appelle la *fréquence* du courant alternatif et sert à caractériser ce courant.

Les courants alternatifs que l'on utilise dans l'industrie électrique sont bien périodiques, par le fonctionnement même des machines qui les produisent; mais, en général, on ne connaît pas la relation précise qui lie les forces électromotrices d'induction aux temps. Pour pouvoir soumettre au calcul les emplois des courants alternatifs, on admet que cette force électromotrice est une fonction sinusoïdale du temps, ce qui est exact dans certains cas, et suffisamment approximatif dans la plupart des autres. Admettons que dans la courbe de la figure 348, les ordonnées maxima aient pour valeur 35, et que la durée d'une période soit de $\frac{1}{50}$ de seconde. Aux valeurs remarquables du temps $\frac{1}{200}$, $\frac{1}{100}$, $\frac{3}{200}$ et $\frac{1}{50}$ de seconde, correspondent les valeurs 35, 0, -35 et 0 de la force électromotrice. On voit que ces valeurs rentrent dans la formule

$$E = 35 \sin (50 \times 2\pi t) = 35 \sin \frac{1}{\left(\frac{1}{50}\right)} 2\pi t.$$

D'une façon générale, si A représente la force électromotrice maxima obtenue, T la durée d'une période, la force électromotrice d'un courant alternatif est donnée par la relation

$$E = A \sin 2\pi \frac{t}{T}.$$

Cette force électromotrice variable produit un courant d'intensité variable dans un circuit de résistance déterminée. On évite d'avoir à tenir compte de ces variations par la considération des forces électromotrices *efficaces* et des intensités *efficaces*.

INTENSITÉS EFFICACES. — D'après la loi de Joule, un courant alternatif dégage à chaque instant dont la durée est θ une quantité de chaleur égale à $I^2R\theta$, R étant la résistance du circuit. Or l'expérience permet de mesurer la somme Q des quantités telles que $I^2R\theta$ dégagées pendant un temps T. L'intensité I_e du courant continu qui, dans le même temps T et dans le même circuit, aurait dégagé la même quantité de chaleur Q, s'appelle l'*intensité efficace* du courant alternatif.

Le calcul montre que cette intensité efficace est égale à l'intensité maxima I_m du courant divisée par $\sqrt{2}$. On a donc

$$I_e = \frac{I_m}{\sqrt{2}} = \frac{I_m\sqrt{2}}{2} = 0{,}707.I_m.$$

FORCES ÉLECTROMOTRICES EFFICACES. — On appelle *force électromotrice efficace* la force électromotrice qui donnerait, dans un circuit de même résistance, un courant continu ayant pour intensité constante l'intensité efficace.

Elle est liée à la force électromotrice maxima par la même relation :

$$E_e = \frac{E_m}{\sqrt{2}} = 0{,}707E_m.$$

Quand on parle de l'intensité et de la force électromotrice d'un courant alternatif, c'est toujours de l'intensité efficace et de la force électromotrice efficace qu'il est question.

Les intensités et les forces électromotrices efficaces se mesurent avec précision à l'aide des électrodynamomètres ; dans l'industrie on emploie des ampèremètres et des voltmètres thermiques (223).

Il est à remarquer que la force électromotrice et l'intensité moyennes, pendant la durée d'une période, sont nulles.

PUISSANCE OU ÉNERGIE D'UN COURANT ALTERNATIF. — L'énergie disponible d'un courant alternatif est égale à la quantité de chaleur I_e^2R que peut dégager le courant dans un circuit où il ne produit point d'autre travail, et comme $I_eR = E_e$ par définition, on a

$$W = E_eI_e.$$

Généralement le circuit parcouru par le courant alternatif contient des bobines ; l'apparition et la cessation très fréquentes de courants de sens variables y donnent naissance à des courants de self-induction, qui absorbent une partie de l'énergie et dont l'effet est de *diminuer* la puissance disponible. Cette puissance est donc *toujours* inférieure à $E_e I_e$.

Courants polyphasés. — Considérons deux circuits séparés parcourus par deux courants alternatifs identiques, mais en retard l'un sur l'autre (*fig.* 348). Le courant O' qui

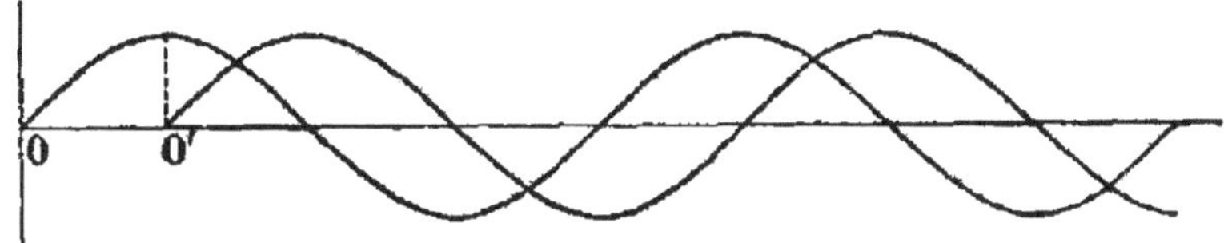

Fig. 348. — Diagramme de courants diphasés.

parcourt le second circuit prendra, par exemple, naissance au moment où l'autre atteindra dans le premier conducteur son intensité maxima. Ces deux courants passeront par les mêmes intensités à des moments différant entre eux de la quantité constante OO' ; ils présentent, comme on dit, une *différence de phase*, ou encore un *décalage*, de 1/4 de période ; leur ensemble forme deux courants *diphasés*.

Considérons maintenant trois circuits séparés parcourus simultanément par trois courants alternatifs de même période, de même intensité, mais décalés chacun de $\frac{1}{3}$ de période par rapport au précédent (*fig.* 349) ; nous aurons

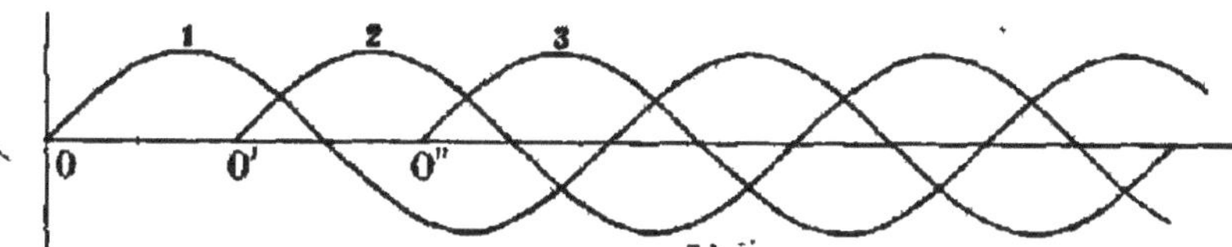

Fig. 349. — Diagramme de courants triphasés.

des courants *triphasés*.

Les courants alternatifs simples sont appelés, par généralisation, courants *monophasés*. Pratiquement, on désigne sous le nom de *phase* un quelconque des courants polyphasés.

COURANTS DIPHASÉS. — L'un des courants étant représenté par la relation

$$E_1 = A \sin \alpha \qquad \left(\alpha \text{ désignant simplement } 2\pi\frac{t}{T}\right),$$

le second le sera évidemment par

$$E_2 = A \sin\left(\alpha - \frac{2\pi}{4}\right).$$

Les intensités seront représentées par des relations identiques mais dans lesquelles A représenterait l'intensité maxima et non plus la force électromotrice maxima ; par suite, la somme des intensités de deux courants diphasés est

$$I = A \sin\alpha + A \sin\left(\alpha - \frac{2\pi}{4}\right) = A(\sin\alpha + \cos\alpha),$$

dont le maximum (facile à trouver par les procédés élémentaires de calcul) est $A\sqrt{2}$.

Les deux courants diphasés étant envoyés chacun dans un conducteur, on peut les faire revenir tous deux au générateur par un même conducteur de retour. Les deux conducteurs de départ seront parcourus par des courants dont l'intensité maxima a pour valeur A, et le conducteur de retour par un courant dont l'intensité est la somme des deux précédentes et par conséquent n'atteindra jamais 2A, mais seulement $A\sqrt{2}$.

COURANTS TRIPHASÉS. — Les trois courants triphasés sont représentés par les relations

$$E_1 = A \sin\alpha,$$

$$E_2 = A \sin\left(\alpha - \frac{2\pi}{3}\right),$$

$$E_3 = A \sin\left(\alpha - \frac{4\alpha}{3}\right),$$

et la somme des intensités sera, comme pour les courants diphasés,

$$I = A\left[\sin\alpha + \sin\left(\alpha - \frac{2\pi}{3}\right) + \sin\left(\alpha - \frac{4\pi}{3}\right)\right]$$

$$= A\left[\sin\alpha\left(1 + \cos\frac{2\pi}{3} + \cos\frac{4\pi}{3}\right) - \cos\alpha\left(\sin\frac{2\pi}{3} + \sin\frac{4\pi}{3}\right)\right].$$

Il suffit de considérer un triangle équilatéral inscrit pour

voir que $\cos\frac{2\pi}{3} = \cos\frac{4\pi}{3} = -\frac{1}{2}$

et que $\sin\frac{2\pi}{3} = -\sin\frac{4\pi}{3}$.

Les deux facteurs entre parenthèses sont donc nuls et la somme I est égale à zéro.

Il en résulte que si l'on réunit trois courants triphasés pour les faire revenir par un même fil, ce quatrième fil ne sera parcouru par aucun courant et sera par conséquent inutile. Les courants triphasés *n'ont donc pas besoin de fil de retour*, pourvu qu'ils soient réunis tous trois en un point ; l'un quelconque des fils sert à chaque instant de fil de retour pour les deux autres courants. Puisque l'on a $I_1 + I_2 + I_3 = 0$, on a toujours, par exemple,

$$I_2 = -(I_1 + I_3).$$

Cherchons enfin *la différence des forces électromotrices entre deux courants triphasés*. Effectuons la différence $E_1 - E_2$; il vient

$$\begin{aligned} E_1 - E_2 &= A\left[\sin\alpha - \sin\left(\alpha - \frac{2\pi}{3}\right)\right] \\ &= 2A \sin\frac{\pi}{3}\cos\left(\alpha - \frac{\pi}{3}\right) \\ &= A\sqrt{3}\cos\left(\alpha - \frac{\pi}{3}\right). \end{aligned}$$

Si l'on réunit deux points de deux des trois fils ou, autrement dit, si l'on réunit deux des phases par le fil AB (*fig.* 350), il règnera entre A et B à chaque instant une différence de potentiel exprimée par

$$A\sqrt{3}\cos\left(\alpha - \frac{\pi}{3}\right).$$

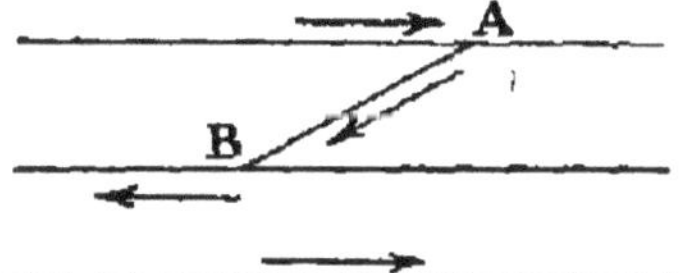

Fig. 350. — Réunion de deux des phases de courants triphasés.

Cette différence de potentiel donnera naissance à un courant alternatif de même période et dont l'intensité maxima (et par conséquent l'intensité efficace) sera égale à celle des courants donnés multipliée par $\sqrt{3}$.

Puissance transmise par les courants alternatifs. — En appelant E_e et I_e le potentiel et l'intensité efficaces pour chaque phase aux bornes des génératrices, on démontre que la puissance d'un courant monophasé a sensiblement pour valeur E_eI_e, celle d'un courant diphasé $E_eI_e\sqrt{2}$, et celle d'un courant triphasé $E_eI_e\sqrt{3}$. Cette dernière n'est pas le triple de ce que serait la puissance de chaque circuit considérée isolément, ayant E_e et I_e, mais aussi elle n'exige pas, pour être créée, le triple de ce qu'il faudrait pour créer la puissance E_eI_e dans une circulation monophasée.

Applications des courants alternatifs. — Les courants alternatifs sont susceptibles des mêmes applications que les courants continus, sauf qu'ils ne conviennent point aux opérations chimiques (électrolyse et chargement des accumulateurs). Les conditions de leur emploi sont, comme nous le montrerons plus loin, particulièrement avantageuses pour les *transports de force à grande distance*, surtout sous la forme de courants polyphasés.

249. Alternateurs monophasés. — Les alternateurs peuvent être groupés, comme les dynamos à courant con-

Fig. 351. — Alternateur à anneau (Labour).

tinu, en alternateurs à *anneau*, à *tambour*, et à *disque*. Il en existe une autre catégorie, les alternateurs à *fer tournant*. Les électro-aimants de tous ces alternateurs sont excités par un courant continu produit par une petite dynamo spéciale, généralement calée sur l'arbre même de l'alternateur (quelquefois commandée par une courroie). Elle se voit très bien sur la figure 351 (alternateur Labour.)

Les alternateurs n'ont pas besoin de collecteurs. L'induit ou l'inducteur peuvent être mobiles, mais c'est généralement l'inducteur qui tourne. Dans ce cas, le courant excitateur est pris par celui-ci au moyen de deux bagues sur lesquelles appuient des frotteurs. Le courant produit est recueilli au moyen de deux bornes fixes. Cet ensemble

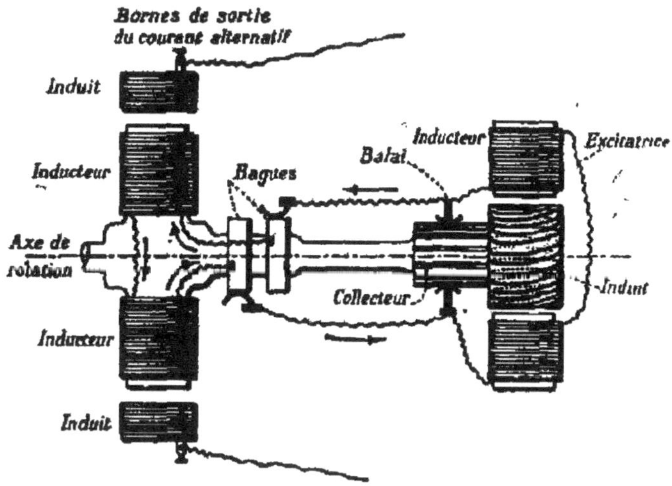

Fig. 352. — Schéma d'un alternateur monophasé.

peut se représenter par le schéma ci-dessus (*fig.* 352). On en voit bien les détails sur la figure 364 (alternateur triphasé de Fives-Lille).

Dans l'industrie, on représente généralement, dans les projets d'installation, les alternateurs par le schéma suivant (*fig.* 353). On remarquera la disposition du rhéostat d'excitation, et on se rendra compte sans peine que le déplacement à la main, des contacts M dans le sens de la flèche permet d'introduire des résistances supplémentaires à la fois dans le circuit général de l'excitatrice (c'est-à-dire dans l'inducteur de l'alternateur) et dans le circuit inducteur de l'excitatrice. Ces deux causes concourent à diminuer l'intensité du cou-

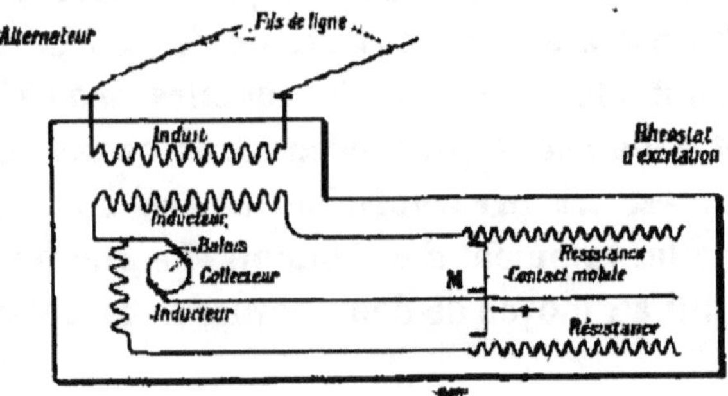

Fig. 353. — Schéma industriel d'un alternateur monophasé.

rant inducteur de l'alternateur et par suite la *puissance* de cet alternateur; il est indispensable de pouvoir pratiquer cette opération — et l'opération inverse — pour régler le nombre de watts que doit fournir l'alternateur suivant la demande de la consommation de travail ou de chaleur dans le circuit d'utilisation.

Alternateurs à anneau. — L'induit de ces alternateurs est un anneau autour duquel sont enroulées des *spires* dans lesquelles prend naissance le courant alternatif. Nous donnerons comme exemple une section de l'*alternateur de Gramme*.

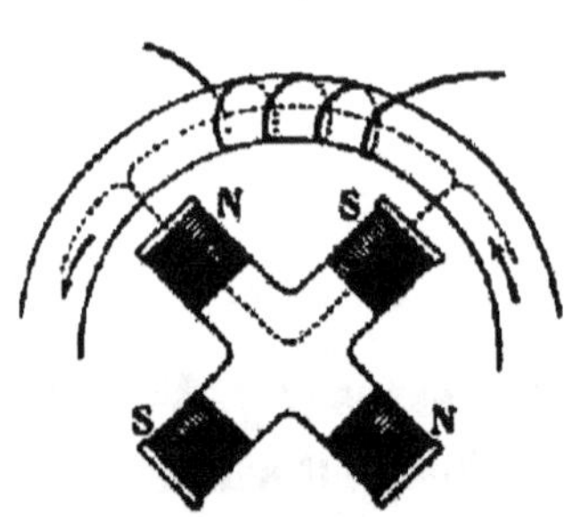

Fig. 354. — Section schématique de l'alternateur de Gramme.

L'inducteur est en forme d'étoile (*fig.* 354) et les pôles des électro-aimants sont alternés. Les flux magnétiques se ferment par l'anneau à travers les spires. Quand l'inducteur tourne, les flux consécutifs qui traversent la bobine varient, changent de sens et donnent naissance à des courants alternatifs.

Alternateurs à tambour. — Ces alternateurs diffèrent des précédents, non seulement par la forme de la carcasse de l'induit, mais encore par la manière dont y est fait l'enroulement.

L'induit, généralement fixe, se compose d'un grand anneau, à l'intérieur duquel sont placées des bobines plates A, B, C.... (*fig.* 355). L'inducteur a une forme étoilée; ses pôles sont alternés et en nombre égal à celui des bobines.

Supposons que l'inducteur se déplace vers la droite. Quand les pôles N et S s'éloignent des bobines A et B, le flux qui traverse les bobines diminue d'abord et il s'y produit par suite un courant de sens direct, suivant les flèches *f*. Les courants produits dans deux bobines consécutives sont de sens contraires, mais on les amène à être de même sens partout en reliant convenablement les bobines. Quand N est venu devant B et S devant C, le sens du flux change, et en même temps le sens du courant.

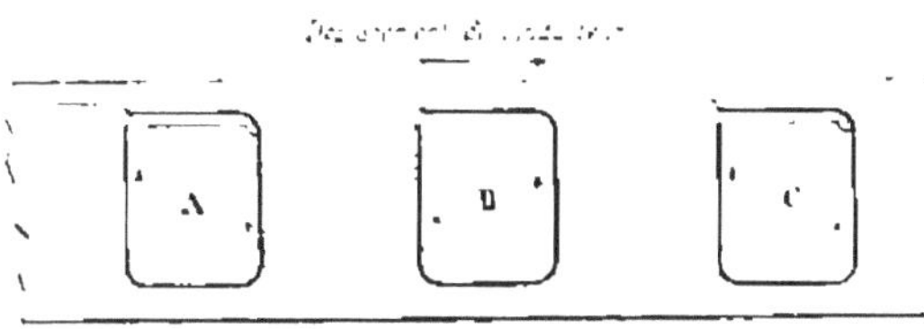

Portion de l'induit, vue par dessous, montrant l'enroulement théorique de trois bobines.

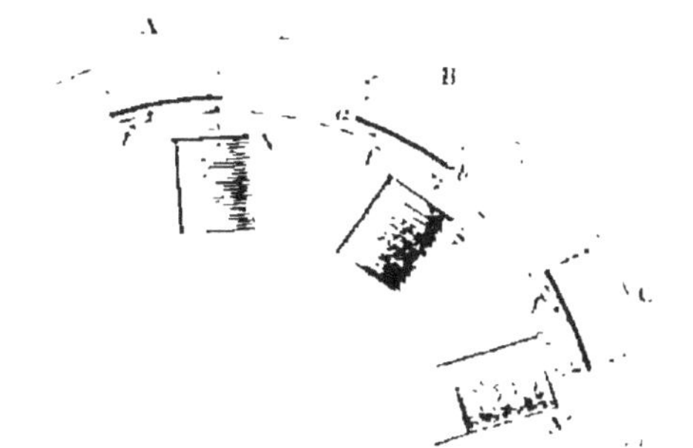

Fig. 355 — Formation des courants dans un alternateur à tambour.

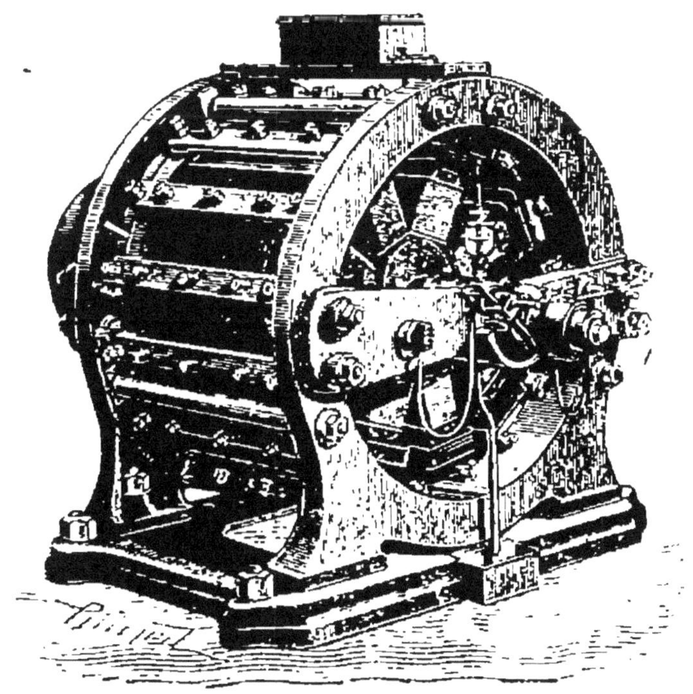

Fig. 356. — Alternateur Zipernowski.

Nous donnerons comme exemple d'alternateur à tambour *l'alternateur Zipernowski* (*fig.* 356).

Alternateurs à disque. — Dans les alternateurs à disque, les pôles de l'inducteur, au lieu d'être disposés en étoile, forment deux couronnes entre lesquelles se trouvent les bobines induites. Nous citerons comme exemple l'*alternateur Siemens*, qui est le premier type des alternateurs à disque.

L'induit mobile se compose d'une série de bobines plates (*fig.* 357), enroulées alternativement en sens contraires et tournant d'un mouvement uniforme entre deux séries parallèles d'électro-aimants fixes. Le nombre des bobines est égal à celui des électro-aimants de chaque série. Le courant qui actionne ce dernier détermine la formation de pôles qui sont alternativement de noms contraires, les pôles en regard de deux électro-aimants étant eux-mêmes de noms contraires.

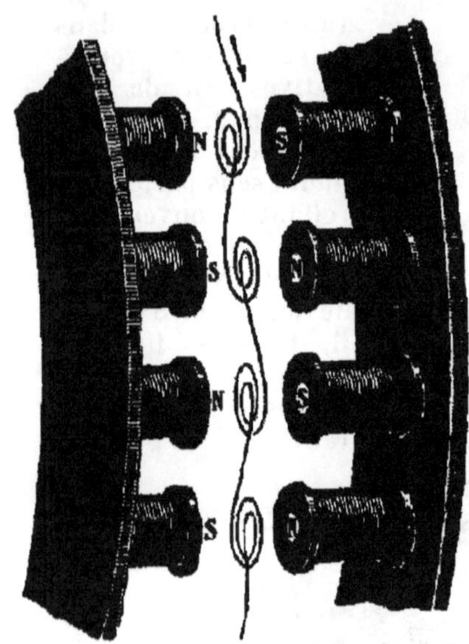

Fig. 357. — Distribution des pôles dans l'alternateur de Siemens.

Lorsque l'induit tourne, chaque bobine est traversée par des lignes de force qui sont alternativement de sens contraires ; mais au moment où les bobines paires, par exemple, sont traversées par des lignes de force ayant un certain sens, les bobines impaires le sont par des lignes de force ayant un sens opposé. Comme le sens de l'enroulement est inverse sur les bobines de parité différente, les courants développés dans toutes les bobines s'ajoutent. Le changement de sens du courant dans chaque bobine se produit quand les axes des bobines coïncident avec ceux des noyaux des électros.

Alternateurs à fer tournant. — Ces alternateurs sont à inducteur et induit fixes. L'inducteur produit son flux à travers un fer en forme d'U, qui forme un circuit magnétique non fermé, de sorte que ce flux se perd normalement en grande partie dans l'air, et ne passe tout entier dans les branches de l'U que si l'on applique une pièce métallique sur les deux extrémités de cet inducteur (230).

Soient A une bobine inductrice qui fait naître deux pôles en N et S (*fig.* 358), et B et C deux bobines induites. Le flux ne peut passer à travers ces bobines que lorsqu'une pièce massive DE (*fer tournant*) est venue, par une rotation autour de l'axe OO', se placer devant NS. Lorsque la pièce DE s'approche de NS, le flux augmente ; il se produit dans les bobines B et C des courants de sens négatif (mais tous deux de sens contraires), que l'on amène par des enroulements convenables à devenir de même sens dans le circuit extérieur. Lorsque la pièce DE s'éloigne, le flux diminue et les courants induits changent de sens.

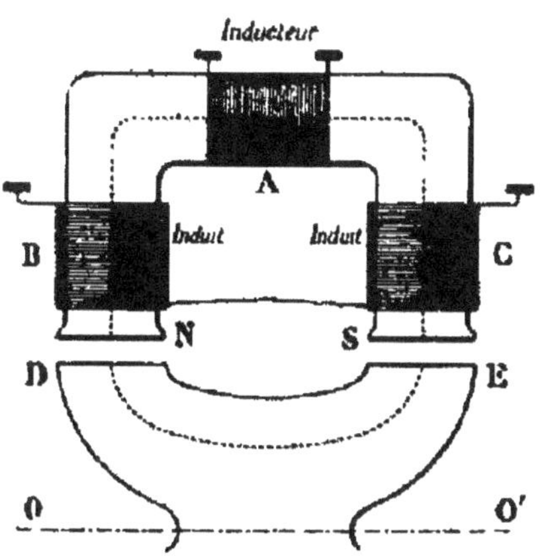

Fig. 358. — Principe des alternateurs à fer tournant.

Les alternateurs à fer tournant ont l'avantage de ne présenter ni balais, ni anneau, les prises de courant se faisant toutes par des poupées fixes.

250. Alternateurs diphasés. — Considérons un alternateur de Gramme (249) simplifié, composé seulement d'un inducteur mobile à deux pôles (*fig.* 359) et de quatre bobines disposées à 90° sur un anneau fixe en fer doux. Les bobines diamétralement opposées sont réunies entre elles, et l'enroulement est tel que, si l'on fait le tour de l'anneau, on trouve successivement deux bobines enroulées dans le même sens, puis deux bobines enroulées chacune en sens contraire des précédentes.

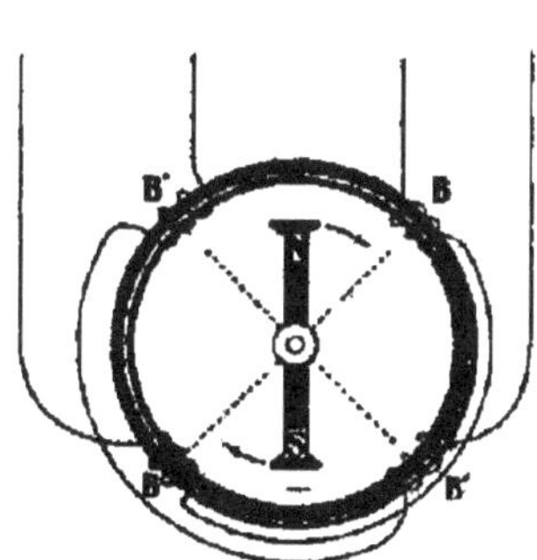

Fig. 359. — Principe de la formation des courants diphasés.

Appliquons maintenant à une rotation complète de l'inducteur les principes que nous avons exposés pour la théorie de la machine de Gramme. Nous trouverons facilement que la force électromotrice d'induction dans les bobines BB, d'abord nulle quand l'inducteur est suivant B'B', croît, est maxima quand les pôles passent dans la ligne BB, puis décroît, et redevient nulle lorsque l'inducteur est suivant B'B' ; elle croît ensuite de nouveau, mais en sens contraire, jusqu'au passage de l'inducteur dans la ligne BB, et ainsi de suite. Des variations analogues de force électromotrice se produiront en même temps dans les bobines B'B', sauf que cette force sera maxima lorsque la force électromotrice dans les bobines BB sera nulle, et inversement. Le diagramme de ces deux forces électromotrices représentera deux courants alternatifs présentant entre eux un décalage d'un quart de période.

Les alternateurs à courants diphasés sont construits d'après le principe que nous venons d'exposer (*fig.* 360). Ils renferment les mêmes parties essentielles que les alternateurs monophasés, mais le nombre des bobines induites est toujours *double* de celui des pôles inducteurs. Le fil des bobines B, B,... est successivement enroulé dans un sens et dans l'autre ; de même, pour le fil des bobines B', B',... Les inducteurs peuvent être mobiles et les induits fixes, ou inversement. Enfin, le transport des courants n'exigeant que trois fils, deux des extrémités des fils des bobines sont réunies pour former le fil de retour commun. Ces extrémités, réduites ainsi à trois, aboutissent à trois bagues, sur lesquelles des frotteurs viennent prendre les courants.

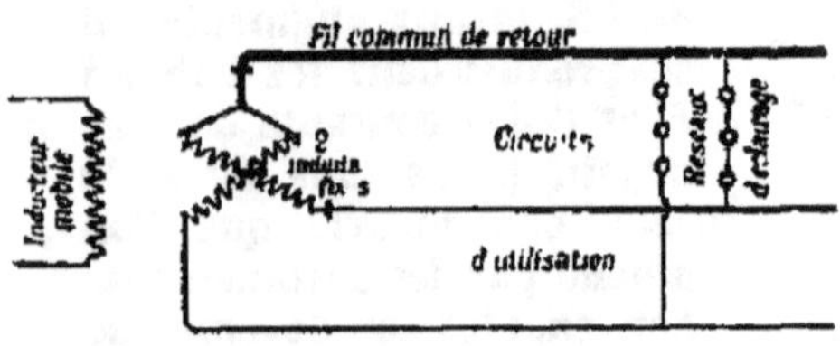

Fig. 360. — Schéma d'un alternateur diphasé.

Les alternateurs diphasés ont, à dimensions égales, une puissance supérieure à celle des alternateurs monophasés.

251. Alternateurs triphasés. — La formation des courants triphasés s'explique comme celle des courants diphasés, mais en prenant trois bobines au lieu de deux pour chaque pôle inducteur.

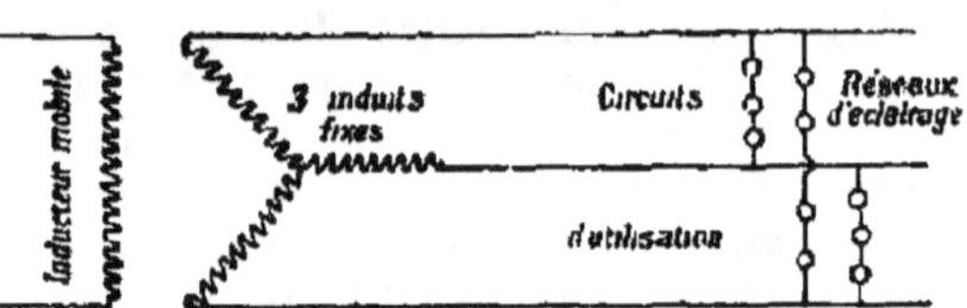

Fig. 361. — Schéma d'un alternateur triphasé monté en étoile.

Les bobines BB, B'B', B"B" étant réunies, et l'enroulement se faisant encore successivement dans un sens et dans l'autre pour les bobines de même nom, les trois circuits seront parcourus par trois courants alternatifs dont le décalage est de $\frac{1}{3}$ de période. Comme nous l'avons montré, trois fils suffisent pour les trois courants, un fil quelconque pouvant servir de fil de retour aux deux autres. Les circuits d'utilisation reçoivent deux dispositions principales : le montage en *étoile* et le montage en *trian*-

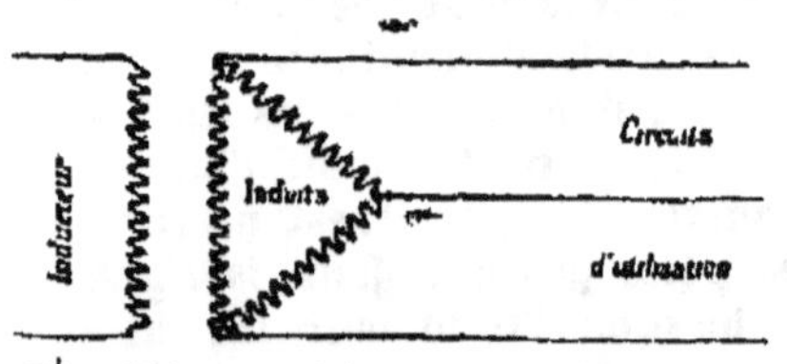

Fig. 362. — Schéma d'un alternateur triphasé monté en triangle.

gle. Le schéma de ces deux montages est donné par les figures 361 et 362.

On réalise très simplement un alternateur triphasé en enlevant les balais à une dynamo de Gramme et en faisant sur l'anneau trois prises équidistantes aboutissant chacune à une bague continue et isolée. Ces trois bagues, calées sur l'arbre de l'anneau, reçoivent trois frotteurs de chacun desquels part un fil de ligne. Quand on fait tourner l'anneau dans le champ de l'inducteur, chaque fil de ligne est parcouru par un courant et l'un quelconque de ces courants est égal et directement opposé à la somme des deux autres. La figure 363 représente un modèle très simple pour laboratoires construit par Ducretet. Le collecteur habituel de l'anneau de

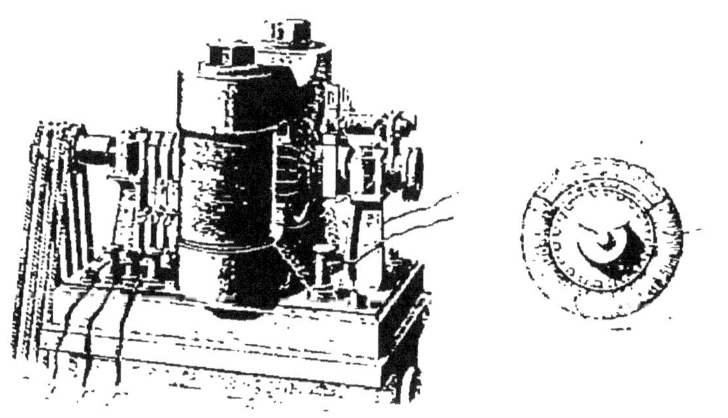

Fig. 363. — Dynamo à courants triphasés de Ducretet.

Gramme se trouve maintenu sans changement, de sorte qu'une telle machine peut produire à volonté un courant continu recueilli par les balais BB' sur le collecteur, et des courants triphasés récoltés sur les trois bagues par les trois frotteurs *a*, *b*, *c*. Dans ce dernier cas, les fils f, f', f'' sont parcourus par des courants alternatifs décalés, l'un par rapport à l'autre, d'un tiers de période, chaque fil servant à chaque instant de retour aux courants qui parcourent les deux autres fils.

Les alternateurs triphasés *industriels* contiennent trois fois plus de bobines que de pôles inducteurs : ils présentent une puissance plus élevée que celle obtenue avec les courants alternatifs simples ou diphasés, pour des conditions analogues de vitesse et de rendement. La figure 364 montre un alternateur triphasé (Cie de Fives-Lille).

Fig. 364. — Alternateur triphasé de la Cie de Fives-Lille.

252. Considérations générales sur les alternateurs. — Applications. — Les alternateurs permettent d'obtenir des forces électromotrices plus élevées que les dynamos à courant continu. Cette propriété importante résulte de l'absence de collecteur. Dans toute machine à courant continu, les lames du collecteur sont à des potentiels différents et des courants tendent à prendre naissance entre ces lames à travers les feuilles de mica qui les séparent. L'impossibilité d'obtenir l'isolement absolu des lames du collecteur limite les potentiels que l'on peut atteindre.

En revanche, les courants alternatifs sont plus dangereux, à tension égale, que les courants continus. La force électromotrice ordinairement adoptée varie entre 1 000 et 3 000 volts, mais on utilise des forces électromotrices de 5 000 et même de 10000 volts. L'intensité est relativement peu élevée. La puissance peut s'élever à 8000 chevaux et le rendement industriel varie de 85 à 95 °/₀ suivant que la puissance est plus ou moins élevée. Enfin la fréquence, c'est-à-dire le nombre des périodes par seconde, varie de 25 à 130.

Applications. — Les alternateurs n'étaient guère utilisés à l'origine que pour l'éclairage électrique par les bougies ; ils ont acquis depuis quelques années une très grande importance parce qu'ils se prêtent facilement à la transformation de l'énergie électrique en énergie mécanique et permettent de transporter cette dernière à de grandes distances. Ils sont, en effet, réversibles comme les dynamos à courant continu : leur emploi comme moteurs est cependant sujet à des difficultés spéciales qui ne les rendent réellement pratiques que par l'usage des courants polyphasés, comme nous le verrons plus loin.

TRANSFORMATEURS

253. Principe et définitions. — Les machines d'induction que nous venons d'étudier produisent des courants par variation des flux magnétiques qui traversent des circuits fermés. La variation des flux s'obtient toujours soit par déplacement du flux lui-même (machines à inducteur mobile ou à fer tournant), soit par déplacement du circuit à travers un flux fixe (machines à induit mobile). Dans les *transformateurs*, la variation du flux inducteur est produite par une variation d'intensité du courant qui donne naissance à ce flux.

Considérons deux circuits indépendants C et C' enroulés, le premier autour de la moitié gauche d'un anneau de fer doux (*fig.* 365), le second, autour de la moitié droite. Si l'on fait passer dans le circuit C un courant alternatif dont l'intensité varie suivant la relation sinusoïdale ou à peu près, il se produira dans tout l'anneau un flux magnétique dont la valeur est, à chaque instant, proportionnelle à l'intensité (233). Par suite de cette variation sinusoïdale du flux qui traverse le circuit C', une force électromotrice variant suivant la même loi se développe dans ce second circuit et y produit un courant alternatif. Si le circuit C' comporte peu de spires, la force électromotrice développée sera faible, mais comme la résistance de ce circuit est ainsi diminuée, l'intensité sera relativement forte. Cet effet est encore augmenté si le fil du circuit C' est gros, c'est-à-dire peu résistant.

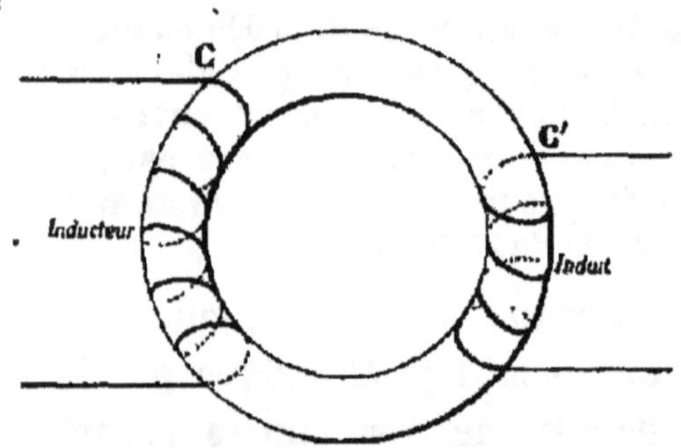

Fig. 365. — Principe des transformateurs.

Le circuit C constitue l'inducteur et s'appelle le *circuit primaire* ; le circuit C' constitue l'induit et s'appelle le *circuit secondaire*. Les courants qui les parcourent portent les mêmes noms.

L'énergie du courant primaire, qui est *à peu près* $E_e I_e$, doit se retrouver tout entière dans le courant secondaire, puisqu'il n'intervient entre eux aucune énergie étrangère. On a donc, en appelant e_e et i_e les qualités du courant induit, et en négligeant les pertes dues aux échauffements des fils, à l'hystérésis du noyau, etc.,

$$E_e I_e = e_e i_e.$$

Le rapport de ces deux produits est le *rendement* du transformateur ; il est généralement très élevé. Le produit $E_e I_e$ s'appelle sa *puissance*.

Le calcul et l'expérience montrent que les deux forces électromotrices E_e et e_e sont entre elles comme les nombres N et n des spires constituant le circuit primaire et le circuit secondaire. On a donc

$$e_e = E_e \frac{n}{N}.$$

Ce rapport $\frac{n}{N}$ caractérise un transformateur.

Exemple. — Le circuit primaire possède 10 000 tours, le secondaire 400 seulement. Faisons parcourir le primaire par un courant alternatif dont la force électromotrice (efficace) est 3 000 volts et l'intensité (efficace) 4 ampères. La puissance de ce courant sera un peu inférieure à 12 000 watts.

Le secondaire sera le siège d'une force électromotrice égale à $\frac{400}{10\,000} \times 3\,000 = 120$ volts (efficaces). Elle donnera naissance à un courant dont la puissance sera encore (au rendement près) 12 000 watts, et dont l'intensité sera par conséquent 100 ampères (efficaces).

Le rapport de transformation est égal, ici, à 0,25.

En résumé, un transformateur remplit son rôle de machine électromagnétique *en transformant une énergie électrique donnée par* E *volts et* I *ampères en une autre énergie électrique équivalente mais donnée par e volts et i ampères.*

254. Différentes sortes de transformations. — Des transformateurs identiques, associés 2 par 2 ou 3 par 3 et recevant des courants diphasés ou triphasés, rendront des courants diphasés ou triphasés ayant subi respectivement une même transformation. Les transformateurs ainsi formés s'appellent des transformateurs *polyphasés*.

Les courants continus sont susceptibles de transformation analogue : les *accumulateurs* par exemple (Ch. XXII) sont des transformateurs de courants continus. A part ce cas particulier, cette transformation nécessite l'intermédiaire de l'énergie mécanique. Un

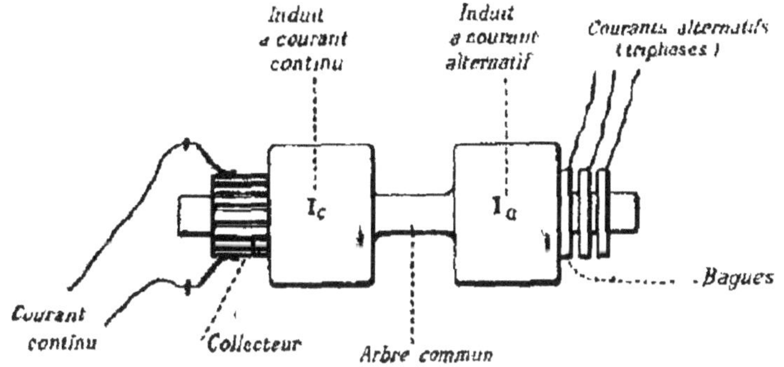

Fig. 366. — Schéma d'un transformateur rotatif.

courant continu, de E volts et I amperes, fait tourner un moteur électrique sur l'arbre duquel peut être calé un induit qui, fonctionnant comme génératrice, produit un nouveau courant de *e* volts et *i* ampères.

Les courants continus peuvent également être transformés en courants alternatifs, simples ou polyphasés : il suffit que dans le dispositif précédent, l'induit calé sur le moteur soit celui d'un alternateur (*fig.* 366).

Enfin, si c'est dans ce dernier qu'on envoie des courants alternatifs, l'appareil fonctionne en sens inverse, et on recueille de l'autre côté un courant continu.

Ces transformateurs, que l'on appelle *rotatifs*, consomment en pure perte toute l'énergie nécessaire au mouvement de leurs parties mobiles. Leur rendement sera donc beaucoup plus faible que celui des précédents.

Les deux induits I_c et I_a peuvent être enroulés sur un même anneau de fer doux. Le transformateur prend alors le nom de *commutatrice*.

Le transformateur *Leblanc* — dont il est impossible de donner ici même le principe — permet d'effectuer toutes les transformations possibles au moyen d'organes *tous immobiles*, sauf un collecteur dont le mouvement n'absorbe qu'une quantité d'énergie insignifiante.

La figure 367 donne l'aspect d'un *transformateur triphasé de la Cie de Fives-Lille*. On voit les trois barreaux de fer doux

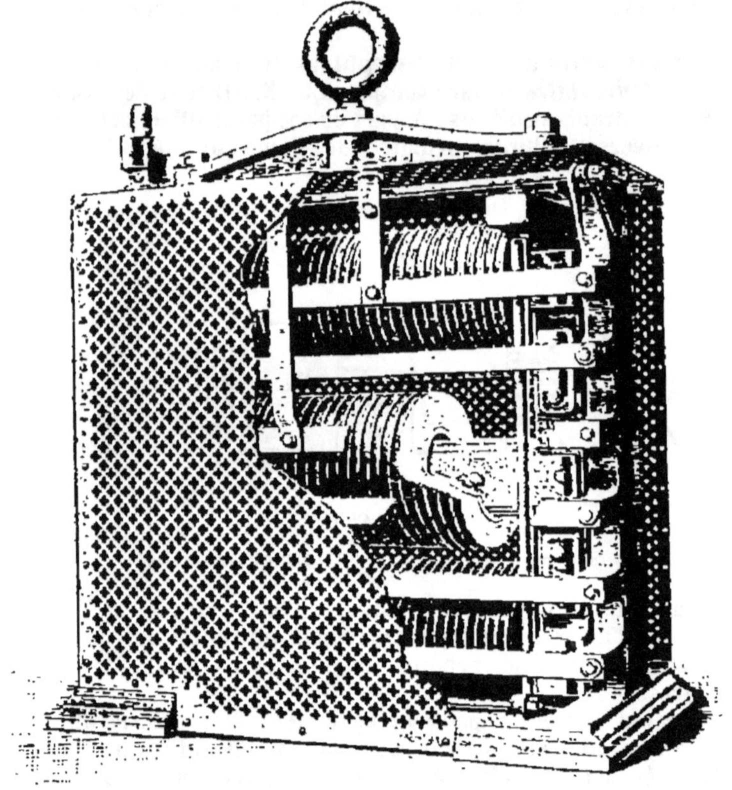

Fig. 367. — Transformateur triphasé de la Cie de Fives-Lille.

autour desquels sont enroulées des séries de bobines juxtaposées appartenant alternativement au circuit primaire et au circuit secondaire. Chaque barreau constitue un transformateur monophasé. Les trois barreaux sont réunis par des culasses, également en fer, par lesquelles les flux magnétiques se ferment.

Nous ajouterons que l'on cherche à atténuer le plus possible les pertes qui se produisent dans les transformateurs : on détruit par des courants d'air l'échauffement résultant de ces pertes. On veille spécialement à ce que les fils soient bien isolés, car les hautes tensions des courants qui circulent entre deux fils très voisins pourraient amener des étincelles et les isolants se trouveraient percés.

MOTEURS ÉLECTRIQUES

255. Définition et classification. — On donne le nom de moteur électrique à toute machine dans laquelle le mouvement est dû à un courant électrique.

Les premiers moteurs électriques étaient plutôt des appareils de laboratoire ; ils étaient fondés sur l'attraction du

Fig. 368. — Moteur électrique ancien.

fer doux par les électro-aimants. La figure 368 représente un de ces moteurs. Une roue à cames, montée sur le même axe qu'une roue à palettes de fer doux et tournant avec elle, était intercalée sur le circuit d'une pile ; le courant se trouvait alternativement rétabli et interrompu par cette roue à cames, ce qui produisait une aimantation et une désaimantation successives des électro-aimants, de là une rotation de la roue à palettes.

Les moteurs modernes sont basés sur la *réversibilité* des machines électromagnétiques (240). Soient deux dynamos dont les balais sont réunis par un double fil de ligne ; si l'on fait tourner l'une d'elles, il se produit un courant qui traverse la ligne, arrive à l'autre machine et met son induit en mouvement, la rendant ainsi susceptible de fournir du travail utilisable. La dynamo qui fournit le courant porte le nom de *génératrice* ; celle qui est actionnée par le courant, le nom de *réceptrice.* L'énergie mécanique du moteur de la génératrice est transformée en énergie électrique et transmise sous cette forme à la réceptrice, qui la convertit en énergie mécanique en jouant à son tour le rôle de *moteur.*

Les moteurs électriques comprennent deux grands groupes :

1° les moteurs à courant continu ;

2° les moteurs à courants alternatifs ou *alternomoteurs.* Les alternomoteurs peuvent être à courants monophasés ou à courants polyphasés.

256. Moteurs à courant continu. — Les moteurs à courant continu sont constitués exactement comme les dynamos à courant continu que nous avons étudiées. Au lieu de recevoir de l'énergie mécanique et de produire de l'énergie électrique, ils reçoivent de l'énergie électrique qui les met en mouvement et ils produisent de l'énergie mécanique.

Dans les ateliers, ils sont ordinairement blindés (*fig.* 369) et préservés ainsi de tout accident.

Les balais des moteurs doivent être calés en arrière du mouvement de rotation et non en avant comme dans la génératrice.

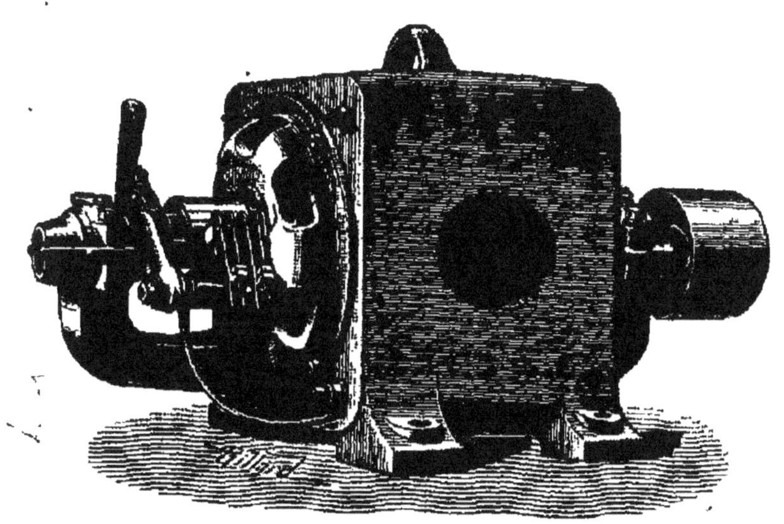

Fig. 369. — Moteur à courant continu.

Quand le moteur est mis en marche (*démarrage*), l'intensité du courant est très grande et dépasse de beaucoup les limites normales ; on a toujours soin d'intercaler à ce moment une résistance plus ou moins grande dans le circuit. On se sert pour cela de *rhéostats de démarrage*, constitués par une série de résistances différentes, aboutissant à autant de plots (*fig.* 370) sur lesquels on peut déplacer une manette.

Fig. 370. — Rhéostat de démarrage.

Considérons l'ensemble d'une génératrice et d'un moteur et appelons I l'intensité du courant fourni par la génératrice, E la force électromotrice correspondante, R et R′ les résistances intérieures de la génératrice et du moteur, r la résistance des fils de communication. La génératrice, animée par une chute d'eau ou une machine à vapeur, reçoit de l'énergie mécanique et rend en échange une quantité d'énergie électrique EI watts. De cette énergie EI, une partie seulement est disponible sur l'arbre du moteur et peut être représentée par E'I, l'autre partie se transforme en chaleur dans la génératrice, les fils et le moteur, et a pour valeur $I^2(R + r + R')$. On a donc, d'après le principe de la conservation de l'énergie,

$$EI = E'I + I^2(R + r + R')$$

E' s'appelle la force *contre-électromotrice* du moteur.

On ne mesure pas directement E et E'. On intercale des voltmètres entre les bornes de la génératrice et du moteur (*fig.* 371), et l'on obtient ainsi les différences de potentiel *e*

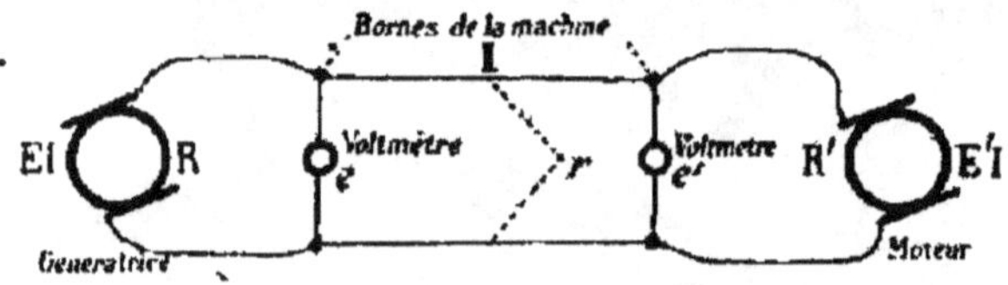

Fig. 371. — Mesure des différences de potentiel entre les bornes d'une génératrice et d'un moteur.

et *e'* entre ces bornes. Ces différences de potentiel, toujours d'après le principe de la conservation de l'énergie, sont liées à E et E' par les relations

$$EI = eI + I^2R$$

et

$$E'I = e'I - I^2R'.$$

Le *rendement électrique* du système est le rapport de la puissance E'I disponible sur l'arbre du moteur à la puissance EI qui a été fournie à la génératrice. Ce rapport a donc pour valeur $\frac{E'}{E}$, expression qui est indépendante des résistances et, par suite, de la distance des deux dynamos. Quant à la puissance produite par le moteur, elle varie avec E' et avec I. Toutes choses égales d'ailleurs, elle diminue lorsque $R + R' + r$ augmente, c'est-à-dire lorsque la distance augmente ; on démontre par le calcul qu'elle est maxima lorsque $E' = \frac{E}{2}$, ce qui donne un rendement électrique de 50 °/₀.

267. Alternomoteurs. — Tous les alternateurs étant réversibles, peuvent constituer des moteurs à courants alternatifs, mais il existe de plus des alternomoteurs spéciaux qui ne sont pas employés comme génératrices.

Les alternomoteurs sont dits *monophasés* ou *polyphasés* suivant que les courants qui les mettent en mouvement sont monophasés ou polyphasés. Lorsque les inducteurs (généralement fixes dans les moteurs) sont parcourus par un courant continu, on dit que le moteur est *à champ constant*. Si ce courant et, par suite, le flux qu'il engendre sont alternatifs, le moteur est *à champ alternatif*. Enfin, dans les moteurs dits *à champ tournant*, le flux varie en grandeur et en direction.

Un moteur est dit *synchrone* lorsque sa vitesse a une valeur fixe, fonction simple de la vitesse du générateur ; il est dit *asynchrone* lorsque sa vitesse peut varier suivant la grandeur de l'effort auquel il est soumis.

Nous avons dit que les alternateurs peuvent fonctionner comme moteurs. Les dynamos à courant continu peuvent fonctionner également sous l'influence de courants alternatifs et constituer des alternomoteurs. Nous avons montré au § 246 que le sens de rotation d'une dynamo à courant continu fonctionnant comme moteur était indépendant du sens du courant qui la traversait En particulier si ce courant change fréquemment, s'il est alternatif, la dynamo tournera exactement comme si elle recevait un courant continu.

Mais tous ces moteurs présentent divers inconvénients qui les rendent peu pratiques ; aussi ne sont-ils guère utilisés que dans des cas spéciaux. Les alternomoteurs qui fonctionnent dans des conditions satisfaisant au plus grand nombre d'exigences usuelles appartiennent à la catégorie des *moteurs à champ tournant asynchrones*, actionnés par des courants polyphasés. Ces moteurs, en rendant pratiques les transports d'énergie à grande distance, ont pris aujourd'hui une importance de premier ordre, et leur invention a développé dans des proportions énormes l'industrie électrique.

Moteurs à champ tournant. — Les moteurs à champ tournant reposent sur les propriétés des *courants de Foucault*, qui se produisent dans les masses métalliques traversées par des flux d'induction variables.

Nous avons dit (t. II, 267) que, si l'on fait osciller une aiguille aimantée au-dessus d'un disque de cuivre, il naît dans le disque des courants de Foucault qui, tendant à s'opposer au mouvement qui les produit (loi de Lenz), amortissent rapidement les oscillations de l'aiguille. Ces courants créent donc, comme par l'intermédiaire d'une masse visqueuse, une liaison entre le champ mobile de l'aiguille aimantée et le disque immobile de cuivre, de sorte que si le disque était lui-même mobile, il serait entraîné et oscillerait en même temps que l'aiguille.

Supposons maintenant que, par un procédé quelconque (une rotation d'électro-aimant par exemple), on produise dans l'espace un flux, ou un champ, animé d'un mouvement de rotation. On aura ainsi un champ tournant. Si l'on oriente un barreau de fer aimanté dans ce flux, il le suivra *exactement* dans tous ses mouvements par simple attraction magnétique et tournera avec la même vitesse que le flux. On aura ainsi réalisé un moteur du genre des moteurs *synchrones*. Si l'on place au contraire dans le champ tournant une masse de cuivre, un cylindre mobile sur un axe, par exemple, il y aura production dans le cuivre de courants de Foucault et le cylindre sera entraîné dans le sens de la rotation du champ ; mais il tournera moins vite, et sa vitesse dépendra de l'effort extérieur qu'il devra vaincre. D'ailleurs les courants de Foucault ne prenant naissance que s'il y a déplacement du champ par rapport au conducteur, il est impossible que le cylindre prenne la même vitesse que le champ. Ce second moteur est du genre des moteurs *asynchrones*.

Des deux moteurs dont nous venons d'indiquer le principe, le premier a certains défauts, notamment celui d'exiger une excitatrice à courant continu afin de produire ce barreau aimanté qui doit tourner avec le flux ; aussi ne l'emploie-t-on que dans des cas tout à fait spéciaux ; le second est d'une simplicité de construction et d'une sûreté de fonctionnement qui lui assurent un grand succès.

Production d'un champ tournant — On conçoit aisément que s'il fallait réellement faire tourner le champ, les appareils dont nous venons de parler ne seraient pas des moteurs, car ils exigeraient pour fonctionner la présence d'un autre moteur. Mais l'emploi des courants polyphasés permet de réaliser un champ tournant dans une machine dont toutes les pièces sont immobiles.

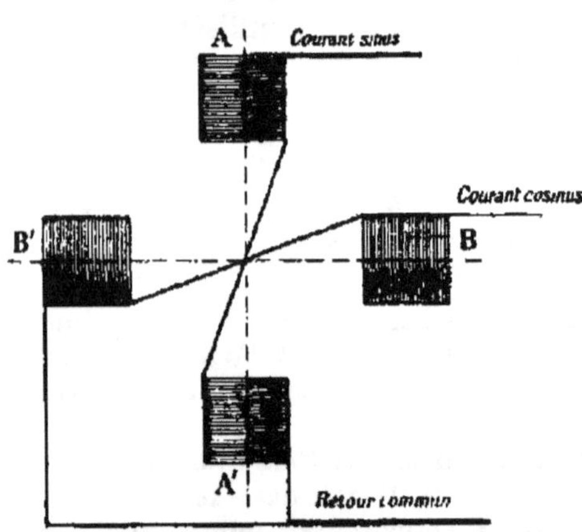

Fig. 372. — Formation d'un champ tournant par courants diphasés.

Voyons d'abord le cas où l'on dispose de courants diphasés. Faisons passer ces courants, le premier (représenté par $i = A \sin \alpha$) à travers deux bobines A, A' (*fig.* 372) disposées de manière à donner un flux qui sera dirigé suivant AA', le second (représenté par $i = A \cos \alpha$) à travers deux bobines B, B', placées perpendiculairement aux précédentes. Les deux flux qui prennent naissance étant proportionnels aux intensités des courants, les grandeurs des forces magnétiques — en chaque point des champs dus à chacun des flux — varient suivant la même loi que les intensités et seront représentées également par des courbes sinusoïdales. Ces deux forces, de valeurs variables mais de direction fixe, se combinent partout de façon à donner un champ résultant dont l'intensité

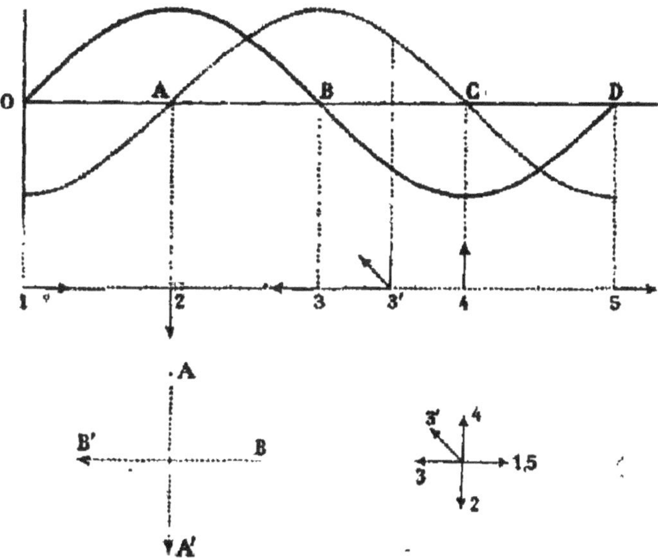

Fig. 373. — Directions de la résultante des forces dues aux flux.

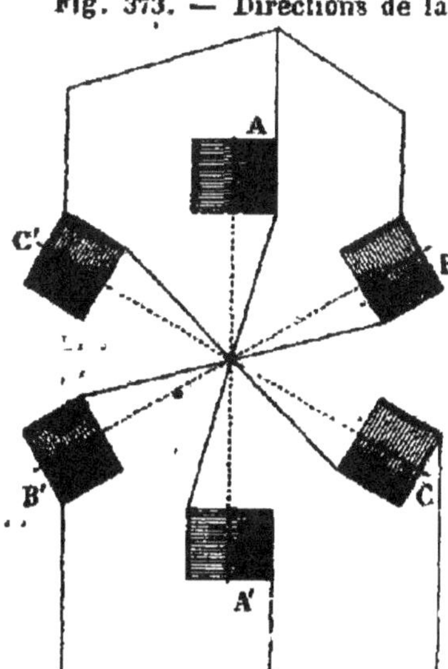

Fig. 374. — Formation d'un champ tournant par courants triphasés.

est constante. L'une d'elles étant en effet réprésentée par $H \cos \alpha$, l'autre par $H \sin \alpha$, leur résultante $\sqrt{H^2 \sin^2 \alpha + H^2 \cos^2 \alpha}$ a pour valeur constante H.

Quant à la direction de la résultante, elle se détermine facilement par la petite construction suivante. Traçons une période des courbes des deux flux (*fig.* 373) et construisons sur une horizontale quelconque, au-dessous de tous les points importants de ces courbes, le diagramme de la composition des forces, en représentant chacune d'elles d'après la courbe correspondante. Supposons que l'enroulement dans les bobines soit fait de façon que le flux soit positif quand il se dirige dans le sens AA', ou dans le sens BB'. Au point O, le flux AA' est nul, le flux BB' est maximum et négatif; la résultante est égale au flux BB' (elle est représentée par la flèche 1) Au point A, c'est le flux AA' qui est maximum (positif en même temps), et le flux BB' qui est nul ; la résultante est représentée par la flèche 2 ; et ainsi de suite. On voit ainsi que la résultante a fait un tour pendant une période et qu'on a réalisé par suite un champ *tournant*. S'il y a *n* périodes par seconde, la vitesse du champ (non la vitesse du moteur) sera de *n* tours par seconde ; elle sera numériquement égale à la fréquence des courants.

En employant trois courants triphasés, on produit trois flux triphasés dont la composition réalise également un champ tournant. Leur disposition est représentée schématiquement par la figure 374.

Disposition générale des alternateurs polyphasés. — Si l'on place un cylindre de cuivre dans un champ produit par des courants diphasés ou triphasés, ce cylindre tourne, mais avec une vitesse inférieure à la fréquence des courants employés.

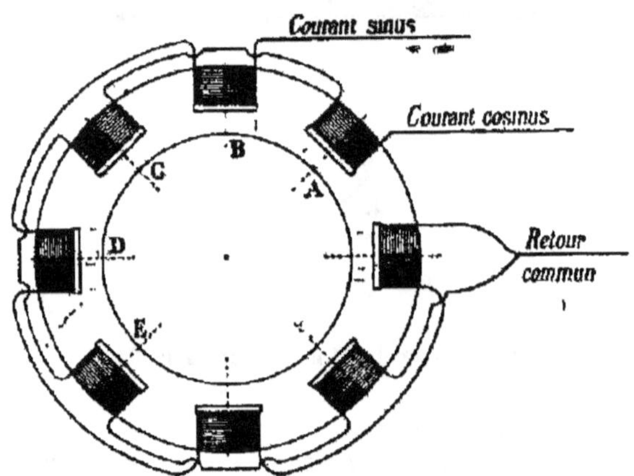

Fig. 375. — Formation d'un champ radial par courants diphasés.

Dans la pratique, on ne réalise pas de champs élémentaires rectilignes comme ceux que nous avons montrés pour faciliter l'explication, et qui ont été du reste employés dans les premiers moteurs à champ tournant. Mais, en disposant un très grand nombre de bobines sur une couronne métallique, très voisine du cylindre tournant, on constitue des champs *radiaux*, dont les propriétés sont analogues à celles des champs rectilignes.

Dans la figure schématique ci-dessus, par exemple (*fig.* 375), le moteur est mis en mouvement par des courants diphasés qui traversent chacun, non pas deux pôles, mais quatre pôles. Le calcul montre que le champ B, par exemple, a sa valeur maxima un instant après celle du champ A, et le champ C un instant après celle du champ B. Ce maximum varie donc dans le sens ABC, entraînant le cylindre central ; dans ces conditions, l'angle parcouru par le champ en une période n'est pas 2π, mais l'arc AE (qui est ici une demi-circonférence) compris entre deux pôles consécutifs de même nom du même courant.

On donne généralement au cylindre de cuivre la forme d'une

cage d'écureuil (*fig.* 376) : deux couronnes de cuivre sont réunies par des barres de cuivre de forte section, de manière que les cou-

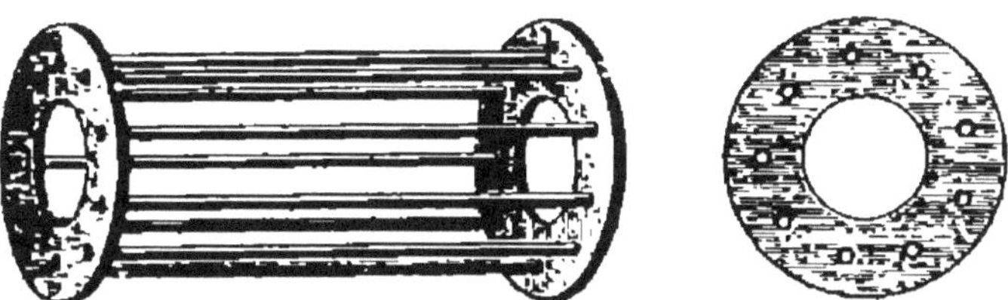

Fig. 376. — Disposition schématique de la cage d'écureuil.

rants de Foucault s'y développent facilement. Le tout est noyé dans un cylindre plein en fer, (formé de tôles circulaires perforées) afin de mieux recueillir les flux émanés des différentes bobines.

Fig. 377. — Alternomoteur triphasé de la Cie de Fives-Lille.

La figure 377 représente un alternomoteur à cage d'écureuil.

Au lieu d'induit à cage d'écureuil, on emploie aussi des induits dans lesquels des enroulements isolés remplacent les barres de la cage. C'est dans ces enroulements que se produisent les courants de Foucault.

Avantages des alternomoteurs a champ tournant. — Les alternomoteurs à champ tournant sont surtout précieux par leur bon rendement et leur simplicité. On voit aisément sur la figure donnée qu'ils ne comportent ni excitatrice, ni collecteur, ni bagues de prises de courant. Aucun organe mobile n'est traversé par les courants.

Comme l'emploi des courants alternatifs permet le transport de l'énergie électrique à grande distance (Ch. XXIV) les moteurs à champ tournant, qui sont les seuls alternomoteurs pratiques, sont les seuls employés pour cet usage. Pour les transports à des distances qui ne dépassent pas 10^{km}, il y a généralement avantage à se servir de moteurs à courant continu, surtout pour la traction.

258. Applications des moteurs. — La propriété que possèdent les moteurs de transformer l'énergie électrique en énergie mécanique reçoit des applications extrêmement nombreuses. Nous citerons particulièrement la traction par l'électricité de tramways, de locomotives, de voitures automobiles, de bateaux ; la mise en mouvement d'ascenseurs, de monte-charges, de ventilateurs, de pompes diverses, de grues, de ponts roulants, de machines à coudre, roder ou polir, de métiers à bonneterie, d'outils pour serruriers, cordonniers, etc., d'essoreuses, de presses pour lithographie et typographie, etc., le perforage des trous de mine. Dans certains ateliers toutes les machines-outils sont commandées par des moteurs électriques à raison d'un moteur par groupe de machines-outils, ou même d'un par machine-outil. Cette disposition permet de supprimer en grande partie, et même totalement, les courroies et les engrenages, si bruyants et si dangereux.

Comme application des moteurs aux machines-outils, nous décrirons une *perceuse électrique*, employée dans les ateliers de construction pour le perçage au foret des trous dans les pièces métalliques.

Le moteur est une dynamo (*fig.* 378), recevant ordinairement le courant par la canalisation qui alimente l'éclairage des ateliers. Une roue dentée montée sur l'arbre commande

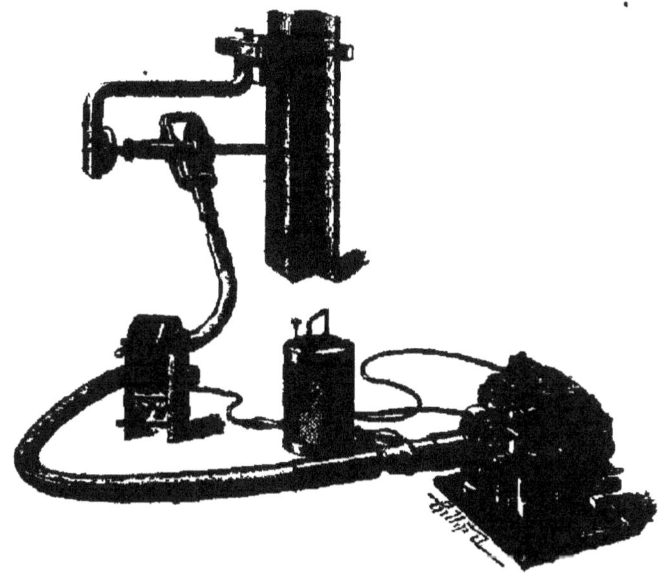

Fig. 378. — Perceuse électrique.

une seconde roue dentée, de diamètre plus grand, qui réduit la vitesse. Cette seconde roue est reliée au porte-foret par l'intermédiaire d'un arbre flexible. Au moteur est adjointe une boîte de résistances portant un commutateur disposé de telle sorte que, soit pour la mise en marche, soit pour l'arrêt, on soit obligé de passer par toutes les résistances intermédiaires. La résistance maxima est calculée de façon que le nombre de tours du flexible ne puisse dépasser un nombre déterminé pour chaque perceuse.

Traction par l'électricité. — L'application de l'électricité à la traction a reçu depuis quelques années une impulsion considérable grâce à la facilité avec laquelle on peut transporter l'énergie électrique.

Tramways électriques. — Il existe des tramways actionnés par des accumulateurs placés sur la voiture même, mais le plus grand nombre emprunte l'énergie électrique à des conducteurs disposés sur toute la longueur de la ligne.

Un tramway électrique est ordinairement pourvu de deux moteurs à courant continu, qui commandent les essieux à l'aide de roues d'engrenage. Deux *contrôleurs distributeurs* placés, l'un à l'avant, l'autre à l'arrière, permettent d'envoyer dans les moteurs un courant plus ou moins intense et de leur communiquer ainsi une vitesse de rotation plus ou moins grande. Les conducteurs

Fig. 379. — Tramway à trolley.

peuvent être souterrains ou aériens. Dans le premier cas le conducteur est placé sous le sol dans un caniveau parallèle à la voie, ou bien il est supporté par des isolateurs. La communication avec les moteurs est établie par des balais ou des chariots frottant sur ce second conducteur.

La prise de courant par des conducteurs aériens est de beaucoup le mode le plus employé, bien qu'on lui reproche d'être plus dangereux que le mode précédent et de nuire à l'aspect des rues. Les conducteurs sont supportés le long de la voie par des poteaux ou par des consoles fixées aux murs des maisons. Le courant est capté par un petit chariot à ressort (*trolley*), qui communique avec la toiture du tramway et s'appuie constamment sur le câble conducteur (*fig.* 379). Le retour se fait par les rails.

On peut encore prendre le courant au niveau même du sol, au moyen des appareils connus sous le nom de *plots* et dont voici le principe. Un pavé en matière isolante renferme une cavité à demi pleine de mercure (*fig.* 380) à laquelle aboutit le câble conducteur du courant. Dans ce mercure reste suspendu un flotteur lesté, en fer, au dessus duquel une voûte en fer forme la partie supérieure de la cavité et dépasse le pavé de la rue de quelques millimètres.

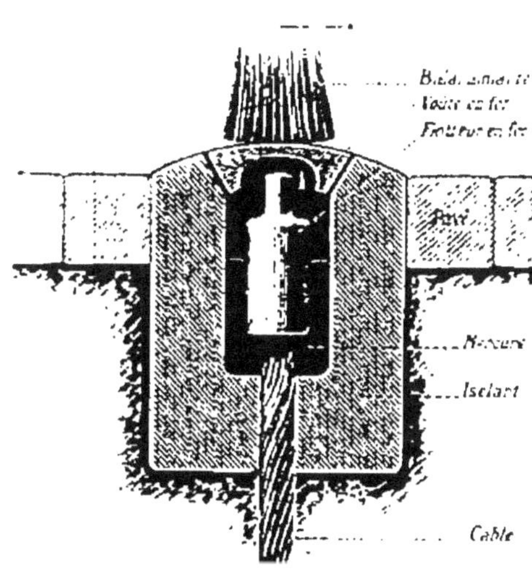

Fig. 380. — Principe des plots.

Le tramway recueille le courant au moyen d'un balai aimanté qui vient frotter sur la voûte, attirant le flotteur, qui vient se placer contre cette dernière et permet au courant de passer dans la voiture. Le flotteur retombe dès que la voiture a passé et la voûte en fer n'est plus en communication avec le câble.

La vitesse normale des tramways électriques est de 12km à l'heure.

VOITURES AUTOMOBILES. — L'électricité présente beaucoup plus de commodités que l'essence de pétrole pour la traction des voitures automobiles : mais cette application n'a reçu jusqu'ici qu'une faible impulsion, à cause des difficultés économiques qu'elle comporte.

En 1899, la Cie générale des voitures à Paris a mis en circulation 60 fiacres automobiles électriques. Chaque fiacre porte sous le fond des accumulateurs possédant une provision d'énergie suffisante pour un parcours de 45km : le moteur, placé à l'arrière, dans un coffre, actionne les roues d'arrière, qui sont motrices. Les mouvements sont commandés par un levier qui, par sa position, sert à imprimer au fiacre un mouvement en avant, en arrière, ou l'arrête : la direction s'obtient par un volant mis en mouvement par le cocher. Enfin deux freins agissent, l'un sur l'essieu, l'autre sur la jante des roues,

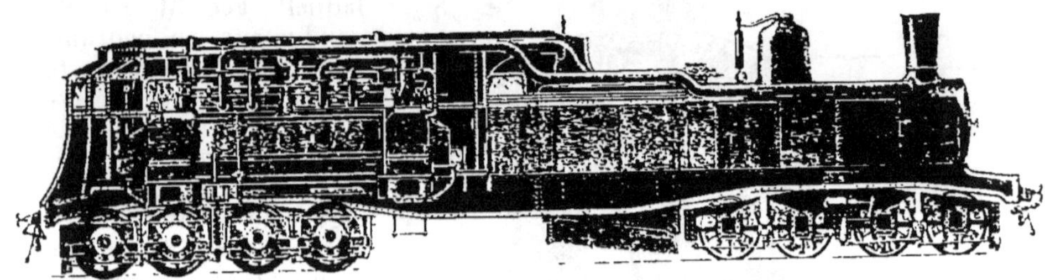

Fig. 381. — Locomotive Heillmann.

lesquelles sont caoutchoutées ; ils fonctionnent au moyen de pédales placées sous le siège.

Locomotives électriques. — La première locomotive électrique fut imaginée par Heillmann, en 1892.

La locomotive Heillmann était portée sur deux boggies ou plates formes à 4 essieux chacune (*fig* 381). La partie avant était recouverte entièrement par une enveloppe en tôle terminée en coupe-vent ; elle renfermait 8 dynamos motrices montées directement sur les 8 essieux antérieurs et actionnant la locomotive. La partie arrière était occupée par une machine à vapeur compound avec cheminée à l'arrière, et par une chambre fermée contenant un groupe de générateurs électriques.

Les essais n'ont point justifié les promesses de la théorie et la locomotive Heillmann est abandonnée au moins jusqu'à la découverte de machines à vapeur très puissantes sous un poids réduit. Cette locomotive pesait, en effet, 140 tonnes et ne pouvait remorquer qu'un train de même poids environ à une vitesse de 100km ; elle ne valait donc pas les locomotives à vapeur existantes (dont quelques-unes peuvent remorquer à 120km un train express de 200 à 230 tonnes).

Des expériences faites en 1898 par la Cie P.-L.-M.

avec une locomotive à accumulateurs n'ont pas donné de meilleurs résultats.

Depuis, plusieurs chemins de fer électriques ont été construits en France, notamment le chemin de fer métropolitain de Paris, le prolongement du chemin de fer d'Orléans dans Paris, la ligne des Invalides à Versailles; diverses installations sont projetées, notamment par la Cie P.-L.-M. dans les Alpes, où des chutes d'eau ont été captées. Partout, des usines électriques sont établies en différents points du parcours et transmettent l'énergie aux machines par l'intermédiaire d'un troisième rail mis en contact au moyen de frottoirs avec les électromoteurs des essieux.

Les locomotives électriques sont assez répandues en Amérique, mais ce sont surtout des locomotives à trolley, empruntant l'énergie électrique à des génératrices placées aux extrémités des voies. Les génératrices étant pour la plupart actionnées par des forces naturelles, le système de traction par l'électricité devient ainsi très économique. Des locomotives du même type, mais de puissance moins considérable, sont employées dans les mines, les usines, etc., pour le transport des matériaux. Ces locomotives ont une faible hauteur et leurs moteurs sont analogues aux moteurs des tramways électriques.

Bateaux. — Les moteurs électriques sont aussi employés pour actionner les hélices des bateaux sous-marins, des bateaux de plaisance. La génératrice est alors remplacée par des piles ou des accumulateurs préalablement chargés à terre.

Fig. 382. — Cheval électrique pour le halage des bateaux.

Sur certains canaux, le halage se fait à l'aide d'une machine dite *cheval électrique* qui se meut le long de la berge, reliée par un trolley à une ligne aérienne. Le cheval électrique se compose d'un châssis soutenu par trois roues (*fig.* 382) ; la roue avant est directrice ; les deux roues arrière sont motrices. Entre les deux bras du châssis est placée une dynamo réceptrice, qui communique le mouvement aux roues motrices par une vis sans fin actionnant une roue dentée, calée sur l'essieu d'arrière.

RÉSUMÉ DU CHAPITRE XXI

Les machines *électromagnétiques* transforment ou modifient de l'énergie par l'intermédiaire des actions réciproques des courants et des aimants et des phénomènes d'induction On les distingue en générateurs, transformateurs et moteurs électriques.

Toute machine électromagnétique comprend : 1° l'*inducteur*, constitué par un aimant (magnéto) ou un électro-aimant (dynamo) ; 2° l'*induit*, où se produisent les courants induits. Enfin la machine peut être à courants alternatifs ou à courant continu.

Les *générateurs électromagnétiques* transforment de l'énergie mécanique en énergie électrique.

Le type des générateurs magnétos est la machine de Gramme à courant continu. L'inducteur est un aimant Jamin vertical avec pièces polaires en fer doux ; l'induit, un anneau en fil de fer recouvert de bobines réunies en série. Lorsque l'anneau tourne, toutes les bobines de droite sont parcourues par un courant ascendant, celles de gauche par un courant ascendant de sens contraire Les courants sont recueillis par deux balais qui appuient sur un collecteur constitué par des lames de cuivre isolées les unes des autres et tournant avec l'anneau. Cette machine est réversible ; sous l'influence d'un courant continu, l'anneau tourne et devient un moteur. La machine de Gramme peut remplacer les piles dans les laboratoires.

Les générateurs dynamo-électriques sont quelquefois à excitation indépendante (électros excités par une excitatrice) ; le plus souvent, la dynamo est auto-excitatrice ; elle est alors excitée en série (par le courant total), en dérivation (par une partie du courant) ou compound (par deux circuits). Ces générateurs peuvent être groupés en dynamos à courant continu et alternateurs, chacune des deux catégories pouvant être distinguée en dynamos à anneau, à tambour et à disque. Le type le plus important des dynamos à courants continus est la dynamo à anneau de Gramme appelée type supérieur. L'électro-aimant est vertical et se termine par deux épanouissements polaires entre lesquels tourne un anneau de Gramme. Les dynamos à courant continu sont réversibles, ce qui permet de les employer comme réceptrices et de transmettre ainsi l'énergie mécanique à distance par l'électricité.

La forme la plus simple d'un courant alternatif se représente graphiquement par une courbe sinusoïdale (les temps en abscisses, les forces électromotrices en ordonnées). La valeur de la force électromotrice du courant part de zéro, atteint un maximum, décroît ensuite, redevient nulle, puis change de sens. On appelle période le temps qui s'écoule entre deux passages successifs du courant par les mêmes valeurs avec le même sens. Les courants alternatifs simples s'appellent courants monophasés. Il existe des courants diphasés (deux courants alternatifs de même période présentant entre eux un décalage de 1/4 de période) et des courants triphasés (trois courants alternatifs décalés chacun de 1/3 de période, par rapport au précédent).

Les alternateurs peuvent être à anneau, à tambour et à disque. Il existe des alternateurs à fer tournant. Tous ces alternateurs sont également réversibles et se prêtent facilement à la transformation d'énergie électrique en énergie mécanique ; ils permettent d'obtenir des forces électromotrices plus élevées qu'avec les dynamos à courant continu.

Les *transformateurs* ne font que modifier les qualités de l'énergie électrique qui leur est communiquée ; ils transforment une énergie électrique donnée par E volts et I ampères en une autre énergie électrique équivalente, mais donnée par *e* volts et *i* ampères.

Enfin, les *moteurs électriques* transforment de l'énergie électrique en énergie mécanique. Ils sont basés sur la réversibilité des machines électromagnétiques. On les classe en moteurs à courant continu et moteurs à courants alternatifs ou alternomoteurs, ces derniers pouvant être à courants monophasés ou à courants polyphasés. Les moteurs ont de nombreuses applications : traction par l'électricité, mise en mouvement d'outils et d'appareils divers, etc.

EXERCICES SUR LE CHAPITRE XXI

67. Une génératrice a une force électromotrice de 300 volts, celle de la réceptrice étant de 200 volts ; la résistance de chacune des dynamos est de 10^{ohms}, celle du fil qui les réunit, de 5^{ohms} ; quelles sont les puissances de la génératrice et de la réceptrice, et quel est le rendement électrique ?

Réponses : les puissances des deux dynamos sont 1200 watts et 800 watts ; le rendement électrique est 66 °/₀.

68. Un moteur à vapeur dépense $225^{kgm},14$ par seconde pour actionner une dynamo. La résistance intérieure est $0^{ohm},024$; la résistance extérieure, $0^{ohm},1715$ et l'intensité $101^{amp},68$. On demande : 1° l'énergie débitée dans le circuit extérieur ; 2° la quantité d'énergie absorbée par la résistance intérieure ; 3° le rendement électrique

Réponses : 1° 1,77 kilowatt ; 2° $25^{kmg},3$ par seconde ; 3° 87,7 °/₀.

69. On veut installer à 625^{m} d'une dynamo fonctionnant à 110 volts une réceptrice fournissant à 100 volts un travail de 25^{kgm}. Le rendement de la réceptrice est de 85 °/₀. Quelle sera l'intensité du courant, et quel devra être le diamètre du fil conducteur si la résistance spécifique du cuivre qui le constitue est de 1,621 microhm-centimètre ?

Réponses : Intensité du courant, 2^{amp},885 ; diamètre du fil, 2^{mm},74.

70. La force électromotrice d'une dynamo est de 110 volts, sa résistance intérieure de 0^{ohm},1. Elle alimente des lampes à incandescence placées en dérivation aux bornes de la dynamo. La résistance de chacune des lampes, à chaud, est de 120^{ohms}.

1° Quel est le nombre de lampes que peut alimenter la dynamo, sachant que le courant est de 0^{amp},5 dans chacune d'elles ?

2° Combien faudrait-il employer d'accumulateurs en série pour alimenter le même nombre de lampes ? La force électromotrice d'un accumulateur est 2 volts et sa résistance est 0^{ohm},1.

Réponses : 1° 1000 lampes.

2° Il est impossible d'alimenter 1000 lampes avec des accumulateurs de ce genre disposés en série.

CHAPITRE XXII

EFFETS CHIMIQUES DU COURANT

(COMPLÉMENTS)

259. Accumulateurs. — Les accumulateurs sont des transformateurs d'une espèce spéciale, qui, au lieu d'utiliser comme intermédiaires des actions électromagnétiques (253), utilisent des actions électrochimiques. Le courant primaire produit des phénomènes chimiques qui, *plus tard*, donneront le courant secondaire. La transformation n'est donc pas instantanée ; entre le moment où le courant primaire a fini de passer et celui où le courant secondaire commence à circuler, l'énergie reste à l'état latent dans l'appareil, autrement dit à l'état d'énergie chimique potentielle ; elle y est emmagasinée, *accumulée*. De là le nom de cette classe de transformateurs. On les appelle aussi *piles secondaires*.

PRINCIPE. — Nous avons vu que lorsqu'on fait passer un courant à travers un voltamètre, tout se passe comme si l'eau qu'il renferme était décomposée (t. II, 217). Si l'on supprime ce courant, puis qu'on réunisse par un fil conducteur traversant un galvanomètre les deux bornes du voltamètre, on constate l'existence d'un nouveau courant, de sens contraire au premier.

C'est que le passage de celui-ci a déterminé sur les électrodes une *polarisation*, identique à celle qui se produit sur les électrodes d'une pile (t. II, 204), et accompagnée comme elle d'une force contre-électromotrice. Cette force contre-électromotrice ne tarde pas à s'épuiser, mais on la régénère en faisant de nouveau passer le courant primaire.

Les accumulateurs ne sont point autre chose que des voltamètres ainsi utilisés ; mais les fils de platine qui constituent les électrodes y sont remplacés par des masses de plomb de très grande surface.

Le plomb, en effet, jouit de la propriété de se polariser non seulement à la surface, mais encore sous une certaine profondeur. De plus il est, de tous les métaux usuels, celui qui forme le couple secondaire à plus grande force contre-électromotrice, celle-ci ne dépendant, comme la force électromotrice d'une pile, que de la *nature* des corps en présence, et nullement de leurs dimensions (t. II, 203). Les électrodes étant de très large surface, et l'eau acidulée étant conductrice, la résistance d'un tel accumulateur sera très faible, et le courant qu'il donnera pourra être très intense. La force électromotrice d'un accumulateur au plomb atteint $2^{\text{volts}},5$, c'est-à-dire qu'elle est supérieure à celle des plus forts éléments de pile (t. II, 205 — 210).

Certains éléments de pile, tels que l'élément Callaud (t. II, 205), sont susceptibles d'être régénérés par le passage d'un courant de sens inverse de celui qu'ils produisent. Au lieu de remplacer métaux et liquides après usure, on peut reconstituer la pile par le passage d'un courant qui décompose le sulfate de zinc en déposant du zinc au pôle négatif de l'élément, pendant que le cuivre se dissout en reformant du sulfate de cuivre. Cet élément est donc aussi un accumulateur.

Accumulateurs Planté. — Le premier accumulateur pratique est dû à Gaston Planté (1860). Il se compose de deux lames de plomb enroulées sur elles-mêmes, maintenues à un écartement constant par des lanières de caoutchouc, et plongées dans de l'eau additionnée de 10 °/₀ (en volume) d'acide sulfurique. Le tout est placé dans un vase cylindrique en verre, dont le couvercle, en ébonite, porte deux bornes reliées aux lames de plomb (*fig.* 383).

Fig. 383. — Accumulateur Planté.

Pour *charger* l'accumulateur, on met chacune des électrodes en communication avec les pôles d'une pile ou d'une machine fournissant un courant continu. L'oxygène se porte sur la lame positive et y forme une couche brune de bioxyde de plomb ; l'hydrogène se porte sur la lame négative. Lorsque la couche de bioxyde a atteint une certaine épaisseur, le reste du métal est préservé de l'action de l'oxygène, et ce gaz se dégage librement. La force contre-électromotrice a alors atteint sa valeur maxima. Si, après avoir interrompu le courant decharge, on réunit les deux lames par un conducteur métallique, l'hydrogène se porte sur la lame de plomb oxydé, qui devient alors l'électrode négative, et ramène le bioxyde de plomb à l'état de protoxyde qui forme avec l'acide sulfurique du sulfate de plomb ; l'oxygène se porte sur la lame de plomb hydrogéné et y produit du protoxyde de plomb qui donne également du sulfate de plomb. Quand tout le bioxyde de plomb a été réduit, le courant secondaire s'arrête.

Si l'on fait passer de nouveau le courant primaire, les mêmes phénomènes se reproduisent ; mais on constate que la polarisation pénètre plus profondément qu'à la première charge : la couche de bioxyde de plomb formée est plus épaisse. En renouvelant un très grand nombre de fois les charges et les décharges, on produit des couches utiles de plus en plus profondes. On ne s'arrête que lorsque l'épaisseur de plomb inattaqué qui reste est à la limite nécessaire pour la solidité des électrodes.

Cette *formation* est fort longue et exige un travail méthodique de plusieurs mois. Pour éviter la perte de temps et d'énergie qui en résulte, on a imaginé les accumulateurs à *formation artificielle*.

Accumulateurs Faure. — M. Faure fait agir le courant de formation non sur du plomb, mais sur de l'oxyde de plomb. Les électrodes de plomb sont recouvertes d'une pâte comprimée d'oxydes de plomb : on applique de la litharge sur l'électrode négative, du minium sur l'électrode positive. Le courant de charge réduit la litharge à l'état de plomb poreux, et suroxyde le minium qui passe à l'état de bioxyde. On retrouve ainsi les mêmes électrodes que dans les accumulateurs Planté, mais elles ont immédiatement l'épaisseur suffisante ; la formation est terminée en quelques heures.

Comparaison des deux systèmes. — Perfectionnements. — Les deux systèmes que nous venons d'étudier ont leurs avantages et leurs inconvénients. D'une manière générale on peut dire que les accumulateurs Faure sont d'un prix moins élevé, qu'ils contiennent, pour une masse donnée, une bien plus grande quantité de matière active et peuvent par conséquent donner des courants secondaires plus intenses, tandis que les accumulateurs Planté sont plus lourds et plus chers. Toutefois ces derniers rachètent cette infériorité par une plus grande robustesse, une meilleure adhérence des parties actives. Les chocs et surtout les élévations d'intensité des courants de charge — nécessaires pourtant lorsqu'on veut opérer rapidement — détruisent la solidité des enduits d'oxydes rapportés et les effritent.

Les perfectionnements des accumulateurs Faure ont eu pour but de maintenir bien agrégée la matière active et de l'empêcher de tomber des électrodes. Pour cela on a remplacé les lames de plomb originelles par des grilles de plomb dans lesquelles on plaçait la pâte d'oxyde par pression. Nous citerons les accumulateurs Sellon (*fig.* 384), dont les cavités, évasées vers l'extérieur par suite des nécessités du moulage de la grille, laissaient encore échapper les grains d'oxydes. Cet inconvénient disparaît dans les accumulateurs

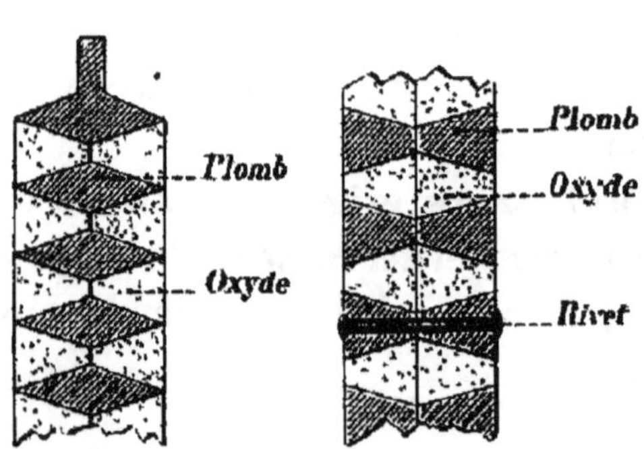

Fig. 384. — Coupe de la grille d'un accumulateur Sellon.

Fig. 385. — Coupe de la grille d'un accumulateur Gadot.

Gadot, dont la grille (*fig.* 385), formée de deux demi-grilles rivées, maintient très bien les oxydes.

Les accumulateurs Planté ont été améliorés par des modifications de formes tendant à donner aux électrodes la plus grande surface possible pour une masse donnée. On munit en général les lames de plomb de rainures ou d'ondulations diverses. Dans les accumulateurs Tudor (*fig.* 386), les lames de plomb sont garnies d'ailettes. La surface est ainsi quintuplée pour une même quantité de plomb ; il en résulte une bien plus grande intensité du courant obtenu, ou, comme on dit, une plus grande *capacité*, et aussi une plus rapide formation, car la couche active étant beaucoup plus étendue, on peut lui donner une épaisseur beaucoup moindre. Sa minceur même lui assure enfin beaucoup d'adhérence et par conséquent de solidité.

Fig. 386. — Plaque d'un accumulateur Tudor.

Signalons encore le perfectionnement qui consiste à « immobiliser » le liquide par un mélange de matières inertes (sciure de bois, papier, etc.), de façon à rendre l'accumulateur transportable et insensible aux secousses et renversements, et à diminuer l'émission de vapeurs acides, souvent gênantes.

Emploi des accumulateurs. — Il n'est pas indifférent de charger les accumulateurs sous un régime quelconque, c'est-à-dire en les faisant traverser par un courant d'intensité quelconque. On se contente, en général, d'un courant ayant de 0,5 à 1,5 ampère par kilogramme de plaques.

Dès que la charge a commencé, la force contre-électromotrice se développe assez rapidement jusqu'à 2 volts, puis plus lentement jusqu'à 2v,5. La charge peut alors être considérée comme terminée, et on arrête le courant primaire quand ce chiffre est atteint au voltmètre qui doit toujours accompagner l'accumulateur.

Le régime de décharge doit, de même, être compris entre 1 et 2 ampères par kilogramme de plaques. Dès que la décharge commence, la force électromotrice tombe rapidement à 2 volts, puis, *contrairement à ce qui se passe dans les piles*, décroît à mesure que passe le courant secondaire, jusqu'à 1v,75. On arrête alors la décharge, car il est essentiel, pour la bonne conservation des accumulateurs, de ne jamais les décharger complètement. Il se produit d'ailleurs, au sein de ces appareils, de nombreuses actions et réactions chimiques qui rendent leur usage assez délicat.

On appelle *capacité utilisable* d'un accumulateur la quantité d'électricité qu'il est susceptible de rendre, en limitant, bien entendu, son fonctionnement au point où le potentiel est tombé à $1^v,75$. Comme cette quantité dépend de la surface des électrodes, on la donne toujours pour 1 kilogramme de plaques, en admettant que pour un type donné d'accumulateur, la surface est proportionnelle à la masse. Pour éviter l'emploi de chiffres trop élevés, on l'exprime non pas en coulombs, mais en ampère-heures, qui valent 3 600 coulombs [1]. Cette capacité varie de 9 à 13 ampère-heures (soit de 32 400 à 46 800 coulombs) par kilogramme de plaques.

Ainsi un accumulateur dont la capacité serait de 10 ampère-heures et qui pèse 25^{kg}, serait susceptible de rendre 250 ampère-heures (soit 900 000 coulombs). Ce nombre varie d'ailleurs avec la rapidité de la décharge et ne convient qu'à une durée de décharge donnée, par exemple six heures : dans ce cas, on obtiendrait un courant de 41 ampères ($250 =$ en effet 41×6 environ, ou bien $900\,000 = 41 \times 6$ fois 3 600), ce qui correspondrait à $1^{amp},6$ par kilogramme de plaques. Il est évident que l'intensité du courant, et par conséquent la rapidité de la décharge, dépendent de la résistance du circuit d'utilisation.

Pour pouvoir retirer 900 000 coulombs de cet accumulateur, il est clair qu'il aura fallu lui en fournir davantage Comme toute machine dans laquelle se produit une transformation d'énergie, l'accumulateur a un « rendement ». Le rapport du nombre de coulombs ou d'ampère-heures fournis au nombre obtenu pendant la décharge est, pour la plupart des accumulateurs, voisin de 0,90. Pour charger celui qui nous sert d'exemple, il aurait donc fallu lui fournir 275 ampère-heures (ou 1 000 000 de coulombs).

L'énergie accumulée dans cet appareil est égale au produit de la quantité d'électricité *qu'il va produire* par la tension moyenne de cette électricité pendant la décharge (2 volts). Elle sera donc de $900\,000 \times 2 = 1\,800\,000$ joules. Répartie en 6 heures, elle sera de 300 000 joules à l'heure, soit environ 84 joules-seconde ou watts. La puissance d'un tel accumulateur serait donc de 0,11 de cheval-vapeur (1 ch.-vap. = 736 watts).

Un accumulateur *de même nature* et 9 fois plus lourd (225^{kg}), fonctionnant en décharge pendant 6 heures, au régime de $1^{amp},6$ par kilogramme de plaques, donnerait donc une puissance d'environ 1 cheval. Il est clair qu'on aurait le même résultat en employant 9 accumulateurs identiques ; si on les monte en série, on aurait le même courant de 41 ampères, à une tension de $2 \times 9 = 18$ volts, ($18 \times 41 = 738$ watts). Si on les montait en batterie, on aurait la même tension de 2 volts, mais un courant de $41 \times 9 = 369$

---

[1] 3 600 coulombs représentent la quantité d'électricité qui a passé pendant une heure (3600 secondes) dans un courant de 1 ampère. 10 ampère-heures (ou 36 000 coulombs) représentent donc la quantité d'électricité qui passe dans un courant de 1 ampère pendant 10 heures, de 2 ampères pendant 5 heures, de 10 ampères pendant 1 heure, etc.

ampères ($2 \times 369 = 738$ watts). On retrouve évidemment la même puissance quel que soit le montage.

L'énergie qu'il a fallu dépenser pour charger l'accumulateur est évidemment supérieure à celle qui est rendue à la décharge : il y a un rendement en énergie, comme il y a un rendement en quantité. Il est facile de voir que ces deux rendements ne sont pas égaux. Ainsi que nous l'avons montré ci-dessus, la force électromotrice de l'accumulateur pendant la charge est un peu supérieure à ce qu'elle est pendant la décharge, et la différence des forces électromotrices moyennes est d'environ 0v,2. En reprenant l'exemple ci-dessus qui rend 900 000 coulombs (sur 1 000 000 fournis), on voit que l'énergie rendue est $900\,000 \times 2^{v} = 1\,800\,000$ joules, alors que l'énergie fournie a été de $1\,000\,000 \times 2^{v},2 = 2\,200\,000$ joules. Le rapport de ces deux énergies est 0,82. C'est autour de ce chiffre qu'oscille ordinairement le rendement en énergie des accumulateurs.

Applications. — Les applications des accumulateurs sont devenues très nombreuses. Ils sont employés dans les laboratoires. On s'en sert en médecine, en chirurgie et dans l'art dentaire pour rougir des cautères de platine. Pour l'éclairage des bijoux électriques, des lanternes de bicyclettes et de voitures, on emploie de petits accumulateurs pesant 0kg,450 à 3kg,850, renfermés dans des boîtes en ébonite bouchées hermétiquement.

Dans l'industrie, on utilise les accumulateurs pour l'éclairage électrique des voitures, des tramways, des chemins de fer ; pour la galvanoplastie ; pour actionner les moteurs de tramways électriques, des hélices de bateaux sous-marins, etc.

Les applications industrielles des accumulateurs sont limitées par leur grand poids et leur prix élevé. Ces appareils sont néanmoins très utiles dans certains cas ; par exemple, quand on dispose par moments dans une usine d'un excès de travail moteur, il est économique d'employer ce travail à charger des accumulateurs qu'on utilise ensuite aux moments voulus. Dans les stations centrales d'électricité, les théâtres, etc., il importe d'avoir toujours une réserve d'électricité prête à parer à un accident, à suppléer à une insuffisance de production : l'emploi des accumulateurs est alors naturellement indiqué. Ils remplacent avantageusement les piles dans les différentes applications de celles-ci.

Tramways a accumulateurs. — La traction par accumulateurs constitue un système commode. Chaque voiture est indépendante, et il ne faut pas de conducteur pour amener le courant. En revanche, on ajoute à la voiture un poids mort considérable (2 à 3000^{kg}). De plus, la charge et l'entretien des accumulateurs exigent des soins continuels, et les trépidations les détériorent. Aussi les tramways à accumulateurs ne sont-ils employés qu'exceptionnellement. De même les voitures automobiles à accumulateurs ne se répandent pas aussi rapidement que les autres.

ÉLECTROCHIMIE

On désigne sous le nom d'électrochimie l'ensemble des applications industrielles des effets chimiques des courants, et plus spécialement la *galvanoplastie* et l'*électro-métallurgie*.

260. Galvanoplastie. — La galvanoplastie a pour objet soit la reproduction de modèles au moyen d'un moule sur lequel on détermine la formation d'un dépôt de métal non adhérent, soit de recouvrir de métal adhérent la surface d'un objet, métallique lui-même généralement. Dans ce dernier cas, elle porte aussi le nom de *dorure*, *argenture*, *cuivrage*, etc., *électriques*, ou de *galvanisation*.

La reproduction des modèles par galvanoplastie se fait surtout en cuivre. Elle comprend les opérations suivantes: moulage et dépôt de métal.

Les moules se font le plus fréquemment en gutta-percha, qui se ramollit dans l'eau chaude et peut alors prendre très facilement l'empreinte du modèle, sur lequel on passe au préalable une petite couche d'huile ou d'eau de savon. On emploie aussi la cire, la stéarine ou l'alliage de Darcet, qui fondent à des températures peu élevées. Le plâtre, la gélatine formés en pâte par l'adjonction de l'eau peuvent également servir à cet usage. Quelle que soit la matière adoptée, à l'exception toutefois de l'alliage de Darcet, le moule doit être rendu conducteur, de façon à pouvoir constituer une électrode ; il suffit pour cela de l'enduire de plombagine.

Le dépôt de cuivre s'obtient en plongeant le moule dans une dissolution saturée de sulfate de cuivre que l'on fait traverser par un courant continu. Le cuivre se dépose par électrolyse (t. II, 220).

APPAREILS EMPLOYÉS. — La disposition le plus fréquemment utilisée dans l'industrie est celle dite de l'*appareil double*, dans lequel la cuve électrolytique et le générateur de courant sont séparés. La cuve est faite d'une matière mauvaise conductrice sur laquelle les acides ont peu ou point d'action (gutta-percha, ébonite, verre, fonte émaillée, bois, etc.)

Sur les bords de la cuve sont posées deux tiges métalliques (*fig*. 387) communiquant respectivement avec le pôle

Fig. 387. — Appareil double pour la galvanoplastie.

négatif et avec le pôle positif d'une pile ou d'une machine dynamo-électrique ; à la première tige on suspend les moules, à la seconde des plaques de cuivre de dimensions convenables destinées à servir d'électrodes solubles et à maintenir constante la saturation du bain de sulfate de cuivre.

Dans quelques ateliers on emploie encore la disposition dite de l'*appareil simple*, qui n'exige pas un générateur de courant séparé. Au centre de la cuve qui renferme le bain se trouvent un certain nombre de vases poreux contenant chacun de l'eau acidulée par l'acide sulfurique et une lame de zinc amalgamé (*fig.* 388). Toutes les lames sont soutenues par une traverse TT'; deux autres traverses soutenant les moules sont reliées à la première par des tringles qui ferment le circuit. L'ensemble représente évidemment une pile d'éléments Daniell dont les cylindres de cuivre sont remplacés par des moules conducteurs et dont les zincs sont à l'intérieur des vases poreux. Dès que l'on fait communiquer les traverses entre elles, le sulfate de cuivre est décomposé et les moules se recouvrent d'un dépôt de cuivre. La concentration du bain est maintenue constante par des cristaux de sulfate de cuivre placés dans des réservoirs latéraux.

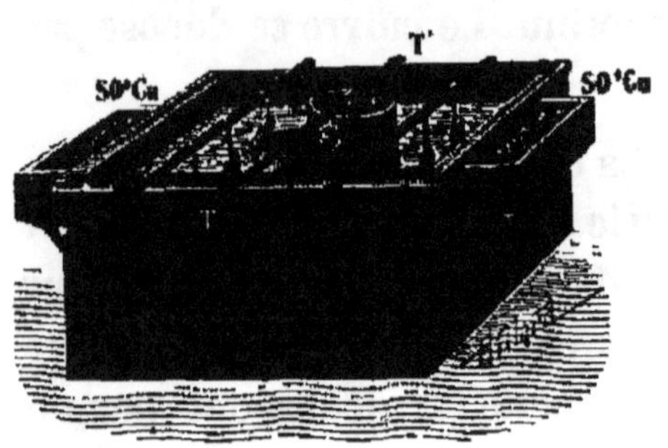

Fig. 388. — Appareil simple pour la galvanoplastie.

Détails de l'opération. — Quelle que soit la disposition employée, l'opération doit être lente si on veut qu'elle soit régulière. Un courant trop intense donne un dépôt noir; un courant trop faible, un dépôt cristallin. Cette intensité dépend évidemment de la dimension des moules; on admet généralement qu'elle doit être de 0,5 à 4 ampères par décimètre carré de la surface des moules. Quant à la durée de l'opération, elle varie évidemment suivant l'épaisseur que l'on veut donner au dépôt; il faut habituellement 30^h pour obtenir un dépôt bien homogène ayant 1^{mm} d'épaisseur. Lorsque le dépôt a acquis une épaisseur suffisante, on le sépare du moule.

Achèvement des pièces démoulées. — Les pièces retirées du moule sont d'abord lavées à grande eau, puis soumises au *recuit* pour les débarrasser des traces de plombagine, de matières grasses, etc., dont elles sont encore imprégnées, enfin immergées pendant quelque temps dans de l'acide sulfurique étendu. Pour donner aux pièces une résistance qui en assure l'usage, on y coule intérieurement de l'étain ou un alliage. Pour les pièces de parade, on se contente de couler du plâtre.

Si l'on veut dorer ou argenter les pièces, c'est encore par galvanisation qu'on le fait; on peut aussi leur donner la couleur du bronze à l'aide de matières colorantes diverses (rouge d'Angleterre, mélange de plombagine et de sanguine) qu'on réduit en bouillie claire ; on sèche ensuite au feu.

Électrotypie. — L'électrotypie est l'application la plus importante de la galvanoplastie; elle a pour but la reproduction des compositions typographiques et des planches destinées à l'illustration des ouvrages.

Quand une composition typographique doit servir à faire des impressions successives, on a intérêt à ne pas la garder en caractères mobiles, afin de ne pas conserver improductifs des caractères coûteux. C'est cependant une erreur de croire que pour stéréotyper une édition on a recours à la galvanoplastie ; ce cas est l'exception. On se borne généralement à prendre, avec une matière plastique (sorte de pâte à papier), une *empreinte* de la composition, et quand on est pour faire un nouveau tirage, on coule dans l'empreinte un alliage analogue à celui des caractères d'imprimerie ; on obtient ainsi ce que l'on appelle un *cliché*. L'empreinte, en creux, a été une sorte de négatif, et le cliché est devenu un positif, avec tous les reliefs de la composition primitive. De tels clichés offrent à l'écrasement une résistance suffisante pour qu'on puisse imprimer de cinquante à cent mille exemplaires ; mais si l'on veut faire des tirages plus élevés ou dont la pureté se maintienne plus longtemps, on a recours au dépôt galvanique. L'empreinte est prise en cire ; on la métallise à la plombagine ; on effectue le dépôt ; on arrête quand la couche de cuivre a environ 3/10 de millimètre d'épaisseur ; on renforce le cliché en y coulant intérieurement un alliage de plomb, d'antimoine et d'étain, et on le cloue sur une planchette de manière que le tout ait la hauteur des caractères d'imprimerie.

Ce procédé est employé aussi sur une très vaste échelle pour stéréotyper à de multiples exemplaires une même composition : on la moule autant de fois qu'on veut obtenir de clichés galvaniques et chaque moule reçoit le dépôt cuprique.

La gravure sur bois (où les parties destinées à recevoir l'encre sont en relief), qui est restée pendant longtemps l'unique moyen d'illustrer les publications imprimées typographiquement, emprunte les ressources de la galvanoplastie. Les planches de buis seraient vite usées si l'on s'en servait pour faire les tirages ; elles restent des matrices conservant toute la pureté que leur a laissée le burin, et les tirages se font sur des reproductions galvaniques.

Les clichés en zinc ou en cuivre obtenus par morsure chimique (p. 379) sont beaucoup plus robustes que les gravures sur bois et ils servent eux-mêmes, le plus souvent, aux tirages ; mais quand on veut les multiplier, on s'en sert aussi comme matrices pour faire des *galvanos*.

Les clichés en zinc ou en cuivre qu'on appelle des similigravures (p. 380) ont un creux tellement imperceptible que l'empreinte est fort difficile à prendre ; on arrive cependant à obtenir par la galvanoplastie des doubles de ces clichés. Nous en avons vu de très beaux, en cuivre, provenant des États-Unis ; en France, on les réussit surtout en nickel.

Galvanisation. — La galvanisation (*), qui a illustré les noms de Ruolz et de Christofle, a été surtout employée pour recouvrir d'un métal précieux des objets de cuivre (fausse bijouterie, couverts de table, pièces d'orfèvrerie et d'ornementation, etc.). L'argenture notamment fait l'objet d'une industrie très importante et on évalue à 125 tonnes la quantité d'argent qui est déposée annuellement par galvanisation. Depuis quelques années le nickelage a pris de l'extension et on recouvre maintenant de nickel un très grand nombre d'objets usuels qu'on laissait autrefois en fer ou en cuivre, ou qu'on étamait (petits outils, instruments de chirurgie, ustensiles de cuisine, etc.) et qui deviennent ainsi inaltérables, polis et brillants.

Dorure et argenture. — Les objets à soumettre à la galvanisation doivent d'abord être parfaitement nettoyés, ne présenter aucune trace de graisse ni d'oxyde. Pour cela on les lave à la potasse bouillante, et on les *décape* par immersion dans des bains acides convenablement com-

(*) Ne pas confondre cette opération avec celle qui est désignée sous le même nom et qui consiste simplement à tremper dans du zinc fondu un métal, des fils de fer par exemple, qui se recouvrent d'une légère couche protectrice de zinc.

posés. On facilite l'adhérence du métal déposé en plongeant l'objet dans une solution légère d'azotate de mercure dans de l'eau acidulée, ce qui produit une *amalgamation*.

L'opération est disposée comme pour la galvanoplastie, sauf qu'on ne « nourrit » le bain, par une anode d'or ou d'argent, que pour les objets d'assez grande dimension qui absorbent une appréciable quantité de métal. Pour les petits objets, on se contente de remplacer le bain quand il est épuisé ; l'anode est alors en platine.

La dorure s'effectue généralement à une température de 50° à 80° dans une capsule formant appareil double (*fig.* 389). Pour les pièces de grandes dimensions on opère à froid, dans un bac en gutta. Dans les deux cas, le dépôt se fait très lentement à l'aide d'un courant très faible.

Fig. 389. — Capsule pour dorure à chaud.

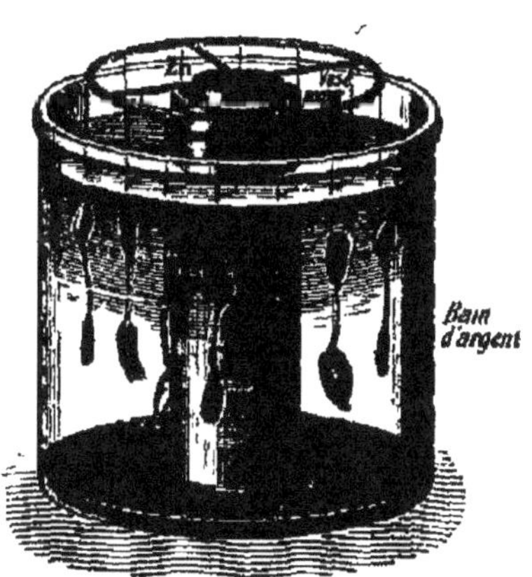

Fig. 390. — Appareil simple pour l'argenture.

Les bains d'or sont de formules diverses, en général à base de cyanure d'or et de potassium, auxquels on ajoute du phosphate et du bisulfite de sodium, en proportions variables. En y adjoignant des sels d'argent ou de cuivre on donne à l'or déposé une teinte verte ou rouge qui permet de varier les effets artistiques.

L'argenture peut se pratiquer également à chaud ou à froid, dans un appareil simple (*fig.* 390) ou double (*fig.* 391). Dans l'appareil simple, au lieu d'eau acidulée on emploie une dissolution de sel marin; quand le bain est épuisé, on le remonte par addition des sels qui le constituent.

Fig. 391. — Appareil double pour l'argenture.

Les bains d'argent sont généralement à base de cyanures de potassium et d'argent.

On a voulu régler automatiquement la quantité d'argent à déposer sur les objets ; on s'est servi pour cela de la *balance argyrométrique*. Les objets à argenter sont suspendus à une tige métallique attachée par un fil de cuivre à l'un des plateaux (*fig.* 392) : l'autre plateau contient une tare capable d'équilibrer les objets et leur support, plus une masse représentant celle de l'argent que l'on veut déposer diminuée de la poussée qu'exercera le liquide du bain sur le métal déposé. Lorsque le dépôt voulu est effectué, le fléau s'incline du côté où l'argent se dépose ; un fil de platine fixé au fléau, s'abaissant alors avec lui, vient plonger dans un petit godet à mercure et établit un contact électrique qui fait marcher une sonnerie.

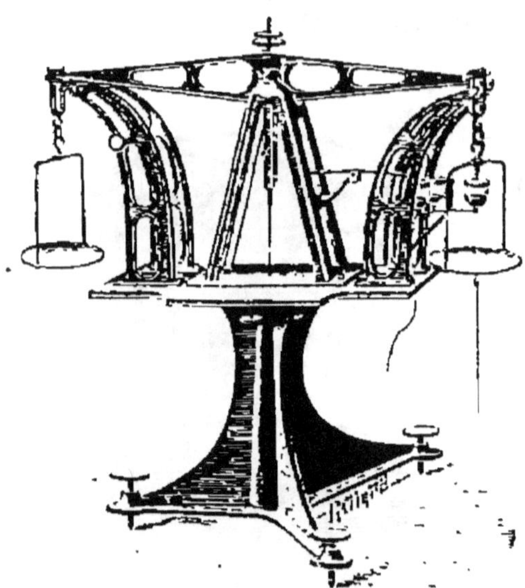

Fig. 392. — Balance argyrométrique.

Cette balance est trop délicate pour qu'on ait pu l'employer couramment dans l'industrie : c'est plutôt un appareil de laboratoire.

CUIVRAGE. — Certains objets en fonte (candélabres, etc.) sont cuivrés pour être préservés de l'oxydation. La plupart des corps que l'on dore ou que l'on argente par galvanisation doivent être au préalable cuivrés (argent, fer, étain, zinc), parce que ces métaux décomposeraient les bains de dorure ou d'argenture.

Le cuivrage est en général commencé dans un bain de cyanure de potassium et de cuivre (quelquefois d'oxalate de cuivre et d'ammonium) et terminé dans du sulfate de cuivre, avec une anode en cuivre.

On recouvre quelquefois de menus objets en fer (clous, vis, etc.) d'une petite couche de laiton, en les plongeant dans un bain à base d'acétate de cuivre, de cyanure de potassium et de chlorure de zinc, avec des anodes solubles de laiton. Cette opération porte le nom de *laitonage*.

NICKELAGE. — Le nickelage, dont l'importance industrielle est devenue considérable par suite de l'emploi toujours plus grand d'objets nickelés, se fait dans des bains de sulfate double de nickel et d'ammonium, avec des anodes en nickel.

ACIÉRAGE. — Il se pratique, par exemple, pour les plaques de cuivre destinées à l'impression en taille-douce. Le métal est tendre et se prête bien à la gravure au burin; mais une fois gravée la planche ne résisterait pas longtemps à l'usure occasionnée par l'impression; aussi l'*acière*-t-on, pour employer l'expression consacrée, au moyen d'un dépôt galvanique de fer. Pour cela, on la plonge dans un bain de sel ammoniac et de sulfate de fer; l'anode est une plaque d'acier.

261. Électrométallurgie. — L'électrométallurgie a pour objet soit l'affinage des métaux, soit l'extraction des métaux de leurs minerais par voie électrolytique.

Nous renvoyons à notre Chimie pour l'étude de l'affinage du cuivre, du plomb, de l'extraction du zinc de son sulfate, la préparation en grand de l'aluminium et de ses alliages par les procédés électrolytiques.

Le raffinage des cuivres bruts industriels se fait aussi électriquement. Ils sont coulés en plaques et placés comme anodes dans un bain de sulfate de cuivre dont la cathode est constituée par une lame très mince de cuivre pur. Sous l'action du courant il y a transport du cuivre sur cette dernière, qui forme au bout de quelque temps une épaisse plaque de cuivre pur. Les impuretés tombent en poussière au fond du bain, d'où on les retire généralement pour en extraire les métaux rares.

Cette fabrication a une très grande importance industrielle : ce sont ces cuivres électrolytiques qui sont employés comme cuivres purs dans la fabrication des laitons, et surtout dans celle des câbles servant au transport de l'énergie électrique. Le cuivre pur est de tous les métaux usuels celui qui conduit le mieux l'électricité. De très petites quantités de corps étrangers, des traces de zinc, fer, étain, arsenic, etc., abaissent sa conductibilité de 20, 40, 60 pour cent. On comprend dès lors l'utilité industrielle (V. Ch. XXIV) de ce cuivre pur électrolytique qu'on appelle aussi cuivre *à haute conductibilité*.

262. Applications diverses. — Nous avons déjà signalé en Physique la préparation industrielle de l'hydrogène par les voltamètres à grand débit du colonel Renard; en Chimie, le blanchiment par l'électrolyse (procédé Hermite), la production simultanée du chlore et de la soude caustique par l'électrolyse du chlorure de sodium, la préparation du chlorate de potassium, celle de la céruse par voie électrolytique, le tannage des peaux par l'électricité.

Nous parlerons seulement ici de l'épuration des eaux potables et de la désinfection électrolytique.

Épuration des eaux potables. — L'épuration électrolytique des eaux destinées aux usages domestiques repose sur ce principe que les matières organiques contenues dans l'eau sont détruites rapidement au contact de l'oxygène et des oxydes de fer.

L'eau à épurer traverse très lentement une grande cuve dans laquelle sont disposées parallèlement les unes aux autres des plaques de fer et des plaques de charbon de cornues. Les plaques de fer sont reliées entre elles et communiquent avec le pôle positif d'une machine dynamo-électrique; les plaques de charbon sont également reliées entre elles et communiquent avec le pôle négatif. Quand le courant passe, l'oxygène produit par l'électrolyse se porte sur les plaques de fer et forme des oxydes qui se détachent peu à peu et viennent flotter à la surface du liquide ; l'hydrogène se dégage sur les plaques de charbon. L'eau sort de la cuve débarrassée de ses matières organiques ; on la fait séjourner quelque temps dans un réservoir pour laisser déposer l'oxyde de fer entraîné, puis on filtre.

Désinfection électrolytique. — Elle a pour but de désinfecter et de clarifier les eaux provenant des usines, des égouts, etc., afin de pouvoir les employer à de nouveaux usages ou les rejeter à la rivière sans inconvénient.

Le procédé le plus employé en France est le procédé Hermite. Il

Fig. 393. — Électrolyseur Hermite.

repose sur le principe suivant : Si l'on fait passer un courant dans une dissolution étendue d'un chlorure, les éléments de l'eau sont mis en liberté en même temps que ceux du chlorure. Or, le chlore et l'oxygène qui se portent ensemble sur l'anode sont doués de propriétés désinfectantes énergiques. On peut ainsi électrolyser des dissolutions de chlorure de potassium, de chlorure de sodium, ou simplement de l'eau de mer ; mais c'est la dissolution de chlorure de magnésium qui donne les meilleurs résultats.

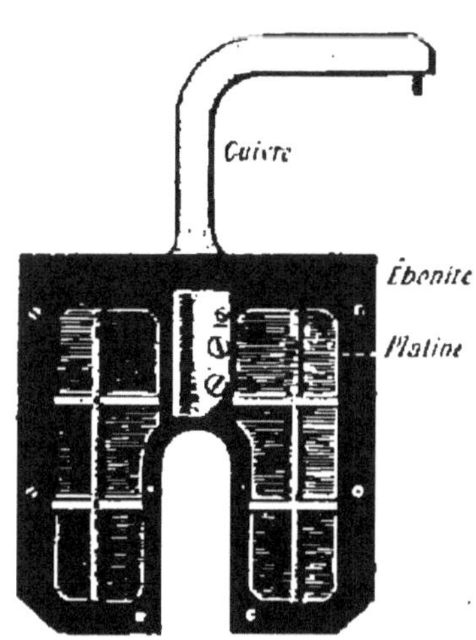

Fig. 394. — Anode de l'électrolyseur Hermite.

La figure 393 représente l'*électrolyseur* employé par M. Hermite. Il se compose d'une grande cuve en fonte galvanisée, renfermant une série d'anodes et de cathodes alternantes. Les anodes sont constituées par de la toile de platine maintenue par un cadre en ébonite (*fig.* 394) ; elles communiquent avec une tige de cuivre reliée au pôle positif d'une machine dynamo. Les cathodes sont en zinc ; elles ont la forme de disques circulaires fixés à un axe relié au pôle négatif de la dynamo. Cet axe reçoit un mouvement lent de rotation dans le but d'agiter continuellement l'électrolyte et d'empêcher les dépôts sur les électrodes. Les eaux à désinfecter, préalablement additionnées d'une faible quantité de sel marin ou de tout autre chlorure à bon marché, pénètrent dans la cuve par un tube horizontal percé de trous et placé à la partie inférieure ; ces eaux circulent à une vitesse convenable entre les électrodes et sortent ensuite par une rigole formant trop-plein à la partie supérieure de l'électrolyseur.

RÉSUMÉ DU CHAPITRE XXII

Les *accumulateurs* ou *piles secondaires* emmagasinent de l'énergie électrique en utilisant le phénomène de la polarisation.

L'accumulateur de Planté se compose de deux lames de plomb immergées dans de l'eau acidulée. Quand on y fait passer un courant, la lame positive se recouvre de bioxyde de plomb, l'hydrogène se porte sur la lame négative. Si l'on relie les deux lames après avoir interrompu le courant de charge, l'hydrogène va réduire le plomb oxydé et il y a production d'un courant dit courant secondaire. La formation des lames de plomb par charges et décharges successives est très longue. Dans l'accumulateur Faure, les oxydes de plomb sont déposés préalablement sur les lames (litharge sur les lames négatives, minium sur les lames positives). Les accumulateurs servent surtout pour l'éclairage et la traction.

Les principales applications de l'électrolyse sont la galvanoplastie, la galvanisation et l'électrométallurgie.

La *galvanoplastie* a pour but de recouvrir des empreintes négatives d'un dépôt de cuivre non adhérent ; elle comprend : le moulage des objets, la formation du dépôt de cuivre dans une dissolution saturée de sulfate de cuivre traversée par un courant, et l'achèvement des pièces démoulées (recuit, consolidation par de l'étain ou des alliages, etc). Une application importante est l'électrotypie (reproduction des compositions typographiques, des planches gravées, etc.).

La *galvanisation* consiste à recouvrir les objets d'une couche métallique adhérente ; ses principables branches sont la dorure, l'argenture et le nickelage. Les objets à dorer, d'abord décapés soigneusement, sont immergés dans un bain à base de cyanure d'or et de cyanure de potassium. La dorure se fait généralement à chaud ; on opère à froid pour les pièces de grandes dimensions ; l'anode est une lame d'or ou une lame de platine. Les bains d'argent sont à base de cyanure de potassium et de cyanure d'argent ; on peut opérer également à chaud ou à froid. Les bains de nickel sont généralement à base de sulfate de nickel et d'ammonium. Le nickelage s'emploie surtout pour les objets en fer ou en acier.

L'électrométallurgie a pour objet soit l'affinage des métaux (cuivre, plomb), soit l'extraction des métaux de leurs minerais par voie électrolytique (extraction du zinc, de l'aluminium).

L'électrolyse a en outre une foule d'applications diverses : préparation industrielle de l'hydrogène, blanchiment, tannage, préparation de la céruse, épuration des eaux potables, désinfection électrolytique.

EXERCICES SUR LE CHAPITRE XXII

71. Un élément secondaire de Planté dont le plomb pèse 15kg dépose jusqu'à complet épuisement 0gr,18 de cuivre ; on demande le travail que peut accumuler cet élément en supposant qu'on ne puisse utiliser que les $\frac{2}{3}$ de la décharge pour rester au-dessous de 2 volts.

Réponse : 45joules,7 par kg. de plomb.

72. Un bain d'argenture est traversé par un courant d'intensité 0amp,4. On demande quelle est la quantité d'argent déposée en deux heures. Il faut 96 600 coulombs pour mettre en liberté 1gr d'hydrogène. Poids atomique de l'argent, 108.

Réponse : 3219milligr,274.

73. Sur une sphère ayant 1cm de rayon on veut déposer en 1h une couche de cuivre d'une épaisseur de 0cm,067. Combien faudra-t-il prendre d'éléments au bichromate ayant une force électromotrice de 2volts et une résistance intérieure de 0ohm,24, et comment devront-ils être associés ? Le bain sur lequel on opère a une résistance de 0ohm,123.

Réponse : 2 éléments associés en série.

74. On oppose deux éléments de pile ; l'un est au bichromate, sa force électromotrice $E_1 = 2$ volts, sa résistance intérieure $\rho_1 = 0^{ohm},5$; l'autre est un Daniell de force électromotrice $E_2 = 1^{volt},08$, de résistance intérieure $\rho_2 = 4$ ohms ; les fils de jonction ont des résistances $r_1 = 3$ omhs ; $r_2 = 10$ ohms. On demande quelle est l'intensité du courant.

Quelle serait la quantité de cuivre déposée par ce courant traversant pendant une minute un voltamètre à sulfate de cuivre, sachant que par seconde un courant de 1 ampère dépose 1milligr,118 d'argent dans un voltamètre à azotate d'argent ? Les poids atomiques du cuivre et de l'argent sont respectivement 64 et 108.

Réponses : 1° 0amp,0525 ; 2° 1milligr,04.

75. On veut recouvrir d'une couche d'argent de 0mm,5 d'épaisseur une sphère de cuivre de 3cm de diamètre. A cet effet, on l'introduit dans un bain d'argenture galvanique où l'on fait passer un courant capable de dégager dans un voltamètre un volume de 11cc,11 d'hydrogène par seconde. Au bout de combien de temps la couche d'argent aura-t-elle atteint sur la sphère l'épaisseur voulue ?

Le poids atomique de l'hydrogène est 1, celui de l'argent, 108. La densité de l'argent est 10,5.

Reponse : 2 minutes 22 secondes.

76. Un courant traverse un voltamètre à eau acidulée, et les gaz dégagés sont recueillis dans un tube unique dont la section est s^{cq}, la hauteur l^{cm}. Au bout d'une minute le mélange gazeux occupe dans le tube une hauteur h^{cm}. La température est $t°$; la pression atmosphérique H^{cm} ; la densité de l'eau acidulée d, celle du mercure D ; la force élastique maxima de la vapeur d'eau à $t°$ est F. On demande :

1° Quel serait le volume du mélange gazeux supposé sec et mesuré à 0° et 76^{cm} ;

2° Quelle est, en ampères, l'intensité du courant.

Application numérique : $l = 40^{cm}$, $h = 20^{cm}$, $s = 2^{cq}$, $H = 75^{cm}$, $t = 20°$, $F_{20} = 17^{mm},4$, $d = 1,2$, $D = 13,6$, $\alpha = \frac{1}{273}$.

Réponses : 1° $35^{cc},06$; 2° $3^{amp},38$.

CHAPITRE XXIII

ÉCLAIRAGE ÉLECTRIQUE

---

263. Considérations générales sur l'éclairage. — Nous avons déjà dit que la lumière est due à des vibrations des corps lumineux, comme le son est dû à des vibrations des corps sonores; elle est donc, comme tout mouvement, une forme *de l'énergie*. Les vibrations lumineuses atteignent des vitesses prodigieuses ; celles qui donnent à notre œil l'impression du rouge sont au nombre d'environ 430 *trillions* par seconde, celles qui produisent la couleur violette au nombre d'environ 700 trillions. De même que notre oreille n'est pas impressionnée par les vibrations trop lentes ou trop rapides, c'est-à-dire par des vibrations qui donneraient des sons trop graves ou trop aigus, de même notre œil n'est pas impressionné par des corps vibrant en dehors des limites du rouge et du violet. De telles vibrations se manifestent par des phénomènes d'un autre ordre. C'est ainsi que les vibrations d'une « hauteur » inférieure à 430 trillions par seconde, constituant ce que nous avons appelé les *radiations infra-rouges*, provoquent sur nos sens la sensation de chaleur, tandis que les *radiations ultra-violettes*, dues à des vibrations de vitesse supérieure à 700 trillions, n'agissent point sur nos sens, mais sont susceptibles de produire des phénomènes chimiques utilisés notamment en photographie (t. II, 130).

Nous ne savons pas produire directement l'énergie sous sa forme lumineuse; nous sommes obligés de passer par l'intermédiaire de sa forme calorifique. Rappelons sommairement les phénomènes bien connus qui accompagnent l'échauffement progressif d'un corps, par exemple un morceau de fer. La température de ce métal s'élève; ceci revient à dire qu'il émet des vibrations relativement lentes qui se traduisent, en passant par notre sens du toucher, par une sensation de chaleur plus ou moins vive. Au bout d'un certain temps, ce fer, émettant des vibrations plus rapides, devient légèrement lumineux : il nous apparaît rouge sombre. En le chauffant encore davantage, on élève toujours, simultanément, sa température et le nombre de ses vibrations lumineuses : il devient rouge clair, orangé, jaune. Enfin, les rayons émis appartiennent à toutes les couleurs et par leur mélange provoquent cette lumière très intense qu'on appelle le blanc éblouissant. Le métal entre en même temps en fusion.

La plupart des corps, soumis à la chaleur, passent de même par une série de colorations; les gaz eux-mêmes deviennent lumineux par une forte élévation de température; ce qu'on appelle une *flamme* n'est autre chose que l'aspect d'un gaz rendu incandescent par la chaleur que dégage sa combustion. Mais, alors que les corps solides, comme le fer, le charbon, le magnésium, etc. deviennent extrêmement brillants, les gaz incandescents restent pâles, bleuâtres, à peine susceptibles de nous éclairer, n'émettant pas ces vibrations extrêmement rapides et nombreuses qui forment la lumière blanche. Tout le monde a remarqué que la flamme d'un bec de gaz a une base bleue, très peu éclairante. C'est en effet dans cette partie de la flamme que se produit la combustion de l'hydrogène du gaz. Le carbure d'hydrogène qui forme la plus grande partie du gaz d'éclairage, brûle incomplètement, se décompose ; une partie du carbone se combine à l'oxygène de l'air; l'autre est portée à l'incandescence, et ce sont ces particules solides en suspension qui donnent à la flamme son caractère éclairant et sa couleur d'un jaune plus ou moins clair. L'énergie chimique du mélange gaz et air qui brûle à la pointe du bec est donc employée : 1° à produire ces vibrations calorifiques dont nous savons qu'elles exigent une grande quantité d'énergie (4joules,17 pour une calorie) (81) ; 2° à produire les vibrations lumineuses des particules solides qui ne demandent, elles, que des quantités d'énergie tellement faibles qu'on n'est jamais parvenu à les mesurer. La presque totalité de l'énergie employée à produire une lumière est donc consommée en pure perte.

Il existe d'ailleurs des corps susceptibles de devenir lumineux sans être soumis à l'action de la chaleur. Les corps dits *phosphorescents* (phosphure de calcium, par exemple) semblent emmagasiner sous l'action de la lumière de l'énergie lumineuse qu'ils restituent dans l'obscurité. Des animaux, dont le plus connu est le ver luisant, savent transformer en lumière une partie de leur énergie vitale sans que leur température augmente d'une façon appréciable. Des animalcules primitifs, masses informes de protoplasma qui peuplent le fond des mers, jouissent de la même propriété ; ceux-là ne peuvent pas être phosphorescents, ils n'ont jamais vu la lumière : ils sont bien lumineux par eux-mêmes. Certains métaux rares, l'uranium, le thorium, et surtout le radium, récemment découvert, répandent d'eux-mêmes une lumière qui peut être très vive et même traverser des corps ordinairement opaques. Les causes de ces singuliers phénomènes de lumières spontanées ne nous sont d'ailleurs pas encore connues. Mais nous pouvons en conclure que notre éclairage artificiel ne constitue qu'une tranformation extrêmement défectueuse de l'énergie, et toute notre science est là-dessus infiniment au-dessous de l'instinct du ver luisant.

Nous n'avons eu pendant longtemps à notre disposition d'autre source de chaleur pratiquement utilisable que celle qui provient des combustions, et les progrès de l'éclairage ont consisté à choisir les corps combustibles de façon à mieux satisfaire aux exigences de notre bien-être et à nos besoins toujours croissants de lumière. C'est ainsi que la chandelle a été remplacée par la bougie, la bougie par l'huile de la lampe Carcel, l'huile par le pétrole, le pétrole par le gaz, l'acétylène. Mais, dans tous ces procédés d'éclairage, c'est toujours par la combustion d'un carbure d'hydrogène, — pris à l'état solide, liquide, ou immédiatement gazeux — que l'on obtenait la chaleur nécessaire à l'incandescence du carbone solide répandu dans la flamme. Les progrès de la physique moderne nous ont procuré un nouvel agent de l'échauffement du carbone, le courant électrique.

Nous savons, en effet, que tout courant qui passe dans un conducteur l'échauffe, et d'autant plus qu'il est moins bon conducteur (loi de Joule, t. II, 225). Cet échauffement peut être suffisant pour porter à l'incandescence une portion de ce conducteur, qui devient alors assez lumineuse pour éclairer les objets environnants. Faisons passer un courant à travers un mince filament de charbon, enfermé dans une ampoule (t. II, 228) ; nous constituons la lampe électrique que tout le monde connaît sous le nom de *lampe à incandescence*. Laissons le charbon exposé à l'air, il brûlera ; par sa combustion, il dégagera une quantité de chaleur qui viendra s'ajouter à celle qui résulte déjà du passage du courant; il deviendra par suite encore plus brillant et nous donnera cette lampe d'intensité lumineuse très vive que nous avons appelée *lampe à arc* (t. II, 228).

Ces principes rappelés ou posés, nous allons examiner quelques détails de l'application de l'électricité à l'éclairage.

ÉCLAIRAGE PAR L'INCANDESCENCE

264. Choix du corps incandescent. — Les premières lampes à incandescence ont été constituées au moyen de fils de platine très fins. Elles ne donnaient qu'une lumière assez faible, la température où le platine devient incandescent étant très voisine de son point de fusion. En 1876, Édison remplaça le platine par le charbon, et, depuis, l'usage des lampes à incandescence s'est extrêmement répandu. Le charbon, en effet, donne une lumière bien plus brillante, car il est infusible et peut être porté au blanc éblouissant sans être désagrégé par un excès de température qui résulterait d'un excès de courant le traversant accidentellement ; de plus, il possède une résistance environ 250 fois plus grande que celle du platine ; il s'échauffe donc beaucoup plus, à courant égal. Comme il brûlerait à l'air, on le place dans une ampoule où l'on a fait le vide.

Les filaments de charbon employés à la fabrication des lampes sont excessivement fins : celui d'une lampe ordinaire de 10 bougies (t. II, 119) n'a que $0^{mm},05$ de diamètre et ne pèse que $0^{gr},0014$. Ils proviennent en général de la carbonisation de fils de cellulose pure obtenus eux-mêmes par la dissolution dans un liquide convenable du coton ou du bois ; la pâte ainsi produite est passée à la filière sous pression et donne des fils très réguliers et très homogènes. Une fois carbonisé, ce fil est soumis, dans un milieu de carbures d'hydrogène, à l'action du courant ; sous l'influence de la chaleur dégagée, ces gaz se décomposent et le carbone vient se déposer sur le fil, qu'il fortifie, qu'il « nourrit » ; le filament acquiert ainsi de la solidité et surtout de l'homogénéité, car c'est sur les points de plus faible diamètre, et par conséquent de plus grande résistance, que le dégagement de chaleur et la décomposition du gaz sont les plus actifs.

Le filament est alors placé dans une ampoule où le vide est fait aussi complètement que possible. La présence d'une très petite quantité d'air suffit à provoquer une perte considérable de chaleur par conductibilité, et à diminuer les qualités économiques de la lampe.

Les ampoules se terminent par un culot qui se place dans une douille à baïonnette ou à vis, et dans laquelle aboutissent les deux extrémités du conducteur qui apporte le courant. Les deux bouts du filament sont fixés eux-mêmes sur deux petits fils de platine, qui traversent le culot et s'arrêtent dans deux grains de soudure métallique très conductrice. Le contact de ces deux grains et des extrémités du conducteur, assuré par un ressort, permet au courant de traverser la lampe (*fig*. 395).

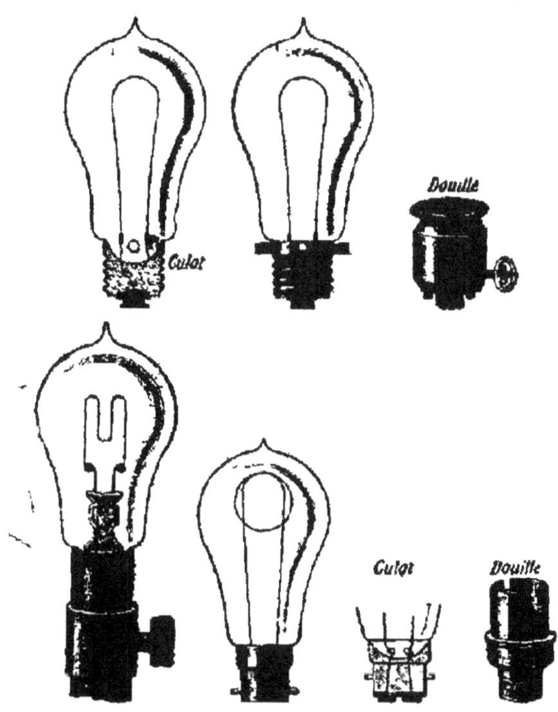

Fig. 395. — Différents types de lampes à incandescence.

265. Éclairage intensif. — Les radiations calorifiques d'un corps porté à l'incandescence, qui sont très considérables, constituent une perte d'énergie, puisque ce qu'on demande à une lampe c'est seulement d'éclairer et non pas de chauffer. On a constaté que dans une lampe à incandescence électrique, 2 pour 100 seulement des vibrations émises étaient lumineuses. Il y en a encore moins dans la flamme d'un bec de gaz ordinaire. Le carbone porté à l'incandescence ne transforme donc en vibrations lumineuses qu'une faible partie des vibrations que lui imprime la chaleur.

Il existe des corps beaucoup mieux doués que le carbone à ce point de vue : ce sont les oxydes de certains métaux tels que le magnésium, le zirconium, le cérium, etc. Lorsqu'on chauffe ces oxydes, ils deviennent incandescents et dégagent une lumière infiniment plus vive que celle que dégage le carbone porté à l'incandescence par une même quantité de chaleur. On sait que si la flamme du magnésium est extrêmement brillante, c'est parce que la chaleur de la combustion de ce métal porte à l'incandescence le produit de cette combustion, qui est la magnésie. On a donc été naturellement amené à appliquer à l'éclairage la propriété de ces oxydes.

La première application a été faite au gaz d'éclairage et a donné le « bec Auer », dans lequel le gaz n'intervient que comme agent calorifique, pour échauffer et porter à l'incandescence un manchon formé de ces oxydes, qui émettent alors un très grand nombre de vibrations rapides (ou lumineuses) et un petit nombre de vibrations lentes (ou calorifiques). Des lampes à pétrole, à alcool, ont été construites sur ce même principe. On a cherché de même à constituer des lampes électriques fondées sur le remplacement du carbone par un oxyde métallique. C'est ainsi qu'on est arrivé à la lampe Nernst.

La lampe Nernst est formée d'un filament de magnésie, extrêmement brillant quand il est porté à l'incandescence par le courant. N'étant pas combustible, ce filament peut être maintenu à l'air libre, ce qui évite bien des complications dans la construction des lampes. Mais la magnésie est très mauvaise conductrice de l'électricité, et une pareille lampe ne « s'allumerait » jamais si cet oxyde — comme le charbon d'ailleurs — ne présentait une exception heureuse à la loi que nous avons signalée pour les métaux (207) : sa résistance diminue lorsque la température s'élève. Il suffit donc de chauffer le filament de magnésie jusqu'à ce qu'il soit assez chaud pour que le courant puisse passer : la lampe est alors amorcée et brille sans discontinuer.

Cette lampe dépense, à éclairement égal, deux fois moins d'énergie que la lampe ordinaire à filament de charbon, et constitue un mode d'éclairage réellement économique. Elle est malheureusement d'une fragilité telle et d'une usure si rapide qu'on n'a pu encore l'employer d'une façon courante : mais il n'est pas douteux qu'on n'arrive à corriger ses défauts comme on a corrigé ceux du manchon Auer.

ÉCLAIRAGE PAR L'ARC VOLTAÏQUE

266. Compléments sur l'arc voltaïque. — La lumière donnée par l'arc voltaïque [1] est extrêmement brillante et

[1] Dans l'expérience de Davy (t. II, 228, *fig.* 310) les charbons étaient placés horizontalement, et la flamme était recourbée par le courant d'air chaud que produisait la combustion. De là le nom

en même temps économique, car le carbone, qui est toujours l'élément incandescent, s'y trouve porté à une température très élevée, par suite de l'échauffement dû au passage du courant et par suite de sa propre combustion dans l'air. La température d'un filament de carbone d'une lampe à incandescence peut être évaluée à 1 800°, celle de l'arc voltaïque à 3 500°. C'est même la température la plus élevée que l'on sache produire. Grâce à elle, le pour cent des radiations purement lumineuses est, à dépense d'énergie égale, beaucoup plus élevé que dans l'incandescence d'un filament de charbon. L'éclairage par l'arc est donc très économique. Malheureusement la lumière qu'il donne ne peut pas se fractionner et ne convient qu'aux grands espaces.

Fig. 396.— Arc voltaïque par courants continus.

De même que les lampes à incandescence, les lampes à arc voltaïque fonctionnent également bien avec un courant continu ou des courants alternatifs. Dans le premier cas, le charbon positif se creuse en cratère (*fig.* 396), tandis que le charbon négatif se termine par une pointe arrondie; de plus, le charbon positif s'use environ deux fois plus vite que le négatif.

L'expérience montre que l'arc proprement dit est beaucoup moins brillant que les extrémités des charbons et

---

d'« arc » donné à cette flamme, nom impropre, car rien de pareil ne se produit lorsque les charbons sont placés verticalement : la flamme reste alors parfaitement rectiligne.

particulièrement que le cratère. Le cratère est le véritable foyer lumineux; aussi a-t-on soin de placer le charbon positif en haut quand on veut éclairer directement une salle, en bas quand on veut, à l'aide d'un réflecteur, éclairer le plafond dont la lumière, plus douce, se diffusera ensuite sur tous les objets.

Lorqu'on emploie des courants alternatifs, les deux charbons restent semblables et terminés par deux pointes également lumineuses. Les courants alternatifs donnent lieu en réalité à un grand nombre d'arcs éteints aussitôt qu'allumés (40 à 50 par seconde). Par suite de la persistance des effets lumineux sur la rétine, il nous semble percevoir une lumière continue; mais dès que les objets éclairés sont en mouvement, les arcs successifs les éclairent dans différentes positions et ils paraissent animés d'un mouvement saccadé rappelant de façon assez désagréable celui des personnages des cinématographes.

Les charbons utilisés pour la lumière électrique sont de longs « crayons » de 15^{mm} environ de diamètre et d'une longueur proportionnelle au temps pendant lequel ils doivent se consumer (4 à 5^{cm} par heure). Ils sont obtenus en passant à la filière une pâte très homogène formée en délayant une poudre de graphite et de charbon de cornues dans du goudron de houille; on les dessèche et on les carbonise lentement à l'abri du contact de l'air.

267. Régulateurs. — La combustion des charbons provoque l'usure de leurs extrémités, qui se trouvent, au bout de peu de temps, trop éloignées pour que le courant puisse continuer à passer. La lumière ne durerait donc que quelques secondes, et toute lampe à arc doit posséder un appareil essentiel qu'on appelle un régulateur, et qui a pour but de maintenir à une distance constante les pointes des charbons.

On a essayé de se passer des régulateurs en plaçant les deux crayons de charbon qui constituent la lampe parallèlement, de façon que leur distance ne varie pas, malgré l'usure. On créa ainsi les fameuses *bougies* Jablochkoff (*fig.* 397), dont le fonctionnement présentait une telle irrégularité qu'on dut renoncer à leur usage. Il fallait un si grand nombre d'appareils accessoires pour corriger ces irrégularités qu'il était plus simple de recourir à l'emploi du régulateur.

Fig. 397. — Bougie Jablochkoff.

Le nombre des régulateurs imaginés a été considérable. C'étaient, au début, des appareils délicats, véritables mouvements d'horlogerie. On est parvenu à en faire qui sont robustes, tout en ayant une marche plus régulière, et aujourd'hui les régulateurs fonctionnent dans d'excellentes conditions.

Pour qu'un régulateur fonctionne bien, il est nécessaire d'intercaler sur les circuits qui contiennent des lampes à arc des *résistances accessoires*. Ces résistances agissent à la manière de volants, modèrent les brusques variations d'intensité qui se produisent par suite de la marche même des lampes. C'est pour cela que toutes les lampes à arc (destinées généralement à être montées 2 par 2 sur des circuits à 120 volts) sont construites de façon à exiger seulement 50 volts au maximum. Les deux lampes produisent, par leur résistance propre, une chute de potentiel de $50 + 50 = 100$ volts, et une chute de 20 volts est due aux résistances accessoires.

La plupart des régulateurs fonctionnent sous l'influence d'actions électromagnétiques, mises en jeu par les variations d'intensité que subit le courant, ou une dérivation de ce courant, lorsque, par suite de l'usure des charbons, l'arc s'allonge et augmente de résistance. Nous indiquerons le principe des *régulateurs à dérivation* et des *régulateurs différentiels*.

Régulateurs à dérivation. — Considérons un levier conducteur LL' (*fig.* 398), mobile autour du point L et supportant le charbon positif. Plaçons un électro-aimant sur une dérivation qui part de L et rejoint le circuit général en C. Pour une différence de potentiel supposée constante entre L

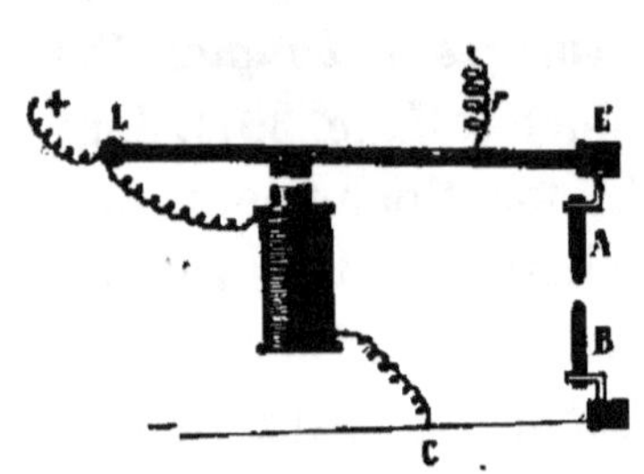

Fig. 398. — Principe des régulateurs à dérivation.

et C lorsque l'arc a une longueur convenable et par suite une résistance déterminée, l'action d'un ressort *r* l'emporte sur celle de l'électro-aimant : le levier est relevé. Si, par l'usure des charbons, la résistance de l'arc augmente, l'intensité du courant qui passe en CL augmente, l'électro-aimant devient prépondérant, la résistance du ressort est vaincue et le levier s'abaisse, ainsi que le charbon positif.

Nous étudierons l'application de ce principe dans le régulateur de Gramme.

Régulateur de Gramme. — Le charbon positif est fixé à une tige pesante présentant latéralement une crémaillère qui, par l'intermédiaire de roues dentées, imprime un mouvement de rotation à un volant à ailettes *v* (*fig.* 399). Cette tige tend constamment à descendre sous l'influence de son poids, mais son mouvement n'est possible que lorsque le volant est laissé libre par un doigt *d*. Le charbon négatif est porté par un cadre rectangulaire isolé de la boîte métallique qui enveloppe le mécanisme; la traverse supérieure de ce cadre constitue l'armature d'un électro-aimant à gros fil E, placé dans le circuit principal et traversé par suite par le courant entier. Le courant entre par la borne B, parcourt la tige à crémaillère, le charbon positif et le charbon négatif, le cadre, l'électro-aimant E et s'en va par la borne B', laquelle est isolée de la boîte. Enfin un électro-aimant E' est placé en dérivation entre la boîte et le cadre; son armature A est constituée par l'extrémité d'un levier mobile autour de l'axe O et portant à son autre extrémité le doigt *d*.

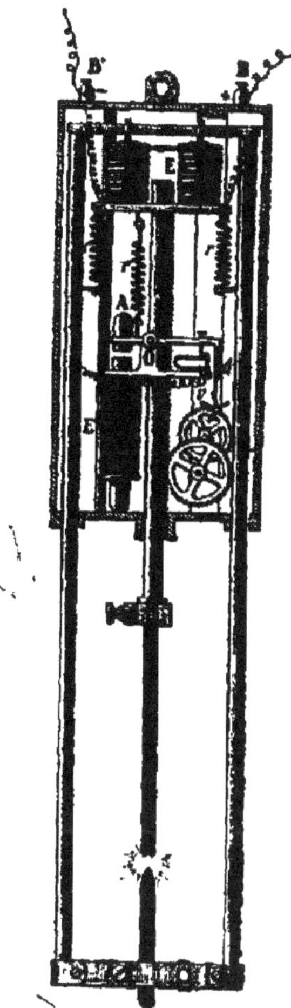

Fig. 399. — Régulateur à dérivation de Gramme.

Au repos, les charbons se touchent; le charbon négatif et le cadre sont soulevés par deux ressorts *r*, *r*, fixés à la culasse de l'électro-aimant E; le doigt *d* est en prise avec le volant. Si on lance le courant dans le régulateur, il passe d'abord presque tout entier par les charbons et par l'électro-aimant E, qui attire son armature et abaisse ainsi le charbon négatif: l'arc se forme. Un ressort *r'* fixé au levier a une tension réglée de manière à équilibrer la puissance d'attraction de l'électro-aimant E lorsque la différence de potentiel entre les charbons a sa valeur normale. Quand, par suite d'usure des charbons, leur distance augmente, l'intensité diminue dans le circuit principal et s'accroît par suite dans le courant dérivé. L'électro-aimant E' devient assez puissant pour attirer son armature malgré le ressort *r'*; le doigt *d*, abandonnant le volant, laisse descendre le charbon positif. Ce mouvement de descente s'effectue par saccades presque insensibles, car une disposition spéciale interrompt le courant dérivé dès que l'armature A a été attirée; on évite ainsi des variations brusques dans l'intensité de la lumière.

Régulateurs différentiels. — Considérons deux bobines B et B' placées, l'une en série, l'autre en dérivation par rapport aux crayons (*fig.* 400), et supposons qu'un noyau de fer doux NN' pénétrant à la fois dans les deux bobines, équilibre par l'intermédiaire d'un fil passant sur une poulie le poids du charbon supérieur et de son support. Au début, les charbons sont au contact ; la plus grande partie du courant passe par eux, et l'action de la bobine B prédomine : le noyau NN' descend et, les charbons s'écartant, l'arc jaillit. Lorsque la distance des charbons devient

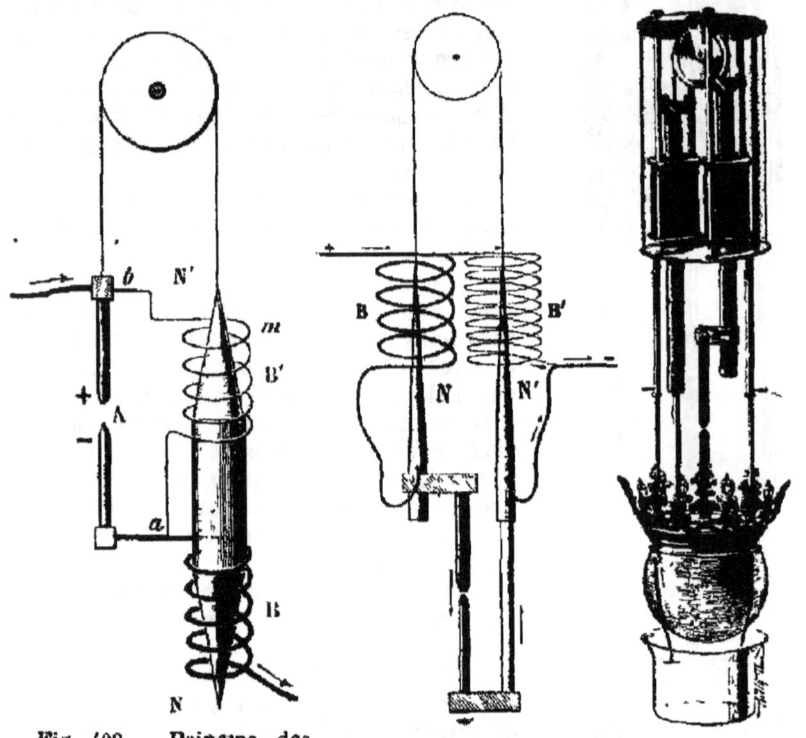

Fig. 400. — Principe des régulateurs différentiels.

Fig. 401. — Lampe Pilsen.

plus grande, la résistance totale du circuit augmente faiblement, et l'intensité totale du courant diminue un peu ; l'attraction de la bobine B devient un peu plus faible par cela même. De plus, la résistance particulière de la portion *bAa* du circuit augmente considérablement, et la quantité d'électricité qui passe par *bB'a* va, en vertu de la loi de

Kirchoff, augmenter en conséquence ; l'action de la bobine B' pourra, à son tour, devenir prépondérante, et le noyau NN' remontera. Les charbons se rapprocheront, la résistance du trajet aAb, ainsi que la résistance totale du circuit, diminueront, et la bobine B, redevenant la plus forte, éloignera un peu les deux pointes, et ainsi de suite.

C'est par la variation de la *différence* d'action des deux bobines que s'obtient la régularité de la lumière.

Parmi les lampes à régulateur différentiel, nous citerons la lampe Pilsen, dont la figure 401 montre la disposition schématique et l'aspect général.

Il est intéressant de se rendre compte du fonctionnement de ces électro-aimants, dits quelquefois « à succion », qui sont employés dans un assez grand nombre d'appareils électriques.

Lorsque la bobine est parcourue par un courant, elle crée, dans son intérieur, un champ magnétique qui est (229) faible si cet intérieur n'est occupé que par de l'air, très fort au contraire si cet intérieur est muni d'un noyau de fer doux. Mettons le noyau, supposé cylindrique, à l'entrée de la bobine : il subira l'influence du champ magnétique, et, obéissant à la loi déjà indiquée (233), se placera de lui-même *de façon a être traversé par le flux maximum*. Cette condition sera évidemment réalisée quand la plus grande quantité possible de fer se trouvera à l'intérieur de la bobine. Celle-ci aspirera donc complètement le noyau.

Si, comme c'est le cas général, ce noyau n'est pas libre, présente une résistance (si par exemple il est retenu par un ressort, un contrepoids), l'aspiration sera limitée par cette résistance ; elle s'arrêtera quand la force attractive — dont nous ne pouvons pas donner ici l'expression mathématique — sera équilibrée par le ressort ou le contrepoids. Cette force dépend évidemment de l'intensité du courant ; on pourra donc obtenir des attractions plus ou moins profondes selon qu'il passera dans la bobine un courant plus ou moins intense.

Un tel mouvement, provoqué par la condition du flux maximum, s'arrêterait forcément à ce flux maximum lui-même, c'est-à-dire que quand le noyau remplirait complètement la bobine, son déplacement, ne pouvant pas modifier la valeur du flux, ne se produirait plus. On parviendra à augmenter l'amplitude de ce mouvement en donnant au noyau une forme cylindro conique, comme cela est indiqué sur les figures 400 et 401. Lorsque, l'aspiration s'étant produite dans la bobine supérieure, et vers le haut par exemple, la pointe N' du noyau est parvenue en *m*, le flux est encore susceptible d'augmentation, l'intérieur de la bobine n'étant pas encore complètement garni de fer. Le noyau tend à s'élever davantage de telle sorte que le volume de fer compris dans la bobine soit plus grand et que le flux augmente encore. Il s'élèvera donc jusqu'à ce que la résistance de l'arc étant devenue plus faible, le courant qui traverse la bobine supérieure ait diminué d'intensité et que la force attractive produite ne soit plus en état de faire équilibre au poids du noyau et à l'action antagoniste de la bobine inférieure.

Courants alternatifs. — Le fonctionnement des régulateurs étant indépendant du sens du courant, ces appareils peuvent, à quelques modifications de détail près, convenir aux lampes à courants alternatifs. Il existe d'ailleurs, pour ces dernières, quelques types de régulateurs spéciaux.

268. Lampes en vase clos. — Dans les lampes à régulateur que nous venons d'étudier, les charbons durent environ 24 heures. Leur remplacement constitue encore une grande sujétion, quelquefois une grande dépense de main-d'œuvre.

On a imaginé de placer les charbons dans des vases clos. Ils consomment vite le peu d'oxygène qui s'y trouve, et comme celui-ci ne se renouvelle pas, l'arc continue à briller dans une atmosphère de gaz carbonique qui est ensuite réduit ; bientôt il ne reste que de l'oxyde de carbone et de l'azote, et l'usure des charbons devient alors insignifiante. Ces charbons durent 200 heures. La lumière est moins éclairante et prend une teinte violacée d'un aspect peu agréable. La dépense d'énergie est plus considérable. Elle est compensée par l'économie de main-d'œuvre que procure le remplacement moins fréquent des crayons. Ces lampes sont utilisées surtout en Amérique.

La figure 402 représente une lampe en vase clos (*lampe Marks*). Le charbon inférieur est fixe et maintenu dans un petit globe présentant une ouverture pour le passage du charbon supérieur, porté par le régulateur SS'. Le tout est protégé par un second globe en verre à fermeture hermétique. La résistance additionnelle (267) est enroulée, dans la partie supérieure de la lampe, autour d'un cylindre isolant.

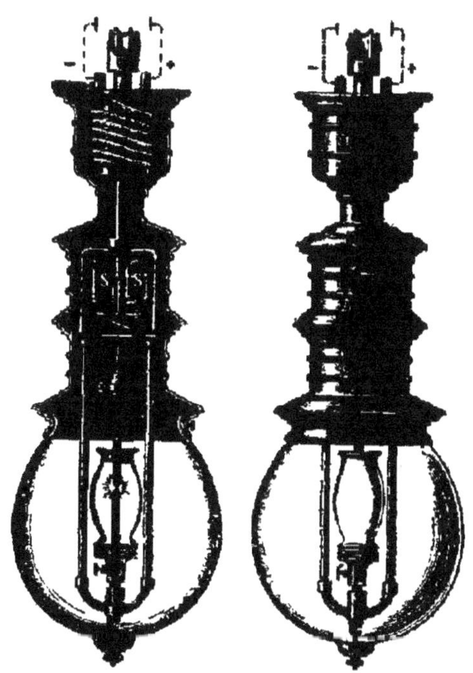

Fig. 402. — Lampe Marks.

269. La lumière électrique au point de vue économique. — La lumière électrique ne présente guère que des avantages : elle restreint singulièrement les dangers d'incendie et supprime ceux d'explosion ; elle ne vicie pas l'air, n'altère pas les peintures, n'échauffe pas les appartements ; la facilité avec laquelle elle se fractionne et se répartit dans les espaces à éclairer, la souplesse avec laquelle elle se prête aux effets de décoration et d'ornement, la simplicité de son allumage et de son extinction la font rechercher pour l'éclairage public aussi bien que pour celui des intérieurs luxueux.

Son seul inconvénient est son prix, encore élevé. Ce prix est, du reste, excessivement variable, suivant que l'énergie électrique provient d'une chute d'eau ou de la combustion du charbon, suivant que les frais d'installation des machines et des conducteurs sont plus ou moins élevés, suivant, enfin, que la durée moyenne de fonctionnement des lampes est plus ou moins longue (1000 heures environ).

Le gaz et l'électricité se livrent une lutte très vive dans laquelle ils sont alternativement vainqueurs. Il est intéressant de se rendre compte des conditions économiques dans lesquelles se produit à l'heure actuelle l'un ou l'autre éclairage.

Pour chacun d'eux les corps incandescents sont les mêmes : carbone ou oxydes métalliques. Le prix de revient doit donc dépendre surtout du procédé employé pour chauffer le corps incandescent. Le gaz chauffe par sa propre combustion ; or, 1^{kg} de carbone (qui, en brûlant, dégagerait 7500 calories) donne 300 litres de gaz d'éclairage, qui, en brûlant, dégagent 1680 calories. Le même kilogramme de charbon, brûlé dans une machine à vapeur, qui actionne une dynamo, produit un certain nombre de coulombs dont le passage dans les conducteurs ne peut pas dégager plus de 650 calories. L'incandescence par l'électricité semble donc beaucoup moins avantageuse que celle par le gaz, et elle l'est réellement, si l'on considère seulement la chaleur produite dans l'appareil d'éclairage. Mais l'appareil électrique permet de concentrer toute cette chaleur sur une très petite quantité de carbone, en un très petit espace, et la lumière ainsi produite est plus considérable que celle qui se produit dans un bec de gaz ordinaire. Dans l'éclairage par incandescence du carbone, l'électricité aura donc l'avantage, bien qu'une calorie-électricité revienne beaucoup plus cher qu'une calorie-gaz.

Il n'en sera plus du tout ainsi si nous comparons l'éclairage électrique par incandescence du carbone avec l'éclairage au gaz par incandescence des oxydes métalliques. Ici, la supériorité du corps incandescent rend au gaz son avantage ; non seulement la chaleur dégagée pour une même dépense primitive de carbone est supérieure, mais son utilisation est meilleure, sa concentration dans les particules d'oxyde produit beaucoup plus de lumière : *le bec Auer est donc plus économique que la lampe électrique à incandescence de charbon*. Lorsque les inconvénients de la lampe Nernst auront disparu, celle-ci rétablira la suprématie économique de l'électricité, car le corps incandescent sera redevenu le même.

Enfin la lampe à arc est de tous les modes d'éclairage le plus économique : à la chaleur dégagée par le courant vient en effet s'ajouter la chaleur de combustion du carbone qui forme les crayons, chaleur qui est admirablement concentrée au foyer lumineux. Mais la lumière dégagée est trop vive pour pouvoir être utilisée dans de petits espaces : elle ne convient pas aux usages domestiques.

En somme l'appareil d'éclairage le plus économique, c'est-à-dire celui dans lequel la *bougie* (t. II, 119) a le moindre prix de revient, c'est la lampe à arc ; viennent ensuite la lampe genre Nernst et le bec Auer, puis la lampe à incandescence, enfin le bec de gaz ordinaire.

La lampe à incandescence fonctionne en général à 110 volts : elle consomme en moyenne une énergie de 3 à 4 watts par bougie. Une lampe de 16 bougies consomme 56 watts ; l'intensité du courant qui l'alimente est de $0^{amp},5$.

La lampe Nernst consomme à peu près la moitié, c'est-à-dire que le même courant peut alimenter une lampe de 32 bougies.

Une lampe à incandescence, établie pour un courant dont le voltage est 110 volts, fonctionnera également à un autre potentiel ; elle éclairera même d'autant mieux que le potentiel sera plus élevé ; mais elle s'usera infiniment plus vite, les charbons se désagrégeront, se « brûleront ». On n'a donc point d'intérêt à faire donner aux lampes leur maximum d'éclat.

La lampe à arc fonctionne à des potentiels variables, le plus souvent à 45 ou 50 volts. Elle consomme alors un demi-watt par bougie. Une lampe de 300 bougies (ce sont les plus faibles lampes à arc) dépensera donc 150 watts, soit 3 ampères à 50 volts.

Un cheval-vapeur, qui vaut 736 watts, suffira donc à alimenter 12 à 13 lampes à incandescence de 16 bougies (200 bougies environ) — et 4 à 5 arcs de 300 bougies (1400 bougies environ).

Le prix de revient du watt électrique est extrêmement variable : comme il est très faible, l'énergie est généralement taxée en hectowatts ou kilowatts-heure (271). A Paris, l'hectowatt-heure coûte environ 10 centimes. Avec cette somme on peut donc maintenir allumée pendant une heure une lampe de 100 watts, c'est-à-dire une lampe d'environ 30 bougies, ou une lampe Nernst de 60 bougies, ou pendant 40 minutes un arc de 300 bougies.

Le gaz étant compté à $0^{fr},30$ le mètre cube, on alimentera, pour ce même prix de $0^{fr},10$:

Pendant une heure : 2,5 becs papillons ordinaires (10 bougies, consommant 125 litres à l'heure) valant ensemble 25 bougies, ou 2,9 becs Auer n° 2 (55 bougies, 115 litres à l'heure) faisant 160 bougies ;

Enfin, les plus récents progrès de l'incandescence par le gaz permettront à ce mode d'éclairage de lutter contre la lampe à arc avec avantage. La lampe Scott-Snell, avec un pouvoir éclairant de 500 bougies, consomme 450 litres de gaz, dépensant ainsi 13 centimes et demi par heure. Son emploi est encore un peu exceptionnel.

Pour $0^{fr},10$ on aurait donc 500 bougies pendant 45 minutes.

La comparaison de ces différents prix de revient se fait d'elle-même.

RÉSUMÉ DU CHAPITRE XXIII

Les effets lumineux sont une conséquence directe des effets calorifiques. Un courant qui passe dans un conducteur l'échauffe, et d'autant plus que ce conducteur est plus résistant. Si l'échauffement est suffisant, une portion du conducteur peut être portée à l'incandescence et devenir lumineuse. Le charbon est le conducteur qui donne les meilleurs résultats. Si l'on fait passer un courant à travers un filament de charbon enfermé dans une ampoule ne contenant pas d'air, on a une *lampe à incandescence*. Si au contraire le charbon traversé par le courant est exposé à l'air, il brûle ; la chaleur dégagée par sa combustion s'ajoute à la chaleur dégagée par le passage du courant : le charbon devient encore plus brillant et l'on a une *lampe à arc*.

Les filaments de charbon des lampes à incandescence sont excessivement fins ; ils proviennent de filaments de cellulose que l'on a, après carbonisation, nourris avec du carbone provenant de la décomposition de carbures d'hydrogène. Le filament est ensuite placé dans une ampoule où le vide est fait, aussi complètement que possible. Ses deux bouts sont fixés sur deux fils de platine qui traversent un culot supportant l'ampoule et amènent le courant.

La lumière donnée par l'arc voltaïque est très brillante et en même temps plus économique que celle qui provient des lampes à incandescence, mais elle ne convient qu'aux grands espaces. Lorsque la lampe fonctionne avec un courant continu, le charbon positif se creuse en cratère et s'use plus vite que le négatif ; le cratère est le véritable foyer lumineux. Lorsqu'on emploie des courants alternatifs, les deux charbons restent semblables et se terminent par deux pointes également lumineuses.

La combustion des charbons dans les lampes à arc nécessite l'emploi d'un *régulateur*, destiné à maintenir les pointes des charbons à une distance constante. Dans les régulateurs à dérivation, un électro-aimant traversé par une dérivation du courant devient actif lorsque la résistance de l'arc devient trop grande, et abaisse alors un levier portant le charbon positif. Dans les régulateurs différentiels, la régularité de la lumière s'obtient par la différence d'action sur un noyau de fer doux de deux bobines placées, l'une en série, l'autre en dérivation par rapport aux crayons de charbon.

On construit aussi des lampes dont les charbons sont placés dans des vases clos. Il se forme d'abord une atmosphère de gaz carbonique qui est ensuite réduit ; bientôt il ne reste que de l'oxyde de carbone et de l'azote et l'usure des charbons devient alors insignifiante.

La lumière électrique présente sur les autres modes d'éclairage les avantages de restreindre les dangers d'incendie, de ne pas vicier l'air, de ne pas échauffer les appartements et surtout de se prêter facilement au fractionnement. Son seul inconvénient est son prix, encore un peu élevé là où la source initiale d'énergie est la houille et non des chutes d'eau.

EXERCICES SUR LE CHAPITRE XXIII

77. Le courant d'une dynamo dont la force électromotrice est de 850 volts est lancé dans un circuit de 16 lampes à arc dont chacune a $4^{ohms},5$ de résistance. La résistance des fils conducteurs est de $0^{ohm},8$ et l'intensité de $10^{amp},04$. Quelle est la résistance de la machine ?

Réponse : $11^{ohms},86$.

78. Une dynamo dont la résistance intérieure est de $0^{ohm},008$ doit envoyer un courant de $0^{amp},8$ à travers 900 lampes à incandescence placées en dérivation ; la résistance à chaud de chaque lampe est 130 ohms. Quelle doit être la force électromotrice de la machine ?

Réponse : $109^{volts},44$.

79. On donne 50 éléments Daniell dont la force électromotrice est de 1 volt et la résistance de 1 ohm, montés en série. On demande combien on pourra alimenter de lampes à incandescence montées en dérivation, ces lampes étant de 50 volts, ayant une résistance à chaud de 50 ohms et exigeant pour leur fonctionnement un courant de $\frac{1}{2}$ ampère.

Réponse : 1 lampe.

80. Une lampe Edison est alimentée par 60 éléments Bunsen accouplés en série. La force électromotrice d'un élément et l'intensité du courant qui serait donné par un élément sont respectivement $1^{volt},4$ et $1^{amp},43$.

Un voltamètre intercalé dans le circuit intérieur indique un dégagement de $4^{cc},5$ d'hydrogène par minute. On demande : 1° la longueur du fil de la lampe ; 2° le travail dépensé dans le passage du courant de la pile.

On admettra que la résistance du fil conducteur — sauf celui de la lampe — est égale au $\frac{1}{4}$ de la résistance propre de la pile.

Section droite du fil de la lampe : $0^{mmq},07$; coefficient de conductibilité de ce fil : 1,37.

Réponses : 1° $6^{cm},18$; 2° $54,6 \times 10^7$ ergs.

81. Entre les extrémités B et D de deux conducteurs AB et CD, il existe une différence de potentiel constante égale à 220 volts. Entre ces deux points, on a installé en dérivation 5 lampes à incandescence de 16 bougies chacune. Sachant qu'une lampe à incandescence consomme une puissance de 4 watts par bougie, on demande :

1° L'intensité du courant qui passe dans chacune des lampes ;

2° L'intensité du courant qui passe dans les conducteurs principaux AB, CD ;

3° L'énergie consommée par les cinq lampes pendant une heure et le coût pendant une heure de l'éclairage ainsi obtenu en sachant que l'énergie est vendue au prix de 0fr,06 l'hectovatt-heure.

Réponses : 1° 0amp,29 ; 2° 1amp,45 ; 3° 0fr,192.

CHAPITRE XXIV

DISTRIBUTION ET TRANSPORT DE L'ÉNERGIE ÉLECTRIQUE

---

270. Considérations générales. — L'énergie électrique étant produite dans des usines centrales, il faut la répartir sur les voies publiques, dans des ateliers, le long des lignes de tramvays, chez les particuliers, etc.

L'usine produit un certain courant, caractérisé à chaque instant par une tension et une intensité déterminées ; mais les appareils d'utilisation ne consomment pas la même quantité d'énergie, et fonctionnent en général avec un potentiel et une intensité différents de ceux que l'on trouve aux machines de l'usine génératrice. Il y a donc lieu de disposer les fils des canalisations de façon que les machines de l'usine centrale marchant le plus régulièrement possible, chaque appareil d'utilisation, lampe, moteur, etc., reçoive exactement la quantité d'électricité qui lui est nécessaire, et au potentiel pour lequel il est réglé. C'est là le problème de la *distribution*. On réserve le nom de *transport* de l'énergie à l'opération par laquelle on transporte, par le moyen des courants électriques, l'énergie produite en un point (chute d'eau en général) en un autre point très éloigné du premier, et à partir duquel cette énergie est *distribuée* sous sa forme électrique, et utilisée par les transformations convenables (éclairage, machines, etc.).

Le problème de la distribution serait extrêmement compliqué si l'on devait tenir compte de la double variation de l'intensité et du potentiel du courant transmis. On est convenu de laisser fixe l'un de ces termes ; l'énergie transmise étant égale à leur produit, la variation de l'autre facteur suffira à obtenir toute valeur désirée de l'énergie utilisée.

Lorsque le facteur variable est le potentiel, on a ce qu'on appelle une distribution *à intensité constante*. Ce mode de distribution présente des difficultés pratiques résultant des complications d'appareils qu'entraîne le montage obligé de tous les organes d'utilisation en série. Il n'est que bien rarement employé. Nous ne le citons que pour mémoire. (La ville de Genève est alimentée d'énergie électrique par une distribution à intensité constante.)

La distribution généralement adoptée est la distribution *à potentiel constant*. La plupart des appareils d'utilisation d'énergie électrique sont construits pour fonctionner sous une différence de potentiel donnée. Celle que la pratique a montré devoir être le plus commode est voisine de 110 volts. Lampes à incandescence, moteurs, etc., destinés à entrer dans les réseaux de canalisation un peu étendues fonctionnent à 110 volts, ou à des multiples de 110 volts. Les usines centrales, de leur côté, distribuent l'électricité à 110 volts. La combinaison des montages en série ou en quantité, l'adjonction de résistances accessoires, permettent de compenser les différences que la pratique impose à ces nombres évidemment trop absolus.

La distribution électrique se ramène alors, *dans son cas le plus simple*, à ceci : une dynamo centrale A (*fig.* 403), que fait tourner une machine à vapeur, par exemple, ou une turbine, donne par sa rotation à une vitesse déterminée, que maintient un régulateur automatique quelconque (119), une différence de potentiel constante (239), de 110 volts par exemple à ses balais *b*, *b'*. Cette différence de potentiel s'étend à tout conducteur mis en relation avec ces balais BB', CC', etc. Tant que ces conducteurs ne seront pas reliés entre eux, aucun courant ne passera, et la dynamo ne consommera pas d'autre énergie que celle qui est nécessaire pour vaincre les résistances mécaniques de ses organes.

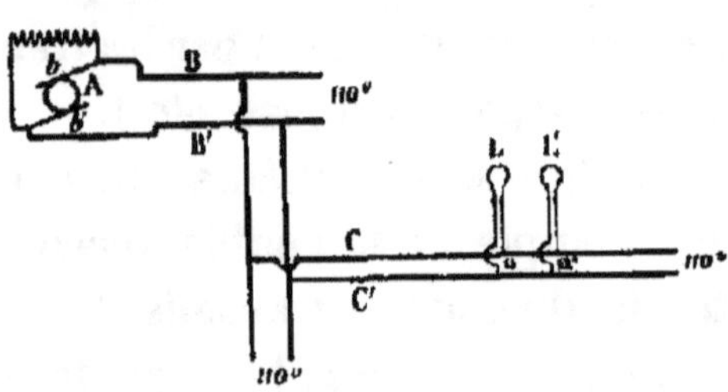

Fig. 403. — Schéma d'une distribution à potentiel constant.

Introduisons entre les deux conducteurs CC' une lampe à incandescence. Les dimensions des éléments de cette lampe ont été calculées par le constructeur de façon qu'elle donne un éclairage de 16 bougies lorsqu'elle est traversée par un courant de 0,5 ampère, par exemple, et que sa résistance intérieure soit alors de 220 ohms. Plaçant cette lampe en *a*, la différence de potentiel de 110 volts va précisément développer dans le filament un courant de 0,5 ampères, (E = IR) et on aura l'éclairage de 16 bougies. L'énergie consommée par cette lampe est de 55 watts (W = EI).

La dynamo doit donc fournir 55 watts au moment où s'établit le courant. Mais elle ne les reçoit pas de sa machine à vapeur qui, à ce moment, ne consomme pour ainsi dire pas de vapeur ; celle-ci ne peut donc plus mettre en mouvement la dynamo, et la vitesse de leur mouvement commun va se ralentir. Elle se relèvera du reste immédiatement sous l'action du régulateur, dont la chute a fait pénétrer une plus grande quantité de vapeur dans le cylindre. La vitesse se maintient donc constante, mais la consommation de vapeur augmente. La différence de potentiel aux balais se maintiendra aussi constante, mais la puissance de la dynamo aura augmenté précisément des 55 watts nécessaires à l'allumage d'une lampe.

L'introduction *en dérivation* d'une autre lampe L' dans le circuit diminuera la résistance totale de ce circuit (209) et augmentera l'intensité du courant. Par le même mécanisme le régulateur laissera pénétrer la nouvelle quantité de vapeur nécessaire au développement de la nouvelle puissance de 55 watts tranformée en chaleur et lumière dans le circuit.

Et ainsi de suite. Chaque lampe allumée détermine d'elle-même la mise en circulation du nombre d'ampères nécessaire à son alimentation.

Tel est, réduit à sa plus simple expression, le mécanisme d'une distribution à potentiel constant (*). Indiquons maintenant rapidement comment on la réalise dans la pratique.

271. Types de distributions les plus usuels. — Les bornes de la dynamo (fig. 404) sont reliées à deux barres de

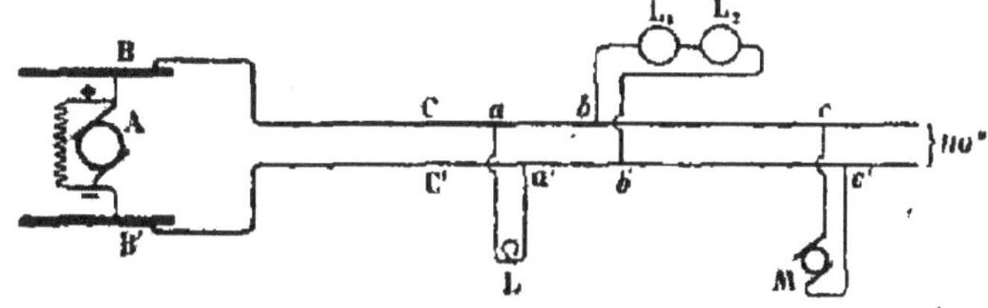

Fig. 404. — Distribution à deux fils.

cuivre BB' sur lesquelles sont branchés deux câbles de cuivre qui constituent la canalisation. C'est sur ces deux câbles, entre lesquels règne constamment une différence de potentiel de 110 volts, que sont dérivés les lampes à incandescence, telles que L, les lampes à arc, telles que L_1L_2, — ces dernières montées deux par deux en séries,

(*) Cet emploi de l'énergie à potentiel constant — en prenant le mot potentiel dans le sens le plus général que nous lui avons donné au § 200 — se rencontre très fréquemment Nous citerons, par exemple, le cas d'une turbine. La hauteur de chute de l'eau qui l'alimente est constante : c'est le potentiel de cette eau. La quantité, *la masse*, d'eau qui passe par seconde, le débit de cette turbine (qui correspond à l'intensité d'un courant) est réglé par des valves (mues à la main ou par des régulateurs) suivant le travail que l'on veut demander à cette turbine. Et l'énergie de cette chute d'eau (par seconde), la puissance de la turbine, est à chaque instant égale (aux résistances passives près) au produit de la hauteur de chute par le débit.

car elles n'exigent que des différences de potentiel de 40^v — ou des moteurs tels que M.

Les câbles, parcourus par des courants d'intensité généralement grande, s'échauffent et absorbent pour cela une quantité d'énergie égale à RI^2, d'autant plus grande par conséquent qu'ils sont plus longs et de plus faible diamètre, c'est-à-dire que la résistance est plus grande. Il y a là une perte d'énergie que l'on doit chercher à réduire le plus possible, en donnant aux câbles une section proportionnelle à l'intensité du courant qui les traverse.

Nous savons aussi que si, *à circuit ouvert*, la différence de potentiel se maintient régulièrement constante entre les câbles C et C', en tous leurs points (comme en tous points de deux conducteurs reliés aux pôles d'une pile), il n'en est plus de même quand le circuit est fermé, quand le courant passe (208) ; la différence de potentiel, entre deux points tels que *a, a'* est alors inférieure à celle qui règne aux bornes de la dynamo. Cette perte de potentiel peut devenir gênante pour les canalisations très longues ; il faut en tenir compte dans l'établissement d'une distribution.

On a souvent besoin d'appareils de consommation, surtout des moteurs, qui exigent 220 volts. Pour pouvoir les employer concurremment avec ceux à 110^v, on emploie l'artifice de la distribution à trois fils (*fig.* 405). Deux dynamos, A, A_1, montées en série, sont reliées à trois barres de cuivre B, B', B" auxquelles sont fixés trois câbles C, C', C". La différence de potentiel entre un des câbles extrêmes et celui du milieu est de 110 volts ; entre les câbles extrêmes eux-mêmes, elle est de 220. On branchera donc un moteur tel que M, qui fonctionne à 220 volts, sur les câbles extrêmes, tandis que pour des lampes à 110 volts, telles que LL, on réunira le câble du milieu à l'un des deux autres (c'est ce qu'on appelle *établir un pont* entre deux câbles). Comme la différence des potentiels seule est considérée, nous avons supposé que le câble du milieu était au potentiel zéro. Si la circulation d'électricité était exactement la même entre les deux câbles C et C' qu'entre C' et C", le câble C' serait parcouru par deux courants égaux et de sens contraire, c'est-à-dire par un courant nul. Pratiquement, il n'en est pas ainsi (on dit que les deux ponts sont inégalement *chargés*), mais le courant qui parcourt C' est toujours très faible, et la section de ce câble peut être plus faible que celle des deux autres, ce qui occasionne une économie très importante de cuivre.

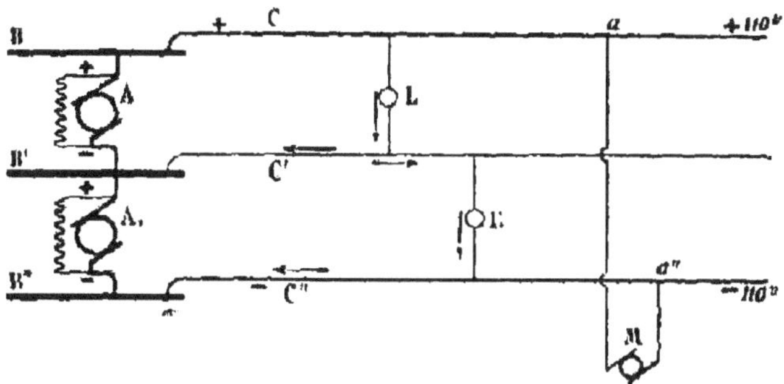

Fig. 405. — Distribution à trois fils.

Pour les distributions de grande étendue (éclairage d'une grande ville, par exemple), il est impossible de conserver un seul couple de conducteurs qui suivrait les rues de la ville, au hasard des abonnements sucessifs. Les dernières lampes se trouveraient à des distances très grandes de l'usine centrale (distance comptée sur les câbles);

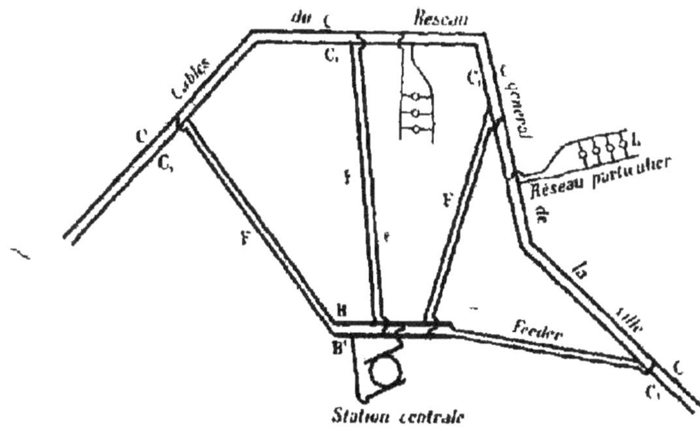

Fig. 406. — Distribution par feeders et réseaux.

il en résulterait une perte d'énergie (RI^2) considérable et surtout un affaiblissement dans la différence de potentiel tel qu'aux points extrêmes de la canalisation les lampes n'éclaireraient presque plus.

On établit donc, une fois pour toutes, en suivant les quartiers et groupements de maisons, des réseaux de câbles distributeurs CC_1, (*fig.* 406) desquels partent, par dérivation, les réseaux particuliers des abonnés. Pour maintenir entre ces câbles une différence de potentiel suffisamment constante, on les réunit aux barres BB' de la station centrale par des lignes de câbles FF, sur lesquels aucune dérivation n'est établie, et qui portent le nom de *feeders* (nourrisseurs).

L'affaiblissement du potentiel, ou, comme on dit, la *perte de charge* est donc considérablement réduite, comme le sont les distances (comptées sur les câbles) des lampes à l'usine centrale. La perte d'énergie par échauffement des conducteurs est diminuée d'autant.

Les usines d'éclairage électrique sont munies de batteries d'accumulateurs qu'on laisse décharger dans la ligne lorsqu'on n'a besoin que d'une trop faible dépense d'énergie pour justifier la mise en marche d'une machine, pendant le jour par exemple. Elles constituent, en outre, une réserve pour parer aux accidents de machines, et quelquefois un régulateur du courant (Ch. XXII). Il est à remarquer que le *nombre des accumulateurs disposés en série* sera déterminé par le voltage du courant d'éclairage (55 pour 110 volts, par exemple) ; que leur dimension ainsi que le *nombre de ces séries mises en batterie* le seront par le nombre d'ampère-heures qu'on voudra leur faire fournir ; et enfin que la force électromotrice des accumulateurs diminuant avec l'usage (pour finir à $1^v,8$), la décharge commencée avec des séries de 55 accumulateurs par exemple, devra se terminer par une série de 61, pour conserver constant le voltage de 110^v aux fils de ligne.

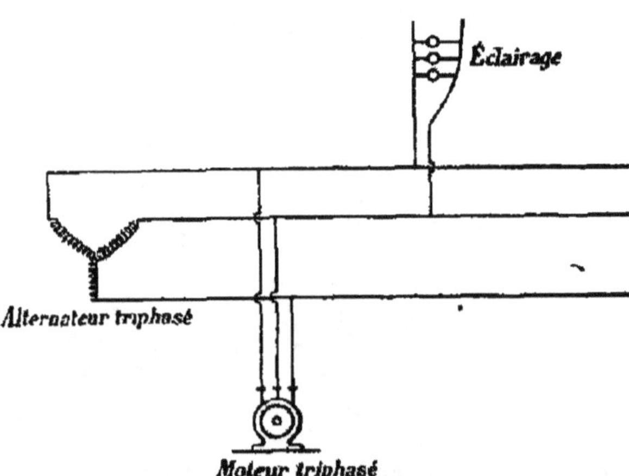

Fig. 407. — Schéma de distribution par courants alternatifs triphasés.

Courants alternatifs. — Les courants alternatifs sont distribués suivant les mêmes principes. Mais, de plus, leur usage amène souvent celui des transformateurs (253) ; les courants produits à une tension moyenne sont, pour des raisons d'économie exposées plus loin (273) transformés en courants à haute tension et transportés ainsi à des distances qui peuvent être considérables. Aux points d'utilisation, la tension est ramenée à la tension usuelle de 110 ou de 220 volts.

Les courants alternatifs employés industriellement sont le plus souvent triphasés : ils exigent donc une canalisation à trois fils. Les alternomoteurs mis en mouvement par ces courants doivent être réunis à ces trois fils. Mais les lampes ne comportent qu'un seul fil et ne sont traversées que par une seule série de courants alternatifs, obtenus en réunissant deux des phases (248). Voici, à titre d'exemple (*fig.* 407), le schéma d'une distribution de courants triphasés alimentant ces deux organes (sans transformateurs).

Il en est de même pour les courants diphasés.

272. Organes principaux d'une distribution électrique. — Une distribution d'énergie électrique comprend, outre les câbles et les fils, quelques appareils d'un usage constant et que nous allons énumérer rapidement.

Rhéostat d'excitation. — Il importe avant tout d'assurer la constance de la force électromotrice de la dynamo. Or celle-ci ne dépend pas seulement de la vitesse de sa rotation, comme nous l'avons supposé dans le paragraphe précédent, pour simplifier l'explication ; elle dépend encore (239) de la valeur du flux inducteur, c'est-à-dire de l'intensité du courant, en général dérivé, qui traverse les inducteurs. Or, quand, par l'introduction de lampes par exemple, nous diminuons la résistance du circuit extérieur, le partage du courant ne se fait plus de la même façon, et la dérivation des inducteurs est parcourue par un courant plus faible. La force électromotrice induite va donc tomber. Pour la relever, il faut que l'intensité du courant des inducteurs soit augmente en même temps que celle du circuit extérieur. On y parvient en diminuant la résistance du circuit des inducteurs, par le jeu d'un rhéostat (représenté schématiquement à la figure 419) appelé rhéostat d'excitation. Pratiquement, le maniement de ce rhéostat est très simple. Lorsqu'on constate un abaissement de voltage, on tourne la manette du rhéostat jusqu'à ce que le voltmètre soit remonté à sa valeur normale.

Câbles. — Pour les canalisations aériennes, on emploie des conducteurs *nus*, montés sur des supports en porcelaine fixés sur des poteaux placés de distance en distance. Ces supports sont généralement des isolateurs à *double cloche* (*fig.* 408) vissés à l'extrémité d'une tige recourbée en fer zingué. Le conducteur peut être un simple fil de cuivre ou un câble formé d'un certain nombre de fils de faible diamètre toronnés.

Pour les canalisations souterraines, il faut employer des câbles isolés. Les plus usités sont constitués par un toron de fils de cuivre

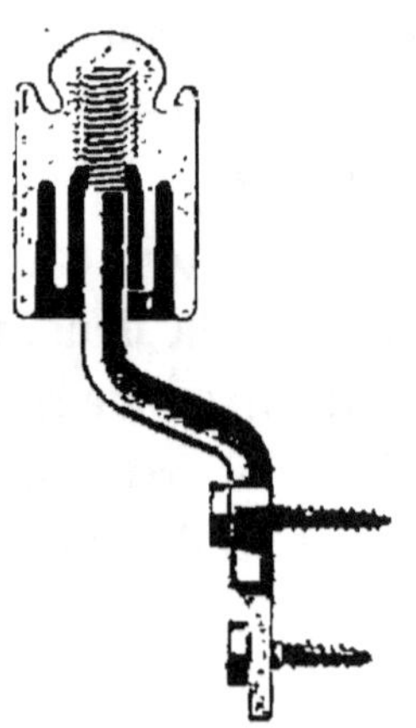

Fig. 408. — Isolateur à double cloche.

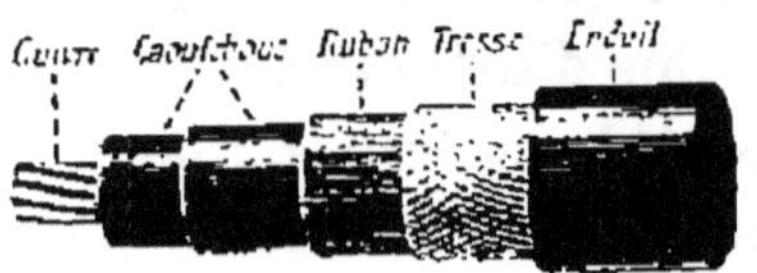

Fig. 409. — Diverses parties d'un câble à isolement moyen.

Fig. 410. — Interrupteur unipolaire.

de 1mm à 1mm,5 de diamètre (*fig.* 409) sur lequel on a déposé successivement plusieurs couches de caoutchouc vulcanisé, un ruban caoutchouté, une tresse et un enduit spécial. Les fils de cuivre doivent toujours être étamés, car sans cette précaution le caoutchouc se détériorerait rapidement au contact du cuivre.

Appareils de distribution et de sécurité. — Ces appareils sont les interrupteurs, les commutateurs, les coupe-circuits et les paratonnerres.

Interrupteurs. — Ce sont des appareils qui permettent de couper ou de rétablir un courant en supprimant ou en rétablissant la continuité métallique du circuit. Ils se composent ordinairement de deux pièces métalliques *a*, *b* (*fig.* 410), entre lesquelles s'engage à frottement dur l'extrémité d'un levier également métallique, manœuvré par une poignée isolante. Les câbles aboutissent d'une part à la charnière *c*, de l'autre aux pièces *a*, *b*.

Les interrupteurs sont *unipolaires* lorsqu'ils ne commandent qu'une seule ligne, *bipolaires* lorsqu'ils commandent deux lignes à la fois, *tripolaires* quand ils en commandent trois (courants triphasés par exemple).

COMMUTATEURS. — Les commutateurs (*fig.* 411) servent à changer brusquement le sens d'un courant ou à envoyer le courant successivement dans plusieurs directions. Ce sont simplement des interrupteurs dans lesquels la lame mobile peut être amenée en contact avec d'autres plots par lesquels le courant peut passer.

Fig. 411. — Commutateur bipolaire.

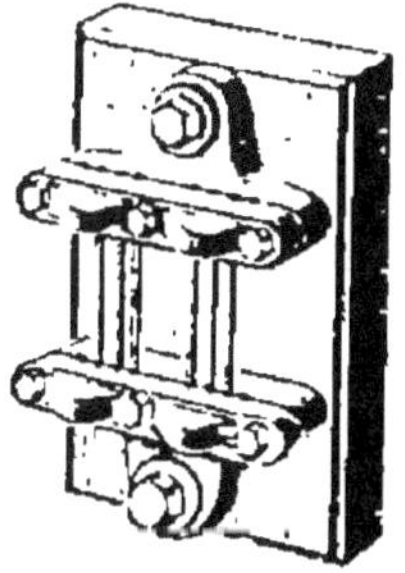

Fig. 412. — Coupe-circuit fusible.

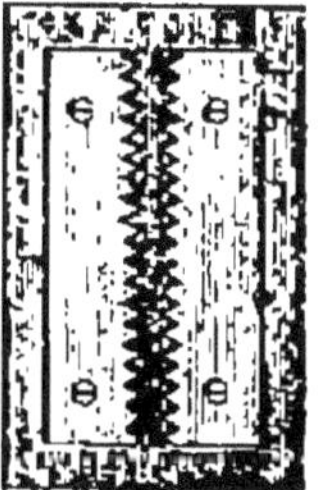

Fig. 413. Paratonnerre.

COUPE-CIRCUITS. — Les coupe-circuits (*fig.* 412) sont destinés à couper automatiquement le courant dans le cas où son intensité devient accidentellement trop grande et à empêcher ainsi les accidents dus à un échauffement exagéré. Ces appareils sont basés sur les propriétés calorifiques du courant : ils sont constitués en général par des fils ou une lame de plomb, ou d'un alliage très fusible, de section convenable, intercalés sur le circuit à protéger ; si l'intensité vient à dépasser la valeur maxima, le plomb fond et le circuit se trouve interrompu.

PARATONNERRES. — Les paratonnerres ou *parafoudres* sont destinés à protéger les appareils et le personnel contre les courants d'induction qui y sont provoqués par les décharges de la foudre. Ils sont formés généralement de deux plaques de laiton fixées sur un support isolant (*fig.* 413), et munies de dents dont les pointes sont en regard. Une des plaques est reliée à la terre, l'autre est intercalée sur le circuit. La décharge s'effectuant de préférence entre les pointes, l'électricité induite s'écoule dans le sol sans atteindre les appareils.

Appareils avertisseurs. — Dans les installations un peu importantes, il est utile d'être averti immédiatement de toute variation brusque dans la différence de potentiel entre les conducteurs principaux. On emploie pour cela des *indicateurs de tension* ou *voltmètres avertisseurs*.

La figure 414 représente un voltmètre avertisseur construit par Richard. Il se compose d'un électro-aimant à succion (267) actionné par une dérivation en fil fin, et dont le noyau est

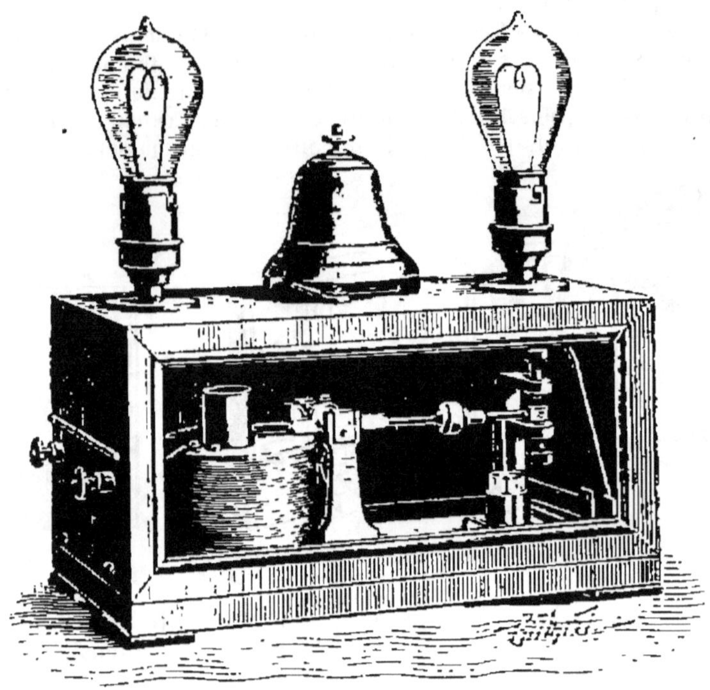

Fig. 414. — Voltmètre avertisseur Richard.

muni d'un long levier terminé par un contact pouvant osciller entre deux vis. Lorsque la différence de potentiel a sa valeur normale, le contact est à mi-distance entre les vis. Quand le voltage dépasse une valeur déterminée, l'intensité du courant augmente, le noyau s'enfonce, le contact vient appuyer sur la vis supérieure, ce qui fait passer le courant dans une lampe à verre rouge et dans une sonnerie. Pour un minimum au contraire, le courant passe dans une lampe à verre bleu.

Compteurs. — Les compteurs sont des appareils servant à déterminer la consommation d'énergie électrique dans une canalisation entre deux moments donnés. On peut les diviser en trois groupes : les compteurs de temps, les compteurs de quantité et les compteurs d'énergie.

COMPTEURS DE TEMPS. — Les compteurs de temps ou compteurs *horaires* (*fig.* 415) sont des pendules qui se mettent en marche dès que le courant électrique les traverse, pour se rendre par exemple à une lampe. Les cadrans indiquent le nombre d'heures pendant lesquelles le courant a passé.

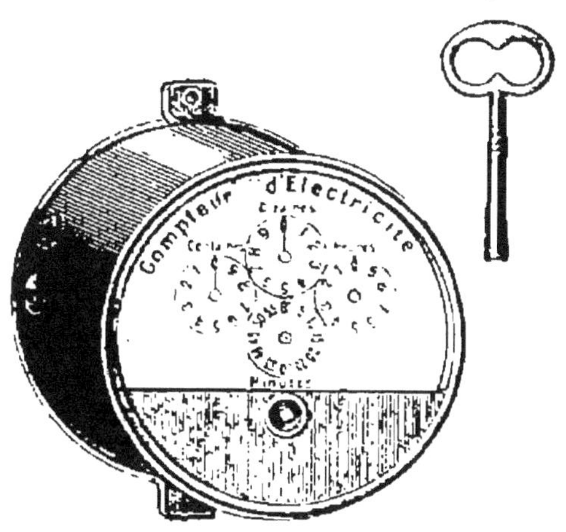

Fig. 415. — Compteur horaire.

Ces appareils, d'un faible volume, ne nécessitent aucun entretien et sont d'un prix peu élevé ; on les met en dérivation sur les fils de distribution. Il en faut un pour chaque lampe.

COMPTEURS DE QUANTITÉ. — Le principe de ces compteurs repose sur les actions chimiques ou sur les actions mécaniques des courants.

Le compteur *électrolytique Edison*, par exemple, est un voltamètre à lames de cuivre et de zinc (*fig.* 416) installé sur un circuit dérivé, dans lequel passe une fraction très petite du courant total qui traverse le circuit de l'abonné. Le liquide est une dissolution de sulfate de cuivre. De temps à autre, on détermine la quantité de cuivre déposé, et on en déduit le nombre des coulombs qui ont passé pendant ce temps.

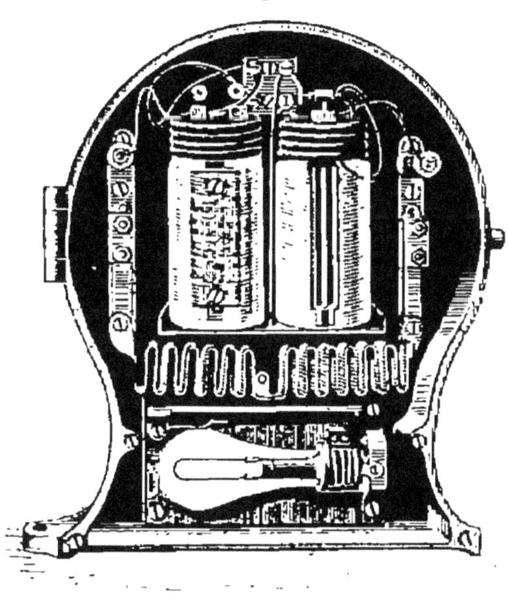

Fig. 416. — Compteur électrolytique Edison.

COMPTEURS D'ÉNERGIE. — Les compteurs d'énergie donnent par une simple lecture le nombre de joules consommés pendant un temps déterminé. C'est ce qui est le plus intéressant à connaître, car l'énergie électrique est la base de tous les marchés. Ce sont des joules que l'on vend, et non des coulombs.

En pratique, on remplace le joule, qui est une unité trop petite, par l'unité conventionnelle de l'hectowatt-heure (360 000 joules, énergie consommée par la marche d'une heure d'une machine qui exigerait 100 watts, c'est-à-dire 100 joules par seconde).

Le plus répandu des compteurs d'énergie est celui d'Elihu Thomson. Il se compose de deux bobines fixes, qui sont traversées par le courant total et forment un solénoïde interrompu B (*fig.* 417). Au milieu du flux qu'elles déterminent se trouve un petit induit Gramme, sans fer, B', monté en dérivation sur le circuit d'utilisation. La fraction de courant qui passe dans cet induit est déterminée par des résistances additionnelles. L'arbre de la bobine B' porte à l'une de ses extrémités un disque de cuivre D pouvant tourner librement entre les pôles d'aimants fixes, et à l'autre extrémité un filet de vis V engrenant avec un compteur ordinaire de tours, dont la première roue est H. Lorsque le courant passe, la bobine B' tourne, entrainant le disque D. Des courants de Foucault se développent dans ce dernier, s'opposant à son mouvement, et cette résistance, qui fait l'effet d'un frottement, absorbe toute l'énergie de la rotation. On démontre que, dans ces conditions, le nombre de tours du disque par seconde est proportionnel à la puissance du courant qui passe, c'est-à-dire au nombre de joules consommés au delà du compteur. Le compteur, qui enregistre des tours, enregistrera donc par cela même des hectowatts-heure, par une réduction convenable dans les engrenages et par la graduation des cadrans indicateurs.

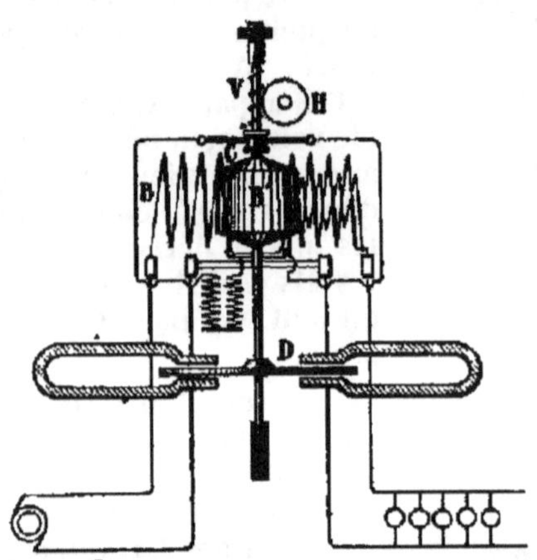

Fig. 417. — Disposition schématique du compteur Elihu Thomson.

La figure 418 représente l'aspect général du compteur sorti de sa boite.

Tableaux de distribution. — On réunit en général sous la main et sous l'œil des mécaniciens-électriciens, sur un grand panneau vertical de marbre ou d'ardoise appelé tableau de distribution, la plupart des appareils de mise en marche et de contrôle d'une installation électrique. Le nombre et la disposition des tableaux varient évidemment suivant les usines ; mais ils comprennent toujours les interrupteurs et coupe-circuits, un voltmètre et un

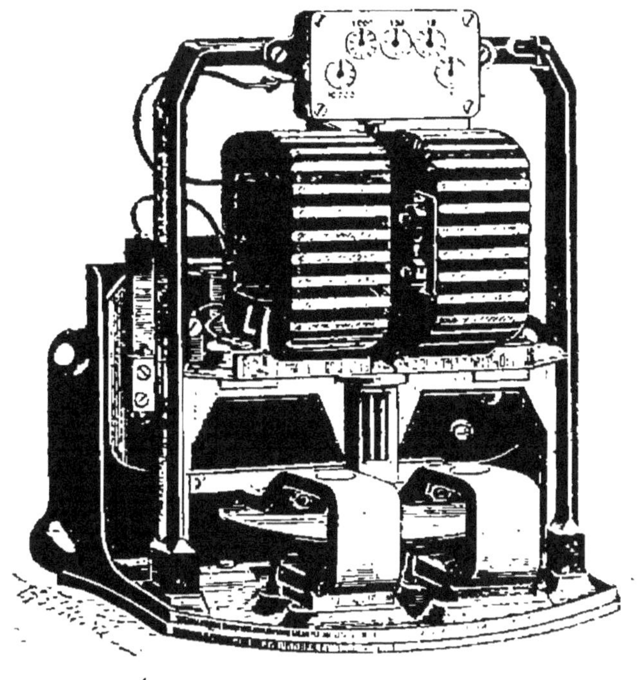

Fig. 418. — Vue d'ensemble du compteur Elihu Thomson.

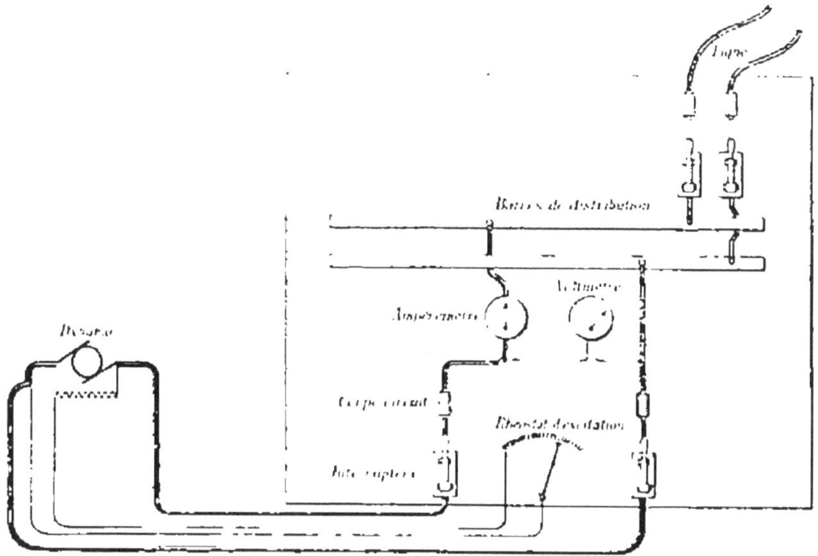

Fig. 419. — Tableau de distribution.

ampèremètre. De cette façon le mécanicien connaît toujours le courant qu'il envoie dans la ligne et peut rapidement l'arrêter en cas d'accident. Il voit immédiatement aussi quels sont les plombs fusibles qui ont cédé.

La figure 419 représente un tableau de distribution très simple. Les barres et câbles nus sont toujours hors de portée, derrière le tableau. Pour les courants à très haute tension, les poignées seules des interrupteurs sortent du tableau.

273. Le problème économique du transport de l'énergie. — La première expérience de transmission d'énergie électrique à distance fut faite par Fontaine à Vienne en 1873, à l'aide de deux dynamos Gramme reliées par un double fil de 1 100^{m} de longueur ; la réceptrice actionnait une petite pompe centrifuge. En 1881, un essai de labourage électrique à une distance de 3^{km} eut lieu à Sermaize ; le labourage réussit parfaitement et on évalua approximativement le rendement à 35 %. Quelques années plus tard, dans les expériences faites sur le chemin de fer du Nord entre Creil et la Chapelle, Marcel Deprez parvint à transmettre à 56^{km} de distance une puissance utile de 52 chevaux, avec un rendement moyen de 45 %. Enfin, depuis 1891, l'emploi des courants alternatifs, et surtout des courants polyphasés, a permis d'obtenir des rendements beaucoup plus élevés. A Francfort-sur-le-Mein on est arrivé, en faisant usage de courants triphasés, à transmettre une puissance utile de 110 chevaux à 180^{km} ; la puissance fournie à la génératrice était de 150 chevaux, ce qui correspond à un rendement de plus de 73 %. Aujourd'hui, il existe de nombreuses stations centrales d'électricité qui fournissent, à une distance plus ou moins considérable, l'énergie nécessaire à la fois à la traction, à l'éclairage et à l'outillage.

La transmission de l'énergie électrique à de grandes distances présente un intérêt industriel considérable par suite de la possibilité d'utiliser l'énergie des chutes d'eau et de l'amener en partie dans les centres industriels. Les installations de ce genre sont nombreuses en Suisse, où elles alimentent l'éclairage des villes, la traction des chemins de fer de montagne et des tramways, etc. ; dans la vallée de l'Isère ; en Amérique, où l'on n'a pas tenté moins que l'utilisation électrique des chutes du Niagara, etc.

Indiquons en quelques mots comment la question économique se pose, et comment elle est résolue aujourd'hui.

Lorsque le moteur est très éloigné du générateur, la quantité d'énergie absorbée par les conducteurs (RI^2) peut devenir assez grande pour rendre illusoire le bénéfice du transport d'énergie. On ne peut remédier à cette perte qu'en diminuant autant que possible les facteurs R et I.

La résistance R dépend de la longueur et de la section du conducteur (qu'on fait en cuivre pour que sa résistivité soit très faible). La longueur du conducteur est fixée par la distance des deux dynamos : on ne peut donc, pour diminuer R, qu'augmenter la section, ce qui rend ruineux l'établissement de la ligne dès que la distance est un peu grande (30 à 40^{km}).

Quant à l'intensité, on peut la diminuer par l'emploi de courants à potentiel très élevé ; en effet, la puissance motrice que l'on veut transporter étant égale à EI, l'augmentation de E peut compenser la diminution de I. Nous avons vu que cette force électromotrice E est limitée dans les générateurs à courant continu (dans lesquels on n'a jamais dépassé 3 000 volts) ; on est donc amené à se servir d'alternateurs pour produire les courants destinés aux transports d'énergie. Les transformateurs permettent d'élever encore la tension des courants (on produit couramment des courants de dix à quinze mille volts, et on en a obtenu de 30 000 volts et plus) et de réduire à quelques ampères leur intensité. L'énergie perdue dépendant du carré de l'intensité et de la première puissance seulement de la résistance de la ligne, on a intérêt à chercher de préférence la diminution de l'intensité, et le bénéfice est alors suffisant pour permettre de construire une ligne à grande résistance, en fil fin, c'est-à-dire à bon marché.

C'est là la solution généralement adoptée aujourd'hui. Les courants alternatifs amenés à de très hautes tensions — et à des intensités très faibles — sont les meilleurs agents de transport de l'énergie électrique.

A l'arrivée, des transformateurs ramènent leur potentiel et leur intensité aux proportions qu'exigent les appareils d'utilisation usuels.

Il faut signaler aussi les efforts faits tout récemment pour répandre l'emploi des courants continus produits à haute tension par des dynamos nombreuses disposées en série. Mais cette combinaison exige, pour l'utilisation des courants, l'emploi de transformateurs rotatifs (254) très coûteux et qui imposent une surveillance permanente, alors que le transformateur de courants alternatifs est inerte, ne se dérange pas, et n'exige aucun personnel.

Un exemple va nous montrer clairement combien grande est l'importance de cette perte d'énergie. Soit une puissance de 100 kilowatts à transporter à 10 kilomètres de son point de production. La ligne, aller et retour, aura donc 20 kilomètres.

Employons des courants continus à 500 volts. Le courant produit sera de 200 ampères. Constituons la ligne par du *câble* de cuivre de 20^{mm} de diamètre, dont la résistance est de $0^{ohm},05$ par kilomètre. La résistance totale de la ligne sera donc de 1^{ohm}. La perte par RI^2 sera donc de $(200)^2$ soit 40 kilowatts, ou 40 % de l'énergie lancée dans la ligne.

Employons au contraire des courants alternatifs à 10 000 volts. L'intensité des courants ne sera plus que de 10 ampères. Constituons la ligne par un *fil* de cuivre de 2^{mm} de diamètre, de section 100 fois plus petite et de résistance 100 fois plus grande, soit 100 ohms. RI^2 deviendra 100×10^2 soit 10 kilowatts ou 10 % de l'énergie totale. Le poids de cuivre employé dans le second cas sera d'ailleurs 1/100 seulement du poids de la première ligne.

Pratiquement, on n'utilise point de lignes à deux fils telles que celles que nous venons de considérer, car les courants alternatifs monophasés sont d'une utilisation *mécanique* difficile : les moteurs monophasés ne se mettent point facilement en marche d'eux-mêmes, et cette difficulté de démarrage est encore telle que leur emploi ne peut se répandre. On emploie presque exclusivement les courants polyphasés, pour lesquels ce que nous venons de dire s'applique encore, sauf qu'ils exigent trois fils de ligne et réalisent par conséquent une économie un peu moindre.

Enfin les courants triphasés sont généralement préférés aux courants diphasés. Nous avons dit en effet (248) que la puissance transmise par des courants d'intensité I et de voltage E a pour valeur approchée $EI\sqrt{2}$ si ces courants sont diphasés, $EI\sqrt{3}$ s'ils sont triphasés; ceci revient à dire qu'une même énergie sera transportée, à voltage égal, par des courants triphasés d'intensité moindre. Ainsi 100 kilowatts seraient représentés par des courants triphasés de 5700 volts et 10 ampères $(100\,000 = 5\,700 \times 10 \times \sqrt{3})$ et par des courants diphasés de 5700 volts et $12^{amp},5$ $(100\,000 = 5700 \times 12,5 \times \sqrt{2})$. Donc, sur des fils de dimension égale, la perte par RI^2 sera plus grande avec les courants diphasés, — ou, ce qui revient au même, pour avoir la même perte en ligne, il faudra prendre des fils plus gros pour le courant diphasé (les diamètres seront entre eux comme $\sqrt{3}$ est à $\sqrt{2}$).

De plus, le fil commun de retour des diphasés est parcouru par une intensité dont le maximum est supérieur au maximum des deux autres (A $\sqrt{2}$, § 248); sa section doit donc encore être augmentée. Les trois fils des triphasés sont au contraire égaux comme parcourus par trois courants identiques.

Exemple. — Nous donnons, à titre d'exemple, le schéma (*fig.* 420) de la distribution choisie pour employer l'énergie fournie par deux chutes d'eau à actionner le chemin de fer funiculaire du pic du Grand Jer, près de Lourdes, ainsi qu'à éclairer cette ville. Cette distribution résume à peu près tout ce que nous avons dit sur le transport et l'utilisation de l'énergie électrique.

Il y a deux usines d'énergie électrique, deux chutes d'eau. Les courants sont alternatifs, diphasés, à 3 250 volts. La distance

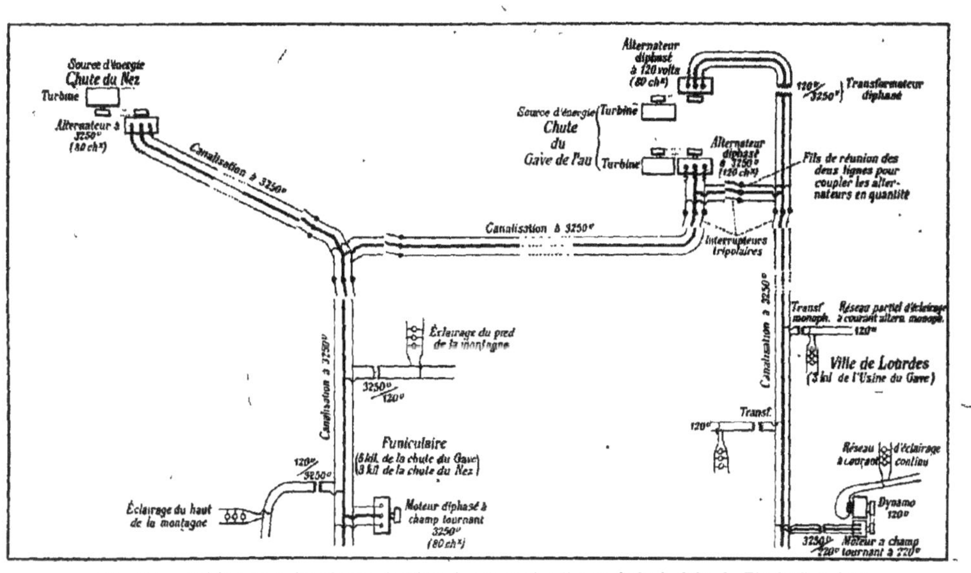

Fig. 420. — Schéma de la distribution de l'énergie servant à actionner le funiculaire du Pic du Grand Jer et à éclairer Lourdes.

maxima de transport d'énergie est de 5 kilomètres. Il y a un transport d'énergie mécanique jusqu'au sommet du pic du Grand Jer, où se trouve le moteur qui actionne le funiculaire. De nombreux transformateurs modifient la tension des courants suivant les besoins. On remarquera cependant qu'ils ne sont pas partout employés. Chaque canalisation, chaque appareil, sont évidemment munis d'interrupteurs et de commutateurs ; nous avons représenté seulement les interrupteurs de la canalisation générale dont le jeu est fort intéressant. (Examiner comment ils permettent l'emploi de l'un ou l'autre des alternateurs, ou celui de deux, ou celui des trois, à l'alimentation unique du moteur, ou des lampes de la ville, ou à leur alimentation simultanée.)

274. Transmission d'énergie électrique sans fil. — M. Tesla, l'électricien américain bien connu, a donné en 1898 la description d'une nouvelle méthode de transmission d'énergie électrique à travers les milieux naturels. Cette méthode est basée sur ce fait que, si l'on raréfie l'air enfermé dans un récipient isolant, sa résistance électrique est réduite dans une proportion telle qu'on peut le considérer alors comme un véritable conducteur de l'électricité. On est ainsi amené à utiliser la conductibilité des couches d'air raréfié qui existent dans les hautes régions de l'atmosphère. L'une des extrémités de l'appareil producteur de l'électricité étant reliée à la Terre, l'autre est maintenue à une altitude telle que la raréfaction de l'air y soit suffisante pour permettre la transmission du courant produit. A l'endroit où l'on veut recueillir l'énergie, on établit à la même altitude un terminus relié également à la Terre. Il suffit dès lors d'interposer sur ce dernier circuit les appareils d'utilisation.

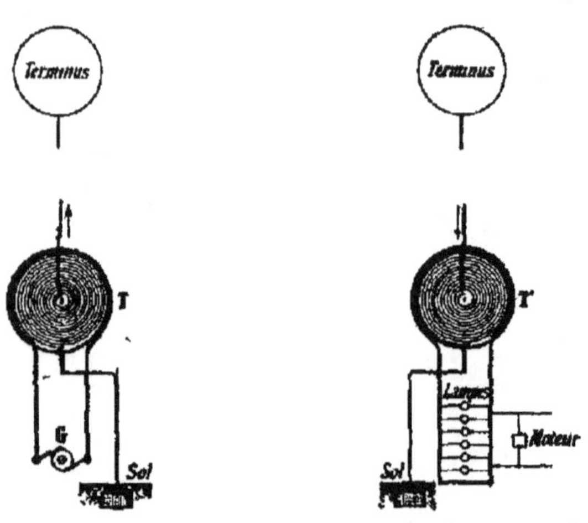

Fig. 421. — Disposition schématique des appareils pour la transmission de l'énergie sans fil.

La figure 421 représente la disposition schématique des appareils employés. A la station de départ, le courant provenant d'un alternateur G est envoyé dans une bobine à fil gros et court constituant le circuit primaire d'un transformateur T. Le circuit secondaire de ce transformateur est formé d'un fil plus fin, enroulé en spirale avec ou sans noyau magnétique ; une de ses extrémités est reliée à la Terre ; l'autre extrémité communique par un conducteur avec un *terminus* de grande surface maintenu, au moyen de ballons par exemple, à la hauteur convenable. A la station réceptrice est placé un transformateur T' de construction analogue, mais dont le circuit primaire est constitué par un fil long et le circuit secondaire par un fil court. C'est dans ce circuit secondaire que l'on dispose les moteurs, lampes et autres appareils d'utilisation.

RÉSUMÉ DU CHAPITRE XXIV

Le problème de la distribution de l'énergie électrique consiste à fournir à chaque appareil d'utilisation la quantité d'électricité qui lui est nécessaire, et le potentiel pour lequel il est réglé. L'énergie produite en un point est *transportée*, par le moyen des courants électriques, en un autre point à partir duquel cette énergie est *distribuée* et utilisée pour l'éclairage, la mise en marche de moteurs, etc. Pour simplifier la distribution, on laisse fixe soit l'intensité du courant transmis (distribution à intensité constante), soit son potentiel (distribution à potentiel constant).

Dans la distribution *à potentiel constant*, généralement adoptée, les appareils destinés à entrer dans les réseaux de canalisation sont construits pour fonctionner sous une différence de potentiel donnée, dont la plus commode est 110 volts. Les usines centrales distribuent l'électricité à 110 volts.

Le type le plus simple de distribution est la distribution à deux fils. La canalisation est constituée par deux câbles de cuivre, reliés aux bornes de la dynamo, et entre lesquels règne constamment une différence de potentiel de 110 volts. C'est sur ces deux câbles que sont dérivés les moteurs et les lampes électriques. Les lampes à arc n'exigeant que des différences de potentiel de 40 volts, sont montées 2 par 2 en série.

Pour maintenir constante la force électromotrice de la dynamo qui fournit le courant, on adjoint aux inducteurs un rhéostat (*rhéostat d'excitation*). Quand, par l'introduction dans le circuit extérieur de lampes par exemple, on diminue sa résistance, l'intensité du courant (en général dérivé) qui traverse les inducteurs diminue, de sorte que la force électromotrice induite diminue aussi. En maniant convenablement le rhéostat, on augmente l'intensité du courant des inducteurs et on relève en même temps cette force électromotrice.

Une distribution d'énergie électrique comprend en outre : des *interrupteurs*, qui permettent de couper ou de rétablir le courant ; des *commutateurs*, qui servent à changer le sens d'un courant ou à envoyer le courant successivement dans plusieurs directions ; des *coupe-circuits* pour interrompre automatiquement le courant quand il devient accidentellement trop intense ; enfin, des *paratonnerres*, pour protéger les appareils contre les courants d'induction dus aux décharges de la foudre. La consommation d'énergie électrique dans une canalisation entre deux moments donnés est déterminée automatiquement par des *compteurs*. La plupart donnent par une simple lecture le nombre de joules qui ont été consommés.

La transmission de l'énergie électrique à de grandes distances se fait économiquement par des courants alternatifs. Cette transmission présente un grand intérêt par suite de la possibilité d'amener en partie dans les centres industriels l'énergie des chutes d'eau, et de l'utiliser pour l'éclairage, la traction, etc.

EXERCICES SUR LE CHAPITRE XXIV

82. On veut produire dans une canalisation électrique de résistance r un courant d'intensité I. On dispose pour cela d'un générateur dont la force électromotrice et la résistance intérieure sont E et R et d'un rhéostat. De quelles manières différentes peut-on disposer ce rhéostat ? Quelles résistances doit-il alors présenter ?

Réponse : On peut associer le rhéostat avec le conducteur donné soit en série, soit en dérivation. Dans la première disposition, la résistance du rhéostat a pour valeur $\frac{E - I(R + r)}{I}$, et dans la seconde, $\frac{IRr}{E - I(R + r)}$.

83. On veut éclairer une maison avec 100 lampes à incandescence, absorbant chacune $0^{amp},3$, placées en dérivation aux bornes d'une dynamo à 110 volts. Cette dynamo est mise en mouvement au moyen d'un moteur hydraulique dont le rendement mécanique est de 75 %. La puissance disponible aux bornes de la dynamo est 90 % de la puissance du moteur hydraulique.

On demande quel doit être le débit du cours d'eau qui fait fonctionner le moteur hydraulique, sachant que la hauteur de chute est 10 mètres.

Un cheval-vapeur équivaut à 736 watts.

Réponse : $49^{lit},81$.

CHAPITRE XXV

BOBINE DE RUHMKORFF

---

275. Définition — **La bobine de Ruhmkorff est un appareil d'induction qui transforme un courant de grande intensité produit par un générateur de force électromotrice faible, en un courant de faible intensité et de potentiel considérable, capable par conséquent de reproduire tous les effets que l'on obtient avec les machines électrostatiques.** Cet appareil rentre donc dans la catégorie des transformateurs (253) ; il a été construit en 1851.

276. Description. — La bobine de Ruhmkorff se compose essentiellement d'un noyau de fer doux, d'un circuit inducteur, d'un circuit induit et d'un interrupteur.

Le *noyau de fer doux* est constitué par un faisceau de fils de fer doux (*fig.* 422) disposé suivant l'axe d'un cylindre creux de bois ou de carton et formant un cylindre un peu plus long. Sur le cylindre creux est enroulé d'abord le *circuit inducteur*, composé d'un fil de cuivre recouvert de soie, ayant un diamètre relativement grand (2^{mm} à $2^{mm},5$) et une faible longueur (40 à 50^{m}). Le tout est enveloppé

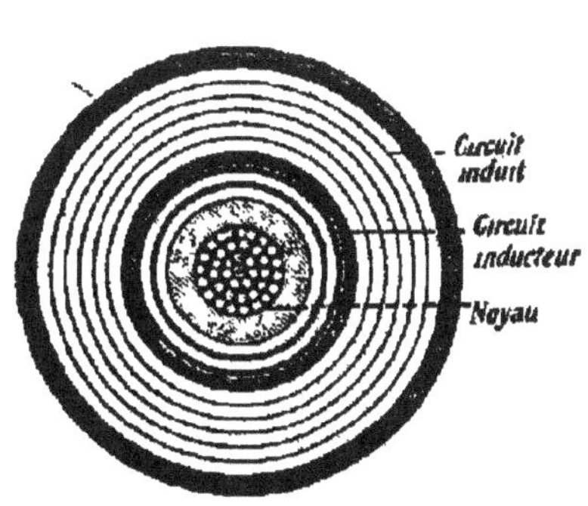

Fig. 422. — Disposition relative du noyau et des circuits.

d'un manchon isolant qui reçoit le *circuit induit*. Le fil induit est également recouvert de soie ; il a un très faible diamètre $\left(\frac{1}{5}\right.$ à $\left.\frac{1}{4}\right.$ de millimètre$\left.\right)$ et une très grande longueur (pouvant atteindre des centaines de kilomètres).

On n'enroule pas le fil induit, comme le fil inducteur, en couches superposées sous forme de spirales allant d'une extrémité à l'autre pour revenir ensuite à leur point de départ ; dans ce cas, en effet, les deux spires qui se superposent à l'une des extrémités se trouvant à des potentiels très différents par suite de la grande longueur du fil qui les sépare, une étincelle pourrait jaillir entre elles et percer la gaine isolante. Pour éviter autant que possible cet inconvénient, on forme avec le fil induit des spirales plates ou *galettes* isolées perpendiculaires à l'axe, disposées en série et séparées les unes des autres par des disques en ébonite ; avec ce mode d'enroulement, il n'y a plus superposition directe de fils présentant une grande différence de potentiel.

277. Interrupteurs. — Toutes les fois qu'on lance un courant dans le circuit inducteur, le noyau de fer doux s'aimante et agit avec le courant pour produire un courant inverse de ce dernier dans le circuit induit. Si, au contraire, on interrompt le courant inducteur, la rupture du courant et la désaimantation du noyau de fer doux produisent dans le circuit induit un courant direct, qui a une durée très courte comme le courant inverse. La fermeture et l'ouverture successives du circuit inducteur se font automatiquement à l'aide d'un organe appelé *interrupteur*.

L'interrupteur constitue la partie caractéristique des différents modèles de la bobine de Ruhmkorff.

Interrupteurs à trembleur. — L'interrupteur *à marteau* est le système le plus simple d'interrupteur à trembleur.

Il se compose d'une pièce de fer mobile, ou marteau, qui oscille entre le noyau de fer doux et une pièce métallique appelée *enclume* (*fig.* 423) sur laquelle elle retombe par son propre poids. Le marteau et l'enclume font partie du circuit primaire. Si le courant passe, le marteau, attiré par le noyau, se soulève et le courant est interrompu; le marteau, en retombant, rétablit le courant, et ainsi de suite. L'usure des pièces de contact étant très rapide par suite des étincelles de rupture, on les garnit ordinairement de petits cylindres de platine qui résistent un peu plus longtemps.

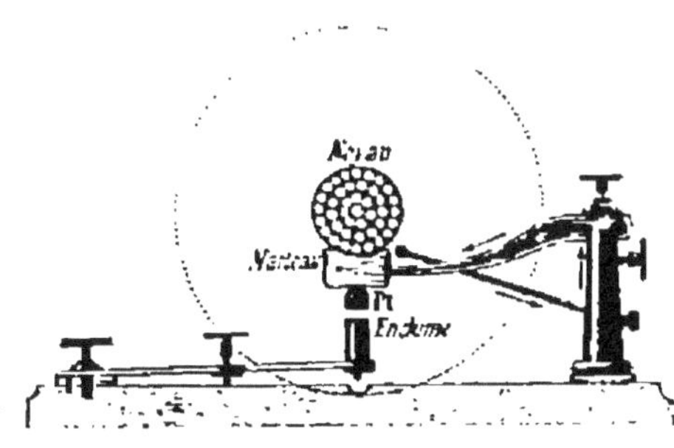

Fig. 423. — Interrupteur à marteau.

TREMBLEUR-LAME. — Cet interrupteur est constitué par une lame vibrante *ll'* (*fig.* 424) supportant une masse de fer

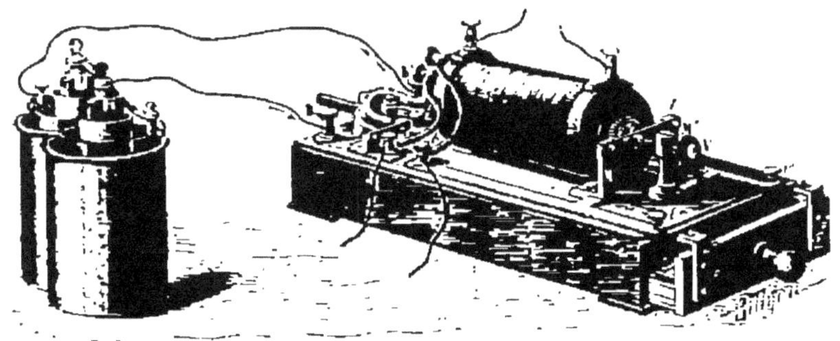
Fig. 424. — Bobine de Ducretet avec interrupteur à trembleur-lame.

doux *m* et fixée par ses deux extrémités à deux montants en équerre M, M'. Au repos, la masse *m* est en contact avec la pointe d'une vis de réglage V. Le courant primaire arrive à la borne B, passe dans un commutateur de Bertin qui permet d'en inverser le sens, puis se rend dans le circuit inducteur par la vis V, la lame vibrante et le montant M ; il retourne à la pile par la borne B'. La lame vibrante fonctionne comme le marteau, en exécutant entre le noyau de fer doux et la vis V des déplacements de très faible amplitude et par suite très rapides ; les surfaces de contact sont garnies de platine. Enfin les bornes *b* et *b'* servent pour utiliser la self-induction produite dans le circuit inducteur par le jeu du trembleur.

Interrupteurs à mercure. — Dans les interrupteurs à mercure, imaginés par Foucault, les interruptions sont produites par une pointe de platine qui sort d'un godet à mercure ; elles sont ainsi rendues plus brèves que dans les interrupteurs à trembleur.

Interrupteur de Foucault. — Il se compose d'un levier LL' (*fig.* 425), dont un bras se termine par une armature de

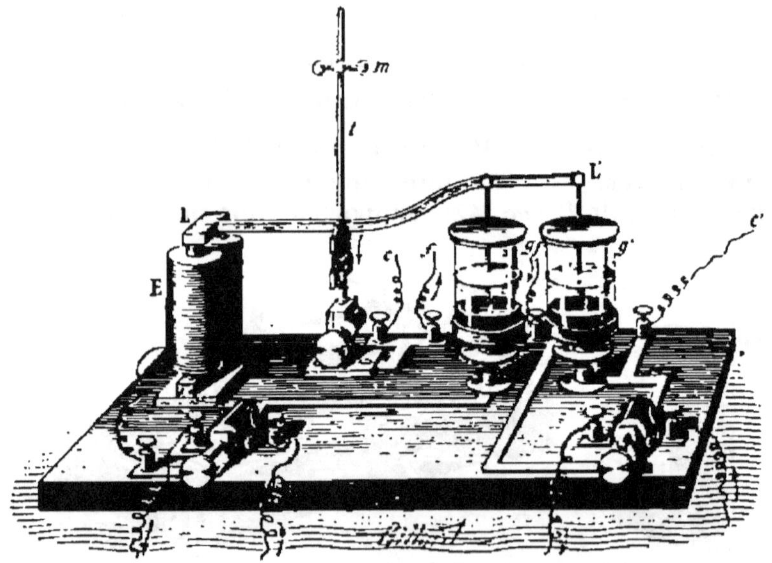

Fig. 425. — Interrupteur de Foucault.

fer doux, et dont l'autre bras porte deux tiges de platine plongeant dans du mercure contenu dans deux godets *g*, *g'*. Le levier est supporté par une tige *t*, montée sur une lame élastique pouvant osciller librement de part et d'autre de sa position d'équilibre. Pour actionner l'interrupteur, on se sert d'une pile *auxiliaire :* le courant qu'elle produit arrive au commutateur C, gagne le godet *g*, et parcourt successivement le levier, la lame élastique et un électro-aimant E avant de revenir au même commutateur. Mais alors l'électro-aimant attire l'armature L, les tiges de platine ne sont plus en contact avec le mercure et le courant est interrompu, ce qui rend l'électro-aimant inactif et amène de nouveau les tiges à plonger dans le mercure, et ainsi de suite. On peut obtenir

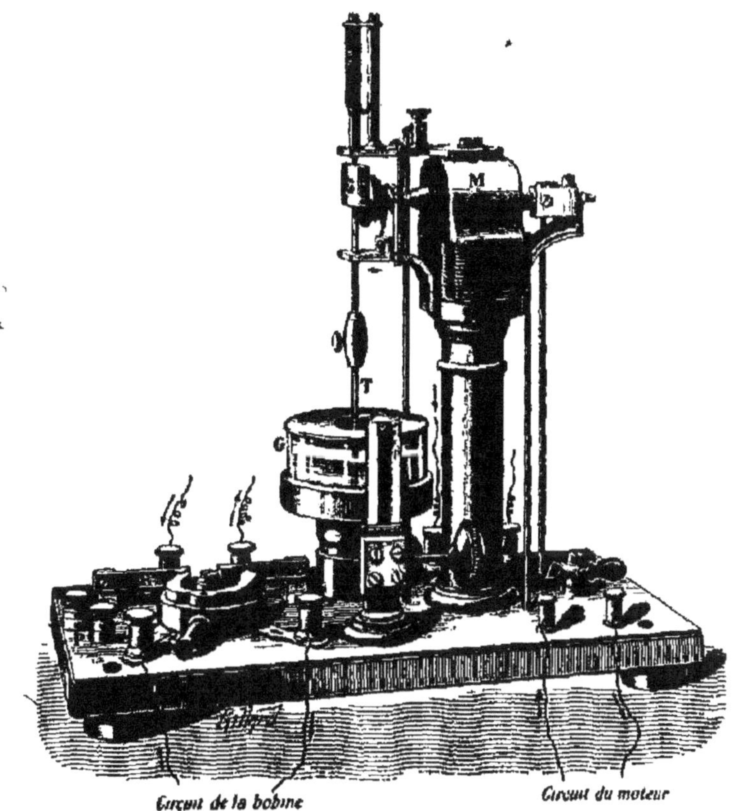

Fig. 426. — Interrupteur à mercure Ducretet.

ainsi de 40 à 60 oscillations par seconde, suivant la position d'une petite masse *m* glissant le long de la tige *t*.

Le courant inducteur arrive au commutateur C', gagne le godet *g'*, parcourt le levier, la lame élastique et le fil *f* relié au circuit inducteur de la bobine ; ce courant est ramené au commutateur par le fil *f'*. Chaque oscillation du levier fait sortir la pointe extrême du mercure et produit une interruption du courant inducteur. Les fils *c* et *c'* sont en communication avec les armatures d'un condensateur dont nous expliquerons plus loin l'utilité. Enfin le mercure des godets est surmonté d'une couche d'alcool qui s'oppose à l'échauffement par l'étincelle de rupture, et empêche l'oxydation du mercure par l'oxygène de l'air.

Interrupteur Ducretet. — Cet interrupteur, destiné surtout aux fortes bobines, se monte sur un socle indépendant (*fig.* 426). Le mercure est contenu dans la partie étroite du godet G et surmonté par de l'alcool dans la partie large. Le godet est muni d'un couvercle pour éviter les projections de liquide. La tige interruptrice T est commandée par un petit moteur électrique M, qui lui imprime un mouvement alternatif parfaitement rectiligne. En P se trouve un plomb fusible, nécessaire lorsqu'on fait usage d'accumulateurs pour actionner la bobine. Enfin on intercale sur le circuit du moteur un rhéostat à curseur mobile qui permet de faire varier la vitesse du moteur M dans des limites très étendues (250 à 800 tours par minute).

Interrupteurs électrolytiques. — M. Wehnett, en Allemagne, a imaginé récemment un interrupteur extrêmement simple qui permet d'obtenir jusqu'à 3 000 interruptions par seconde. Cet interrupteur est un voltamètre contenant de l'eau acidulée par l'acide sulfurique, et dont les électrodes sont constituées par une tige de platine isolée dans un tube de verre et par une lame de plomb (*fig.* 427). Quand ce système est intercalé dans un circuit parcouru par un courant énergique, le platine, bien que dans un liquide froid, se trouve porté au rouge ; il se produit en même temps un bruit strident accompagné de rapides interruptions du courant. La cause de ce phénomène est encore mal connue ; on admet que ce sont les bulles provenant de la décomposition de l'eau qui, en se formant et en disparaissant ensuite, produisent les interruptions de courant.

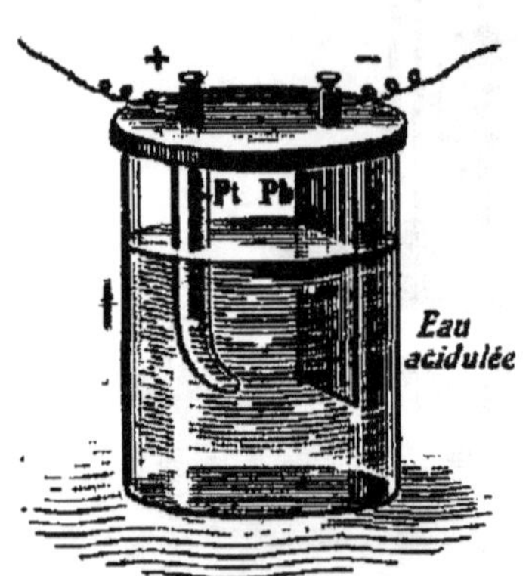

Fig. 427. — Interrupteur Wehnett.

L'interrupteur Wehnett est aujourd'hui très répandu. Comme les interruptions ne se produisent que dans le sens pour lequel la lame de plomb est un pôle négatif et le fil de platine un pôle positif, on peut, en employant cet interrupteur, faire passer dans le circuit inducteur de la bobine des courants alternatifs aussi bien qu'un courant continu.

278. Condensateur de Fizeau. — On augmente la puissance des bobines d'induction en les munissant d'un condensateur placé dans le socle de l'appareil et relié aux extrémités du circuit inducteur. Ce condensateur, dont l'emploi a été indiqué par Fizeau, est constitué par une série de feuilles d'étain superposées et isolées les unes des autres par des feuilles de papier paraffiné ; les feuilles conductrices paires sont réunies entre elles et avec l'une des extrémités du circuit inducteur ; les feuilles conductrices impaires sont également réunies et communiquent avec l'autre extrémité du circuit inducteur. Sur la figure 424 le condensateur est placé dans un tiroir ; les deux armatures sont reliées aux pièces métalliques p et p', lesquelles viennent se placer sous les vis v et v' qui les mettent en communication avec les extrémités du circuit inducteur.

A la rupture du courant inducteur, il se produit dans le circuit inducteur lui-même un courant de self-induction qui tend à prolonger l'aimantation du noyau, d'où il résulte une cessation moins brusque de l'effet inducteur et, par suite, une diminution de la force électromotrice induite. Mais alors le condensateur se charge ; l'électricité qui s'y accumule ne peut franchir le milieu isolant en papier paraffiné, l'électricité positive de la décharge parcourt les spires du circuit inducteur en sens inverse du courant inducteur, ce qui détruit brusquement l'aimantation du noyau. D'un autre côté, l'étincelle de rupture se trouve atténuée, puisqu'une partie de l'électricité qui la produisait est employée à charger le condensateur ; il y a aussi usure moins rapide des surfaces de contact de l'interrupteur.

279. Courants donnés par la bobine de Ruhmkorff. — Si l'on réunit les deux bornes du circuit induit par un conducteur de faible résistance, ce conducteur est parcouru par des courants alternatifs, qui sont égaux puisqu'ils sont dus à l'apparition et à la disparition d'un même flux. L'aiguille d'un galvanomètre intercalé sur le conducteur ne subit aucune déviation ; un voltamètre à azotate d'argent ne présente aucune décomposition apparente ; un voltamètre à acide sulfurique étendu donne de l'hydrogène et de l'oxygène en quantités égales à chaque électrode. Il n'en est plus de même si l'on augmente progressivement la résistance du conducteur : les courants induits de même sens que le courant inducteur présentant une différence de potentiel plus grande que les courants inverses parce que l'aimantation du noyau de la bobine demande plus de temps pour se produire que pour disparaître, passent plus facilement que ces derniers ; à un moment donné, les courants directs passent seuls et l'on peut négliger complètement les courants inverses produits à la fermeture du circuit inducteur. Par conséquent, en intercalant un tube de Geissler dans le circuit induit, ou bien en séparant par un intervalle suffisant les extrémités du fil induit, entre lesquelles il jaillira des étincelles, les courants produits par la bobine ne seront plus des courants de sens contraires, mais des courants de même sens constamment interrompus. On pourra alors considérer l'une des bornes du fil induit comme le *pôle positif* de la bobine et l'autre borne comme le *pôle négatif*. Les courants inverses produits dans la bobine se trouvant ainsi complètement perdus, il en résulte que la bobine de Ruhmkorff présente un très mauvais rendement comme transformateur.

Quant à la longueur des étincelles fournies par les bobines d'induction, elle est de 20 à 25cm avec les bobines moyennes, mais peut atteindre jusqu'à un mètre avec les plus fortes bobines.

280. Effets et usages de la bobine de Ruhmkorff. — Les effets produits par la bobine de Ruhmkorff sont du même genre que ceux des machines électrostatiques, mais ils peuvent être beaucoup plus puissants. Cet appareil d'induction permet de donner des secousses plus ou moins fortes, de fondre des fils de fer fin, de produire des effets lumineux dans l'air plus ou moins raréfié (œuf électrique, tubes de Geissler, tubes de Crookes), de charger des bouteilles de Leyde et des batteries, de percer le verre, etc.

La bobine de Ruhmkorff sert en médecine à produire des effets physiologiques. On l'emploie dans les laboratoires pour obtenir des étincelles dans l'analyse spectroscopique, des courants de grande fréquence ; pour préparer de l'ozone par l'effluve, faire l'analyse des gaz dans les eudiomètres, etc. La découverte des rayons X, celle des courants de haute fréquence et leurs applications, enfin la télégraphie sans fil, sont venues donner à la bobine de Ruhmkorff une grande importance scientifique.

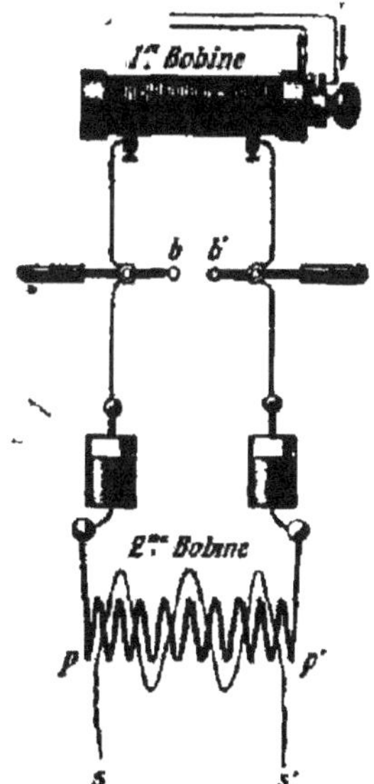

Fig. 428. — Principe de la production des courants induits de grande fréquence.

281. Production des courants induits de grande fréquence. — Si, au lieu d'envoyer un courant continu dans le circuit primaire d'une bobine d'induction, on fait traverser ce circuit par des décharges de condensateur, on obtient aux bornes du circuit secondaire des potentiels très élevés (expérience de Tesla).

Principe. — Supposons qu'à l'aide d'une bobine d'induction on charge en cascade deux bouteilles de Leyde dont les armatures extérieures sont reliées aux extrémités du circuit primaire *pp'* d'une seconde bobine d'induction (*fig.* 428). Les armatures intérieures des bouteilles se déchargent brusquement entre les boules *b* et *b'*. D'un autre côté la décharge des armatures extérieures par le circuit pp' se fait, ainsi que le prouve une expérience qui sera décrite plus loin (299), par des oscillations excessivement courtes, ce qui crée dans ce circuit une succession très rapide de courants à haut potentiel. Les courants ainsi produits induiront dans le circuit secondaire ss' de la même bobine des courants alternatifs, qui présenteront une différence de potentiel énorme par suite de la variation extrêmement rapide du flux inducteur. Le noyau de fer doux de la deuxième bobine est supprimé comme nuisible à la production de ces phénomènes. Les circuits primaire et secondaire sont soigneusement isolés par immersion dans un bain d'huile.

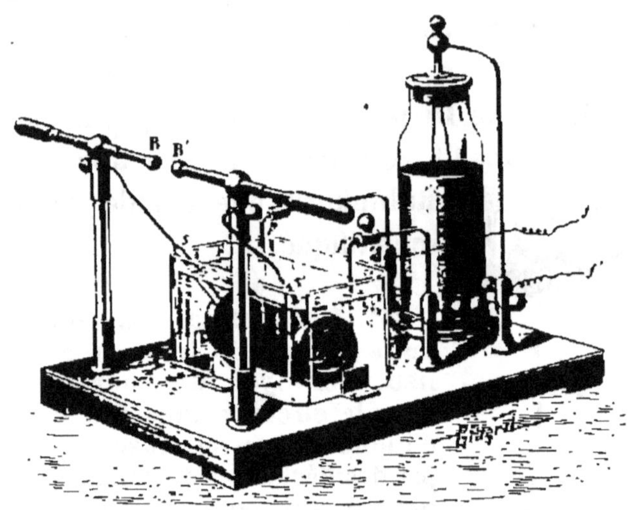

Fig. 429. — Appareil de Ducretet pour courants de grande fréquence.

Appareil producteur des courants de grande fréquence. — La figure 429 représente un petit appareil créé par Ducretet et très répandu. Le courant d'une bobine d'induction arrive par les fils f et f' et charge une jarre, dont les décharges successives se produisent sous forme d'étincelles entre les boules b et b' et traversent ensuite le circuit inducteur pp' constitué par une simple spire de gros fil ; le circuit induit ss' vient aboutir aux tiges d'un excitateur. Le transformateur constitué par les circuits p et p', s et s', est plongé dans un bain d'huile contenu dans une cuve en verre. Les courants alternatifs obtenus avec cet appareil ont une fréquence qui dépasse 10000 périodes par seconde et une force électromotrice qui peut atteindre plusieurs milliers de volts.

On obtient des courants de fréquence beaucoup plus élevée (dépassant 100000 périodes par seconde) en actionnant la bobine de Ruhmkorff qui charge le condensateur, non plus par un courant continu, mais par des courants alternatifs. Ces courants peuvent être produits par un alternateur ou pris sur une distribution à 110 volts.

Propriétés des courants alternatifs à grande fréquence. — 1° Effets physiologiques. — M. d'Arsonval a montré que les courants alternatifs deviennent inoffensifs lorsque leur période est suffisamment courte, de sorte que l'on peut faire passer impunément à travers le corps humain des courants d'une intensité telle qu'ils produiraient la mort s'ils avaient la longueur de période ordinairement employée. Si l'on approche de l'une des boules B ou B' de l'excitateur (*fig.* 429) une poignée métallique tenue à la main, une longue étincelle jaillit sur la poignée, mais on n'éprouve aucun effet désagréable ; en approchant simplement la main non munie de cette poignée métallique, l'étincelle jaillissant directement sur la peau produirait une forte piqûre suivie de brûlure.

Voici une expérience plus curieuse. Un expérimentateur, isolé du sol par un tabouret en bois, approche la main droite d'une des boules B ou B'; de la main gauche il tient une poignée métallique reliée à une des bornes d'une lampe à incandescence de 150 volts environ ; un deuxième expérimentateur tient à la main une seconde poignée reliée à la deuxième borne de la lampe. La lampe s'allume et brille avec éclat. Enfin si les deux expérimentateurs placent une main sur chaque boule de l'excitateur, ils peuvent impunément allumer entre eux une chaîne de 5 à 6 lampes de 150 volts, réunies en série.

Les courants de haute fréquence produisent sur la peau des effets utilisés en thérapeutique.

2° Effets lumineux. — On peut substituer à la lampe à incandescence un *tube à vide de Tesla,* de 1ᵐ de longueur, sans électrodes. Tenu d'une extrémité à pleine main par le premier expérimentateur, il s'illumine, même si l'autre extrémité reste libre; en approchant cette dernière extrémité d'un bec de gaz, le bec s'allume sans que l'expérimentateur ressente aucune commotion. Si le deuxième expérimentateur saisit l'extrémité libre, l'intensité lumineuse du tube devient beaucoup plus vive.

Enfin, en reliant l'une des boules B ou B' à une grande plaque de bois recouverte de papier d'étain, suspendue par des cordons de soie à 2ᵐ au-dessus du sol, on crée un champ électrostatique entre la plaque et le sol; les tubes de Geissler, de Crookes et de Tesla, placés dans ce champ deviennent lumineux sans être en communication avec la plaque et l'appareil. L'effet est maximum lorsque les tubes de Tesla sont tenus verticalement à la main par leur extrémité inférieure, l'extrémité supérieure étant voisine de la plaque.

Ces belles expériences ont montré la possibilité de rendre les gaz raréfiés assez lumineux, sous l'influence des courants de haute fréquence, pour permettre de prévoir un éclairage nouveau appelé *lumière sans chaleur*, dont la production économique serait un problème de l'avenir.

Remarque. — Les effets de *self-induction* auxquels donne naissance la décharge oscillante des condensateurs dans les appareils producteurs de courants à grande fréquence sont très puissants. Ainsi une simple longueur de quelques centimètres de gros fil de cuivre placée dans le circuit qui réunit les armatures extérieures ne laisse passer qu'une petite fraction de courant par suite de la self-induction. On réalise cette expérience d'une façon curieuse à l'aide d'un demi-cercle en fil de cuivre de fort diamètre (*fig.* 430) aux extrémités duquel est branchée une lampe de 20 à 25 volts. Le demi-cercle étant placé en pp' (*fig.* 429), après avoir enlevé la bobine et sa cuve, la lampe s'illumine au blanc. Avec un courant ordinaire, le fil de cuivre rougirait et serait même fondu avant que la lampe ait pu seulement s'allumer au rouge sombre.

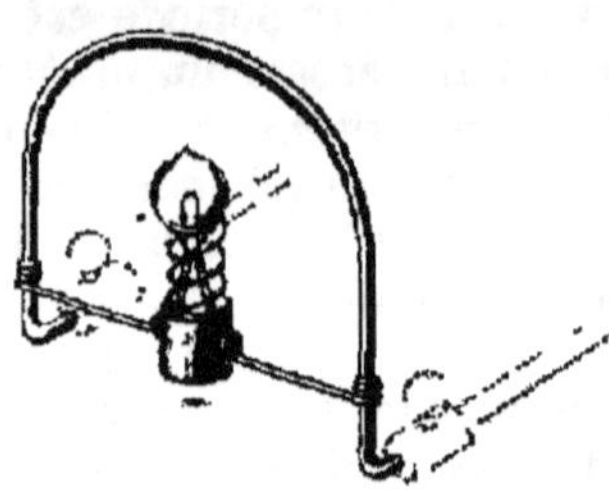

Fig. 430. — Effet de self-induction obtenu par la décharge oscillante des condensateurs.

NOTIONS SUR LES RAYONS X

282. Considérations générales. — Lorsqu'un courant électrique de très haute tension, produit par une machine de Wimshurst ou une bobine d'induction, est amené aux deux électrodes d'un tube de verre relié à une machine pneumatique qui permet d'y raréfier l'air, les phénomènes observés sont très différents suivant la pression du gaz contenu dans le tube. Aux pressions ordinaires, et si les électrodes ne sont pas trop écartées, le courant passe sous forme d'étincelles. A mesure que la pression est abaissée dans le tube, l'éclat des étincelles diminue et leur fréquence augmente, puis elles sont remplacées par des sortes d'aigrettes qui semblent ininterrompues. Si le vide est poussé jusqu'à $0^{mm},005$ environ, on a un *tube de Geissler* : les aigrettes ont disparu à leur tour et l'intervalle compris entre les deux électrodes est occupé par une colonne lumineuse d'un rose violacé, ordinairement stratifiée ; l'anode est entourée d'une lueur violette, la cathode d'un petit espace obscur. Sous une pression plus faible encore, l'espace obscur s'agrandit et la colonne lumineuse diminue de longueur.

Si enfin le vide atteint quelques millioniémes d'atmosphère, la décharge change totalement d'aspect et on a ce qu'on appelle le *tube de Crookes* : l'espace obscur remplit presque tout le tube, et les rayons émis par la cathode communiquent à la paroi qu'ils viennent frapper une vive lumière vert jaunâtre. Ces rayons, appelés *rayons cathodiques*, se propagent en ligne droite de la cathode à la paroi de verre, et le chemin qu'ils suivent dans le tube ne dépend pas de la position de l'anode. Quand on déplace un aimant le long de la surface du tube, les rayons cathodiques sont déviés comme le serait un courant électrique.

En 1895, Rœntgen, professeur à Wurzbourg, ayant enfermé un tube de Crookes dans une boîte en carton noir, et opérant dans l'obscurité, remarqua que des paillettes de platinocyanure de baryum brillaient d'un vif éclat lorsque le tube entrait en activité. Le platinocyanure de baryum est une de ces substances dites *fluorescentes* qui ont le pouvoir de s'illuminer sous l'action de la lumière, mais aussi de perdre rapidement cette propriété (188). Or la lumière verte dont brillait la paroi du tube, ne traversant pas la boîte de carton, ne pouvait exciter cette fluorescence ; Rœntgen conclut donc à l'existence de radiations spéciales émanant du tube et capables de traverser le carton ; il qualifia par la suite ces nouvelles radiations de *rayons* X, en raison de ce que leur existence n'était pas expliquée par les théories connues.

Rœntgen ne tarda pas à reconnaître que les rayons X traversent tous les corps beaucoup mieux que la lumière. Ayant enduit une feuille de carton de platinocyanure de baryum, il constata que le platinocyanure devenait encore légèrement fluorescent sous l'action des rayons X au travers d'un livre de mille pages, d'une feuille d'aluminium de 15^{mm} d'épaisseur, d'une planche de sapin de 30^{mm} d'épaisseur. Il reconnut enfin que ces rayons impressionnent une plaque photographique soustraite à la lumière ordinaire par une enveloppe de papier noir.

Propriétés des rayons X. — Les rayons X sont totalement

invisibles ; ils ne manifestent leur présence que par leur action sur certains corps qu'ils rendent fluorescents et sur les plaques photographiques qu'ils impressionnent au sein même de l'obscurité la plus complète. Rœntgen a reconnu que ces rayons se propagent rigoureusement en ligne droite et qu'ils ne paraissent subir aucune déviation en passant au travers de prismes de substance quelconque. Enfin les rayons X ont la curieuse propriété de provoquer la décharge des corps électrisés sur lesquels ils tombent. On vérifie aisément cette propriété à l'aide de l'électroscope de Hurmuzescu (t. II, 144).

Les rayons X ne sont pas déviés par l'aimant. Ce ne sont donc pas des rayons cathodiques ; mais ils sont engendrés par ces derniers rayons et se produisent toutes les fois qu'un corps solide est frappé par les rayons cathodiques. Dans le tube de Crookes, on a vérifié que les rayons X se produisent à l'endroit où les rayons cathodiques viennent frapper la paroi de verre. Quant à l'intensité des effets des rayons X, elle diminue en raison du carré de la distance, non à partir de la cathode, mais à partir de la paroi intérieure du tube, ce qui est une nouvelle preuve que cette paroi est bien leur point d'émission.

De nombreuses hypothèses ont été émises pour expliquer l'émission des rayons X et pour les classer dans l'échelle des radiations ; celle qui s'appuie sur les raisons les plus sérieuses consiste à assimiler les rayons X à des radiations analogues aux radiations lumineuses et formées de rayons ultra-ultra-violets de très grande fréquence et de très courte longueur d'onde.

Rayons secondaires. — Lorsque les rayons X se réfléchissent sur une plaque métallique, ils engendrent des rayons de même nature, mais qui traversent moins facilement les corps opaques que les rayons X eux-mêmes. Ces nouveaux rayons ont été appelés rayons *secondaires* ; ils ont été découverts par M. Sagnac. Leur activité est plus grande que celle des rayons X au point de vue électrique et au point de vue photographique.

283. Radiographie. — La radiographie a pour objet la production d'images photographiques au travers de corps opaques aux radiations lumineuses.

Tous les corps jouissent de la propriété de se laisser pénétrer par les rayons X, mais à des degrés très différents. En général, les corps légers et de nature organique, comme le papier, le bois, sont relativement très transparents ; les corps lourds et d'origine minérale se laissent traverser moins facilement : les métaux denses tels que le plomb, l'or, le platine ne sont transparents que lorsqu'ils sont en lames très minces. D'ailleurs, pour un même corps, l'opacité est d'autant moins grande que l'épaisseur du corps est plus faible, et inversement.

Il résulte de ce qui précède que si l'on expose au rayonnement d'un tube de Crookes une plaque sensible sur laquelle on a placé un objet homogène, mais présentant des différences d'épaisseur, comme une médaille, le développement fournira une image où les différences d'épaisseur seront marquées par des ombres plus ou moins accentuées. Si l'objet est composé lui-même de substances différentes, ne présentant pas la même transparence pour les rayons X, les ombres obtenues sur l'épreuve seront plus ou moins prononcées et indiqueront non seulement les différences d'épaisseur, mais encore les diverses substances dont est composé l'objet. C'est ainsi que dans une radiographie de la main, les os, qui sont peu transparents pour les rayons X, donnent des ombres très nettes sur la plaque sensible, tandis que les muscles, beaucoup moins opaques, portent des ombres peu accentuées.

Fig. 431. — Dispositif d'ensemble pour la radiographie.

Il est bon de remarquer qu'il y a une différence très nette entre la radiographie et la photographie proprement dite. En photographie, on utilise la lumière réfléchie par les objets à reproduire et réfractée par un objectif; les épreuves obtenues montrent l'aspect extérieur des objets photographiés. En radiographie, au contraire, on utilise *directement* des radiations invisibles, qui donnent les ombres portées des objets placés sur leur trajet; ces ombres, recueillies sur une plaque sensible, forment des silhouettes complètement indépendantes du relief extérieur des objets radiographiés.

Manière d'opérer. — Le matériel nécessaire pour la radiographie comprend une source d'énergie électrique (éléments de pile ou accumulateurs), une bobine d'induction, une ampoule produisant les rayons X, enfin un châssis contenant la plaque sensible et sur lequel on place l'objet à radiographier (*fig.* 431). On peut remplacer la bobine et la source par une machine électrostatique genre Wimshurst, mais alors les ampoules se fatiguent plus rapidement.

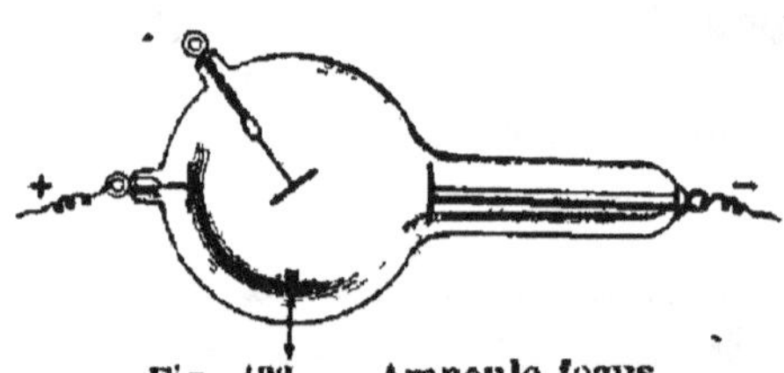

Fig. 432. — Ampoule focus.

Les ampoules employées en radiographie sont dites *focus* (*fig.* 432) : l'électrode négative est un miroir sphérique en aluminium qui concentre les rayons cathodiques en un foyer unique. Une lame de platine ou d'iridium, placée un peu au delà du centre de courbure du miroir et inclinée à 45°, intercepte l'émission cathodique et la transforme en rayons X que l'on recueille à travers une portion amincie de la paroi du tube. Cette lame s'appelle l'*anticathode*. On construit enfin des ampoules dans lesquelles l'anticathode est maintenue constamment en contact avec de l'eau froide (ampoules à anticathode refroidie): on n'a plus ainsi à redouter les fâcheux effets de l'échauffement.

La radiographie peut se faire en plein jour. Le temps de pose varie suivant la distance de l'ampoule à la plaque sensible, la transparence et l'épaisseur de l'objet à radiographier; avec les ampoules actuelles, cette pose, qui était autrefois de 20 à 30 minutes, peut être réduite à $\frac{1}{40}$ de seconde.

284. Radioscopie. — **La radioscopie a pour objet la vision directe, par le moyen d'un écran fluorescent, des objets soumis aux rayons X.** Ce n'est que la reproduction de la première expérience de Rœntgen. Les rayons X, après leur passage au travers de l'objet à examiner, sont reçus, non plus sur une plaque sensible, mais sur un écran recouvert d'une substance ayant la propriété de briller sous l'action des rayons X; la fluorescence étant d'autant plus forte que les rayons ont plus d'intensité, les ombres portées par l'objet apparaîtront sur l'écran plus ou moins accentuées, suivant l'opacité plus ou moins grande de l'objet interposé.

Les écrans *fluorescents* sont d'une construction très simple : quelques grammes du produit fluorescent (platinocyanure de baryum, tungstate de calcium, pentadécylparatolycétone) sont délayés dans une solution de gomme et étendus sur un carton ou sur une planche de bois. L'écran ainsi préparé, bien sec, est interposé entre l'observateur et une ampoule en activité, la partie enduite tournée vers l'observateur. L'ampoule doit être enveloppée d'un voile noir pour éliminer l'action de la lumière verte fournie par la fluorescence du tube. Il est bon aussi de couvrir le trembleur de la bobine, afin de masquer l'étincelle et d'être dans l'obscurité.

Quand on veut faire des observations en plein jour, on se sert de *radioscopes*. Ces appareils sont constitués simplement par un écran fluorescent placé à l'extrémité d'un tube, ou situé dans le fond d'une boite noircie. La figure 433 représente une *sonde lumineuse* construite par Ducretet pour les Douanes, l'Octroi, les Postes, dans le but de contrôler le contenu des boites et paquets fermés. Cet appareil se compose essentiellement d'une boîte en bois dont le couvercle mobile, perméable aux rayons X, forme un plan incliné. A l'intérieur de cette boîte sont logés une bobine de Ruhmkorff, un tube de Crookes et un rhéostat destiné à régler l'arrivée du courant au circuit inducteur. A l'extérieur se trouvent une manette M commandant le rhéostat, un interrupteur de courant I, et un plomb fusible Pb. Le colis à examiner au radioscope est maintenu sur le couvercle par une réglette mobile.

Fig. 433. — Sonde lumineuse Ducretet.

On voit d'après ce qui précède que la radioscopie ne peut suppléer la radiographie ; mais ces deux méthodes se complètent l'une l'autre. Tandis que la radiographie donne sur les plaques sensibles des images indélébiles, la radioscopie ne produit que des images fugaces, ne laissant aucune trace ; en revanche, avec celle-ci, l'observateur est fixé plus vite sur la nature d'un objet. On emploiera donc la radioscopie pour les observations rapides (recherche des falsifications, etc.).

285. Applications des rayons X. — Les rayons X ont déjà trouvé de nombreuses et utiles applications, et chaque jour en voit naître de nouvelles. La plupart de ces applications dérivent de la radiographie ou de la radioscopie.

Dans l'industrie, les rayons X donnent des indications utiles et surtout rapides dans la recherche des falsifications, principalement de celles qui se font par addition de substances minérales. On sait en effet que ces substances sont généralement opaques pour les rayons X. C'est ainsi que des soies additionnées de matières minérales pour en augmenter frauduleusement le poids forment écran, à l'inverse des soies pures. Cette méthode d'analyse, outre sa rapidité, présente les avantages de n'exiger que très peu de matière et de n'altérer en aucune façon les échantillons.

Les rayons X permettent de reconnaître immédiatement les diamants faux des diamants vrais : il suffit pour cela de projeter leurs ombres sur un écran fluorescent. Les diamants vrais, très transparents, ne donnent qu'une ombre très légère ; les diamants faux, généralement formés de verres à base d'oxydes métalliques, sont très opaques et leurs ombres ne se distinguent pas de celles portées par leur monture métallique.

Grâce à la radiographie, le développement des organes des animaux à divers âges a été étudié ; le système circulatoire notamment a été fixé en radiographiant les vaisseaux rendus opaques par une injection de mercure ou par des poudres métalliques. Les archéologues ont pu surprendre le secret des momies ; ainsi à Vienne les rayons X ont indiqué la présence d'un squelette d'ibis dans une pièce classée comme momie humaine.

Une utilisation des plus curieuses des rayons X est la reconnaissance des objets contenus dans les boîtes closes. Rien n'est plus facile, par la radiographie, que de déterminer le contenu de ces petites boîtes de bois où l'on met les objets précieux confiés à l'administration des Postes. C'est par ce même procédé que l'on recherche la nature et la composition de certains engins explosifs. Déceleurs de fraude, les rayons X révèlent à l'administration des douanes, par l'intermédiaire des radioscopes, les objets non déclarés dans les colis.

Mais c'est surtout en médecine et en chirurgie que les applications des rayons X sont importantes. La première application à la chirurgie concerne la recherche et la constatation des corps étrangers. Le moindre corps étranger enfoui dans nos tissus, pourvu qu'il soit opaque pour les rayons X, apparaît sur la plaque radiographique ou sur l'écran fluorescent sous l'aspect d'une tache, d'un trait, indiquant son siège et ses dimensions. On reconnaît ainsi nettement la présence d'une aiguille, d'un éclat de verre ; la position exacte de grains de plomb, de balles de revolver, d'une pièce de monnaie avalée, ce qui simplifie les opérations chirurgicales et évite parfois les inconvénients d'une recherche infructueuse, d'une tentative d'extraction inutile. C'est dans la chirurgie du squelette que les rayons X rendent jusqu'à présent les services les plus nombreux. Par la radiographie et la radioscopie, les os se voient sur le vivant à travers les parties molles presque aussi distinctement que si on les avait sous les yeux. On constate ainsi très facilement les fractures des os, leurs altérations dans certaines maladies, leurs vices de conformation. Au point de vue thérapeutique, les rayons X ont été essayés avec succès pour modifier le développement aigu de la tuberculose par leur action sur les produits tuberculeux, pour certaines maladies infectieuses et pour le cancer de l'estomac. Sur les parties extérieures, les rayons X exercent une action puissante, nuisible; ils produisent l'inflammation de la peau et provoquent la chute des poils. Ajoutons enfin que les microbiologistes ont pensé à soumettre les bactéries à l'action des rayons X, dans le but de modifier le développement des bactéries pathogènes.

286. Substances radio-actives. — Becquerel avait reconnu que les sels d'uranium émettent des radiations *invisibles*, traversant les corps opaques et ayant la propriété d'agir sur une plaque photographique, de décharger les corps électrisés, de rendre lumineux les corps fluorescents comme le platinocyanure de baryum. Ces radiations furent d'abord appelées *rayons uraniques* ou rayons de Becquerel. D'autres métaux découverts récemment, le radium, le polonium, l'actinium et leurs sels émettent aussi des rayons uraniques. Toutes ces substances sont dites *radio-actives*.

On a reconnu que les radiations émises par les substances radioactives sont composées de rayons cathodiques et de rayons X, primaires et secondaires. Elles se distinguent des radiations lumineuses en ce qu'elles ne subissent ni réflexion, ni réfraction. Outre les propriétés indiquées plus haut, elles peuvent donner des colorations diverses au verre, au sel gemme, aux sels alcalins. Enfin ces radiations exercent sur la peau une action caustique qui a déjà reçu des applications.

RÉSUMÉ DU CHAPITRE XXV

La bobine de Ruhmkorff transforme un courant de grande intensité et de faible force électromotrice en un courant de faible intensité mais de force électromotrice considérable. Elle comprend essentiellement un faisceau de fils de fer doux, un circuit inducteur gros et court, un circuit induit long et fin. Quand on lance un courant dans le circuit inducteur, il se produit un courant inverse dans le circuit induit ; quand on interrompt le courant inducteur, le circuit induit est parcouru par un courant direct. On réalise automatiquement la fermeture et l'ouverture du circuit inducteur par des *interrupteurs*, dont les principaux types sont l'interrupteur à marteau (marteau oscillant entre le noyau de fer doux et une enclume métallique), et l'interrupteur à mercure (pointe de platine qui sort d'un godet à mercure). Dans le socle de la bobine on place ordinairement un condensateur à feuilles d'étain, afin de détruire brusquement l'aimantation du noyau de fer doux lorsque le courant inducteur cesse.

La bobine de Ruhmkorff donne des courants alternatifs égaux ; mais si l'on écarte suffisamment les deux extrémités du circuit induit, les courants directs passent seuls et la bobine donne un courant à peu près continu. Ses effets sont ceux des machines électrostatiques genre Wimshurst.

Les rayons qui, dans un tube de Crookes en activité, partent de la cathode et produisent la fluorescence verte de la paroi qu'ils frappent, sont appelés rayons *cathodiques*. De la paroi frappée partent d'autres rayons, qui sont invisibles et ont la propriété de traverser plus ou moins facilement les corps opaques ; ce sont les rayons X de Rœntgen. Ces rayons impressionnent les plaques photographiques et donnent des ombres plus ou moins accentuées suivant l'opacité plus ou moins grande des objets qu'ils ont traversés (radiographie) ; ils rendent fluorescents certains corps (platinocyanure de baryum), ce qui permet la vision directe, par le moyen d'un écran fluorescent, des objets soumis aux rayons X (radioscopie).

Les rayons X ont de nombreuses applications dans l'industrie (recherche des falsifications), en chirurgie (recherche des corps étrangers dans les tissus), pour la reconnaissance des objets contenus dans des boîtes closes.

EXERCICES SUR LE CHAPITRE XXV

84. Sur une bobine de Ruhmkorff qui donne des étincelles de 15^{cm} de longueur (40 000 volts) est enroulé un fil fin de 100^{km} de longueur ; le rayon de la dernière couche extérieure est de 7^{cm}. Quelle est la différence de potentiel entre deux points les plus rapprochés de deux spires voisines de la dernière couche ?

Réponse : $0^{volt},176$.

85. Quelle est la différence de potentiel entre deux points les plus rapprochés appartenant à des spires concentriques, situées l'une sous l'autre, la longueur de la bobine étant de 30^{cm}, l'épaisseur du fil isolé, de $0^{cm},02$?

Réponse : $527^{volts},2$.

CHAPITRE XXVI

TÉLÉGRAPHIE

287. Définition. — **La télégraphie est l'ensemble des procédés propres à transmettre rapidement des signaux à grande distance.** Les appareils construits dans ce but ont reçu le nom de *télégraphes*. Grâce à sa vitesse considérable de propagation, l'électricité présente des avantages incontestables de rapidité sur tous les autres moyens que l'on peut employer pour correspondre ; aussi se sert-on presque exclusivement aujourd'hui de *télégraphes électriques*.

288. Principe de la télégraphie électrique. — Soit à transmettre électriquement des signaux entre deux postes reliés par un fil conducteur. Plaçons en l'un d'eux une

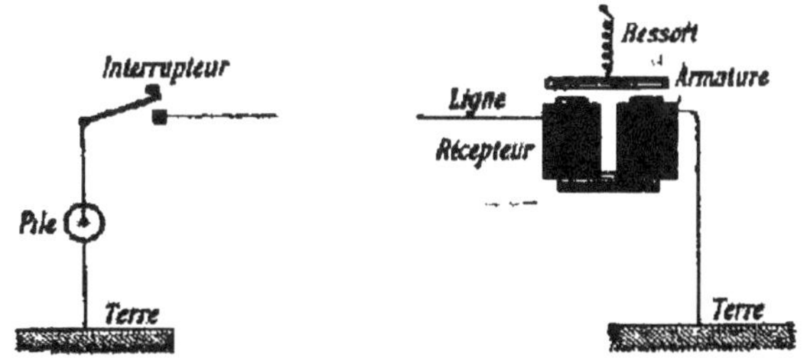

Fig. 434. — Principe de la télégraphie électrique.

source d'électricité, une pile par exemple, et un simple interrupteur permettant d'envoyer à volonté le courant dans le fil conducteur (*fig.* 434). Plaçons dans l'autre un électro-aimant et une armature en fer doux maintenue à une petite distance par un ressort antagoniste. Lorsque le courant passe dans l'électro-aimant, l'armature est attirée; lorsque le courant est rompu, le ressort la ramène à sa position initiale. A chaque mouvement de l'interrupteur placé au premier poste correspond donc un mouvement similaire de l'armature placée au second.

Les divers *télégraphes* (Morse, Bréguet, Hughes, etc.) sont les appareils variés qui transforment en signaux connus ou conventionnels les différentes combinaisons de ces successions de courants et des attractions qu'elles produisent.

Le plus souvent un seul fil réunit les deux postes. Le courant, issu d'un pôle de la pile, va se perdre dans la terre après avoir traversé l'électro-aimant, c'est-à-dire est ramené au potentiel zéro. L'autre pôle de la pile est également mis en relation avec la terre. Il est clair que dans ces conditions, le courant, qui n'est autre chose qu'un mouvement d'électricité entre deux points à des potentiels différents, se produit aussi bien que si le circuit était entièrement formé d'un fil métallique.

Toute installation télégraphique comprend donc nécessairement :

1° Le *fil de ligne*, ligne conductrice réunissant les deux postes ;

2° Un *générateur de courant*, piles ou accumulateurs ;

3° Un *manipulateur* ou *transmetteur*, qui ouvre et ferme à volonté le circuit extérieur du générateur de courant ;

4° Un *récepteur*, qui reçoit et enregistre mécaniquement les signaux.

Pour qu'il y ait réciprocité dans la transmission des signaux entre les deux postes, il est nécessaire de les munir tous deux d'une pile, d'un transmetteur et d'un récepteur. Au repos les deux récepteurs doivent être en communication avec la ligne de façon que chacun d'eux puisse recevoir à tout moment les signaux émis par le poste opposé.

Outre les organes essentiels que nous venons d'énumérer, on utilise dans les installations télégraphiques toute une série d'organes accessoires tels que les *sonneries* électriques, les *galvanomètres*, les *commutateurs*, les *paratonnerres*, les *relais*, etc.

289. Historique de la télégraphie. — Depuis les temps les plus reculés, des essais souvent ingénieux furent faits pour correspondre de loin ; mais ils ne donnèrent des résultats réellement pratiques qu'à l'époque de la Révolution française. C'est alors que Claude Chappe établit en France, à l'aide de signaux spéciaux convenablement placés sur les hauteurs et observés à la vue, un certain nombre de lignes télégraphiques aériennes qui fonctionnèrent pendant longtemps et rendirent de mémorables services. Néanmoins, le télégraphe aérien avait de graves inconvénients : les signaux ne pouvaient pas être aperçus la nuit, ni par les temps de pluie ou de brouillard. Après les expériences d'Œrstedt (action d'un courant sur l'aiguille aimantée), d'Arago (aimantation des substances magnétiques par un courant), d'Ampère (construction des électro-aimants), le problème de la télégraphie électrique se trouvait théoriquement résolu. En 1838, le professeur américain Samuel Morse inventa le télégraphe imprimeur qui porte son nom. Ce télégraphe, remarquable par la simplicité de son mécanisme, a reçu plusieurs perfectionnements et est encore très fréquemment employé.

L'administration l'adopta en 1850, et le 1er mars 1851 le public fut admis à correspondre à l'aide des lignes télégraphiques. Depuis cette époque, des appareils remarquables ont été imaginés, des méthodes de transmission rapide ont été appliquées aux divers télégraphes, et l'on peut dire que la télégraphie satisfait aujourd'hui à tous les besoins de correspondance que réclament la politique, le commerce et l'industrie.

PRINCIPAUX APPAREILS TÉLÉGRAPHIQUES

290. Appareil Morse. — L'appareil Morse imprime les signaux sous forme de traits et de points.

Manipulateur. — Le manipulateur est un simple interrupteur de courant, qui permet d'envoyer dans la ligne et dans le récepteur correspondant des courants de durées inégales ; au repos, il met la ligne en communication permanente avec le récepteur du même poste.

En principe, le manipulateur Morse se compose d'un levier métallique à poignée isolante (*fig.* 435), mobile autour

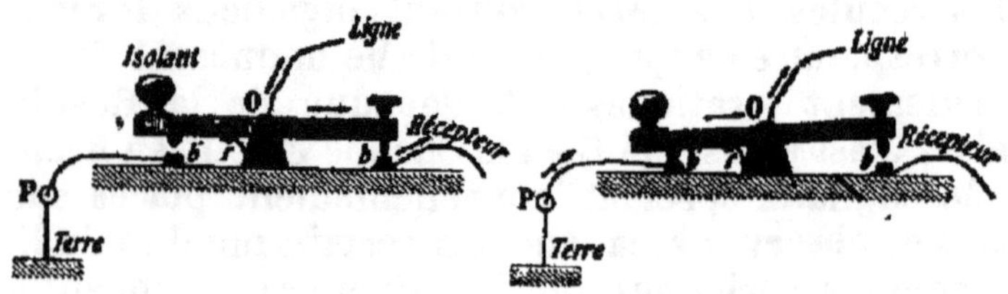

Fig. 435. — Principe du manipulateur Morse.

d'un axe O qui est en communication permanente avec la ligne. Au-dessous des extrémités du levier se trouvent deux boutons dont l'un, *b*, communique avec le récepteur du même poste, et dont l'autre, *b'*, est relié au pôle positif d'une pile P ayant son pôle négatif à la Terre. Au repos, le levier, maintenu par un ressort *r*, repose sur le bouton *b* et l'on peut ainsi recevoir les signaux transmis par la ligne. Une pression exercée sur la poignée isolante surmonte l'action du ressort et amène au contact du bouton *b'* la partie antérieure du levier; le courant de la pile P est ainsi envoyé dans la ligne, en même temps que la communication entre la ligne et le récepteur se trouve interrompue. Suivant qu'on appuie plus ou moins longtemps sur la poignée isolante, on produit une émission de courant ayant plus ou moins de durée ; *ces deux émissions, longue et courte, forment la base de l'alphabet Morse.*

Récepteur. — Le récepteur comprend deux parties bien distinctes fixées sur un même socle rectangulaire en bois : la partie électromagnétique et la partie mécanique. La partie électromagnétique se compose d'un électro-aimant et de son armature ; la partie mécanique est constituée essentiellement par un mécanisme d'horlogerie dont le but est de donner à un ensemble de mobiles un mouvement uniforme pour assurer un déroulement régulier du papier destiné à l'impression des signaux.

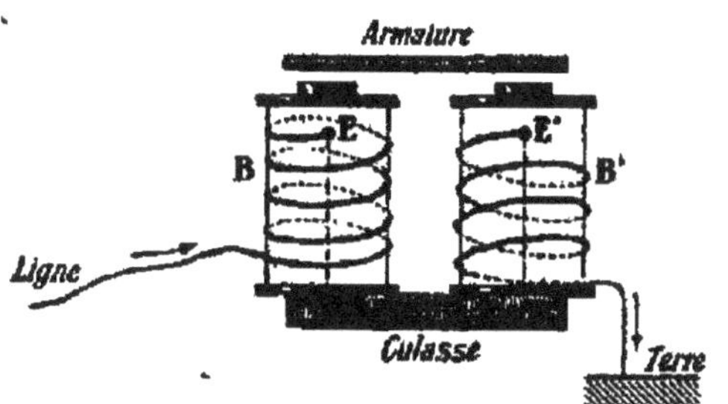

Fig. 436.—Électro-aimant du récepteur Morse.

L'*électro-aimant* est formé de deux noyaux de fer doux reliés entre eux par une culasse de fer doux (*fig.* 436). Ces noyaux s'engagent à frottement dur dans deux cylindres creux ou carcasses en cuivre, sur chacun desquels se trouve enroulé un grand nombre de fois un fil fin de cuivre recouvert de soie.

L'enroulement du fil est de même sens sur les deux carcasses ; il se fait de bas en haut et de gauche à droite. A chaque carcasse est soudée une extrémité (E ou E') du fil ; les deux extrémités libres du fil communiquent l'une avec la ligne par l'intermédiaire du manipulateur, l'autre avec la Terre. Quand un courant arrive dans l'électro-aimant, il parcourt les spires de la bobine B jusqu'en E, descend le long de la carcasse de B, suit la culasse et remonte jusqu'en E' d'où il pénètre dans les spires de la bobine B' pour gagner la Terre.

L'*armature* est une plaque de fer doux portée par un levier mobile autour d'un axe horizontal O (*fig.* 437). L'extrémité gauche du levier, appelée *couteau*, vient, quand l'armature est attirée, c'est-à-dire quand le courant traverse l'électro-aimant, appuyer une bande de papier contre une molette imprégnée d'encre grasse, qui imprime sur la bande un point ou un trait, suivant que l'attraction de l'armature a été longue ou courte. Les combinaisons de ces traits et de ces points constituent les signaux du télégraphe Morse. Lorsque le courant est rompu, un petit

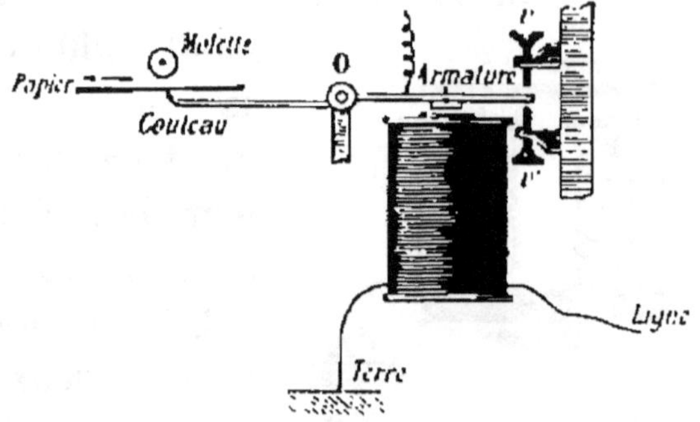

Fig. 437. — Parties essentielles du récepteur Morse.

ressort ramène l'armature à sa position primitive ; la course de l'armature est limitée par deux vis-butoirs v et v'.

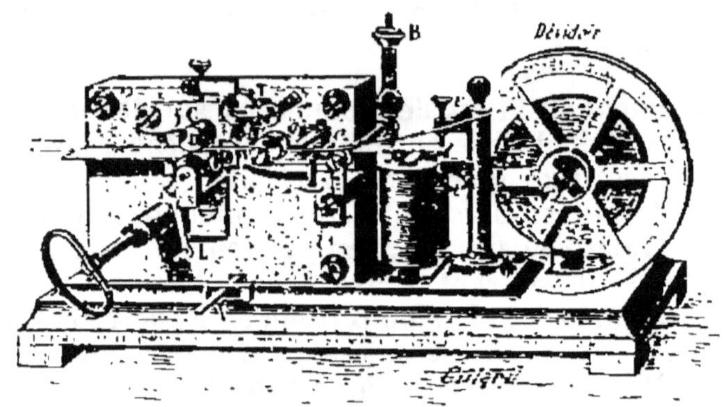

Fig. 438. — Récepteur Morse.

La figure 438 représente un modèle très employé de récepteur Morse.

Signaux de l'appareil Morse. — Les signaux de l'appareil Morse (*fig.* 439) correspondent aux lettres de l'alphabet, aux chiffres, à des signes de ponctuation et autres, et à des indications de service (télégramme d'État, réponse payée, erreur, etc.). En prenant 5 lettres comme moyenne des mots, un employé habile peut transmettre environ 25 mots par minute.

ALPHABET		CHIFFRES		
Lettres	Signaux	Chiffres	Signaux	Forme abrégée
a	. —	1	. — — — —	. —
b	— . . .	2	. . — — —	. . —
c	— . — .	3	. . . — —	. . . —
d	— . .	4	. . . . —	. . . . —
e	.	5	. . . . .	. . . . .
f	. . — .	6	—	— . . . .
g	— — .	7	— — . . .	— . . .
h	. . . .	8	— — — . .	— . .
i	. .	9	— — — — .	— .
j	. — — —	0	— — — — —	—
k	— . —	Barre de fraction	— . . — .	— —
l	. — . .			
m	— —			
n	— .			
o	— — —			
p	. — — .			
q	— — . —			
r	. — .			
s	. . .			
t	—			
u	. . —			
v	. . . —			
x	— . . —			
y	— . — —			
z	— — . .			
ch	— — — —			
w	. — —			
ä	. — . —			
é ou ë	. . — . .			
ï	— . . — —			
ñ	— — . — —			
ö	— — — .			
ü	. . — —			

Signes de ponctuation	Signaux
Point . . . . . . (.)	. . . . . .
Point et virgule . (;)	— . — . — .
Virgule . . . . . (,)	. — . — . —
Deux points . . . (:)	— — — . . .
Point d'interrogation (?)	. . — — . .
Pointd'exclamation (!)	— — . . — —
Apostrophe . . . (')	. — — — — .
Trait-d'union . . (-)	— . . . . —
Guillemets . . . (« »)	. — . . — .
Parenthèses . . . ()	— . — — . —
Alinéa	. — . — . .
Souligné (av. ou ap. le mot ou le membre de phrase).	. . — — . —
Double trait . . (=)	— . . . —

Indications de service	Signaux
Appel préliminaire de toute transmission . . .	— . — . —
Demande de répétition d'une transmis. non comprise	. . — — . .
Compris.	. . . — .
Erreur	. . . .
Fin de transmission	. — . — .
Invitation à transmettre	— . —
Attente	. — . . .
Réception terminée.	. . . — . —

Fig. 439. — Signaux Morse.

291. Appareil Hughes. — L'appareil Hughes imprime une lettre ou un chiffre en caractères ordinaires par chaque émission de courant.

Principe. — Le *récepteur* a pour organe principal une petite roue, appelée *roue des types* (*fig.* 440), qui porte en relief sur son contour les lettres de l'alphabet. Cette

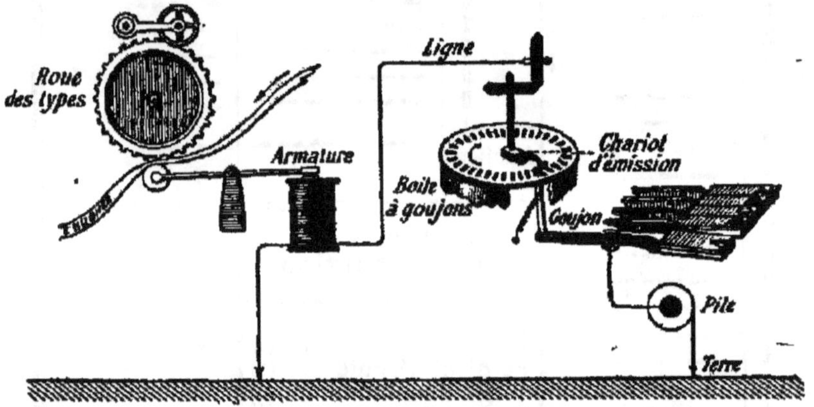

Fig. 440. — Parties essentielles de l'appareil Hughes (fig. théorique).

roue est actionnée par un mouvement d'horlogerie et tourne d'un mouvement uniforme près d'une bande de papier qui se déroule comme dans le récepteur Morse. Chaque fois qu'un courant est émis dans la ligne, un électro-aimant attire son armature, et la bande de papier s'applique vivement contre la roue des types *sans l'arrêter ;* comme les lettres sont toujours couvertes d'encre grasse par une molette placée à la partie supérieure de la roue, celle qui passe au moment du contact s'imprime sur la bande.

Le *transmetteur* se compose essentiellement d'un bras ou *chariot d'émission*, qui tourne d'un mouvement uniforme au centre d'un disque divisé en autant de parties qu'il y a de caractères sur la roue des types. Dans chaque partie se trouve un trou pouvant donner passage à une petite tige verticale ou *goujon* qu'on peut soulever à volonté légèrement au-dessus du disque. Chaque fois que le chariot d'émission rencontre un goujon qui déborde, le courant du générateur est envoyé dans la ligne. Si donc au début la roue des types et le chariot d'émission sont partis d'accord et si le synchronisme est absolu, les mêmes goujons feront toujours imprimer les mêmes lettres, chacune d'elles étant déterminée en réalité par la durée de l'intervalle entre deux émissions.

Les déplacements verticaux du goujon sont obtenus par la pression des doigts sur un clavier dont chaque touche correspond à une lettre ou un chiffre.

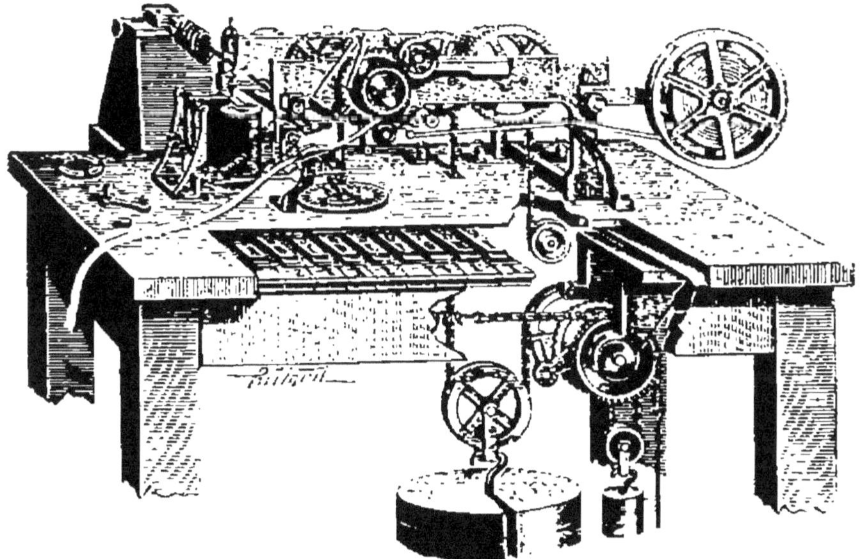

Fig. 441. — Vue d'ensemble de l'appareil Hughes.

La figure 441 montre l'ensemble d'un appareil Hughes. Le mouvement du chariot d'émission et de la roue des types est produit par un puissant contrepoids et régularisé par un volant spécial. L'impression de toute dépêche se produit également sur la table du poste expéditeur, ce qui permet la vérification à chaque instant du texte envoyé. Le plus grand soin doit être apporté au réglage de l'appareil pour assurer constamment la concordance des mouvements entre les différentes stations.

La transmission par l'appareil Hughes est plus rapide qu'avec l'appareil Morse, puisqu'il suffit pour chaque lettre d'une émission de courant. La moyenne du travail est de 45 à 50 mots par minute.

292. Piles et lignes télégraphiques. — Le générateur de courant habituellement employé en télégraphie est une batterie d'éléments Callaud, Leclanché, ou de Lalande et Chaperon. Dans les grands postes télégraphiques, on tend de plus en plus à substituer aux très coûteuses piles des batteries d'accumulateurs chargés à l'aide de machines dynamo-électriques.

L'intensité des courants envoyés de la station de départ (courant d'action) varie, en France, entre 10 et 20 milliampères, mais les courants *reçus*, qui agissent effectivement sur le récepteur de la station d'arrivée, sont diminués par l'influence des dérivations et, suivant l'état de l'atmosphère, la longueur de la ligne, etc., varient entre 20 et 70 °/₀ des courants d'action.

La ligne télégraphique est le fil conducteur qui relie électriquement entre eux les bureaux télégraphiques. On appelle spécialement lignes *aériennes* les fils soutenus par des poteaux plantés le long des voies ferrées, des routes, des canaux, etc. ; lignes *souterraines* les fils recouverts d'une substance isolante et enfouis dans la terre ; et enfin lignes *sous-marines* les conducteurs immergés dans le lit des mers.

Lignes aériennes. — On emploie pour la construction des lignes aériennes des fils de fer galvanisé et des fils de bronze siliceux.

Les fils employés ont un diamètre qui varie entre 3 et 5^{mm} suivant la longueur des lignes; leur résistance électrique linéaire varie entre 7^{ohms},8 et 21^{ohms},7 par kilomètre. Les bouts de fil composant la ligne ont une longueur de 40 à 200^{m}; ils sont réunis avec soin à l'aide de torsades ou de manchons métalliques que l'on noie généralement dans de la soudure. — Le bronze siliceux présente une conductibilité 7 à 8 fois plus grande que celle du fer galvanisé, mais il est très sensible aux variations de température et son prix de revient est beaucoup plus élevé que celui du fer. Les lignes en bronze siliceux sont affectées principalement aux communications téléphoniques et télégraphiques simultanées. Leur diamètre varie entre 2^{mm} pour les petites lignes et 5^{mm} pour les grandes lignes.

Isolement des lignes aériennes. — L'isolement correspondant à un travail pratique suffisant doit être d'environ 300 000^{ohms} au moins par kilomètre; et, même dans ces conditions, il y a de petites pertes d'électricité par dérivation le long de la ligne.

Les isolateurs qui soutiennent les fils et les préservent de tout contact avec les poteaux sont généralement en porcelaine émaillée. On emploie aujourd'hui presque exclusivement l'isolateur à *double cloche* (*fig.* 408); le fil s'enroule autour de la gorge placée à la partie supérieure.

Les poteaux auxquels sont fixés les isolateurs sont généralement en pin ou sapin écorchés, injectés au sulfate de cuivre ou à la créosote.

Lignes souterraines. — Quelques lignes télégraphiques sont souterraines, dans les grandes villes par exemple, et entre certains centres qu'il convient de protéger plus particulièrement contre les hasards de la guerre. On emploie pour leur construction de petits fils de cuivre (de 3 à 7), tordus ensemble et recouverts d'un isolement plus ou moins complexe à base de gutta-percha.

Les câbles ainsi construits sont *armés* ou *non armés*, suivant qu'ils sont protégés par une armature en fils de fer ou par un simple guipage en fils de coton goudronnés. On les introduit dans des tuyaux en fonte que l'on enfouit dans la terre à des profondeurs variables.

Lignes sous-marines. — Les lignes sous-marines sont constituées par des câbles armés dont l'âme est formée d'un certain nombre de fils de cuivre tordus ensemble en toron comme dans les lignes souterraines. Ce toron est recouvert de gutta-percha ou de composition Chatterton

Fig. 442. — Câble sous-marin (câble de grands fonds)

(mélange à base de gutta-percha et de goudron de bois). Le tout porte un revêtement de filin goudronné, recouvert lui-même par une armature formée d'un certain nombre de fils d'acier enroulés en hélice (*fig.* 442).

Les câbles sous-marins, ayant à subir des tensions considérables, doivent être protégés solidement, surtout près des côtes; aussi les câbles *côtiers* sont-ils plus lourds que les câbles de *grands fonds*.

293. Organes accessoires d'un télégraphe. — Les organes accessoires les plus importants que comporte une installation télégraphique sont les sonneries électriques, les commutateurs, les paratonnerres, les relais et les galvanomètres.

Sonneries électriques. — Les sonneries ont pour but de prévenir bruyamment le poste auquel on expédie. Celles dont on se sert aujourd'hui, en télégraphie, aussi bien d'ailleurs que dans les postes téléphoniques et dans les appartements, sont des sonneries à *trembleur*, ainsi appelées parce qu'elles produisent un tremblement métallique quand elles sont actionnées.

Il existe différents modèles de sonneries à trembleur. Le modèle le plus simple se compose d'un électro-aimant à bobines horizontales dont le fil aboutit d'une part à une borne extérieure L (*fig.* 443), d'autre part à une pièce métallique horizontale isolée qui soutient l'armature par l'intermédiaire d'une lame flexible faisant ressort. L'armature est prolongée par une tige munie d'un petit marteau qui vient se placer très près d'un timbre. Enfin un ressort-lame est vissé par une extrémité à l'armature : son autre extrémité appuie contre la pointe d'une vis reliée à une seconde borne T placée à l'extrémité de la boite renfermant les organes électriques de l'appareil. Cette sonnerie a une résistance de 500 ohms.

Fig. 443. — Sonnerie de poste à trembleur.

FONCTIONNEMENT. — La borne L étant reliée à la ligne et la borne T à la terre, le courant venant de la ligne traverse successivement les bobines de l'électro-aimant, la pièce métallique horizontale, l'armature, le ressort-lame et la vis V, puis s'échappe par la borne T. Mais les noyaux de l'électro-aimant étant aimantés par le courant attirent l'armature; le ressort-lame se trouve ainsi séparé de la pointe de la vis V, ce qui produit une discontinuité dans le circuit. Les noyaux perdant alors leur aimantation et l'armature reprenant sa position de repos, le ressort lame revient au contact de la vis; le courant passe de nouveau et produit une nouvelle attraction, et ainsi de suite. Tant que le courant arrive par le fil de ligne, l'armature décrit ainsi une série d'oscillations très rapides et à chacune d'elles le marteau vient frapper sur le timbre.

Commutateurs. — Les commutateurs ont pour but d'établir alternativement et à volonté la communication de la ligne avec les différents appareils installés dans un poste. Les formes que l'on donne aux commutateurs sont très variées ; nous décrirons le commutateur *à rosace*.

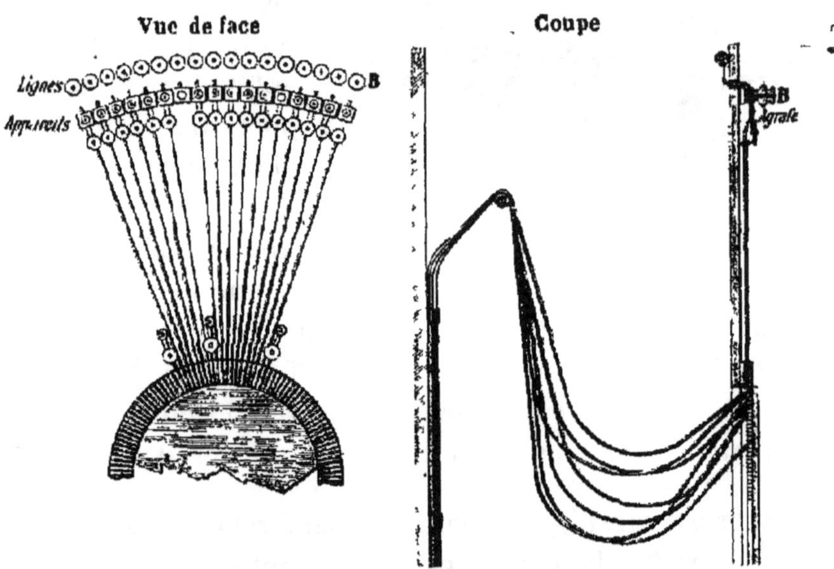

Fig. 444. — Commutateur à rosace.

Sur un panneau vertical en bois sont disposées circulairement des bornes B à contre-écrou (*fig.* 444), auxquelles aboutissent les fils de ligne. Au centre du panneau est pratiquée une ouverture circulaire par laquelle passe le faisceau des fils aboutissant aux divers appareils. Ces fils, isolés par de la gutta-percha, remontent le long du panneau en divergeant et leur ensemble forme une sorte de rosace. On les réunit aux bornes à contre-écrou au moyen d'agrafes spéciales (*fig*. 445). Chaque agrafe se compose d'une plaque de cuivre, d'une partie creusée en gouttière, et d'une partie plate portant un évidement destiné à engager l'agrafe entre les deux parties de la borne à contre-écrou. L'extrémité du fil d'appareil est soudée dans la partie en gouttière. Un jeton en os, fixé à la partie en cuivre de l'agrafe, indique le numéro de l'appareil auquel correspond le fil. Aux bornes à contre-écrou sont fixés de même des jetons en os portant les numéros des fils qui y aboutissent.

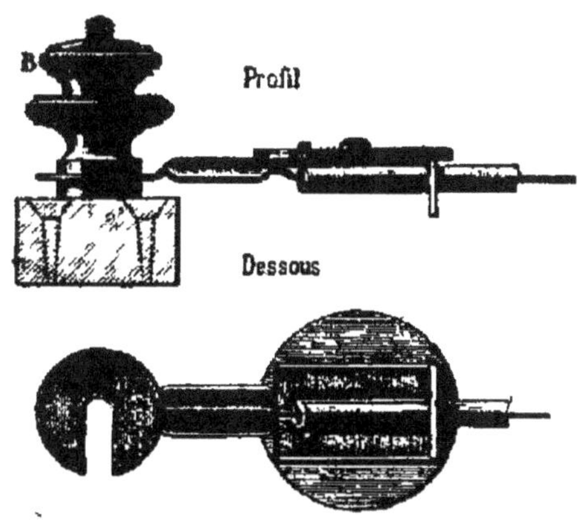

Fig. 445. — Détails d'une agrafe.

Paratonnerres. — Ce sont des appareils destinés à préserver les employés et les appareils télégraphiques contre les effets de l'électricité atmosphérique.

Les paratonnerres télégraphiques appartiennent à deux catégories différentes. Ceux de la première catégorie sont basés sur la propriété disruptive de l'électricité atmosphérique : tandis que les courants voltaïques ne peuvent passer d'un point à un autre que si les deux points sont réunis par un conducteur, l'électricité à haut potentiel comme l'électricité atmosphérique franchit ordinairement une mince couche isolante (air, mica, etc.) de préférence à un long conducteur. Le modèle le plus parfait est le paratonnerre *à pointes multiples et à lame isolante*. Les paratonnerres de la deuxième catégorie sont basés sur les effets calorifiques produits par les décharges atmosphériques ; le plus employé est le paratonnerre *à bobine et à fil préservateur*. Les paratonnerres de la première catégorie ne conduisent pas toujours l'électricité atmosphérique à la terre et par suite ne protègent pas d'une façon complète les fils des bobines des électro-aimants ; aussi place-t-on ordinairement sur chaque ligne, à son arrivée dans un poste, deux paratonnerres appartenant l'un à la première, l'autre à la seconde catégorie.

Paratonnerre à pointes multiples et à lame isolante. — Il se compose d'une plaque de cuivre *cc'* communiquant d'un côté avec la ligne, de l'autre avec les appareils (*fig*. 446). Cette plaque est située entre deux autres plaques : une plaque inférieure, dont elle est séparée par une feuille isolante en gutta-percha et qui est fixée sur un socle en bois ; une plaque supérieure armée de pointes, fixée sur deux montants métalliques qui la font communiquer avec la plaque inférieure et avec la Terre.

En temps normal, le courant qui vient de la ligne passe directement dans les appareils. Si, en raison des décharges atmosphériques, le courant prend un voltage anormal, l'électricité passe à travers la feuille isolante ou bien est neutralisée par l'électricité de nom contraire qui s'écoule par les pointes.

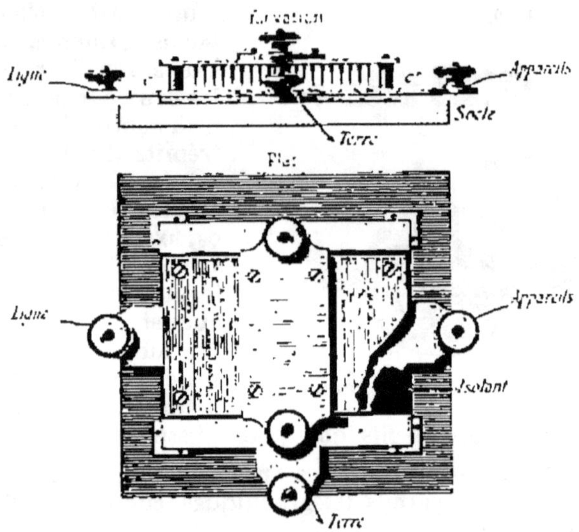

Fig. 446. — Paratonnerre à pointes et à lame isolante.

Paratonnerre à bobine et à fil préservateur. — Sur une bobine formée de trois parties métalliques *a*, *b*, *c*, réunies par des rondelles isolantes en ivoire ou en ébonite *r*, *r'* (*fig.* 447), s'enroule en spirale un fil de fer fin recouvert de soie et dont les extrémités dénudées sont pincées par les vis *r* et *r'*. Cette bobine est introduite dans trois poupées métalliques *p*, *p'*, *p''* communiquant respectivement avec les bornes L (ligne), T (terre), A (appareils). Le paratonnerre ainsi construit est placé sur un socle en bois muni d'une manette de commutateur. Enfin le socle porte, en outre, deux gouttes de suif G, G' sur l'une ou l'autre desquelles on peut faire appuyer le ressort de la manette.

Si l'on appuie le ressort sur la goutte de suif G', on fait communiquer la ligne avec la terre en dehors du paratonnerre. Dans la position de la figure (ressort sur la goutte G), le courant normal venant de la ligne, passe dans les appareils par l'intermédiaire de la goutte G et du fil de fer de la bobine. Mais si, dans cette position, une décharge atmosphérique traverse la ligne, l'enveloppe de soie du fil de fer se trouve brûlée ; le fil ainsi dénudé est alors en contact avec la pièce médiane *b* reliée à la terre, et l'électricité s'écoule vers la terre, laissant les appareils en sécurité.

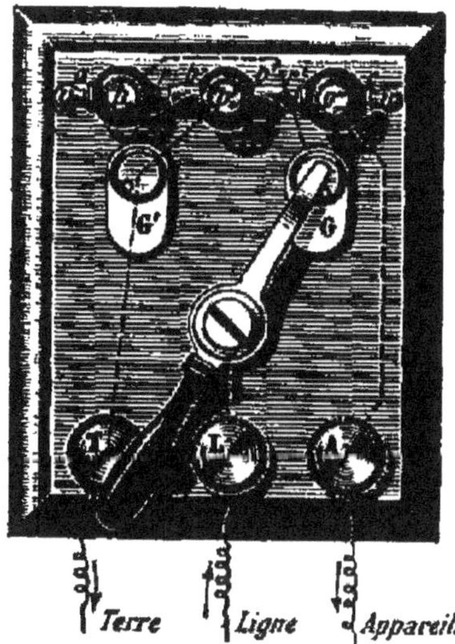

Fig. 447. — Paratonnerre à bobine et à fil préservateur.

Relais. — Dans le cas où la distance entre deux postes est très grande, il peut arriver que l'intensité du courant ne soit plus suffisante pour actionner les appareils. On a alors recours à un *relais*. Le relais est une sorte de poste intermédiaire qui reçoit le courant de ligne et lui substitue le courant d'une pile locale ; il est constitué essentiellement par un électro-aimant dont l'armature-levier, exécutant des mouvements semblables à ceux du manipulateur de la station de départ, joue le rôle d'un manipulateur automatique.

PRINCIPE. — La fig. 448 montre la disposition schématique d'un relais établi entre deux postes A et A'. Au repos, l'armature-levier du relais s'appuie contre un butoir B, en communication avec un

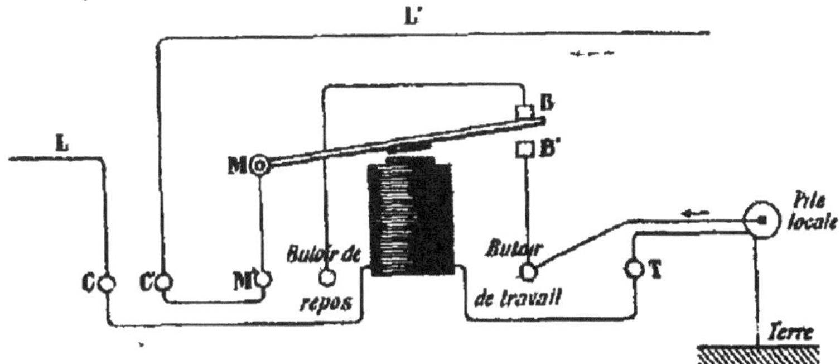

Fig. 448. — Disposition schématique d'un relais entre deux postes.

butoir de repos. Lorsque le manipulateur du poste A s'abaisse, le courant parcourt la ligne L, traverse l'électro-aimant du relais et aboutit à la borne T communiquant avec le pôle négatif de la pile locale. Mais aussitôt l'armature-levier du relais est attirée ; elle vient buter contre B', et la pile locale envoie un courant dans la ligne L', qui aboutit aux appareils du poste A'.

Un relais ainsi disposé n'est pas *réversible* ; il ne peut être employé que comme relais d'*arrivée*, à l'entrée d'un poste. Si l'on veut installer entre deux postes A et A' un relais renouvelant le courant qui va de A à A' et réciproquement, il est indispensable d'avoir deux relais réunis sur un même socle et de les accoupler comme

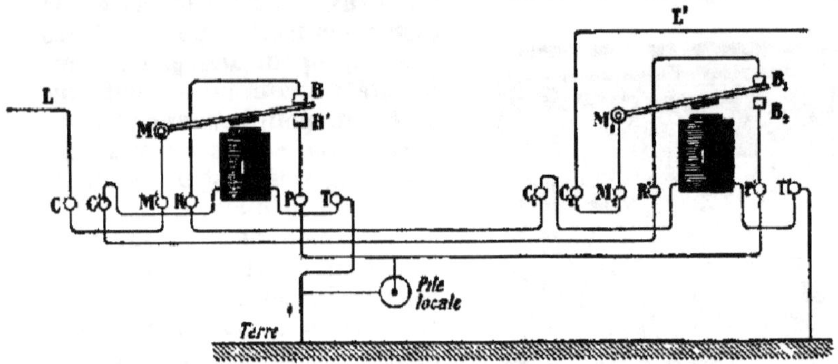

Fig. 449. — Disposition schématique d'un relais réversible.

l'indique la figure 449. Le courant lancé par le manipulateur du poste A, par exemple, passe par C, M', M, B, R, C_1, E' et T'. Mais l'armature-levier de l'électro-aimant E' touche le butoir B_2 et lance le courant de la pile locale dans la ligne L' par P', B_2, M_1, M_2, C_2.

Les électro-aimants qui font partie des relais sont *polarisés*, c'est-à-dire que leurs noyaux sont soumis à l'influence constante d'un aimant permanent, ce qui les rend plus sensibles que les électro-aimants ordinaires.

Nous décrirons le relais *Siemens*, universellement répandu. Il comprend un aimant en L (*fig.* 450) sur la partie horizontale duquel sont fixés les noyaux des bobines de l'électro-aimant. Cet aimant communique des aimantations permanentes et de signes contraires aux noyaux de l'électro et à une languette-armature *ll'* mobile autour d'un pivot, de sorte qu'en temps normal la languette est attirée par les deux pôles *p* et *p'* de l'électro-aimant. Deux butoirs *b* et *b'* limitent le jeu de la languette ; ils sont placés d'un même côté de l'axe de symétrie des bobines, ce qui rend l'action d'un des pôles toujours prédominante ; de plus, l'appareil est réglé de manière que la languette, si aucun courant ne traverse l'appareil, revienne toujours sur le même butoir, *b* par exemple, quand on l'en a écartée.

Dans ces conditions, si un courant qui parcourt l'électro-aimant a pour effet d'augmenter la polarité sud en p' et de la diminuer en p, l'action de p' devient prédominante et la languette est attirée contre le butoir de travail b', ce qui provoque l'émission d'un courant dans la ligne ou dans le récepteur. Dès que le courant cesse,

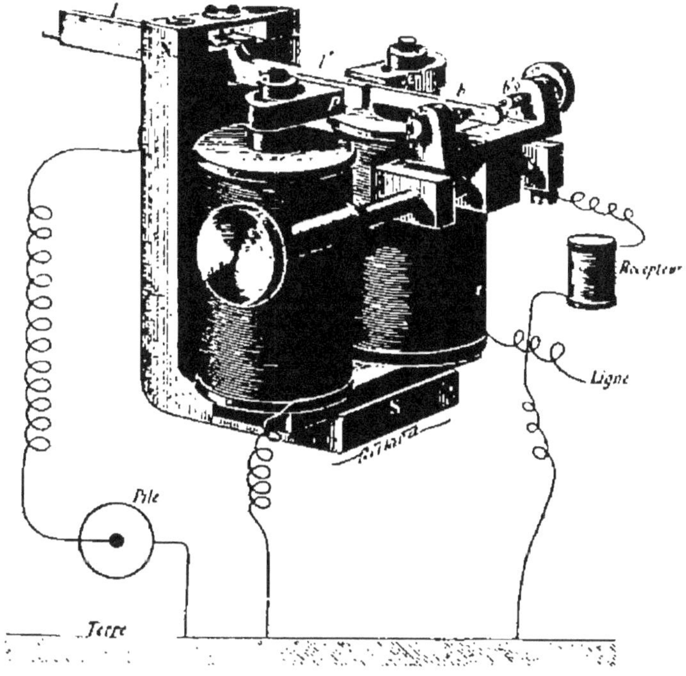

Fig. 450. — Relais Siemens.

p et p' exercent sur la languette des actions de même sens et, par suite du réglage donné à l'appareil, la languette est plus rapprochée de **p** que de **p'**, ce qui a pour effet de la ramener contre le butoir de repos b, et ainsi de suite.

Galvanomètres de poste. — Ces instruments ne servent, le plus souvent, qu'à constater s'il y a courant, quelle est sa direction, et si ce courant ne s'écarte pas trop de son intensité normale. On emploie alors de simples indicateurs qui ne mesurent pas l'intensité réelle du courant, mais qui suffisent pour reconnaître la nature de la plupart des dérangements de poste ou de ligne.

294. Installations de postes télégraphiques. — Les différents appareils qui font partie d'un poste télégraphique sont disposés de façon qu'ils puissent être utilisés ou manœuvrés le plus aisément possible par l'employé chargé des transmissions.

Nous prendrons comme exemple l'installation d'un poste Morse simple (*fig.* 451). Le manipulateur et le récepteur sont fixés sur le premier plan de la table

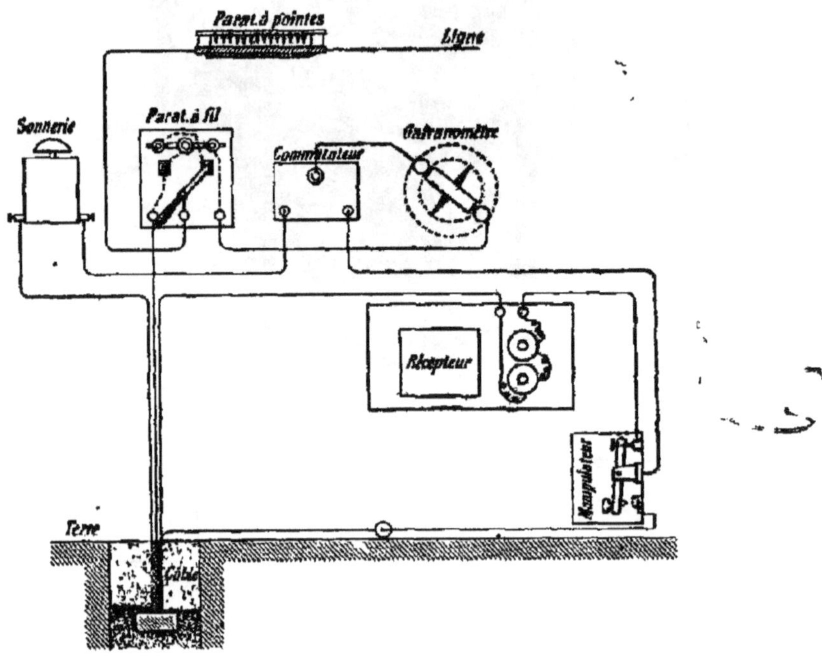

Fig. 451. — Installation schématique d'un poste Morse simple.

d'installation : le manipulateur à droite, le récepteur en face. Sur un second plan se trouvent le galvanomètre, le commutateur, le paratonnerre à fil préservateur et la sonnerie. Le paratonnerre à pointes est à l'entrée de la ligne.

Lorsque le poste est dans la position de réception, le courant venant de la ligne traverse successivement le paratonnerre à pointes, le paratonnerre à fil préservateur, le galvanomètre et arrive au commutateur, d'où il peut être dirigé soit sur la sonnerie, soit sur les appareils de réception. Dans ce dernier cas, le courant gagne le massif du manipulateur dont la borne postérieure est reliée avec l'entrée du fil des bobines du récepteur, la sortie étant en relation avec la terre. La mise à la terre se fait ordinairement par l'intermédiaire d'un câble formé de gros fils de cuivre tordus ensemble et auxquels sont reliées les bornes de terre des appareils (pile, récepteur, commutateur, sonnerie). Ce câble est plongé dans l'eau d'un puits ou d'une citerne, ou bien on le munit à son extrémité d'une plaque en cuivre et on le place dans un trou en entourant entièrement la plaque de charbon et de terre.

On suit aisément sur la figure la marche d'un courant qui est lancé dans la ligne lorsque le poste est dans la position de transmission.

295. Transmission rapide. — En admettant que les mots soient formés de cinq lettres en moyenne, et les lettres de trois signaux de l'alphabet Morse, nous voyons qu'un employé qui transmet 20 mots par minute, transmet 300 signaux en 60 secondes, c'est-à-dire 5 signaux par seconde. Or, le temps réellement nécessaire à l'émission d'un signal, la durée des contacts du manipulateur, est bien inférieure à 1/5 de seconde. Il y a donc un certain temps pendant lequel la ligne ne transporte point d'électricité, *ne travaille pas.*

Au lieu de créer une nouvelle ligne dès que le travail du bureau comporte une expédition supérieure à 20 mots par minute, il était naturel de chercher à mieux utiliser la ligne existante.

Tel est le but des procédés de transmission dite rapide.

Les uns s'appuient sur des *dispositions* convenables des manipulateurs, des piles, de résistances, de relais, pour expédier sur une même ligne deux dépêches simultanées soit dans le même sens, soit en sens contraire (systèmes *diplex* et *duplex*). Les autres ont recours à des *appareils* spéciaux (*transmetteurs multiples*).

Nous décrirons la disposition *duplex*, qui permet d'expédier ensemble deux dépêches en sens contraire.

Système duplex. — La ligne est en communication permanente avec le manipulateur et le récepteur de chaque poste. Le but de l'installation est d'éviter que le récepteur d'un poste ne fonctionne au moment où son manipulateur s'abaisse, sauf lorsque le manipulateur du poste opposé s'abaisse également. Ce résultat peut s'obtenir par l'emploi d'un dispositif basé sur les propriétés du pont de Wheatstone (225), et qui est le suivant (*fig.* 452) :

Les bornes T et T' des manipulateurs sont réunies à la Terre ; les bornes L et L' aboutissent respectivement aux branches AC et AB, A'C' et A'B' sur lesquelles sont placés des appareils de résistances fixes r et r'', r_1 et r_1''. Les récepteurs R, R' et les galvanomètres de réglage G, G' sont introduits dans les ponts CB et C'B'. La ligne

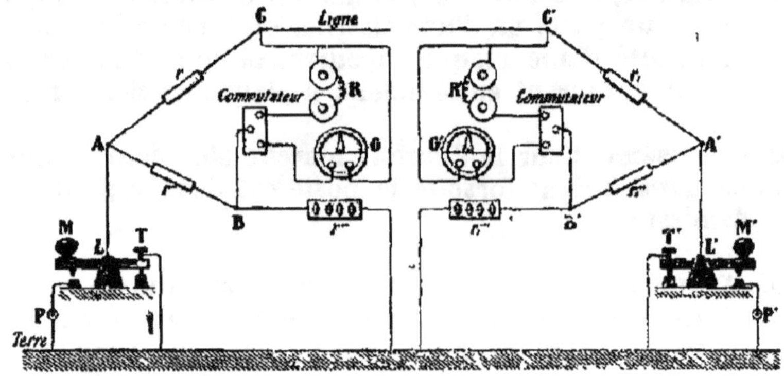

Fig. 452. — Disposition schématique d'un duplex Morse a pont.

aboutit aux points C et C'. Enfin on fixe aux points B et B' des lignes *factices* sur lesquelles se trouvent des résistances r''' et r_1''', réglées de manière que, de part et d'autre, le galvanomètre et le récepteur ne soient pas actionnés par le courant de départ du même poste.

Un courant, envoyé par le manipulateur M dans la ligne, se divisera au point C' en deux parties : l'une, très faible, passera par A'L', puis par le manipulateur M' pour aller à la terre ; l'autre passera par le récepteur R' qui sera actionné. Inversement le récepteur R sera actionné par le courant de la pile P' lorsque le manipulateur M' enverra seul du courant dans la ligne. Le système fonctionne donc normalement lorsqu'on utilise un seul des manipulateurs.

Lorsque les deux postes transmettront simultanément, le courant se partagera dans chaque poste en deux parties, l'une qui se dirigera sur la ligne réelle, l'autre sur la ligne factice. Comme il est admis que les piles P et P' ont sensiblement la même force électromotrice, les deux potentiels seront égaux en C et C', et aucun courant ne traversera la ligne réelle ; mais il y aura une différence de potentiel entre B' et C', de même qu'entre B et C, et un courant s'établira de C' vers B', comme de C vers B, à travers les récepteurs R' et R, de sorte que, lorsque les deux manipulateurs sont abaissés, le récepteur fonctionne, dans chacun des deux postes, sous l'influence du courant de sa propre pile.

Supposons que le manipulateur M transmette un point en même temps que M' commence à transmettre un trait. Pendant toute la durée de l'émission du point, aucun courant ne passe d'un poste à l'autre, et les deux récepteurs, sous l'influence de leurs propres piles, enregistrent chacun un point. Le manipulateur M cessant alors d'envoyer du courant, tandis que M' continue pour achever son trait, le courant de la pile P' passera dans la ligne, continuant à actionner le récepteur R qui achèvera d'imprimer le trait, pendant que R', ne recevant plus de courant, aura cessé de fonctionner et n'aura imprimé qu'un point.

La disposition dite *diplex* permet d'envoyer deux dépêches simultanées sur une même ligne, et dans le même sens.

La combinaison des systèmes *diplex* et *duplex* permet l'expédition simultanée de quatre dépêches, deux dans chaque sens : c'est la disposition en *quadruplex*.

Transmetteurs multiples. — Ces transmetteurs sont des *appareils* qui utilisent les intervalles — d'environ 1/5 de seconde — laissés entre deux signaux consécutifs d'une même dépêche, pour faire passer sur la même ligne les signaux émis par d'autres manipulateurs.

Ils sont basés sur la présence, dans chaque poste, d'un *distributeur*, sorte de plateau séparé en quatre secteurs isolés l'un de l'autre et communiquant chacun avec l'axe d'un manipulateur (*fig.* 453).

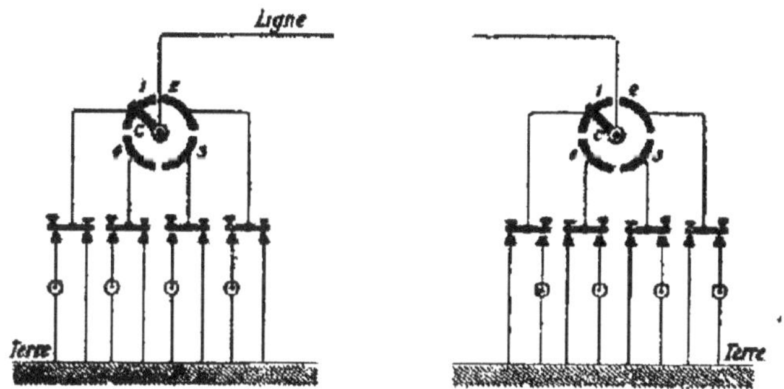

Fig. 453. — Installation schématique d'une transmission multiple.

Deux chariots *frotteurs* *c* et *c'* tournent synchroniquement au-dessus des deux distributeurs et font un tour en $\frac{1}{5}$ de seconde. Chaque secteur du poste A communique donc avec le secteur de même ordre du poste B pendant $\frac{1}{20}$ de seconde à chaque tour. Lorsque le télégraphiste 1 du poste A, par exemple, appuie sur son manipulateur, le courant arrive au secteur 1 du poste B. Si les trois autres télégraphistes du poste A appuient sur leur manipulateur pendant ce temps, ils ne communiquent pas avec le poste B jusqu'au moment où le chariot *c* passe sur leur secteur et alors le manipulateur 1 de A a cessé de communiquer avec le secteur 1 de B. Les signaux envoyés par les manipulateurs 2, 3, 4 de A peuvent donc passer pendant l'intervalle que le manipulateur 1 laisse entre deux signaux. Chaque secteur est relié à un récepteur particulier où chaque dépêche est reçue séparément.

Le plus parfait des transmetteurs multiples est celui de Baudot. C'est une véritable merveille de précision, dont le mécanisme très complexe ne peut être décrit ici. Nous dirons seulement que la rapidité de transmission avec un télégraphe Baudot est environ quatre fois plus grande qu'avec un télégraphe Hughes ordinaire, et dix fois plus grande qu'avec un télégraphe Morse.

296. Télégraphie sous-marine. — Les procédés de la télégraphie ordinaire ne sont pas applicables à la télégraphie intercontinentale, à cause de la nature des lignes sous-marines.

Celles-ci présentent d'abord, par suite de leur extrême longueur, une résistance considérable qui ne permet de les faire parcourir que par des courants excessivement faibles.

De plus l'ensemble d'un câble sous-marin, avec son âme, enveloppe isolante de celle-ci, et l'armature métallique constituent un condensateur cylindrique d'une très grande capacité. L'électricité ne se transmet pas le long de son âme suivant les mêmes lois que le long d'un fil aérien, parce qu'il *se charge* d'abord, et se décharge après que le courant a cessé. C'est ainsi qu'un courant expédié d'Irlande à Terre-Neuve met 3 secondes pour se manifester à destination avec son intensité définitive.

Ces deux inconvénients combinés, faiblesse du courant et nécessité d'un temps long pour la manifestation de l'arrivée et de la cessation du courant, rendent très difficile la distinction des points et des traits qui constituent l'alphabet Morse. Avec ce dernier, on ne pouvait pas transmettre plus d'un mot par minute.

On doit avoir recours à un appareil qui, non seulement soit d'une extrême sensibilité, mais encore enregistre des *sens* de courants et non plus des *durées* de courants. C'est le *siphon-recorder* de lord Kelvin.

Il se compose d'un cadre rectangulaire très mobile (*fig.* 454) sur lequel est enroulé un fil très fin communiquant d'une part avec le câble, d'autre part avec la terre. Ce cadre est placé dans le champ magnétique d'un puissant électro-aimant ; il est suspendu par un fil de cocon et maintenu vertical par un contre-poids qui glisse sur une paroi un peu inclinée. En son milieu se trouve un noyau de fer doux servant de surexcitateur.

Le système enregistreur est un tube capillaire en verre formant siphon ; l'une de ses extrémités pénètre dans un petit vase contenant de l'encre d'aniline très fluide ; l'autre extrémité affleure contre la surface d'une bande de papier tendue sur un support-tambour et entraînée constamment par un mécanisme d'horlogerie. Le cadre tend

à tourner brusquement dans un sens ou dans l'autre suivant le sens du courant qui le traverse ; ses mouvements sont transmis au

Fig. 454. — Siphon recorder.

siphon par l'intermédiaire de leviers très légers. Si aucun courant ne traverse le cadre, le siphon trace une ligne médiane continue

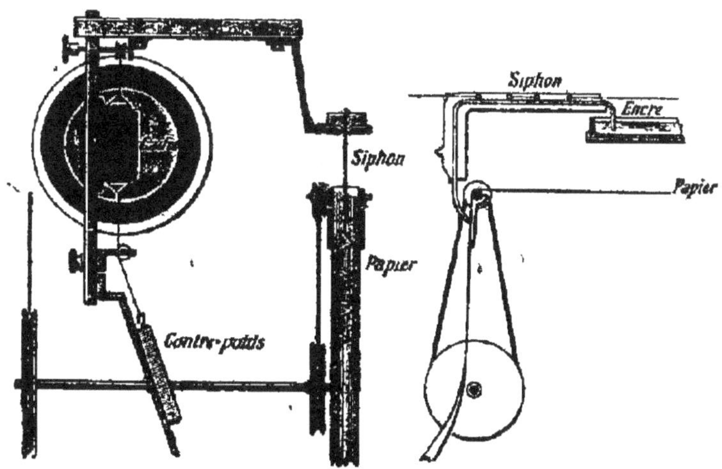

Fig. 455. — Détails du siphon recorder.

sur le papier. Quand un courant est envoyé dans le câble, la ligne médiane est déviée soit à droite, soit à gauche (*fig.* 455), donnant ainsi deux séries de signaux qu'on peut combiner suivant l'alphabet Morse.

297. Télégraphie sans fil. — *La télégraphie sans fil a pour objet de transmettre les signaux sans l'intermédiaire d'aucun fil conducteur.* Ce système de télégraphie, imaginé en 1897 par Marconi, résulte de la combinaison de deux découvertes antérieures, celle des *ondes électriques* par Hertz (1887) et celle des *radioconducteurs* par Branly (1890).

Ondes électriques de Hertz. — Lorsqu'on fait communiquer les deux pôles d'une puissante bobine d'induction avec deux sphères métalliques reliées avec des surfaces conductrices formant condensateur (*fig.* 456), les étincelles qui jaillissent entre les sphères sont d'un blanc éblouissant et produisent un bruit sec. Si l'on examine l'étincelle avec un miroir tournant, on voit que chaque étincelle en forme en réalité un grand nombre, comme si les électricités oscillaient d'une sphère à l'autre. Ces décharges, dites *oscillantes*, donnent naissance à des ondes électriques qui se propagent comme les ondes lumineuses et avec une vitesse sensiblement égale à celle de la lumière. Les ondes électriques ont une longueur d'onde très courte (de l'ordre des billionièmes de seconde), qui varie avec la capacité du condensateur et avec la durée de la décharge ; elles ne sont perceptibles ni par l'œil ni par l'oreille ; leur existence est révélée, même au loin, par des tubes spéciaux dits *radioconducteurs*.

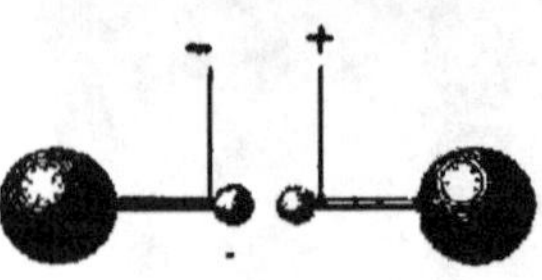

Fig. 456. — Experience de Hertz.

Radioconducteurs de Branly. — Les limailles métalliques jouissent d'une curieuse propriété : bien que parcelles d'un métal conducteur de l'électricité, elles sont isolantes ou d'une résistance électrique très élevée et ne deviennent conductrices que lorsqu'elles sont frappées par l'onde électrique ; en outre, cette conductibilité occasionnelle disparait par un choc pour réapparaître quand une nouvelle onde vient les frapper.

Considérons un tube isolant (*fig.* 457) dans lequel un peu de limaille remplit l'intervalle entre deux petits cylindres métalliques formant un circuit dans lequel se trouvent une pile et un galvanomètre. Dès qu'une étincelle éclate à distance, l'aiguille du galvanomètre dévie très fortement ; un choc sur le tube ramène la résistance initiale et l'aiguille du galvanomètre au zéro.

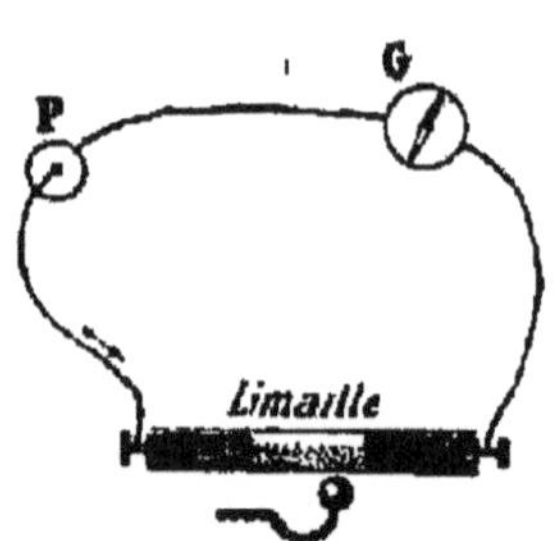

Fig. 457. — Experience de Branly.

Branly a donné aux tubes à limaille le nom de *radioconducteurs*, pour rappeler que leur conductibilité s'établit sous l'influence du rayonnement électrique émanant d'une étincelle. La sensibilité de ces révélateurs est très grande et elle se manifeste à distance, même à travers les murs.

Appareils pour la télégraphie sans fil. — L'ensemble comprend, comme tout appareil télégraphique, un transmetteur et un récepteur.

Transmetteur. — Les organes principaux du transmetteur sont une bobine d'induction puissante et un appareil capable de produire des décharges oscillantes ou *oscillateur*.

La figure 458 représente l'oscillateur construit par Ducretet suivant les données de Righi. Les deux pôles de la bobine sont reliés par un jeu de montants mobiles et de sphères métalliques à deux

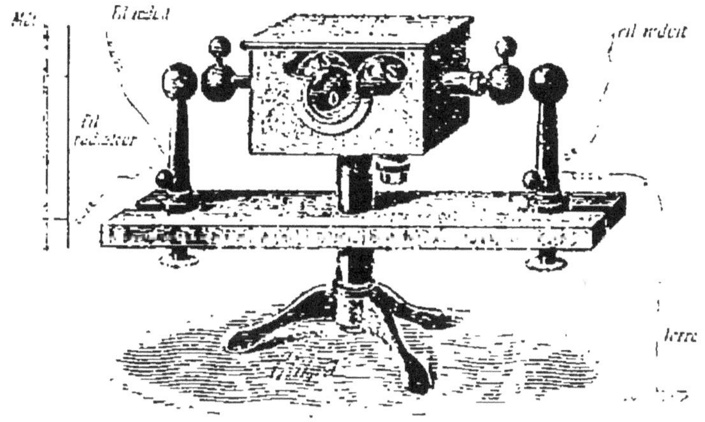

Fig. 458. — Oscillateur de Righi.

sphères plus grosses S et S' qui baignent entièrement dans de l'huile. La mobilité des montants permet d'obtenir diverses combinaisons d'étincelles et de faire varier leur longueur. Chaque fois qu'un courant est lancé dans la bobine, trois étincelles apparaissent, deux entre les petites sphères et une entre les grosses sphères à travers l'huile. L'étincelle du milieu est celle qui donne naissance aux ondes électriques ; on peut l'observer avec un viseur O.

Dans les expériences à courte portée, les ondes électriques partent directement de l'oscillateur et frappent directement le radioconducteur de Branly, même à travers plusieurs obstacles. Pour les communications à longue distance, il est nécessaire à la fois de passer par dessus les obstacles et de donner plus de sensibilité à l'appareil ; à cet effet, on met un des montants en communication avec la terre et l'autre avec un fil métallique vertical isolé, fixé le long d'un mât. Les ondes électriques sont ainsi amplifiées, la terre et le conducteur isolé formant condensateur.

Récepteur. — Le récepteur comprend un radioconducteur et un enregistreur Morse (*fig.* 459).

Le *radioconducteur* est en ivoire ; il fait partie du circuit d'une

Fig. 459. — Récepteur Ducretet pour la télégraphie sans fil.

pile locale. Le courant ne passe que lorsque la limaille est rendue conductrice par l'arrivée d'une onde électrique ; un frappeur automatique F heurte le tube après l'arrivée de chaque onde, afin de le rendre propre à enregistrer l'onde suivante. Pour augmenter la sensibilité de l'appareil, ainsi qu'on l'a fait pour l'oscillation, on relie à la terre une des électrodes des radioconducteurs, l'autre électrode est mise en communication avec un fil métallique isolé fixé à un mât vertical.

L'*enregistreur* Morse est à marche automatique ; il traduit sur le papier les ondes longues par des traits, les ondes brèves par des points, les combinaisons de traits et de points constituant l'alphabet télégraphique. Un relais polarisé très sensible R ferme le circuit du radioconducteur et met en action le courant local. Le courant actionne le frappeur et circule en même temps dans l'électro-aimant du récepteur enregistreur; cet électro attire l'armature de fer doux qui commande le levier d'impression et celui d'un second relais R'. Le relais R' met en circuit une seconde pile locale qui actionne l'électro-aimant d'un déclancheur D, de sorte que le ruban de papier se déroule tant que les ondes électriques se succèdent ; dès qu'elles cessent, le frappeur F ayant ramené la limaille du radioconducteur à sa résistance initiale, le papier s'arrête de lui-même. Une sonnerie d'appel S (facultative) suit les mouvements du relais R' ; elle peut être placée à une distance quelconque du récepteur.

Résultats. — Les premières distances franchies à l'aide de la télégraphie sans fil ont été de 1500^{m}, puis de 5^{km}, en mer (expériences du professeur russe Popoff). Des essais exécutés en 1898 par le constructeur Ducretet entre la tour Eiffel et le Panthéon (distance 4^{km}) ont pleinement réussi ; les signaux reçus ont toujours été très nets, même par la pluie et par un brouillard épais. En 1899, M. Marconi a procédé à d'importantes expériences de télégraphie sans fil entre la côte française (Wimereux près de Boulogne) et la côte anglaise (près de Douvres). Ces expériences ont réussi, malgré le brouillard et la neige ; on a démontré de plus qu'un courant d'induction surgissant entre les deux postes ne pouvait pas interrompre les communications. Enfin les essais se sont poursuivis, toujours avec un succès croissant, et aujourd'hui des navires qui sillonnent l'Océan communiquent entre eux à de grandes distances.

Quelque brillants que soient ces résultats, il ne faut pas en conclure que la télégraphie sans fil pourra remplacer complètement, à un moment donné, la télégraphie ordinaire. Néanmoins, outre certaines expériences curieuses (réalisation à distance de l'incandescence d'un fil métallique, de l'allumage d'une lampe, de l'explosion d'une amorce de mine, de la mise en marche d'un moteur électrique), on peut prévoir que les ondes électriques rendront des services pour les échanges de signaux par tous les temps entre les navires et la côte, entre les phares et la côte ; pour les services volants militaires et d'exploration, et pour la protection des navires en marche par les temps de brouillard.

RÉSUMÉ DU CHAPITRE XXVI

Les organes essentiels d'un télégraphe électrique sont : un générateur de courant, un manipulateur qui ouvre et ferme à volonté le circuit extérieur, un fil de ligne, un récepteur destiné à recevoir les signaux. Le récepteur se compose principalement d'un électro-aimant ; en envoyant dans le récepteur des courants différenciés par leur durée, le contact de l'armature avec l'électro-aimant sera plus ou moins long et l'on obtiendra ainsi des signaux différents avec lesquels on pourra créer des alphabets conventionnels.

L'*appareil Morse* imprime les signaux sous forme de traits et de points. Le manipulateur est un levier métallique qui, au repos, fait communiquer la ligne avec le récepteur du même poste. En appuyant sur la tête isolante du levier, on envoie le courant dans la ligne ; en même temps la communication de la ligne avec le récepteur du poste de départ est interrompue. Le récepteur comprend une partie électromagnétique (électro-aimant et armature de fer doux) et une partie mécanique (mécanisme d'horlogerie qui fait dérouler une bande de papier). Lorsque le courant passe dans l'électro-aimant, l'extrémité du levier qui porte l'armature appuie le papier contre une roue imprégnée d'encre grasse.

L'*appareil Hughes* imprime une lettre ou un chiffre à chaque émission de courant.

La *ligne télégraphique* est le fil qui relie entre eux les bureaux télégraphiques. Il y a des lignes aériennes (fil de fer galvanisé ou de bronze siliceux), des lignes souterraines (fils de cuivre recouverts d'un isolant), et des lignes sous-marines (câbles armés dont l'âme est formée de fils de cuivre).

Les *sonneries électriques* fonctionnent par des interruptions de courant. Quand le courant passe dans l'électro-aimant, l'armature est attirée ; son extrémité, terminée par un marteau, frappe sur un timbre, mais le courant est alors interrompu et l'armature reprend sa première position. Les autres organes accessoires des télégraphes sont les commutateurs, les paratonnerres, les relais et les galvanomètres.

Les méthodes de *transmission rapide* comprennent les méthodes de transmission simultanée pouvant s'appliquer à tous les systèmes télégraphiques : duplex (deux dépêches simultanément et en sens inverse), diplex (deux dépêches dans le même sens), quadruplex (deux dépêches dans un sens, deux en sens contraire), et les méthodes de transmission multiple à l'aide d'appareils spéciaux.

Dans la *télégraphie sous-marine*, il faut des récepteurs d'une très grande sensibilité ; on emploie le siphon-recorder, composé essentiellement d'un cadre mobile dans le champ d'un électro-aimant ; ce cadre est relié à une extrémité d'un siphon dont l'autre extrémité laisse écouler de l'encre sur un ruban de papier.

EXERCICES SUR LE CHAPITRE XXVI

86. Sur une même ligne de 100^km se trouvent 4 stations dont chacune a une résistance de 250 ohms ; la ligne a une résistance de 0ohm,012 par mètre. Quel est le nombre d'éléments Callaud qu'il faut employer pour assurer un courant de 0amp,012 ? La force électromotrice d'un élément Callaud est de 1 volt.

Réponse : 27 éléments.

87. Une ligne joignant deux stations A et B a une résistance de 80 ohms ; la pile de la station A a une force électromotrice de 40 volts et une résistance de 10 ohms ; la station B est reliée à un appareil de 10 ohms. En supposant qu'un défaut vienne à se produire au milieu de la ligne et qu'il consiste en une terre partielle ayant 20 ohms de résistance, on demande : 1° l'intensité du courant dans la ligne sans défaut ; 2° l'intensité du courant débité par la pile avec ligne défectueuse; 3° l'intensité du courant passant par l'appareil en B.

Réponses : 1° 0amp,4 ; 2° 0amp,62 ; 3° 0amp,18.

88. Une pile d'une force électromotrice de 30 volts est intercalée dans une ligne qui a un défaut présentant 100 ohms de résistance ; la résistance de la ligne entre la station de départ et le défaut, y compris la pile et l'appareil, est de 250 ohms ; celle de la ligne après le point défectueux, y compris le récepteur, est de 50 ohms. Quel est le courant utile passant par le récepteur ?

Réponse : 0amp,07.

CHAPITRE XXVII

TÉLÉPHONIE

298. Définitions. — **La téléphonie a pour but de transmettre à distance des sons et surtout la parole par l'intermédiaire de l'électricité.** L'ensemble des appareils permettant cette transmission a reçu le nom de *téléphone* ou de *système téléphonique*.

Le premier téléphone fonctionnant régulièrement a été présenté en 1876 par Graham Bell, professeur à Philadelphie. Aujourd'hui il en existe une infinité de systèmes, car il est devenu indispensable aux industriels, aux commerçants, etc.; il présente sur le télégraphe les avantages d'exiger des frais d'installation moindres, de se déranger moins facilement, et surtout de pouvoir être employé par tout le monde, sans apprentissage.

Tout système téléphonique comprend trois parties essentielles :

1° Un *transmetteur* ou *parleur*, organe de la station de départ, devant lequel on émet les vibrations sonores;

2° Un *récepteur* ou *écouteur*, organe de la station d'arrivée, qui exécute des vibrations sonores semblables aux vibrations qui ont influencé le transmetteur;

3° Une *ligne*, ordinairement à double fil, reliant le transmetteur et le récepteur.

Les téléphones peuvent se diviser en deux grandes classes : les téléphones *magnétiques* et les téléphones *à pile*.

Dans les téléphones magnétiques, les vibrations sonores produisent des courants qui agissent sur le récepteur; dans les téléphones à pile, ces vibrations ne font que modifier l'intensité des courants produits par un générateur d'électricité, et ce sont ces modifications qui influencent le récepteur.

TÉLÉPHONES MAGNÉTIQUES

299. Téléphone de Bell. — Le téléphone de Bell est le type des téléphones magnétiques. Ses deux organes, transmetteur et récepteur, sont identiques. En d'autres termes, cet appareil est réversible, et peut servir à volonté de parleur ou d'écouteur.

Il se compose d'un barreau aimanté droit dont une

extrémité est, sur une certaine longueur, entourée d'une bobine de fil fin. Aussi près que possible de cette extrémité, sans cependant arriver au contact, se trouve une plaque mince en fer doux (*diaphragme*), encastrée dans l'étui en bois qui renferme le tout (*fig.* 460). Les deux extrémités du fil de la bobine se rattachent à deux fils de cuivre plus gros qui sortent en torsade à un bout de l'étui.

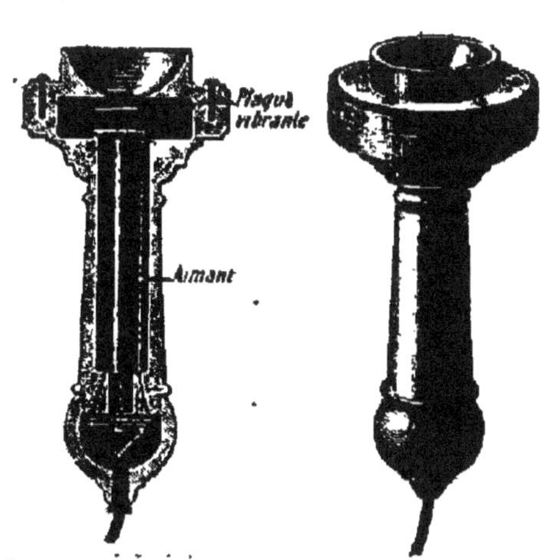

Fig. 460. — Téléphone Bell.

Deux de ces appareils réunis par un double fil de cuivre constituent tout le système téléphonique. En parlant devant l'un d'eux, les vibrations sonores se communiquent à la plaque de fer doux, qui se déplace, par conséquent, dans le champ magnétique du barreau, modifiant ainsi la répartition des lignes de force et la valeur du flux que sa position dans le champ initial avait créés (**229**, **230**). Quand la plaque vibrante se rapproche par exemple du

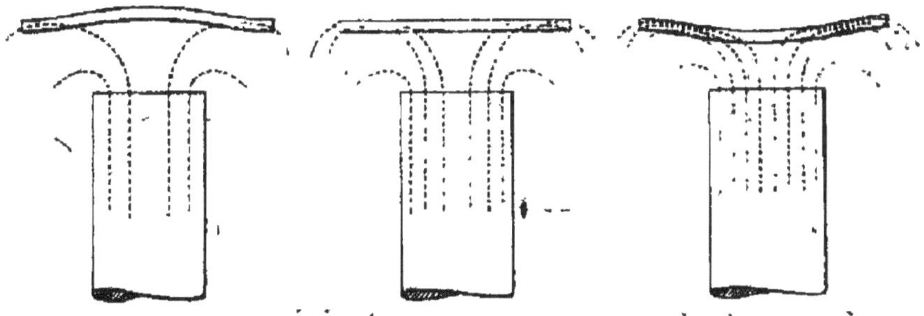

Fig. 461. — Variation du flux par vibration, dans un téléphone.

barreau, le nombre des lignes de force augmente (*fig.* 461). Cette augmentation de flux produit un courant d'induction qui parcourt la ligne, se rend dans le récepteur, où il se traduit par une augmentation de l'aimantation du barreau, qui attire la plaque vibrante. Ces attractions, suivies de retours à la position d'équilibre, forment de nouvelles vibrations qui reproduisent à peu près exactement celles de la plaque du parleur, et l'oreille perçoit, à l'écouteur, les paroles prononcées devant l'autre appareil.

Il est clair que la force électromotrice induite par les variations extrêmement petites du flux ne saurait être bien considérable. Aussi les courants induits sont-ils, lorsque la ligne présente quelque longueur, c'est-à-dire quelque résistance, très faibles (1 à 10 millioniènes d'ampère). Ce téléphone ne conviendra donc point aux grandes distances.

Ce téléphone, comme la plupart des écouteurs, d'ailleurs, doit être *réglé* de temps en temps. Lorsqu'il ne transmet plus la voix convenablement, on agit sur une vis qui pénètre dans le pôle situé vers l'extrémité de l'étui, de manière à modifier la distance de la plaque vibrante au pôle opposé, jusqu'à ce que les sons transmis soient aussi distincts que possible.

Perfectionnements. — Les sons perçus à l'arrivée sont très faibles. On a cherché surtout à les renforcer en augmentant la force électromotrice d'induction au départ. Celle-ci dépendant de la variation du flux (234), sera d'autant plus grande que les vibrations de la plaque seront de plus grande amplitude, et que le flux initial qu'elles auront à modifier sera lui-même plus grand. On sera donc conduit à augmenter les dimensions de la plaque vibrante et la puissance des aimants. Mais on est arrêté dans cette voie par deux faits : 1° Les plaques vibrantes de diamètre supérieur à 10^{mm} enlèvent leur netteté aux sons émis (Voir plus loin) ; 2° le flux des aimants trop puissants, voisins de leur *saturation*, ne peut plus être augmenté, dans le récepteur, par l'augmentation du champ magnétique produit dans la bobine qui l'entoure (229). Les perfectionnements imaginés ont donc eu principalement pour but d'accroître le nombre des lignes de force utiles, de les concentrer dans le voisinage de la plaque vibrante, de façon que celle-ci soit traversée par le plus grand flux possible. La première modification qui s'imposait était donc l'emploi d'aimants en fer à cheval, dans lesquels les lignes de force ne se perdent presque point (230). C'est ainsi qu'on a créé les téléphones Ader, d'Arsonval, etc., qui, aujourd'hui, ne sont plus employés que comme écouteurs dans les téléphones à pile (302, 304).

Théorie du téléphone. — Le mécanisme de la transmission des sons par le téléphone est loin d'être connu, et l'explication de Graham Bell, reproduite ci-dessus, est en contradiction avec un certain nombre de faits.

La voix humaine est formée de sons produits par les vibrations des cordes vocales. Ces vibrations sont accompagnées (158) de leurs harmoniques. Par la disposition donnée à notre langue, à nos joues, à nos lèvres, nous formons avec notre bouche un résonateur (170) qui renforce tel ou tel de ces harmoniques, modifiant à chaque instant le timbre des sons émis, et produisant ainsi les différentes syllabes qui constituent le langage.

Chaque son articulé se compose donc de la superposition de plusieurs sons, l'un, de grande amplitude, qui est le son fondamental, les autres d'amplitude plus faible, qui en sont les harmoniques. Ce sont ces sons superposés, extrêmement variés et formant comme une échelle continue d'un bout à l'autre du registre humain, que la plaque vibrante doit reproduire.

Or, une telle plaque, encastrée sur son pourtour, a ses vibrations propres, correspondant à un certain nombre de sons : un son fondamental, un seul, et les quelques harmoniques de ce son fondamental. Il n'est pas possible de faire donner, par un ébranlement mécanique, d'autres sons à cette plaque, qui, dans le téléphone, sert cependant à transmettre toute la série continue des sons articulés.

De plus, si on modifie la forme de la plaque vibrante en la perçant de trous plus ou moins symétriquement, de façon à changer le son fondamental de ses vibrations propres, elle continue à transmettre de la même façon la hauteur et le timbre des sons émis devant elle. On peut encore la remplacer par une toile métallique, on peut même la supprimer complètement, le téléphone fonctionne toujours ; seule l'intensité des sons transmis diminue.

Il semble que la plaque vibrante n'intervient pas par ses vibrations, mais seulement comme collecteur de lignes de force, comme cause d'accroissement du flux magnétique. Une plaque non magnétique (en aluminium, par exemple) transmet les vibrations avec une intensité moindre.

Le flux lui-même présente une sensibilité directe aux vibrations. Un barreau de fer doux dont on modifie l'aimantation subit une déformation, par suite sans doute des orientations magnétiques de ses molécules (230), qui se transforme en vibration lorsqu'elle devient périodique. C'est ce qui se passe dans un transformateur. Les courants alternatifs modifiant, suivant la loi sinusoïdale, l'aimantation du fer doux qui constitue leur noyau, ces instruments rendent un son continu qui varie avec la fréquence des courants.

Enfin, un courant électrique, soumis à des modifications d'intensité correspondant à des vibrations est susceptible lui-même de vibrer, et même de reproduire la parole. Une lampe à arc à courants alternatifs, vibre fréquemment, d'après la fréquence de ses courants. Si l'on branche un téléphone sur les extrémités du charbon d'une lampe à arc *à courant continu*, et que l'on parle dans ce téléphone, l'arc se trouve parcouru par les courants variables produits dans le téléphone, et *il reproduit la voix* avec plus de netteté et d'intensité que n'importe quel écouteur. (L'expérience doit être faite avec un téléphone à pile.) Inversement, si l'on parle devant l'arc, le téléphone fonctionne comme récepteur et on y entendra les paroles prononcées.

Il résulte de tous ces faits que les vibrations émises devant un parleur magnétique influencent non seulement la plaque vibrante, mais aussi l'aimant et les courants formés eux-mêmes, et que, dans le récepteur, les vibrations perçues ne sont pas seulement celles de la plaque, mais encore celles de l'aimant et peut-être celles des courants. Tout vibre, dans le téléphone, sans qu'on sache bien au juste comment.

Les vibrations propres du diaphragme interviennent, dans l'écouteur aussi bien que dans le parleur, surtout en s'ajoutant aux vibrations générales des autres organes ; si ces vibrations sont trop grandes, c'est-à-dire si les dimensions du diaphragme ont trop d'amplitude, elles dominent les autres et modifient le timbre de la voix émise au point d'en rendre les syllabes méconnaissables. C'est pour cela que la limite de 10^{mm} s'est imposée pour le diamètre de ces plaques.

TÉLÉPHONES A PILE

300. Considérations générales. — Dans les téléphones à pile, les appareils qui produisent les sons ne sont pas analogues à ceux qui les reçoivent, et chaque poste doit avoir un transmetteur et un récepteur différents. Le récepteur est toujours un récepteur *magnétique*, analogue à l'appareil unique du téléphone Bell.

Les transmetteurs employés portent le nom de *microphones*, parce que leur extrême sensibilité permet de transmettre des sons extrêmement faibles. Ils reposent sur le principe suivant : si un corps médiocrement conducteur, tel qu'un charbon, est interposé en *contact imparfait*, dans le circuit fermé d'une pile, les vibrations sonores produites devant le charbon modifieront ses contacts, et ces modifications donneront lieu à des variations de résistance dans le circuit. A ces variations de résistance correspondent des variations d'intensité sous l'influence desquelles un récepteur magnétique placé dans le circuit reproduit les sons articulés devant le charbon. Le charbon est le meilleur corps à employer à cause de son inoxydabilité, de sa médiocre conductibilité et des grandes variations de résistance qu'il présente sous l'influence de la pression.

Le microphone classique est celui de Hughes.

301. Microphone de Hughes. — Il se compose d'un petit crayon de charbon de cornue taillé en pointe à ses deux extrémités et maintenu verticalement dans les alvéoles de deux supports également en charbon (*fig.* 462). Ces supports sont fixés sur une planchette de sapin reposant sur un socle ; ils sont reliés à deux bornes auxquelles on attache les extrémités d'un circuit contenant une pile et un récepteur magnétique.

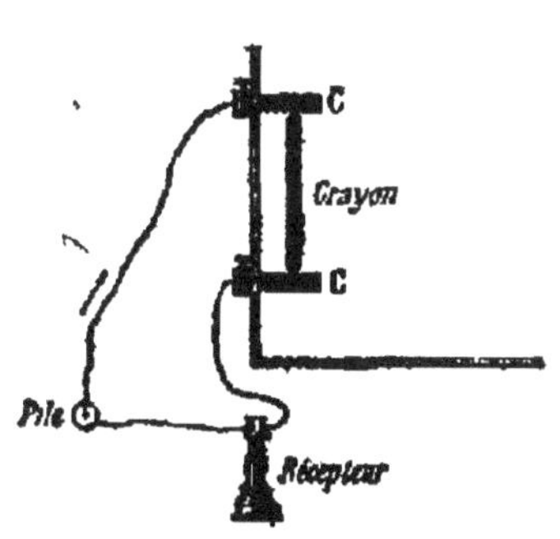

Fig. 462. — Microphone de Hughes.

Si l'on parle devant la planchette, les vibrations se communiquent au crayon de charbon dont elles modifient les contacts, et le récepteur reproduit fidèlement les sons émis. La sensibilité de cet appareil est telle que si l'on frotte le socle avec une barbe de plume on perçoit un son appréciable dans le récepteur à une dizaine de mètres.

Dans le microphone, les vibrations de la voix produisent des variations de résistance du circuit partiel appartenant à l'instrument proprement dit. Cette variation de résistance *partielle* ne produit sur la résistance *totale* du système téléphonique une différence appréciable, capable de modifier l'intensité du courant dû à la force électromotrice de la pile, que si cette résistance totale n'est pas trop grande. Le microphone ne pourrait donc pas non plus être utilisé pour de longs circuits, s'il n'avait été l'objet d'une modification très heureuse d'Edison, qui est la base de toute la téléphonie moderne.

Transformateur d'Édison. — Au lieu d'envoyer dans la ligne le courant même de la pile, on le fait circuler dans le gros fil d'une bobine d'induction dont le fil fin communique avec la ligne (*fig.* 463). On a ainsi deux circuits distincts : le circuit *primaire*, influencé par le transmetteur microphonique, ne comprend que la pile, le charbon et le gros fil de la bobine ; le circuit *secondaire* est constitué par le fil fin de la bobine, la ligne et le récepteur.

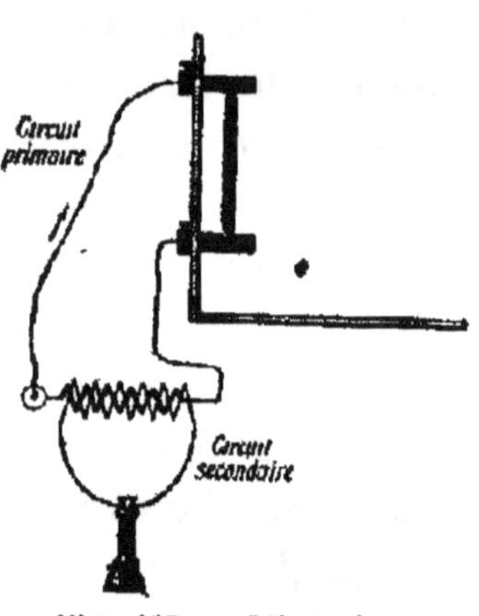

Fig. 463. — Microphone à transformateur.

Le circuit primaire se trouve donc être de faible résistance. Les variations que la parole y produit y sont donc très sensibles et modifient dans une forte proportion le courant permanent. Il en résulte, dans le circuit secondaire, une force électromotrice d'induction qui est très forte, car les variations de courant qui lui donnent naissance sont à la fois importantes et *très rapides*, et qui, par suite, donne des courants d'intensité appréciable dans des lignes de très grande longueur.

On n'emploie plus aujourd'hui que des transmetteurs de ce système.

302. Poste téléphonique Ader. — Un poste téléphonique comprend comme organes essentiels un transmetteur microphonique, un ou deux récepteurs magnétiques, une sonnerie, un bouton d'appel et un commutateur.

Le plus employé des téléphones, en France, est le téléphone Ader, qui peut servir de type à tous les appareils analogues, et que nous allons décrire.

Transmetteur. — Il se compose d'une planchette vibrante en bois mince disposée comme la table d'un pupitre. Sous cette planchette sont fixées trois traverses de charbon dans lesquelles pénètrent, au moyen de tourillons, dix petits crayons de charbon (*fig.* 464) ; les traverses sont interposées dans le circuit de manière que le courant puisse traverser l'ensemble des charbons.

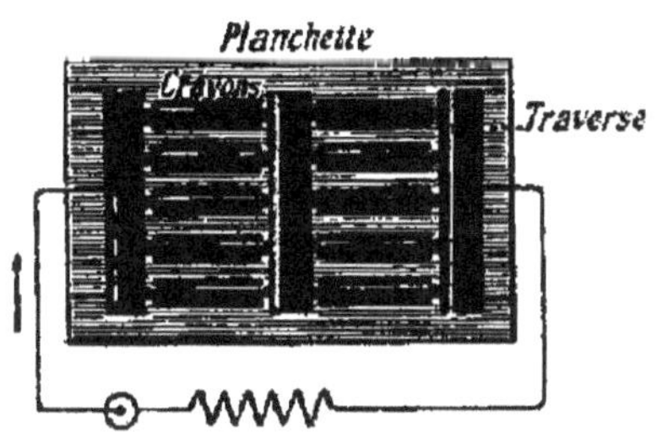

Fig. 464. — Transmetteur Ader.

Récepteurs. — L'aimant permanent des récepteurs Ader a l'aspect d'une poignée qui permet de tenir facilement l'instrument (*fig.* 465). Il a la forme d'un tore presque complet, dont la section est ovale et dont les deux extrémités constituent les pôles de l'aimant. Sur ces pôles sont fixées deux petites équerres en fer doux formant les noyaux de deux bobines à fil fin. Au-dessus du tout, et très près des équerres, se trouve une plaque vibrante en

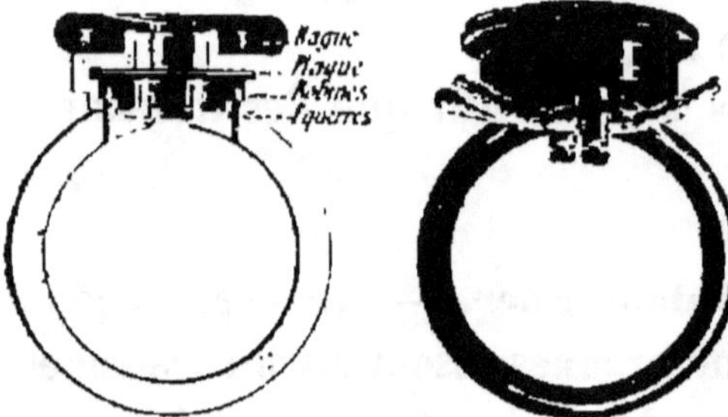
Fig. 465. — Récepteur Ader.

tôle. La plaque est surmontée d'une petite bague en fer doux, encastrée dans le couvercle et sur laquelle se visse un pavillon en ébonite. Cette bague joue le rôle d'un surexcitateur magnétique et augmente l'action de l'aimant en accumulant les lignes de force dans l'espace traversé par la plaque vibrante.

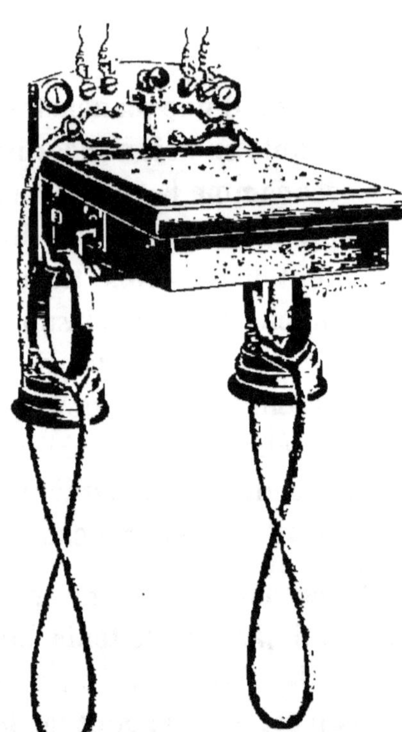
Fig. 466. — Poste microtéléphonique

Le récepteur Ader est un des meilleurs récepteurs ; il rend des sons excellents et est indéréglable.

Organes accessoires. — Les deux récepteurs sont portés par des crochets (*fig.* 466) dont l'un, celui de gauche, est mobile et joue le rôle d'un commutateur automatique. Le poids du récepteur maintient ce crochet abaissé, ce qui relie la ligne au circuit de la sonnerie : l'appareil peut alors recevoir un signal d'appel d'une autre station.

Quand on enlève le récepteur de gauche, le crochet correspondant se relève, sous l'action d'un ressort, ce qui ôte la sonnerie du circuit de ligne et y met les récepteurs et le fil fin de la bobine d'induction. En même temps, le circuit contenant la pile, le microphone et le gros fil de la bobine d'induction (circuit qui était resté ouvert pour éviter l'usure de la pile) se trouve fermé, et le courant passe du microphone dans la ligne. Une conversation peut alors être engagée entre les deux postes.

Tout l'appareil est enfermé dans une boîte en bois accrochée au mur ; des tampons en caoutchouc interposés entre cette boîte et le mur empêchent les vibrations extérieures de se communiquer à la plaque vibrante.

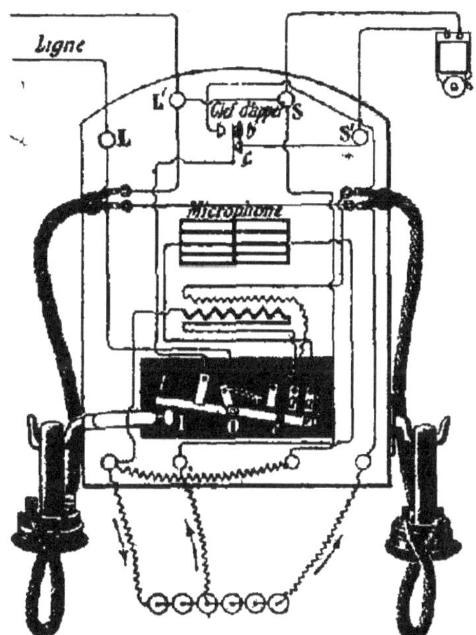

Fig. 467. — Installation schématique d'un poste microtéléphonique.

Montage d'un poste Ader. — La figure 467 montre l'installation schématique d'un poste microtéléphonique Ader; le poste correspondant est monté de la même façon.

On emploie ordinairement à chaque poste 6 éléments de pile (Leclanché, de Lalande et Chaperon) réunis en série ; deux éléments actionnent le microphone, les quatre autres sont ajoutés pour la sonnerie (*).

(*) On remplace fréquemment les quatre piles de la sonnerie par une petite magnéto à main qui n'exige aucun entretien. Au lieu de presser sur le bouton d'appel, on sonne son correspondant en donnant vivement un ou deux tours à cette magnéto.

Si un poste B, par exemple, veut entrer en communication avec le poste A représenté par la figure 467, il envoie d'abord dans la ligne un courant pour actionner la sonnerie du poste A. Ce courant parcourt la ligne, la borne L, le levier *l*, le contact *c*, la sonnerie et la ligne de retour.

Le poste A fait à son tour un appel en passant le bouton *b* de la *clef d'appel* : le courant des six éléments de pile est alors envoyé dans la ligne, et la sonnerie du poste B est actionnée. Ce signal sert de réponse pour dire qu'on peut entrer en communication.

Les récepteurs du poste A étant alors décrochés de même que ceux du poste B, le contact d'ivoire I abandonne l'extrémité du levier *l* et celui-ci bascule autour de son axe O. Le circuit de la sonnerie est rompu ; celui des deux éléments de gauche du poste A est alors fermé sur le microphone et sur le gros fil de la bobine par l'intermédiaire des contacts *a* et *a'*, mis en communication par une pièce en laiton *l'* isolée du levier *l* par une plaque d'ébonite *e*. En même temps, les récepteurs sont intercalés sur la ligne. Dès lors, les courants envoyés par le poste B suivent la route : borne L, levier *l*, fil fin de la bobine, récepteurs, borne L', ligne de retour. Si A parle à son tour devant la planchette de son transmetteur, des courants induits se produisent dans le fil fin de la bobine et vont aux récepteurs du poste B en parcourant le fil fin, le levier *l* et la ligne.

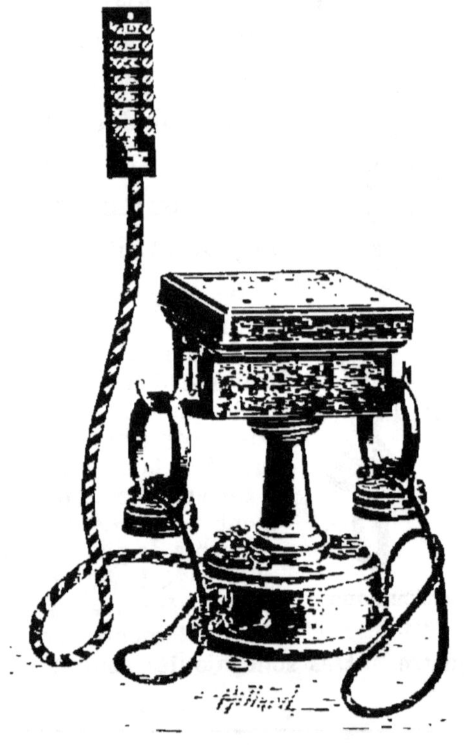

Fig. 468. — Téléphone portatif.

La conversation finie, on replace les récepteurs sur leurs crochets, ce qui ouvre le circuit du microphone et ferme celui de la sonnerie, qui se trouve prête pour un nouvel appel.

Téléphone portatif. — Ce téléphone est mobile et peut être placé sur une table ou sur un bureau au moment où l'on veut s'en servir (*fig*. 468). Il est relié à la ligne, à la pile, à la sonnerie, par des fils isolés, toronnés en un petit câble très souple, et d'une longueur suffisante pour permettre tous les déplacements.

303. Téléphone Berthon-Ader. — Le microphone Berthon diffère du précédent en ce que les crayons de charbon y sont remplacés par des *granules* de charbon emprisonnés entre deux plaques de même substance, séparées par un anneau de caoutchouc (*fig*. 469). Les granules agissent comme les crayons de charbon, mais les points de contact étant infiniment plus nombreux, les variations de résistance sont

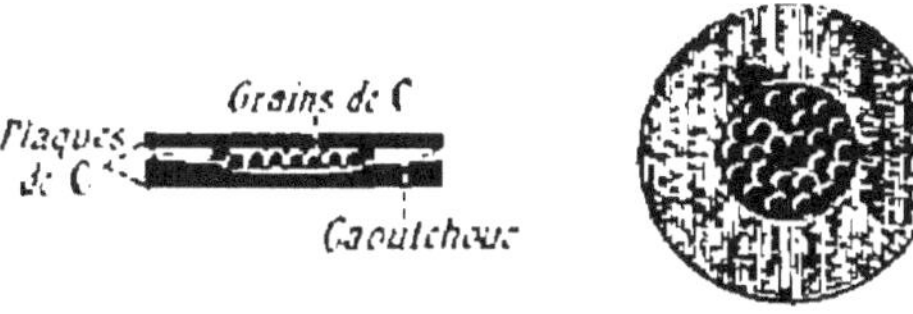

Fig. 469. — Microphone Berthon.

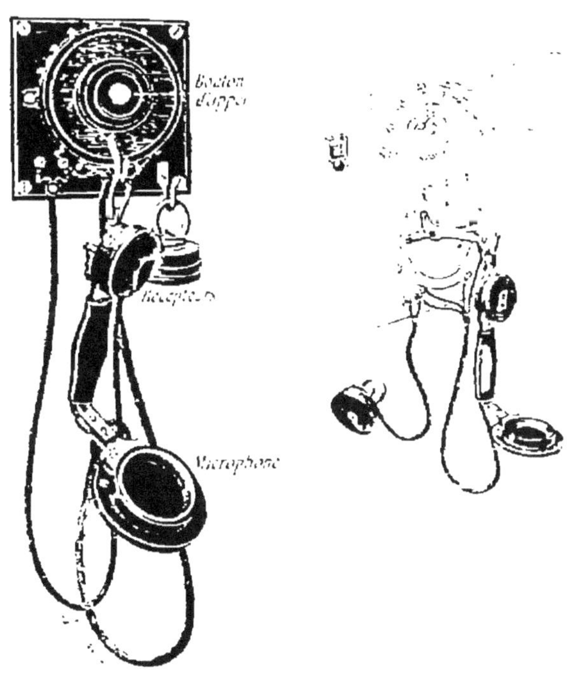

Fig. 470. — Appareil Berthon-Ader (poste d'abonné).

beaucoup plus considérables et la parole se transmet avec une plus grande intensité.

De plus ces granules peuvent être obtenus à un état beaucoup plus dur, et polis. Il en résulte la suppression, aux points de contact, des poussières dues à l'usure qui occasionnent des crépitements désagréables dans les appareils. Les contacts se renouvellent d'ailleurs constamment par les plus petites secousses imprimées à l'appareil, se maintenant ainsi en meilleur état.

Le transmetteur Berthon est habituellement associé à des récepteurs Ader. On obtient ainsi l'appareil Berthon-Ader, très employé dans les bureaux centraux et comme poste d'abonné (*fig.* 470). Un manche légèrement recourbé, portant un microphone Berthon et un récepteur Ader, a une longueur telle qu'en tenant le récepteur à l'oreille le microphone se trouve placé devant la bouche. Un cordon souple à 4 conducteurs, 2 pour le récepteur et 2 pour le microphone, relie le manche à une applique ronde contenant une bobine d'induction, un crochet commutateur automatique, un bouton d'appel et des bornes. L'applique est fixée sur une planchette carrée supportant un second récepteur Ader. Le montage est le même que celui du poste Ader.

304. Téléphone d'Arsonval. — Le téléphone de d'Arsonval donne de meilleurs résultats que celui d'Ader pour la téléphonie à longue distance. De plus, avec le transmetteur Ader, on ne peut transmettre au loin qu'à la condition de mettre la bouche très près du pupitre ; lorsqu'on emploie un transmetteur d'Arsonval, il n'est pas nécessaire de prendre cette précaution.

Transmetteur. — Au lieu d'être inclinée en forme de pupitre, la planchette du transmetteur d'Arsonval est verticale, ce qui permet à l'opérateur de parler sans se pencher. Les charbons, au nombre de 4, sont verticaux (*fig.* 471) ; ils sont entourés de douilles en fer blanc. En arrière se trouve un aimant en fer à cheval N, qui agit à distance sur les douilles et peut être approché ou éloigné à l'aide d'un bouton, ce qui permet de graduer la pression des contacts.

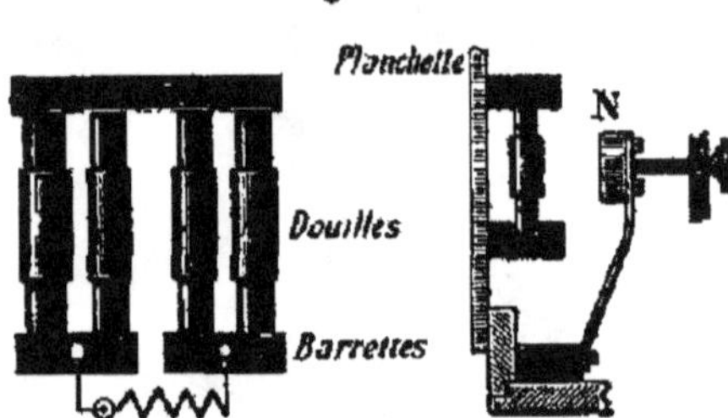

Fig. 471. — Microphone d'Arsonval.

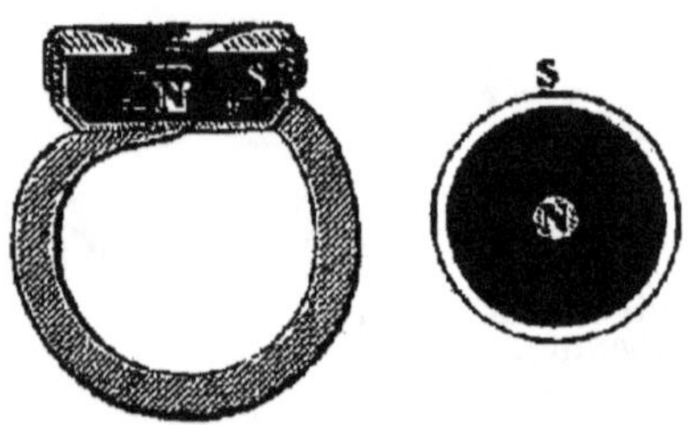

Fig. 472. — Récepteur d'Arsonval.

Récepteurs. — Les pôles constitués par les fers doux, au lieu d'être placés à côté l'un de l'autre comme dans le récepteur Ader, sont concentriques.

L'aimant permanent a la forme d'un anneau coupé et légèrement déformé (*fig.* 472). Sur le pôle le plus rapproché du centre est fixé un noyau de fer doux entouré d'une bobine. Un manchon de fer doux enveloppant complètement la bobine est fixé sur le pôle opposé de l'aimant. Il en résulte que la bobine, étant ainsi comprise entre les deux pôles, est traversée par toutes les lignes de force du champ magnétique. L'induction produite par les variations de puissance du champ est donc maxima. Au-dessus du fer doux est la membrane vibrante, logée dans le couvercle de la boîte qui renferme l'appareil.

APPLICATIONS DU TÉLÉPHONE

305. Réseaux téléphoniques. — La principale application du téléphone est l'établissement des communications verbales entre un certain nombre de postes installés dans une même localité. On arrive à ce résultat en créant un bureau *central* où aboutissent toutes les lignes des abonnés et où on peut les mettre en relation les uns avec les autres. L'ensemble de ces lignes constitue un *réseau téléphonique.*

Lignes. — Les *lignes* téléphoniques sont presque toujours à double fil. L'emploi de la Terre comme fil de retour d'une transmission téléphonique n'est guère possible que dans les pays où l'on n'a pas à craindre l'induction. Les communications téléphoniques avec circuit sans fil de retour sont en effet très sensibles à tous les troubles extérieurs : transmissions télégraphiques, orages, etc.

Les lignes téléphoniques sont parcourues par un nombre extrêmement grand de courants extrêmement rapides, puisque chaque vibration simple émise dans le transmetteur provoque une variation de courants. Il en résulte qu'elles seront soumises à une *self-induction* considérable (234), ayant pour résultat, comme dans les circuits parcourus par des courants alternatifs (248), des retards, des affaiblissements des courants téléphoniques très préjudiciables à la conservation du timbre. On évite les effets de cette self-induction d'abord en supprimant autant que possible les bobines du circuit (t. II, 264), ensuite en constituant celui-ci avec un métal convenable. La self-induction produite par un courant dépend, en effet, de la nature du conducteur traversé par ce courant. Elle est, en particulier, très grande pour le fer, métal magnétique qui doit être banni des lignes téléphoniques un peu longues. Le métal choisi est le bronze siliceux.

Les lignes aériennes sont à fil nu, maintenues par des poteaux comme les lignes télégraphiques, qu'elles accompagnent généralement. La présence des courants télégraphiques n'est point gênante, car l'induction qu'ils produisent s'exerce à la fois, et en sens inverse, sur le fil d'aller et le fil de retour du téléphone, fils qu'il faut, par conséquent, maintenir voisins l'un de l'autre.

La longueur de ces lignes est limitée pratiquement par leur résistance et leur capacité. On admet que le produit de ces deux quantités, mesurées l'une en ohms, l'autre en microfarads, ne doit pas être supérieur à 12 000 (Formule empirique de Preece). Les lignes souterraines sont à fil isolé : les deux fils d'aller et de retour sont tordus ensemble. Un certain nombre sont groupés et forment de gros câbles recouverts généralement de plomb pour les protéger de l'humidité, puis suspendus à la voûte des égouts, placées dans des conduites spéciales, ou simplement enfouies en terre, sous la protection de toiles métalliques qui permettent de les retrouver en fouillant le sol à la pioche. Comme les lignes télégraphiques sous-marines, ces câbles constituent des condensateurs qui se chargent à chaque émission de courant, retardant et brouillant les sons, au point que ces lignes ont été longtemps inutilisables.

Mais nous savons (t. II, 173) que la capacité d'un condensateur de forme et de dimension données varie avec la nature de l'isolant, du diélectrique. La capacité d'un condensateur à lame d'air devient double si cette lame d'air est remplacée par du verre ou de la paraffine, quintuple si elle l'est par du mica. La capacité, et, par conséquent, le temps de charge des câbles téléphoniques, dépendront donc de l'isolant employé pour les fils de ligne : ils seront grands pour des isolants tels que le mica, la paraffine ; ils seraient petits pour de l'air. L'expérience a montré que le papier faiblement serré, de façon à emmagasiner de l'air dans le câble, constituait un diélectrique excellent, très suffisamment isolant, et d'une capacité inductive spécifique faible. C'est le papier qui a rendu possible l'établissement des câbles souterrains de grande longueur.

Les communications téléphoniques sous-marines, pour lesquelles ces câbles seraient trop fragiles, sont encore très difficiles à établir et ne comportent pas de grandes longueurs. La ligne de Calais à Douvres a 37km,5 et le produit CR y est égal à 7500. L'isolant est la gutta-percha.

306. Montage d'un poste central — La nature et le nombre des appareils dont un poste central doit être muni varient avec l'importance de ce poste. A l'entrée se trouve un *répartiteur* destiné à relier les fils de ligne aux appareils ou à les mettre tous à la terre lorsqu'on veut cesser les communications ; un ou plusieurs paratonnerres ; des coupe-circuits fusibles, pour éviter les accidents résultant de contacts imprévus avec des canalisations de transport de force ; etc., etc. Parmi les autres appareils, nous dirons quelques mots des *annonciateurs* et des *commutateurs*, qui sont les organes essentiels de la mise en relation de deux abonnés.

Annonciateurs. — Les annonciateurs servent à indiquer sur quelle ligne se trouve le correspondant qui a fait un appel au poste central. Il y en a autant que de lignes. Ces appareils ont été substitués aux sonneries dont le bruit, avec de nombreux abonnés, rendait le service pénible.

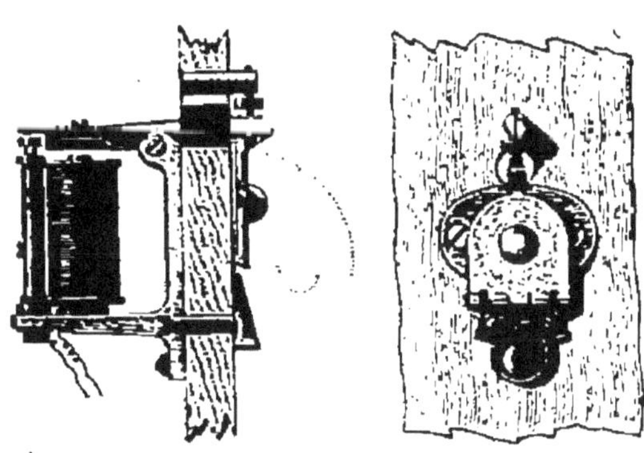

Fig. 473. — Annonciateur ordinaire.

Les annonciateurs affectent des formes variées. Ils se composent en principe d'un électro-aimant dont l'armature est fixée à l'extrémité d'un levier pouvant basculer autour d'un axe horizontal (*fig.* 473) ; l'autre extrémité de ce levier se termine par un crochet qui, au repos, maintient levé un disque métallique légèrement incliné et tendant à tourner autour d'un axe sous l'action de son poids.

Lorsqu'un abonné émet un courant d'appel, l'armature est attirée, le crochet se soulève et dégage le disque, qui tombe en laissant apercevoir un numéro ou une lettre indiquant la ligne d'où vient l'appel adressé au poste central.

Commutateurs. — Chaque ligne d'abonné aboutit, au bureau central, à un organe spécial, appelé communément *jack*, où l'on peut fixer l'extrémité d'un cordon conducteur souple, dont l'autre extrémité peut se fixer au jack d'un autre abonné.

L'ensemble des nombreux jacks réunis en un poste central constitue un commutateur très compliqué. La figure 474 montre, réduit

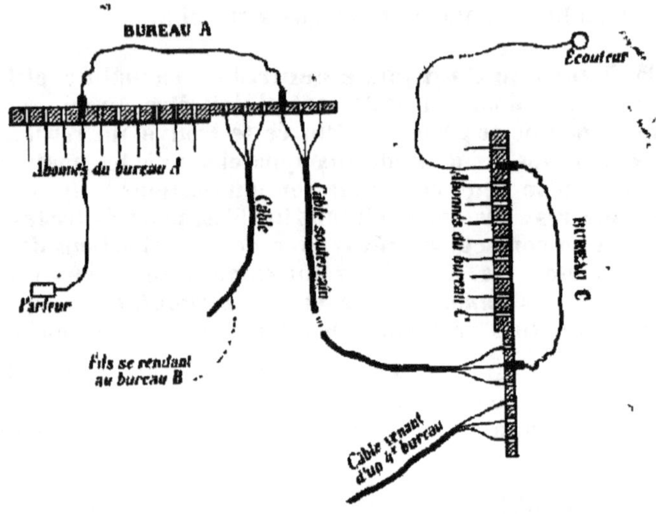

Fig. 474. — Schéma d'un réseau téléphonique.

à sa plus simple expression, l'établissement d'une communication entre deux abonnés, réunis à des bureaux différents.

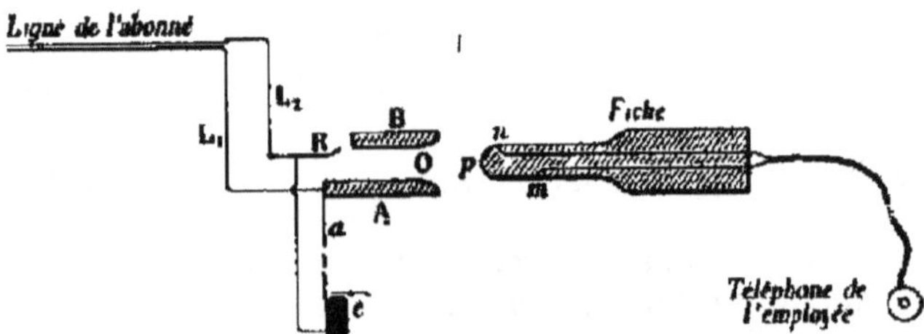

Fig. 475. — Schéma d'un jack.

Le jack (*fig.* 475) se compose en principe d'une ouverture cylindrique O formée de deux parties métalliques A, B, isolées l'une de l'autre. A la partie inférieure aboutit l'extrémité du fil L_1 de l'abonné. Une dérivation *a* en part, traverse l'électro *e* de l'annonciateur, remonte et aboutit, derrière le jack, à un ressort R par la pression duquel elle est mise en contact avec l'autre fil L_2 de la ligne de l'abonné. Si celui-ci envoie un appel, le courant passe par l'annonciateur.

Fig. 476. — Téléphoniste avec son "casque" (récepteur).

L'employée, ainsi prévenue, enfonce dans le jack une fiche dont l'extrémité *p* soulève le ressort R et retire du circuit l'annonciateur. Cette fiche porte en *m* et *n* les terminaisons de deux fils conducteurs qui prennent les courants en A et R et peuvent les conduire à un téléphone que l'employée porte constamment à l'oreille (*fig.* 476). L'abonné demande alors la communication qu'il désire, et qu'on lui donne en enfonçant simultanément dans son jack et dans celui de l'abonné demandé (ou dans celui du bureau auquel appartient ce dernier) deux fiches identiques à celle qui vient d'être décrite, et qui sont réunies par un fil souple.

307. Transmission de la parole par la lumière. — Ce mode de transmission, imaginé par Graham Bell et vulgarisé par Le Pontois, est basé sur la propriété que possède le sélénium de conduire plus ou moins l'électricité suivant l'intensité de la lumière qu'il reçoit.

Lorsqu'on parle devant une membrane de sélénium mince et polie, sur laquelle est concentré un faisceau lumineux puissant, cette membrane vibre et détermine par suite des fluctuations plus

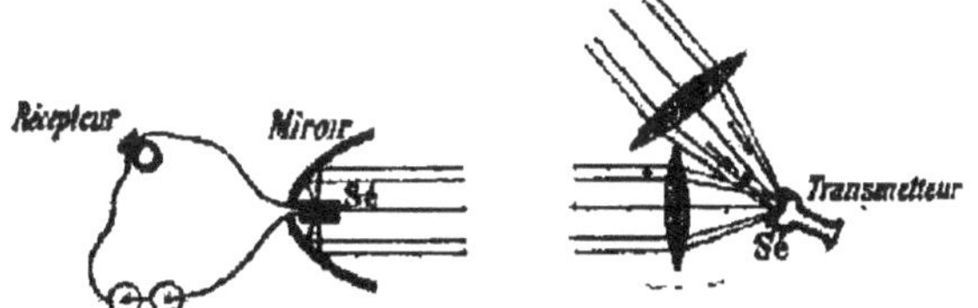

Fig. 477. — Disposition schématique du caloriphone de Bell.

ou moins grandes dans le faisceau lumineux réfléchi. Si l'on reçoit sur un cylindre de sélénium ce faisceau réfléchi (*fig.* 477), le cylindre sera impressionné diversement suivant les fluctuations qui se sont produites ; en intercalant le cylindre de sélénium dans un circuit téléphonique, on recueillera précisément les sons qui ont été émis devant le transmetteur. Les paroles peuvent d'ailleurs être recueillies sur un phonographe, et être ainsi débitées longtemps après leur émission.

L'appareil dont nous venons d'indiquer le principe a été appelé *caloriphone*, parce que l'inventeur prétend que le sélénium est plutôt influencé par la chaleur des rayons que par la lumière émise. Ce curieux appareil, bien qu'il reproduise très nettement la parole articulée, n'a encore reçu aucune application, car il ne fonctionne que pour de faibles distances ; il faut, en outre, qu'il n'y ait aucun corps opaque interposé entre le transmetteur et le récepteur.

308. Téléphonie sans fil. — M. Dussaud a imaginé un appareil téléphonique fonctionnant sans fils de transmission. Les agents de communication entre le transmetteur et le récepteur sont des rayons ultra-violets invisibles, obtenus par une lampe à arc munie d'une lentille de quartz.

Le transmetteur se compose de deux écrans percés de fentes. L'un de ces écrans est fixe ; l'autre est mobile et communique avec une membrane vibrante devant laquelle on parle. Suivant les vibrations que reçoit la membrane, les deux fentes se superposent plus ou moins et interceptent plus ou moins un faisceau de rayons ultra-violets projeté sur ces écrans. Le poste récepteur comprend un écran fluorescent, qui est plus ou moins excité et éclairé par les rayons provenant du transmetteur. Cet écran, par son action sur des lames de sélénium, dont la conductibilité électrique varie suivant la quantité de lumière qu'il reçoit, fait parler un téléphone.

Avec un semblable appareil, M. Dussaud a pu téléphoner sans fil à une dizaine de mètres ; cette distance pourra très probablement être accrue avec des appareils plus puissants, les rayons ultra-violets se propageant à de très grandes distances.

Ce n'est toujours pas là un système pratique. Aussi cherche-t-on dans l'emploi des ondes hertziennes la véritable solution du problème de la téléphonie sans fil. On est déjà arrivé à des résultats satisfaisants.

309. Télégraphone. — Ce nouvel appareil, imaginé par le professeur Poulsen, de Copenhague, et qui a fait sensation à l'Exposition de 1900, est un téléphone qui enregistre, comme son nom l'indique, les sons à distance. S'il arrive à entrer dans la pratique, il complètera heureusement le téléphone ordinaire, qui a le défaut d'exiger la présence du destinataire au poste récepteur pour que les communications soient possibles.

Le télégraphone repose sur ce principe, que l'acier soumis à l'action d'un courant électrique s'aimante et conserve, lors même que cette action a cessé, la plus grande partie de l'aimantation qu'il a acquise.

Considérons un circuit téléphonique contenant un microphone et un électro-aimant E (*fig.* 478), et supposons qu'un fil d'acier *f* se déplace régulièrement devant ce dernier. Si l'on parle devant le microphone, les vibrations ainsi produites détermineront des variations d'intensité dans le courant qui parcourt le circuit, et il en résultera des variations dans le degré d'aimantation de l'électro-aimant. Par suite, les différents points du fil f qui passeront successivement devant l'électro-aimant recevront des quantités de magnétisme variables correspondant exactement, comme l'expérience le démontre, aux vibrations émises devant le microphone, et le fil emportera, pour ainsi dire, l'image magnétique des paroles prononcées. Faisons maintenant passer le fil devant un second électro-aimant E' relié à un récepteur téléphonique : les différentes quantités de magnétisme qui avaient été emmagasinées dans le fil agiront par influence sur l'électro-aimant E' et reproduiront dans le récepteur les vibrations qui avaient produit les variations d'aimantation. On conçoit très bien que l'on puisse faire passer successivement le fil f impressionné devant d'autres électros que l'électro E' et transmettre ainsi en même temps à plusieurs personnes les paroles enregistrées.

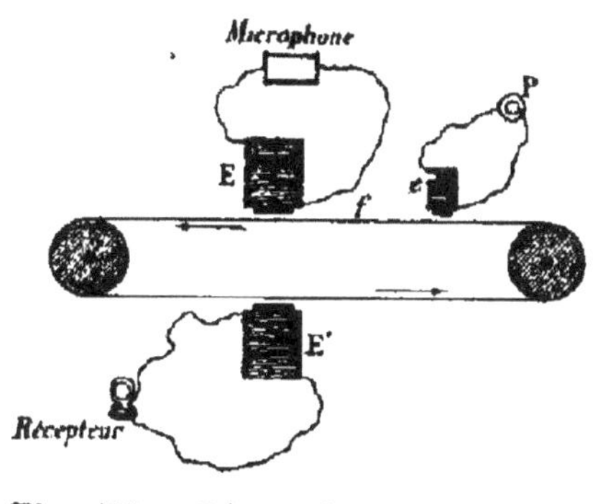

Fig. 478. — Disposition schématique du télégraphone.

La disposition que nous venons d'indiquer exigerait un changement de fil pour chaque nouvelle communication téléphonique. On évite cet inconvénient en plaçant en avant de l'électro-aimant E un petit électro-aimant e, traversé par le courant constant d'une pile P. Ce petit électro-aimant (*aimant effaçant*) supprime les variations d'aimantation que présentait le fil et rend celui-ci susceptible d'être impressionné de nouveau par l'électro-aimant E.

On a entrevu pour le télégraphone de multiples applications. Outre qu'il peut être utilisé dans le bureau d'un abonné de téléphone absent, on a compté sur lui pour exécuter ce qu'on appelle le *journal téléphonique*. On inscrirait suivant la méthode précédente les nouvelles du jour sur un ruban d'acier passant, par exemple, devant 1 000 électro-aimants liseurs reliés avec les téléphones d'autant d'abonnés. Ceux-ci pourraient ainsi, en même temps, recevoir les nouvelles, ce qui supprimerait les frais d'impression et la perte de temps résultant de la distribution des feuilles d'informations. Nous ajouterons enfin que l'on a ajouté au télégraphone un dispositif qui permet de transmettre à la fois, dans le même fil, plusieurs conversations différentes.

RÉSUMÉ DU CHAPITRE XXVII

Les parties essentielles d'un téléphone sont le transmetteur, devant lequel on émet les vibrations sonores, le récepteur qui reproduit ces vibrations, et une ligne à double fil. On distingue les téléphones magnétiques et les téléphones à pile.

Dans les téléphones *magnétiques*, le transmetteur et le récepteur sont identiques et réversibles ; le type de ces téléphones est celui de Bell. Il comprend : un aimant droit muni à une extrémité d'une bobine, une plaque vibrante en fer doux, une boîte à embouchure et un étui en bois ; deux fils partant des bobines font communiquer le transmetteur et le récepteur.

Dans les téléphones *à pile*, on emploie aussi des récepteurs magnétiques ; mais le transmetteur a pour organe essentiel un microphone destiné à amplifier les sons Le microphone de Hughes se compose d'un crayon de charbon en contact imparfait avec deux supports en charbon fixés à une planchette et reliés à un circuit contenant une pile et un récepteur magnétique. Les vibrations sonores modifient les contacts du crayon de charbon et produisent ainsi des variations de résistance auxquelles correspondent des variations d'intensité qui actionnent le récepteur. On ajoute au microphone une bobine d'induction pour transmettre les vibrations à une plus grande distance.

Le téléphone Ader est un téléphone à pile composé essentiellement d'un transmetteur à microphone composé et de deux récepteurs magnétiques. Le transmetteur comprend 10 crayons de charbon pénétrant dans 3 traverses fixées à un pupitre. L'aimant des récepteurs est en fer à cheval ; les deux pôles portent chacun une équerre en fer doux entourée d'une bobine ; il y a au-dessus de la plaque vibrante une bague en fer doux jouant le rôle d'un surexcitateur magnétique. Les récepteurs sont suspendus à deux crochets. L'un des crochets est mobile ; au repos, il est abaissé sous le poids du récepteur correspondant et met ainsi la ligne en communication avec une sonnerie servant d'avertisseur.

TABLE DES MATIÈRES

CHAPITRE I

Compléments de Mécanique physique.

PESANTEUR

CHAPITRE II

Etude de la chute des corps.

CHAPITRE III

Pendule.

CHAPITRE IV

Densités des solides et des liquides.

CHAPITRE V

Densités des gaz et des vapeurs.

CHAPITRE VI

Manomètres.

CHAPITRE VII

Machines pneumatiques.

CHAPITRE VIII

Compléments d'hydrodynamique.

CHALEUR

CHAPITRE IX

Notions élémentaires de thermodynamique.

CHAPITRE X

Sources de chaleur.

CHAPITRE XI

Machines thermiques

ACOUSTIQUE

CHAPITRE XII

Etude des sons musicaux.

CHAPITRE XIII

Vibrations transversales des cordes.

CHAPITRE XIV

Notions sommaires sur les vibrations de l'air dans les tuyaux sonores.

CHAPITRE XV

Etude du timbre.

OPTIQUE

CHAPITRE XVI

Notions élémentaires de spectroscopie.

CHAPITRE XVII

Propriétés des radiations.

ÉLECTRICITÉ

CHAPITRE XVIII

Compléments d'électricité statique.

CHAPITRE XIX

Propriétés et lois fondamentales du courant électrique.

CHAPITRE XX

Mesures électriques.

CHAPITRE XXI

Machines électromagnétiques.

CHAPITRE XXII

Effets chimiques du courant.

CHAPITRE XXIII

Eclairage électrique.

CHAPITRE XXIV

Distribution et transport de l'énergie électrique.

CHAPITRE XXV

Bobine de Ruhmkorff.

CHAPITRE XXVI

Télégraphie.

CHAPITRE XXVII

Téléphonie.

Bar-le-Duc. — Imprimerie Comte-Jacquet, Facdouel dir.

FIN

www.ingramcontent.com/pod-product-compliance
Lightning Source LLC
LaVergne TN
LVHW010114230826
846091LV00001BA/41

* 9 7 8 2 0 1 3 0 6 1 8 4 1 *